中国国家标准汇编

2004年修订-6

中国标准出版社

2005

图书在版编目（CIP）数据

中国国家标准汇编．6：2004年修订/中国标准出版社总编室编．—北京：中国标准出版社，2005

ISBN 7-5066-3919-X

Ⅰ．中…　Ⅱ．中…　Ⅲ．国家标准-汇编-中国-2004　Ⅳ．T-652.1

中国版本图书馆CIP数据核字（2005）第122157号

中国标准出版社出版发行
北京复兴门外三里河北街16号
邮政编码:100045
网址 www.bzcbs.com
电话:68523946　68517548
中国标准出版社秦皇岛印刷厂印刷
各地新华书店经销

*

开本 880×1230　1/16　印张 45　字数 1 306 千字
2006年1月第一版　2006年1月第一次印刷

*

定价 120.00 元

ISBN 7-5066-3919-X

出 版 说 明

1.《中国国家标准汇编》是一部大型综合性国家标准全集，自1983年起，按国家标准顺序号以精装本、平装本两种装帧形式陆续分册汇编出版。《汇编》在一定程度上反映了我国建国以来标准化事业发展的基本情况和主要成就，是各级标准化管理机构，工矿企事业单位，农林牧副渔系统，科研、设计、教学等部门必不可少的工具书。

2. 由于标准的动态性，每年有相当数量的国家标准被修订，这些国家标准的修订信息无法在已出版的《汇编》中得到反映。为此，自1995年起，新增出版在上一年度被修订的国家标准的汇编本。

3. 修订的国家标准汇编本的正书名、版本形式、装帧形式与《中国国家标准汇编》相同，视篇幅分设若干册，但不占总的分册号，仅在封面和书脊上注明"2004年修订-1,-2,-3,……"等字样，作为对《中国国家标准汇编》的补充。读者配套购买则可收齐前一年新制定和修订的全部国家标准。

4. 修订的国家标准汇编本的各分册中的标准，仍按顺序号由小到大排列(不连续)；如有遗漏的，均在当年最后一分册中补齐。

5. 2004年度发布的修订国家标准分10册出版。本分册为"2004年修订-6"，收入新修订的国家标准67项。

中国标准出版社

2005年10月

目　　录

ICS 91.220
P 97

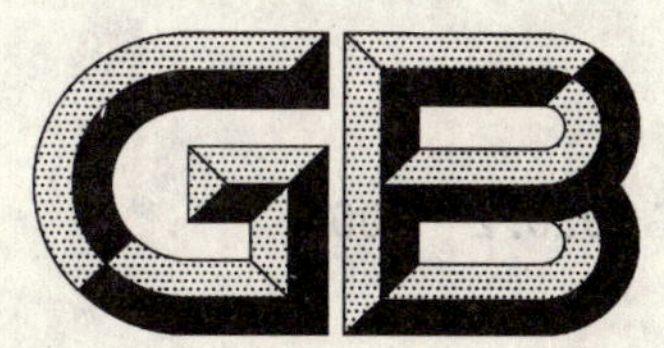

中华人民共和国国家标准

GB/T 7920.2—2004
代替 GB/T 7920.2—1987

建筑卷扬机术语

Construction winches—Terminology

2004-01-06 发布　　　　2004-06-01 实施

中华人民共和国国家质量监督检验检疫总局
中国国家标准化管理委员会　发布

前言

本部分是对 GB/T 7920.2—1987《建筑卷扬机术语》的修订。

本部分与 GB/T 7920.2—1987 相比，主要有以下变化：

a） 本部分增加了建筑卷扬机和溜放卷扬机的术语；

b） 本部分取消了按动力装置型式的分类和绞盘，这与 GB/T 1955—2002《建筑卷扬机》的适用范围一致；

c） 本部分取消了一些和建筑卷扬机关系不大的术语（如摩擦卷筒等）和一些通用术语（如带式制动器、块式制动器等）；

d） 本部分重新定义了"基准层"，并将基准层归类于技术性能。

本部分由中华人民共和国建设部提出。

本部分由建设部机械设备与车辆标准技术归口单位北京建筑机械化研究院归口。

本部分起草单位：北京建筑机械化研究院。

本部分起草人：田广范。

本部分所代替标准的历次版本发布情况为：

——GB/T 7920.2—1987

建筑卷扬机术语

1 范围

本部分规定了建筑卷扬机(以下简称卷扬机)分类、组成部分和技术性能的名词术语。

本部分适用于在建筑和安装工程中使用的由电动机驱动的卷扬机。

2 分类

2.1

建筑卷扬机 construction winches

在建筑和安装工程中使用的由电动机通过传动装置驱动带有钢丝绳的卷筒来实现载荷移动的机械设备。

2.2

溜放卷扬机 load free fall winches

可断开电动机与卷筒之间的动力,利用载荷自身的重力来实现载荷下降的卷扬机。

2.3

高速卷扬机 high-speed winches

额定速度大于 50 m/min 的卷扬机。

2.4

快速卷扬机 fast winches

额定速度在 20 m/min～50 m/min 之间的卷扬机。

2.5

慢速卷扬机 low-speed winches

额定速度小于 20 m/min 的卷扬机。

2.6

调速卷扬机 variable-speed winches

变速卷扬机 variable-speed winches

卷扬机的电动机或传动系统具有调速或变速功能,基准层钢丝绳有 2 个或 2 个以上的稳定运行速度。

2.7

单卷筒卷扬机 single drum winches;mono-drum winches

只有一个卷筒的卷扬机。

2.8

双卷筒卷扬机 double-drum winches;twin-drum winches

具有两个卷筒的卷扬机。

2.9

多卷筒卷扬机 multiple-drum winches

具有三个或三个以上卷筒的卷扬机。

3 组成部分

3.1

卷筒 drum

卷绕钢丝绳的筒形零件。

3.1.1

光面卷筒 smooth drum

圆柱形外表面无绳槽的卷筒。

3.1.2

槽面卷筒 fluted drum

圆柱形外表面有绳槽的卷筒。

3.2

底架 frame

底座 frame

用于支承和安装其他零部件的构件。

3.3

排绳器 rope guiding device

引导钢丝绳有顺序地在卷筒上卷绕的装置。

3.4

停止器 stop;stopper

防止卷筒自行逆转的装置。

3.5

制动器 brake

使卷筒减速并停止运动的装置。

3.6

离合器 clutch

断开或连接电动机与卷筒之间动力的装置。

4 技术性能

4.1

基准层 datum layer

钢丝绳顺序紧密地卷绕在卷筒上时,距卷筒直径与卷筒侧板外径之和 1/2 处最近的卷绕层。

4.2

额定载荷 rated load

允许基准层钢丝绳承受的最大载荷。

双卷筒卷扬机的额定载荷是指作为单卷筒使用时所能承受的最大载荷。如两个卷筒同时工作,则两个卷筒所承受的载荷总和不得超过额定载荷。

注:基准层及基准层以内各层钢丝绳允许承受的最大载荷为额定载荷;基准层以外各层允许承受的最大载荷小于额定载荷,且随着层数的增加而减少。

4.3

额定速度 rated speed

基准层钢丝绳在提升额定载荷时稳定运行的线速度。

4.4

平均速度 mean speed

各层钢丝绳线速度的算术平均值。

4.5

容绳量　rope capacity

卷筒允许容纳的钢丝绳工作长度最大值。

4.6

钢丝绳出绳偏角　deflection angle of rope

钢丝绳在载荷的作用下卷入或卷出卷筒时，钢丝绳出绳方向与绳槽的最大夹角或与垂直于卷筒平面的最大夹角（见图1、图2）。

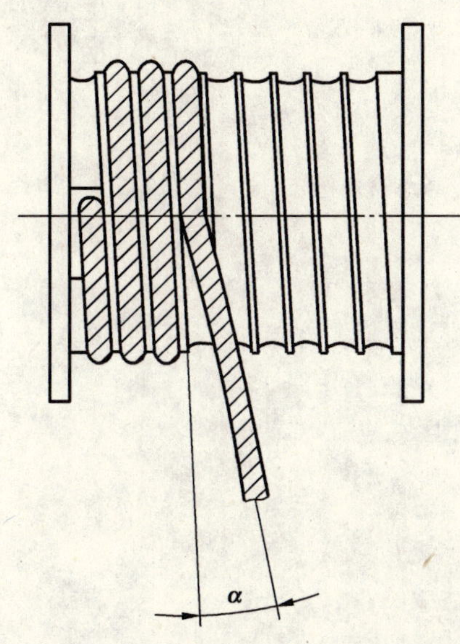

图1　槽面卷筒的钢丝绳出绳偏角 α

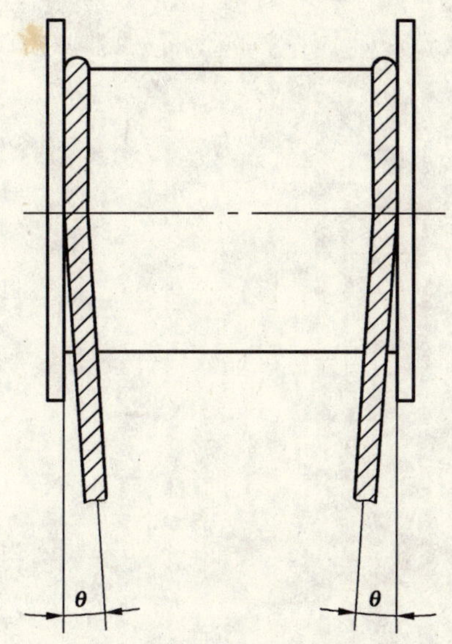

图2　光面卷筒和多层卷绕时的钢丝绳出绳偏角 θ

4.7

卷筒节径　pitch diameter of drum

卷筒上最内层钢丝绳中心处的直径。

4.8

节距　pitch

卷筒上相邻两绳槽或两钢丝绳中心之间的距离。

ICS 91.220
P 97

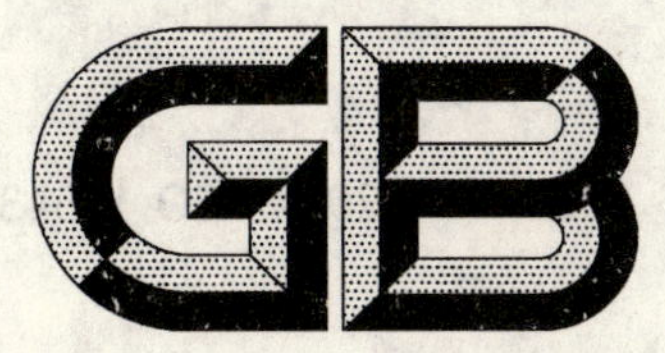

中华人民共和国国家标准

GB/T 7920.14—2004/ISO 15643:2002
代替 GB/T 7920.14—1987

道路施工与养护设备 沥青洒布车/喷洒机 术语和商业规格

Road construction and maintenance equipment—Bituminous binder spreaders/sprayers—Terminology and commercial specifications

(ISO 15643:2002,IDT)

2004-01-06 发布 2004-06-01 实施

中华人民共和国国家质量监督检验检疫总局
中国国家标准化管理委员会 发布

前　言

本部分等同采用 ISO 15643:2002《道路施工与养护设备　沥青洒布车/喷洒机　术语和商业规格》(英文版)。

本部分等同翻译 ISO 15643:2002。

为便于使用,本部分做了下列编辑性修改:

a)　将“本国际标准”一词改为“本部分”;

b)　删除国际标准的前言和引言;

c)　增加本部分的前言;

d)　增加中、英文索引;

e)　取消“量单位”的注,将其内容直接放在有关条款的后面。

本部分代替 GB/T 7920.14—1987《沥青喷洒机术语》。

本部分与 GB/T 7920.14—1987 相比主要变化如下:

a)　按照 GB/T 1.1—2000、GB/T 20000.2—2001 和 GB/T 20001.1—2001 的要求进行编制;

b)　标准名称改为《道路施工与养护设备　沥青洒布车/喷洒机　术语和商业规格》;

c)　增加了范围、商业文件规格等内容。

本部分由中华人民共和国建设部提出。

本部分由北京建筑机械化研究院归口。

本部分起草单位:长沙建设机械研究院、长沙中联重工科技发展股份有限公司。

本部分主要起草人:余林、华杰。

道路施工与养护设备
沥青洒布车/喷洒机　术语和商业规格

1　范围

本部分规定了在道路施工和铺筑路面作业中使用的沥青洒布车/喷洒机整机及部件的术语，并对操作规则及参数作出了定义。

本部分也规定了沥青洒布车/喷洒机整机及部件（如运输车辆和搅拌设备）技术性能及商业规格的参数。

2　术语和定义

下列术语和定义适用于本部分。

2.1

沥青喷洒机　bituminous binder spreader

用于按预先确定的洒布量将沥青均匀地洒布在路面上的机器。

注：沥青洒布车/喷洒机的分类可结合原理、结构类型、沥青的类型和规定的喷洒性能来定义。

2.2

带沥青泵的洒布机　displacement pump spreader

由一种泵将沥青从沥青罐输送到洒布管的机器。

注：该泵的输出量与受运输车辆车速控制的转速有关。

2.3

恒压洒布机　constant pressure spreader

将沥青加压从沥青罐输送到洒布管的机器。

注：沥青可通过沥青面上的压缩空气直接加压，或由泵和调压阀维持洒布管路中沥青的压力稳定。

2.4

沥青洒布车　fixed assembly spreader

沥青罐和附加装置被固定在运输车辆上的机器。

2.5

可拆装的喷洒机　removable assembly spreader

沥青罐和附加装置被固定在可拆装的底盘上的机器。

2.6

带隔热装置的喷洒机　heat-insulated spreader

沥青罐装备了隔热装置以避免热量损失的机器。

2.7

直接加热喷洒机　directly heated spreader

由加热管里的热气体循环加热或由电热管接触沥青加热的机器。

2.8

间接加热喷洒机　indirectly heated spreader

利用洒布机内部或外部加热器加热的介质循环加热沥青的机器。

2.9

热沥青喷洒机/车　hot binder spreader

能够在沥青温度大于80℃使用的机器。

2.10

冷沥青喷洒机/车　cold binder spreader

能够在沥青温度小于80℃洒布的机器。

2.11

高黏度沥青喷洒机/车　high-viscosity-binder spreader

能够在适用温度下、沥青黏度大于300 cSt(厘斯)使用的机器。

2.12

高压沥青喷洒机　high-binder-pressure spreader

喷洒时洒布管里的沥青压力大于0.2 MPa的机器。

2.13

中压沥青喷洒机　medium-binder-pressure spreader

喷洒时洒布管里的沥青压力在0.02 MPa和0.2 MPa之间的机器。

2.14

低压沥青喷洒机　low-binder-pressure spreader

喷洒时洒布管里的压力低于0.02 MPa的机器。

2.15

沥青罐容积　tank volume

沥青罐的容积(单位为立方米)。

2.16

额定容量　rated capacity

能够运载的沥青容量(单位为立方米)。

2.17

标定的沥青罐装载量　nominal loading of tank

额定容量下装载最高密度沥青时的质量(单位为千克)。

2.18

洒布管宽度　spray bar width

流体流到洒布管两端点喷嘴间的距离(单位为米)。

2.19

沥青泵最大输出量　maximum output of pumping unit

沥青黏度为100 cSt(厘斯)时,沥青泵的最大输出量(单位为立方米每小时)。

2.20

标定的洒布量　nominal application rate

最大洒布宽度、沥青密度为1 g/cm^3、黏度为100 cSt(厘斯)、行驶速度为4 km/h、沥青泵最大输出量时的洒布量(单位为千克每平方米)。

2.21

沥青运载量　binder carrying capacity

喷洒机满载与空载质量之差。

2.22

喷洒高度,h_2　spreading height,h_2

喷嘴口和喷洒面之间的平均测量高度(见图7,单位为米)。

3 喷洒机主要构造

3.1 运输车辆

以卡车、拖车和半拖车的形式运载全部构件,并在洒布和道路运输时提供动力的车辆。

3.2 沥青罐

沥青罐用于在施工和运输时储存沥青。

它可以有加热沥青的装置,以及防止热量散失的保温系统。

3.3 沥青循环-喷洒装置

这种装置将沥青从沥青罐输送到洒布管,并按照特定的洒布量将沥青喷洒在路面上。

3.4 洒布管

洒布管将沥青均匀地横向喷洒在路面上。

3.5 控制系统

控制系统包括所有控制、调整、测量和自动控制设备。有如下两种形式:

a) 手动控制:操作者调整所有操作参数获得所需的洒布量;

b) 自动控制:利用预先设定的操作参数自动地获得精确的洒布量。

4 商业文件规格

4.1 沥青喷洒机构造图

沥青喷洒机构造及其尺寸的详细说明如图 1 所示。

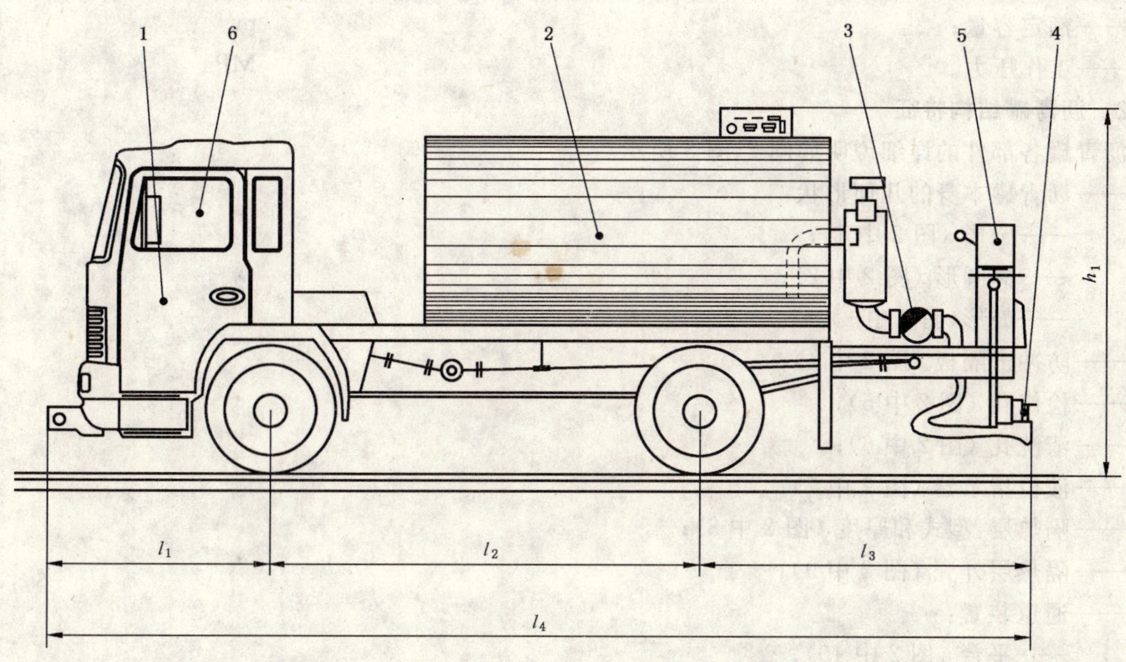

1——车辆　vehicle;

2——沥青罐　tank;

3——沥青泵　binder transfer unit;

4——洒布管　spray bar;

5、6——测量仪器(安放在后部平台或驾驶室)　measuring instruments placed in driver's cab or on the rear part of the vehicle platform。

图 1 沥青洒布车/喷洒机构造图

4.2 **运输车辆特征参数**

——满载质量	kg
——空载质量	kg
——沥青罐装载量	kg
——最小洒布速度	km/h
——外形尺寸：	
——长，l_4	mm
——宽	mm
——高，h_1	mm
——前悬尺寸，l_1	mm
——前后轴距，l_2	mm
——后悬尺寸，l_3	mm
——外转弯半径	m
——内转弯半径	m
——最大轴载荷	daN
——发动机额定功率	kW
——最大行驶速度	km/h

4.3 **沥青罐性能和特征**

4.3.1 **一般性能**

——沥青罐容积；	m^3
——额定容量；	m^3
——工作压力。	MPa

4.3.2 **沥青罐结构特征**

沥青罐各部件的详细说明如图2、图3所示。

——沥青罐本身的几何形状：

——圆形（图2中1）；

——椭圆形（图2中2）；

——鼓形(图2中3)。

——防冲击隔板（图2中4）；

——检修孔（图2中5）；

——清洗孔（图2中6）；

——液位指示器（图2中7）；

——隔热层：型式和厚度（图2中8）；

——隔热层外壳（图2中9）；

——通道装置：

——平台（图2中10）；

——通往检修孔的梯子(图2中11)；

——防护栏（图2中12）。

——加热装置（图2中13）；

——直接加热：

——明火加热（图3中1）；

——电热管加热（图3中2）。

——导热油间接加热（图3中3）。

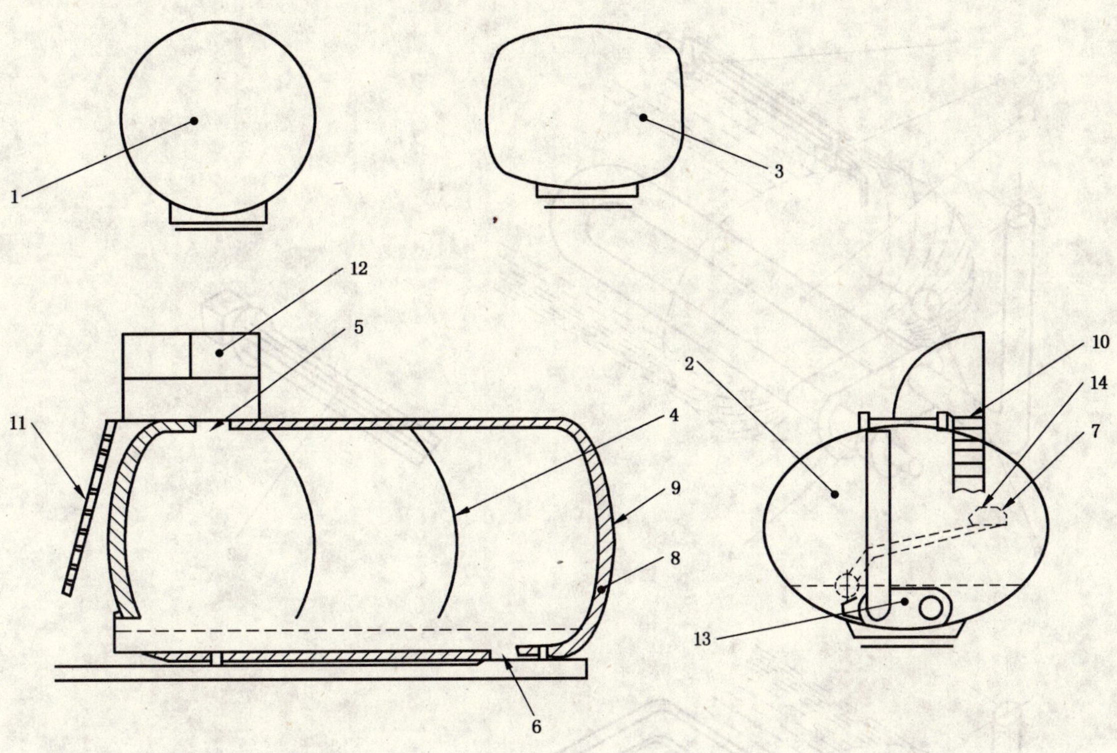

1——圆形罐　circular tank;

2——椭圆罐　elliptical tank;

3——鼓形罐　prismatic tank with round corners;

4——防冲击隔板　wash plate partition;

5——检修孔　inspection hole;

6——清洗孔　cleaning orifice;

7——液位指示器　level indicator;

8——隔热层　thickness of thermal insulation;

9——隔热层外壳　thermal insulation;

10——平台　access platform;

11——通往检修孔的梯子　ladder for access to inspection hole;

12——防护栏　guard rail;

13——加热装置　heating device;

14——沥青最高/最低液位报警器　detector for minimum/maximum level of binder。

图 2　沥青罐结构

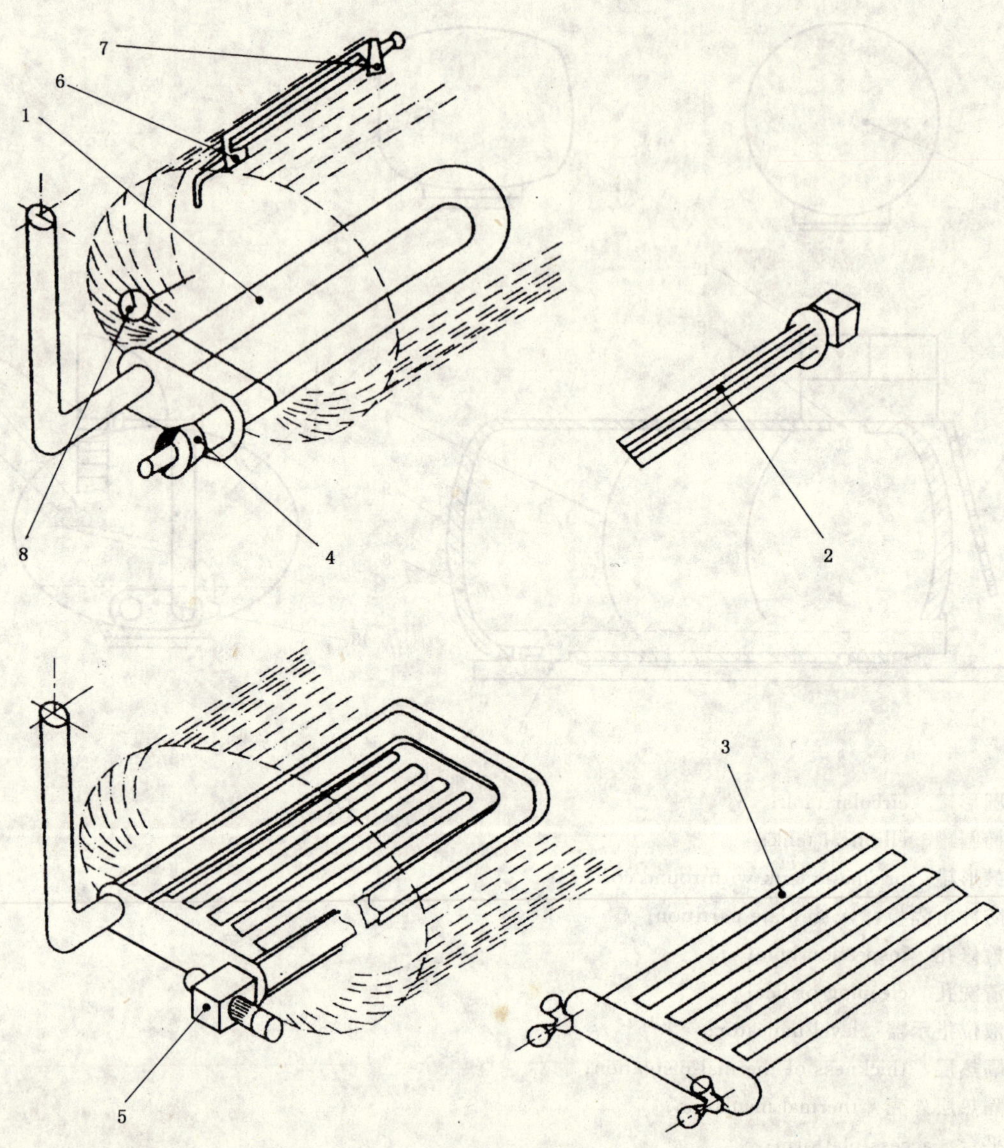

1——明火直接加热装置　direct heating by open flame;
2——电直接加热装置　direct electric heating;
3——导热油间接加热装置　indirect heating installation by hot oil;
4——手动控制燃烧器加热装置　hot oil installation with manual burner control;
5——自动控制燃烧器加热装置　hot oil installation with automatic burner control;
6——通风装置　venting device;
7——压力和真空溢流阀　pressure and vacuum relief valve;
8——自动调温器　thermostat。

图 3　沥青罐加热装置

4.4　燃烧器

燃烧器特征的详细说明如图 3 所示。

——手动控制燃烧器（图 3 中 4）;

——自动控制燃烧器（图 3 中 5）;

——沥青最低液位报警器（图 2 中 14）；
——沥青最高液位报警器（图 2 中 14）；
——通风装置（图 3 中 6）；
——压力和真空溢流阀（图 3 中 7）；
——温度计；
——自动调温器（图 3 中 8）。

4.5　沥青循环-喷洒装置

沥青泵及其传输性能的详细说明如图 4、图 5 所示。

——沥青泵（图 4 中 1）：
　——转速；　min^{-1}
　——流量。　dm^3/min
——泵的加热装置；
——沥青滤清器（图 4 中 2）；
——传动装置（两者选一）：
　——机械传动（图 4 中 3）；
　——液压传动。
——发动机动力取力口（图 4 中 4）；
——变速箱取力口（图 4 中 5）；
——驱动空压机的辅助发动机（图 5 中 2）；
——空压机（图 5 中 3）。

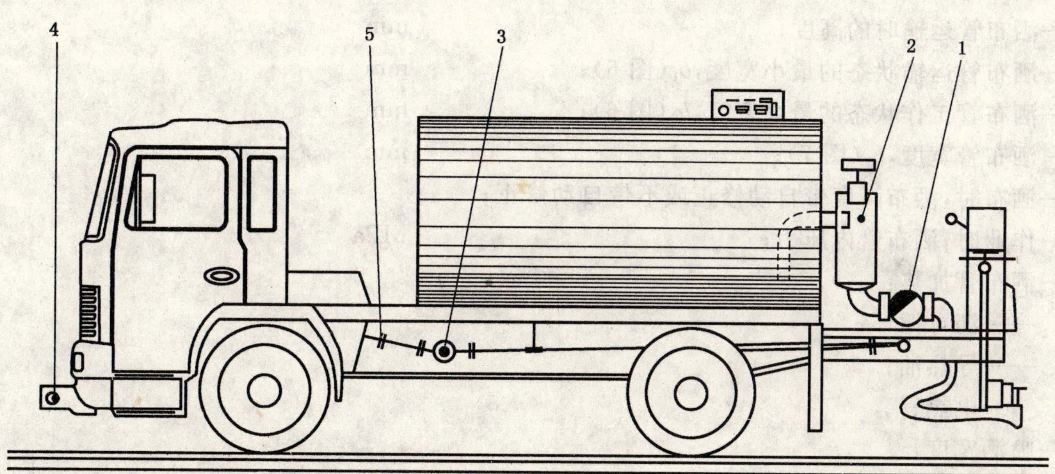

1——沥青泵　bitumen displacement pump；
2——沥青滤清器　bitumen filter；
3——传动装置　bitumen pump drive；
4——发动机动力取力口　power take-off on engine；
5——变速箱取力口　power take-off on gearbox。

图 4　带沥青泵的洒布机

1——沥青滤清器　bitumen filter；

2——驱动空压机的辅助发动机　auxiliary engine for driving compressor；

3——空压机　air compressor。

图 5　沥青恒压洒布机

4.6　洒布管

洒布管性能和特征的详细说明如下。

——洒布管提升型式：

　　——机械式；

　　——气动式；

　　——液压式。

——喷洒高度，h_2(图 7)；　mm

——洒布管运输时的高度；　mm

——洒布管运输状态的最小宽度，b_1(图 6)；　mm

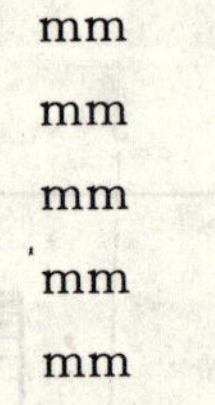

——洒布管工作状态的最大宽度，b_2(图 6)；　mm

——洒布管宽度，b_3(图 7)；　mm

——洒布时，洒布高度带自动修正或不带自动修正；

——作业时，洒布管内压力；　MPa

——洒布管加热：

　　——沥青循环；

　　——导热油；

　　——电热管。

——喷洒宽度：

　　——有效洒布宽度，b_4(图 7)；　mm

　　——中间洒布宽度，b_5(图 7)；　mm

　　——可覆盖洒布宽度，b_6(图 7)；　mm

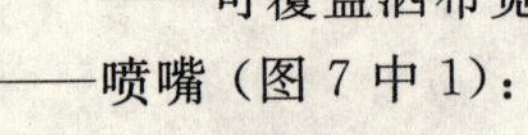

——喷嘴（图 7 中 1）：

　　——喷嘴数量；

　　——喷嘴控制；

　　——单喷嘴（图 7 中 2）；

　　——二个或二个以上喷嘴同时喷洒；

　　——机械式；

　　——气动式；

——液压式；

——喷嘴间距，b_7（图 7）； mm；

——喷洒面形状：扁平的扇形（图 7 中 3）；

——端头流体校正喷嘴（图 7 中 4）。

——喷嘴的位置：

——在洒布管内部；

——在洒布管外面。

——喷嘴的方向，α（图 7）。 (°)

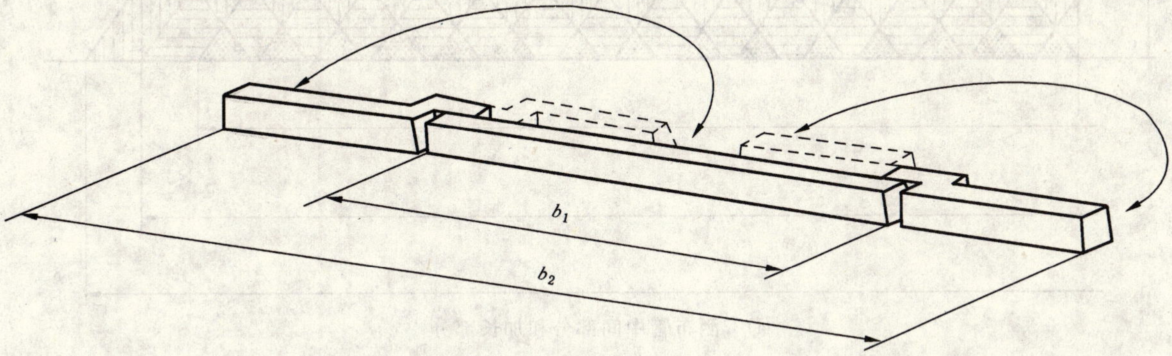

b_1

b_2

a） 洒布管中间部分和二折叠延长部分

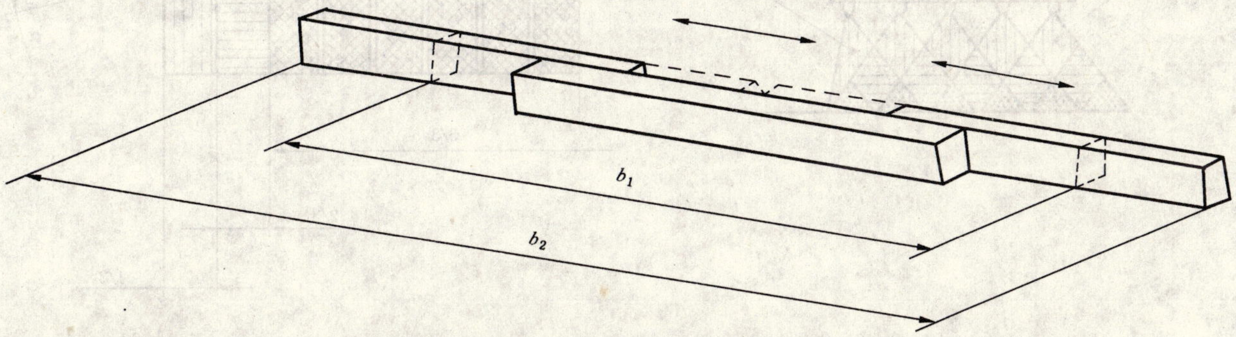

b_1

b_2

b） 洒布管中间部分和二端可伸缩延长部分

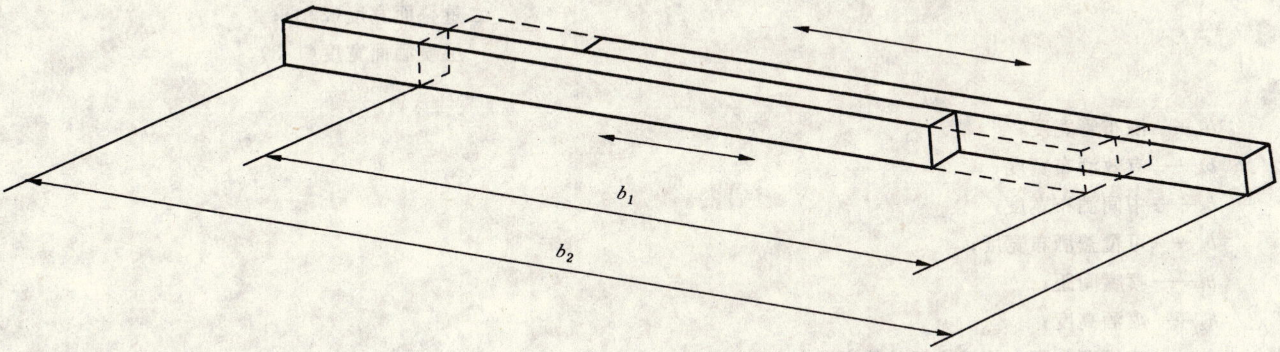

b_1

b_2

c） 两根洒布管伸缩延长部分

b_1——洒布管运输状态的最小宽度；

b_2——洒布管工作状态的最大宽度。

图 6 洒布管的结构布置图

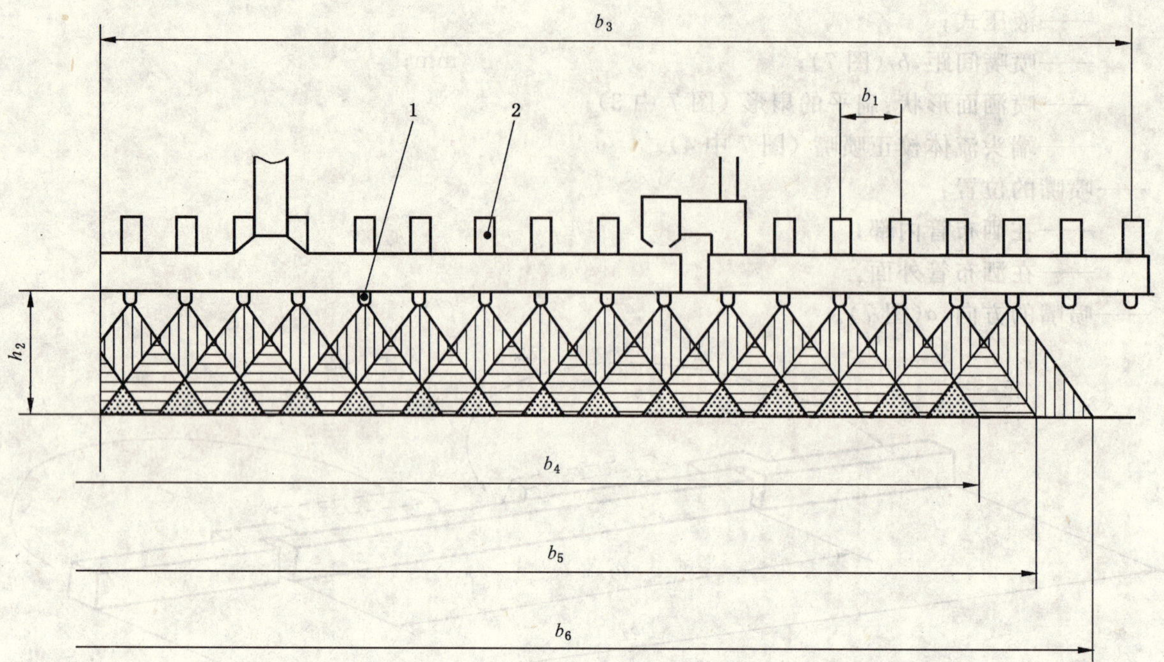

a） 洒布管中间部分和加长部分

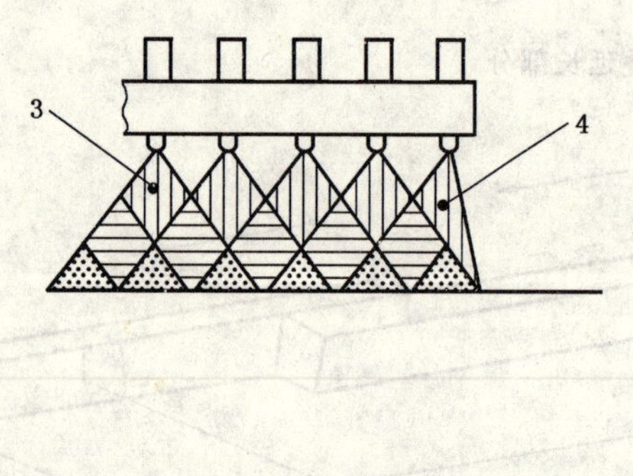

b） 加长洒布管和校正喷嘴

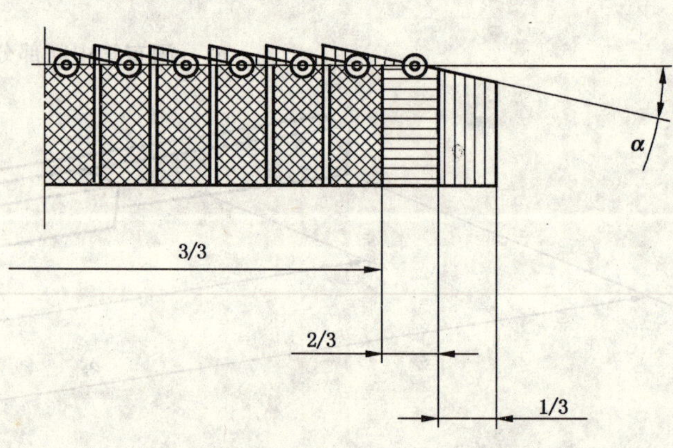

c） 洒布管喷洒在路面上的三种宽度：

三重叠面宽度(3/3)；

二重叠面宽度(2/3)；

一层喷洒面宽度(1/3)。

b_3——洒布管宽度；

b_4——有效洒布宽度；

b_5——中间洒布宽度；

b_6——可覆盖洒布宽度；

b_7——喷嘴间距；

h_2——喷洒高度；

α——喷洒面与洒布管轴线间的俯视夹角；

1——喷嘴　nozzle；

2——单喷嘴　individual nozzle；

3——喷洒面形状　flat binder jet shape；

4——端头流体校正喷嘴　end flow correcting nozzle。

图 7　喷嘴间距和沥青喷洒面形状

4.7 控制系统性能

4.7.1 位置、控制和调节装置

调节装置型式的详细说明如下：

——洒布管高度；

——喷嘴开关：

　　——统一控制；

　　——单个控制。

——洒布管横向移动；

——喷洒宽度。

4.7.2 检测和自动控制

检测和自动控制装置的详细说明如下：

——沥青泵转速指示器；

——行驶速度指示器；

——洒布管压力表；

——沥青罐内温度计；

——洒布管高度自动校正装置；

——自动比例控制和调节箱；

——车辆恒定前进速度的控制；

——在调整和喷洒时，显示、打印和记录参数的设备；

——远程控制箱。

参考文献

[1] EN 536:1999 道路施工机械 沥青搅拌设备 安全要求

中 文 索 引

英 文 索 引

T

V

W

ICS 91.220
P 97

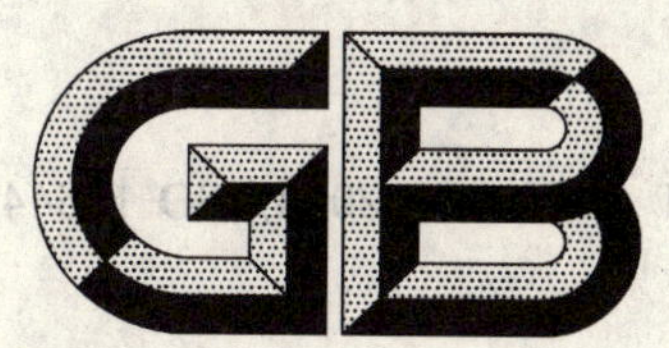

中华人民共和国国家标准

GB/T 7920.16—2004/ISO 15644:2002
代替 GB/T 7920.16—1987

道路施工与养护设备 石屑撒布机 术语和商业规格

Road construction and maintenance equipment—Chippings spreaders—Terminology and commercial specifications

(ISO 15644:2002,IDT)

2004-01-06 发布

2004-06-01 实施

中华人民共和国国家质量监督检验检疫总局
中国国家标准化管理委员会 发布

前言

本部分等同采用ISO 15644:2002《筑路与道路养护设备　石屑撒布机　术语和商业规格》(英文版)。

本部分等同翻译ISO 15644:2002。

为便于使用,本部分作了下列编辑性修改:

a) 将'本国际标准'一词改为'本部分';

b) 删除国际标准的前言和引言;

c) 增加本部分的前言;

d) 增加中文索引和英文索引部分。

本部分代替GB/T 7920.16—1987《石料摊铺机械术语》。

本部分与GB/T 7920.16—1987相比,主要变化如下:

a) 按照GB/T 1.1—2000、GB/T 20000.2—2001和GB/T 20001.1—2001的要求进行编制;

b) 标准名称改为《道路施工与养护设备　石屑撒布机　术语和商业规格》;

c) 增加了范围、商业文件规格等内容;

d) 删除了"石料摊铺机"的内容。

本部分由中华人民共和国建设部提出。

本部分由北京建筑机械化研究院归口。

本部分起草单位:长沙建设机械研究院、长沙中联重工科技发展股份有限公司。

本部分主要起草人:甘建国,李祥兰。

道路施工与养护设备 石屑撒布机 术语和商业规格

1 范围

本部分规定了石屑撒布机的术语和定义、技术性能及商业规格的参数。

本部分适用于道路施工与养护用的石屑撒布机(以下简称撒布机)。

2 规范性引用文件

下列文件中的条款通过 GB/T 7920 的本部分的引用而成为本部分的条款。凡是注日期的引用文件,其随后所有的修改单(不包括勘误的内容)或修订版均不适用于本部分,然而,鼓励根据本部分达成协议的各方研究是否可使用这些文件的最新版本。凡是不注日期的引用文件,其最新版本适用于本部分。

EN 13020 路面处理机械 安全技术要求

3 术语和定义

下列术语和定义适用于本部分。

3.1

石屑撒布机 chippings spreader

以一定的速率在道路撒布石屑料层的机械。

注:石屑撒布机依据工作方式可分为车载式、自行式和自卸卡车推行式三种型式。

3.2

车载式石屑撒布机 transported chippings spreader

在卡车或半挂车尾部增设撒布机构的机械。

注:石屑撒布方式可由布料辊撒布[传送式见图 2.a),撒布式见图 3.a)],也可从料斗底部靠重力撒布[见图 3.b)]。

3.3

自行式石屑撒布机 self-propelled chippings spreader

能自行的石屑撒布机。

3.4

自卸卡车推行式石屑撒布机 chippings spreader pushed by tipper truck

撒布机行走轮轴与自卸卡车的后轴对接,依靠自卸卡车推行前进。

注:撒布机的传送辊由行走轮轴驱动。

3.5

撒布机底盘 transport vehicle

可以安装有整套撒布机部件并提供撒布作业所需动力的卡车或半挂车底盘。

3.6

卸料斗 dumping body

撒布和运输作业时,贮存石屑的箱形料斗。

注:卸料斗(见图 1)给石屑撒布装置提供石屑,可装有刮料挡板或输送带。

3.7

卸料斗分隔板　partial partition of dumping body

料斗内设置的分隔壁板，其作用是改善轮轴负荷和减少撒布装置的载荷。

3.8

石屑撒布装置　chippings spreading device

安装在自卸卡车尾部的撒布机构。撒布作业时，自卸卡车大多以后退挡工作。

注：石屑撒布装置安装在卸料斗的后挡板位置。石屑撒布装置应根据底盘的结构型式设计。

3.9

操纵台　control station

包含有控制和调节装置的部件总成。

注1：车载式石屑撒布机操纵台的典型布置型式是固定或连接安装在工作平台上。操纵台可满足如下功能：石屑撒布机的启动与停车控制、调节带刻度或不带刻度的流量调节刮板、调节撒布宽度和料斗倾翻角度。

注2：自行式石屑撒布机操纵台的功能包括：控制车辆行进、控制贮料斗供料和石屑的撒布作业。操作者在操纵台能监控到撒布作业，通常包括：通过车速表和每个布料辊转动计数器监控车速、牵引卡车挂钩的控制、调控输送带、流量调节刮板、箱门堵料板或撑板、可调容积的受料斗。

3.10

动力装置　power plant

由发动机、驱动轨链装置和驱动轴组成的总成。其功能是在石屑撒布机撒布作业和转场时，具有行驶能力。

3.11

进料系统　feed system

实现石屑从接收料斗至撒布料斗间传输的传送装置。

注：石屑撒布机通过后置的拖钩与卡车或半挂车连接，卡车或半挂车上的石屑可以卸入接收料斗，一个或多个传送带将石屑从接收料斗传送至撒布料斗。进料系统由一个可以向传送带供料的接受料斗和将石屑从接受料斗传送至撒布料斗的传送带所组成。

3.12

撒布料斗　spreading hopper

由一个或多个传送带向其供料的箱体，并可将石屑定量地撒布到地面(见图12)。

注：具有固定宽度的撒布料斗可配置一个传送辊，对可加长撒布料斗或活动撒布料斗则可配置多个传送辊。每个安置于料斗底部的传送辊‘1’能按一定规则输出石屑流。传送辊的转速由石屑撒布机的行进速度自动地控制。石屑的通过量可由流量调节刮板‘2’的开启程度来决定。喂料器‘3’保证撒布到地面的石屑料层符合要求。对于固定宽度的撒布料斗，其撒布宽度依靠调节料斗箱门堵料板或斜刮板‘4’实现。对于可加长撒布料斗的位置调整和切断板的调整均会改变提供给撒布辊的料层宽度，从而也就改变了路面撒布料层的宽度。

3.13

料斗倾翻角　dumping body tilt angle

卸料斗底面与水平面的夹角，沿车辆纵轴线方向测量(见图1中α)。

3.14

料斗侧斜角　dumping body slope

卸料斗底面与水平面的夹角，沿车辆横轴线方向测量(见图1中β)。

3.15

料斗后悬　rear overhang of dumping body

料斗倾翻轴中心至料斗最后点之间的距离(见图8)。

3.16

离地间隙　clearance

撒布机最低部件离地面的距离，在料斗回位时测得(见图 8)。

4 石屑撒布机操作

4.1 料斗的出料方式

取料式：通过传送辊或传送带从料斗取料(见图 2)，能根据车辆的行进速度自动调节石屑流量。

分料式：通过撒布辊或依靠重力布料(见图 3)，其石屑流量不能通过喂料机构控制，因为喂料机构要求恒定的车速和恒定的料斗倾斜角。

有关石屑撒布机的安全规范请参阅 EN 13020。

4.2 石屑流量调节

单位宽度流量的调节如图 4 所示。流量调节刮板(或刻度板)可改变石屑流层的厚度，其调节方式如下：

——调节流量调节刮板或是料斗箱门堵料板；

——调节撒布辊或输送带速度。

4.3 撒布宽度调节

撒布宽度调节可调节料斗箱门堵料板或斜刮板(见图 5)。

4.4 与车辆速度关联的自动控制

为获得均匀的撒布料层，对于撒布辊转速、输送带速度或流量调节刮板的开度，都应与车辆的行进速度相关联，除非后者保持绝对匀速。

4.5 布料器

基本型布料器具有下列典型特征(见图 6)：

——光滑型或分隔型；

——平整的或曲面的。

带有内置式或可分离式撒布板的布料器，可安装在带有可折叠延展翼的两侧，可使撒布宽度大于车体的宽度。

5 商业文件规格

5.1 车载式石屑撒布机

5.1.1 主机

下列部件如图 1 所示：

——底盘；

——卸料斗；

——石屑撒布装置；

——操纵台；

——分隔板。

5.1.2 尺寸参数

5.1.2.1 运输状态

尺寸如图 8a)所示：

——后挂长度　　　　　　mm；

——斗底悬出高度　　　　mm；

——料斗后悬长度　　　　mm；

——车辆总后悬长度　　　mm；

——离地间隙　　　　　　mm；

——总宽度　　　　　　　mm。

5.1.2.2 工作状态(料斗起升 40°)

尺寸如图 8b)所示：

——石屑跌落高度 mm；

——斗底高度 mm；

——总撒布宽度 mm。

5.1.3 质量特性参数

特性参数如下：

——石屑装载量 kg；

——石屑撒布机满载质量 kg；

——石屑撒布机空载质量 kg；

——底盘车的满载质量 kg。

5.2 自行式石屑撒布机

5.2.1 主机

下列部件如图 9 所示：

——动力装置；

——驱动轴；

——受料斗；

——输送带；

——撒布料斗；

——操纵台(带驾驶室或不带驾驶室)；

——牵引钩。

5.2.2 尺寸参数

尺寸如图 10 和图 11 所示：

——总长 mm；

——总高 mm；

——离地间隙 mm；

——总宽(撒布料斗收拢) mm；

——受料斗容积 m^3；

——撒布料斗容积 m^3；

——牵引销离地高度 mm；

——牵引钩至受料斗后边缘的相对距离 mm；

——受料斗后边缘离地高度 mm；

——牵引销轴孔直径 mm；

——牵引车牵引销离地高度 mm；

——卸料斗水平位置时，卸料斗出口边至牵引销相对距离 mm；

——卸料斗倾斜 40°时，卸料斗出口边至牵引销相对距离 mm；

——卸料斗水平位置且满载时，卸料斗出口边离地高度 mm；

——卸料斗倾斜 40°且满载时，卸料斗出口边离地高度 mm；

——牵引车牵引销轴孔直径 mm。

5.2.3 质量特性

特性参数如下：

——满载总质量 kg；

——空载质量 kg。

5.3　自卸卡车推行式石屑撒布机

5.3.1　主机

下列部件如图 13 所示：

——撒布料斗；

——由撒布机车轮驱动的可反转齿轮箱；

——传送辊[1)]；

——行走轮；

——推行梁，带有连接凸缘，可与推行卡车后边轮缘对接；

——撒布厚度调节手柄；

——操纵台。

5.3.2　技术性能参数

技术性能参数如图 13 所示：

——撒布宽度　mm；

——料斗容积　m^3；

——空载质量　kg；

——车轮(数量，直径)

——推行梁连接凸缘尺寸　mm；

——总体外形尺寸：

——最大长度　mm；

——宽度　mm；

——高度　mm；

——轮距(至车轮对称中线)　mm；

——料斗长度　mm；

——料斗高度　mm；

——操纵台宽度　mm；

——料斗至推行轮轴最小距离　mm；

——推行梁连接凸缘安装调整间距　mm；

——离地间隙　mm。

1)　在 ISO 15644 图 13 中没有表示。

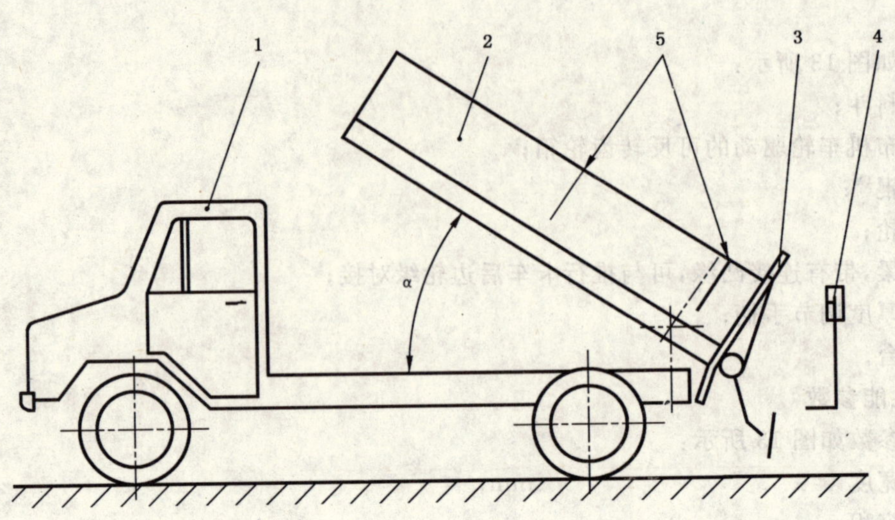

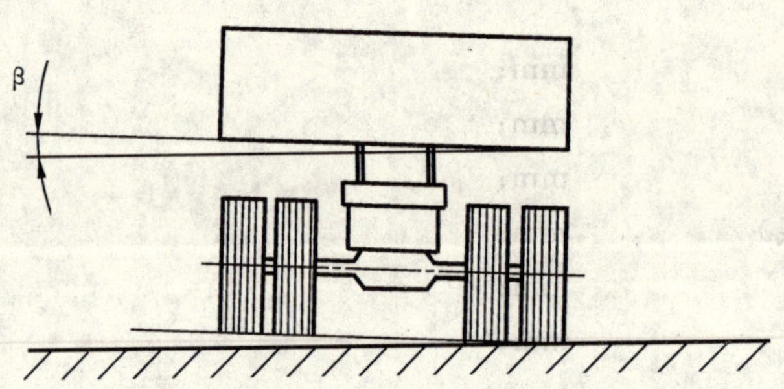

1——底盘　transporting vehicle;
2——卸料斗　dumping body;
3——石屑撒布装置　chippings spreading device;
4——操纵台　control station;
5——分隔板　partial partition;
α——料斗倾翻角(°);
β——料斗倾斜角(°)。

图 1　车载式石屑撒布机

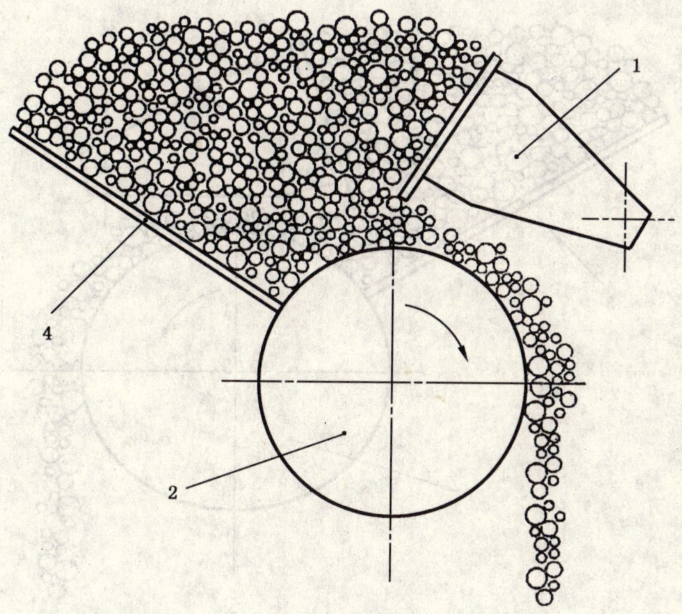

a） 依靠传送辊出料

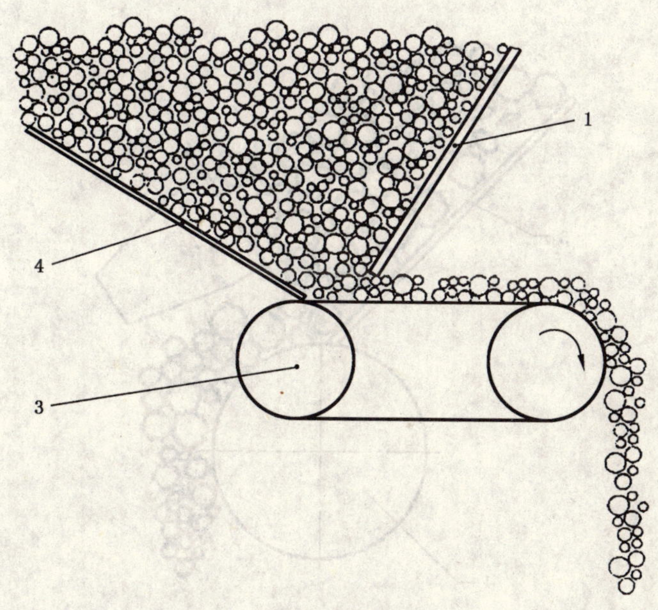

b） 依靠输送带出料

1——流量调节刮板 flow blade；
2——传送辊 delivery roller；
3——输送带馈料机构 conveyor feeder；
4——卸料斗底面 dumping body bottom。

图2 取料式的出料方式

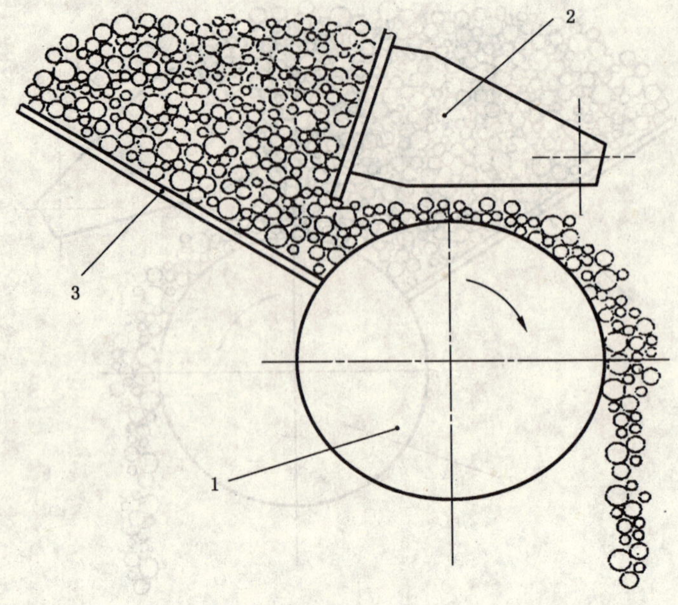

a) 依靠撒布辊出料

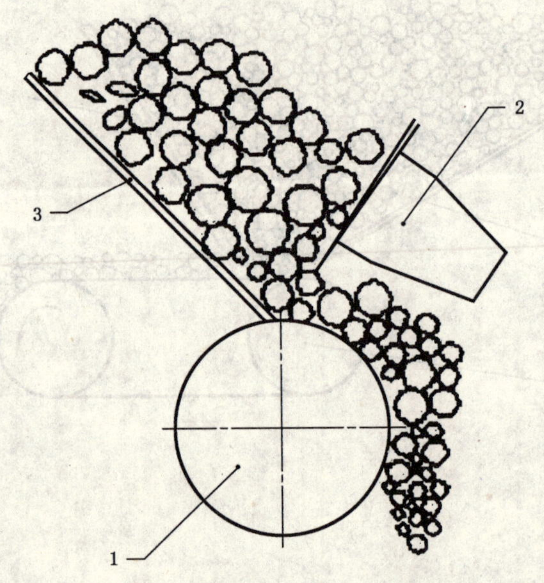

b) 依靠重力出料

1——撒布辊 spreading roller；

2——流量调节刮板 flow blade；

3——卸料斗底面 dumper bottom。

图 3 分料式的出料方式

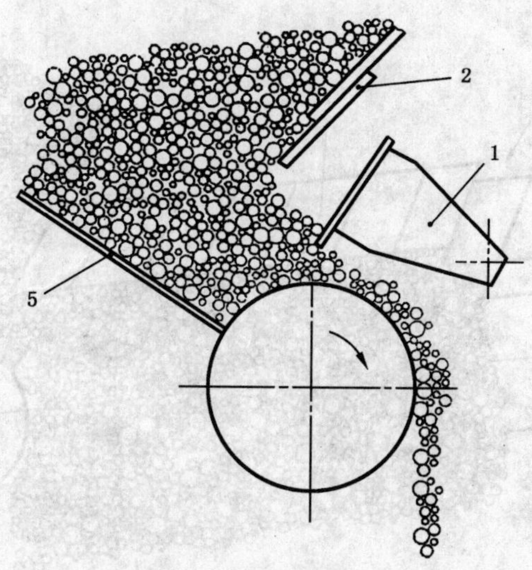

a) 流量调节刮板和料斗箱门分置型式

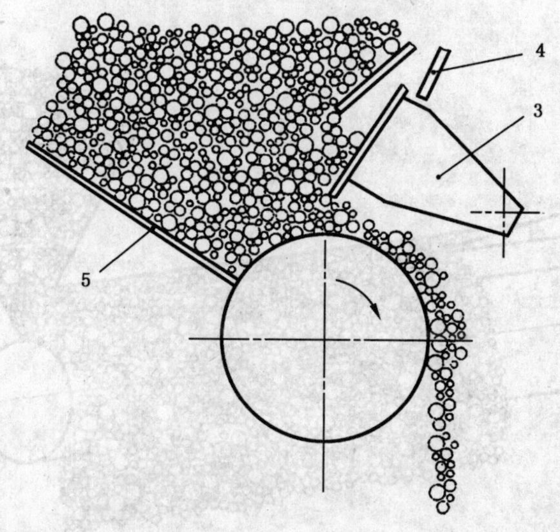

b) 流量调节刮板和料斗箱门集成型式

1——流量调节刮板 flow blade;

2——料斗箱门 bin gates;

3——料斗箱门和流量调节刮板 bin gates and flow blade;

4——流量调节堵料板 flow stop;

5——卸料斗底面 dumping body bottom。

图 4 单位宽度流量的调节

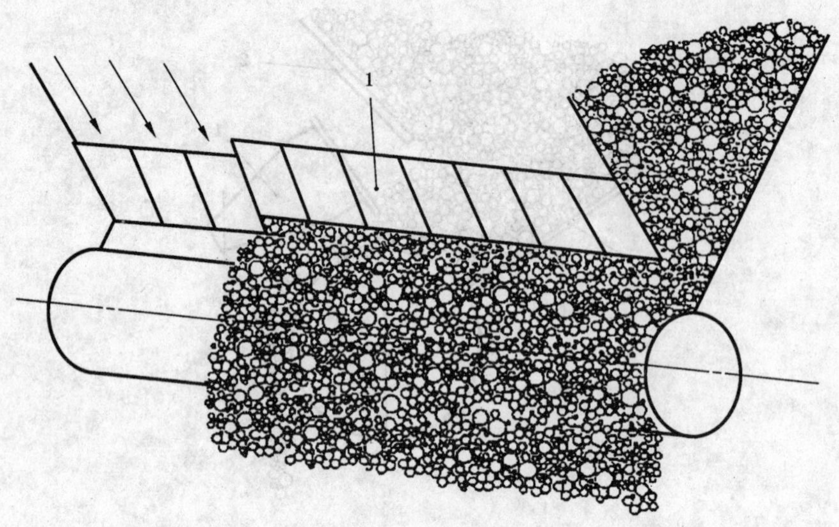

a) 调节料斗箱门

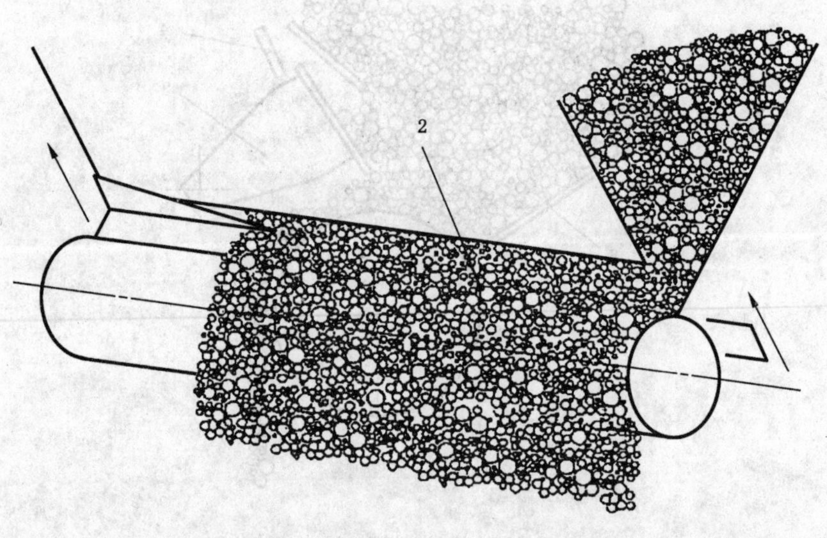

b) 调节斜刮板

1——料斗箱门 bin gates;

2——斜刮板 slanting blades。

图 5 调节撒布宽度

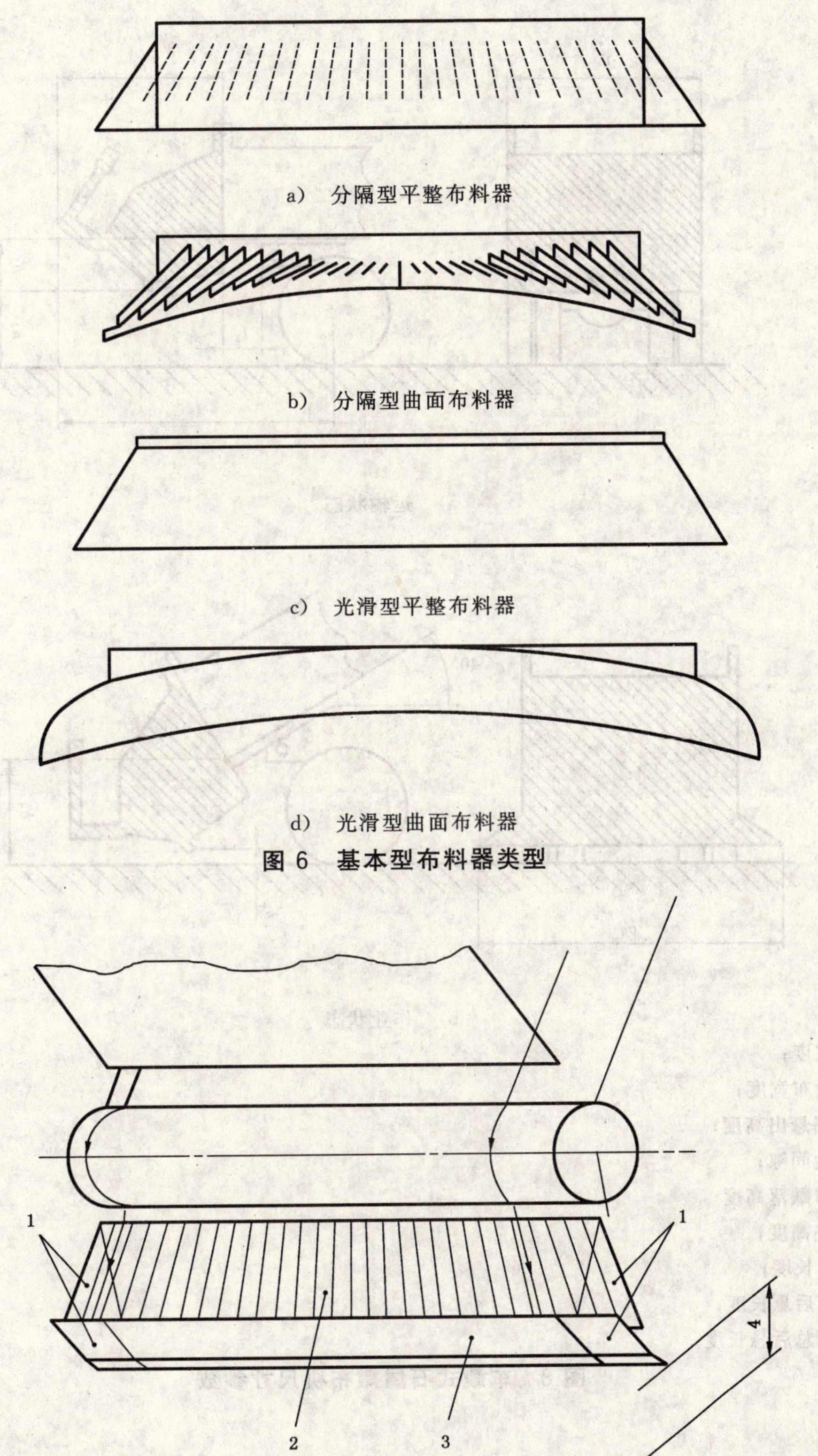

a) 分隔型平整布料器

b) 分隔型曲面布料器

c) 光滑型平整布料器

d) 光滑型曲面布料器

图 6 基本型布料器类型

1——可折叠延展翼 folding flaps;

2——布料器 diffuser;

3——喂料器 feeder;

4——跌落高度 height of fall。

图 7 带进料装置布料器

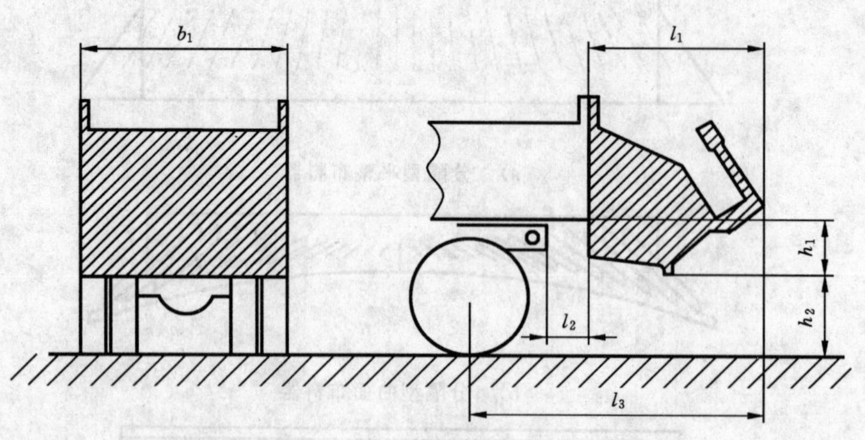

a) 运输状态

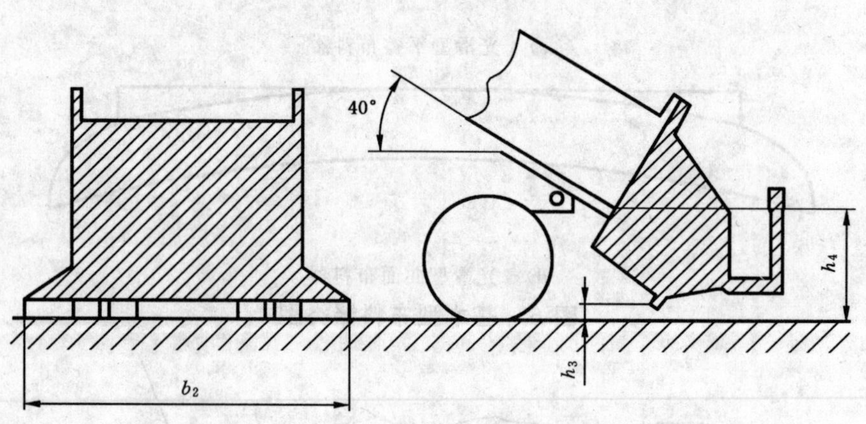

b) 作业状态

b_1——总宽度；

b_2——总撒布宽度；

h_1——斗底悬出高度；

h_2——离地间隙；

h_3——石屑跌落高度；

h_4——斗底高度；

l_1——后挂长度；

l_2——料斗后悬长度；

l_3——车辆总后悬长度。

图 8 车载式石屑撒布机尺寸参数

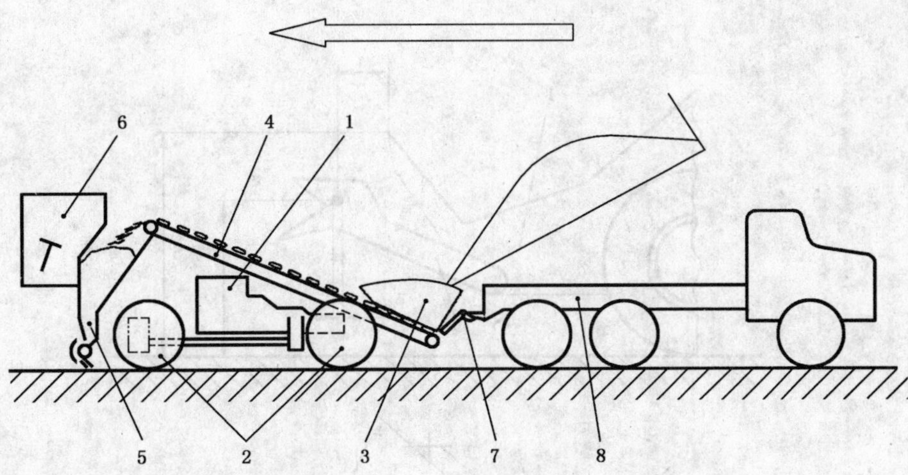

1——动力装置　power plants；

2——驱动轴　4×2 或 4×4　driven axle(s) 4×2 or 4×4；

3——受料斗　receiving hopper；

4——输送带　conveyor(s)；

5——撒布料斗　spreading hopper(s)；

6——操纵台　control station；

7——牵引钩　tow hook；

8——自卸卡车　towed dump truck。

图 9　自行式石屑撒布机

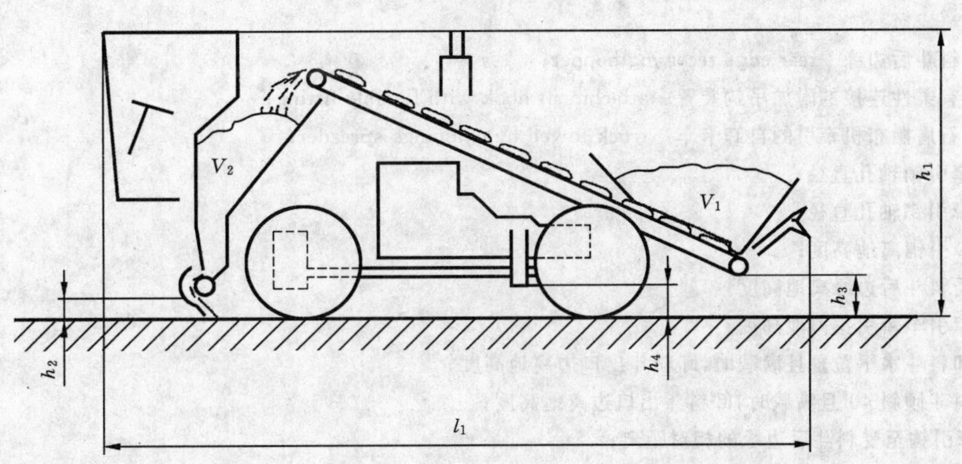

h_1——总高；

h_2——前部离地间隙；

h_3——后部离地间隙；

h_4——中部离地间隙；

l_1——总长；

V_1——受料斗容积；

V_2——撒布料斗容积。

图 10　自行式石屑撒布机总体尺寸

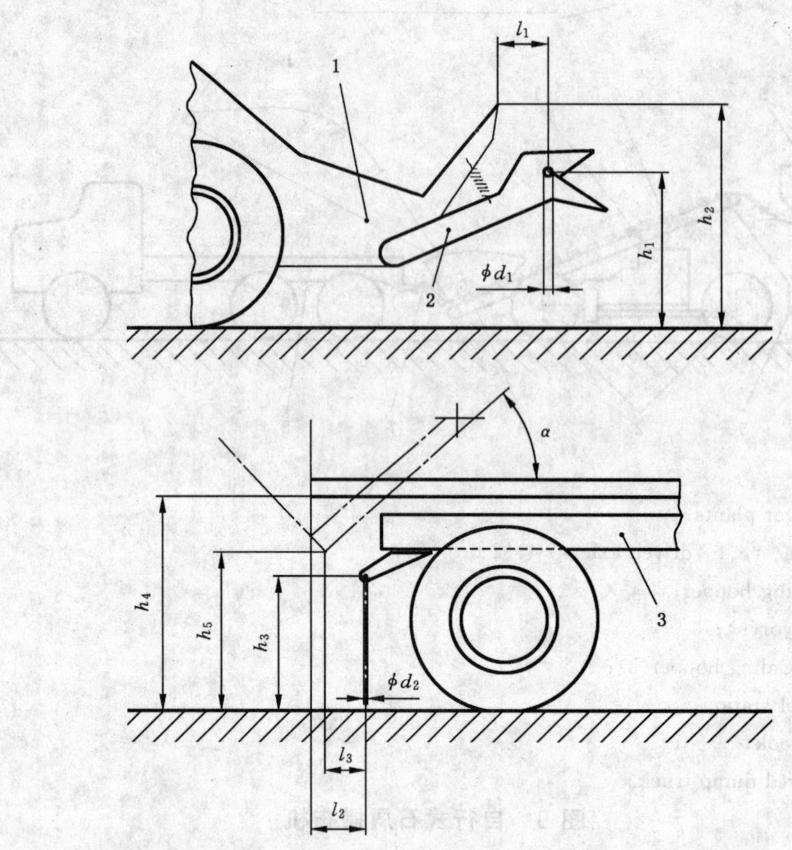

1——受料斗后边缘　rear edge receiving hopper;

2——具有柔性连接的附加吊钩装置　attachment hook with flexible fitting;

3——被石屑撒布机牵引的自卸卡车　truck towed by chippings spreader;

d_1——牵引销轴孔直径；

d_2——牵引销轴孔直径；

h_1——牵引销离地高度；

h_2——受料斗后边缘离地高度；

h_3——牵引车牵引销离地高度；

h_4——卸料斗水平位置且满载时，卸料斗出口边离地高度；

h_5——料斗倾斜 40°且满载时，卸料斗出口边离地高度；

l_1——牵引钩至受料斗后边缘的相对距离；

l_2——卸料斗水平位置时，卸料斗出口边至牵引销相对距离；

l_3——卸料斗倾斜 40°时，卸料斗出口边至牵引销相对距离；

α——料斗倾翻角(40°)。

图 11　牵引钩尺寸和位置

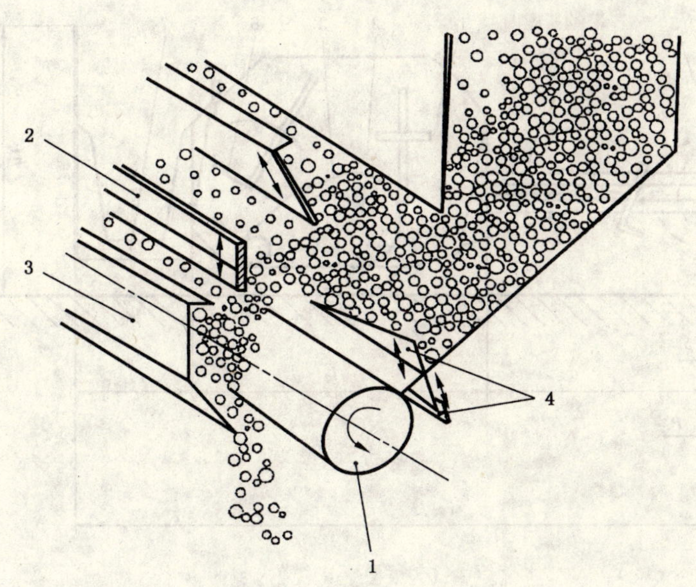

1——传送辊　delivery roller；
2——流量调节刮板　flow blade；
3——喂料器　feeder；
4——料斗箱门或斜刮板　bin gates or slanting blades。

图 12　撒布料斗

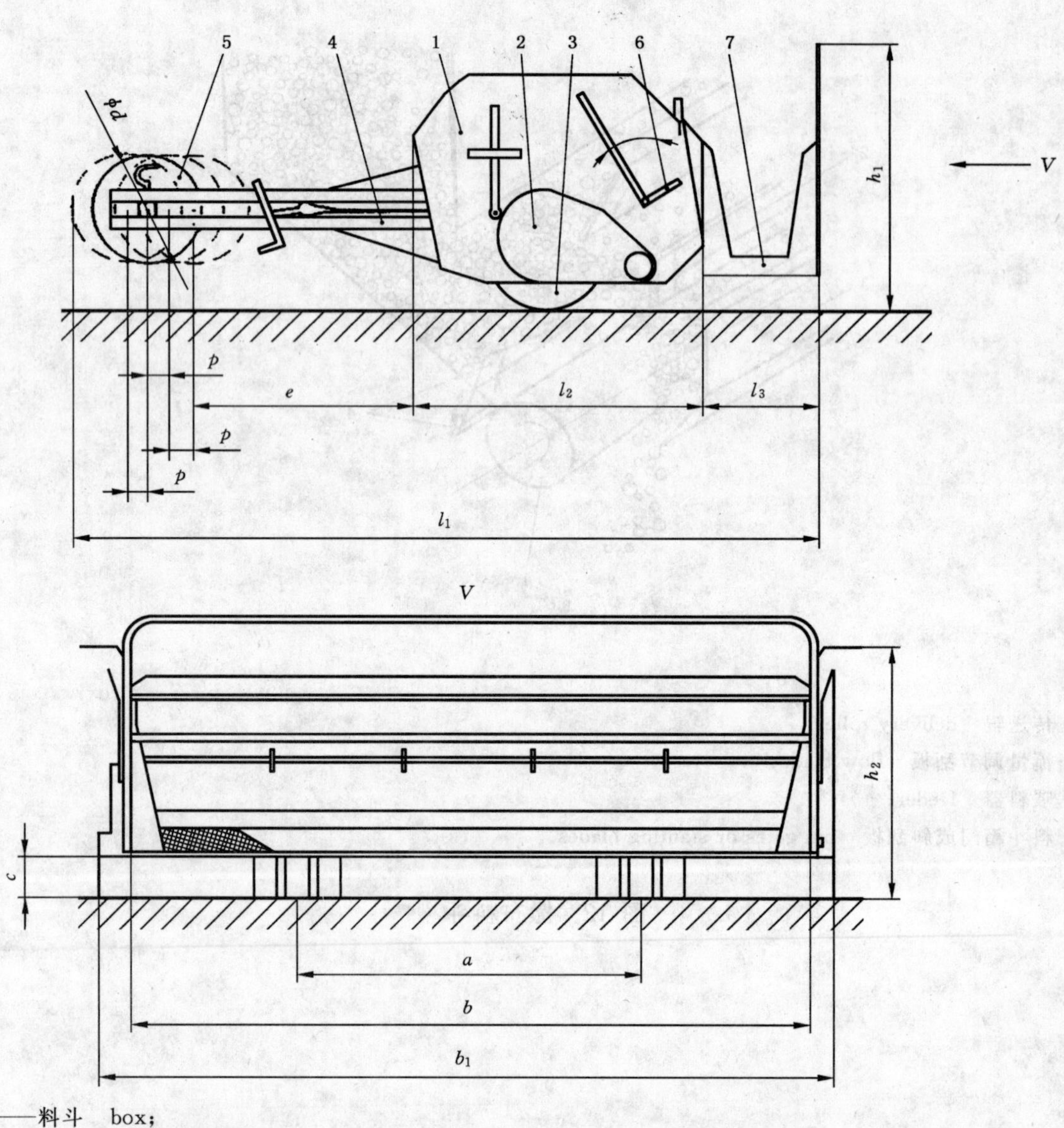

1——料斗　box;

2——由撒布机车轮驱动的可反转齿轮箱　reversible gear box driven by the spreader wheels;

3——行走轮　travelling wheels;

4——推行梁　push beams;

5——可与推行卡车后边轮缘对接的连接凸缘　flanged heads for fitting to the rims of the rear truck wheels;

6——撒布石屑流量调节手柄　handle to adjust flow rate of spreading chips;

7——操作平台　working platform;

a——轮距(至车轮对称中线);

b——撒布宽度;

b_1——宽度;

c——离地间隙;

d——推行梁连接凸缘尺寸;

e——料斗至推行轮轴最小距离;

h_1——高度;

h_2——料斗高度;

l_1——最大长度;

l_2——料斗长度;

l_3——操作平台长度;

p——推行梁连接凸缘安装调整间距。

图 13　自卸卡车推行式石屑撒布机

中文索引

英文索引

P

R

S

T

W

ICS 25.080.50
J 55

中华人民共和国国家标准

GB/T 7923—2004
代替 GB/T 7923—1987

立轴矩台平面磨床 参数

Surface grinding machines with vertical grinding wheel spindle and reciprocating table—Parameters

2004-06-09 发布 2004-12-01 实施

中华人民共和国国家质量监督检验检疫总局
中国国家标准化管理委员会 发布

前 言

本标准是对 GB/T 7923—1987《立轴矩台平面磨床　参数》进行的修订。修订时，本标准除按 GB/T 1.1—2000《标准化工作导则　第1部分：标准的结构和编写规则》的要求进行编写外，在标准结构、技术内容上进行了调整和完善。

本标准与 GB/T 7923—1987 相比主要变化如下：

——按照 GB/T 1.1 的规定，增加了"前言"，标准内容划分为"范围"、"规范性引用文件"、"参数"3章，内容和图表符合编写规则的要求；

——对标准参数表的工作台面长度参数进行了修改，增加了砂轮线速度、工作台最大速度、垂直最小进给值、加工工件最大重量等参数。

与本标准相配套的标准有：

——GB/T 6476—1986　立轴矩台平面磨床　精度检验；

——JB/T 4183.1—1999　立轴矩台平面磨床　系列型谱；

——JB/T 4183.2—1999　立轴矩台平面磨床　技术条件。

本标准自实施之日起，代替 GB/T 7923—1987。

本标准由中国机械工业联合会提出。

本标准由全国金属切削机床标准化技术委员会(SAC/TC 22)归口。

本标准起草单位：杭州平面磨床研究所。

本标准主要起草人：黄强、陈向东、陈小飞。

本标准所代替标准的历次版本发布情况为：

GB/T 7923—1987。

立轴矩台平面磨床 参数

1 范围

本标准规定了工作台面宽度 200 mm～630 mm 的立轴矩台平面磨床的参数。

本标准适用于新设计的一般用途的立轴矩台平面磨床。

2 规范性引用文件

下列文件中的条款通过本标准的引用而成为本标准的条款。凡是注日期的引用文件，其随后所有的修改单(不包括勘误的内容)或修订版均不适用于本标准，然而，鼓励根据本标准达成协议的各方研究是否可使用这些文件的最新版本。凡是不注日期的引用文件，其最新版本适用于本标准。

GB/T 158—1996 机床工作台 T 形槽和相应螺栓(eqv ISO 299:1987)

3 参数

型式见图 1，参数宜符合表 1 的规定。

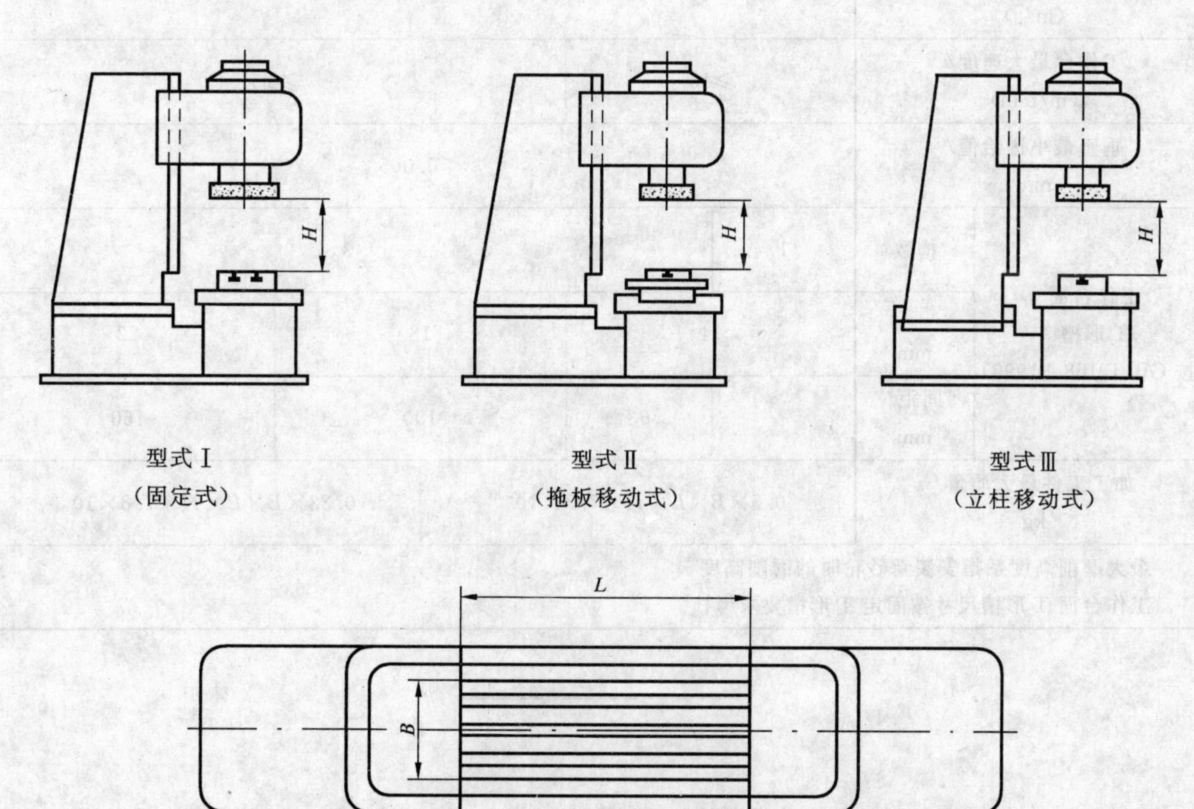

B—工作台面宽度；
L—工作台面长度；
H—最大磨削高度。

图 1 立轴矩台平面磨床型式

表 1 立轴矩台平面磨床参数

工作台面宽度 B/mm		200	250	320	400	500	630
最大磨削高度 H/mm		320		400		500	630
工作台面长度 L/mm		630	630				
			1 000	1 000	1 000		
				1 250	1 250	1 250	
				1 600	1 600	1 600	1 600
				2 000	2 000	2 000	2 000
					2 500	2 500	2 500
					3 000	3 000	3 000
							4 000
砂轮直径/mm		220～300		350～400	450～550		650～750
砂轮线速度/(m/s)		≤30					
工作台最大速度/(m/min)		≥15		≥25			
垂直最小进给值/mm		≤0.005					
工作台面T形槽（按GB/T 158—1996）	槽数	1	3				
	宽度/mm	14		18		22	
	间距/mm	—	63	100		160	
加工工件最大质量/kg		$0.5\times B\times L\times H\times 7.8\times 10^{-6}$			$0.33\times B\times L\times H\times 7.8\times 10^{-6}$		

最大磨削高度系指安装新砂轮时的磨削高度。

工作台面T形槽尺寸按固定T形槽要求考核。

ICS 25.080.50
J 55

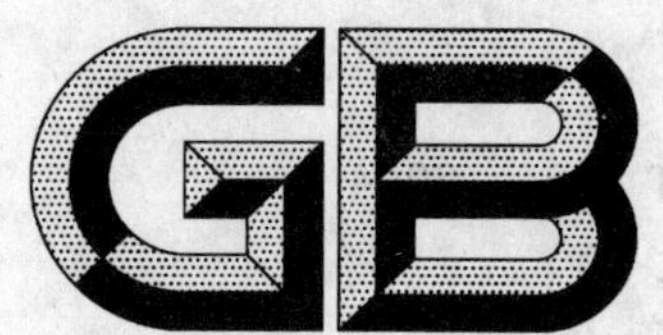

中华人民共和国国家标准

GB/T 7924—2004
代替 GB/T 7924—1987

光学曲线磨床 参数

Optical projection profile grinding machines—Parameters

2004-06-09 发布

2004-12-01 实施

中华人民共和国国家质量监督检验检疫总局
中国国家标准化管理委员会 发布

前　言

本标准是对 GB/T 7924—1987《光学曲线磨床　参数》进行的修订。修订时，本标准除按照 GB/T 1.1—2000《标准化工作导则　第1部分：标准的结构和编写规则》的要求进行了编辑性修改外，在参数规格上作了适当调整。

本标准与 GB/T 7924—1987 相比主要变化如下：

——按照 GB/T 1.1 的规定，增加了“前言”、“范围”和“规范性引用文件”；

——内容格式和图表按编写规则进行了修改；

——在第3章中增加了“砂轮主轴转速”、“T形槽宽度”等内容。

与本标准相配套的标准有：

——JB/T 9912.1—1999　光学曲线磨床　系列型谱；

——JB/T 9912.2—1999　光学曲线磨床　精度检验；

——JB/T 9912.3—1999　光学曲线磨床　技术条件。

本标准自实施之日起，代替 GB/T 7924—1987。

本标准由中国机械工业联合会提出。

本标准由全国金属切削机床标准化技术委员会(SAC/TC 22)归口。

本标准起草单位：上海第三机床厂。

本标准主要起草人：陈伟、范浩、王信华。

本标准所代替标准的两次版本发布情况为：

——GB/T 7924—1987。

光学曲线磨床　参数

1　范围

本标准规定了最大磨削长度为100 mm～320 mm的光学曲线磨床和数控光学曲线磨床的参数。

本标准适用于新设计的一般用途的光学曲线磨床和数控光学曲线磨床。

2　规范性引用文件

下列文件中的条款通过本标准的引用而成为本标准的条款。凡是注日期的引用文件，其随后所有的修改单(不包括勘误的内容)或修订版均不适用本标准，然而，鼓励根据本标准达成协议的各方研究是否可使用这些文件的最新版本。凡是不注日期的引用文件，其最新版本适用于本标准。

GB/T 158—1996　机床工作台　T形槽和相应螺栓(eqv ISO 299:1987)

3　参数

型式见图1，参数宜符合表1的规定。

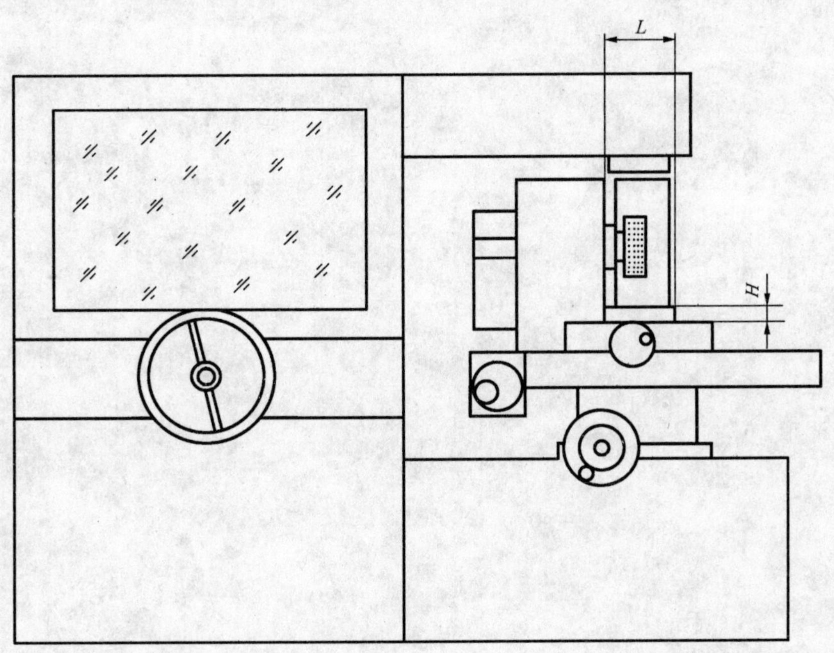

L——最大磨削长度；

H——最大磨削厚度。

图1　型式

表 1 参数

最大磨削长度 L/mm	100	160	200	250	320
最大磨削厚度 H/mm	45	—	—	—	—
	70	70	—	—	—
	110	110	110	110	110
	—	170	170	170	170
砂轮主轴转速/(r/min)	3 200～6 500				
砂轮直径 D/mm	100,120,150,175				
物镜放大倍数	10×[a],20×,50×,100×[a]				
T 形槽宽度(GB/T 158—1996)/mm	8,10,12				
砂轮主轴锥度	1∶5				

[a] 扩大机床使用性能时用。

ICS 17.040.30
J 42

中华人民共和国国家标准

GB/T 8061—2004
代替 GB/T 8061—1987

杠杆千分尺

Micrometer with dial comparator

2004-02-10 发布　　2004-08-01 实施

中华人民共和国国家质量监督检验检疫总局
中国国家标准化管理委员会　发布

前言

本标准自实施之日起，代替GB/T 8061—1987《杠杆千分尺》。

本标准与GB/T 8061—1987相比主要变化如下：

——增加了分度值为0.001 mm、0.002 mm、0.005 mm(本版的1)；

——修改了误差的定义(1987年版的1；本版的3.2、3.3)；

——删除了指示表的示值范围(1987年版的2.2)；

——增加了数字显示等读数方式的示意图(本版的第4.1)；

——修改了影响外观缺陷的要求(1987年版的3.1；本版的5.1)；

——增加了尺架、测微螺杆、测砧的制造材料要求(本版的5.2)；

——增加了测微螺杆伸出的圆柱部分直径规格(1987年版的2.3；本版的5.4.1)；

——增加了测微螺杆伸出的圆柱部分长度(本版的5.4.2)；

——增加了测微螺杆与螺母、轴套之间的配合要求(本版的5.4.3、5.4.4)；

——修改了测量面测力及测力变化(1987年版的3.16；本版的5.5)；

——增加了测微螺杆锁紧时两测量面间的距离变化(本版的5.6)；

——增加了测量面的硬度(本版的5.7.1)；

——修改了测量面的错位量要求(1987年版的3.7；本版的5.7.4)；

——增加了微分筒上标尺分度和标尺间隔要求(本版的5.8.1)；

——增加了微分筒上的标尺间距要求(本版的5.8.2)；

——修改了标尺标记宽度下限值(1987年版的3.8；本版的5.8.2)；

——增加了微分筒锥面的斜角要求(本版的5.8.3)；

——增加了带计数器的要求(本版的5.9)；

——修改了指示表指针的变动量(1987年版的3.18；本版的5.10.6)；

——修改了指示表的示值误差(1987年版的3.18；本版的5.11)；

——修改了校对量杆的长度公差值，取消了其平面度公差和平行度公差要求(1987年版的3.20；本版的5.13.2)；

——检验方法不再作为附录(1987年版的附录A；本版的6)；

——修改了指示表示值变动性的检验方法(1987年版的附录A6；本版的6.6)。

本标准由中国机械工业联合会提出。

本标准由全国量具量仪标准化技术委员会归口。

本标准由青海量具刃具有限责任公司负责起草。

本标准主要起草人：严永红、张洪玲。

本标准所代替标准的历次版本发布情况为：

——GB/T 8061—1987。

杠 杆 千 分 尺

1 范围

本标准规定了杠杆千分尺的术语和定义、型式与基本参数、要求、检验方法和标志与包装等。

本标准适用于测微头的分度值为 0.01 mm、0.001 mm、0.002 mm、0.005 mm，量程为 25 mm，指示表的分度值为 0.001 mm 或 0.002 mm，测量上限 l_{max} 不应大于 100 mm 的杠杆千分尺。

2 规范性引用文件

下列文件中的条款通过本标准的引用而成为本标准的条款。凡是注日期的引用文件，其随后所有的修改单(不包括勘误的内容)或修订版均不适用于本标准，然而，鼓励根据本标准达成协议的各方研究是否可使用这些文件的最新版本。凡是不注日期的引用文件，其最新版本适用于本标准。

GB/T 17163—1997 几何量测量器具术语 基本术语

3 术语和定义

GB/T 17163—1997 中确立的以及下列术语和定义适用于本标准。

3.1

杠杆千分尺 micrometer with dial comparator

利用杠杆传动机构，将尺架上两测量面间的相对轴向运动转变为指示表指针的回转运动，由指示表读取两测量面间的微小位移量的微米级外径千分尺。

3.2

最大允许误差 maximun permissible error

由技术规范、规则等对杠杆千分尺规定的误差极限值。

3.3

(指示表的)最大允许误差 maximun permissible error of dial gauges

忽略了尺架、测微头的影响，仅针对指示表规定的误差极限值。

3.4

位置误差 position error

杠杆千分尺在垂直位置与水平位置时，杠杆千分尺上指示表的示值之差。

4 型式与基本参数

4.1 型式

杠杆千分尺的型式见图 1 所示，图示仅供图解说明。

4.2 基本参数

杠杆千分尺的测量范围宜为 0 mm～25 mm、25 mm～50 mm、50 mm～75 mm、75 mm～100 mm。

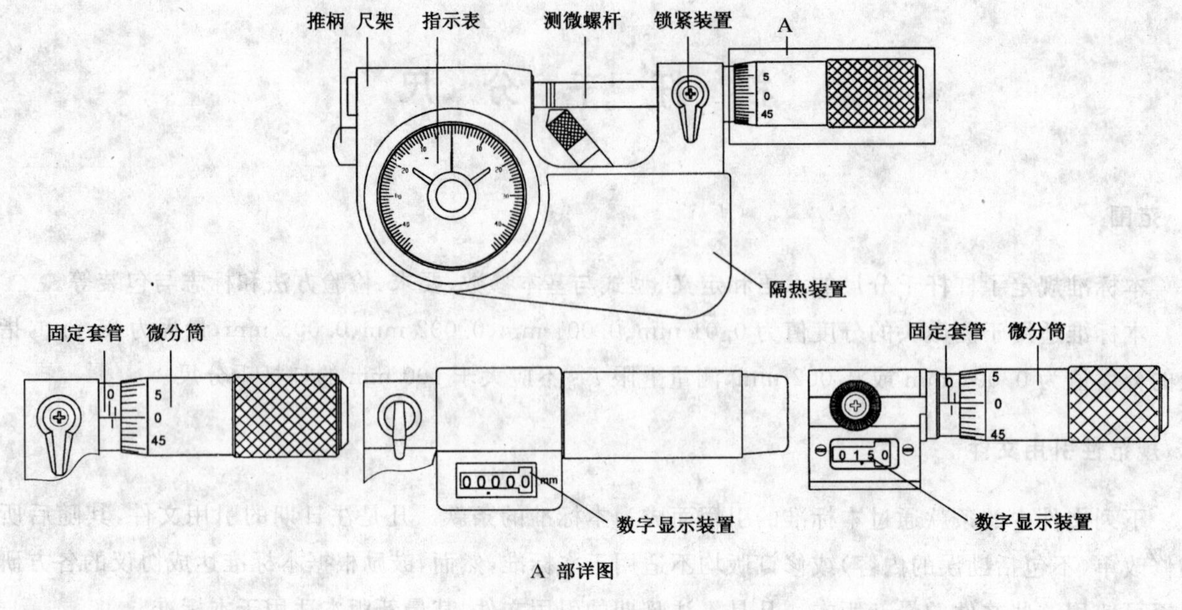

图 1

5 要求

5.1 外观

杠杆千分尺的测量面上不应有影响使用性能的锈蚀、碰伤、划痕、裂纹等缺陷。

5.2 材料

5.2.1 尺架应选择钢、可锻铸铁或其他类似性能的材料制造。

5.2.2 测微螺杆和测砧应选择合金工具钢、不锈钢或其他类似性能的材料制造，其测量面宜镶硬质合金或其他耐磨材料。

5.3 尺架

尺架应具有足够的刚性，尺架上宜安装隔热板或装置。

5.4 测微螺杆和活动测砧

5.4.1 测微螺杆伸出尺架的光滑圆柱部分的公称直径尺寸宜选择 6.5 mm、7.5 mm 或 8.0 mm。

5.4.2 杠杆千分尺在达到测量上限时，其测微螺杆伸出尺架的长度不应小于 3 mm。

5.4.3 测微螺杆和螺母之间在全量程范围内应充分啮合且配合应良好，不应出现卡滞和明显窜动。

5.4.4 测微螺杆伸出尺架的光滑圆柱部分与轴套之间的配合应良好，不应出现明显摆动。

5.4.5 活动测砧伸出尺架的长度不应小于 3 mm。

5.4.6 活动测砧的移动应平稳、灵活，其移动量应大于 0.5 mm。

5.5 测力装置

杠杆千分尺应具有测力装置。通过测力装置移动测微螺杆，并作用到测微螺杆测量面与球面接触的测力应在 5 N 至 10 N 之间，测力变化不应大于 2 N。

5.6 锁紧装置

杠杆千分尺应具有能有效地锁紧测微螺杆的装置；当锁紧时，两测量面间的距离与未锁紧时的变化差不应大于 0.3 μm。

5.7 测量面

5.7.1 合金工具钢测量面的硬度不应小于 760 HV1(或 62 HRC)，不锈钢测量面的硬度不应小于 575 HV5(或 53 HRC)。

5.7.2 测量面的边缘应倒钝，其平面度误差不应大于 0.3 μm(距测量面边缘为 0.4 mm 的区域内不计)。

5.7.3 两测量面间的平行度误差不应大于表1的规定。

表 1

指示表的分度值/mm	平行度公差/μm	
	用平晶检定	用量块检定
0.001	0.6	1.0
0.002	1.0	1.2

5.7.4 杠杆千分尺两测量面不应有明显的偏位。

5.8 标尺

5.8.1 微分筒上应有50或100个标尺分度。

5.8.2 微分筒上的标尺间距不应小于0.8 mm,标尺标记的宽度应在0.08 mm至0.20 mm之间。

5.8.3 微分筒上圆锥面的斜角宜在7°至20°范围内;微分筒圆锥面棱边至固定套管表面的距离不应大于0.4 mm。

5.8.4 固定套管上的标尺标记与微分筒上的标尺标记应清晰,其宽度差不应大于0.03 mm。

5.8.5 杠杆千分尺对零位时,微分筒圆锥面的端面棱边至固定套管标尺标记的距离,允许压线不大于0.05 mm、离线不大于0.10 mm。

5.9 数字显示装置

当移动带计数器杠杆千分尺的测微螺杆时,其计数器应按顺序进位,无错乱显示现象;微分筒指示值与计数器读数值的差值不应大于3 μm;各位数字码和不对零时的各位数字码(尾数不进位时除外)的中心应在平行于测微螺杆轴线的同一直线上。

5.10 指示表

5.10.1 公差指示器应调整方便,在工作状态下不应有变动。

5.10.2 调零机构应方便可靠,调整范围不应小于+5分度至−5分度,在工作状态下零位不应有变动。

5.10.3 表盘上的标尺标记应清晰,标尺间距不应小于0.8 mm,标尺标记的宽度应在0.08 mm至0.20 mm之间,标尺标记的宽度差不应大于0.05 mm。

5.10.4 指针的尖端宽度应在0.1 mm至0.2 mm之间,指针尖端的下表面与表盘表面间的距离不应大于0.5 mm,指针尖端应盖住短标尺标记长度的30%至80%。

5.10.5 在未锁紧测微螺杆的情况下,沿测微螺杆的轴线方向作用10 N的力时,指针的转动量不应超过1/2个分度。

5.10.6 在锁紧测微螺杆时,分度值为0.001 mm指示表的指针转动量不应超过1/3个分度,分度值为0.002 mm指示表的指针转动量不应超过1/4个分度。

5.11 (指示表的)最大允许误差、示值变动性和位置误差

指示表的最大允许误差、示值变动性和位置误差不应大于表2的规定。

表 2

指示表的分度值/mm	指示表的最大允许误差/μm			示值变动性/μm	位置误差/μm
	0至±20分度范围内	±20分度至±30分度范围内	全示值范围		
0.001	±0.5	±1.0	±1.5	0.3	0.2
0.002	±1.0	±2.0	±3.0	0.5	0.4

5.12　最大允许误差

杠杆千分尺的最大允许误差不应大于表3的规定。

表 3

测量上限 l_{max}/mm	最大允许误差/μm
$l_{max} \leqslant 50$	3.0
$50 < l_{max} \leqslant 100$	4.0

5.13　校对量杆和调整工具

5.13.1　杠杆千分尺应提供用于调整零位和补偿测微螺杆与螺母螺纹之间磨损的调整工具。

5.13.2　测量上限等于或大于50 mm的杠杆千分尺应提供校对量杆，校对量杆的标称尺寸和尺寸偏差见表4的规定、测量面的硬度不应小于760 HV1(或62 HRC)及表面粗糙度 Ra 值不应大于0.025 μm。

表 4

校对量杆的标称尺寸/mm	校对量杆的尺寸偏差/μm
25	±0.3
50	±0.4
75	±0.5

6　检验方法

6.1　测力

将活动测砧按其轴线垂直于水平面安装，在借助一钢球将测量面的测量力作用于感量不大于0.2 N的测力计上，由指示表示值范围的两个极限位置上(+30分度、—30分度)的测量力的算术平均值，即为杠杆千分尺的测量力值；两个极限位置上(+30分度、—30分度)的测量力值之差，即为杠杆千分尺的测量力变化。

6.2　锁紧装置

调整指针与任意标尺标记重合，然后锁紧测微螺杆，由指示表上读取指针偏离基准标尺标记的距离。

6.3　测量面的平行度

采用光学平行平晶(1级)进行检验，测量面上不应出现两条以上的相同颜色的干涉环或干涉带。检验时应调整平晶使测量面上的干涉带或干涉环的数目应尽可能少，或使其产生封闭的干涉环。

6.4　测量面的平面度

采用光学平面平晶(1级)进行检验，测量面上不应出现1条以上的相同颜色的干涉环或干涉带。检验时应调整平晶使测量面上的干涉带或干涉环的数目应尽可能少，或使其产生封闭的干涉环。

6.5　(指示表的)最大允许误差

在杠杆千分尺的两测量面之间放置尺寸为1 mm的量块并校准零位；然后参用下述规定的量块组依次放置各量块进行检测，并由指示表上读取各受检点的示值偏差，其偏差值的最大值即为指示表的示值误差。0至±20分度范围内每隔2个分度为一受检点，±20分度至±30分度范围内每隔10个分度为一受检点。

a)　指示表分度值为0.001 mm的杠杆千分尺采用尺寸为0.950 mm、0.960 mm、0.970 mm、0.980 mm、0.982 mm、0.984 mm、0.986 mm、0.988 mm、0.990 mm、0.992 mm、0.994 mm、0.996 mm、0.998 mm、1.000 mm、1.002 mm、1.004 mm、1.006 mm、1.008 mm、1.010 mm、1.012 mm、1.014 mm、1.016 mm、1.018 mm、1.020 mm、1.030 mm、1.040 mm、1.050 mm的量块组。

b) 指示表分度值为 0.002 mm 的杠杆千分尺采用尺寸为 0.940 mm、0.960 mm、0.964 mm、0.968 mm、0.972 mm、0.976 mm、0.980 mm、0.984 mm、0.988 mm、0.992 mm、0.996 mm、1.000 mm、1.004 mm、1.008 mm、1.012 mm、1.016 mm、1.020 mm、1.024 mm、1.028 mm、1.032 mm、1.036 mm、1.040 mm、1.060 mm 的量块组。

6.6 指示表的示值变动性

在杠杆千分尺的两测量面之间放置一量块或球面测头，使指示表指针从负方向(－)向正方向(＋)转动到任意位置，并锁紧测微螺杆；推动拨杆，重新校准作为受检点，然后拨动推杆 5～10 次，待指示表机构稳定后，取指针偏离受检点的最大值即为指示表的示值变动性。

6.7 位置误差

以指示表上的零位和两个极限位置(＋30 分度和－30 分度)作为受检点。检测时，先在水平面内调整指针与受检点标尺标记重合；然后锁紧测微螺杆，在垂直面任意方位上读取指针偏离受检点标尺标记的距离。检测读数时不应拨动推杆。

6.8 最大允许误差

将杠杆千分尺紧固在夹具上，校准零位后，依次在两测量面之间先后放置一组尺寸系列为2.5 mm、5.1 mm、7.7 mm、10.3 mm、12.9 mm、15.0 mm、17.6 mm、20.2 mm、22.8 mm 和 25 mm 的准确度级别为 1 级的专用量块进行检验，由杠杆千分尺指示表上的指示值与上述 10 个位置上与量块尺寸的 10 个差值，以其中最大差值的绝对值作为杠杆千分尺的示值误差。

对于测量上限等于或大于 50 mm 的杠杆千分尺，需采用适应于各种测量范围的专用量块或将量块研合进行检验，其计算方法同上述方法。

7 标志与包装

7.1 杠杆千分尺上至少应标有：

a) 制造厂厂名或注册商标；

b) 测量范围；

c) 指示表的分度值；

d) 产品序号。

7.2 校对量杆上应标志长度标称尺寸。

7.3 杠杆千分尺包装盒上至少应标有：

a) 制造厂厂名或注册商标；

b) 产品名称；

c) 测量范围。

7.4 杠杆千分尺在包装前应经过防锈处理并妥善包装，不得因包装不善而在运输过程中损坏产品。

7.5 杠杆千分尺经检定符合本标准要求的应附有产品合格证，产品合格证上应标有本标准的标准号、产品序号和出厂日期。

ICS 17.040.30
J 42

中华人民共和国国家标准

GB/T 8122—2004
代替 GB/T 8122—1987

内径指示表

Dial bore gauges

2004-02-10 发布 2004-08-01 实施

中华人民共和国国家质量监督检验检疫总局
中国国家标准化管理委员会 发布

前　言

本标准是对 GB/T 8122—1987《内径百分表》的修订，本标准自实施之日起，代替 GB/T 8122—1987《内径百分表》。

本标准与 GB/T 8122—1987 相比主要变化如下：

——将内径百分表和内径千分表统称为内径指示表；

——适用范围增加了数显指示表；

——增加了分度值为 0.001 mm 的内径指示表；

——用允许误差、重复性误差的定义代替示值总误差和示值变动性；

——增加了术语和定义（本版的 3.2、3.3、3.4、3.6）；

——删除了术语和定义（1987 年版的 1.3、1.4）；

——修改了手柄下部长度 H 值（1987 年版的 2.2、本版的 4.2）；

——修改了示值总误差值和相邻误差值（1987 年版的 3.3；本版的 5.4）；

——修改了测量力和接触压力值（1987 年版的 3.4；本版的 5.5）；

——修改了测量面硬度和表面粗糙度仅作定性规定（1987 年版的 3.5、3.6；本版的 5.3.1）；

——增加了测量面的曲率半径要求（本版的 5.3.2）；

——检验方法不再作为附录（1987 年版的附录 A；本版的 6）；

本标准由中国机械工业联合会提出。

本标准由全国量具量仪标准化技术委员会归口。

本标准由无锡广陆仪表有限公司负责起草。

本标准主要起草人：吴纪岳、陶葆祥。

本标准所代替标准的历次版本发布情况为：

——GB/T 8122—1987。

内 径 指 示 表

1 范围

本标准规定了内径指示表的术语和定义、型式与基本参数、要求、检验方法和标志与包装等。

本标准适用于分度值或分辨力为 0.01 mm 和 0.001 mm，测量范围 l 为 6 mm 至 450 mm 的内径指示表。

2 规范性引用文件

下列文件中的条款通过本标准的引用而成为本标准的条款。凡是注日期的引用文件，其随后所有的修改单(不包括勘误的内容)或修订版均不适用于本标准，然而，鼓励根据本标准达成协议的各方研究是否可使用这些文件的最新版本。凡是不注日期的引用文件，其最新版本适用于本标准。

GB/T 17163—1997 几何量测量器具术语 基本术语

3 术语和定义

GB/T 17163—1997 中确立的以及下列术语和定义适用于本标准。

3.1

内径指示表 dial bore gauges

利用机械传动系统，将活动测量头的直线位移转变为指针在圆刻度盘上的角位移，并由刻度盘进行读数的内尺寸测量器具。

3.2

相邻误差 adiacent error

内径指示表相邻受检点之间规定的误差极限值。

3.3

定中心误差 central error

在测量中，定位护桥式内径指示表的活动测量头和可换测量头与校对环规接触点的连线偏离校对环规的直径所引起的误差。

3.4

工作行程 operation travel

内径指示表测量头用于测量的移动范围。

3.5

预压量 preset compression travel

内径指示表测量头工作行程前的预先压缩量。

3.6

手柄下部长度 lenth below grip

隔热手柄下端至测量头中心线的距离。

4 型式与基本参数

4.1 型式

内径指示表的型式见图 1 所示，图示仅供图解说明。

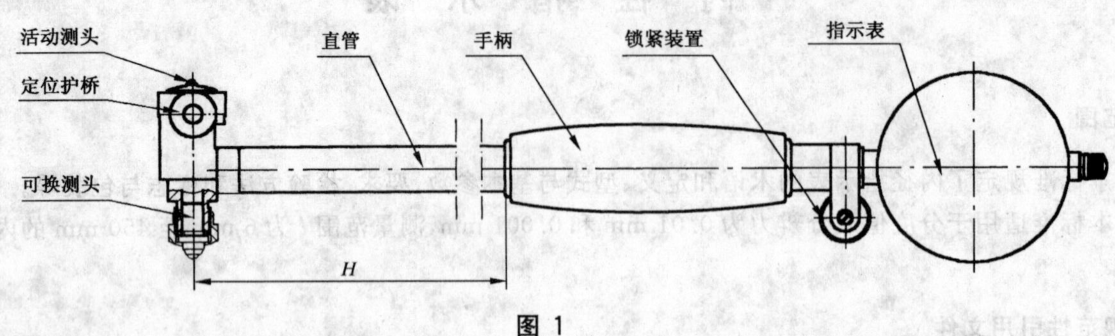

图 1

4.2 基本参数

内径指示表的测量范围、活动测量头的工作行程及预压量和手柄下部长度见表 1 的规定。

表 1

单位为毫米

分度值	测量范围	活动测量头的工作行程	活动测量头的预压量	手柄下部长度 H
0.01	6 至 10	≥0.6	0.1	≥40
	10 至 18	≥0.8		
	18 至 35	≥1.0		
	35 至 50	≥1.2		
	50 至 100	≥1.6		
	100 至 160			
	160 至 250			
	250 至 450			
0.001	6 至 10	≥0.6	0.05	
	18 至 35	≥0.8		
	35 至 50			
	50 至 100			
	100 至 160			
	160 至 250			
	250 至 450			

5 要求

5.1 外观

内径指示表各镀层、喷漆表面及测量头的测量面上不应有影响使用性能的锈蚀、碰伤、划痕等缺陷。

5.2 相互作用

内径指示表在正常使用状态下，测量机构的移动应平稳、灵活，无卡滞现象。

5.3 测量面

5.3.1 内径指示表测量头的测量面应由坚硬耐磨的材料制造，其表面应具有适当的表面粗糙度。

5.3.2 内径指示表测量头的测量面曲率半径不应大于测量下限值的 1/3。

5.4 误差

内径指示表的允许误差、相邻误差、定中心误差和重复性误差不应大于表 2 的规定。

表 2

<table>
<tr><th>分度值</th><th>测量范围 l</th><th>最大允许误差</th><th>相邻误差</th><th>定中心误差</th><th>重复性误差</th></tr>
<tr><td colspan="2">mm</td><td colspan="4">μm</td></tr>
<tr><td rowspan="4">0.01</td><td>6≤l≤10</td><td rowspan="2">±12</td><td rowspan="3">5</td><td rowspan="4">3</td><td rowspan="4">3</td></tr>
<tr><td>10<l≤18</td></tr>
<tr><td>18<l≤50</td><td>±15</td></tr>
<tr><td>50<l≤450</td><td>±18</td><td>6</td></tr>
<tr><td rowspan="4">0.001</td><td>6≤l≤10</td><td rowspan="2">±5</td><td rowspan="2">2</td><td rowspan="3">2</td><td rowspan="4">2</td></tr>
<tr><td>10<l≤18</td></tr>
<tr><td>18<l≤50</td><td>±6</td><td rowspan="2">3</td></tr>
<tr><td>50<l≤450</td><td>±7</td><td>2.5</td></tr>
<tr><td colspan="6">注 1:允许误差、相邻误差、定中心误差、重复性误差值为温度在 20℃时的规定值。
注 2:用浮动零位时,示值误差值不应大于允许误差“±”符号后面对应的规定值。</td></tr>
</table>

5.5 测量力

内径指示表活动测量头的测量力、定位护桥的接触压力不应大于表 3 的规定;在任何位置时,定位护桥的接触压力大应于活动测量头的测量力。

表 3

测量范围 l/mm	活动测量头的测量力/N	定位护桥的接触压力/N
6≤l≤35	4	8
35<l≤100	5	10
100<l≤450	6	15

6 检验方法

6.1 允许误差和相邻误差

6.1.1 将分度值或分辨力为 0.01 mm 的指示表安装在表架上,压缩指示表测量杆,使指示表指针旋转约 1 转(或数显指示表的相应行程),指针应指向在测量杆轴线方向的左上侧,然后将指示表夹紧。将内径指示表安装在专用检具(该检具 5 mm 长度内的示值误差的不确定度不应大于 2.0 μm,每 0.1 mm 长度内的示值误差的不确定度不应大于 1.0 μm)上,旋转检具上的测微头,对内径指示表进行预压量压缩后,再对指示表进行零位校准。然后,逐渐向一个方向压缩测量头,每隔 0.1 mm 间距进行一次检测,直至工作行程的终点。根据所检点的读数值绘制校准曲线见图 2,确定其示值误差和相邻误差。

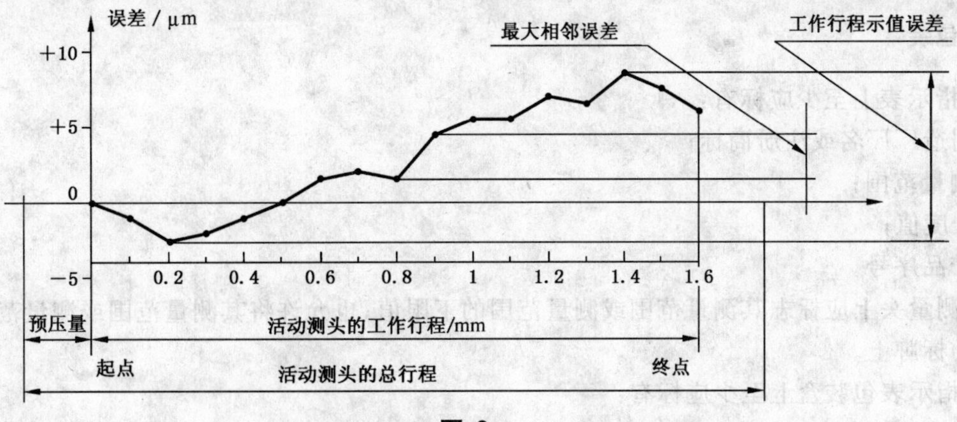

图 2

6.1.2 分度值或分辨力为 0.001 mm 的指示表采用千分表检查仪或万能测长仪进行检测；也可用 6.1.1规定的方法进行检测，其中压缩测量杆使指示表指针旋转约 1/4 转(或数显指示表的相应行程)，专用检具的示值误差的不确定度应不大于 0.5 μm。

6.2 重复性误差

在工作行程内的任意位置上进行检测。首先将内径指示表的测量头放进光滑环规(其参数见表 4)内，然后在测量头轴线和直管轴线所在平面内往复摆动内径指示表，在光滑环规的轴向平面内找到最小读数(转折点)，确定指示表的读数。在光滑环规的同一位置上重复进行 5 次，取其中最大读数值与最小读数值之差，即为内径指示表的重复性误差。

表 4

环规的内径尺寸 D/mm	环规内径的圆柱度公差值/μm	环规测量面的表面粗糙度 Ra 值/μm
$D \leqslant 50$	2.0	0.10
$50 < D \leqslant 160$	2.5	
$160 < D \leqslant 450$	3.0	

6.3 定中心误差

定位护桥式内径指示表的定中心误差采用内径尺寸接近测量下限的光滑环规进行检测。首先取下(或压缩)内径指示表的定位护桥；其次将内径指示表的测量头放进光滑环规内，在环规的轴向平面内找到最小读数(转折点)和径向平面内找到最大读数(转折点)，在光滑环规的同一位置上重复进行 3 次，取平均值，以此平均值确定内径指示表的零位；然后安上或放松定位护桥，再放进光滑环规内的同一位置上，在环规的轴向平面内找到最小读数(转折点)，重复进行 3 次，取其平均值作为内径指示表的定中心误差。也可用量块与量块附件组合的内尺寸与光滑环规检测定中心装置的正确性。

6.4 测量力和接触压力

6.4.1 定位护桥式内径指示表活动测量头的测量力应采用感量不大于 0.2 N 的测力计进行检测。首先使活动测量头的轴线与测力计的称盘垂直，然后将活动测量头压向称盘，由测力计上分别读出工作行程的起点和终点位置的读数。

6.4.2 定位护桥式内径指示表定位护桥的接触压力应采用感量不大于 0.2 N 的测力计进行检测。首先将定位护桥式内径指示表分别放入内径尺寸等于测量上限和下限的光滑环规内，再对定位护桥在此两位置时分别作出标记；然后将定位护桥的接触面与放在测力计上的一个圆筒形辅助台的端面接触(活动测量头不应与辅助台接触)，并向下压，当定位护桥压缩到测量上限和测量下限所处的标记位置时，分别在测量装置上读数；各读数减去圆筒形辅助台的重量，即为定位护桥的接触压力值。

6.5 检定条件

内径指示表和检具在检定室内的平衡温度的时间一般不应少于 2 h。

7 标志与包装

7.1 内径指示表上至少应标有：

a) 制造厂厂名或注册商标；

b) 测量范围；

c) 分度值；

d) 产品序号。

7.2 可换测量头上应标志其测量范围或测量范围的下限值；也允许将其测量范围或测量范围的下限值标在特制的标牌上。

7.3 内径指示表包装盒上至少应标有：

a) 制造厂厂名或注册商标；

b） 产品名称；

c） 测量范围；

d） 分度值。

7.4 内径指示表在包装前应经过防锈处理并妥善包装，不得因包装不善而在运输过程中损坏产品。

7.5 内径指示表经检定符合本标准要求的应附有产品合格证，产品合格证上应标有本标准的标准号、产品序号和出厂日期。

ICS 17.040.30;21.040.10
J 42

中华人民共和国国家标准

GB/T 8124—2004
代替 GB/T 8124—1987

梯形螺纹量规 技术条件

Tolerances and general features of gauges for metric trapezoidal screw threads

2004-02-10 发布 2004-08-01 实施

中华人民共和国国家质量监督检验检疫总局
中国国家标准化管理委员会 发布

前　言

本标准自实施之日起，代替 GB/T 8124—1987《梯形螺纹量规　技术条件》。

本标准与 GB/T 8124—1987 相比主要变化如下：

——修改了螺纹牙型间隙槽宽度尺寸(1987 年版的 3.2.3；本版的 6.2.5)；

——增加了螺纹牙型间隙槽宽度的对称度公差(本版的 6.2.5、6.2.6、6.2.7)；

——删除了通、止端螺纹卡规的调整塞规要求(1987 年版的 3.1.1、4.1.3)；

——增加了检验要求(本版的 9)；

——检验工件螺纹用光滑极限量规的要求纳入附录(1987 年版的 4.2、5.5；本版的附录 A)；

——止端螺纹环规的牙型高度纳入附录(1987 年版的附录 A；本版的附录 B)；

——螺纹的判定纳入附录(1987 年版的 1.4；本版的附录 C)。

本标准的附录 A、附录 C 为规范性附录，附录 B 为资料性附录。

本标准由中国机械工业联合会提出。

本标准由全国量具量仪标准化技术委员会归口。

本标准由哈尔滨量具刃具厂负责起草。

本标准主要起草人：武英、高善铭、姚绪里、刘永发、朱鸿杰。

本标准所代替标准的历次版本发布情况为：

——GB/T 8124—1987。

梯形螺纹量规 技术条件

1 范围

本标准规定了牙型角为30°,公称直径为8 mm至300 mm,螺距为1.5 mm至44 mm的梯形螺纹量规的术语和定义、分类、符号、牙型、公差、要求、检验、标志与包装等。

本标准规定的梯形螺纹量规(以下简称“螺纹量规”)适用于检验GB/T 5796—1986规定的单线梯形螺纹。

2 规范性引用文件

下列文件中的条款通过本标准的引用而成为本标准的条款。凡是注日期的引用文件,其随后所有的修改单(不包括勘误的内容)或修订版均不适用于本标准,然而,鼓励根据本标准达成协议的各方研究是否可使用这些文件的最新版本。凡是不注日期的引用文件,其最新版本适用于本标准。

GB/T 5796.1—1986 梯形螺纹 牙型(eqv ISO 2092:1977)

GB/T 5796.2—1986 梯形螺纹 直径与螺距系列(eqv ISO 2092:1977)

GB/T 5796.3—1986 梯形螺纹 基本尺寸(eqv ISO 2093:1977)

GB/T 5796.4—1986 梯形螺纹 公差(eqv ISO 2094:1977)

3 术语和定义

GB/T 5796.1—1986至GB/T 5796.4—1986中确立的以及下列术语和定义适用于本标准。

3.1

梯形螺纹量规 gauges for metric trapezoidal screw threads

具有标准梯形螺纹牙型,能反映被检内、外梯形螺纹边界条件的测量器具。按使用性能分为:工作螺纹量规和校对螺纹量规。

3.2

工作螺纹量规 work gauges for metric trapezoidal screw threads

操作者在制造工件螺纹过程中所用的螺纹量规。

3.3

校对螺纹量规 check gauges for metric trapezoidal screw threads

在制造工作螺纹环规或检验使用中的工作螺纹环规是否已磨损所用的螺纹量规。

4 分类

4.1 表1中所列的螺纹量规名称、代号、使用规则适用于本标准。

表1

名 称	代号	使 用 规 则
通端螺纹塞规	T	应与工件内螺纹旋合通过
止端螺纹塞规	Z	允许与工件内螺纹两端的螺纹部分旋合,旋合量应不超过二个螺距(退出量规时测定)。若工件内螺纹的螺距少于或等于三个,不应完全旋合通过
通端螺纹环规	T	应与工件外螺纹旋合通过

表 1（续）

名　称	代号	使　用　规　则
止端螺纹环规	Z	允许与工件外螺纹两端的螺纹部分旋合，旋合量应不超过二个螺距（退出量规时测定）。若工件内螺纹的螺距少于或等于三个，不应完全旋合通过
“校通-通”螺纹塞规	TT	应与通端螺纹环规旋合通过
“校通-止”螺纹塞规	TZ	允许与通端螺纹环规两端的螺纹部分旋合，旋合量应不超过一个螺距（退出量规时测定）
“校通-损”螺纹塞规	TS	
“校止-通”螺纹塞规	ZT	应与止端螺纹环规旋合通过
“校止-止”螺纹塞规	ZZ	允许与止端螺纹环规两端的螺纹部分旋合，旋合量应不超过一个螺距（退出量规时测定）
“校止-损”螺纹塞规	ZS	

4.2　检验工件螺纹用的光滑极限量规见附录 A 的规定。

5　符号

表 2 中所列的符号及说明适用于本标准。

表 2

符号	说　明
d	工件外螺纹的大径
d_2	工件外螺纹的中径
d_3	工件外螺纹最大实体牙型上的小径
D_1	工件内螺纹的小径
D_2	工件内螺纹的中径
D_4	工件内螺纹最大实体牙型上的大径
es	工件外螺纹中径的上偏差
P	工件内、外螺纹的螺距
T_{d2}	工件外螺纹中径的中径公差
T_{D2}	工件内螺纹中径的中径公差
T_{R}	通端螺纹环规、止端螺纹环规的中径公差
T_{PL}	通端螺纹塞规、止端螺纹塞规的中径公差
T_{CP}	校对螺纹塞规的中径公差
T_{P}	螺纹量规的螺距偏差
Z_{R}	由通端螺纹环规中径公差带的中心线至工件外螺纹中径上偏差之间的距离
Z_{PL}	由通端螺纹塞规中径公差带的中心线至工件内螺纹中径下偏差之间的距离
W_{GO}	由通端螺纹塞规（或环规）中径公差带的中心线至其磨损极限之间的距离
W_{NG}	由止端螺纹塞规（或环规）中径公差带的中心线至其磨损极限之间的距离
m	由螺纹环规中径公差带的中心线至“校通-通”（或“校止-通”）螺纹塞规中径公差带的中心线之间的距离
$\mathrm{T}_{\alpha_1/2}$	完整螺纹牙型的半角偏差
$\mathrm{T}_{\alpha_2/2}$	截短螺纹牙型的半角偏差
b	截短螺纹牙型的间隙槽宽度
S	截短螺纹牙型的间隙槽的对称度公差
F_1	在截短螺纹牙型的轴向剖面内，由中径线和牙侧直线部分顶端（向牙顶一侧）之间的径向距离
F_2	在截短螺纹牙型的轴向剖面内，由中径线和牙侧直线部分末端（向牙底一侧）之间的径向距离

6 螺纹量规的螺纹牙型

6.1 完整螺纹牙型

6.1.1 适用于检验工件内螺纹作用中径及大径的通端螺纹塞规的螺纹牙型见图 1 所示。图示仅供图解说明。

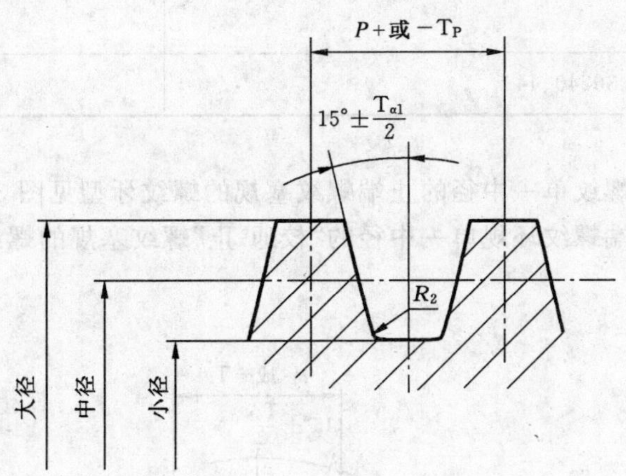

图 1

6.1.2 适用于检验新制通端螺纹环规作用中径的“校通-通”螺纹塞规的螺纹牙型见图 1 所示。图示仅供图解说明。

6.1.3 适用于检验新制止端螺纹环规单一中径的“校止-通”螺纹塞规和“校止-止”螺纹塞规的螺纹牙型见图 1 所示。图示仅供图解说明。

6.1.4 适用于检验使用中止端螺纹环规单一中径的“校止-损”螺纹塞规的螺纹牙型见图 1 所示。图示仅供图解说明。

6.1.5 适用于检验工件外螺纹作用中径及小径的通端螺纹环规的螺纹牙型见图 2 所示。图示仅供图解说明。

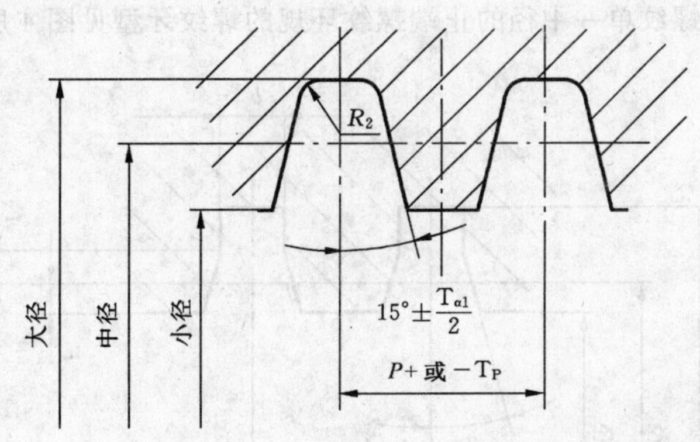

图 2

6.1.6 通端螺纹塞规、“校通-通”螺纹塞规、“校止-通”螺纹塞规、“校止-止”螺纹塞规、“校止-损”螺纹塞规的螺纹牙型槽底尺寸不应大于小径的最大尺寸，螺纹牙型槽底的形状宜由制造商自行确定；通端螺纹环规的螺纹牙型槽底尺寸不应小于大径的最小尺寸；螺纹牙型槽底的曲率半径 R 不应大于表 3 的规定。

表 3

单位为毫米

P	R
1.5	0.15
2、3、4、5	0.25
6、7、8、9、10、12	0.50
14、16、18、20、22、24、28、32、36、40、44	1.00

6.2 截短螺纹牙型

6.2.1 适用于检验工件内螺纹单一中径的止端螺纹塞规的螺纹牙型见图 3 所示。图示仅供图解说明。

6.2.2 适用于检验新制通端螺纹环规单一中径的“校通-止”螺纹塞规的螺纹牙型见图 3 所示。图示仅供图解说明。

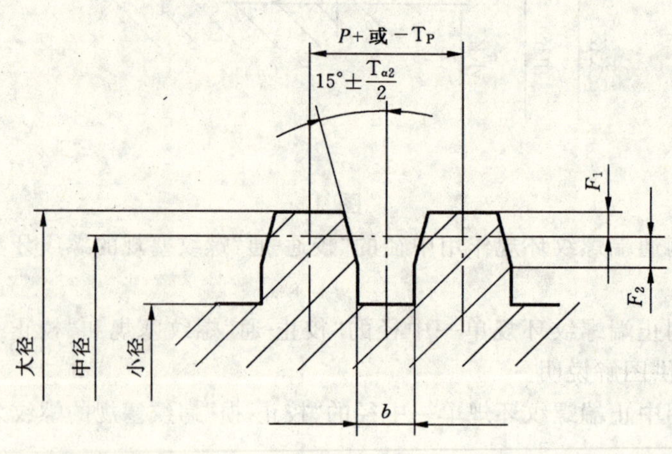

图 3

6.2.3 适用于检验使用中通端螺纹环规单一中径的“校通-损”螺纹塞规的螺纹牙型见图 3 所示。图示仅供图解说明。

6.2.4 适用于检验工件外螺纹单一中径的止端螺纹环规的螺纹牙型见图 4 所示。图示仅供图解说明。

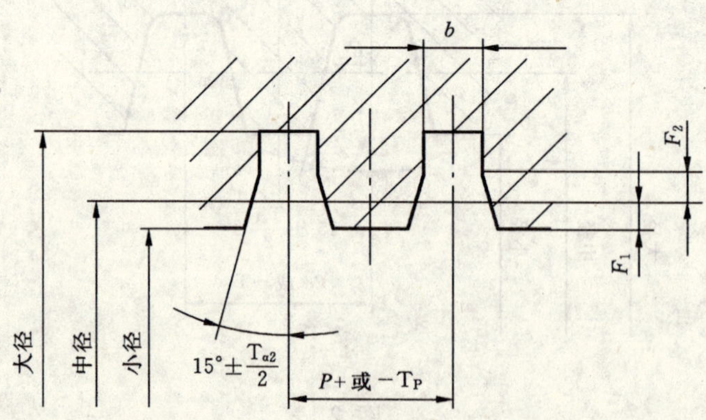

图 4

6.2.5 螺纹牙型间隙槽宽度 b 和对称度公差 S 不应大于表 4 的规定；对称度公差 S 见图 5 所示，图示仅供图解说明。

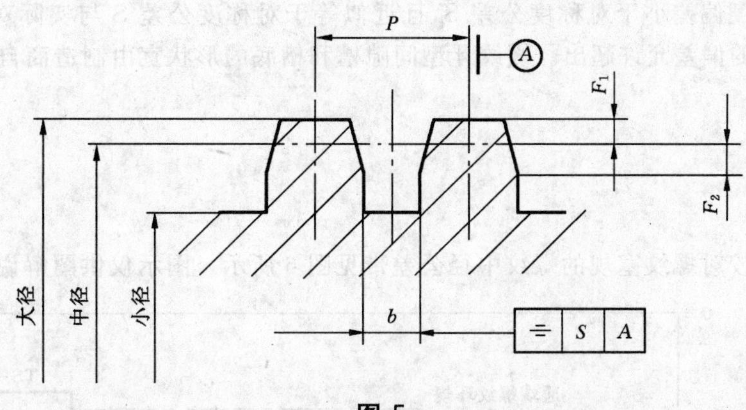

图 5

6.2.6 在螺纹牙型的轴向剖面内，由中径线和牙侧直线部分顶端（向牙顶一侧）之间的径向距离 F_1 不应大于表 4 的规定；在螺纹牙型的轴向剖面内，由中径线和牙侧直线部分末端（向牙底一侧）之间的径向距离 F_2 见表 4 的规定。止端螺纹环规的牙型高度 h_3 参见附录 B。

表 4

单位为毫米

P	b		S	F_1	F_2	
	尺寸	偏差			最大值	最小值
1.5	0.60	±0.04	0.04	0.15	0.429	0.131
2	0.85	±0.05	0.05	0.20	0.448	0.075
3	1.25	±0.08	0.08	0.30	0.784	0.187
4	1.70	±0.10	0.10	0.40	0.933	
5	2.20			0.50		
6	2.65			0.60	1.045	0.298
7	3.10			0.70	1.082	0.373
8	3.60			0.80	1.120	
9	4.05			0.90	1.232	0.485
10	4.50			1.00	1.306	0.560
12	5.40			1.20	1.493	0.746
14	6.35	±0.15	0.15	1.40	1.418	0.672
16	7.25			1.60	1.941	0.821
18	8.20			1.80	2.053	0.933
20	9.15			2.00	2.164	1.045
22	10.10			2.20	2.239	1.120
24	11.05			2.40	2.314	1.194
28	12.90			2.80	2.612	1.493
32	14.90	±0.20	0.20	3.20	2.799	1.306
36	16.85			3.60	2.911	1.418
40	18.70			4.00	3.172	1.679
44	20.60			4.40	3.359	1.866

6.2.7 若实际对称度偏差小于对称度公差 S，且近似等于对称度公差 S 与实际对称度偏差差值的两倍，则间隙槽宽度 b 的偏差允许超出。螺纹牙型间隙槽和槽底的形状宜由制造商自行确定，但不应进入牙型角 15°以内。

7 公差

7.1 中径公差

7.1.1 螺纹环规和校对螺纹塞规的螺纹中径公差带见图 6 所示。图示仅供图解说明。

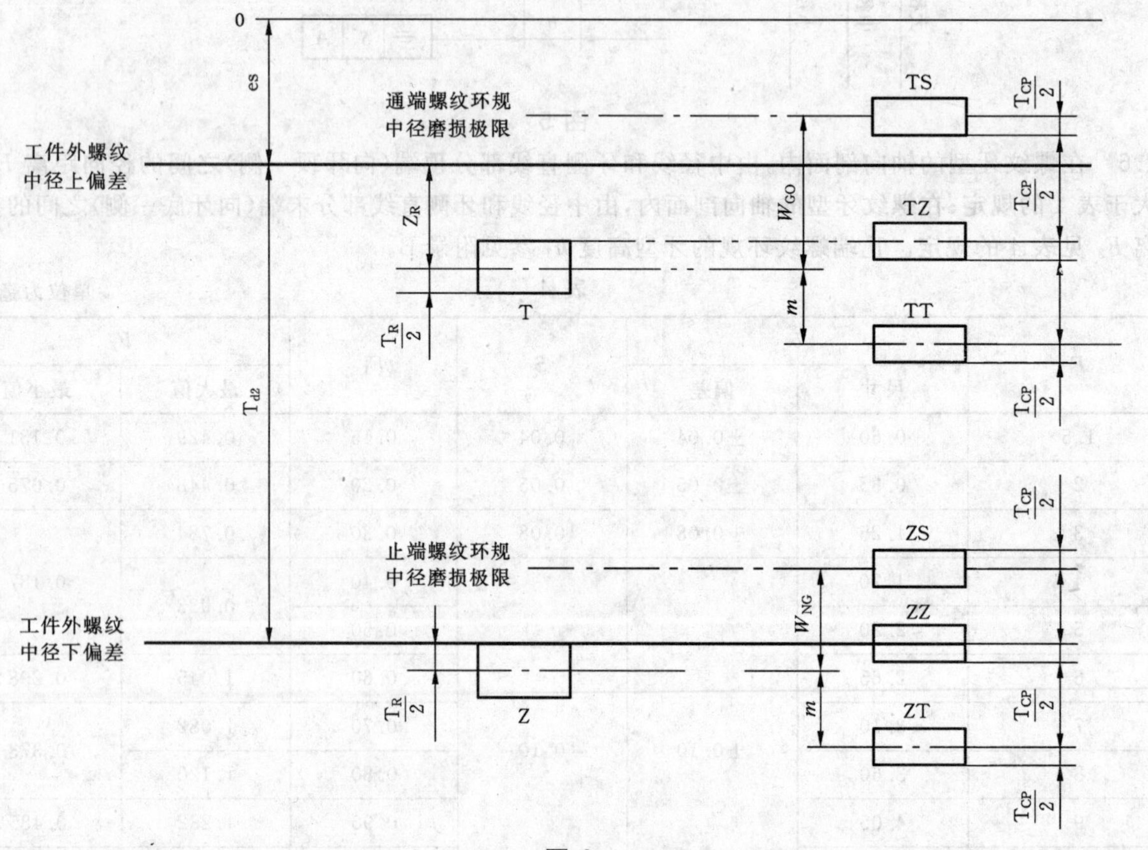

图 6

7.1.2 螺纹塞规的螺纹中径公差带见图 7 所示。图示仅供图解说明。

7.1.3 螺纹塞规、螺纹环规和校对螺纹塞规的螺纹中径公差值和有关的位置要素不应大于表 5 的规定。

表 5

单位为微米

T_{d2}、T_{D2}	T_R	T_{PL}	T_{CP}	m	Z_R		Z_{PL}	螺纹环规		螺纹塞规	
					es<0	es=0		W_{GO}	W_{NG}	W_{GO}	W_{NG}
80<T_{d2}、T_{D2}≤125	20	13	12	19	3	38.0	9	23	17	18	14
125<T_{d2}、T_{D2}≤200	26	16	13	22	12	44.5	17	30	22	25	17
200<T_{d2}、T_{D2}≤315	33	20	17	28	17	52.5	23	37	28	30	22
315<T_{d2}、T_{D2}≤500	42	26	22	35	29	63.0	35	48	36	39	28
500<T_{d2}、T_{D2}≤800	54	32	26	43	40	75.0	46	60	45	48	33
800<T_{d2}、T_{D2}≤1 180	66	38	30	51	48	90.0	54	72	54	57	39
1 180<T_{d2}、T_{D2}≤1 700	80	48	38	62	58	117.0	64	90	68	72	49
1 700<T_{d2}、T_{D2}≤2 400	96	58	46	74	70	142.0	76	108	81	87	60
注：m 按（$T_R/2+T_{CP}/2+3$）计算。											

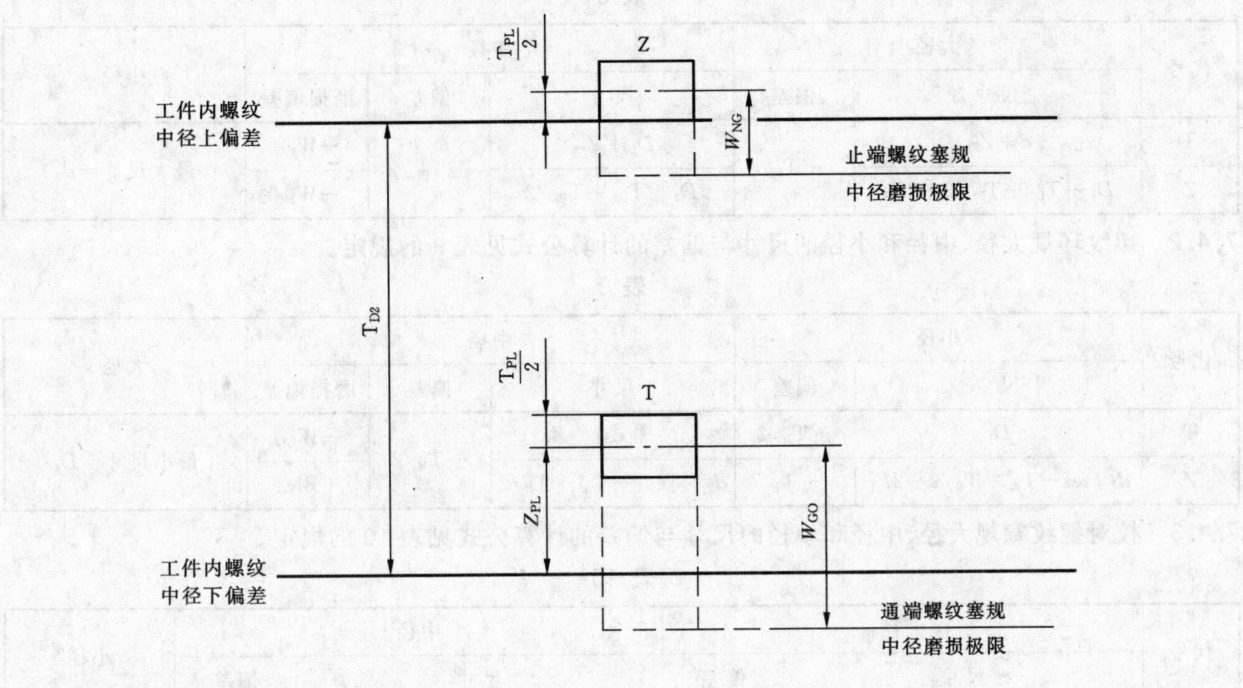

图 7

7.2 半角偏差

螺纹塞规和螺纹环规的牙型半角偏差见表 6 的规定。

表 6

P/mm	$T_{\alpha_1/2}$/(′)	$T_{\alpha_2/2}$/(′)
1.5	±12	±16
2	±10	±14
3	±9	±13
4、5、6、7、8、9	±8	±11
10、12、14、16、18、20	±7	±9
22、24、28、32、36、40、44	±6	±8

7.3 螺距偏差

螺纹量规的螺距偏差见表 7 的规定。

表 7

螺纹量规的螺纹长度 l/mm	T_P/μm
$l \leqslant 32$	±5
$32 < l \leqslant 50$	±6
$50 < l \leqslant 80$	±7
$80 < l \leqslant 120$	±8
$l > 120$	±10

7.4 公式

7.4.1 螺纹塞规大径、中径和小径的尺寸与偏差的计算公式见表 8 的规定。

表 8

代号	大径		中径			小径
	尺寸	偏差	尺寸	偏差	磨损偏差	
T	$d+Z_{PL}$	$\pm T_{PL}$	D_2+Z_{PL}	$\pm T_{PL}/2$	$-W_{GO}$	最大尺寸$=d_3$
Z	$D_2+T_{D2}+T_{PL}/2+2F_1$		$D_2+T_{D2}+T_{PL}/2$		$-W_{NG}$	

7.4.2 螺纹环规大径、中径和小径的尺寸与偏差的计算公式见表 9 的规定。

表 9

代号	小径		中径			大径
	尺寸	偏差	尺寸	偏差	磨损偏差	
T	D_1	$\pm T_R/2$	$d_2-\|es\|-Z_R$	$\pm T_R/2$	$+W_{GO}$	最小尺寸$=D_4$
Z	$d_2-es-T_{d2}-T_R/2-2F_1$	$\pm T_R$	$d_2-\|es\|-T_{d2}-T_R/2$		$+W_{NG}$	

7.4.3 校对螺纹塞规大径、中径和小径的尺寸与偏差的计算公式见表 10 的规定。

表 10

代号	大径		中径		小径
	尺寸	偏差	尺寸	偏差	
TT	d	$\pm T_{PL}$	$d_2-\|es\|-Z_R-m$	$\pm T_{CP}/2$	最大尺寸$=d_3$
TZ	$d_2-\|es\|-Z_R+T_R/2+2F_1$	$\pm T_{PL}/2$	$d_2-\|es\|-Z_R+T_R/2$		
TS	$d_2-\|es\|-Z_R+W_{GO}+2F_1$		$d_2-\|es\|-Z_R+W_{GO}$		
ZT	d	$\pm T_{PL}$	$d_2-\|es\|-T_{d2}-T_R/2-m$		最大尺寸$=d_3-T_{d2}$
ZZ	$d-T_{d2}$		$d_2-\|es\|-T_{d2}$		
ZS	$d-T_{d2}-T_R/2+W_{NG}$		$d_2-\|es\|-T_{d2}-T_R/2+W_{NG}$		

8 要求

8.1 外观

螺纹量规测量面的表面上不应有影响使用性能的锈蚀、碰伤、划痕等缺陷。

8.2 相互作用

螺纹量规测量头和手柄的联接应牢固可靠，在正常使用过程中不应出现松动或脱落。

8.3 材料

螺纹量规测量头的测量面宜采用合金工具钢、碳素工具钢等坚硬耐磨的材料制造，并应进行稳定性处理。

8.4 硬度、表面粗糙度

8.4.1 螺纹量规测量头的测量面硬度在 664 HV～856 HV(或 58 HRC～65 HRC)范围内。

8.4.2 螺纹量规测量面的表面粗糙度 Ra 值不应大于表 11 的规定。

表 11

名　　称	$Ra/\mu m$
牙侧	0.2
通端螺纹塞规大径、校对螺纹塞规大径、通端螺纹环规小径	0.4
止端螺纹塞规大径、止端螺纹环规小径	0.8

8.5 牙型

若螺纹量规两端的牙型不完整，应将牙型修整到为完整牙型。

9 检验

9.1 测量条件

本标准中的规定值均以标准的测量条件为准，即：温度为20℃、测量力为零。

9.2 检测参数和检测器具

9.2.1 螺纹塞规各参数采用直接检测法进行检验，其主要检测参数和检测器具见表12。

表 12

主要检测参数	检测器具
单一中径	测长仪、量针
小径	万能工具显微镜
螺距	万能工具显微镜、螺距仪
牙型半角	万能工具显微镜

9.2.2 螺纹环规的检验应以校对螺纹塞规为准；若发生争议时，应按附录C中的规定进行处理。若用户和制造商双方一致同意采用其它的测量方法，则螺纹环规的单一中径的尺寸和偏差是有效的。螺纹环规的小径采用光滑极限塞规进行检验。

10 标志与包装

10.1 螺纹量规上至少应标有：

a) 制造厂厂名或注册商标；

b) 按GB/T 5796—1986中规定的螺纹代号和中径公差带代号；

c) 螺纹量规代号；

d) 出厂年号；

e) 公称直径小于14 mm的螺纹塞规，a)至d)的内容允许标志在手柄上；若单独供应时，应附有a)至d)内容的标牌。

10.2 螺纹量规包装盒上至少应标有：

a) 制造厂厂名或注册商标；

b) 按GB/T 5796—1986中规定的螺纹代号和中径公差带代号；

c) 螺纹量规代号。

10.3 螺纹量规在包装前应经过防锈处理并妥善包装，不得因包装不善而在运输过程中损坏产品。

10.4 螺纹量规经检定符合本标准要求的应附有产品合格证，产品合格证上应标有本标准的标准号和出厂日期。

附 录 A
（规范性附录）
光滑极限量规

A.1 范围

本附录规定了光滑极限量规的分类、符号、公差、公式、要求和标志与包装等。

本附录适用于检验工件外螺纹大径、内螺纹小径用的光滑极限量规。

A.2 分类和符号

A.2.1 表 A.1 中所列的光滑极限量规名称、代号、使用规则适用于本附录。

表 A.1

名　称	代号	使用规则
通端光滑塞规	T	应通过工件内螺纹的小径
止端光滑塞规	Z	允许进入工件内螺纹小径的两端，进入量应不超过一个螺距
通端光滑环规或卡规	T	应通过工件外螺纹的大径
止端光滑环规或卡规	Z	不应通过工件外螺纹的大径

A.2.2 表 A.2 中所列的符号及说明适用于本附录。

表 A.2

符　号	说　明
T_{D1}	工件内螺纹的小径公差
T_d	工件外螺纹的大径公差
H_1	检验工件内螺纹小径用的光滑塞规的尺寸公差
H_2	检验工件外螺纹大径用的光滑环规的尺寸公差
H_p	检验光滑环规或卡规用的校对塞规尺寸公差
Z_1	由通端光滑塞规的尺寸公差带中心线至工件内螺纹小径下偏差之间的距离
Z_2	由通端光滑环规或卡规的尺寸公差带中心线至工件外螺纹大径上偏差之间的距离

A.3 公差

A.3.1 光滑环规或卡规的尺寸公差带见图 A.1 所示。图示仅供图解说明。光滑环规或卡规的尺寸公差和有关的位置要素不应大于表 A.3 的规定。通端光滑环规或卡规的磨损极限应为工件外螺纹大径的最大极限尺寸。

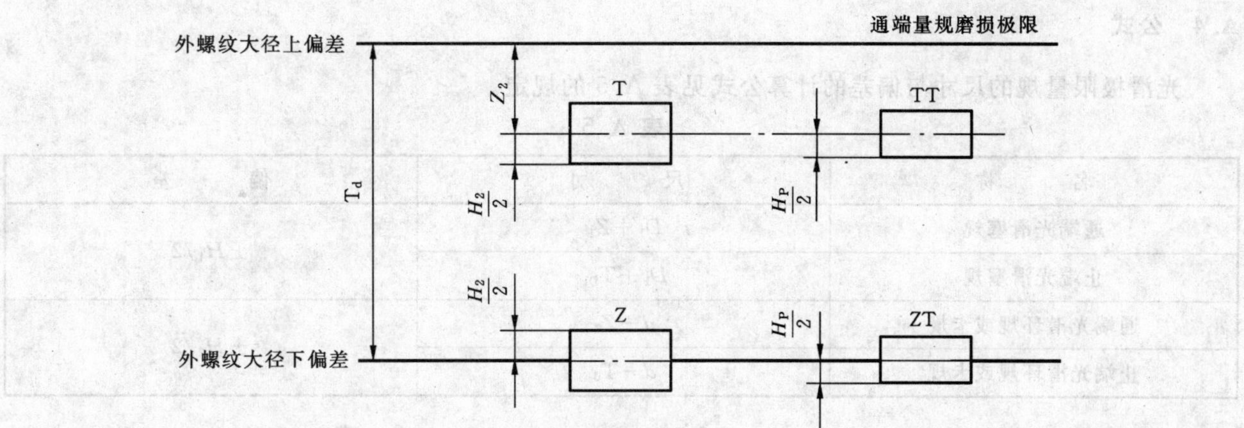

图 A.1

表 A.3

单位为微米

T_d	$H_2/2$	Z_2	$H_P/2$
$140<T_d\leqslant 335$	8	38	2
$335<T_d\leqslant 850$	15	54	3
$850<T_d\leqslant 950$	21	60	4
$950<T_d\leqslant 1\,120$	23	80	5
$1\,120<T_d\leqslant 1\,400$	26	90	6

A.3.2 光滑塞规的尺寸公差带见图 A.2 所示。图示仅供图解说明。光滑塞规的尺寸公差和有关的位置要素不应大于表 A.4 的规定。通端光滑塞规的磨损极限应为工件内螺纹小径的最小极限尺寸。

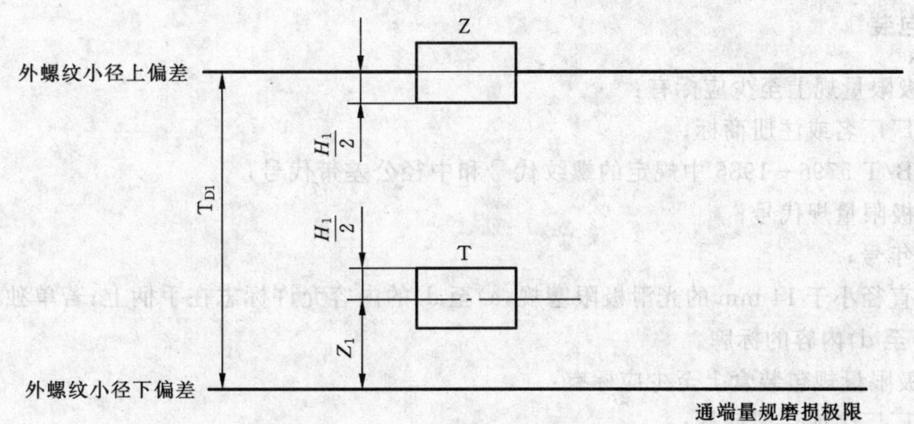

图 A.2

表 A.4

单位为微米

T_{D1}	$H_1/2$	Z_1
$180<T_{D_1}\leqslant 375$	8	38
$375<T_{D_1}\leqslant 710$	13	52
$710<T_{D_1}\leqslant 1\,250$	23	65
$1\,250<T_{D_1}\leqslant 1\,600$	29	80
$1\,600<T_{D_1}\leqslant 2\,000$	32	90

A.4 公式

光滑极限量规的尺寸与偏差的计算公式见表A.5的规定。

表 A.5

名　　称	尺　　寸	偏　　差
通端光滑塞规	D_1+Z_1	$\pm H_1/2$
止端光滑塞规	$D_1+\mathrm{T}_{D1}$	
通端光滑环规或卡规	$d-Z_2$	$\pm H_2/2$
止端光滑环规或卡规	$d-\mathrm{T}_d$	

A.5 要求

A.5.1 外观

光滑极限量规测量面的表面上不应有影响使用性能的锈蚀、碰伤、划痕等缺陷。

A.5.2 相互作用

光滑极限量规测量头和手柄的联接应牢固可靠，在正常使用过程中不应出现松动或脱落。

A.5.3 材料

光滑极限量规测量头的测量面宜采用合金工具钢、碳素工具钢等坚硬耐磨的材料制造，并应进行稳定性处理。

A.5.4 硬度、表面粗糙度

A.5.4.1 光滑极限量规测量头的测量面硬度不应小于760 HV(或58 HRC～65 HRC)。

A.5.4.2 光滑极限量规测量面的表面粗糙度 Ra 值不应大于0.2 μm。

A.6 标志与包装

A.6.1 光滑极限量规上至少应标有：

a) 制造厂厂名或注册商标；

b) 按GB/T 5796—1986中规定的螺纹代号和中径公差带代号；

c) 光滑极限量规代号；

d) 出厂年号；

e) 公称直径小于14 mm的光滑极限塞规，a)至d)的内容允许标志在手柄上；若单独供应时，应附有a)至d)内容的标牌。

A.6.2 光滑极限量规包装盒上至少应标有：

a) 制造厂厂名或注册商标；

b) 按GB/T 5796—1986中规定的螺纹代号和中径公差带代号；

c) 光滑极限量规代号。

A.6.3 光滑极限量规在包装前应经过防锈处理并妥善包装，不得因包装不善而在运输过程中损坏产品。

A.6.4 光滑极限量规经检定符合本标准要求的应附有产品合格证，产品合格证上应标有本标准的标准号和出厂日期。

附　录　B
（资料性附录）
牙型高度

B.1　止端螺纹环规的牙型高度 h_3 见图 B.1 所示。图示仅供图解说明。

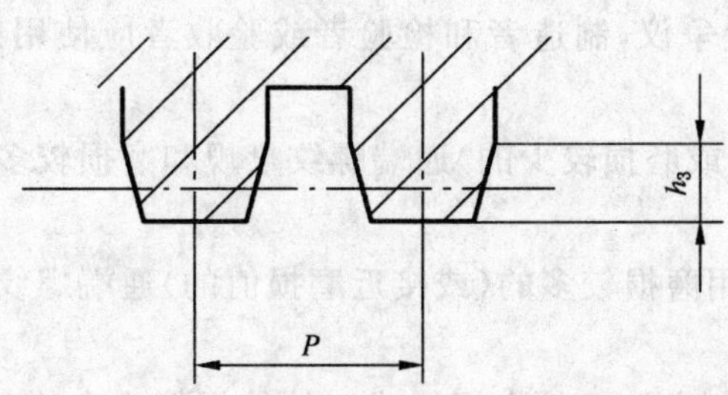

图 B.1

B.2　止端螺纹环规牙型高度 h_3 的最大值和最小值见表 B.1 的规定。

表 B.1

单位为毫米

P	h_3	
	最大值	最小值
1.5	0.579	0.281
2	0.648	0.275
3	1.084	0.487
4	1.333	0.587
5	1.433	0.687
6	1.645	0.898
7	1.782	1.073
8	1.920	1.173
9	2.132	1.385
10	2.306	1.560
12	2.693	1.946
14	2.818	2.072
16	3.541	2.421
18	3.853	2.733
20	4.164	3.045
22	4.439	3.320
24	4.714	3.594
28	5.412	4.293
32	5.999	4.506
36	6.511	5.018
40	7.172	5.679
44	7.759	6.266

注：$h_{3最大值}$ 按（$F_1+F_{2最大值}$）计算；$h_{3最小值}$ 按（$F_1+F_{2最小值}$）计算。

附 录 C
（规范性附录）
工件螺纹合格与不合格的判定

C.1 采用经检定符合本标准要求的螺纹工作量规对工件内螺纹或工件外螺纹进行检验，若符合表1中相应规定的使用规则，则应判定该工件内螺纹或工件外螺纹为合格。

C.2 为减少检验或验收时发生争议，制造者和检验者或验收者应使用同一合格的量规。若使用同一合格的量规困难时：

——操作者宜使用较新的（或磨损较少的）通端螺纹量规和磨损较多的（或接近磨损值的）止端螺纹量规；

——检验者或验收者宜使用磨损较多的（或接近磨损值的）通端螺纹量规和较新的（或磨损较少的）止端螺纹量规。

C.3 当检验中发生争议时，若判定该工件内螺纹或工件外螺纹为合格的螺纹工作量规，经检定符合本标准要求，则该工件内螺纹或工件外螺纹应按合格处理。

ICS 17.040.30;21.040.10
J 42

中华人民共和国国家标准

GB/T 8125—2004
代替 GB/T 8125—1987

梯形螺纹量规 型式与尺寸

Types and dimensions of gauges for metric trapezoidal screw threads

2004-02-10 发布 2004-08-01 实施

中华人民共和国国家质量监督检验检疫总局
中国国家标准化管理委员会 发布

前言

本标准是依据ISO/DIS 3670《塞规和手柄及其环规毛坯　设计及总体尺寸》(1994年英文版)对GB/T 8125—1987《梯形螺纹量规　型式与尺寸》进行修订的。

本标准与ISO/DIS 3670的主要差异如下:

——按GB/T 1.1—2000对编排格式进行了修改;

——删除了1、2号锥度锁紧式梯形螺纹量规的要求(ISO版的表1、表2、表3);

——修改了锥度锁紧式梯形螺纹塞规测头的尺寸(ISO版的表2);

——增加了10、11号锥度锁紧式梯形螺纹量规的要求(本版的表2、表3);

——增加了梯形螺纹量规测头、手柄及锥度量规的表面粗糙度要求(本版的图2、图3、图5、图A.1);

——增加了10、11号锥度量规的要求(本版的表A.1)。

本标准自实施之日起,代替GB/T 8125—1987《梯形螺纹量规　型式与尺寸》。

本标准与GB/T 8125—1987相比主要变化如下:

——删除了表中梯形螺纹量规的型式简图(1987年版的表1);

——删除了梯形螺纹量规测头及手柄的简图指示(1987年版的表2);

——增加了梯形螺纹量规的型式简图(本版的图1、图4、图8、图12);

——增加了梯形螺纹量规测头、手柄及锥度量规的表面粗糙度要求(本版的图2、图3、图5、图A.1)。

本标准的附录A为规范性附录。

本标准由中国机械工业联合会提出。

本标准由全国量具量仪标准化技术委员会归口。

本标准由哈尔滨量具刃具厂负责起草。

本标准主要起草人:武英、高善铭、姚绪里、刘永发、朱鸿杰。

本标准所代替标准的历次版本发布情况为:

——GB/T 8125—1987。

梯形螺纹量规　型式与尺寸

1　范围

本标准规定了牙型角为30°，公称直径为8 mm至140 mm，螺距为1.5 mm至24 mm的梯形螺纹量规所用的测头与手柄的型式与尺寸。

本标准规定的梯形螺纹量规（以下简称“螺纹量规”）的型式与尺寸适用于GB/T 8124—2004规定的梯形螺纹量规。

2　规范性引用文件

下列文件中的条款通过本标准的引用而成为本标准的条款。凡是注日期的引用文件，其随后所有的修改单（不包括勘误的内容）或修订版均不适用于本标准，然而，鼓励根据本标准达成协议的各方研究是否可使用这些文件的最新版本。凡是不注日期的引用文件，其最新版本适用于本标准。

GB/T 8124—2004　梯形螺纹量规　技术条件

3　分类

螺纹量规的型式名称及对应的公称直径范围见表1。

表1

型　式　名　称	公称直径 d/mm
双头锥度锁紧式螺纹塞规	$8 \leqslant d \leqslant 50$
单头锥度锁紧式螺纹塞规	$50 < d \leqslant 100$
双头三牙锁紧式螺纹塞规	$50 < d \leqslant 60$
单头三牙锁紧式螺纹塞规	$60 < d \leqslant 100$
双柄式螺纹塞规	$100 < d \leqslant 140$
整体式螺纹环规	$8 \leqslant d \leqslant 100$
双柄式螺纹环规	$100 < d \leqslant 140$

4　型式与尺寸

4.1　锥度锁紧式螺纹塞规

4.1.1　锥度锁紧式螺纹塞规的型式见图1所示，图示仅供图解说明。

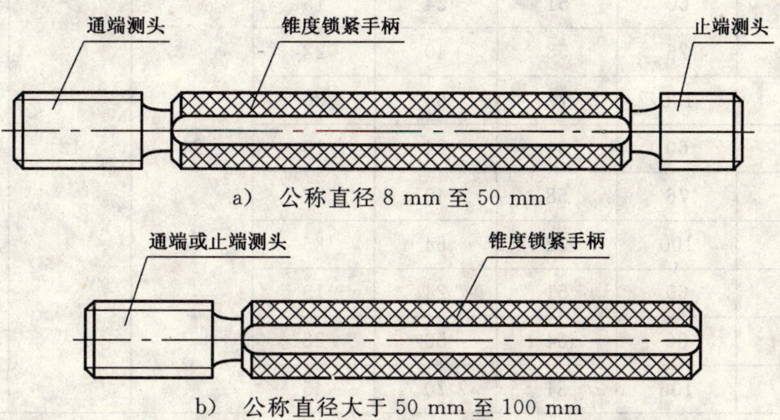

a)　公称直径8 mm至50 mm

b)　公称直径大于50 mm至100 mm

图1　公称直径8 mm至100 mm的锥度锁紧式螺纹塞规

4.1.2 锥度锁紧式螺纹塞规测头的型式见图2所示，图示仅供图解说明；尺寸见表2的规定。

表面粗糙度 Ra 单位为微米

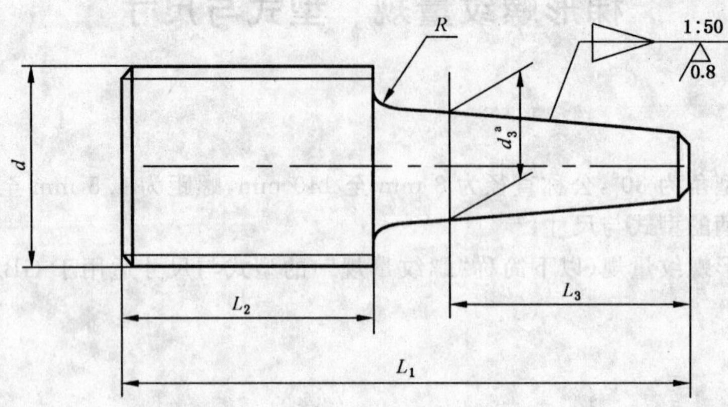

a d_3 应采用附录A规定的锥度环规进行检验。

图2 公称直径8 mm至100 mm的锥度锁紧式螺纹塞规测头

表2

单位为毫米

公称直径 d	螺距 P	L_1		L_2		L_3	d_3	R	配套的手柄号
		通端	止端	通端	止端				
8	1.5	34	30	12	8	15	5.5	1.6	3
9、10	1.5								
	2	38	32	16	10				
11	2	44	38						
	3	52	42	24	14	20	7	2	4
12、14	2	44	38	16	10				
	3	52	42	24	14				
16、18	2	48		16	10	22	9	2.5	5
	4	64	50	32	18				
20	2	52	46	16	10	24	12		6
	4	68	54	32	18				
22、24	3	60	51	24	15				
	5	76	58	40	22				
	8	100	72	64	36				
26、28	3	60	51	24	15				
	5	76	58	40	22				
	8	100	72	64	36				
30	3	60	51	24	15				
	6	86	64	50	28				
	10	106	81	70	45				

表 2（续）

单位为毫米

公称直径 d	螺距 P	L_1		L_2		L_3	d_3	R	配套的手柄号
		通端	止端	通端	止端				
32、34、36	3	66	57	24	15	25	16	4	7
	6	92	70	50	28				
	10	112	87	70	45				
38、40	3	66	57	24	15				
	7	98	74	56	32				
	10	112	87	70	45				
42	3	67	58	24	15				
	7	99	75	56	32				
	10	112	88	70	45				
44	3	67	58	24	15				
	7	99	75	56	32				
	12	128	98	85	55				
46、48	3	67	58	24	15				
	8	107	79	64	36				
	12	128	98	85	55				
50、52	3	67	58	24	15		21	5	10
	8	107	79	64	36				
	12	128	98	85	55				
55、60	3	67	58	24	15				
	9	113	83	70	40				
	14	143	107	100	64				
65、70、75	4	79	67	32	20	27	24	5	11
	10	117	92	70	45				
	16	162	119	115	72				
80	4	79	67	32	20				
	10	117	92	70	45				
	16	162	119	115	72				
85、90、95	4	79	67	32	20				
	12	132	102	85	55				
	18	172	127	125	80				
100	4	79	67	32	20				
	12	132	102	85	55				
	20	172	137	140	90				

4.1.3 锥度锁紧式螺纹塞规测头配套的手柄型式见图 3 所示，图示仅供图解说明；尺寸见表 3 的规定。

表面粗糙度 Ra 单位为微米

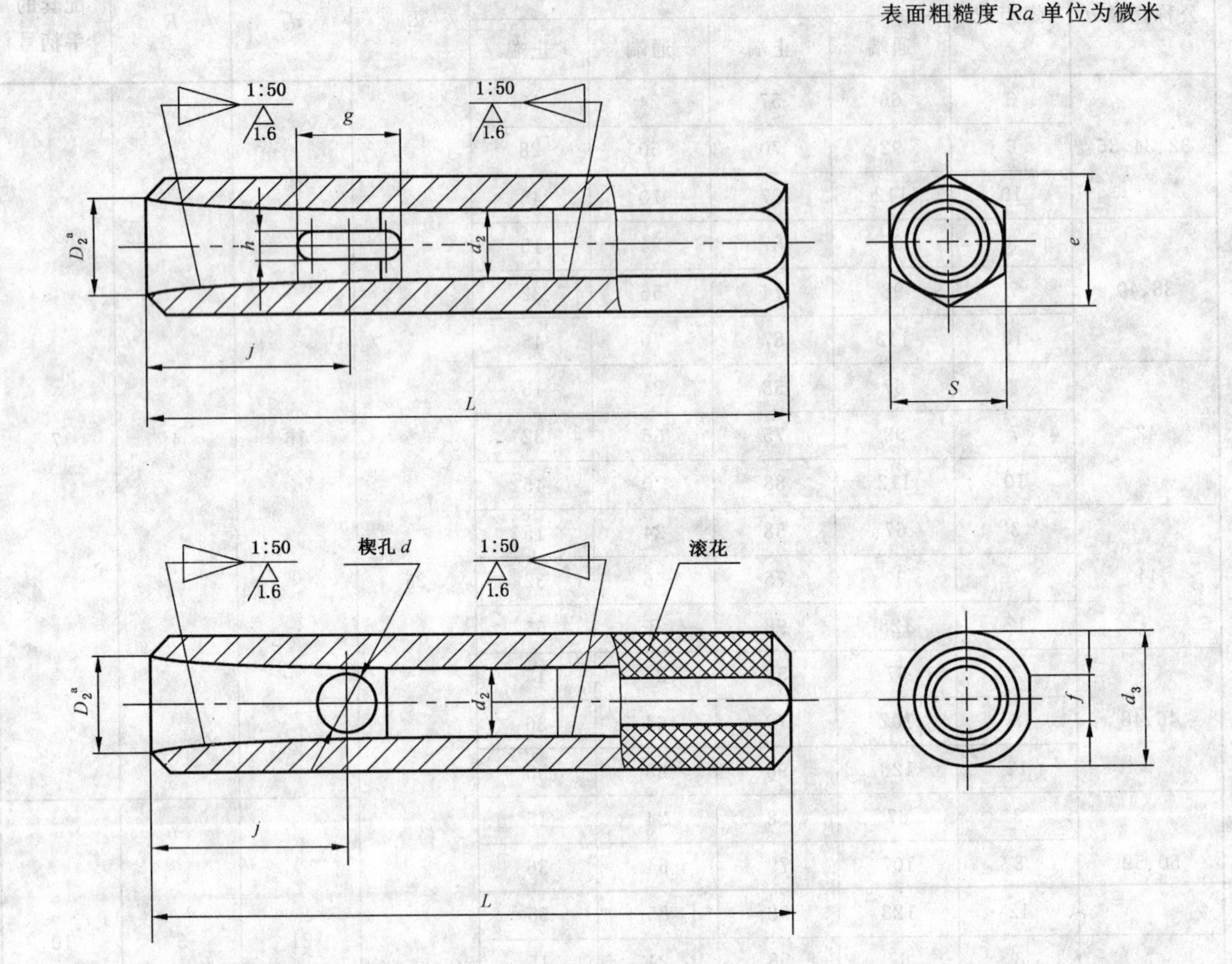

a D_2 应采用附录 A 规定的锥度塞规进行检验。

图 3 公称直径 8 mm 至 100 mm 的锥度锁紧式螺纹塞规测头配套用手柄

表 3

单位为毫米

<table>
<tr><th>手柄号</th><th>D_2</th><th>d_2</th><th>d_3</th><th>f</th><th>L</th><th>S</th><th>$e\approx$</th><th>j</th><th>d</th><th>$h\times g$</th></tr>
<tr><td>3</td><td>5.5</td><td>5.1</td><td>9</td><td>5</td><td>56</td><td>9</td><td>10</td><td>17</td><td rowspan="2">—</td><td>3×9</td></tr>
<tr><td>4</td><td>7</td><td>6.5</td><td>11</td><td>6</td><td>63</td><td>11</td><td>12.5</td><td rowspan="2">23</td><td>3×12</td></tr>
<tr><td>5</td><td>9</td><td>8.5</td><td>13.5</td><td>7</td><td>70</td><td>14</td><td>16</td><td>6</td><td rowspan="5">—</td></tr>
<tr><td>6</td><td>12</td><td>11.5</td><td>17.5</td><td>8</td><td>80</td><td>17</td><td>19.5</td><td>26</td><td>9</td></tr>
<tr><td>7</td><td>16</td><td>15.3</td><td>25</td><td>9</td><td>90</td><td>22</td><td>25</td><td rowspan="2">28</td><td>11</td></tr>
<tr><td>10</td><td>21</td><td>20</td><td>28</td><td>10</td><td rowspan="2">100</td><td>28</td><td>32</td><td rowspan="2">12</td></tr>
<tr><td>11</td><td>24</td><td>23</td><td>32</td><td>11</td><td>32</td><td>37</td><td>30</td></tr>
</table>

4.2 三牙锁紧式螺纹塞规

4.2.1 三牙锁紧式螺纹塞规的型式见图 4 所示，图示仅供图解说明。

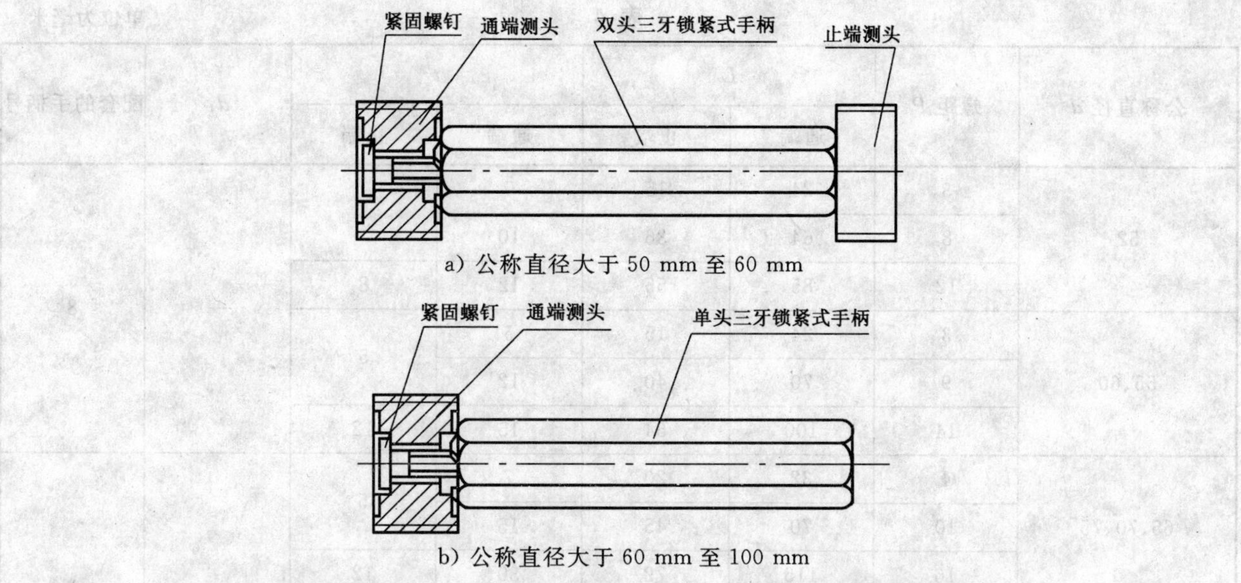

a) 公称直径大于 50 mm 至 60 mm

b) 公称直径大于 60 mm 至 100 mm

图 4　公称直径大于 50 mm 至 100 mm 的三牙锁紧式螺纹塞规

4.2.2　三牙锁紧式螺纹塞规测头的型式见图 5 所示，图示仅供图解说明；尺寸见表 4 的规定。

尺寸单位为毫米

表面粗糙度 Ra 单位为微米

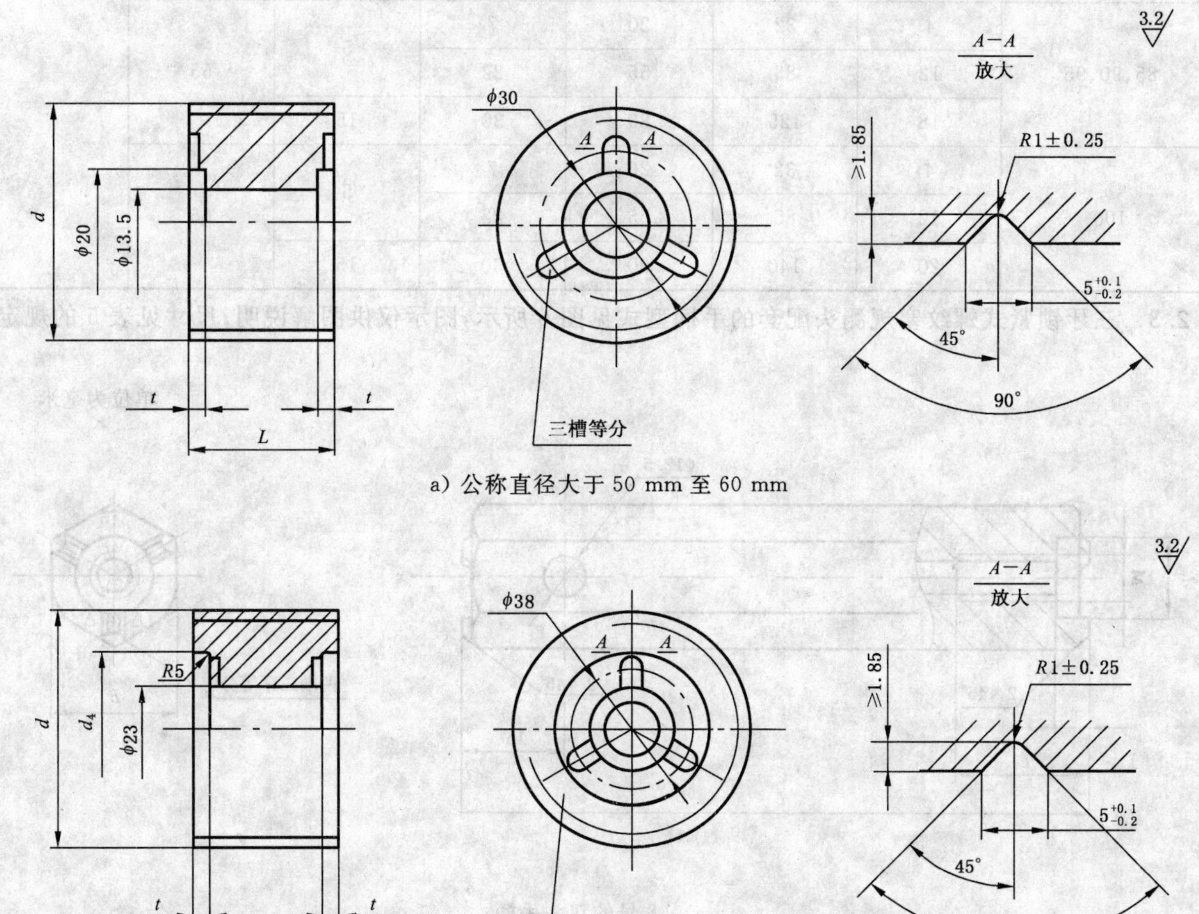

a) 公称直径大于 50 mm 至 60 mm

b) 公称直径大于 60 mm 至 100 mm

图 5　公称直径大于 50 mm 至 100 mm 的三牙锁紧式螺纹塞规测头

表 4

单位为毫米

公称直径 d	螺距 P	L		t		d_4	配套的手柄号
		通端	止端	通端	止端		
52	3	24	15	5	5	—	8
	8	64	36	10			
	12	85	55	12	8		
55、60	3	24	15	5	5		
	9	70	40	12			
	14	100	64	15	12		
65、70、75	4	32	20	7	5	48	9
	10	70	45	15			
	16	115	72	30	12		
80	4	32	20	7	5		
	10	70	45	15			
	16	115	72	30	12		
85、90、95	4	32	20	7	5	55	
	12	85	55	22			
	18	125	80	30	15		
100	4	32	20	7	5	65	
	12	85	55	22			
	20	140	90	30	15		

4.2.3 三牙锁紧式螺纹塞规测头配套的手柄型式见图 6 所示，图示仅供图解说明；尺寸见表 5 的规定。

单位为毫米

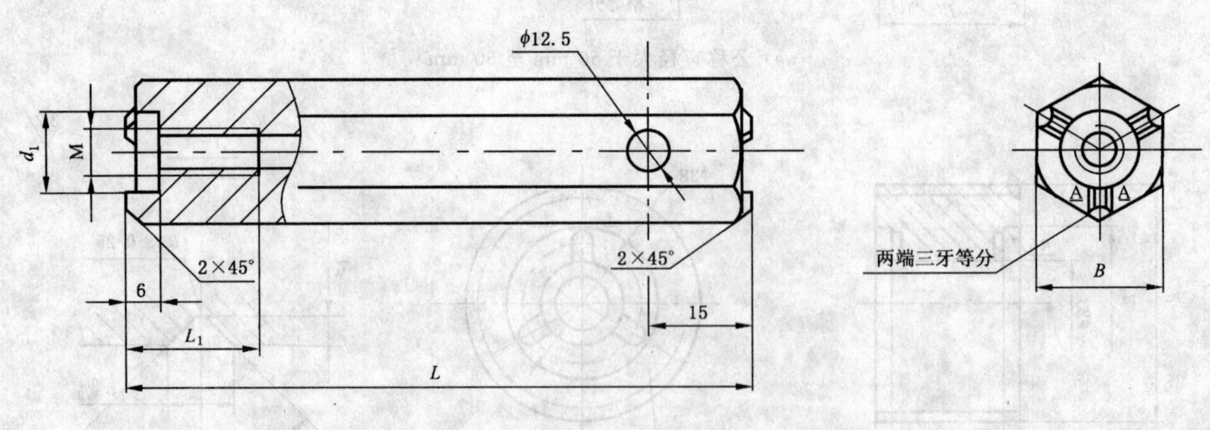

a) 8 号的双头手柄

图 6 公称直径大于 50 mm 至 100 mm 的三牙锁紧式螺纹塞规测头配套用手柄

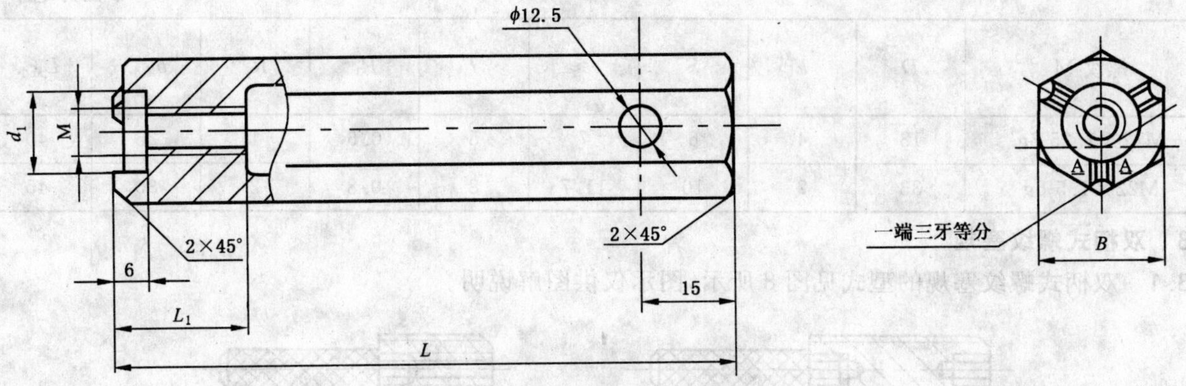

b) 8号和9号的单头手柄

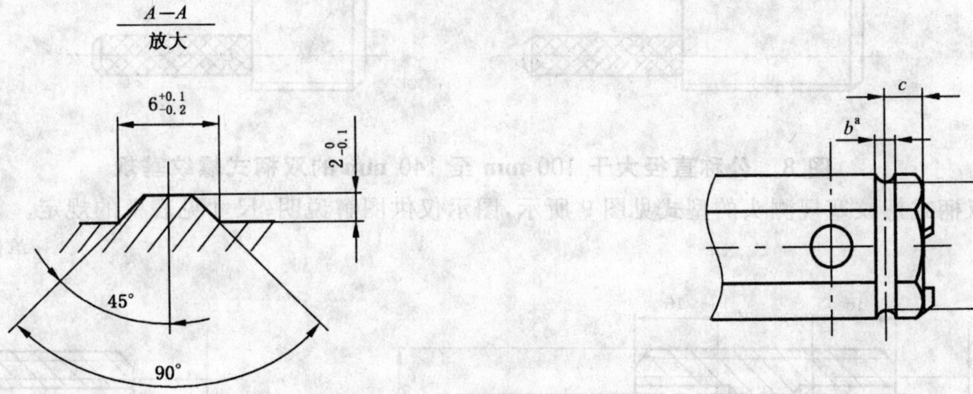

c) 手柄的局部放大图

a 手柄上的止端槽并不是必需的。

图6（续）

表5

单位为毫米

手柄号	B	L	L_1	d_1	a	b	c	螺纹M
8	29	125	31	21	28	3	8	M12×1.25-6H
9	32	150	36	24	31		16	M22×1.5-6H

4.2.4 三牙锁紧式螺纹塞规测头与配套手柄连接用螺钉的型式见图7所示，图示仅供图解说明；尺寸见表6的规定。

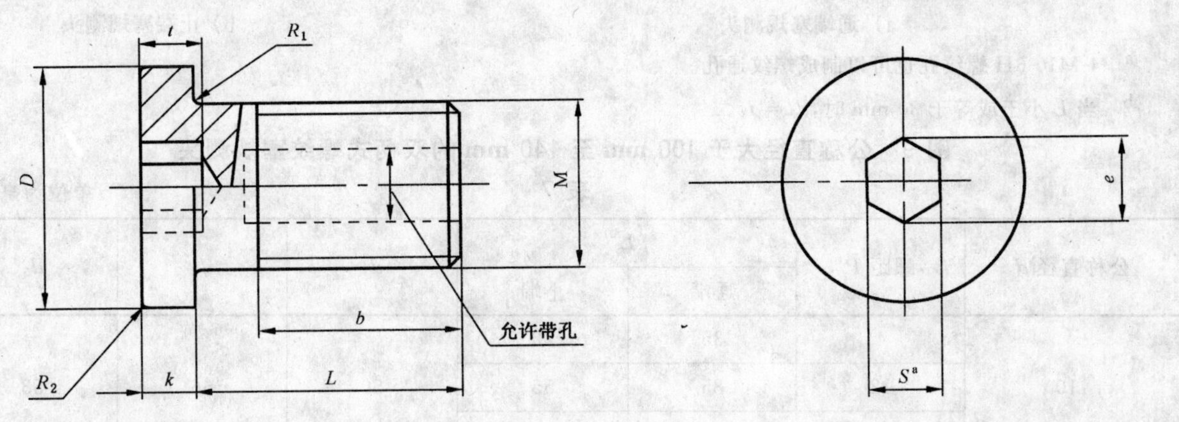

a S允许用槽代替内六角。

图7 公称直径大于50 mm至100 mm的三牙锁紧式螺纹塞规测头与配套手柄连接用螺钉

表 6

单位为毫米

螺纹 M	D	k	S	$e\approx$	t	R_1	R_2	$b_{最小}$	$L_{最小}$
M12×1.25-6g	18	4	6	7	5	0.6	1	25	40
M22×1.5-6g	33	7	10	11.7	8	0.8	2	30	45

4.3 双柄式螺纹塞规

4.3.1 双柄式螺纹塞规的型式见图 8 所示，图示仅供图解说明。

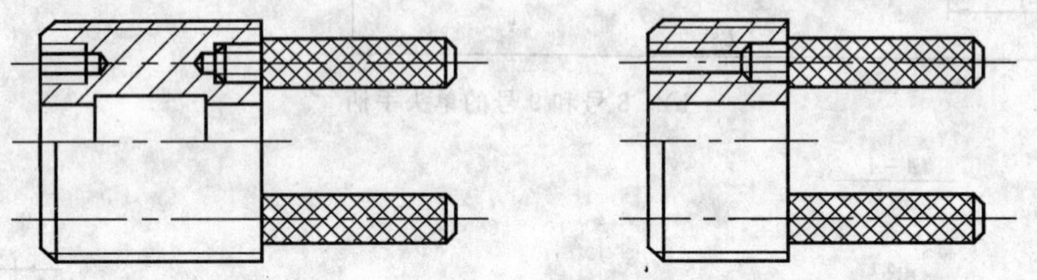

图 8 公称直径大于 100 mm 至 140 mm 的双柄式螺纹塞规

4.3.2 双柄式螺纹塞规测头的型式见图 9 所示，图示仅供图解说明；尺寸见表 7 的规定。

单位为毫米

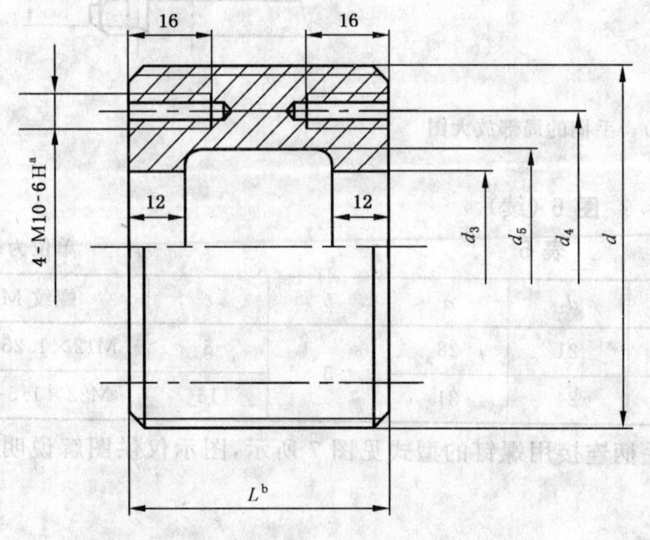

a）通端塞规测头

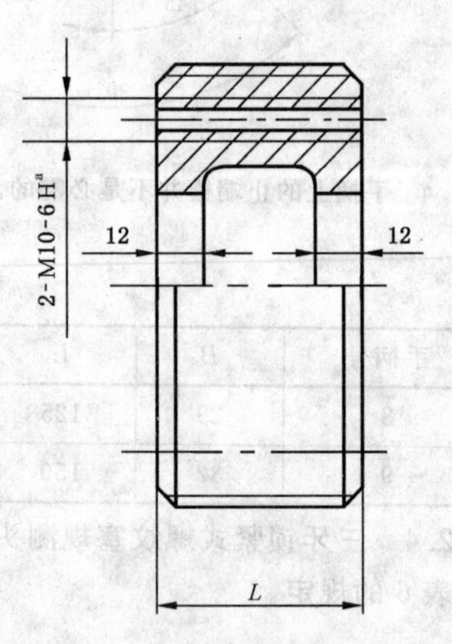

b）止端塞规测头

a 4-M10-6H 螺纹孔也可以制成螺纹通孔。

b 当 L 小于或等于 30 mm 时，$d_5=d_3$。

图 9 公称直径大于 100 mm 至 140 mm 的双柄式螺纹塞规测头

表 7

单位为毫米

公称直径 d	螺距 P	L		d_3	d_4	d_5
		通端	止端			
110	4	35	22	50	66	53
	12	85	55			
	20	140	90			

表 7（续） 单位为毫米

公称直径 d	螺距 P	L		d_3	d_4	d_5
		通端	止端			
120	6	50	30	60	76	63
	14	100	64			
	22	155	98			
130	6	50	30	70	86	73
	14	100	64			
	22	155	98			
140	6	50	30	80	96	83
	14	100	64			
	24	170	108			

4.3.3 双柄式螺纹塞规测头配套的手柄型式见图 10 所示，图示仅供图解说明。

单位为毫米

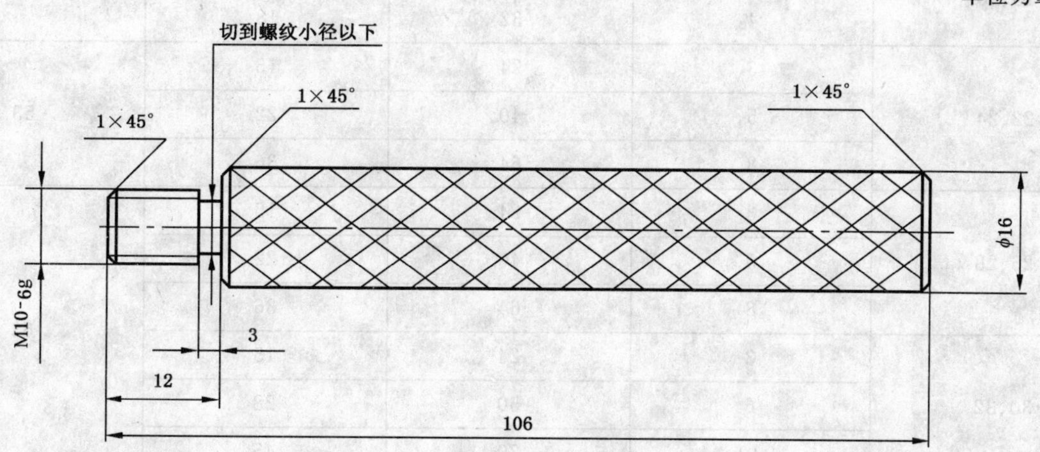

图 10 公称直径大于 100 mm 至 140 mm 的双柄式螺纹塞规测头配套用手柄

4.4 整体式螺纹环规

整体式螺纹环规的型式见图 11 所示，图示仅供图解说明；尺寸见表 8 的规定。

单位为毫米

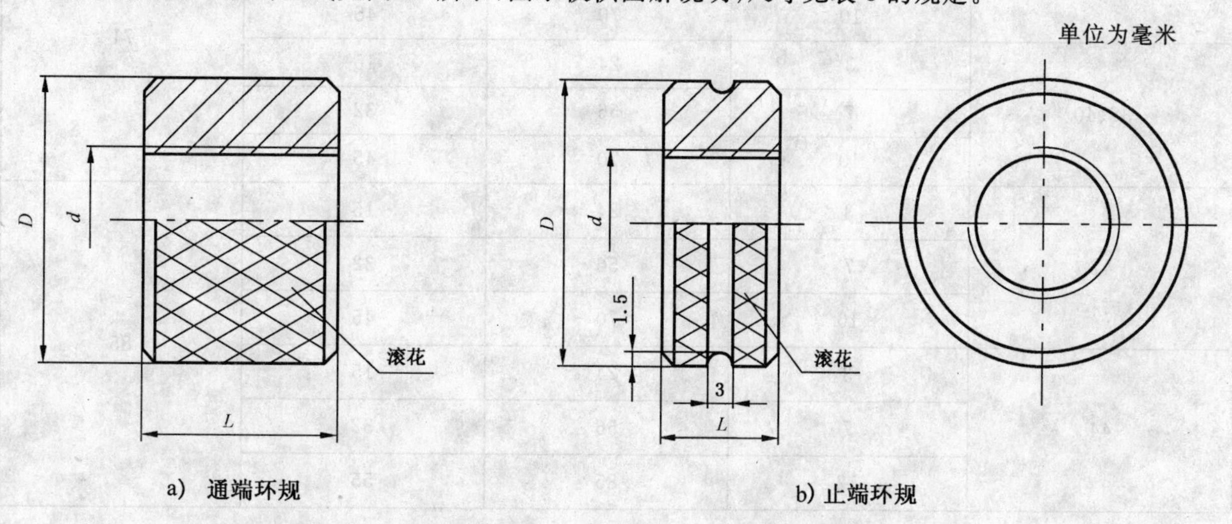

图 11 公称直径 8 mm 至 100 mm 的整体式螺纹环规

表 8

单位为毫米

公称直径 d	螺距 P	L		D
		通端	止端	
8	1.5	12	8	38
9、10	1.5			
	2	16	10	
11	2			
	3	24	14	
12、14	2	16	10	
	3	24	14	
16	2	16	10	45
	4	32	18	
18、20	2	16	10	
	4	32	18	
22、24	3	24	15	53
	5	40	22	
	8	64	36	
26、28	3	24	15	63
	5	40	22	
	8	64	36	
30、32	3	24	15	
	6	50	28	
	10	70	45	
34、36	3	24	15	71
	6	50	28	
	10	70	45	
38、40	3	24	15	
	7	56	32	
	10	70	45	
42	3	24	15	85
	7	56	32	
	10	70	45	
44	3	24	15	
	7	56	32	
	12	85	55	

表 8（续）

单位为毫米

公称直径 d	螺距 P	L		D
		通端	止端	
46、48、50	3	24	15	85
	8	64	36	
	12	85	55	
52	3	24	15	100
	8	64	36	
	12	85	55	
55、60	3	24	15	
	8	70	40	
	12	100	64	
65、70	3	32	20	112
	8	70	45	
	12	115	72	
75	3	32	20	125
	9	70	45	
	14	115	72	
80	4	35	20	
	10	70	45	
	16	115	72	
85	4	35	20	140
	10	85	55	
	16	125	80	
90	4	35	20	
	12	85	55	
	18	125	80	
95	4	35	20	160
	12	85	55	
	18	125	80	
100	4	35	20	
	12	85	55	
	20	140	90	

4.5 双柄式螺纹环规

4.5.1 双柄式螺纹环规的型式见图 12 所示，图示仅供图解说明。

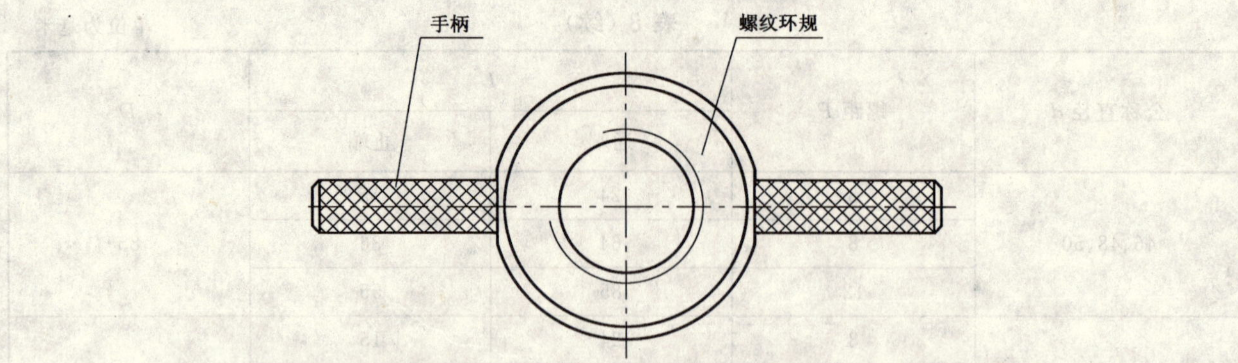

图 12　公称直径大于 100 mm 至 140 mm 的双柄式螺纹环规

4.5.2　双柄式螺纹环规测头的型式见图 13 所示，图示仅供图解说明；尺寸见表 9 的规定。

单位为毫米

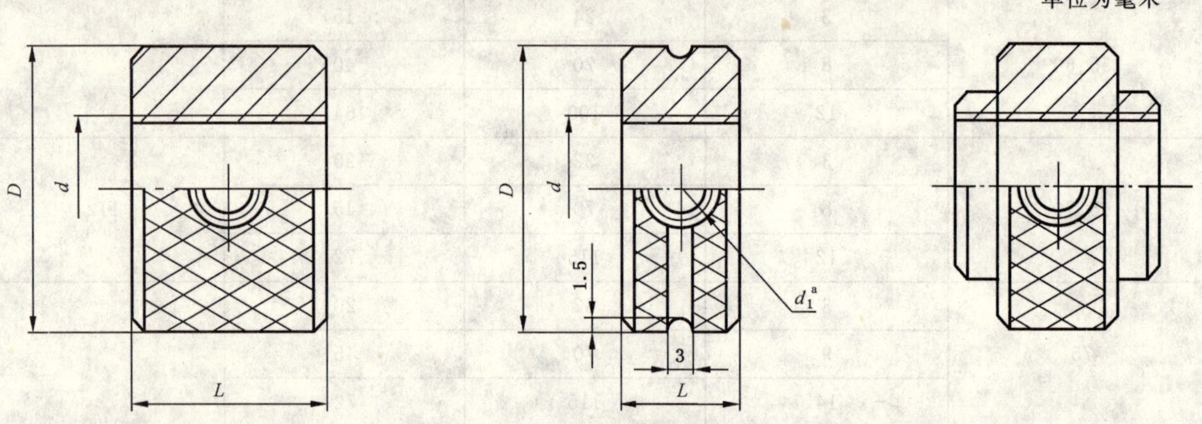

a) 通端环规测头　　b) 止端环规测头　　c) 薄型环规测头[b]

a　d_1 系安装手柄的两个螺纹孔，设置在外径的对称位置上，螺纹孔 M10×1.5-6H、孔深为 6 mm。

b　允许在通端测头或止端测头两端切成台阶制成薄型，以减轻重量。

图 13　公称直径大于 100 mm 至 140 mm 的双柄式螺纹环规测头

表 9

单位为毫米

公称直径 d	螺距 P	b		D
		通端	止端	
110	4	35	22	170
	12	85	55	
	20	140	90	
120	6	50	30	180
	14	100	64	
	22	155	98	
130	6	50	30	190
	14	100	64	
	22	155	98	
140	6	50	30	200
	14	100	64	
	24	170	108	

4.5.3 双柄式螺纹环规测头配套的手柄型式见图14所示，图示仅供图解说明。

单位为毫米

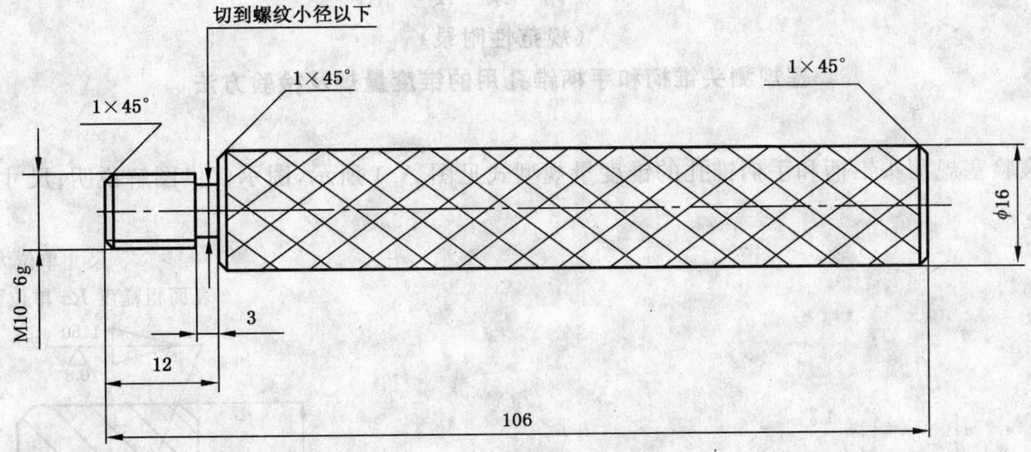

图14 公称直径大于100 mm至140 mm的双柄式螺纹环规测头配套用手柄

附 录 A
（规范性附录）
塞规测头锥柄和手柄锥孔用的锥度量规及检验方法

A.1　检验塞规测头锥柄和手柄锥孔的锥度量规型式见图 A.1 所示，图示仅供图解说明；尺寸见表 A.1 的规定。

尺寸单位为毫米

表面粗糙度 Ra 单位为微米

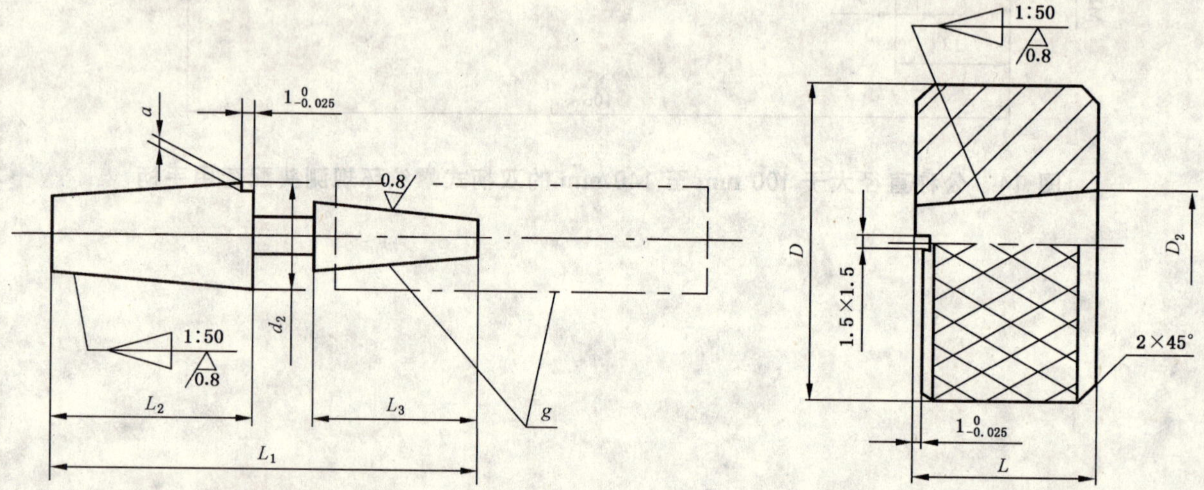

a）锥度塞规

b）锥度环规

图 A.1　检验塞规测头锥柄和手柄锥孔的锥度量规

表 A.1

单位为毫米

被检手柄或被检测头的锥柄号	锥度塞规						锥度环规		
	$d_{2\ -0.002}^{\ \ 0}$	L_1	$L_{2\ \ 0}^{+0.1}$	$L_{3\ \ 0}^{+0.1}$	a	g 锥度塞规测头和其手柄的锥柄号	$D_{2\ -0.002}^{\ \ 0}$	$L\pm0.025$	D
3	5.51	35	16	12	0.5	2	5.51	16	32
4	7.01	45	21	15	0.7	3	7.01	21	
5	9.01	50	23		1		9.01	23	
6	12.01	55	25	20	2	4	12.01	25	38
7	16.01	60	26	22	3	5	16.01	26	45
10	21.01			24	4	6	21.01		50
11	24.01	65	28	26	5	7	24.01	28	55

A.2　当塞规稳定地与手柄锥孔接触时，应配合良好、无晃动，而手柄的每一端面应位于塞规的大端面和台阶面之间；当评定锥度精度时，将薄薄的一层打印蓝油涂于量规测量面上而观察其接触面积，若锥度有差异，则以大端直径接触为好。

A.3　当环规稳定地与塞规锥柄接触时，应配合良好、无晃动，而锥柄的小端面应位于环规的小端面和台阶面之间；当评定锥度精度时，将薄薄的一层打印蓝油涂于量规测量面上而观察其接触面积，若锥度有差异，则以大端直径接触为好。

ICS 17.040.30
J 42

中华人民共和国国家标准

GB/T 8177—2004
代替 GB/T 8177—1987、GB/T 9057—1988

两点内径千分尺

Internal micrometers with two-point contact

2004-02-10 发布 2004-08-01 实施

中华人民共和国国家质量监督检验检疫总局
中国国家标准化管理委员会 发布

前　言

本标准是依据 ISO/DIS 9121《几何量技术规范　长度测量器具:两触点式内径千分尺　设计及计量技术要求》(1996 年英文版)对 GB/T 8177—1987《内径千分尺》和 GB/T 9057—1988《单杆式内径千分尺》进行修订的,其主要差异如下:

——按 GB/T 1.1—2000 对编排格式进行了修改;

——增加了测量范围 500 mm 至 6 000 mm;

——增加了测量面的硬度和粗糙度要求;

——增加了分度值为 0.005 mm 的要求。

本标准自实施之日起,代替 GB/T 8177—1987《内径千分尺》和 GB/T 9057—1988《单杆式内径千分尺》。

本标准与 GB/T 8177—1987、GB/T 9057—1988 相比主要变化如下:

——将内径千分尺和单杆式内径千分尺合并,统称为两点内径千分尺;

——增加了分度值为 0.001 mm、0.002 mm、0.005 mm(本版的 1);

——增加了测微螺杆的螺距要求(GB/T 9057—1988 的第一、二行条款;本版的 1);

——增加了测量范围(GB/T 8177—1987 和 GB/T 9057—1988 的第一、二行条款;本版的 1);

——修改了误差的定义(GB/T 8177—1987 和 GB/T 9057—1988 的 1.2;本版的 3.2);

——增加了数字显示等读数方式的示意图(本版的第 4.1);

——增加了单杆式内径千分尺测微头的量程(本版的第 4.2.1);

——删除了固定套管上刻度数字要求(GB/T 9057—1988 的 2.2);

——修改了影响外观缺陷的要求(GB/T 8177—1987 和 GB/T 9057—1988 的 3.1;本版的 5.1);

——增加了接长杆、测微螺杆、测砧的制造材料要求(本版的 5.2);

——增加了测微螺杆与螺母之间的配合要求(本版的 5.3);

——删除了轴向间隙的要求(GB/T 8177—1987 和 GB/T 9057—1988 的 3.2);

——删除了接长杆的硬度和表面粗糙度(GB/T 8177—1987 的 3.7、3.8);

——增加了微分筒上标尺分度要求(本版的 5.6.1);

——增加了微分筒上的标尺间距要求(本版的 5.6.2);

——修改了标尺标记宽度下限值(GB/T 8177—1987 和 GB/T 9057—1988 的 3.4;本版的 5.6.2);

——增加了微分筒锥面的斜角要求(本版的 5.6.3);

——增加了数字显示的要求(本版的 5.7);

——删除了测微头的示值误差要求(GB/T 8177—1987 的 3.9);

——修改了示值误差(GB/T 8177—1987 的 3.10、GB/T 9057—1988 的 3.9;本版的 5.9);

——修改了校对卡板的尺寸偏差(GB/T 8177—1987 的 3.12;本版的 5.10.2);

——检验方法不再作为附录(GB/T 8177—1987 和 GB/T 9057—1988 的附录 A;本版的 6)。

——修改了示值误差的检验方法(GB/T 8177—1987 的附录 A1、A2 和 GB/T 9057—1988 的附录 A1;本版的 6.1)。

本标准由中国机械工业联合会提出。

本标准由全国量具量仪标准化技术委员会归口。

本标准由青海量具刃具有限责任公司负责起草。

本标准主要起草人：严永红、张洪玲。

本标准所代替标准的历次版本发布情况为

——GB/T 8177—1987；GB/T 9057—1988。

两点内径千分尺

1 范围

本标准规定了两点内径千分尺(包括"内径千分尺"和"单杆式内径千分尺")的术语和定义、型式与基本参数、要求、检验方法和标志与包装等。

本标准适用于分度值为0.01 mm、0.001 mm、0.002 mm、0.005 mm,测微螺杆的螺距为0.5 mm或1.0 mm,测量上限 l_{max} 不应大于6 000 mm的整体结构或带有接长杆的两点内径千分尺(符合阿贝原则)。

2 规范性引用文件

下列文件中的条款通过本标准的引用而成为本标准的条款。凡是注日期的引用文件,其随后所有的修改单(不包括勘误的内容)或修订版均不适用于本标准,然而,鼓励根据本标准达成协议的各方研究是否可使用这些文件的最新版本。凡是不注日期的引用文件,其最新版本适用于本标准。

GB/T 1800.4—1999 极限与配合 标准公差等级和孔、轴的极限偏差表(eqv ISO 286-2:1988)

GB/T 17163—1997 几何量测量器具术语 基本术语

GB/T 17164—1997 几何量测量器具术语 产品术语

3 术语和定义

GB/T 17163—1997和GB/T 17164—1997中确立的以及下列术语和定义适用于本标准。

3.1

两点内径千分尺 internal micrometers with two-point contact

带有两个用于测量内尺寸测砧,并以螺旋副作为中间实物量具的内尺寸测量器具。

3.2

最大允许误差 maximun permissible error

由技术规范、规则等对两点内径千分尺规定的误差极限值。

4 型式与基本参数

4.1 型式

两点内径千分尺的型式见图1所示,图示仅供图解说明。

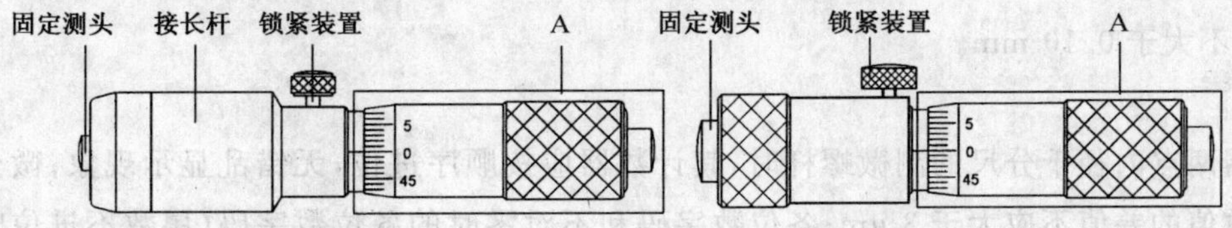

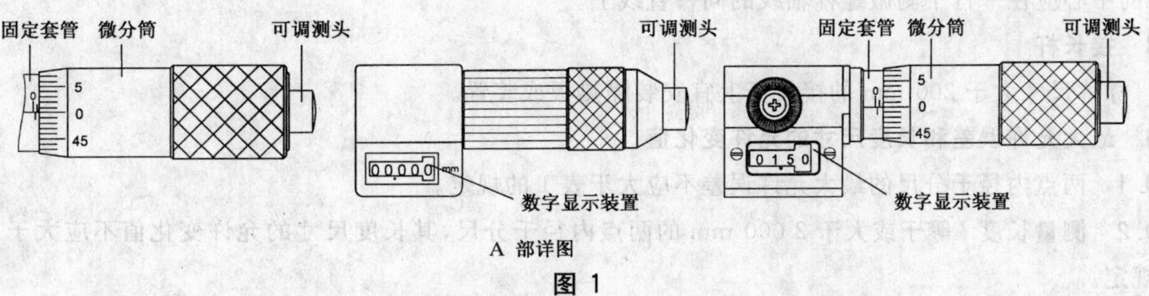

图 1

4.2 基本参数

4.2.1 两点内径千分尺的测微头量程为 13 mm、25 mm 或 50 mm。

4.2.2 两点内径千分尺的测砧球形测量面的曲率半径不应大于测量下限 l_{min} 的 1/2。

5 要求

5.1 外观

两点内径千分尺的测量面上不应有影响使用性能的锈蚀、碰伤、划痕、裂纹等缺陷。

5.2 材料

5.2.1 接长杆应选择钢或其他类似性能的材料制造。

5.2.2 测微螺杆和测砧应选择合金工具钢或其他类似性能的材料制造，其测量面宜镶硬质合金或其他耐磨材料。

5.3 测微螺杆

测微螺杆和螺母之间在全量程范围内应充分啮合且配合应良好，不应出现卡滞和明显窜动。

5.4 锁紧装置

两点内径千分尺应具有能有效地锁紧测微螺杆的装置；当锁紧时，两测量面间的距离与未锁紧时的变化差不应大于 2.0 μm。

5.5 测量面

5.5.1 合金工具钢测量面的硬度不应小于 760 HV1(或 62 HRC)，不锈钢测量面的硬度不应小于 575 HV5(或 53 HRC)。

5.5.2 测量面的表面粗糙度 Ra 值不应大于 0.16 μm。

5.6 标尺

5.6.1 微分筒上应有 50 或 100 个标尺分度。

5.6.2 微分筒上的标尺标记应清晰，标尺间距不应小于 0.8 mm，标尺标记的宽度应在 0.08 mm 至 0.20 mm之间。

5.6.3 微分筒上圆锥面的斜角宜在 7°至 20°范围内；微分筒圆锥面棱边至固定套管表面的距离不应大于 0.4 mm。

5.6.4 固定套管上的标尺标记与微分筒上的标尺标记应清晰，其宽度差不应大于 0.03 mm。

5.6.5 两点内径千分尺对零位时，微分筒圆锥面的端面棱边至固定套管标尺标记的距离，允许压线不大于 0.05 mm、离线不大于 0.10 mm。

5.7 数字显示装置

当移动带计数器两点内径千分尺的测微螺杆时，其计数器应按顺序进位，无错乱显示现象；微分筒指示值与计数器读数值的差值不应大于 3 μm；各位数字码和不对零时的各位数字码(尾数不进位时除外)的中心应在平行于测微螺杆轴线的同一直线上。

5.8 接长杆

标称尺寸大于 200 mm 的接长杆上宜安装隔热板或装置。

5.9 最大允许误差和长度尺寸的允许变化值

5.9.1 两点内径千分尺的最大允许误差不应大于表 1 的规定。

5.9.2 测量长度 l 等于或大于 2 000 mm 的两点内径千分尺，其长度尺寸的允许变化值不应大于表 1 的规定。

表 1

测量长度 l/mm	最大允许误差/μm	长度尺寸的允许变化值/μm
l≤50	4	—
50<l≤100	5	—
100<l≤150	6	—
150<l≤200	7	—
200<l≤250	8	—
250<l≤300	9	—
300<l≤350	10	—
350<l≤400	11	—
400<l≤450	12	—
450<l≤500	13	—
500<l≤800	16	—
800<l≤1 250	22	—
1 250<l≤1 600	27	—
1 600<l≤2 000	32	10
2 000<l≤2 500	40	15
2 500<l≤3 000	50	25
3 000<l≤4 000	60	40
4 000<l≤5 000	72	60
5 000<l≤6 000	90	80

5.10 校对卡板和调整工具

5.10.1 两点内径千分尺应提供用于调整零位和补偿测微螺杆与螺母螺纹之间磨损的调整工具。

5.10.2 测量下限为 50 mm、100 mm、150 mm、250 mm 的内径千分尺应提供校对卡板，校对卡板的尺寸公差按 GB/T 1800.4—1999 应为 js3、测量面的硬度不应小于 760 HV1(或 62 HRC)及表面粗糙度 Ra 值不应大于 0.10 μm。

6 检验方法

6.1 最大允许误差

采用如环规、量块与量块附件组成的内尺寸或专用钳口等测量工具，或测长仪进行检测，其两点内径千分尺的示值与测量工具或仪器的读数值之差的绝对值，即为两点内径千分尺的示值误差。

6.2 长度尺寸的允许变化值

长度尺寸的变化值是在检测两点内径千分尺的示值误差时同时进行。首先检出分别距两端测量面为 0.22×l(单位为毫米)支点的长度尺寸，参见图 2，然后再检出分别距两端测量面为 200 mm 支点的长度尺寸，两者的示值之差即为两点内径千分尺的长度尺寸的变化误差值。

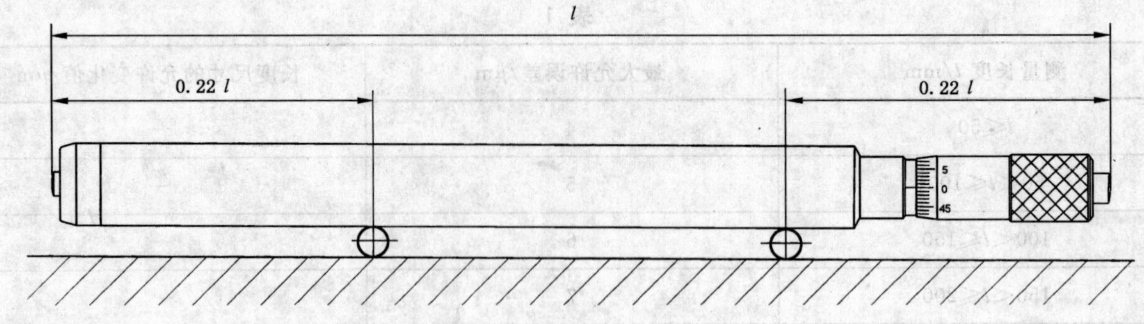

图 2

7 标志与包装

7.1 两点内径千分尺上至少应标有：

a) 制造厂厂名或注册商标；

b) 测量范围；

c) 分度值；

d) 产品序号。

7.2 接长杆上应标有其标称尺寸。

7.3 两点内径千分尺包装盒上至少应标有：

a) 制造厂厂名或注册商标；

b) 产品名称；

c) 测量范围。

7.4 两点内径千分尺在包装前应经过防锈处理并妥善包装，不得因包装不善而在运输过程中损坏产品。

7.5 两点接触式内径千分尺经检定符合本标准要求的应附有产品合格证，产品合格证上应标有本标准的标准号、产品序号和出厂日期。

ICS 25.220
H 68

中华人民共和国国家标准

GB/T 8184—2004
代替 GB/T 8184—1987

铑电镀液

Rhodium electroplating solution

2004-02-05 发布　　2004-07-01 实施

中华人民共和国国家质量监督检验检疫总局
中国国家标准化管理委员会　发布

前言

本标准是对 GB/T 8184—1987《铑电镀液》的修订。

本标准与 GB/T 8184—1987 相比,主要有以下变动:

——将原附录 B“铑镀层的硬度测量方法”改为“铑镀层制备方法”,使铑镀层的检测更具备操作性;另规定维氏显微硬度的测定按 GB/T 9790 进行;

——统一了原标准中的两个牌号,即生产浓缩铑电镀液时兼顾了装饰性和工业技术性铑电镀的要求,便于生产、使用的管理;

——在原电重量法分析铑含量的基础上增加了电解后尾液中微量铑的分析,使铑含量的分析结果更准确;

——删除了原标准中 A.2《铑电镀液典型分析方法》。

本标准自实施之日起,同时代替 GB/T 8184—1987《铑电镀液》。

本标准的附录 A、附录 B 为规范性附录。

本标准由中国有色金属工业协会提出。

本标准由全国有色标准化技术委员会负责归口。

本标准由贵研铂业股份有限公司负责起草。

本标准主要起草人:陈志全、郭珊云、刘建、周伟。

本标准由全国有色标准化技术委员会负责解释。

本标准所代替标准的历次版本发布情况为:

——GB/T 8184—1987。

铑 电 镀 液

1 范围

本标准规定了浓缩硫酸型铑电镀液的要求、试验方法、检验规则和标志、包装、运输、贮存及合同内容等。

本标准适用于防护装饰性和工业技术电镀铑用的浓缩硫酸型铑电镀液。

2 规范性引用文件

下列文件中的条款通过本标准的引用而成为本标准的条款。凡是注日期的引用文件，其随后所有的修改单(不包括勘误的内容)或修订版均不适用于本标准，然而，鼓励根据本标准达成协议的各方研究是否可使用这些文件的最新版本。凡是不注日期的引用文件，其最新版本适用于本标准。

GB/T 1421 铑粉

GB/T 9790 金属覆盖层及其他有关覆盖层 维氏和努氏显微硬度试验

3 术语

3.1 液密封口 liquid seal

容器经封口后，封口处不渗漏液体的封闭形式。

4 要求

4.1 制备铑电镀液的铑原料的纯度应不低于 GB/T 1421 中 SM-Rh99.95 的规定。

4.2 制备铑电镀液所用化学试剂的纯度不低于分析纯，水为蒸馏水。

4.3 铑电镀液的铑含量为 80 g/L±1 g/L。

4.4 铑电镀液为橙红色，用蒸馏水稀释至 2 g/L～10 g/L 时，溶液无肉眼可见不溶物。

4.5 铑电镀层的外观为：白色、全光亮、无裂纹。

4.6 铑电镀层的维氏显微硬度为 HV750～850。

5 试验方法

5.1 铑电镀液中铑含量的测定按附录 A 进行。

5.2 铑电镀液外观用目视检查。

5.3 按附录 B 的规定制备铑电镀层进行外观及维氏显微硬度的检验。

5.3.1 铑电镀层的外观用 100～120 倍金相显微镜检查。

5.3.2 铑电镀层维氏显微硬度的测定按 GB/T 9790 的规定进行。

6 检验规则

6.1 检查和验收

6.1.1 铑电镀液应由供方质量监督部门进行检验，保证产品质量符合本标准(或订货合同)的规定，并填写产品质量证明书。

6.1.2 需方应对收到的产品按本标准的规定进行复验，复验结果与本标准(或订货合同)的规定不符时，应在收到产品之日起3个月内向供方提出，由供需双方协商解决。如需仲裁，仲裁取样由供需双方共同进行。

6.2 组批

铑电镀液应成批提交验收，同一批铑原料一次投料生产出的铑电镀液为一个批号。

6.3 检验项目

每批产品出厂前应进行铑含量、铑电镀液外观质量、铑电镀层外观质量、铑电镀层维氏显微硬度的检验。

6.4 取样

铑电镀液取样应符合表1的规定。

表1 取样

检验项目	取样	要求的章条号	试验方法的章条号
铑含量	逐批	4.3	5.1
铑电镀液外观	逐批	4.4	5.2
铑电镀层外观质量	逐批	4.5	5.3
铑电镀层维氏显微硬度	逐批	4.6	5.4

6.5 检验结果的判定

铑含量、铑电镀液和铑电镀层外观质量、铑电镀层维氏显微硬度如有一项不合格，则应从该批产品中另取双倍数量的铑电镀液进行重复试验。重复试验结果全部合格，则判该批产品合格。若重复试验结果仍有不合格项目，则判该批产品不合格。

7 标志、包装、运输、贮存

7.1 标志

在检验合格的产品包装容器上应注明：

a) 供方名称；

b) 产品名称；

c) 批号；

d) 铑含量，体积；

e) 出厂日期。

7.2 包装、运输、贮存

7.2.1 产品应装入塑料瓶中，按每瓶50 mL、100 mL、500 mL三种规格包装，液密封口，再用木箱或纸箱进行外包装。

7.2.2 产品可以采用铁路、公路、水运、航空等方式运输。

7.2.3 产品应存放于清洁、避光的场所。

7.3 质量证明书

每批产品应附有质量证明书，注明：

a) 供方名称、地址、电话、传真；

b) 产品名称；

c) 批号；

d) 铑含量，体积；

e) 分析检验结果和技术监督部门印记；

f） 本标准编号；

g） 出厂日期。

8 订货单(或合同)内容

订购本标准所列产品的订货单(或合同)内应包括下列内容：

a） 产品名称；

b） 数量；

c） 本标准编号；

d） 增加本标准以外内容时的协商结果。

附 录 A
（规范性附录）
铑含量的测定方法

A.1 范围

本方法规定了铑电镀液中铑含量的测定方法。

本方法适用于铑电镀液中铑含量的测定。

A.2 方法原理

用电重量法测定铑电镀液中电解出的铑量，再用分光光度法测定尾液中的铑量，两者相加算出铑电镀液中的铑含量。

A.3 试剂和材料

A.3.1 硫酸（ρ1.84 g/mL），分析纯。

A.3.2 盐酸（ρ1.19 g/mL），分析纯。

A.3.3 钛网（20 cm^2～30 cm^2）。

A.3.4 铂片或镀铂钛网。

A.4 仪器

A.4.1 直流稳流电源：可在 0.2 A～1 A 范围内无级调节。

A.4.2 紫外可见分光光度计：波长范围 360 nm～900 nm。

A.4.3 分析天平：感量 0.000 1 g。

A.5 分析步骤

A.5.1 铑电解液

用移液管吸取 VmL（一般吸取 1.00 mL）铑电镀液于 200 mL 烧杯中，用蒸馏水冲洗移液管内壁，冲洗液合并于烧杯中。加入 2 mL 硫酸，用水稀释至 100 mL 左右，加热至 50℃～60℃并保温。

A.5.2 测定

A.5.2.1 用盐酸热浸蚀钛网 1 h，清水冲洗后再用蒸馏水淋洗，干燥，称重（m_0，g，精确至 0.000 1 g）。

A.5.2.2 以铂片或镀铂钛网为阳极，处理好的钛网为阴极，用上述铑电解液以 0.2 A～1 A 电流电解至溶液近无色。取出钛网用清水洗净、干燥，称重（m_1，g，精确至 0.000 1 g）。

A.5.2.3 将电解后的溶液转入 100 mL 容量瓶中并稀释至刻度，用分光光度法测定铑量（m_2，g，所得结果表示至四位小数）。

A.6 分析结果的计算

按下式计算铑电镀液中的铑含量 w(Rh)：

$$w(\text{Rh})(\text{g/L}) = \frac{[m_2 + (m_1 - m_0)] \times 1\,000}{V}$$

式中：

m_0——电解前钛网质量，g；

m_1——电解后钛网质量，g；

m_2——电解后尾液中的铑量，g；

V——吸取铑电镀液的体积，mL。

附　录　B
（规范性附录）
铑电镀层制备方法

B.1　取一定量铑电镀液，用H_2SO_4（ρ=1.84 g/mL，分析纯）和蒸馏水配成含H_2SO_4 20 mL～40 mL、Rh2 g/L～10 g/L溶液，其中防护装饰性电镀Rh2 g/L，工业技术电镀5 g/L～10 g/L。加热至50℃～60℃并保温供电镀用。

B.2　在10 cm^2左右的铜基片上按常规电镀方法电镀：表面清洗——H_2SO_4(5+95)活化——清洗——电镀。电流密度5 mA/cm^2～10 mA/cm^2，防护装饰性电镀≤3 min，维氏显微硬度测定电镀30 min～45 min（在5 mA/cm^2时，镀层厚度2 μm～3 μm）。

ICS 71.060.50
H 68

中华人民共和国国家标准

GB/T 8185—2004
代替 GB/T 8185—1987

氯 化 钯

Palladium chloride

2004-02-05 发布　　2004-07-01 实施

中华人民共和国国家质量监督检验检疫总局
中国国家标准化管理委员会　发布

前　言

本标准是对 GB/T 8185—1987《氯化钯》的修订。

本标准与 GB/T 8185—1987 相比，主要有如下变动：

——将原来的一级、二级品改为通用的化学纯、分析纯；

——增加了需要控制的六个杂质元素及技术要求；

——对氯化钯中钯含量的测定方法进行了修改；

——对氯化钯中杂质元素的测定方法进行了修改。

本标准自实施之日起，同时代替 GB/T 8185—1987。

本标准的附录 A 为规范性附录。

本标准由中国有色金属工业协会提出。

本标准由全国有色金属标准技术委员会负责归口。

本标准由贵研铂业股份有限公司负责起草。

本标准主要起草人：朱鹰、石红、徐光、金娅秋、郑恩华。

本标准由全国有色金属标准化技术委员会负责解释。

本标准所代替标准的历次版本发布情况为：

——GB/T 8185—1987。

氯　化　钯

1　范围

本标准规定了氯化钯的要求、试验方法、检验规则和标志、包装、运输、贮存及合同内容等。

本标准适用于湿法生产的氯化钯。

2　规范性引用文件

下列文件中的条款通过本标准的引用而成为本标准的条款。凡是注日期的引用文件，其随后所有的修改单（不包括勘误的内容）或修订版均不适用于本标准，然而，鼓励根据本标准达成协议的各方研究是否可使用这些文件的最新版本。凡是不注日期的引用文件，其最新版本适用于本标准。

GB/T 619　采样及验收规则

GB/T 15072.4　贵金属及其合金化学分析方法　钯、银合金中钯量的测定

YS/T 362　纯钯中杂质元素的发射光谱分析

3　要求

3.1　产品分类

本产品按氯化钯及杂质元素含量的不同分为分析纯和化学纯。

3.2　化学成分

氯化钯的化学成分应符合表1的规定。

表1　化学成分　　%

规　　格		化学纯	分析纯
氯化钯含量，不小于		99.0	99.5
杂质含量，不大于	Pt	0.01	0.005
	Au	0.01	0.005
	Rh	0.01	0.005
	Fe	0.01	0.005
	Ir	0.01	0.005
	Ni	0.01	0.005
	Pb	0.005	0.003
	NO_3^-	0.05	0.01

3.3　外观

产品为棕色粉末。

3.4　溶解试验

产品应溶于稀盐酸。

4　试验方法

4.1　按 GB/T 15072.4 的规定测定氯化钯（$PdCl_2$）中钯含量 Pd（%），氯化钯含量 $w(PdCl_2)$ 由下式计算：

$$w(PdCl_2)(\%) = \frac{177.32}{106.42} w(Pd)(\%)$$

式中：

177.32——氯化钯摩尔质量；

106.42——钯摩尔质量；

$w(Pd)(\%)$——氯化钯中钯含量。

4.2 杂质元素含量的测定：将氯化钯在氢气氛中灼烧成海绵钯，按 YS/T 362 的规定进行杂质元素含量的测定。

4.3 稀盐酸溶解试验：称取 0.5 g 氯化钯试样，加 20 mL 盐酸(1+3)溶解，在红外灯下观察，溶液应清澈透明。

4.4 硝酸根含量的测定按附录 A 进行。

5 检验规则

5.1 检查和验收

5.1.1 氯化钯应由供方技术监督部门进行检验，保证产品质量符合本标准(或订货合同)的规定，并填写质量证明书。

5.1.2 需方应对收到的产品按本标准的规定进行复验。复验结果与本标准(或订货合同)的规定不符时，应在收到产品之日起三个月内向供方提出，由供需双方协商解决。如需仲裁，仲裁取样应由供需双方共同进行。

5.2 组批

氯化钯应成批提交验收，每批应由同一规格、批号组成。

5.3 检验项目

每批产品应进行氯化钯含量、杂质元素含量、稀盐酸溶解试验、硝酸根含量的检验。

5.4 取样

氯化钯取样按 GB/T 619 的规定进行。

5.5 检验结果的判定

5.5.1 化学成分不合格时，判该批产品不合格。

5.5.2 稀盐酸溶解试验、硝酸根含量不合格时，应从该批产品中另取双倍数量的试样进行重复试验。重复试验结果全部合格，则判该批产品合格；若重复试验结果仍有试样不合格，则判该批产品不合格。

6 标志、包装、运输、贮存

6.1 标志

在检验合格的产品上应注明：

a) 供方名称；

b) 产品名称；

c) 批号；

d) 规格；

e) 净重；

f) 出厂日期。

6.2 包装、运输、贮存

6.2.1 产品用塑料瓶作内包装容器，严密封口，每瓶净重(g)：1、5、10、50、100、500、1 000。瓶外应贴标签。用木箱或瓦楞纸板箱进行外包装。

6.2.2 产品可以用铁路、公路、水运、航空等方式运输。

6.2.3 产品应放于干燥处，严防受潮。

6.3 质量证明书

每批产品应附质量证明书，注明：

a) 供方名称、地址、电话、传真；

b) 产品名称；

c) 产品规格；

d) 批号；

e) 产品净重、瓶数；

f) 各项分析检验结果和技术监督部门印记；

g) 本标准编号；

h) 出厂日期。

7 订货单(或合同)内容

订购本标准所列材料的订货单(或合同)内应包括下列内容：

a) 产品名称；

b) 产品规格；

c) 重量；

d) 本标准编号；

e) 增加本标准以外内容时的协商结果。

8 预定用途

氯化钯主要用于制备特种催化剂、分子筛；配制非导体材料镀层用的表面活化剂；制作气体敏感元件等。

附 录 A
（规范性附录）
硝酸根含量测定

A.1 范围

本方法规定了氯化钯中硝酸根含量的测定方法。

本方法适用于氯化钯中硝酸根含量的测定。

A.2 方法原理

试料用稀盐酸溶解，用氢氧化钠调 pH 至 7 沉淀分离钯。在硫酸介质中，硝酸根与靛蓝二磺酸钠发生褪色反应。用目视比色法判断试料中硝酸根含量。

A.3 试剂和材料

A.3.1 硝酸钠，分析纯。

A.3.2 氯化铵，分析纯。

A.3.3 硫酸（ρ1.84 g/mL），分析纯。

A.3.4 盐酸（1＋1）。

A.3.5 盐酸（1＋3）。

A.3.6 氢氧化钠溶液（2.5 mol/L）。

A.3.7 靛蓝二磺酸钠溶液（0.001 mol/L）。

A.3.8 硝酸根标准溶液：称取 3.43 mg 硝酸钠于 100 mL 烧杯中，加 20 mL 水溶解，移入 500 mL 容量瓶中，以水稀释至刻度，混匀。此溶液 1 mL 含 0.005 mg 硝酸根。

A.4 分析步骤

A.4.1 试料

称取 1 g 氯化钯粉末试样，精确至 0.001 g。

A.4.2 空白试验

随同试料做空白试验。空白应加 1 g 氯化铵，稀释至 10 mL。

A.4.3 标准试验

取 10.0 mL 硝酸根标准溶液于 150 mL 烧杯中，加入 1 g 氯化铵，溶解后，于低温电炉上蒸至近干。以下按 A.4.4.2 和 A.4.4.3 进行。

A.4.4 测定

A.4.4.1 将试料（A.4.1）置于 100 mL 烧杯中，盖上表面皿，加 30 mL 盐酸（A.3.5），低温加热至完全溶解，取下，冷却，用水冲洗表面皿及杯壁，移入 50 mL 容量瓶中，用水稀释至刻度，混匀。

A.4.4.2 分别移取 5.0 mL（1 号溶液）和 25.0 mL（2 号溶液）试液于 100 mL 烧杯中，于低温电炉上蒸至近干，加入 25 mL 水、2～3 滴盐酸（A.3.4），加热溶解。取下，用氢氧化钠溶液调 pH 至 7，使钯全部生成水合氧化钯，过滤，用水洗 3～4 次，滤液、洗液合并，蒸干。

A.4.4.3 残渣用 10 mL 水溶解，转入 50 mL 容量瓶中，加 1 mL 靛蓝二磺酸钠，加 20 mL 水，混匀，在摇动下于 10 s～15 s 内加入 10 mL 硫酸，放置 10 min，用水稀释至刻度，混匀。用目视比色法判断试料中硝酸根的含量。

A.5 结果判定

1号溶液所呈蓝色不浅于标准，则 NO_3^- ≤0.05%；2号溶液所呈蓝色不浅于标准，则 NO_3^- ≤0.01%。

ICS 25.160.30
J 64

中华人民共和国国家标准

GB/T 8366—2004
代替 GB/T 8366—1996

阻焊　电阻焊机　机械和电气要求

Resistance welding—Resistance welding equipment—Mechanical and electrical requirements

(ISO 669:2000,MOD)

2004-02-04 发布　　　　2004-08-01 实施

中华人民共和国国家质量监督检验检疫总局
中国国家标准化管理委员会　发布

前　言

本标准修改采用 ISO 669:2000。

本标准之所以修改采用 ISO 669:2000,是因为本标准将 ISO 669 中 14 条冷却回路应能承受的冷却水压力由 1 MPa 改为 0.5 MPa。理由是我国目前的民用和工业用供水系统达不到 1 MPa 的压力。另外,如果工厂采用循环水系统,通常将循环水系统的供水压力设置在 0.3 MPa 左右。所以 ISO 669 中的 1 MPa 的进水压力目前不符合国情。

本标准与 GB/T 8366—1996 相比主要变化如下:

——扩大了标准的适用范围。原标准仅适用于单相交流电阻焊机,本标准适用于单相和三相交流、直流电阻焊机。

——增加了术语定义。

——增加了输出端的额定空载电压要求。

——增加了易触及表面的温升限值。

本标准的附录 A 为规范性标准,附录 B 为资料性附录。

本标准从实施之日起,代替 GB/T 8366—1996。

本标准由中国电器工业协会提出。

本标准由全国电焊机标准化技术委员会归口。

本标准主要起草单位:天津七所高科技有限公司、小原(南京)机电有限公司、江苏扬州天力机电有限公司。

本标准主要起草人:何为、周泽健、徐家庆。

本标准所代替标准的历次版本发布情况为:GB 8366—1987、GB/T 8366—1996。

阻焊　电阻焊机　机械和电气要求

1　范围

本标准适用于各类电阻焊设备、带内置式变压器的焊枪以及移动式电阻焊机。

电阻焊机的类型如下：

——单相交流电阻焊机；

——单相次级整流电阻焊机；

——单相逆变式电阻焊机；

——三相次级整流电阻焊机；

——三相初级整流电阻焊机(有时称变频器)；

——三相逆变式电阻焊机。

本标准未规定安全要求，也不适用于单独出售的阻焊变压器。

2　规范性引用文件

下列文件中的条款通过本标准的引用而成为本标准的条款。凡是注日期的引用文件，其随后所有的修改单(不包括勘误的内容)或修订版均不适用于本标准，然而，鼓励根据本标准达成协议的各方研究是否可使用这些文件的最新版本。凡是不注日期的引用文件，其最新版本适用于本标准。

GB/T 5226.1—1996　工业机械电气设备　第1部分：通用技术条件(eqv IEC 60204-1:1992)

GB/T 7676.2—1998　直接作用模拟指示电测量仪表及其附件　第2部分：电流表和电压表的特殊要求(idt IEC 60051-2:1984)

JB/T 3158—1999　电阻点焊　直电极(neq ISO 5184:1979)

JB/T 3946—1999　凸焊机电极平板槽子(eqv ISO 865:1981)

JB/T 3948—1999　电阻点焊　电极帽(eqv ISO 5821:1979)

JB/T 9959—1999　电阻点焊　内锥度1:10的电极接头(idt ISO 5829:1984)

JB/T 9960—1999　电阻点焊　凸型电极帽(idt ISO 5830:1984)

JB/T 10255—2001　电阻焊设备——电极接头，外锥度1:10　第1部分：圆锥配合，锥度1:10(idt ISO 5183-1:1998)

JB/T 10256.1—2001　电阻点焊——电极握杆　第1部分：锥度配合(eqv ISO 8430-1:1988)

JB/T 10256.2—2001　电阻点焊——电极握杆　第2部分：莫氏锥度配合(eqv ISO 8430-2:1988)

JB/T 10256.3—2001　电阻点焊——电极握杆　第3部分：末端插入式圆柱柄配合(eqv ISO 8430-3:1988)

ISO 5183-2:1988　电阻点焊——电极接头，外锥度1:10　第2部分：末端插入式电极的圆柱柄配合

ISO 5826:1999　电阻焊机变压器　通用技术条件

3　术语和定义

本标准使用下列术语和定义。

3.1 点焊机、凸焊机和缝焊机的机械结构

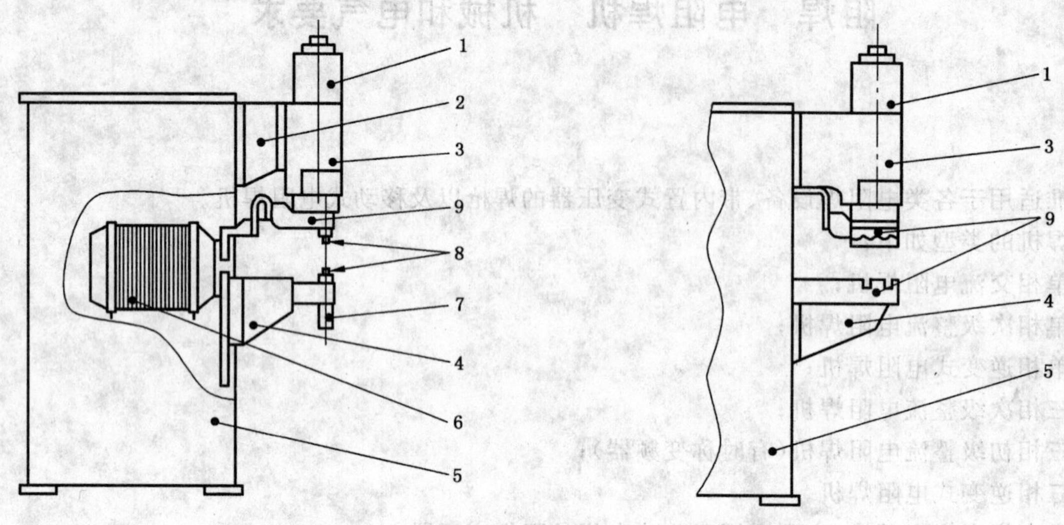

a) 点焊机

b) 凸焊机

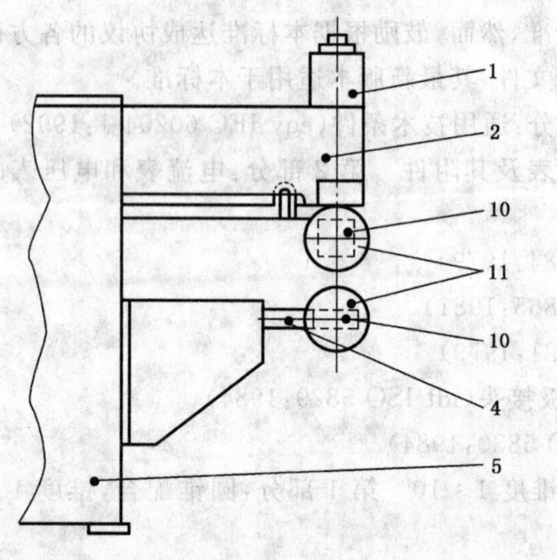

纵向焊的缝焊机

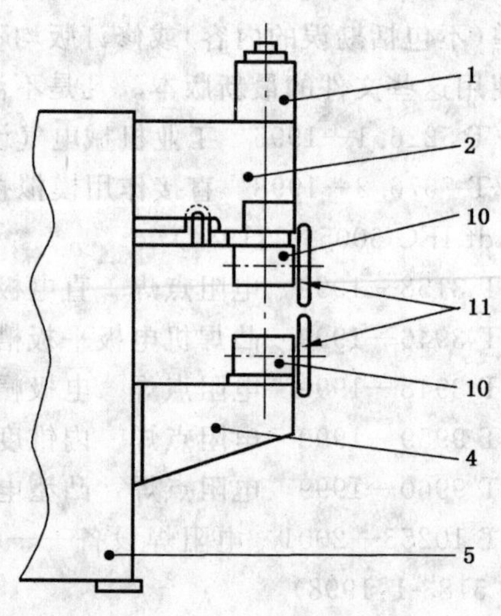

横向焊的缝焊机

c) 缝焊机

1——加压系统；
2——上电极臂；
3——导向座；
4——下电极臂；
5——机架；
6——阻焊变压器；
7——电极握杆；
8——电极；
9——电极台板；
10——滚轮电极座；
11——滚轮电极。

图1 点焊机、凸焊机和缝焊机的机械结构

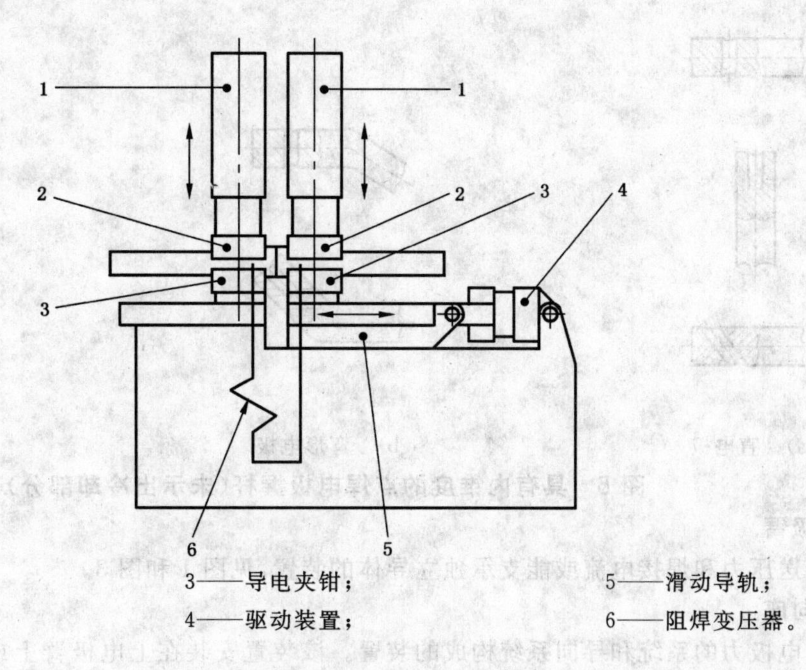

1——夹紧装置；　　3——导电夹钳；　　5——滑动导轨；
2——夹钳；　　4——驱动装置；　　6——阻焊变压器。

图 2　对焊机的机械结构

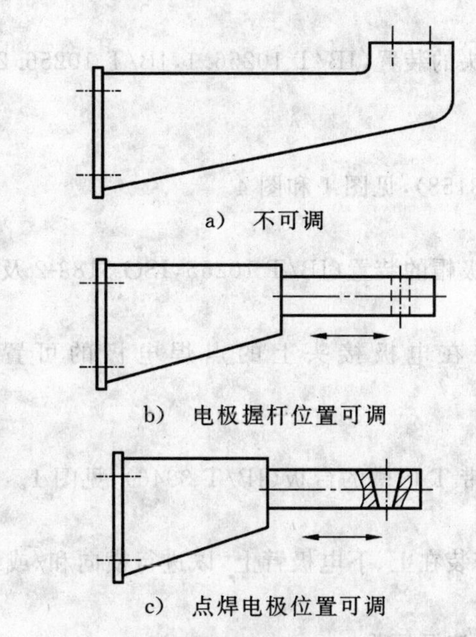

a）　不可调

b）　电极握杆位置可调

c）　点焊电极位置可调

图 3　电极臂(下电极臂)

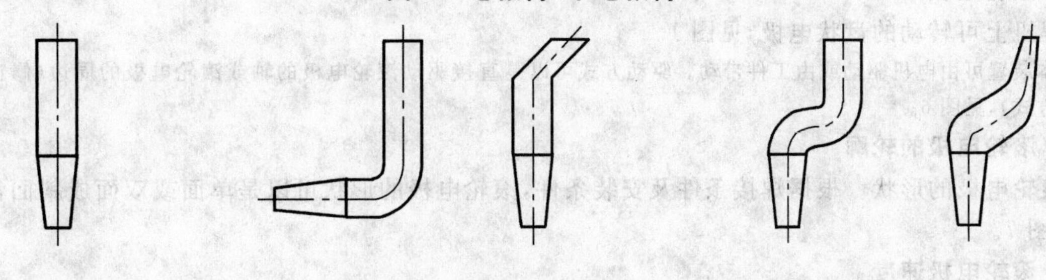

a）　直电极　　b）　弯形电极　　c）　曲柄状电极

图 4　具有外锥度的平端头点焊电极

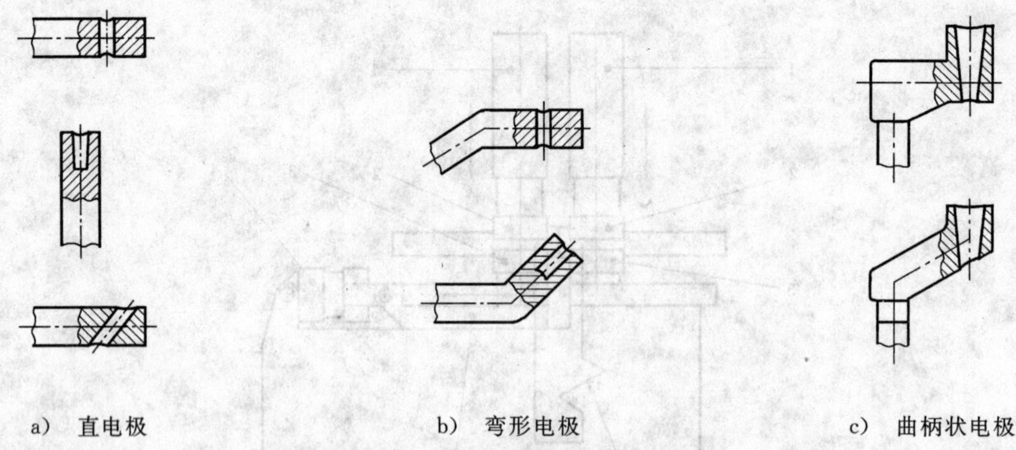

a) 直电极　　b) 弯形电极　　c) 曲柄状电极

图 5　具有内锥度的点焊电极握杆(未示出冷却部分)

3.1.1　电极臂

用以传送压力和焊接电流或能支承独立导体的装置,见图 1 和图 3。

3.1.2　导向座

由产生电极力的系统和导向系统构成的装置。该装置安装在上电极臂上或直接装在焊机主体上,用以固定电极握杆、电极台板或滚轮电极座,见图 1。

3.1.3　电极握杆

用以夹持点焊电极或电极接头的装置(JB/T 10256.1,JB/T 10256.2 及 JB/T 10256.3),见图 1 和图 5。

3.1.4　点焊电极

设计用于点焊的电极(JB/T 3158),见图 1 和图 4。

3.1.5　电极接头

借助内锥度或外锥度固定电极帽的装置(JB/T 10255,ISO 5183-2 及 JB/T 9959)。

3.1.6　电极帽

借助内锥度或外锥度固定在电极接头上的点焊电极的可置换的工作末端(JB/T 3948 及JB/T 9960)。

3.1.7　电极台板

凸焊机上承装电极或夹具的带 T 形槽的台板(JB/T 3946),见图 1。

3.1.8　滚轮电极座

由滚轮电极的支承轴组成,安装在上、下电极臂上,以进行横向和/或纵向缝焊,见图 1。

3.1.9　滚轮电极支承轴

带动滚轮电极转动,以传输电流及压力。

3.1.10　滚轮电极

缝焊机上可转动的盘状电极,见图 1。

注:本装置可由电机驱动或由工件带动。驱动方式可以是直接驱动滚轮电极的轴或滚轮电极的周边(修正轮驱动方式),见图 6。

3.1.11　滚轮电极的轮廓

指滚轮电极的形状。根据焊接条件及安装条件,滚轮电极的形状可以是单面或双面成斜面,或为圆弧式,见图 7。

3.1.12　滚轮电极速度

直接驱动时指旋转速度,n。

3.1.13　滚轮电极速度

采用修正驱动方式时指线速度,v。

3.1.14　电极臂间距 *e*

对于点焊机和缝焊机，指电极臂之间或焊接回路外部导电部件之间的有效距离，见图8。

3.1.15　电极臂间距 *e*

对于凸焊机，指两个电极台板之间的距离，见图8。

注：也可参见3.2.11中的距离 *e*。

3.1.16　电极臂伸出长度 *l*

指凸焊机两电极台板的中心线、点焊机两电极的轴线或倾斜安装的电极的轴线与焊接位置的交点、或缝焊机两滚轮电极间的接触中心线分别与焊机机身最近构件间的有效距离，见图8。

注：本定义中不考虑电极的偏移。

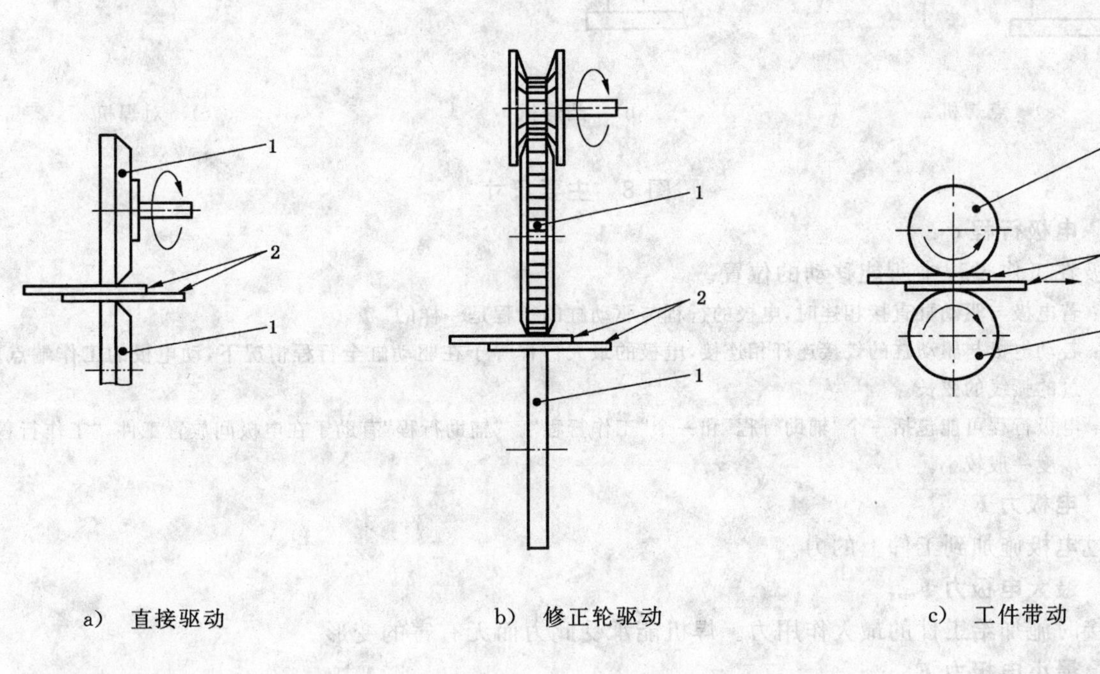

a)　直接驱动　　　b)　修正轮驱动　　　c)　工件带动

1——滚轮电极；
2——被焊工件。

图6　滚轮电极的驱动类型

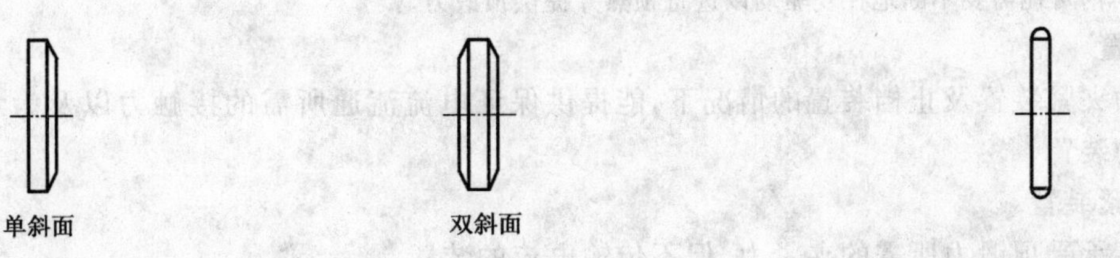

a)　斜面　　　b)　圆弧式

图7　滚轮电极的轮廓

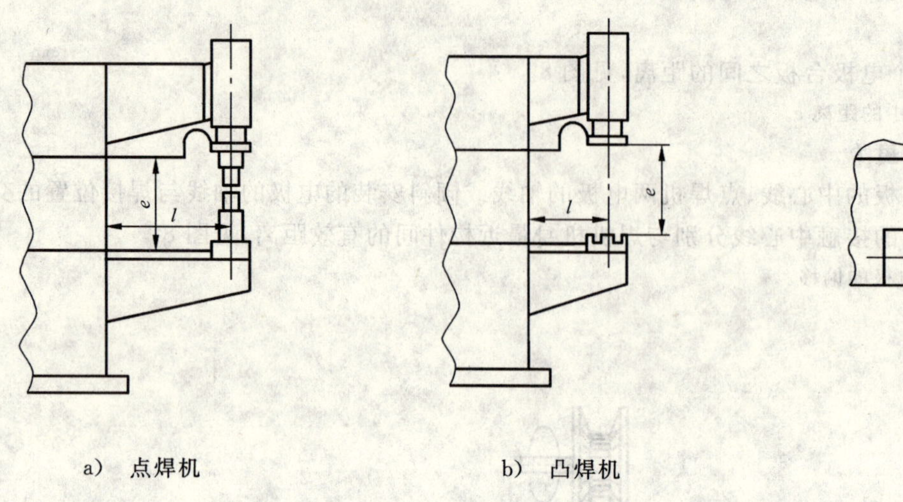

a） 点焊机　　b） 凸焊机　　c） 对焊机

图 8 主要尺寸

3.1.17 **电极行程 c**

电极在工作过程中所能移动的位置。

注 1：若电极与驱动缸直接相连时，电极的行程与驱动缸的行程是一样的。

注 2：若动电极与驱动缸的铰接连杆相连接，电极的最大行程等于在驱动缸全行程情况下，动电极的工作端点所走过的弧线的弦长。

注 3：电极行程可能包括一个“辅助行程”和一个“工作行程”。“辅助行程”有助于在电极间放置工件，“工作行程”的幅度一般较小。

3.1.18 **电极力 F**

通过电极施加到工件上的力。

3.1.19 **最大电极力 F_{max}**

焊接时施加给工件的最大作用力。焊机能承受此力而无有害的变形。

3.1.20 **最小电极力 F_{min}**

焊机正常工作所需的最小作用力。

3.2 **对焊机的机械结构**

3.2.1 **驱动装置**

驱动并带动部件运动，将顶锻力施加到工件上的装置。

注：对于闪光焊，可能需要不断地往复驱动以进行预热并提供顶锻力。

3.2.2 **夹紧装置**

在没有辅助夹紧装置及止档装置的情况下，能提供保证电流流通所需的接触力以及为承受顶锻力所需的夹紧力的装置。

3.2.3 **辅助夹紧装置**

一种能提供承受顶锻力所需的夹紧力，但不传输电流的装置。

3.2.4 **止档装置**

为防止工件在顶锻时滑落，可承受全部或部分施加给工件的顶锻力的装置。

3.2.5 **夹钳**

当工件接触到其夹紧面的时候，能将所有的力传递给工件的装置，见图 9。

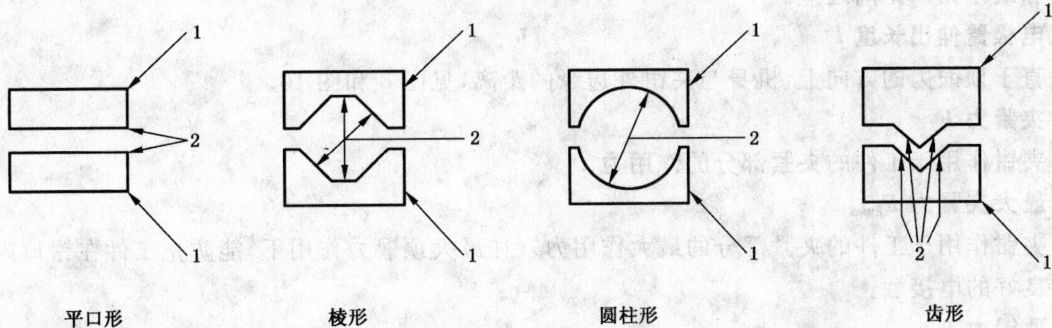

1——安装面或支承面；

2——接触面或夹紧面。

图 9　夹钳的类型

3.2.6　钳口长度 *G*

夹钳在顶锻方向的有效长度，见图 10。

3.2.7　钳口宽度 *W*

夹钳在垂直于顶锻和夹紧方向的有效宽度，见图 10。

3.2.8　钳口厚度 *δ*

夹钳在夹紧方向的尺寸，见图 10。

3.2.9　钳口行程 *q*

最大和最小开口的间距之差，见图 10。

3.2.10　开口间距 *f*

夹紧平面间的有效距离，见图 10。

注：如果工件必须垂直于顶锻方向放置，则齿形钳口的有效开口间距小于平面钳口的开口间距，见图 9。

3.2.11　钳口距离 *e*

两对钳口在顶锻方向的间距，见图 10。

注：参见 3.1.14 和 3.1.15 中的电极臂间距 e。

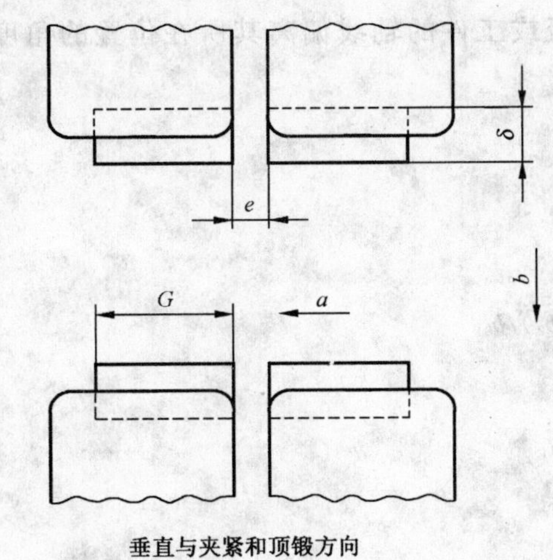

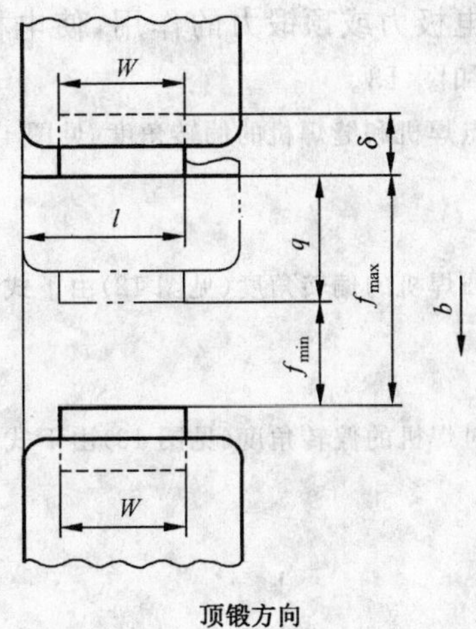

a——顶锻方向；

b——夹紧方向。

图 10　夹钳的尺寸

3.2.12 **顶锻行程**

最大和最小钳口距离之差。

3.2.13 **电极臂伸出长度 l**

在垂直于顶锻力的方向上，机身与夹钳外边缘的距离，见图8和图10。

3.2.14 **夹紧力 F_2**

通过夹钳作用于工件的夹紧部分的作用力。

3.2.15 **最大夹紧力 F_{2max}**

通过夹钳作用于工件的夹紧部分的最大作用力。在最大顶锻力作用下，能防止工件在钳口内打滑，并能保持良好的电接触。

3.2.16 **顶锻力 F_1**

在顶锻方向将工件压在一起的力。

3.2.17 **最大顶锻力 F_{1max}**

在不损害焊机机械结构的情况下，焊机所能提供的最大挤压力。

3.2.18 **最小顶锻力 F_{1min}**

焊机正常工作所需的最小挤压力。

3.2.19 **预热力 F_{C1}**

预热过程中，在顶锻方向提供的作用力。

3.2.20 **顶锻压力 P_{F1}**

由顶锻力产生的压力，与工件的焊接截面积有关。

3.3 **静态机械特性、电气特性以及热特性**

3.3.1 **接触误差**

与偏心量和偏转角度有关的误差。

3.3.2 **偏心量 g**

在电极力的作用下，上下两个电极的工作面上的中心点之间的距离或上下两个电极台板中心点之间的距离，见图11和图12。

注1：点焊机和缝焊机的偏心量 g（见图11）由下式计算：

$$g = b - a$$

注2：凸焊机的偏心量（见图12）按15.2.2条进行测量。

3.3.3 **偏转角度 α**

由于电极力或顶锻力的作用，使电极轴线、电极台板或工件的轴线偏离其所在位置的角度，见图11、图12和图13。

注1：点焊机和缝焊机的偏转角度（见图11）由下式计算：

$$\alpha = \alpha_2 - \alpha_1$$

注2：凸焊机的偏转角度（见图12）由下式计算：

$$\alpha \approx \tan\alpha = (b_1 - b_2)/b_3$$

注3：对焊机的偏转角度（见图13）由下式计算：

$$\alpha \approx \tan\alpha = b/k$$

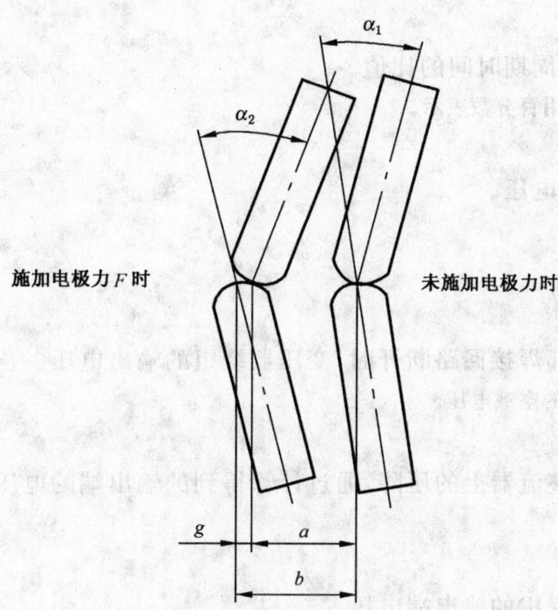

图 11 点焊机和缝焊机的接触误差

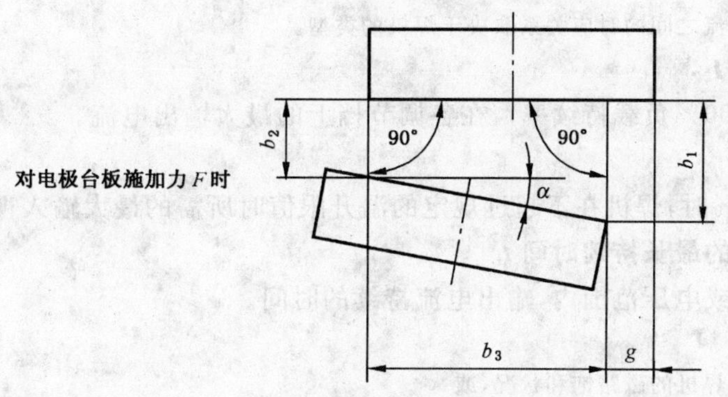

图 12 凸焊机的接触误差

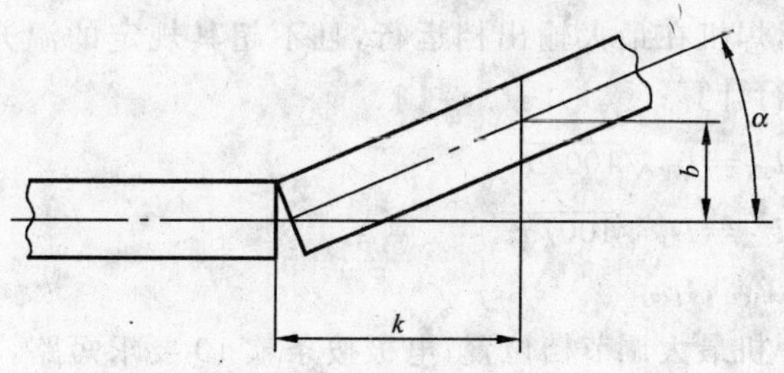

图 13 对焊机的接触误差

3.3.4 工作制

根据负载持续时间和程序而确定的焊机的负载状态。

3.3.5 连续工作制

连续工作,无间断时间。该情况下,负载持续率为100%。

3.3.6 周期工作制

按规定的负载和空载时间周期反复循环工作。焊接周期时间为负载时间和空载时间之和。

注:本标准把负载看成是不变的,即无任何预热或后热时间。

3.3.7 负载持续率 X

负载持续时间与整个焊接周期时间的比值。

注：此值介于0～1之间，也可用百分数表示。

3.3.8 额定输入电压 U_{IN}

焊机设计时所采用的输入电压。

3.3.9 额定空载电压

U_{20}，U_{2di}或U_{2d}

3.3.9.1 交流空载电压 U_{20}

在额定输入电压下，当外部焊接回路断开时，变压器绕组的输出电压。

注：输入绕组各档对应着不同的空载电压。

3.3.9.2 直流空载电压 U_{2di}

在额定输入电压下，忽略整流器上的压降，通过计算得到的输出端的电压。

注：U_{2di}值取决于整流回路。

3.3.9.3 直流空载电压 U_{2d}

在额定输入电压下，逆变焊机的输出端电压。

3.3.10 连续输入电流 I_{1P}，I_{LP}

提供连续输出电流所需的输入电流。

注：输入电流和输出电流之间的对应关系取决于焊机的类型。

3.3.11 连续输出电流 I_{2P}

焊机连续工作时(100%负载持续率)，在各调节档上的最大输出电流。

3.3.12 连续功率 S_P

负载持续率为100%时，焊机在不超过规定的温升限值时所需的最大输入视在功率。

3.3.13 每一输出电流的最长持续时间 t_i

在所给的输出电流或电压范围内，输出电流持续的时间。

注：本时间受限于

——初级整流电阻焊机的磁路饱和状况，或

——次级整流电阻焊机的整流器的温升。

3.3.14 给定负载持续率下的输入电流 I_{1X}，I_{LX}

在给定的负载持续率下，焊机在最大输出档运行，且不超其规定的温升限值时所需的最大输入电流。该电流值可通过下式进行计算：

对于单相阻焊变压器　$I_{1X}=I_{1P}\sqrt{100/x}$

对于三相阻焊变压器　$I_{LX}=I_{LP}\sqrt{100/x}$

3.3.15 最大短路输入电流 I_{1CC}，I_{LCC}

在额定输入电压下，在焊机最大调节档位置，电极按条款10要求短路，在最大和最小阻抗情况下的输入电流有效值。

注：I_{LCC}适用于整流焊机。

3.3.16 最大短路输出电流 I_{2CC}

在额定输入电压下，在焊机最大调节档位置，电极按条款10短路，在最大和最小阻抗情况下的输出电流有效值。

3.3.17 传递能量的介质的供给压力 P_1

满足焊机正常工所需要的传递能量的介质的供应压力。

3.3.18 传递能量的介质的压力 P_2

为获得最大作用力所要求的、作用在一个或多个驱动缸内的介质压力。

3.3.19 **冷却液的额定流量 Q**

当焊机在连续功率下工作时，为保证焊机各部分不超过允许的温升限值，焊机所需的冷却液的总流量。

3.3.20 **冷却液压降 ΔP**

额定冷却液在流动时所产生的压降。

3.4 动态机械特性

见附件 A。

4 符号

本标准所用的符号见表 1。

表 1 符号及其含义

符号	符号的含义	参见条款
a	接触误差的测量长度	3.3.2
a_1, a_2	偏转角度的测量长度	15.3
b	接触误差的测量长度	3.3.2,3.3.3
b_1, b_2, b_3	接触误差的测量长度	3.3.3,15.2,15.3,15.4
c	电极行程	3.1.17,15.1
d	电极端头的直径或滚轮电极的宽度	10.2
d_K	刚性圆盘的直径	15.2
D_1	钢球直径	15.2
e	1)电极臂间距 2)电极台板距离 3)钳口距离	3.1.14,3.1.15,15.1,16.3 3.1.15,16.3 3.2.11,10.4,16.3
e_{min}	电极台板最小距离	10.3
e'	铜棒长度的计算距离	10.3
E_a	冲击能量	附录 A
f	开口间距	3.2.10
f_{max}	最大开口间距	3.2.11
f_{min}	最小开口间距	3.2.11
F	电极力	3.1.18,10.4
F_{C1}	预热力	3.2.19
F_{max}	最大电极力	3.1.19,10.2,10.3,15.1,16.3
F_{min}	最小电极力	3.1.20,16.3
F_1	顶锻力	3.2.16
F_{1max}	最大顶锻力	3.2.17,10.4,15.1,16.3
F_{1min}	最小顶锻力	3.2.18,16.3

表 1(续)

符号	符号的含义	参见条款
F_2	夹紧力	3.2.14
F_{2max}	最大夹紧力	3.2.15,10.4,15.4,16.3
F_{2min}	最小夹紧力	16.3
$F_{1f}\cdots F_{3f}$	再次接触过程中力的振荡	附录 A
$F_{1s}\cdots F_{3s}$	力的振荡	附录 A
F'_1,F'_2	一对作用力	15.2
g	偏心量	3.3.2,15.2.3,16.2,16.3
g_{10},g_{50},g_{100}	10%、50%或 100%最大电极力时的偏心量	16.3
G	钳口长度	3.2.6,3.2.11
I_{1CC}	最大短路输入电流	3.3.15
I_{1P}	连续输入电流	3.3.10
I_{1X}	给定负载持续率下的输入电流	3.3.14
I_{2CC}	最大短路输出电流	3.3.16,16.3
I_{2P}	100%负载持续率下的连续输出电流	3.3.11,16.3
I_{LCC}	最大线短路电流	3.3.15
I_{LP}	连续线电流	3.3.10
I_{LX}	给定负载持续率下的线电流	3.3.14
k	偏转角度的测量距离	3.3.3,15.3,15.4
K_F	力的系数	附录 A
K_{Fs},K_{Ff}	电极接触/再次接触时力的系数	附录 A
l	电极臂伸出长度	3.1.14,3.1.15,3.1.16,3.2.13,15.1,16.3
L_{SC}	铜棒长度	10.3,10.4,15.4
L'	铜棒长度	10.3
m	导向座质量	附录 A
n	旋转速度	3.1.12,16.3
p_1	传递能量的介质的供给压力	3.3.17,16.3
p_2	传递能量的介质的压力	3.3.18,16.3
p_{FI}	顶锻压力	3.2.20
q	钳口行程	3.2.9,3.2.11
Q	额定冷却液流量	3.3.19,16.3
S_P	连续输入功率(100%负载持续率)	3.3.12,16.3
S_{50}	50%负载持续率时的输入功率	16.3

表 1(续)

符号	符号的含义	参见条款
t	脉冲时间	附录 A
t_a	力上升时间	附录 A
t_{fd}	再次接触过程中的衰减时间	附录 A
t_i	脉冲的最长时间	3.1.15,3.3.13
t_{sd}	电极在 A 点接触后的衰减时间	附录 A
T_1	冷却介质的温度	12.2
U_{1N}	额定输入电压	3.3.8,9,16.3
U'_{1N}	输入电压	9
U_{20}	额定交流空载电压	3.3.9.1,9,16.3
U'_{20}	交流空载电压	9
U_{2d}	逆变式电阻焊机的额定直流空载电压	3.3.9.3,9,16.3
U_{2di}	额定直流空载电压	3.3.9.2,9,16.3
v	线速度	3.1.13,16.3
v_a	冲击速度	附录 A
W	钳口宽度	3.2.7,3.2.11,10.4
X	负载持续率	3.3.7,3.3.14
α	偏转角度	3.3.3,15.2.3,16.2
α_1,α_2	偏转角度的测量角度	3.3.3,15.3
$\alpha_{10},\alpha_{50},\alpha_{100}$	10%、50%或 100%最大电极力时的偏转角度	16.3
ΔP	冷却回路的压降	3.3.20,16.3
δ	钳口厚度	3.2.8,3.2.11

5 分类

电阻焊机可分为下列几类:

a) 点焊机(见图 1a));

b) 凸焊机(见图 1b));

c) 缝焊机(见图 1c));

d) 对焊机(见图 2)。

注:闪光焊机属于特殊形式的对焊机。

6 工作环境和使用条件

6.1 总则

焊机应能在下列工作环境和使用条件下正常运行。

当工作环境或使用条件不在规定的范围内时,则由制造厂和用户协商解决。(见 GB/T 5226.1 的附件 B)。

6.2 环境温度

焊机应能在环境温度为 5℃～40℃之间正常工作。

冷却介质的最高温度见 ISO 5826:1999 的附录 C。

6.3 湿度

焊机应能在相对湿度不大于 95%的环境下正常工作。

焊机应能避免因偶然凝结而产生的有害影响。必要时,应采取适当的措施加以解决(例如:内置式加热器,空调,通风等)。

6.4 海拔高度

焊机应能在海拔高度不超过 1 000 m 的情况下正常工作。

海拔高度超过 1 000 m 以上时,对于焊机的要求参见 ISO 5826:1999 的附录 C 进行修正。

6.5 运输与储存

焊机的运输和储存温度应在－25℃～＋55℃之间,短时间内(不超过 24 h)允许 70℃。

应采取适当的保护措施,以防焊机受湿热、振动而损坏。

6.6 提升或装卸

若把体积庞大且笨重的电气设备从焊机中移走或把独立于焊机的电气设备移开时,应使用吊车或类似的装置。

7 试验条件

应在 10℃～40℃的环境温度下,对新的、干燥的且装配完整的焊机进行试验。通风情况应与正常使用条件相同。所用的测量装置不能影响焊机的正常通风,或通过它传热或散热。

液体冷却的焊机应在制造厂规定的冷却液条件下进行试验。

测量仪表的准确度或精度要求:

a) 电气测量仪表 1 级(满量程的 1%,见 GB/T 7676.2),适合短时测量。交流焊机应采用真有效值电流表。

电性能测试应在全波、无瞬时突变的情况下进行。

b) 温度计 ±2K

除非另有规定,本标准中要求的试验均为型式试验。

8 阻焊变压器

阻焊变压器应符合 ISO 5826 的规定。

按 ISO 5826 的规定检查合格与否。

9 输出端的额定空载电压

各档的额定空载电压的允差均应≤±2%。

通过下述试验检查合格与否:

a) 交流电阻焊机,测量 U_{20};

注:如果输入电压 U'_{1N} 不同于额定输入电压 U_{1N},则测量 U'_{20},通过下式计算额定空载电压 U_{20}

$$U_{20} = U'_{20}\,\frac{U_{1N}}{U'_{1N}}$$

b) 直流电阻焊机,根据表 2 计算 U_{2di};

表 2 "理想的"直流空载电压

输入	输出	U_{2di}
星形接法	★	$1.17U_{20}$
三角形接法	★	$1.35U_{20}$
单相电阻焊机	中间点	$0.9U_{20}$
初级整流电阻焊机		$1.35U_{20}$

c) 对于逆变式直流电阻焊机测量 U_{2d}。

10 最大短路电流

10.1 总则

最大短路电流的允差应不超过以下限值：

a) 直接测试：±5%；

b) 间接测试：${}^{+10}_{0}$ % (在输入端进行测量，然后通过计算获得)。

铜的电导应至少为 45 S。

在下述的条件下，通过测量检查合格与否：

——点焊机和缝焊机按 10.2 条；

——凸焊机按 10.3 条；

——对焊机按 10.4 条。

应在以下两种情况下分别进行测量：

a) 最小阻抗(电极臂间距和电极臂伸出长度为最小时)；

b) 最大阻抗(电极臂间距和电极臂伸出长度为最大时)。

10.2 点焊机和缝焊机

按实际使用的电极臂长度，在最大电极力 F_{max} 下，将上下两电极或滚轮电极直接接触进行短路。电极端头的直径 d 或滚轮电极的宽度与电极力的关系应符合下式，但应至少等于 2.5 mm。

$$d = 0.16\sqrt{F_{max}} \pm 5\%\text{，单位 mm}$$

式中 F_{max} 的单位为 N。

10.3 凸焊机

在电极台板之间的中心直接插入一根铜棒使之短路，该铜棒的截面积应足以防止过热，焊机施加最大电极力 F_{max}。

铜棒的长度 L_{sc} 或 L' 由下式计算，但应至少等于 $e'=e_{min}+5$(单位为 mm)。

$L_{sc}=122F_{max}10^{-5}+75$，单位 mm

$L'=L_{sc}+e'$，单位 mm

式中 e' 的单位为 mm，F_{max} 的单位为 N。

10.4 对焊机

在两钳口之间插入一铜棒使之短路，铜棒的截面积应足以防止过热。铜棒与钳口的接触面积应尽可能的大，焊机施加最大的夹紧力 F_{2max}。

铜棒在两钳口的相对内表面之间的长度 L_{SC}(见图 14)可由下式计算，但应至少等于 $e+5$(单位为 mm)。

$L_{SC}=1.5F/W+2$ 单位 mm

对于具有预热的对焊机：

$F=F_{1max}/30$ 单位 N

对于无预热的对焊机：

$F=F_{1max}/150$ 单位 N

式中 W 的单位为 mm，F_{1max} 单位为 N。

不管是否带有预热功能，均可用最小的 L_{SC} 值。

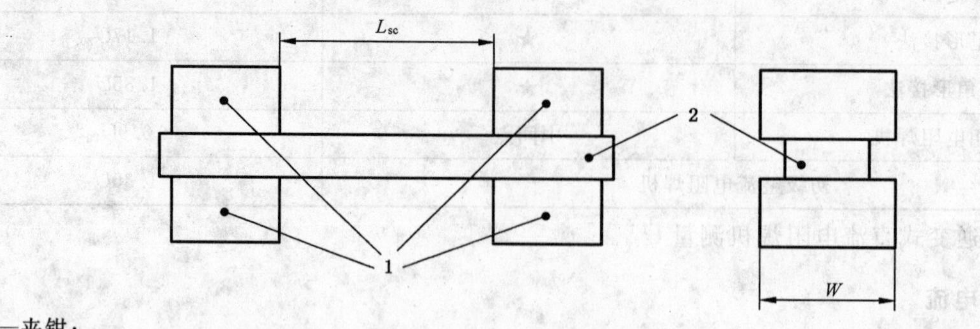

1——夹钳；

2——铜棒。

图 14 对焊机的短路棒

11 热额定值

热额定值应：

a） 对于变压器，应符合 ISO 5826；

b） 对于易触及的表面，应符合表 3；

c） 对于冷却介质，由制造厂给定。

如果在额定输入电压下进行试验有困难时，可与制造厂和用户协商在降低输入电压的情况下进行试验。整流式电阻焊机应在额定输入电压下进行试验。

通过下述试验检查合格与否：

a） 对于变压器　　按 ISO 5826 的 6.2 条进行测量；

b） 对于易触及的表面　　按 12 条和 13.1 条的要求，在最后负载断开前立即进行测量；

注：应记录所测得的最高温度。

c） 对于冷却介质　　按 12 条和 13.2 条要求，在试验的最后 1/4 阶段所测得的温度的平均值。

表 3 易触及的表面的温升限值

易触及的表面	温升/K
裸金属外壳	25
喷漆金属外壳	35
非金属外壳	45
金属手柄	10
非金属手柄	30

12 温升试验

12.1 总则

焊机应按下列情况短路：

——点焊机和缝焊机按 10.2 条；

——凸焊机按 10.3 条；

——对焊机按 10.4 条。

同时，根据实际工作情况，按相应的负载持续率运行。

12.2 温升试验的开始

温升试验应在下列情况下开始：

a） 冷却液已开通(需液体冷却的焊机)；

b） 焊机同冷却介质之间已达到平衡状态，即温差在±1 K 范围内；

c） 已测出绕组的电阻，将冷却介质的温度 T_1 作为绕组的初始温度。

注：如果仅测量焊机的某部分温度，且不是采用电阻法时，则不必等焊机与环境温度达到平衡时才开始试验。

12.3 温升试验的持续时间

温升试验应持续进行到焊机的任何部分的温升不超过 2 K/h 时为止。

13 温升测试条件

13.1 易触及的表面

用适当的热敏元件测试除变压器以外的其他部件的温升。应尽可能地将热敏元件与被测部件保持紧密接触，并将这些热敏元件放在可触及的最热点。

13.2 冷却介质

13.2.1 环境条件

环境温度至少应由三个测试点测出，测试装置环绕在焊机周围距焊机(1～2)m 处，且放置高度大约为焊机高度的一半。

应避免加热和通风。

注：温度计的水银球可以放在一个小油杯内以均衡温度的变化。

13.2.2 冷却液体

冷却液的温度应在焊机的进口处进行测试。

14 冷却回路

冷却回路的冷却液流量应能保证有效的冷却。

需要密封的冷却回路应能在 0.5 MPa 的压力下经历 10 min 不出现泄漏现象，并且压降不超过铭牌标定值。[1)]

通过检查密封性和流量判定合格与否。

15 静态机械特性

15.1 总则

下列静态机械特性是推荐性的，由制造厂和用户之间协商后给出：

a） 对于点焊机、凸焊机和缝焊机

① 偏心量 g，单位 mm，且

② 偏转角度 α，单位毫弧度 mrad。

b） 对于对焊机

偏转角度 α，单位毫弧度 mrad。

在下列情况下进行测量，以检查合格与否：

a） 10%；

b） 50%和；

c） 100%；

最大电极力 F_{max}(见 3.1.19)或顶锻力 F_{1max}(见 3.2.17)以及

d） 最大电极行程 c(见 3.1.17)；

e） 最大电极臂伸出长度 l(见 3.1.16)和；

1） ISO 669 中冷却回路的压力为 1 MPa。

f) 最大电极臂间距 e(见 3.1.14 和 3.1.15)。

测试根据下列要求进行：

——点焊机和凸焊机，按 15.2；

——缝焊机，按 15.3；

——对焊机，按 15.4。

注：所测结果用绝对值表示，当力增加时，变形反向，则需用正号或负号表示出来。

15.2 点焊机和凸焊机

15.2.1 总则

将带有柱塞(以代替点焊电极)或凸缘的如图 15 和图 16 所示的两块刚性的圆盘放置在电极台板的中心，使两个相对面互相平行且偏心不超过 0.05 mm。在这两个圆盘之间放置一钢球并用合适的调节装置把球对中。

注 1：圆盘的加工误差为 h6。

注 2：直径为 D_1 的钢球及圆盘的制造材料，应保证在最大作用力下接触表面无压痕。

注 3：接触表面应采用淬硬的钢材。

单位为毫米

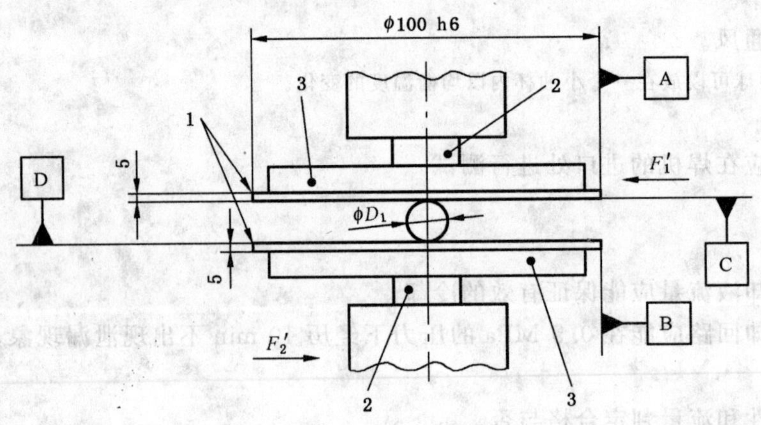

1——圆盘；

2——柱塞；

3——支撑架。

图 15 点焊机的测量装置

单位为毫米

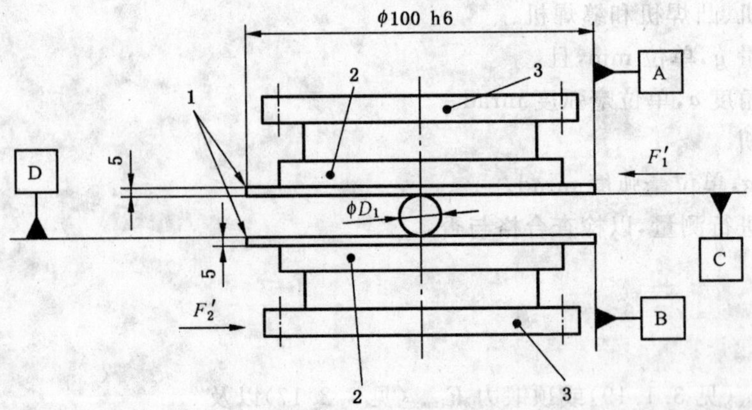

1——圆盘；

2——支撑架；

3——凸缘。

图 16 凸焊机的测量装置

15.2.2 偏心量

偏心量(g)可用分度为 0.01 mm 的量规直接测量,见图 17。

单位为毫米

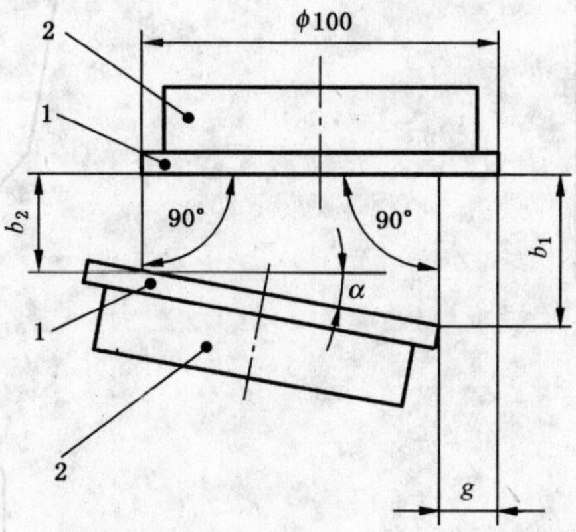

1——圆盘;

2——支撑架。

图 17 偏心量和偏转角度的测量

15.2.3 偏转角度

偏转角度(α)可用下式计算:

$$\alpha \approx \tan\alpha = \frac{b_1 - b_2}{100 - g}1000\text{,单位 mm}$$

两个圆盘之间的距离 b_1 和 b_2 可用精度为 0.01 mm 的塞规直接测出。

注 1:对于摇臂式焊机,试验开始时两电极应平行。

注 2:图 15 和图 16 所示的安装方法仅供参考。柱塞可以通过连接器安装。

注 3:如果由于焊机尺寸的限制而不能采用直径为 100 mm 的圆盘时,可与用户协商采用较小的直径 d_K,此时偏角 α 用下式计算:

$$\alpha \approx \tan\alpha = \frac{b_1 - b_2}{d_K - g}1000\text{,单位 mm}$$

注 4:为了评定使用偏心电极时焊机的性能,圆盘可以同时承受:

a) 最大电极力的作用;

b) 在与参考平面 C 和 D(见图 15 和图 16)平行的面上,将两个方向相反、数值为 10% 的电极力的力 F'_1 和 F'_2 加在圆盘上。对于焊机而言,加在任何方向的力都是不利的。

将 F'_1 和 F'_2 反向后再测量一次。

15.3 缝焊机

15.3.1 总则

焊机装好上下一对滚轮电极。在下滚轮电极上安装一个由两个刃形块组成的支撑架,见图 18。

用分度为 0.01 mm 的量规测无压力时的尺寸 a_1 和 b_1 以及有压力时的尺寸 a_2 和 b_2。

a_1、a_2 和 b_1、b_2 之间的距离是 k,见图 18。

15.3.2 偏心量

偏心量(g)用下式计算:

$$g = a_1 - a_2\text{,单位 mm}$$

15.3.3 偏转角度

偏转角度(α)可用下式计算:

$$\alpha = \alpha_1 - \alpha_2\text{,单位 mrad}$$

$$\alpha_1 = \tan\alpha_1 = (b_1 - a_1)1000/k\text{,单位 mm}$$

$$\alpha_2 = \tan\alpha_2 = (b_2 - a_2)1000/k\text{,单位 mm}$$

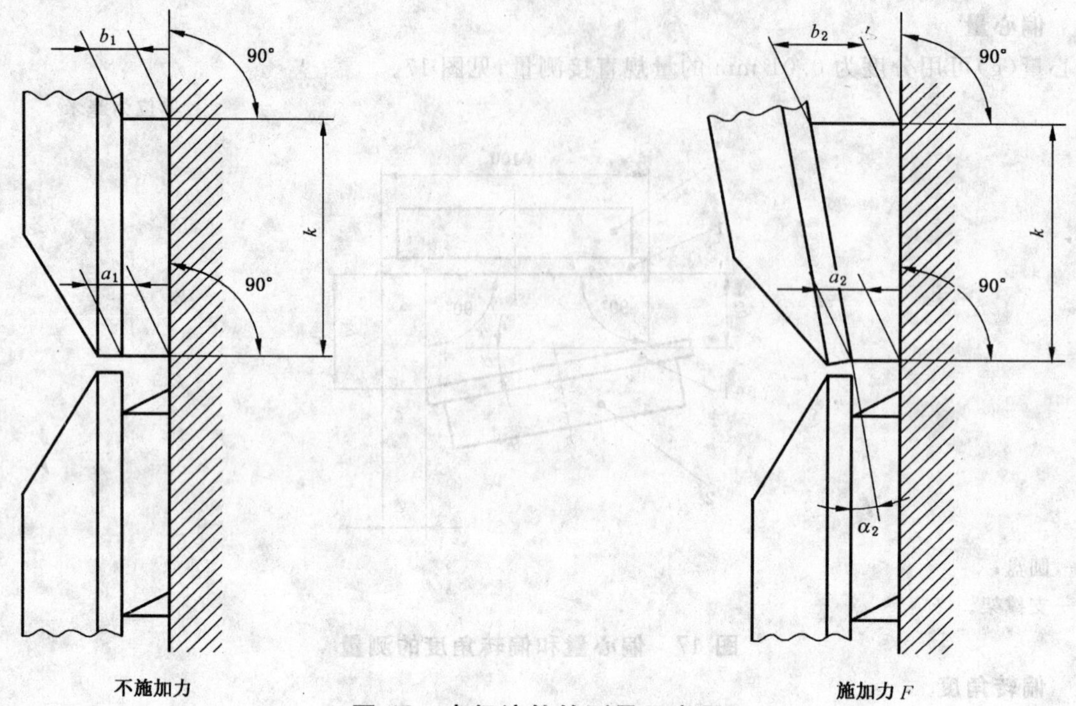

图 18 电极滚轮的测量示意图

15.4 对焊机

15.4.1 总则

将两根钢棒固定在两个钳口内，按 10.4 条规定的钳口间距 L_{SC} 使它们相接触。钢棒的截面积等于焊机可焊工件最大截面积，且每根钢棒上均在约 1 000 mm 处标有刻度。

对钢棒施加最大夹紧力 F_{2max} 以使钢棒定位。其中一根钢棒的接触面应是半球形的，半径为 R100mm，见图 19。

用分度为 0.01 mm 的量规在距离两根钢棒的接触面 k 处测量无压力时的尺寸 b_1 以及有压力时的尺寸 b_2，见图 19。

单位为毫米

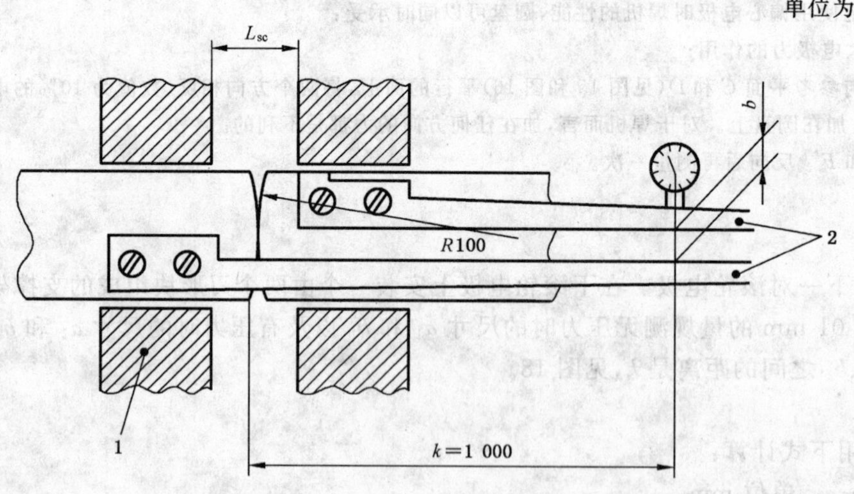

1——夹钳；

2——有刻度的直尺。

图 19 对焊机的测量示意图

15.4.2 偏转角度

偏转角度 α 可用下式计算：

$\alpha = \tan\alpha = (b_2 - b_1) 1\,000/k$，单位 mm

当距离 k 为 1 000 mm 时，

$\alpha=\tan\alpha=b_2-b_1$，单位 mm

16 铭牌

16.1 总则

每台焊机上都应固定安装或印制一块标记清晰且不易擦掉的铭牌。

注：铭牌的用途是为了让用户了解焊机的电气和机械性能，以便进行比较和选择。

通过目测，并用手拿浸过水的布摩擦铭牌 15 s，然后用浸过汽油的布摩擦铭牌 15 s 来检查合格与否。

经上述试验后，铭牌上的标记仍应清晰可辨，且铭牌不易取掉也无翘曲。

16.2 说明

铭牌应划分为包含信息和数据的若干区域：

a） 标志；

b） 焊接输出；

c） 供电电源；

d） 其他特性。

数据资料的排列和顺序应按照图 20（见附录 B 的例子）所示的原则。

铭牌的大小不作规定，可自行选择。

注 1：可提供附加资料（如：偏转角度、偏心量 g、每一脉冲的最长时间 t_i）。

注 2：其他有用的资料可列在制造厂提供的技术资料中。

16.3 内容

16.3.1 总则

下述解释对应于图 20 所示的方框编号。

a） 标志

1）	
2）	
4）	5）

b） 焊接输出

6）	7）	
8）	9）	10）

c） 电源输入

11）	12）
13）	

d） 其他特性

14）	15）
16）	17）
18） 如有的话	19） 如有的话
20） 如有的话	21） 如有的话
22）	23）
24）	25）
26）	27） 如有的话
28） 如同意	29） 如有并同意

图 20 铭牌的组成原则

16.3.2 标志

1) 制造厂、销售商或进口商的名称和地址，必要情况下可选原产国名和商标

2) 由制造厂提供的型号

4) 设计序号及生产编号(出厂号)以及制造年月

5) 执行的有关标准

16.3.3 焊接输出

6) 焊接电流的符号，如：

⎓ 直流

∼ 交流以及额定频率 Hz(如：∼50 Hz)

7) U_{20}＝…V 至…V，在…调节档　额定交流空载电压的范围以及可调节的档数

U_{2di}＝…V 至…V，在…调节档　额定直流空载电压的范围以及可调节的档数

U_{2d}＝…V 至…V，在…调节档　逆变焊机的额定直流空载电压的范围以及可调节的档数

8) I_{2CC}＝…A　在最小阻抗情况下的最大短路输出电流

9) I_{2CC}＝…A　在最大阻抗情况下的最大短路输出电流

10) I_{2P}＝…A　连续输出电流

16.3.4 供电电源

11) …∼…Hz　相数(单相用 1 表示，三相用 3 表示)，交流电流的符号(∼)以及额定频率(如：50 Hz 或 60 Hz)

12) U_{1N}＝…V　额定输入电压

13) S_P＝…kVA　连续功率(100％负载持续率时)

S_{50}＝…kVA　50％负载持续率下的功率

注：$S_{50}=S_P\sqrt{2}$

16.3.5 其他特性

14) e＝…mm 至…mm　电极臂间距的范围

15) l＝…mm 至…mm　电极臂伸出长度的范围

16) F_{max}＝…N　最小和最大电极臂伸出长度时所对应的最大电极力的范围

17) F_{min}＝…N　最小电极力

18) F_{1max}＝…N　最大顶锻力

19) F_{1min}＝…N　最小顶锻力

20) F_{2max}＝…N　最大夹紧力

21) F_{2min}＝…N　最小夹紧力

注：18)至 21)仅适用于对焊机。

22) P_1＝…MPa　介质的输入压力

23) P_2＝…MPa　为获得最大力所需的介质压力

24) Q＝…1/min　冷却液的额定流量

25) ΔP＝…MPa　冷却液的额定压降

26) M_{ass}＝…kg　焊机的质量

27) v＝…m/min 至…m/min　线速度的范围或

n＝…min^{-1} 至…min^{-1}　旋速的范围

注：27)仅适用于缝焊机

28) α_{10}＝…mrad　在 10％F_{max} 或 10％F_{1max} 时的偏转角度

α_{50}＝…mrad　在 50％F_{max} 或 50％F_{1max} 时的偏转角度

α_{100}＝…mrad　在 100％F_{max} 或 100％F_{1max} 时的偏转角度

注：这些数据仅在制造厂和用户之间协商而定。

29) g_{10}＝…mm　　在 10％F_{max}或 10％F_{1max}时的偏心量

g_{50}＝…mm　　在 50％F_{max}或 50％F_{1max}时的偏心量

g_{100}＝…mm　　在 100％F_{max}或 100％F_{1max}时的偏心量

注 1：这些数据仅在制造厂和用户之间协商而定。

注 2：偏心量 g 不适用于对焊机。

16.4 允差

电阻焊机的实测值应符合铭牌上的数据要求，其允差应在相应条款规定的范围之内。

通过测量和比较检查合格与否。

17 使用说明书

每台焊机交货时应附有包括下述内容的使用说明书。

a) 总体描述；

b) 正确的提升方法，如采用叉升机或吊车以及防护须知；

c) 指示、标志以及图形符号的含义；

d) 输入连接(包括保险管和/或断路器的额定值)；

e) 有关电阻焊机的正确使用方法的说明(如：冷却要求、位置、控制装置、指示灯)；

f) 焊接能力、机械特性、负载的限制以及有关的热保护说明(若有)；

g) 使用的限制；

h) 防止操作人员以及现场人员发生危险的基本指南(如：浓烟、噪声、金属发烫以及焊接火花)；

i) 维护；

j) 有关的线路图和常用的备件清单；

k) 提供电阻焊机供给如照明灯或电动工具标称电压的线路图及详细说明；

l) 安装和装配。

也可给出其他有用的信息(如：绝缘等级、偏转角度 α、偏心量 g、脉冲的最长时间 t_i、功率因数等)。

通过阅读使用说明书检查合格与否。

附 录 A
（规范性附录）
动态机械特性

A.1 总则

鉴于最近几年里，对电阻焊机的动态机械特性的研究成果已经得到实际应用，所以本附录中给出了一些新的术语以及测量这些特性的试验方法。

A.2 动态机械特性

动态机械特性描述了点焊机、凸焊机或缝焊机在电极与被焊工件接触过程中所产生的振荡方式（见图 A.1）

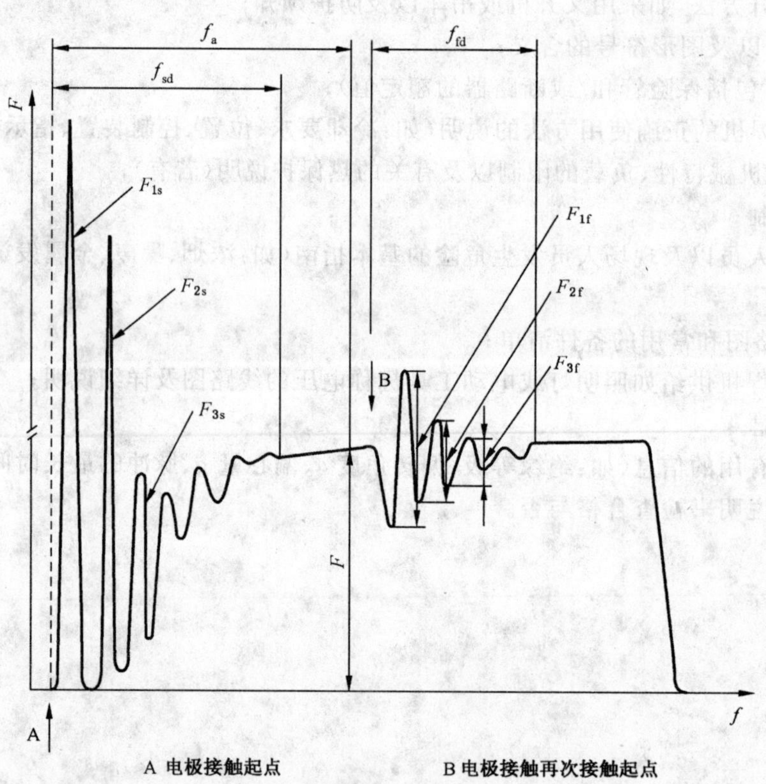

图 A.1 点焊机的动态特性（示意性的）

A.3 条给出了测量方法。

由于对焊机的动态机械特性缺乏足够的了解，所以尚未规定测量方法。

A.2.1 电极接触

电极与被焊工件通过图 A.1 的 A 点接触。电极力在这点开始上升至静态电极力 F。

A.2.2 电极接触后电极力的振荡

运动的电极相互接触后，电极力会出现振荡。电极力振荡的强度和持续时间通过位于电极和导向座之间的力传感器进行测试和记录（见图 A.2）。

A.2.3 回弹

电极冲击之后可能会出现电极回弹现象。由于焊机的高度振荡，电极可能没有与被焊工件接触就回弹（见 A.2.6.2）。

A.2.4　再次接触

当电极压入工件或出现凸点塌陷时，焊机在图 A.1 的 B 点随材料在加热和冷却过程中的膨胀和收缩而出现电极再次接触。

A.2.5　再次接触时力的振荡

电极再次接触时，可能出现电极力的振荡。电极力振荡的强度和持续时间通过位于电极和导向座之间的力传感器进行测试和记录(见图 A.2)。

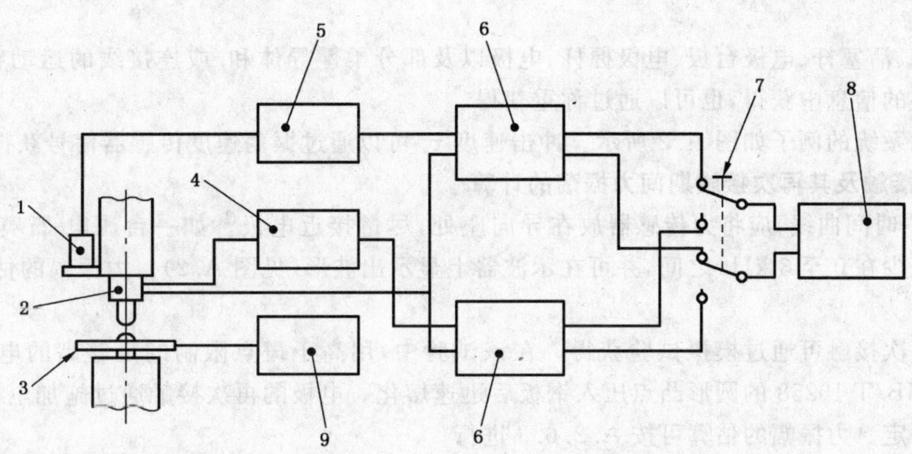

1——振荡速度传感器；
2——测量压力和电流的探头；
3——罗果夫斯基线圈；
4——负载放大器；
5——频率响应均衡器；
6——数字存储示波器；
7——开关；
8——x-y 记录仪；
9——脉冲回路测试仪。

图 A.2　动态机械特性的测定(示意性的)

A.2.6　特性的定量计算

A.2.6.1　冲击速度(v_a)

冲击速度(v_a)是动电极或电极台板刚刚触及到被焊工件时的速度。

A.2.6.2　冲击能量(E_a)

冲击能量(E_a)是电极与被焊工件接触之前导向座、电极握杆、电极和部分柔性导体和/或连接线的运动所产生的动能。冲击能量可根据运动物体的质量 m 和冲击速度 v_a 通过下式计算出来：

$$E_a = \frac{m(v_a)^2}{2}$$

A.2.6.3　力的系数(K_F，K_{Fs}和 K_{Ff})

力的系数 K_F 表述的是电极在接触或再次接触期间力的振幅的衰减(见图 A.1)。

$$K_F = \frac{F_1 + F_2 + F_3}{3F}$$

注 1：电极接触时，系数 K_F 和力 F_1、F_2 和 F_3 均加上 s 表示。

注 2：电极再次接触时，系数 K_F 和力 F_1,F_2 和 F_3 均加上 f 表示。

注 3：力 F_1、F_2 和 F_3 是头三次在电极接触或再次接触过程中产生的全振荡。

A.2.6.4　力上升时间(t_a)

力上升时间(t_a)是指电极力从电极接触开始至达到标称的静态电极力所需的时间(见图 A.1)。

A.2.6.5　衰减时间(t_{sd}，t_{fd})

由于电极的接触或再次接触引起的力的振荡衰减时间 t_{sd} 或 t_{fd}，可通过图 A.1 求出。

A.3 动态机械特性的测试程序

A.3.1 总则

为获得动态机械特性,应求出电极力接触以及再次接触时的冲击能量 E_a 及其时间。

A.3.2 冲击能量的计算

冲击能量的计算要求知道冲击速度 v_a(见 A.2.6.2),而冲击速度可从动电极的移动——时间曲线中获得,也可以通过测量振荡速度的传感器(频率范围:大约 10 Hz 至 1 kHz)测得。电极的工作行程为 5 mm。

包括活塞、活塞杆、电极台板、电极握杆、电极以及部分柔性导体和/或连接线的运动物体质量可以从制造厂提供的信息中获得,也可以通过称重获得。

这种测量系统的例子如图 A.2 所示。冲击速度 v_a 可以通过振荡速度传感器信号获得。

A.3.3 电极接触及其再次接触期间力振荡的计算

为获得力-时间曲线,应将力传感器放在导向座处,尽量接近电极。如一台压电-石英型力传感器,频率范围应至少在 0 至 3 kHz 之间,并可在示波器上显示出波形(见图 A.2)。力振幅的估算可按 A.2.6.3 进行。

电极的再次接触可通过模拟试验获得。在该试验中,用高于斑点限制的足够高的电流脉冲($t=1$ 周期)将符合 JB/T 10258 的圆形凸点压入钢板后迅速熔化。电极的再次接触通过施加电极力后测量凸点的高度来测定。力振幅的估算可按 A.2.6.3 进行。

按第 15 章在最大电极力的 10%,50%以及 100%处进行测试。

附　录　B
（资料性附录）
铭牌实例

a）　标志

1）　制造厂、国名 2）　缝焊机	商标
4）　出厂号　　生产日期	5）　GB/T 8366

b）　焊接输出

6）　～	7）　U_{20}＝4 V～8 V　4 档调节	
8）　I_{2CC}＝45 kA	9）　I_{2CC}＝30 kA	10）　I_{2P}＝22 kA

c）　电源输入

11）　1～50 Hz	12）　U_{1N}＝400 V
13）　S_P＝176 kVA	（S_{50}＝250 kVA）

d）　其他特性

14）　e＝215 mm	15）　l＝550 mm
16）　F_{max}＝12 kN	17）　F_{min}＝20 kN
22）　p_1＝0.8 MPa	23）　p_2＝0.6 MPa
24）　Q＝16 L/min	25）　Δp＝0.2 MPa
26）　质量＝1 350 kg	27）　v＝0.8 m/min～8.0 m/min
28） α_{10}＝mard α_{50}＝0.05 mard α_{100}＝0.24 mard	29） g_{10}＝mm g_{50}＝0.015 mm g_{100}＝0.02 mm

图 B.1　缝焊机

a）标志

1）制造厂、国名		商标
2）点焊机		
4）出厂号 生产日期	5）GB/T 8366	

b）焊接输出

6）～	7）U_{20}＝3.5 V～7.0 V 4档调节	
8）I_{2CC}＝21 kA	9）I_{2CC}＝15 kA	10）I_{2P}＝7.8 kA

c）电源输入

11）1～50 Hz	12）U_{1N}＝400 V
13）S_P＝56 kVA	（S_{50}＝80 kVA）

d）其他特性

14）e＝115 mm～415 mm	15）l＝1 050 mm
16）F_{max}＝6 kN	17）F_{min}＝1 kN
22）p_1＝0.8 MPa	23）p_2＝0.6 MPa
24）Q＝12 L/min	25）Δp＝0.2 MPa
26）质量＝560 kg	

图 B.2 点焊机

（如果不同意标示偏转角度 α 和偏心量 g）

a) 标志

1) 制造厂、国名	商标
2) 凸焊机	
4) 出厂号　　　　生产日期	5) GB/T 8366

b) 焊接输出

6) ⎓	7) U_{2di}=11 V	
8) I_{2CC}=165 kA	9) I_{2CC}=130 kA	10) I_{2P}=22.5 kA

c) 电源输入

11) 3～50 Hz	12) U_{1N}=400 V
13) S_P=212 kVA	(S_{50}=300 kVA)

d) 其他特性

14) e=200 mm～500 mm	15) l=350 mm
16) F_{max}=30 kN	17) F_{min}=2.3 kN
22) p_1=0.8 MPa	23) p_2=0.6 MPa
24) Q=38 L/min	25) Δp=0.4 MPa
26) 质量=2 230 kg	

图 B.3　凸焊机

(如果不同意标示偏转角度 α 和偏心量 g)

a) 标志

1) 制造厂、国名 2) 对焊机		商标
4) 出厂号	生产日期	5) GB/T 8366

b) 焊接输出

6) ⎓	7) U_{2di}=11 V	
8) I_{2CC}=220 kA	9) I_{2CC}=200 kA	10) I_{2P}=53.4 kA

c) 电源输入

11) 3～50 Hz	12) U_{1N}=400 V
13) S_P=410 kVA	(S_{50}=580 kVA)

d) 其他特性

14) e=135 mm～180 mm	15) l=450 mm
16) F_{max}=1 000 kN	17) F_{min}=300 kN
18) F_{1max}=1 000 kN	19) F_{1min}=500 kN
20) F_{2max}=2 000 kN	21) F_{2min}=1 000 kN
22) p_1=14 MPa	23) p_2=13 MPa
24) Q=150 L/min	25) Δp=0.6 MPa
26) 质量=26 000 kg	

图 B.4 对焊机

ICS 31.080
K 46

中华人民共和国国家标准

GB/T 8446.1—2004
代替 GB/T 8446.1—1987

电力半导体器件用散热器 第1部分:铸造类系列

Heat sink for power semiconductor device—Part 1:Casting kind series

2004-02-04 发布　　　　2004-08-01 实施

中华人民共和国国家质量监督检验检疫总局
中国国家标准化管理委员会　发布

前　言

GB/T 8446《电力半导体器件用散热器》分为三个部分：

——第1部分：铸造类系列；

——第2部分：热阻和流阻测试方法；

——第3部分：绝缘件和紧固件。

本部分为GB/T 8446的第一部分。

本部分代替GB/T 8446.1—1987《电力半导体器件用散热器》。

本部分与GB/T 8446.1—1987相比主要变化如下：

——标准依据的编写规则变化较大，GB/T 8446.1—1987依据的是GB 1.1—1981，本部分依据的是GB/T 1.1—2000；

——按GB/T 1.1—2000要求，增加了前言、"范围"和"规范性引用文件"两章，删去了附加说明，目次中增加了"条"层次；

——适用范围扩大，由原仅适用于铸造类散热器，扩大为还适用于型材类散热器(1987年版的适用范围和1.1；本版的第1章和4.1)；

——原作为附录C的《术语解释》(参考件)，现作为第3章《术语和定义》，并补充了术语的英文名称和作了一些文字处理(1987版的附录C；本版的第3章)；

——增加了SF18(A)、SS15和SS16三种散热器及相应的尺寸、参数指标(本版的4.3，5.3，5.4和6.3)；

——删去自冷片形散热器SP系列及相应的尺寸、参数指标等内容(1987年的1.3，2.1和3.3.3)；

——SF系列和SS系列的导电排表面粗糙度最大允许值，由原10 μm改为6.3 μm(1987年版的图10至图12；本版的图9至图11)；

——散热器台面的表面粗糙度最大允许值由原2.5 μm改为1.6 μm(1987年版的图3.1.3；本版的6.1.3)；

——SF17和SF17A的D_2尺寸由原150 mm改为140 mm(1987年版的2.3的表10；本版的5.3的表9)；

——SF系列和SS系列散热器的原H_2尺寸与器件高度有关，现改为一件散热体的高度尺寸(1987年版的2.3和2.4；本版的5.3和5.4)；

——原"SZ和SL系列的尺寸"条包括八个分条，现修改为"SZ和SL系列的导电片尺寸"和"SZ和SL系列的散热体尺寸"两条，并各有三个分条和四个分条(1987年版的2.2；本版的5.1和5.2)；

——平板形散热器阴阳极间的绝缘耐压，由原风、水冷散热器均为8 kV，修改为SS系列5 kV，SF系列8 kV(1987年版的3.3.1和表14；本版的6.3.1和表12)；

——平板形散热器的"安装尺寸"参数，原为"可安装的最大管壳台面直径"D_1，现修改为"可安装的器件最大直径"D_{max}(1987年版的3.3.3的表13；本版的6.3.3的表11)；

——周期检验的周期由二年改为三年(1987年版的4.2.1；本版的7.2.1)；

——周期检验原抽样方案(13,1)、(11,1)、(9,1)，现统一修改为(3,0)，同时删去原注①、注②(1987年版的4.2.2；本版的7.2.3)；

——按有关标准，还做了下列编辑性修改：

1)　"本标准"一词改为"本部分"；

2) 螺栓形散热器导电片尺寸的符号“δ”改为 H_1、H_2 或 H_3(1987 年版的 2.2.1～2.2.3;本版的 5.1.1～5.1.3);

3) 原图 10-1 和图 10-2 改为图 9 和图 10;

4) 原 SL17B 和 SL18B 两规格型号勘误为 SL17A 和 SL18A,明确给出 SZ17A 规格型号(1987 版的表 2、表 5、表 6 和图 7;本版的表 2、表 5、表 7 和图 7);

5) 标准封面左上角的原国际文献分类号(UDC),现改为国际标准分类号(ICS)。

GB/T 8446 是电力半导体器件用各类散热器标准和散热器选用导则构成的系列标准之一。该系列标准还包括:

——JB/T 5781 电力半导体器件用型材散热器技术条件

——JB/T 8175 电力半导体器件用型材散热体外形尺寸

——JB/T 8757 电力半导体器件用热管散热器

——JB/T 9684 电力半导体器件用散热器选用导则

本部分的附录 B 为规范性附录,附录 A 为资料性附录。

本部分由中国电器工业协会提出。

本部分由西安电力电子技术研究所归口。

本部分起草单位:江阴可控硅附件有限公司、温州市祥博电力电子有限公司、襄樊仪表元件厂、盐城彩阳电器阀门有限公司、北京浙东电气制造公司、北京协利电子器件厂、西安电力电子技术研究所。

本部分主要起草人:夏献忠、夏波涛、张军、桑春、黄志宏、陆正柏、秦贤满。

本部分于 1979 年 7 月首次发布为 JB 2594—1979《电力半导体器件用散热器》,1985 年和 1986 年第一次修订并升为国家标准,发布为 GB/T 8446.1—1987,本次为第二次修订。

电力半导体器件用散热器
第1部分:铸造类系列

1 范围

GB/T 8446的本部分规定了散热器的术语定义、型式尺寸、技术要求、检验规则和标志、包装等要求。

本部分适用于电力半导体器件用,热阻在7.5℃/W至0.01℃/W的铸造类(包括挤压)散热器。外形尺寸和安装尺寸符合本部分第5章规定的型材散热器也可参照使用。

本部分不适用于热管类散热器。

2 规范性引用文件

下列文件中的条款通过GB/T 8446的本部分的引用而成为本部分的条款。凡是注日期的引用文件,其随后所有的修改单(不包括勘误的内容)或修订版均不适用于本部分,然而,鼓励根据本部分达成协议的各方研究是否可使用这些文件的最新版本。凡是不注日期的引用文件,其最新版本适用于本部分。

GB/T 1031 表面粗糙度参数及其数值(GB/T 1031—1995,neq ISO 468:1982)

GB/T 1958 形状和位置公差 检测规定

GB/T 2900.32—1994 电工术语 电力半导体器件

GB/T 8446.2 电力半导体器件用散热器 热阻和流阻测试方法

GB/T 8446.3 电力半导体器件用散热器 绝缘件和紧固件

3 术语和定义

GB/T 2900.32—1994中确立的以及下列术语和定义适用于GB/T 8446的本部分。

3.1

散热器(电力半导体器件用) heat sink(for power semiconductor device)

由散热体、导电端子、紧固件及绝缘件(若有)等组成的,对电力半导体器件有散热功能的一套机械组件。

[GB/T 2900.32—1994,定义2.4.1。定义中“结构”改为“组件”。]

注:散热器产品的单位通常称为“套”,一套螺栓形散热器含有一件散热体,一套平板形散热器含有两件散热体。

3.2

散热体 radiator

由基板(或连有基肋)和叶片,对散热器的散热功能起主要作用的导热体。

[GB/T 2900.32—1994,定义2.4.2。]

3.3

台面 reference surface

散热器与电力半导体器件接触的散热器表面。

3.4

台面温度 reference surface temperature

T_s

为计算散热器的温升和热阻，在散热器台面规定点测取的温度。

注：台面温度的单位为℃。

3.5

散热器热阻　thermal resistance of heat sink

R_{sa}, R_{thHA}

散出半导体器件热量的能力的量度。其值为：在热平衡条件下，台面温度对规定点冷却介质温度之差与器件耗散功率之比。

注：散热器热阻的单位为℃/W或K/W。

3.6

流阻　fluid resistance

ΔP

在标准风道和水路系统中，散热器两端规定点的冷却流体压力差。

注1：流阻在风道系统中亦称风阻，在水路系统中亦称水阻。

注2：流阻的单位为Pa。

3.7

安装力矩[安装压力]　mounting torgue [mounting force]

$M[F]$

电力半导体器件安装散热器时使两者具有良好热接触的力矩[压力]额定值。

注：安装力矩的单位为N·m，安装压力的单位为N或kN。

4　型式及系列

4.1　型号

散热器的型号应符合图1规定：

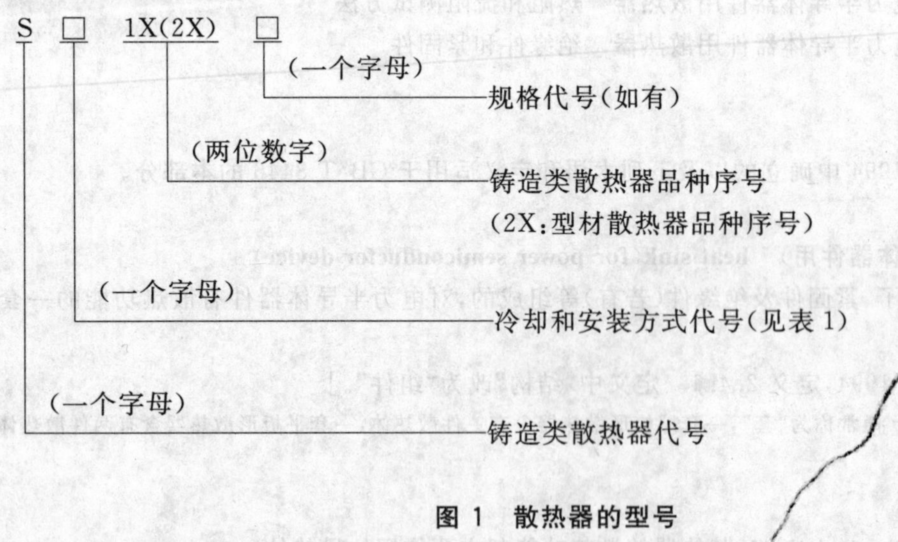

图1　散热器的型号

4.2　冷却和安装方式的代号

散热器的冷却和安装方式代号应符合表1的规定。

表1

冷却安装方式	自冷螺栓形	风冷螺栓形	风冷平板形	水冷平板形
代号	Z	L	F	S

4.3 系列划分

铸造类散热器系列的划分应符合表 2 的规定。

表 2

系列名称	品种规格型号								
SZ 系列 自冷螺栓形散热器	SZ13	SZ14	SZ14A	SZ14B	SZ15	SZ15A	SZ16	SZ17	SZ17A	—
SL 系列 风冷螺栓形散热器	SL16	SL17	SL17A	SL18	SL18A	SL19	SL19A	SL20	SL21	—
SF 系列 风冷平板形散热器	SF11	SF12	SF13	SF14	SF15	SF16	SF17	SF17A	SF18	SF18A
SS 系列 水冷平板形散热器	SS11	SS12	SS13	SS14	SS15	SS16	—	—	—	—

5 外形尺寸和安装尺寸

5.1 SZ 和 SL 系列的导电片尺寸

螺栓形散热器(SZ 和 SL 系列)由安装用导电片和散热体两部分组成。

5.1.1 SZ13、SZ14、SZ14A 和 SZ14B 螺栓形散热器的导电片尺寸,应符合图 2 及表 3 的规定。

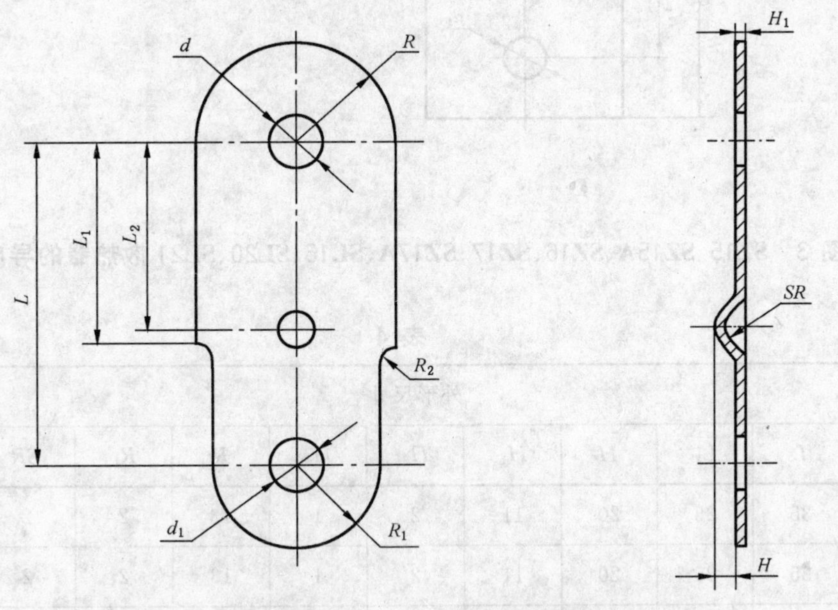

图 2 SZ13、SZ14、SZ14A、SZ14B 散热器的导电片

表 3

单位为毫米

品种规格	外形尺寸									安装尺寸	
	L	L_1	L_2	H	H_1	R	R_1	SR	R_2	d	d_1
SZ13	32	21	17	2	1	7.5	6	2	1.5	6.5	5.5
SZ14	40	25	23	2	1	11	9	2	1.5	6.5	5.5
SZ14A	40	25	23	2	1	11	9	2	1.5	8.5	6.5
SZ14B	40	25	23	2	1	11	9	2	1.5	10.5	6.5

5.1.2 SZ15、SZ15A、SZ16、SZ17、SZ17A、SL16、SL20 和 SL21 螺栓形散热器的导电片尺寸，应符合图 3 及表 4 的规定。

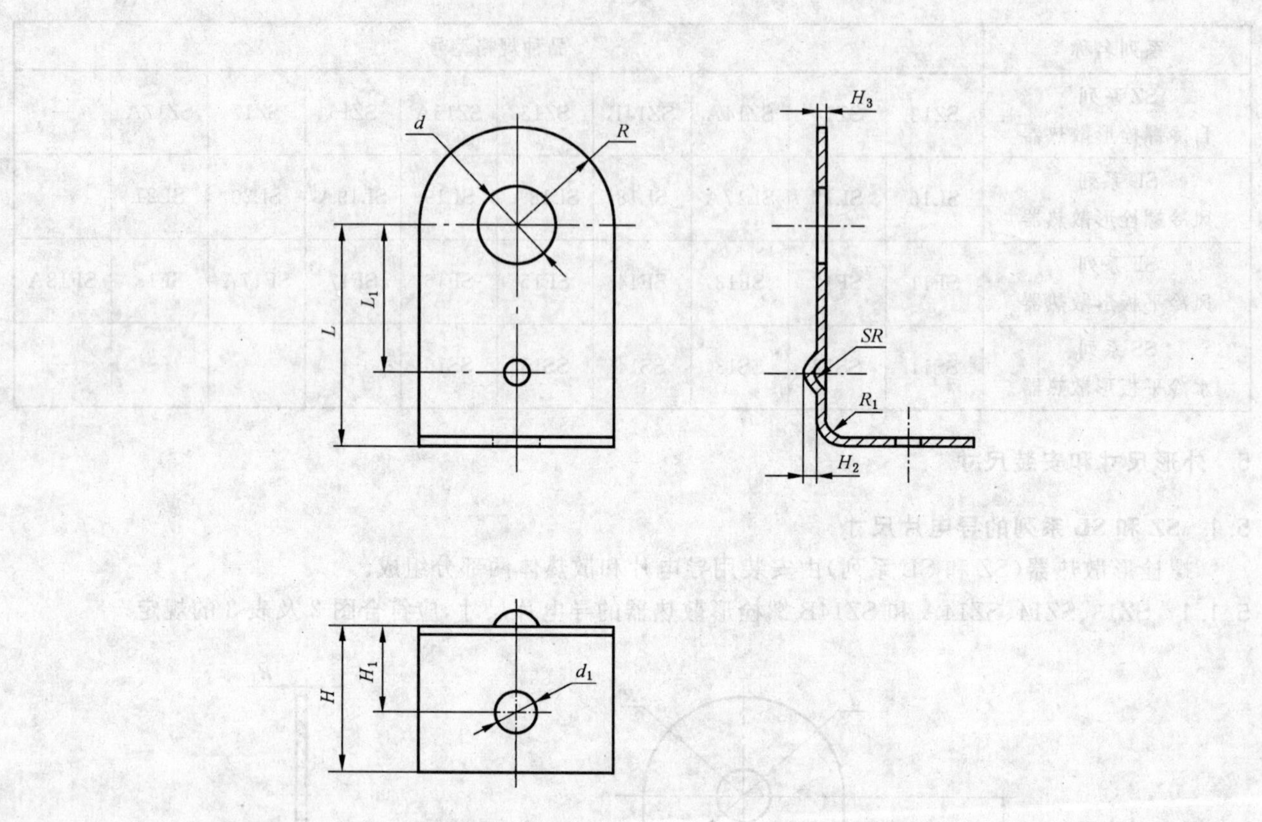

图 3 SZ15、SZ15A、SZ16、SZ17、SZ17A、SL16、SL20、SL21 散热器的导电片

表 4

单位为毫米

品种规格	外形尺寸									安装尺寸	
	L	L_1	H	H_1	H_2	H_3	R	R_1	SR	d	d_1
SZ15	35	25	20	11	2	1	13	2	2	8.5	6.5
SZ15A	35	25	20	11	2	1	13	2	2	10.5	6.5
SZ16	38	25	25	15	2	1	16	2	2	10.5	6.5
SZ17	41	30	25	15	2	1	16	2	2	10.5	6.5
SZ17A	41	30	25	15	2	1	16	2	2	16.5	6.5
SL16	38	25	25	15	2	1	16	2	2	12.5	6.5
SL20	70	58	55	35	2	4	35	6	2	25	14
SL21	70	58	55	35	2	4	35	6	2	35	14

5.1.3 SL17、SL17A、SL18、SL18A、SL19 和 SL19A 螺栓形散热器的导电片尺寸，应符合图 4 及表 5 的规定。

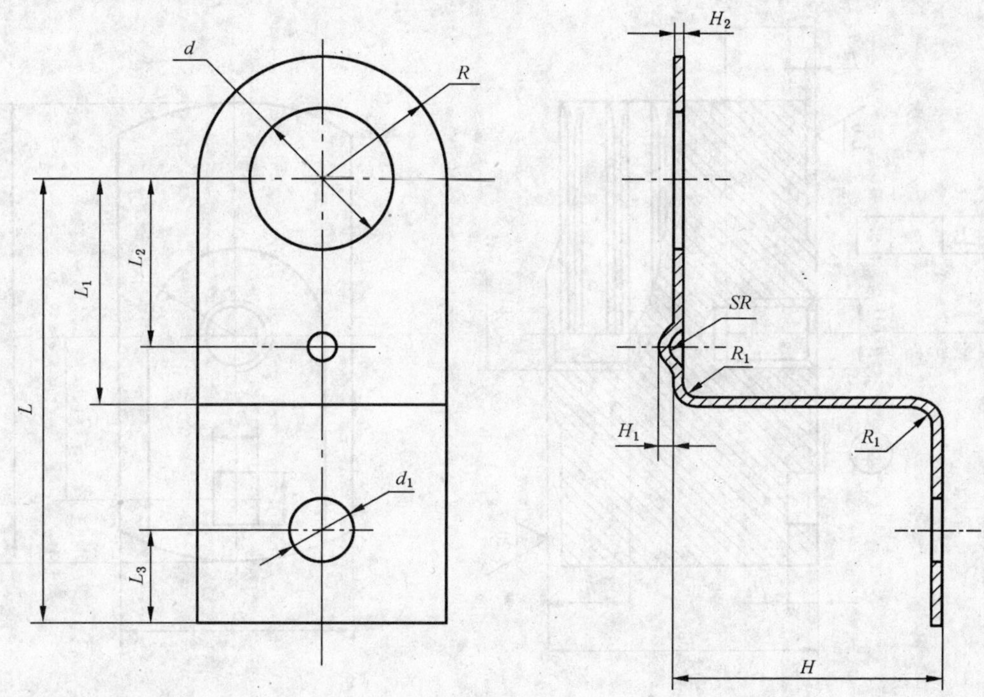

图 4 SL17、SL17A、SL18、SL18A、SL19、SL19A 散热器的导电片

表 5

单位为毫米

品种规格	外形尺寸										安装尺寸	
	L	L_1	L_2	L_3	H	H_1	H_2	R	R_1	SR	d	d_1
SL17	62	34	25	14.5	40	2	1.5	18	2	2	12.5	6.5
SL17A	62	34	25	14.5	40	2	1.5	18	2	2	17	8.5
SL18	71	43	30	14.5	40	2	2	22	2	2	21	8.5
SL18A	71	43	30	14.5	40	2	2	22	2	2	25	8.5
SL19	91	63	42	14.5	40	2	2	24	2	2	21	8.5
SL19A	91	63	42	14.5	40	2	2	24	2	2	25	8.5

5.2 **SZ 和 SL 系列的散热体尺寸**

5.2.1 SZ13、SZ14、SZ14A、SZ14B、SZ15、SZ15A、SZ16 和 SL16 螺栓形散热器的散热体尺寸，应符合图 5 及表 6 的规定。

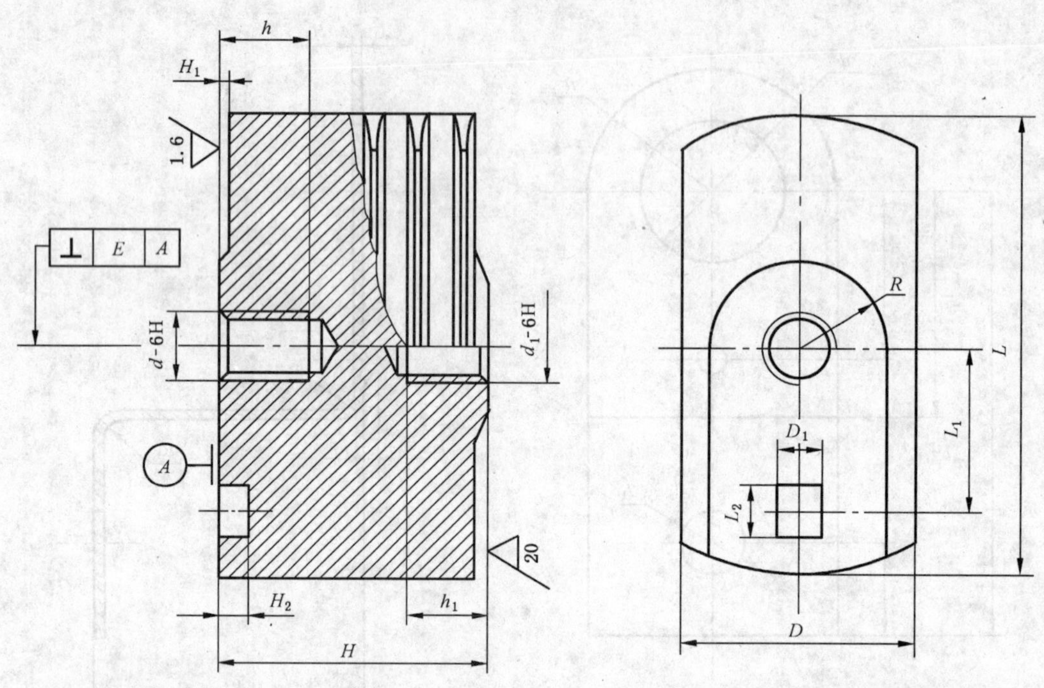

图 5 SZ13、SZ14、SZ14A、SZ14B、SZ15、SZ15A、SZ16 及 SL16 散热器的散热体

表 6

单位为毫米

品种规格	外形尺寸			安装尺寸				台面		定位孔				d 轴线对 A 面垂直度
	L	D	H	d	h	d_1	h_1	R	H_1	L_1	L_2	D_1	H_2	E
SZ13	45	22	25	M6	12	M6	10	8	1	17	7	5	4	0.08
SZ14	60	32	33	M6	12	M6	12	12	1	23	8	6	4	0.08
SZ14A	60	32	33	M8	14	M6	12	12	1	23	8	6	4	0.08
SZ14B	60	32	33	M10	14	M6	12	12	1	23	8	6	4	0.08
SZ15	70	36	40	M8	14	M10	12	13	1	25	8	6	4	0.08
SZ15A	70	36	40	M10	14	M10	12	13	1	25	8	6	4	0.08
SZ16	76	46	48	M10	16	M10	15	16	1	25	8	6	4	0.08
SL16	76	46	48	M12	16	M12	15	16	1	25	8	6	4	0.10

5.2.2 SZ17、SZ17A 螺栓形散热器的散热体尺寸应符合图 6 的规定。

5.2.3 SL17、SL17A、SL18 及 SL18A 螺栓形散热器的散热体尺寸，应符合图 7 及表 7 的规定。

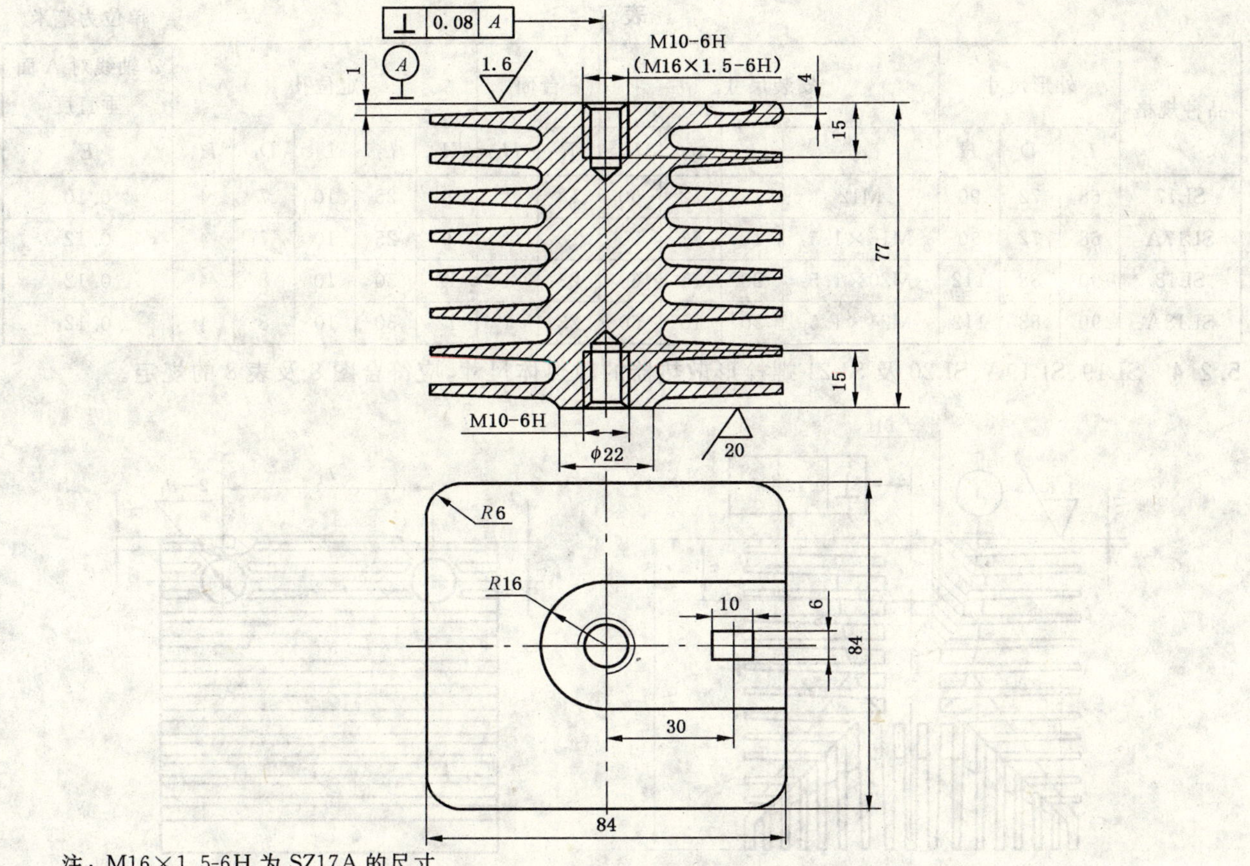

注：M16×1.5-6H 为 SZ17A 的尺寸

图 6　SZ17、SZ17A 散热器的散热体

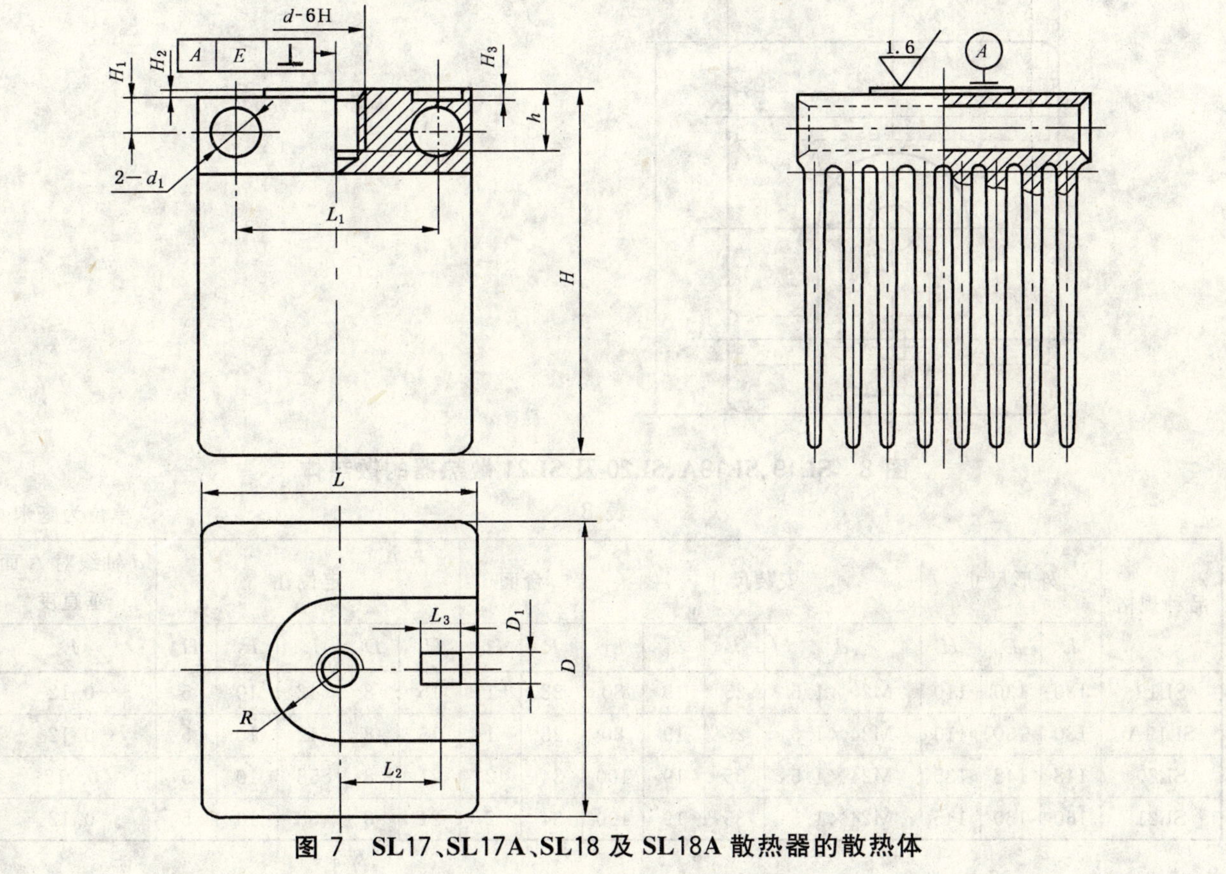

图 7　SL17、SL17A、SL18 及 SL18A 散热器的散热体

表 7

单位为毫米

品种规格	外形尺寸			安装尺寸				台面		定位孔					d 轴线对 A 面垂直度
	L	D	H	d	h	d_1	L_1	R	H_1	H_2	L_2	L_3	D_1	H_3	E
SL17	68	72	90	M12	18	12	50	18	1	9	25	10	7	4	0.10
SL17A	68	72	90	M16×1.5	18	12	50	18	1	9	25	10	7	4	0.12
SL18	90	88	112	M20×1.5	20	15	60	23	1	12	30	10	8	4	0.12
SL18A	90	88	112	M24×1.5	20	15	60	23	1	12	30	10	8	4	0.12

5.2.4 SL19、SL19A、SL20 及 SL21 螺栓形散热器的散热体尺寸，应符合图 8 及表 8 的规定。

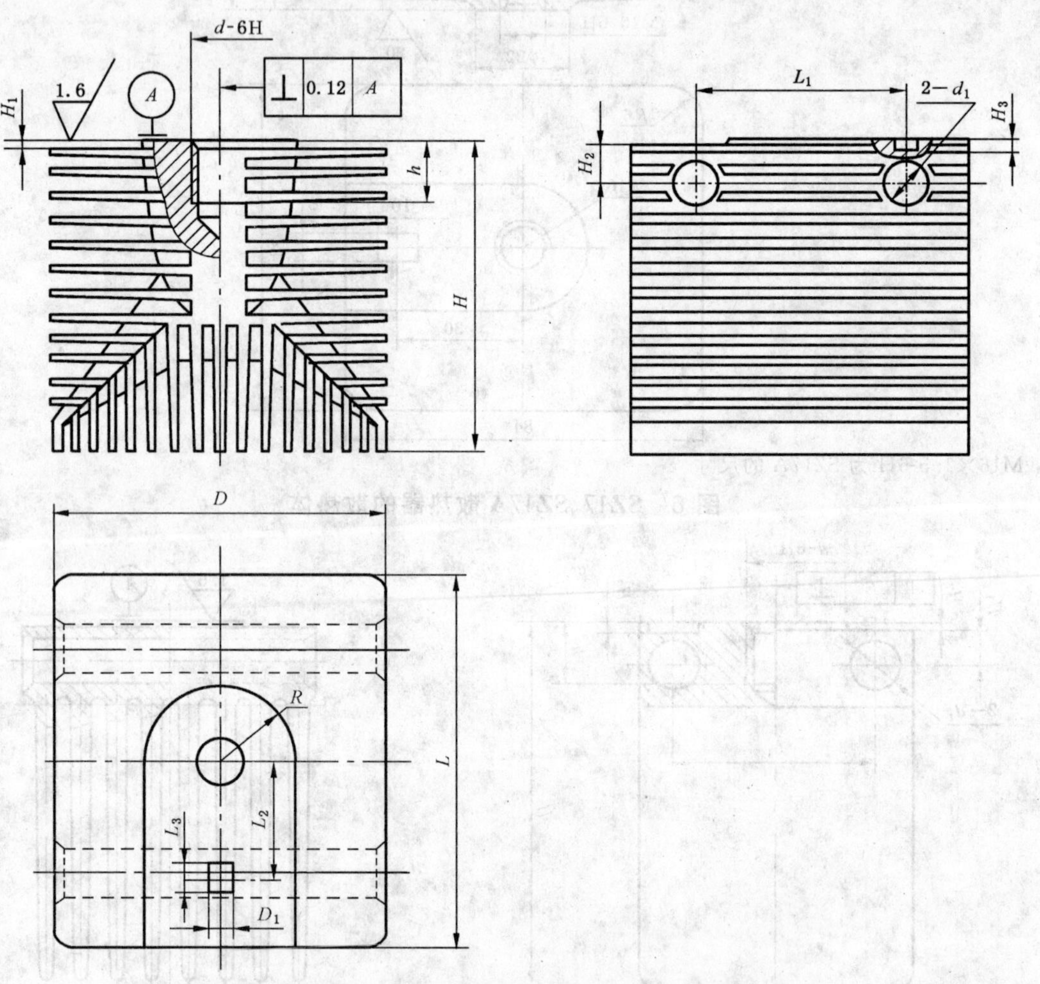

图 8 SL19、SL19A、SL20 及 SL21 散热器的散热体

表 8

单位为毫米

品种规格	外形尺寸			安装尺寸				台面		定位孔					d 轴线对 A 面垂直度
	L	D	H	d	h	d_1	L_1	R	H_1	H_2	D_1	L_2	L_3	H_3	E
SL19	130	130	110	M20×1.5	25	19	80	28	1	15	8	42	10	5	0.12
SL19A	130	130	110	M24×1.5	25	19	80	28	1	15	8	42	10	5	0.12
SL20	148	148	135	M24×1.5	35	19	100	34	2	21	8	58	10	5	0.12
SL21	160	160	145	M24×1.5	35	19	100	34	2	21	8	58	10	5	0.12

5.3 SF 系列的尺寸

5.3.1 SF11、SF12 和 SF13 风冷平板形散热器组装器件后的尺寸,应符合图 9 及表 9 的规定。

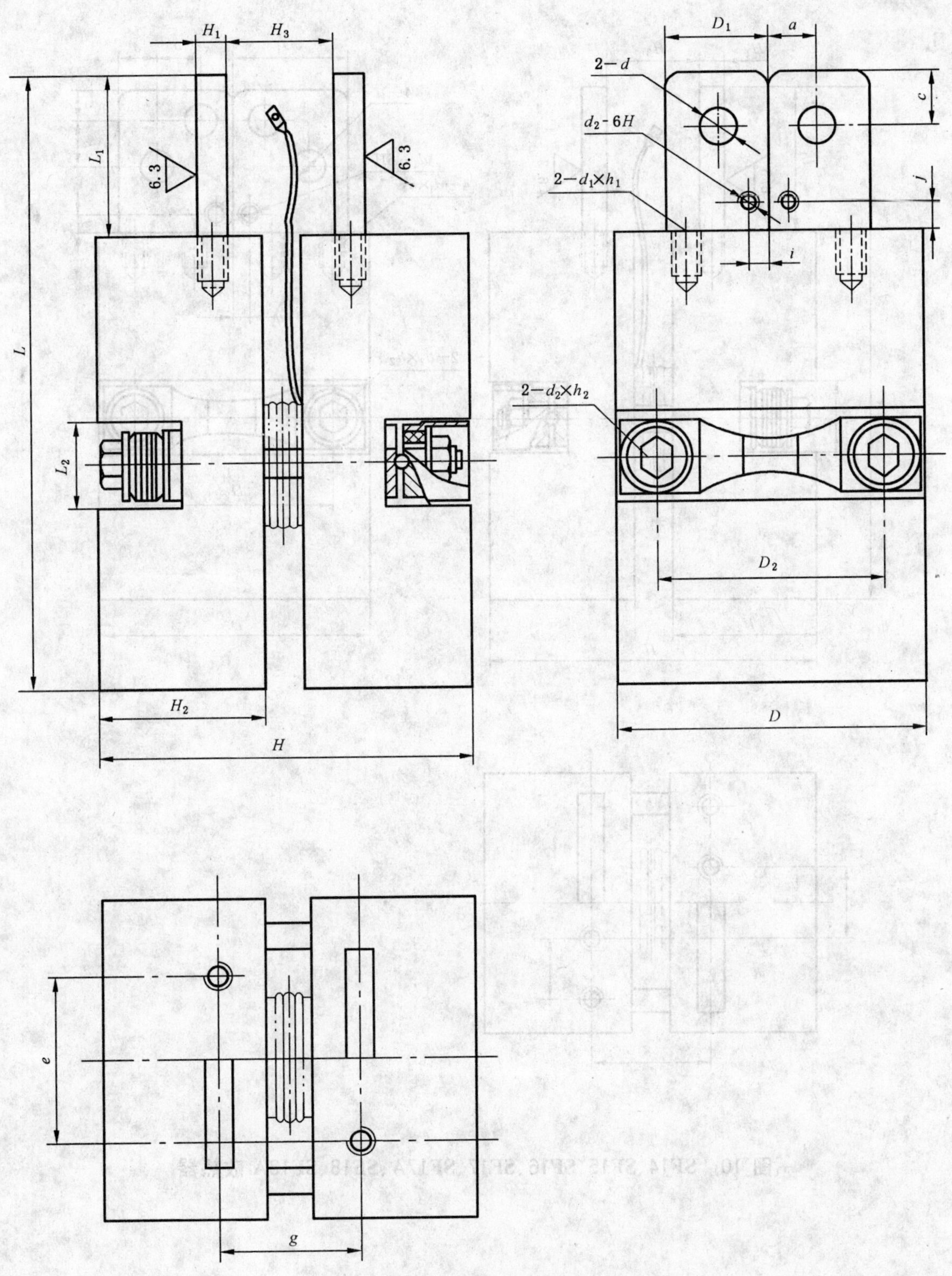

图 9 **SF11、SF12、SF13 散热器**

5.3.2　SF14、SF15、SF16、SF17、SF17A、SF18 和 SF18A 风冷平板形散热器组装器件后的尺寸，应符合图 10 及表 9 的规定。

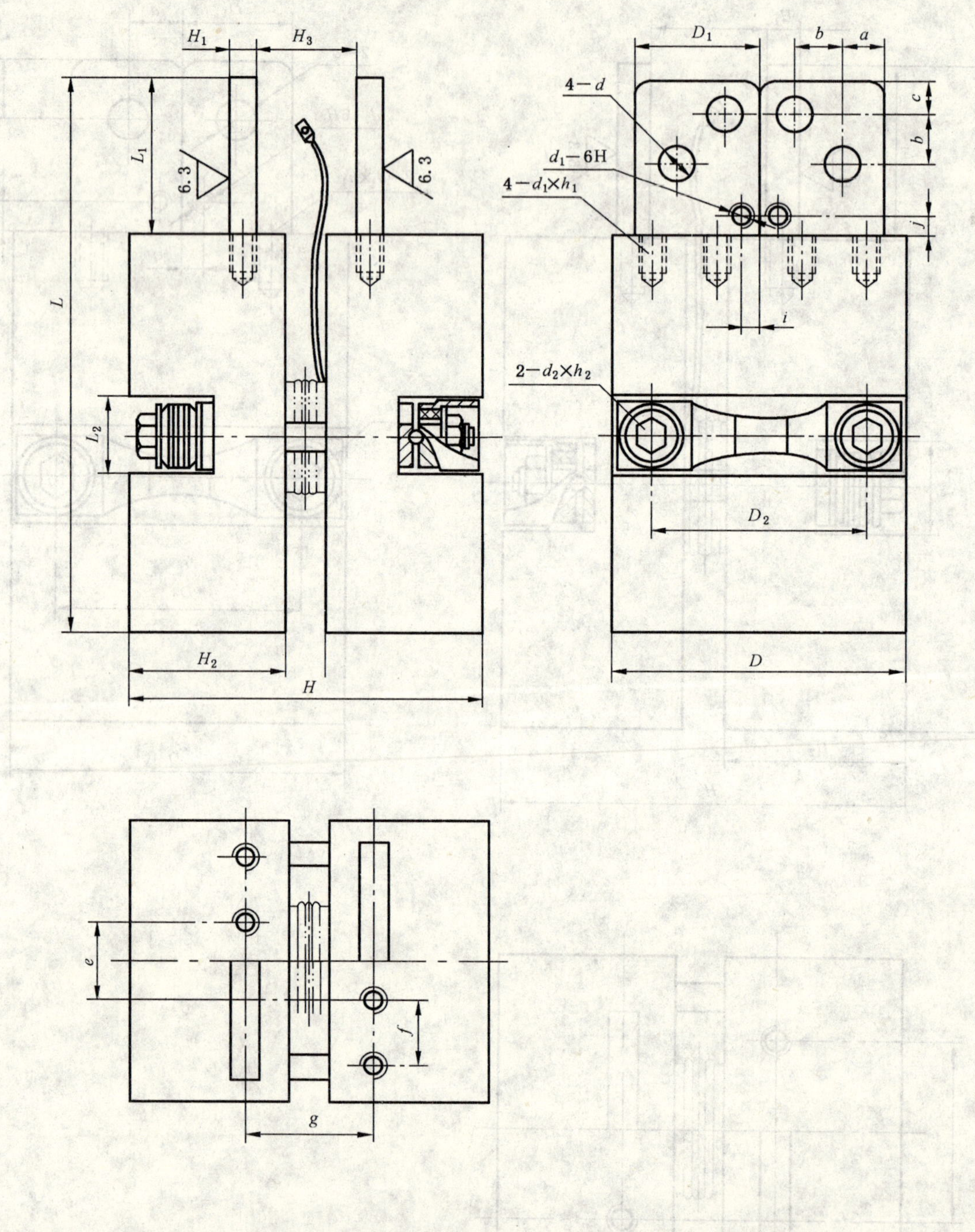

图 10　SF14、SF15、SF16、SF17、SF17A、SF18、SF18A 散热器

表 9

单位为毫米

品种规格	外形尺寸			导电排尺寸			安装尺寸				
	L	D	H	L_1	D_1	H_1	L_2	D_2	H_2	H_3	d
SF11	170	110	125	60	40	8	33	80	55	22	2孔13
SF12	200	110	125	60	40	8	33	80	55	22	2孔13
SF13	220	120	130	60	40	8	33	90	58	45	2孔13
SF14	250	140	145	80	50	10	38	105	65	45	4孔11
SF15	280	140	165	80	60	12	38	105	75	50	4孔13
SF16	280	180	200	80	60	12	34	130	82	66	4孔13
SF17	300	200	215	80	60	12	40	140	100	73	4孔13
SF17A			225							82	4孔13
SF18	390	240	225	90	70	13	45	150	100	72	4孔13
SF18A								185			

品种规格	安装尺寸											
	$d_1 \times h_1$	$d_2 \times h_2$	a	b	c	e	f	g	i	j	h	d_3
SF11	2螺孔 M6-6H-20	M10×120	20	—	20	55	—	30	6	20	—	M3
SF12	2螺孔 M6-6H-20	M10×120	20	—	20	55	—	30	6	20	—	M3
SF13	2螺孔 M6-6H-20	M10×120	20	—	20	64	—	53	6	20	—	M3
SF14	4螺孔 M6-6H-20	M12×140	12.5	25	12.5	40	35	55	8	20	25	M3
SF15	4螺孔 M8-6H-20	M12×150	17.5	25	15	40	35	62	8	20	25	M3
SF16	4螺孔 M8-6H-20	M12×180	17.5	25	15	30	40	78	8	20	25	M3
SF17	4螺孔	M12×180	17.5	25	15	40	40	85	8	20	25	M3
SF17A	M8-6H-20	M12×190						94				
SF18	4螺孔	M16×210	22.5	25	20	80	50	85	8	20	25	M3
SF18A	M8-6H-20											

5.3.3 SF系列散热器尺寸的 D、H、H_3、g 的允差(mm)分别为 $^{+2}_{-1}$、+5、$^{+4}_{-1}$、$^{+5}_{-2}$。

5.4 SS系列的尺寸

5.4.1 SS系列各型水冷散热器的结构形式除导电排外，其他部分都相同，如图11所示。导电排结构按其引线安装孔划分，有单孔、双孔和四孔的三种，图11是单孔的，图12和图13分别是双孔的和四孔的导电排。

5.4.2 SS11、SS12水冷平板形散热器组装器件后的尺寸，应符合图11及表10的规定。

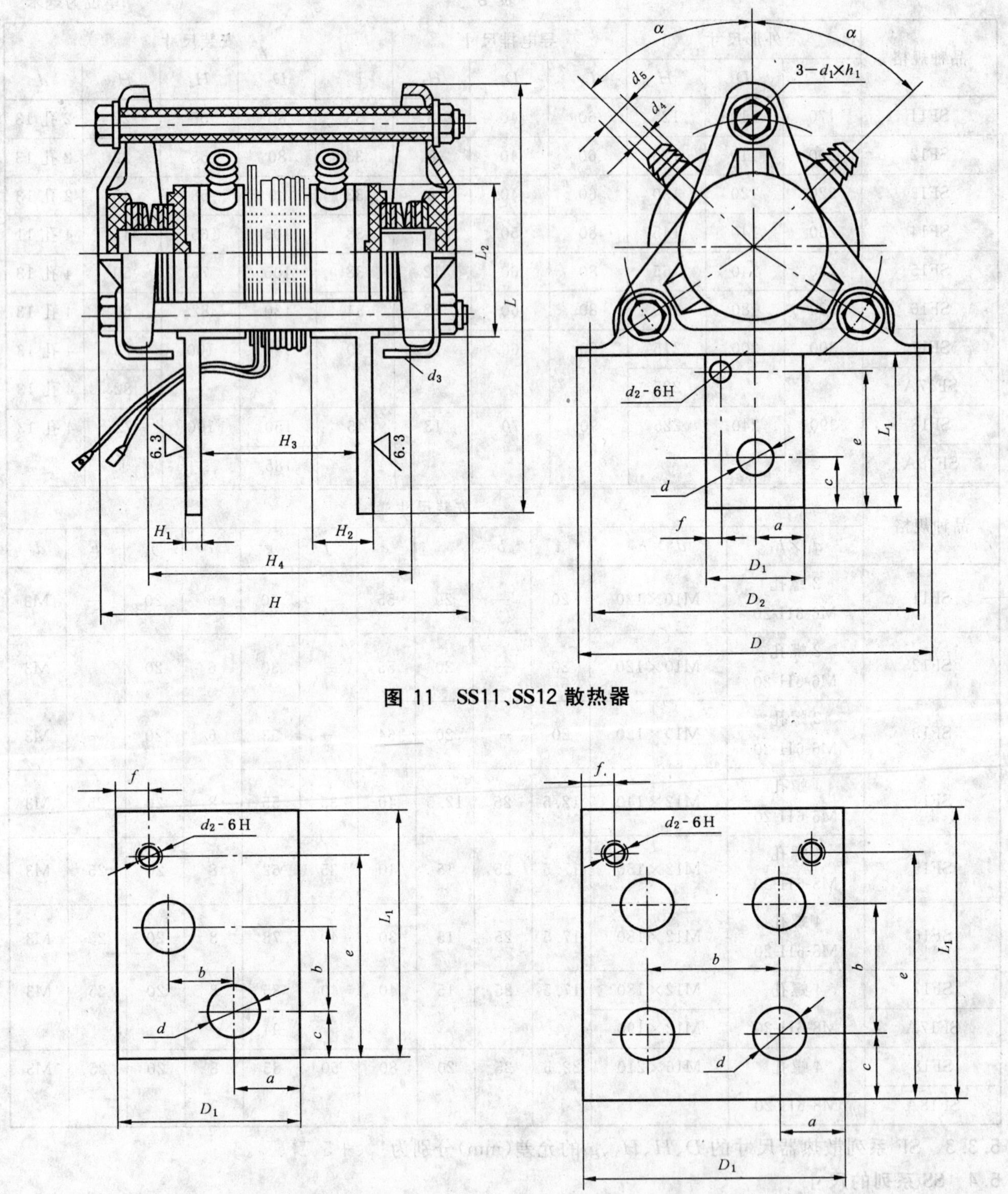

图 11　SS11、SS12 散热器

图 12　SS13、SS14 的导电排

图 13　SS15、SS16 的导电排

5.4.3　SS13、SS14 水冷平板形散热器组装器件后的尺寸，应符合图 11（除导电排外）、图 12 及表 10 的规定。

5.4.4　SS15、SS16 水冷平板形散热器组装器件后的尺寸，应符合图 11（除导电排外）、图 13 及表 10 的规定。

表 10 单位为毫米

品种规格	外形尺寸			散热体尺寸					安装尺寸				
	L	D	H	L_1	H_1	D_1	L_2	H_2	D_2	H_3	H_4	d	$d_1 \times h_1$
SS11	140	135	145	53	4	30	ϕ45	23	112	64	105	2孔 9	M8×140
SS12	190	160	150	78	5	40	ϕ55	24	140	64	105	2孔 13	M12×145
SS13	190	160	150	78	6	50	ϕ68	25	140	64	105	4孔 13	M12×145
SS14	220	195	190	85	6	55	ϕ84	25	165	74	130	4孔 13	M12×170
SS15	265	260	240	77	8	80	ϕ100	35	220	80	150	8孔 13	M16×230
SS16	275	260	260	87	10	90	ϕ110	37	220	90	180	8孔 13	M16×250

品种规格	安装尺寸									
	d_2	d_3	d_4	d_5	a	b	c	e	f	α
SS11	M3	4长孔 10×14	9	13	—	—	20	35	6	45°
SS12	M3	4长孔 12×15	9	13	—	—	20	60	6	45°
SS13	M3	4长孔 12×15	9	13	15	20	15	60	8	45°
SS14	M3	4长孔 12×20	9	13	17.5	20	20	65	10	45°
SS15	M5	4长孔 11×20	12	18	20	40	20	85	10	45°
SS16	M5	4长孔 11×20	12	18	25	40	20	85	10	45°

注：SS14 的 H_2 尺寸(散热体高度)还有 30 mm 的也常用。

5.4.5 SS系列散热器有关尺寸的允差(mm)：L 为 $^{0}_{-3}$、L_1 为 ±2、L_2 为 $^{0}_{-2}$、D_2 为 ±0.5、H 为 $^{+5}_{0}$、H_3 和 H_4 均为 ±3、α 为 ±3°。

6 技术要求

6.1 外观表面

6.1.1 散热体表面应无缩孔、锈蚀、裂纹等缺陷。

6.1.2 平板形散热器的金属紧固件(压板、压盖、蝶形弹簧)、水冷散热体和螺栓形散热器的导电片应加镀层保护。

6.1.3 散热体台面的表面粗糙度 Ra 最大允许值为 1.6 μm。

6.1.4 散热体台面的平面度不低于 9 级。

6.1.5 用于热带电力半导体器件的散热器(包括散热体、紧固件和绝缘件)，表面应经防护处理，其耐潮湿、耐盐雾和耐霉菌的能力应符合有关标准。

6.2 绝缘件、紧固件和安装

6.2.1 散热器专用的紧固件和绝缘件应符合 GB/T 8446.3 的规定。

6.2.2 散热器与电力半导体器件安装的安装力矩或安装压力应符合器件标准的有关规定。

6.2.3 平板形散热体台面的安装中心定位销尺寸：直径 ϕ2.5 mm，高出台面 1 mm。

6.3 主要性能参数

6.3.1 风冷散热器的绝缘件的绝缘耐压不得低于 8 kV(有效值)；水冷散热器的绝缘件的绝缘耐压不得低于 5 kV(有效值)。

6.3.2 水冷散热器的型腔在 3×10^5 Pa 气压下试漏，不得有渗、漏现象。

6.3.3 散热器热阻等参数应符合表 11 的规定。

表 11

散热器系列品种规格			热阻 R_{sa} ℃/W	流阻 ΔP Pa	散热体质量 m kg	安装尺寸	
						d mm	D_{max} mm
自冷	螺栓形	SZ13	≤7.5	—	0.04	M6	—
		SZ14	≤4.4	—	0.09	M6	—
		SZ14A	≤4.4	—	0.09	M8	—
		SZ14B	≤4.4	—	0.09	M10	—
		SZ15	≤3.4	—	0.11	M8	—
		SZ15A	≤3.4	—	0.11	M10	—
		SZ16	≤2.8	—	0.20	M10	—
		SZ17	≤1.3	—	0.53	M10	—
风冷	螺栓形	SL16	≤0.600	≤40	0.20	M12	—
		SL17	≤0.250	≤40	0.50	M12	—
		SZ17A	≤0.250	≤40	0.50	M16×1.5	—
		SL18	≤0.160	≤40	1.1	M20×1.5	—
		SL18A	≤0.160	≤40	1.1	M24×1.5	—
		SL19	≤0.110	≤45	2.3	M20×1.5	—
		SL19A	≤0.110	≤45	2.3	M24×1.5	—
		SL20	≤0.080	≤50	3.5	M24×1.5	—
		SL21	≤0.066	≤60	4.8	M24×1.5	—
	平板形	SF11	≤0.120	≤40	2.0	—	66
		SF12	≤0.090	≤45	2.6	—	66
		SF13	≤0.071	≤55	3.5	—	76
		SF14	≤0.056	≤60	4.9	—	90
		SF15	≤0.048	≤65	6.0	—	90
		SF16	≤0.037	≤70	10	—	110
		SF17	≤0.030	≤75	12	—	110
		SF17A	≤0.030	≤75	12	—	110
		SF18	≤0.025	≤85	14	—	125
		SF18A	≤0.025	≤85	14	—	155
水冷	平板形	SS11	≤0.026	—	0.7	—	76
		SS12	≤0.018	—	1.1	—	76
		SS13	≤0.015	—	1.6	—	110
		SS14	≤0.013	—	2.2	—	110
		SS15	≤0.011	—	5.0	—	160
		SS16	≤0.010	—	5.5	—	160
注：安装尺寸系指散热体上安装器件的螺孔直径 d 或台面可安装器件的最大直径 D_{max}。							

6.3.4 散热器制造厂应在产品说明书等技术文件中给出散热器热阻、流阻与风速，散热器温升与耗散功率等特性曲线。(参见附录 A)。

6.4 散热体材质

为保证螺栓形散热器安装螺孔具有一定的机械强度，其散热体材质应为铝硅合金，含硅量为10%～13%。水冷散热器的散热体材质应为 T_2 紫铜。

7 检验规则

7.1 逐批检验

7.1.1 每批散热器按表12的规定进行如下两项或三项(水冷散热器)检验。

a) 外观和表面质量;

b) 外形尺寸和安装尺寸;

c) 水冷散热器型腔的密封性试验。

7.1.2 逐批检验第一次提交不合格时,可按附录B表B.1采用AQL值加严一级进行再次检验,但只能重新提交一次。

7.2 周期检验

7.2.1 在下列情况下散热器应按表12进行周期检验:

a) 新产品试制完成时;

b) 产品设计、工艺或所用材料有重要改变时;

c) 定型生产的产品每三年进行一次。

7.2.2 周期检验第一次提交不合格时,可按附录B表B.2采用追加抽样方案进行再次检验,如仍不合格,则周期检验未通过。

7.2.3 周期检验后的合格产品按正品出厂。

表12

序号	检验项目	检验方法	合格判据	抽样方案		
				AQL(Ⅱ)	*n*	*c*
1	外观表面	外观目测检查,台面粗糙度按GB/T 1031,平面度和垂直度按GB/T 1958	符合6.1	1.5	—	
2	尺寸	用游标卡尺等量具	符合第5章有关要求	1.0	—	
3	密封性(水冷散热器的)	电镀后的散热器型腔淹没在水中,由其水嘴通 3×10^5 Pa压力的气流,观察所有焊缝	焊缝和接缝处无连续冒泡现象	0.65	—	
4	热阻和流阻	按GB/T 8446.2	符合表11有关要求	—	3	0
5	绝缘耐压(平板形散热器的)	25℃±10℃、相对湿度(85±5)%、按6.3.1施加工频正弦有效值电压、持续时间1 min	无闪络和击穿	—	3	0
注:*n* 为样本大小,*c* 为合格判定数。						

8 标志、包装、运输、保管

8.1 标志

散热器应在适当的位置给以不易脱落的型号标志和制造厂商标。

8.2 合格证

散热器出厂必须附带合格证。合格证上应给出制造厂名称或厂标、产品型号、制造年月或批号等内容。

8.3 包装和运输

散热器进行妥善包装后方可运输。为防止散热器在运输过程中碰撞变形和损坏台面，散热器与包装箱之间应紧密配合。包装箱上应注明产品型号、数量、重量及制造厂名称。

8.4 保管

运输和保管场所应注意防水、防腐蚀。

附 录 A
（资料性附录）
散热器特性曲线示例

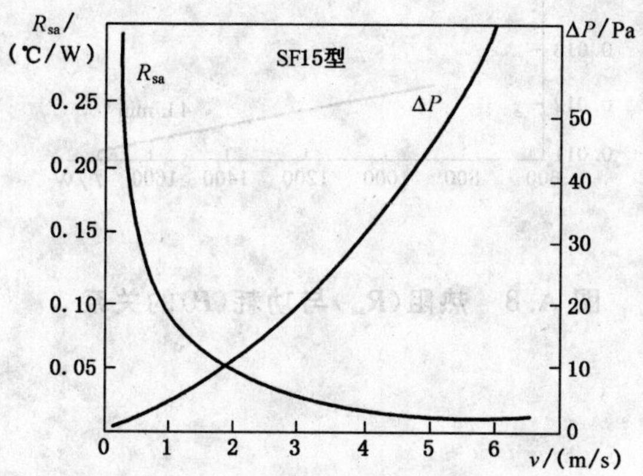

图 A.1 热阻(R_{sa})、流阻(ΔP)与风速(v)的关系

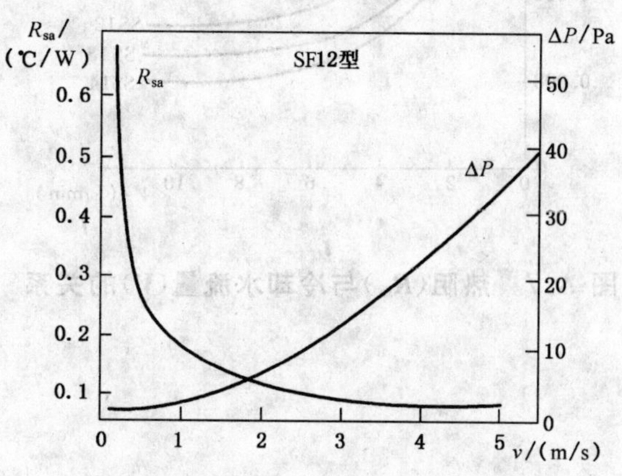

图 A.2 热阻(R_{sa})、流阻(ΔP)与风速(v)的关系

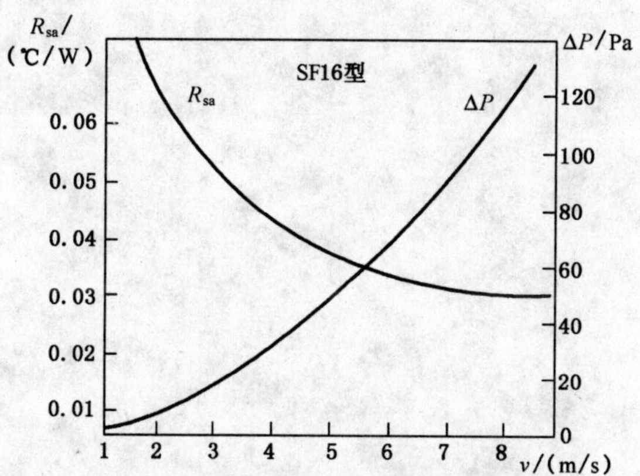

图 A.3 热阻(R_{sa})、流阻(ΔP)与风速(v)的关系

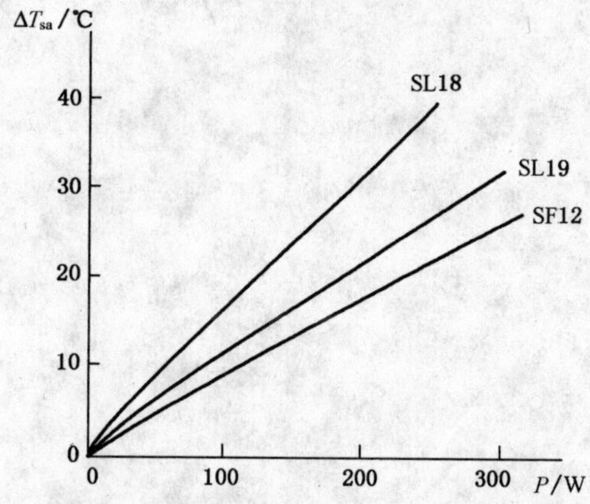

图 A.4 温升(ΔT_{sa})与功耗(P)的关系

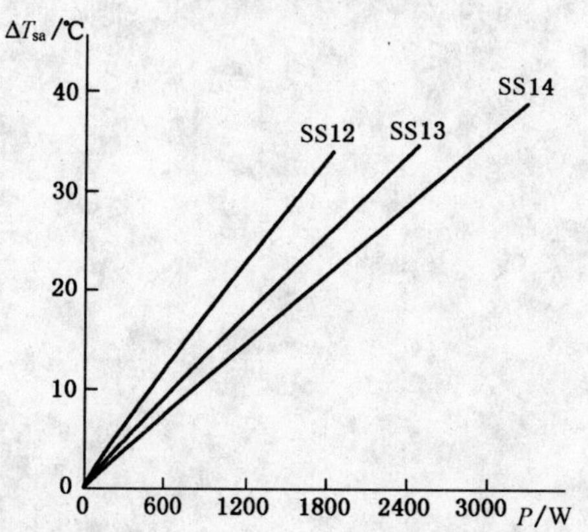

图 A.5 温升(ΔT_{sa})与功耗(P)的关系

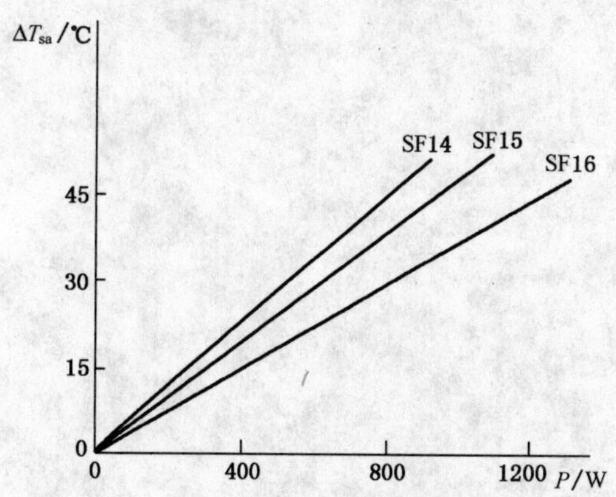

图 A.6 温升(ΔT_{sa})与功耗(P)的关系

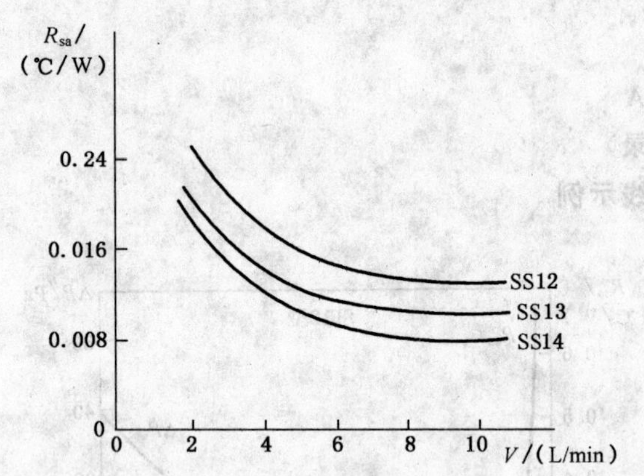

图 A.7　热阻(R_{sa})与冷却水流量(V)的关系

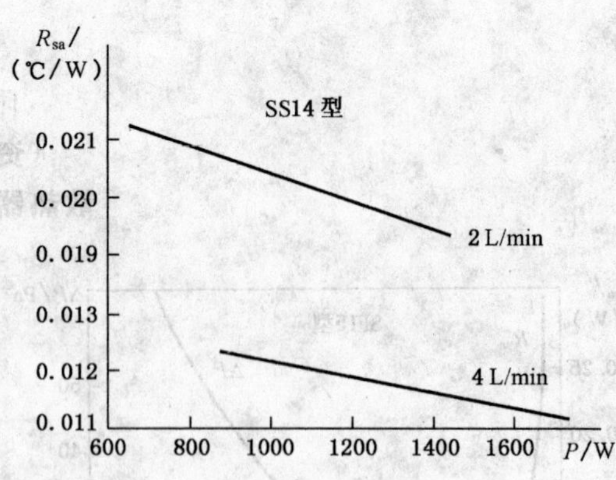

图 A.8　热阻(R_{sa})与功耗(P)的关系

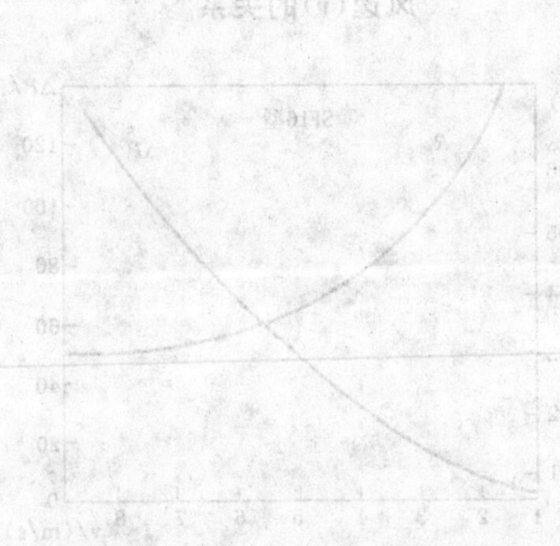

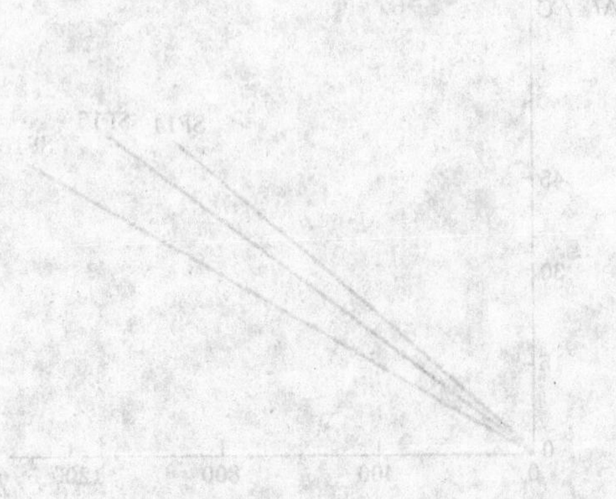

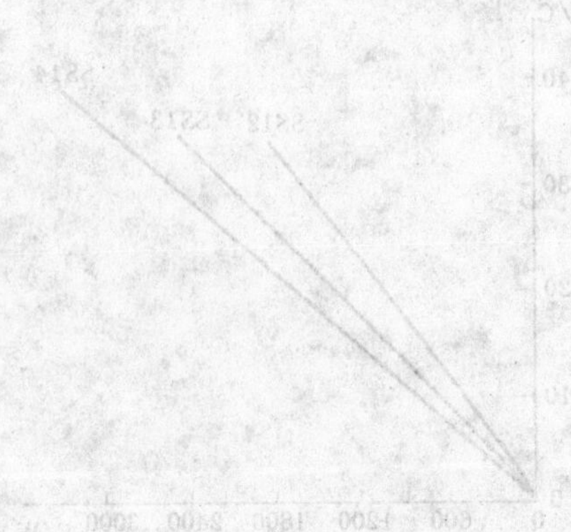

附　录　B
（规范性附录）
抽样方案

B.1　AQL 抽样方案

表 B.1　AQL 抽样表

批量范围 N	样本大小 n	AQL													
		0.40		0.65		1.0		1.5		2.5		4.0		6.5	
		Ac	Re	Ac	Re	Ac	Re	Ac	Re	Ac	Re	Ac	Re	Ac	Re
26～50	8	↓[a]		↓		↓		0	1	↑		↓		1	2
51～90	13	↓		↓		0	1	↑		↓		1	2	2	3
91～150	20	↓		0	1	↑		↓		1	2	2	3	3	4
151～280	32	0	1	↑		↓		1	2	2	3	3	4	5	6
281～500	50	↑		↓		1	2	2	3	3	4	5	6	7	8
501～1 200	80	↓		1	2	2	3	3	4	5	6	7	8	10	11
1 201～3 200	125	1	2	2	3	3	4	5	6	7	8	10	11	14	15
3 201～10 000	200	2	3	3	4	5	6	7	8	10	11	14	15	21	22
10 001～35 000	315	3	4	5	6	7	8	10	11	14	15	21	22	↑	
35 001～150 000	500	5	6	7	8	10	11	14	15	21	22	↑		↑	

注 1：本表属检验水平(IL)Ⅱ。

注 2：Ac 为合格判定数，Re 为不合格判定数。

[a] 箭头表示应使用指向的第一个抽样方案，若箭头指向对应处的样本大小等于或大于批量，则应对批进行百分之百检验。

B.2　追加抽样方案

表 B.2　追加抽样表

样本大小 n					合格判定数 c
3	4	5	8	11	0
6	9	11	13	18	1
9	13	16	18	25	2

ICS 31.080
K 46

中华人民共和国国家标准

GB/T 8446.2—2004
代替 GB/T 8446.2—1987

电力半导体器件用散热器 第2部分:热阻和流阻测试方法

Heat sink for power semiconductor device—Part 2: Measuring method of thermal resistance and input fluid-output fluid pressure difference

2004-02-04 发布 2004-08-01 实施

中华人民共和国国家质量监督检验检疫总局
中国国家标准化管理委员会 发布

前言

GB/T 8446《电力半导体器件用散热器》分为三个部分：

——第1部分：铸造类系列；

——第2部分：热阻和流阻测试方法；

——第3部分：绝缘件和紧固件。

本部分为GB/T 8446的第2部分。

本部分代替GB/T 8446.2—1987《电力半导体器件用散热器　热阻和流阻测试方法》。

本部分与GB/T 8446.2—1987相比主要变化如下：

——标准的结构和编写规则变化较大，前版(1987年版)依据的是GB/T 1.1—1981，本版(本部分)依据的是GB/T 1.1—2000；

——主体内容增加了前言和“范围”一章；

——前版第1章和第4章(本版第2章和第5章)的标题“原理”和“测量”分别改为“原理和加热电流”和“测量和计算”；

——热阻测试的加热电流提供方法前版规定为模拟法，本版规定为直流法(1987版的第1章；本版的第2章)；

——在本版第2章中，增加了加热电流的直流法和动态法的文字陈述和计算功率的公式；

——增加了计算平板形散热器热阻的近似公式(见本版5.4的公式(9))；

——测量进风温度、风速和压差计的进风端橡皮管连接位置，由原距被测散热器中心截面300 mm处改为距被测散热器前缘300 mm处(1987年版的2.1和图1；本版的3.2和图1)；

——文字处理和编辑方面变化也较大，如措词“本标准”改为“本部分”；原第1章(现第2章)无条的层次，现设条的层次并有条号和标题；原第2章、第3章和第4章(现第3～5章)的条层次都未设标题，现为醒目统一均设了标题；原标准封面左上角的国际文献分类号(UDC)现改为国际标准分类号(ICS)。

GB/T 8446是电力半导体器件用各类散热器标准和散热器选用导则构成的系列标准之一。该系列标准还包括：

——JB/T 5781　电力半导体器件用型材散热器技术条件

——JB/T 8175　电力半导体器件用型材散热体外形尺寸

——JB/T 8757　电力半导体器件用热管散热器

——JB/T 9684　电力半导体器件用散热器选用导则

本部分由中国电器工业协会提出。

本部分由西安电力电子技术研究所归口。

本部分起草单位：江阴可控硅附件有限公司、温州市祥博电力电子有限公司、盐城彩阳电器阀门有限公司、襄樊仪表元件厂、北京协利电子器件厂、北京恒太谷科技有限公司、西安电力电子技术研究所。

本部分主要起草人：夏献忠、夏波涛、桑春、刘树华、陈振云、陆正柏、秦贤满。

本部分于1987年12月首次发布为GB/T 8446.2—1987。

电力半导体器件用散热器
第2部分:热阻和流阻测试方法

1 范围

GB/T 8446 的本部分给出了测试散热器热阻和流阻的原理,规定了风冷、自冷和水冷散热器的测试系统要求,测试条件和基本测量程序。

本部分适用于电力半导体器件用铸造类(包括挤压)散热器、型材类散热器和热管类散热器的热阻和流阻的测试。

2 原理和加热电流

2.1 原理

散热器热阻是散热器散出半导体器件管芯热量的能力的量度,其值定义为:在热平衡时,散热器台面上规定点温度对冷却介质规定点温度之差与产生这两点温度差的耗散功率之比,见公式(1)。

$$R_{sa} = \frac{T_s - T_r}{P} \quad \cdots\cdots(1)$$

式中:

R_{sa}——散热器热阻,单位为摄氏度每瓦(℃/W);

P——测试热阻的加热电流产生的功率,单位为瓦(W);

T_s——散热器台面上规定点温度,单位为摄氏度(℃);

T_r——冷却介质(水或空气)进口规定点温度,单位为摄氏度(℃)。

注:对于风冷或自冷散热器的测试,符号 T_r 通常用 T_a 代替。

对于单侧散热的螺栓形散热器的热阻,或双侧散热的平板形散热器的阴极侧或阳极侧的分热阻,可直接用(1)式测量和计算得到。此时,平板形散热器的热阻应由其两个分热阻的并联按(2)式计算得出。两个分热阻按(3)式和(4)式得出。

$$R_{sa} = \frac{R_{sa(K)} \cdot R_{sa(A)}}{R_{sa(K)} + R_{sa(A)}} \quad \cdots\cdots(2)$$

式中:

$R_{sa(K)}$——平板形散热器阴极侧热阻,单位为摄氏度每瓦(℃/W);

$R_{sa(A)}$——平板形散热器阳极侧热阻,单位为摄氏度每瓦(℃/W)。

$$R_{sa(K)} = \frac{T_{s(K)} - T_r}{P_K} \quad \cdots\cdots(3)$$

式中:

$T_{s(K)}$——平板形散热器阴极侧台面温度,单位为摄氏度(℃);

P_K——平板形散热器阴极侧热流,单位为瓦(W)。

$$R_{sa(A)} = \frac{T_{s(A)} - T_r}{P_A} \quad \cdots\cdots(4)$$

式中:

$T_{s(A)}$——平板形散热器阳极侧台面温度,单位为摄氏度(℃);

P_A——平板形散热器阳极侧热流,单位为瓦(W)。

散热器流阻(ΔP)是在风道或水路系统中,散热器两端规定点的冷却流体的压力差,单位为帕(Pa)。

流阻在风道中亦称风阻,在水路系统中亦称水阻。散热器流阻值测量直接由压差计读出(见图1)。

2.2 加热电流

散热器热阻测试的加热电流方法有直流法、动态法和模拟法等。本标准规定为直流法,其他方法经与本方法校核效果一致,也可以采用。测试热阻的准确性主要取决于加热电流产生的功率 P 和台面温度 T_s 测量的准确性。

直流法是对器件施加直流电流而产生功率 P 的热阻测试方法,见(5)式。

直流法计算 P 简单而准确,需有大电流直流电源设备。

$$P = I_T V_T \qquad \cdots\cdots(5)$$

式中:

I_T——作为加热电流的通态直流电流,单位为安(A);

V_T——通态直流电压,单位为伏(V)。

动态法是对器件施加正弦半波电流而产生功率 P 的热阻测试方法,见(6)式。动态法的现实性很强,利用测试器件额定电流的全动态或半动态测试设备即可实现。

$$P = V_{T0} I_{T(AV)} + f^2 r_T I_{T(AV)}^2 \qquad \cdots\cdots(6)$$

式中:

V_{T0}——器件的门槛电压,单位为伏(V);

$I_{T(AV)}$——作为加热电流的通态平均电流,单位为安(A);

f——波形因数,对于正弦波导通角180°的波形因数值为1.571;

r_T——器件的斜率电阻,单位为欧姆(Ω)。

注:为减小导通角对 P 的影响,器件最好采用整流管,而不用晶闸管。

模拟法是对模拟器件施加电流来产生功率 P 的散热器热阻测试方法。模拟器件是实际管壳内封装满足欧姆定律的电阻元件管芯的"器件",又称假元件。模拟法计算功率与上述直流法公式一样,也简单而准确,设备投资亦小,但模拟器件制作技术难度较大,特别是测量系统的直流电压一般都高达几十伏,热电偶引线的绝缘和测试系统处理不当对测试结果影响较大。

3 测试系统要求和说明

3.1 测试系统通则

风冷、自冷和水冷散热器测试系统中均包括加热电流单元、热电偶测试单元和测量进风或进水温度(T_r)的温度计。

加热电流单元中的安培表、伏特表或瓦特表的精度应为0.5级。

测量散热器台面温度(T_s)的热电偶,宜采用0.25 mm直径的铜、康铜丝热端熔焊而成,焊球直径小于0.8 mm。在使用过程中要防止热电偶热端绞碰、短路,在风道里热电偶应置于散热器背风端,并以足够细的塑料管掩蔽。热电偶冷端注意保持在0℃。

测量基准点温度(T_r 或 T_a)的温度计的精度应为±0.1℃。

3.2 风冷散热器测试系统

风冷散热器的测试系统如图1所示。测试系统除应满足3.1要求外,风速计推荐采用QDF-2型或精度更高的风速计,测量风阻的压差计推荐采用DJM9补偿式微压表。压差计的两橡皮管分别套接于距被测散热器前缘和后缘均300 mm处的风道侧壁面上的金属管,金属管的内径不得大于6 mm,并不得伸入风道内。温度计、风速计(测量时)均置于被测散热器前缘300 mm处的风道截面中心位置。

3.3 自冷散热器测试系统

自冷散热器的测试系统除满足3.1要求外,主要由自冷环境箱构成。自冷环境箱的空间大小应足以保持距被测散热器四周200 mm处温差不大于2℃,空气自然对流形成的风速不大于0.5 m/s。被测散热器应悬挂于自冷环境箱空间中部,且散热器叶片顺上下空气自然对流方向。测量 T_a 的位置在散热器中心正下方 200 mm 处。

3.4 水冷散热器测试系统

水冷散热器的测试系统除加热电流单元和热电偶测试单元外，主要由测量进水温度(T_r)的温度计、测量水流量的流量计和测量水阻(ΔP)的压差计组成。

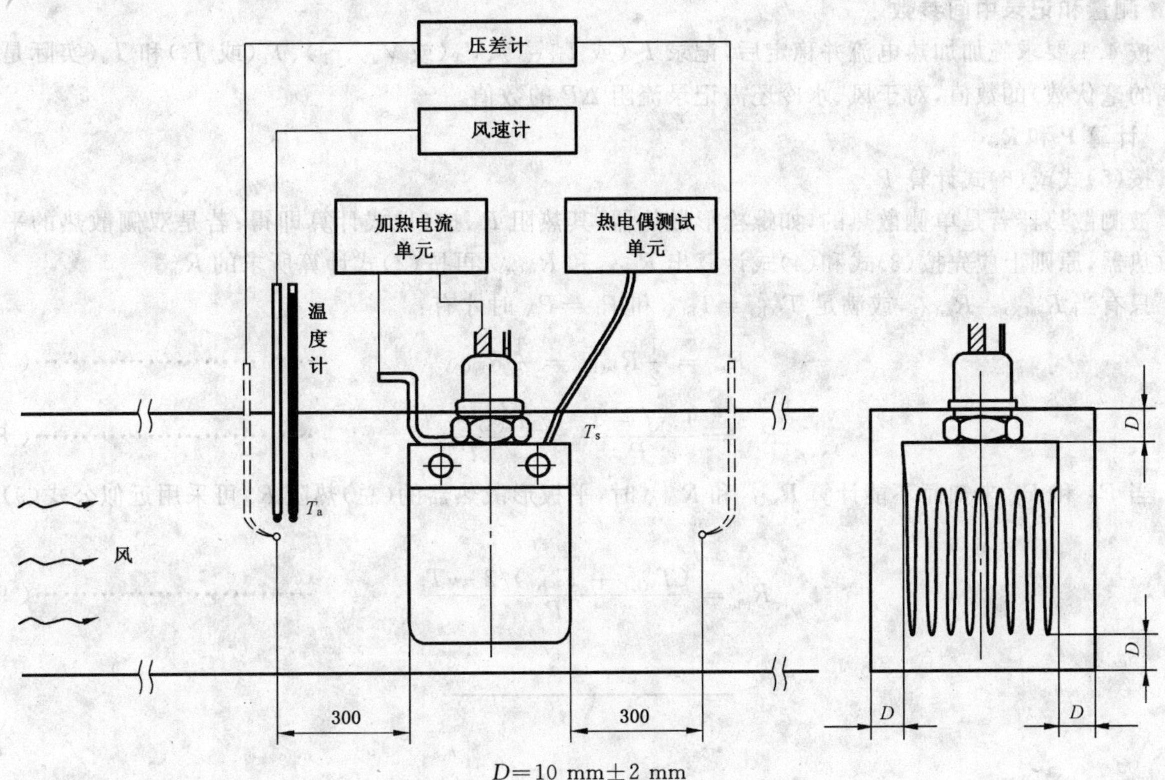

D=10 mm±2 mm

图 1 风冷散热器的测试系统

4 测试条件

4.1 加热功率的大小

应在散热器温升与加热功率的线性关系范围内选取。

4.2 散热器与发热器件的安装力

应符合有关器件产品标准的规定。

4.3 散热器的冷却条件

测试风冷散热器时，风速为 6 m/s，进口风温度为实际环境空气温度；测试自冷散热器时，空气自然对流的风速不超过 0.5 m/s，规定点环境温度为实际环境空气温度；测试水冷散热器时，水流量为 4 L/min，进口水规定点温度为 $35_{-3}^{\ 0}$℃。

4.4 测量基准点温度的位置

测量环境基准点温度 T_r 或 T_a 的位置应符合第 3 章的有关规定。

测量散热器上基准点温度 T_s 的位置，应在发热器件管壳台面直径外或螺栓形管壳最大直径外 2 mm处的散热器台面上的一个小孔，孔径为 0.8 mm，孔深为 1 mm。热电偶放入孔中，用锤尖拍打附近金属使热电偶与散热器台面坚实地接触，并注意热电偶引线的绝缘。

5 测量和计算

5.1 测量的准备工作

被测散热器采用规定的安装力或安装力矩组装上发热器件，按 4.4 的要求安装上热电偶后，置入风道或水路系统或自冷环境箱中的适当处，连接上加热电流单元和热电偶测试单元。将温度计、压差计等测量仪表的探头放至规定位置。校准测量 T_s 的电位差计(或仪表)和风速计的零点。

5.2 调整和控制冷却条件

按4.3的要求进行。

5.3 测量和记录中间参数

按4.1要求施加加热电流并稳定后，记录 I_T(或 $I_{T(AV)}$)、V_T(或 V_{T0}、r_T)、T_a(或 T_r)和 T_s(实际是热电偶的毫伏数)的数值，对于风、水冷还需记录流阻 ΔP 的数值。

5.4 计算 P 和 R_{sa}

按(5)式或(6)式计算 P。

被测散热器若是单侧散热的，如螺栓形散热器，其热阻 R_{sa} 按(1)式计算即得；若是双侧散热的平板形散热器，原则上应先按(3)式和(4)式计算出 $R_{sa(K)}$ 和 $R_{sa(A)}$，再按(2)式计算所求的 R_{sa}。

只有当 $R_{sa(K)}=R_{sa(A)}$，或满足 $T_{S(K)}=T_{S(A)}$ 和 $P_K=P_A$ 时才有：

$$R_{sa}=\frac{1}{2}R_{sa(K)}=\frac{1}{2}R_{sa(A)} \qquad \cdots\cdots(7)$$

或

$$R_{sa}=\frac{T_{s(K)}-T_r}{P}=\frac{T_{s(A)}-T_r}{P} \qquad \cdots\cdots(8)$$

当 P_K 和 P_A 未知而不能计算 $R_{sa(K)}$ 和 $R_{sa(A)}$ 时，平板形散热器的(总)热阻 R_{sa} 可采用近似公式(9)求得。

$$R_{sa}=\frac{(T_{s(K)}+T_{s(A)})/2-T_r}{P} \qquad \cdots\cdots(9)$$

ICS 31.080
K 46

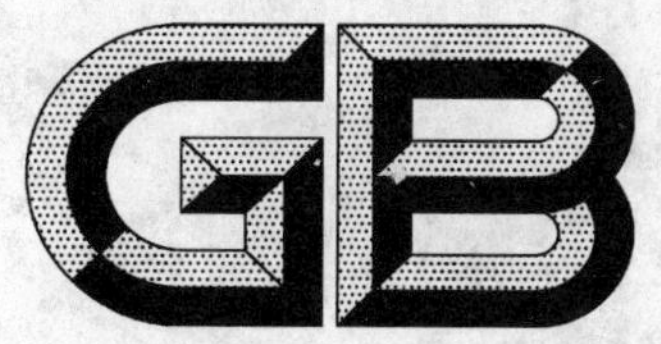

中华人民共和国国家标准

GB/T 8446.3—2004
代替 GB/T 8446.3—1988

电力半导体器件用散热器 第3部分:绝缘件和紧固件

Heat sink for power semiconductor device—Part 3: Insulators and fasteners

2004-02-04 发布

2004-08-01 实施

中华人民共和国国家质量监督检验检疫总局
中国国家标准化管理委员会 发布

前　言

GB/T 8446《电力半导体器件用散热器》分为三个部分：

——第1部分：铸造类系列；

——第2部分：热阻和流阻测试方法；

——第3部分：绝缘件和紧固件。

本部分为GB/T 8446的第3部分。

本部分代替GB/T 8446.3—1988《电力半导体器件用散热器　绝缘件和紧固件》。

本部分与GB/T 8446.3—1988相比主要变化如下：

——标准的结构和编写规则变化较大，前版(1988年版)依据的是GB/T 1.1—1981，本版(本部分)依据的是GB/T 1.1—2000；

——标准的适用范围扩大，前版仅适用于铸造类散热器，本版扩大为还适用于型材类散热器和热管类散热器(1988年版第1章前的文字；本版的第1章)；

——增加了前言、“范围”(第1章)、“规范性引用文件”(第2章)和“包装和运输”(第6章)；

——增加了结构和技术先进、包括八个品种的绝缘件(绝缘罩)FZ系列、紧固件(紧固架和弹簧压板)FJ系列和FB2X系列；

——增加了SF18和SF18A风冷散热器用的两种绝缘件和六种紧固件(1988版年的第1章和2.2的表14；本版的3.1.2和4.1.2)；

——增加了SS15和SS16水冷散热器用的两种绝缘件和五种紧固件(1988年版的第1章和2.1的表6；本版的3.1.2和4.1.2)；

——原SS14的紧固件三根不同尺寸螺栓，现修改为相同尺寸的三根螺栓(1988年版的2.2的表14；本版的4.2.10)；

——绝缘件下绝缘垫块的形状和尺寸有较大变化(1988年版的1.2的图6和图7；本版的3.2.5的图6和图7)；

——紧固件上压板FB17、下压板FB07的L_1尺寸150和L尺寸182，分别修改为140和172(1988年版的2.2的表7和表8；本版的4.2的表8和表9)；

——前版紧固件的恒定湿热试验修改为温度循环试验(1988年版的3.2；本版的5.2.3)；

——逐批检验的外观检查抽样方案AQL值由原1.0修改为1.5(1988年版的3.1；本版的5.1)；

——周期检验的周期由一年修改为三年(1988年版的3,2；本版的5.2)；

——周期检验的绝缘耐压、高温存放、机械强度和温度循环试验的抽样方案，由原合格判定数为1的修改为合格判定数为0的抽样方案(1988年版的3.2；本版的5.2)；

——增加了附录A抽样表，此表给出了本部分用到或可能用到的抽样方案；

——按有关标准，主要的编辑性变化：

1)　“本标准”一词改为“本部分”；

2)　“外形尺寸”一词改为“尺寸”；

3)　标准封面左上角的原国际文献分类号(UDC)，现改为国际标准分类号(ICS)；

4)　绝缘件型号和紧固件型号的表述文字有较大变化(1988年版的1.1；本版的3.1)。

GB/T 8446是电力半导体器件用各类散热器标准和散热器选用导则构成的系列标准之一。该系列标准还包括：

——JB/T 5781　电力半导体器件用型材散热器技术条件

——JB/T 8175　电力半导体器件用型材散热体外形尺寸

——JB/T 8757　电力半导体器件用热管散热器

——JB/T 9684　电力半导体器件用散热器选用导则

本部分附录 A 为规范性附录。

本部分由中国电器工业协会提出。

本部分由西安电力电子技术研究所归口。

本部分起草单位:盐城彩阳电器阀门有限公司、华北整流器件厂、江阴可控硅附件有限公司、温州市祥博电力电子有限公司、北京恒太谷科技有限公司、北京浙东电气制造公司、西安电力电子技术研究所。

本部分主要起草人:桑春、宋希振、徐东兴、夏波涛、宋礼海、邵晓萍、陆正柏、秦贤满。

本部分于 1988 年 12 月首次发布为 GB/T 8446.3—1988。

电力半导体器件用散热器
第3部分:绝缘件和紧固件

1 范围

GB/T 8446 的本部分规定了散热器的绝缘件和紧固件的型式系列、尺寸、技术要求、检验规则和包装、运输等要求。

本部分适用于电力半导体器件用铸造类(包括挤压)散热器的绝缘件和紧固件,也适用于安装尺寸与铸造散热器相同的型材散热器和热管散热器的绝缘件和紧固件。

2 规范性引用文件

下列文件中的条款通过 GB/T 8446 的本部分的引用而成为本部分的条款。凡是注日期的引用文件,其随后所有的修改单(不包括勘误的内容)或修订版均不适用于本部分,然而,鼓励根据本部分达成协议的各方研究是否可使用这些文件的最新版本。凡是不注日期的引用文件,其最新版本适用于本部分。

GB/T 1031 表面粗糙度 参数及其数值(GB/T 1031—1995,ISO 468:1982 neq)

GB/T 4937—1995 半导体器件机械和气候试验方法(idt IEC 60749:1995)

GB/T 8446.1—2004 电力半导体器件用散热器 第1部分:铸造类系列

3 绝缘件

3.1 绝缘件的型号和系列

3.1.1 绝缘件的型号

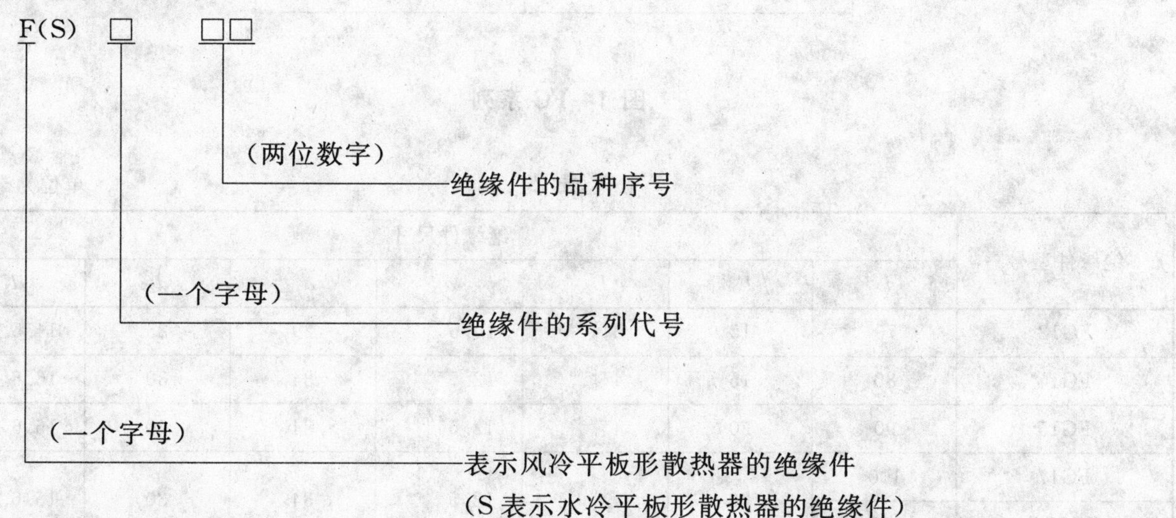

3.1.2 绝缘件的系列划分

风冷散热器的绝缘件分为杯形绝缘套管系列(FG 系列)和绝缘罩系列(FZ 系列)。水冷散热器的绝缘件分为管形绝缘套管系列(SG 系列)和绝缘垫块系列(SK 系列),SK 系列又分为上绝缘垫块系列(SK1X 系列)和下绝缘垫块系列(SK0X 系列)。绝缘件各系列产品型号和适用的散热器型号见表 1。

表 1

<table>
<tr><td>绝缘件系列</td><td colspan="10">绝缘件型号</td></tr>
<tr><td>杯形套管 FG 系列</td><td colspan="3">FG12</td><td>FG14</td><td colspan="2">FG15</td><td>FG17</td><td>FG17A</td><td>FG18</td><td>FG18A</td></tr>
<tr><td>绝缘罩 FZ 系列</td><td colspan="2">FZ22</td><td>FZ23</td><td colspan="2">FZ25</td><td>FZ26</td><td colspan="2">FZ27</td><td>FZ28</td><td>FZ28A</td></tr>
<tr><td>对应散热器型号</td><td>SF11</td><td>SF12</td><td>SF13</td><td>SF14</td><td>SF15</td><td>SF16</td><td>SF17</td><td>SF17A</td><td>SF18</td><td>SF18A</td></tr>
<tr><td>管形套管 SG 系列</td><td>SG11</td><td colspan="2">SG12</td><td>SG14</td><td>SG15</td><td>SG16</td><td>—</td><td>—</td><td>—</td><td>—</td></tr>
<tr><td>上垫块 SK1X 系列</td><td>SK11</td><td colspan="2">SK12</td><td>SK14</td><td>SK15</td><td>SK16</td><td>—</td><td>—</td><td>—</td><td>—</td></tr>
<tr><td>下垫块 SK0X 系列</td><td>SK01</td><td>SK02</td><td>SK03</td><td>SK04</td><td>SK05</td><td>SK06</td><td>—</td><td>—</td><td>—</td><td>—</td></tr>
<tr><td>对应散热器型号</td><td>SS11</td><td>SS12</td><td>SS13</td><td>SS14</td><td>SS15</td><td>SS16</td><td>—</td><td>—</td><td>—</td><td>—</td></tr>
<tr><td colspan="11">注：表中如一种绝缘件型号占两格或三格的位置，表示它通用于两种或三种散热器，如 FG12 型通用于 SF11、SF12、和 SF13 三种散热器。</td></tr>
</table>

3.2 绝缘件的尺寸

3.2.1 FG 系列杯形绝缘套管的尺寸应符合图 1 及表 2 的规定。

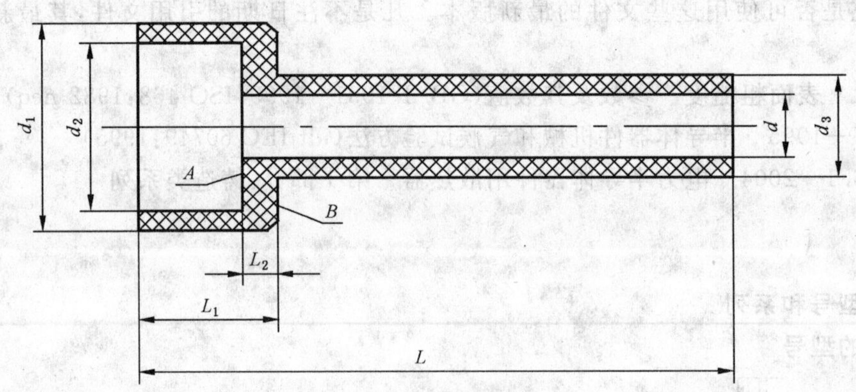

图 1 FG 系列

表 2

单位为毫米

<table>
<tr><td rowspan="2">绝缘件型号</td><td colspan="7">绝缘件尺寸</td></tr>
<tr><td>L</td><td>L_1</td><td>L_2</td><td>d</td><td>d_1</td><td>d_2</td><td>d_3</td></tr>
<tr><td>FG12</td><td>70</td><td>15</td><td>$3^{+0.40}_{0}$</td><td>$10.5^{+0.43}_{0}$</td><td>29</td><td>25</td><td>$14.5^{0}_{-0.43}$</td></tr>
<tr><td>FG14</td><td>80</td><td>15</td><td>$4^{+0.48}_{0}$</td><td>$12.5^{+0.43}_{0}$</td><td>34</td><td>30</td><td>$16.6^{0}_{-0.43}$</td></tr>
<tr><td>FG15</td><td>90</td><td>20</td><td>$4^{+0.48}_{0}$</td><td>$12.5^{+0.43}_{0}$</td><td>34</td><td>30</td><td>$16.6^{0}_{-0.43}$</td></tr>
<tr><td>FG17</td><td>100</td><td rowspan="2">20</td><td rowspan="2">$4^{+0.48}_{0}$</td><td rowspan="2">$12.5^{+0.43}_{0}$</td><td rowspan="2">34</td><td rowspan="2">30</td><td rowspan="2">$16.6^{0}_{-0.43}$</td></tr>
<tr><td>FG17A</td><td>110</td></tr>
<tr><td>FG18</td><td>120</td><td rowspan="2">28</td><td rowspan="2">$16.5^{+0.48}_{0}$</td><td rowspan="2">$17^{+0.43}_{0}$</td><td rowspan="2">44</td><td rowspan="2">38</td><td rowspan="2">$21^{0}_{-0.43}$</td></tr>
<tr><td>FG18A</td><td>130</td></tr>
</table>

3.2.2 FZ系列绝缘罩的尺寸应符合图2及表3的规定。

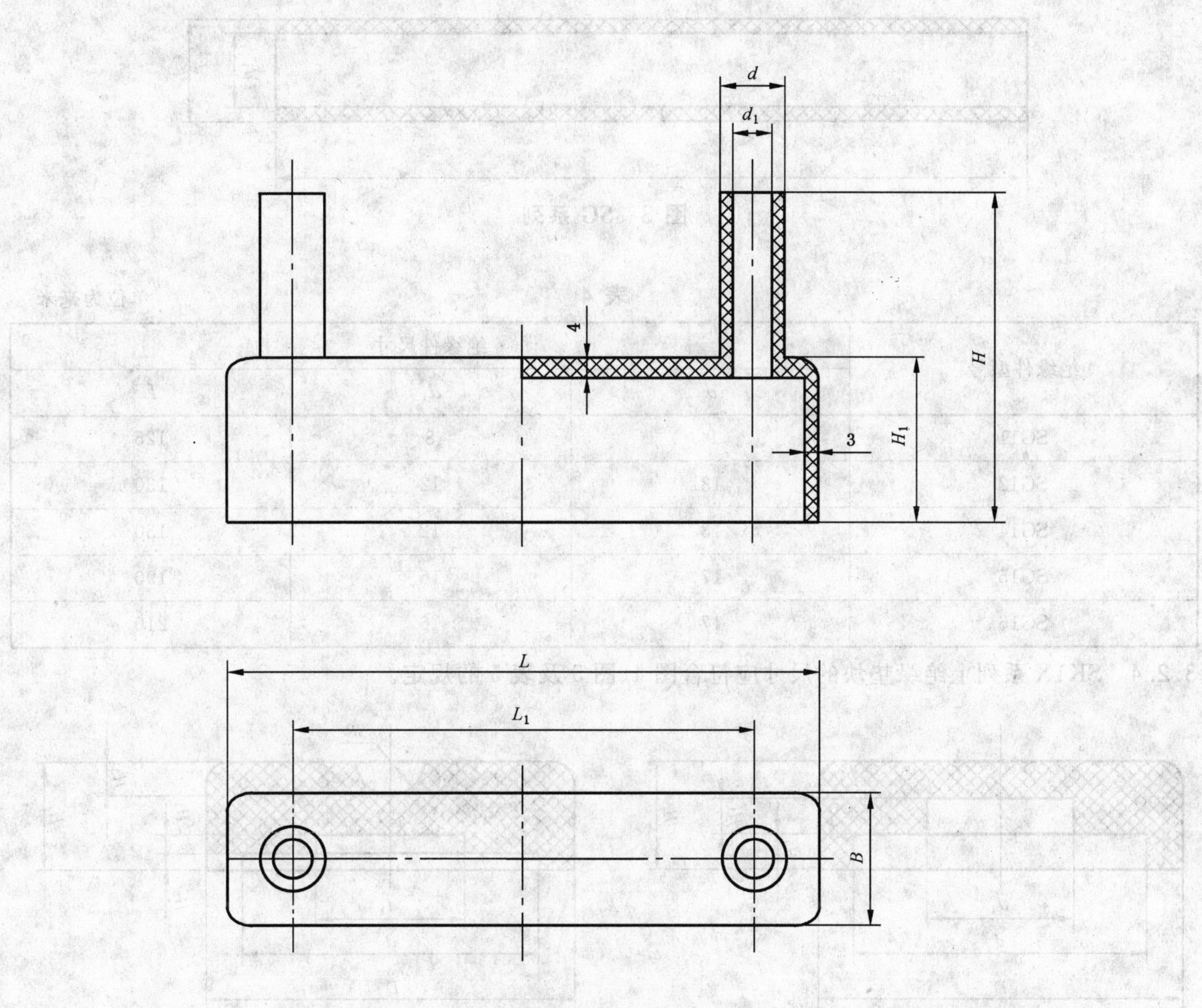

图2 FZ系列

表3

单位为毫米

绝缘件型号	绝缘件尺寸						
	L	L_1	B	H	H_1	d	d_1
FZ22	110	80±0.3	28	72	30	15	10.5
FZ23	120	90±0.3	28	74	30	15	10.5
FZ25	140	105±0.3	32	80	30	17	12.5
FZ26	170	130±0.3	32	82	30	17	12.5
FZ27	180	140±0.3	32	86	30	17	12.5
FZ28	200	150±0.3	38	100	40	21	16.5
FZ28A	240	185±0.3	38	100	40	21	16.5
注：H尺寸可根据器件尺寸和使用情况适当变化。							

3.2.3　SG 系列管形绝缘套管的尺寸应符合图 3 及表 4 的规定。

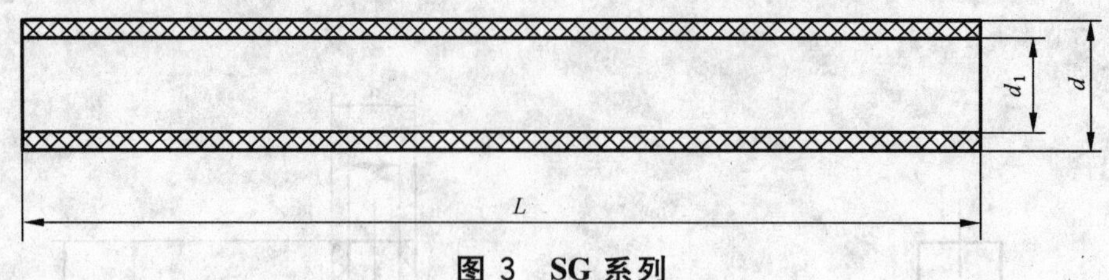

图 3　SG 系列

表 4　　单位为毫米

绝缘件型号	绝缘件尺寸		
	d	d_1	L
SG11	9	8	125
SG12	13	12	130
SG14	13	12	130
SG15	17	16	190
SG16	17	16	210

3.2.4　SK1X 系列上绝缘垫块的尺寸应符合图 4、图 5 及表 5 的规定。

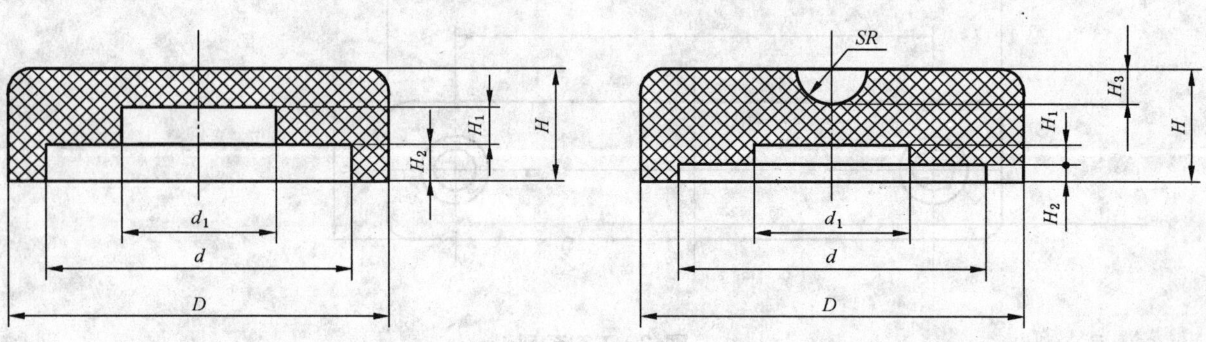

图 4　SK11、SK12、SK15、SK16　　图 5　SK14

表 5　　单位为毫米

绝缘件型号	绝缘件尺寸							
	D	d	d_1	SR	H	H_1	H_2	H_3
SK11	36	$30^{+0.33}_{0}$	13	—	12	4	3	—
SK12	48	$42^{+0.39}_{0}$	21	—	12	4	3	—
SK14	55	$50^{+0.39}_{0}$	26	8	11	3	1	1.5
SK15	75	$70^{+0.39}_{0}$	35.5	—	15	4	2	—
SK16	85	$80^{+0.39}_{0}$	40.5	—	15	4	2	—

3.2.5 SK0X 系列下绝缘垫块的尺寸应符合图 6、图 7 及表 6 的规定。

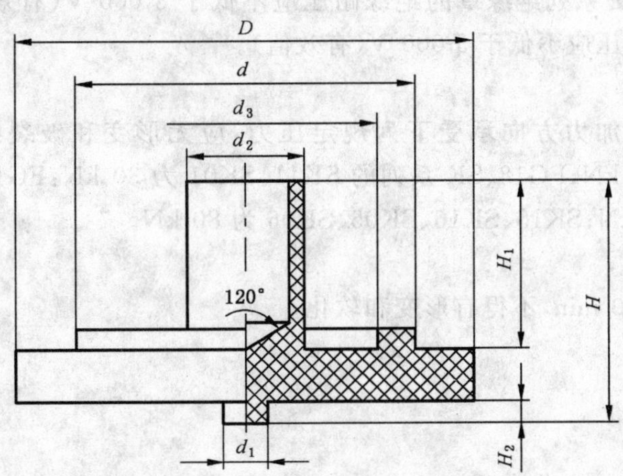

图 6 SK01、SK02、SK03

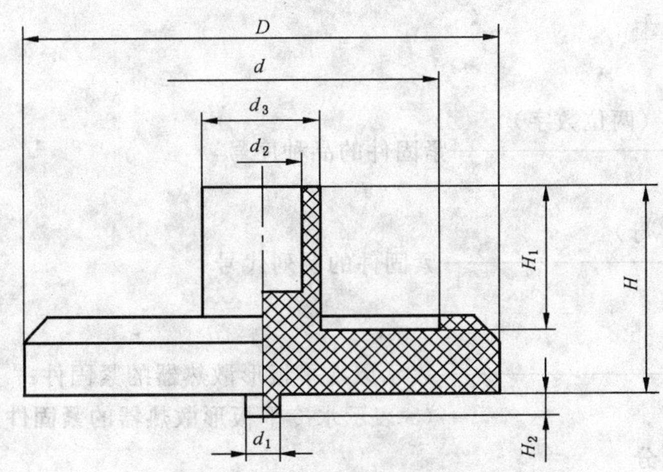

图 7 SK04、SK05、SK06

表 6 单位为毫米

绝缘件型号	绝缘件尺寸							
	D	d	d_1	d_2	d_3	H	H_1	H_2
SK01	45	36	4	12.5	$30^{+0.33}_{0}$	$24^{0}_{-0.21}$	20	1.5
SK02	55	48	4	20	$42^{+0.39}_{0}$	$26^{0}_{-0.21}$	20	1.5
SK03	68	48	4	20	$42^{+0.39}_{0}$	$26^{0}_{0.21}$	20	1.5
SK04	84	65	4	15	25	$30^{0}_{-0.21}$	20	2
SK05	100	85	6	20	35	$40^{0}_{-0.21}$	28	2
SK06	110	90	6	20	40	$55^{0}_{-0.21}$	42	2

3.3 绝缘件的技术要求

3.3.1 外观及表面

绝缘件外观应无凸凹毛刺、裂纹等缺陷，表面光滑，内部组织密实，无缩孔、气孔等缺陷。表面粗糙度 Ra 最大允许值为 3.2 μm。

3.3.2 **绝缘耐压**

FG系列绝缘套管和FZ系列绝缘罩的绝缘耐压应不低于8 000 V(有效值);SG系列绝缘套管和SK系列绝缘垫块的绝缘耐压应不低于5 000 V(有效值)。

3.3.3 **机械强度**

绝缘件按组装器件的加力方向承受下列规定压力,应无形变和破裂:FG系列的FG12、FG14、FG15、FG17、FG17A为20 kN;FG18、SK系列的SK11、SK01为30 kN;FG18A、SK12、SK02、SK03为45 kN;SK14、SK04为60 kN;SK15、SK16、SK05、SK06为80 kN。

3.3.4 **高温性能**

绝缘件在100℃放置30 min,不得有形变和软化。

4 紧固件

4.1 紧固件的型号和系列

4.1.1 紧固件的型号

紧固件的型号规定如下:

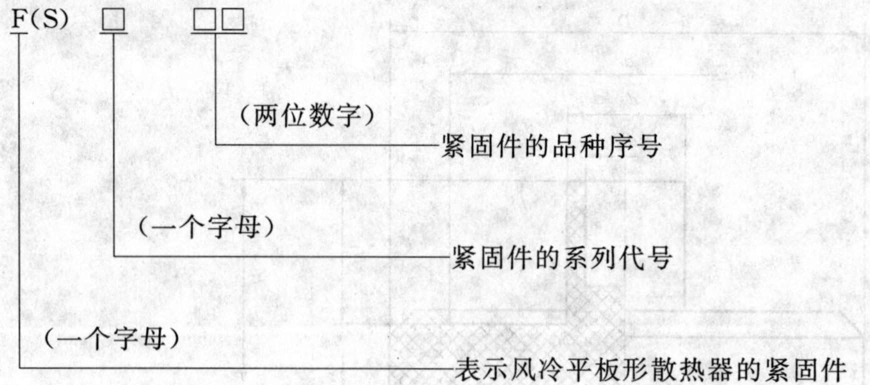

4.1.2 紧固件的系列划分

风冷散热器的紧固件分为上压板(FB1X系列)、下压板(FB0X系列)、垫板(FD系列)、平垫圈(FQ系列)、碟形弹簧(FT系列)、紧固架(FJ系列)和弹簧压块(FB2X系列)等系列。水冷散热器的紧固件分为压盖(SA系列)、安装板(SB系列)、平垫圈(SQ系列)和碟形弹簧(ST系列)等系列。上述各系列是电力半导体器件用散热器的专用紧固件,此外,散热器的紧固件还包括通用的标准件螺栓和螺母。

紧固件各系列产品型号和适用的散热器型号,见表7。

表7

紧固件系列(风冷)	紧固件型号								
上压板 FB1X 系列	FB12		FB13	FB15		FB16	FB17	FB18	FB18A
下压板 FB0X 系列	—			FB05		FB06	FB07	FB08	FB08A
垫板 FD 系列	FD12			FD15		FD16		FD18	
平垫圈 FQ 系列	FQ12			FQ15				FQ18	
碟形弹簧 FT 系列	FT12			FT15				FT18	
紧固架 FJ 系列	FJ22		FJ23	FJ24	FJ25	FJ26	FJ27	FJ28	FJ28A
弹簧压板 FB2X 系列	FB22		FB23	FB24	FB25	FB26	FB27	FB28	FB28A
对应散热器型号	SF11	SF12	SF13	SF14	SF15	SF16	SF17	SF18	SF18A

表 7(续)

紧固件系列(水冷)	紧固件型号						
压盖 SA 系列	SA11	SA12		SA14	SA15		—
安装板 SB 系列	SB11	SB12		SB14	SB15		—
平垫圈 SQ 系列	SQ11	SQ12		SQ14	SQ15	SQ16	—
碟形弹簧 ST 系列	ST11	ST12		ST14	ST15	ST16	—
对应散热器型号	SS11	SS12	SS13	SS14	SS15	SS16	—
注 1：表中如一种紧固件型号占两格或三格、四格的位置，表示它通用于两种或三种、四种散热器，如 FD12 型通用于 SF11、SF12 和 SF13 三种散热器。 注 2：SF11、SF12 和 SF13 三种较小的风冷散热器结构仅有上压板、无下压板。							

4.2 紧固件的尺寸

4.2.1 FB1X 系列上压板的尺寸应符合图 8、图 9 及表 8 的规定。

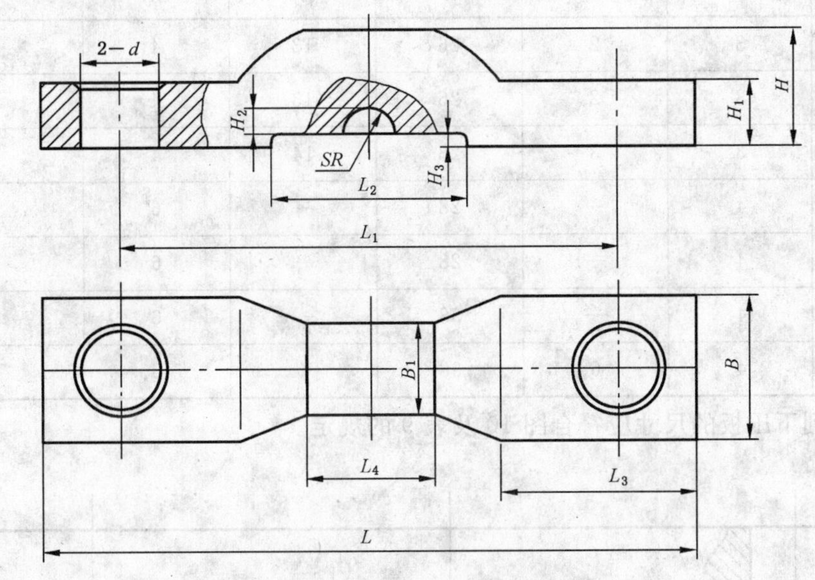

图 8 **FB12、FB13、FB15、FB18A**

图 9 **FB16、FB17、FB18**

表 8

单位为毫米

紧固件型号	紧固件尺寸						
	L	L_1	L_2	L_3	L_4	H	H_1
FB12	109	80±0.3	31	32	20	22	11
FB13	119	90±0.3	31	32	21	22	11
FB15	135	105±0.3	35	45	25	30	15
FB16	162	130±0.3	35	—	—	30	18
FB17	172	140±0.3	35	—	—	30	18
FB18	195	150±0.3	50	—	—	50	22
FB18A	230	185±0.3	50	80	—	50	22

紧固件型号	紧固件尺寸					
	H_2	H_3	B	B_1	SR	d
FB12	3	2	26	13	4	$15.5^{+0.43}_{0}$
FB13	3	2	26	13	4	$15.5^{+0.43}_{0}$
FB15	3	3	28	14	4	$17.5^{+0.43}_{0}$
FB16	4	—	28	—	6	$17.5^{+0.43}_{0}$
FB17	4	—	28	—	6	$17.5^{+0.43}_{0}$
FB18	4	—	38	—	6	$22^{+0.43}_{0}$
FB18A	4	6	38	—	6	$22^{+0.43}_{0}$

4.2.2 FB0X 系列下压板的尺寸应符合图 10 及表 9 的规定。

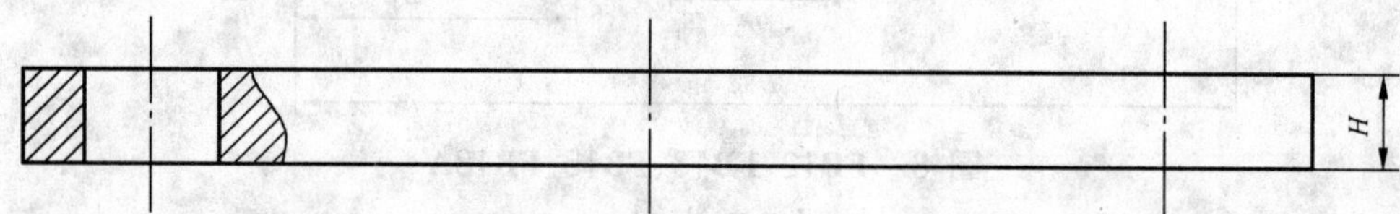

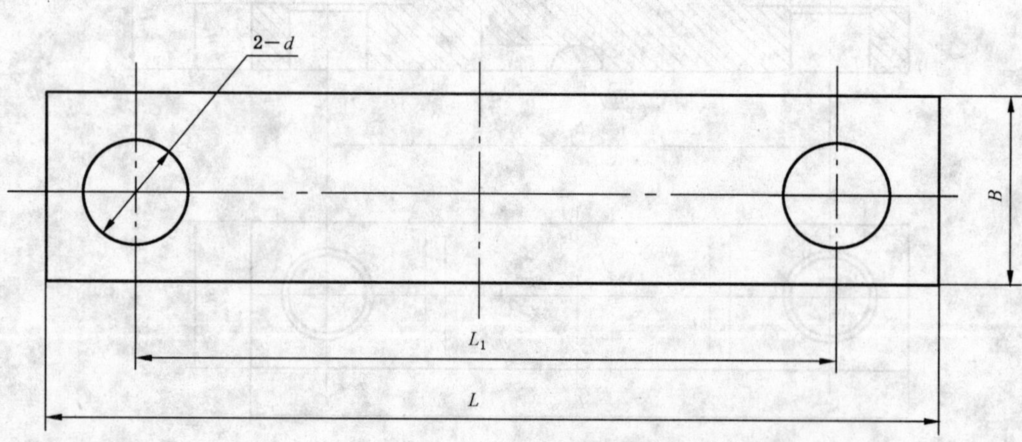

图 10 **FB0X 系列**

表 9

单位为毫米

紧固件型号	紧固件尺寸				
	L	L_1	B	H	d
FB05	135	105±0.3	28	10	$13.8^{+0.43}_{0}$
FB06	162	130±0.3	28	10	$13.8^{+0.43}_{0}$
FB07	172	140±0.3	28	10	$13.8^{+0.43}_{0}$
FB08	195	150±0.3	38	12	$17^{+0.43}_{0}$
FB08A	230	185±0.3	38	12	$17^{+0.43}_{0}$

4.2.3 FB2X 系列弹簧压板的尺寸应符合图 11 及表 10 的规定。

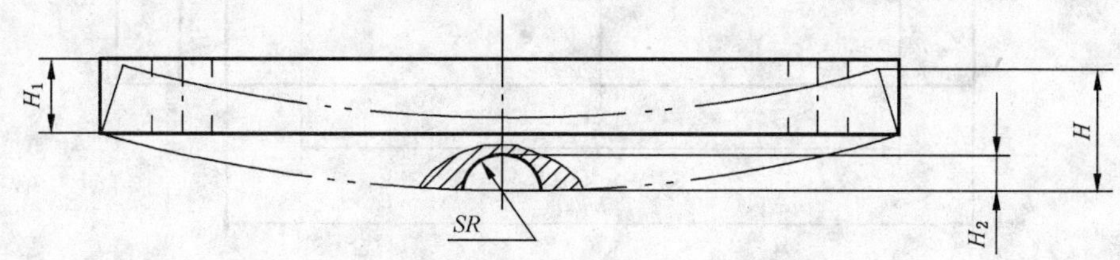

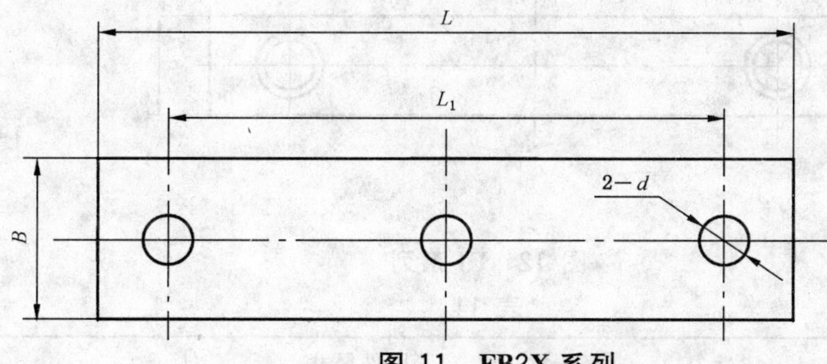

图 11 **FB2X 系列**

表 10

单位为毫米

紧固件型号	紧固件尺寸							
	L	L_1	B	H	H_1	H_2	d	SR
FB22	110	80±0.3	28	10.5±0.3	8±0.15	3	12	4
FB23	120	90±0.3	28	11±0.3	8.5±0.15	3	12	4
FB24	135	105±0.3	32	13±0.3	10±0.15	3	14	4
FB25	135	105±0.3	32	12±0.3	8.5±0.15	3	14	4
FB26	160	130±0.3	32	14±0.3	10±0.15	3	14	6
FB27	170	140±0.3	45	14.5±0.3	10±0.15	3	14	6
FB28	190	150±0.3	50	16±0.3	11±0.15	3	18	6
FB28A	230	185±0.3	75	19±0.3	12±0.15	3	18	6
注：一套散热器的弹簧压板，对于 FB22、FB23、FB24 型为一件；对于 FB25、FB26、FB27、FB28、FB28A 型为两件。								

4.2.4 FJ 系列紧固架的尺寸应符合图 12 及表 11 的规定。

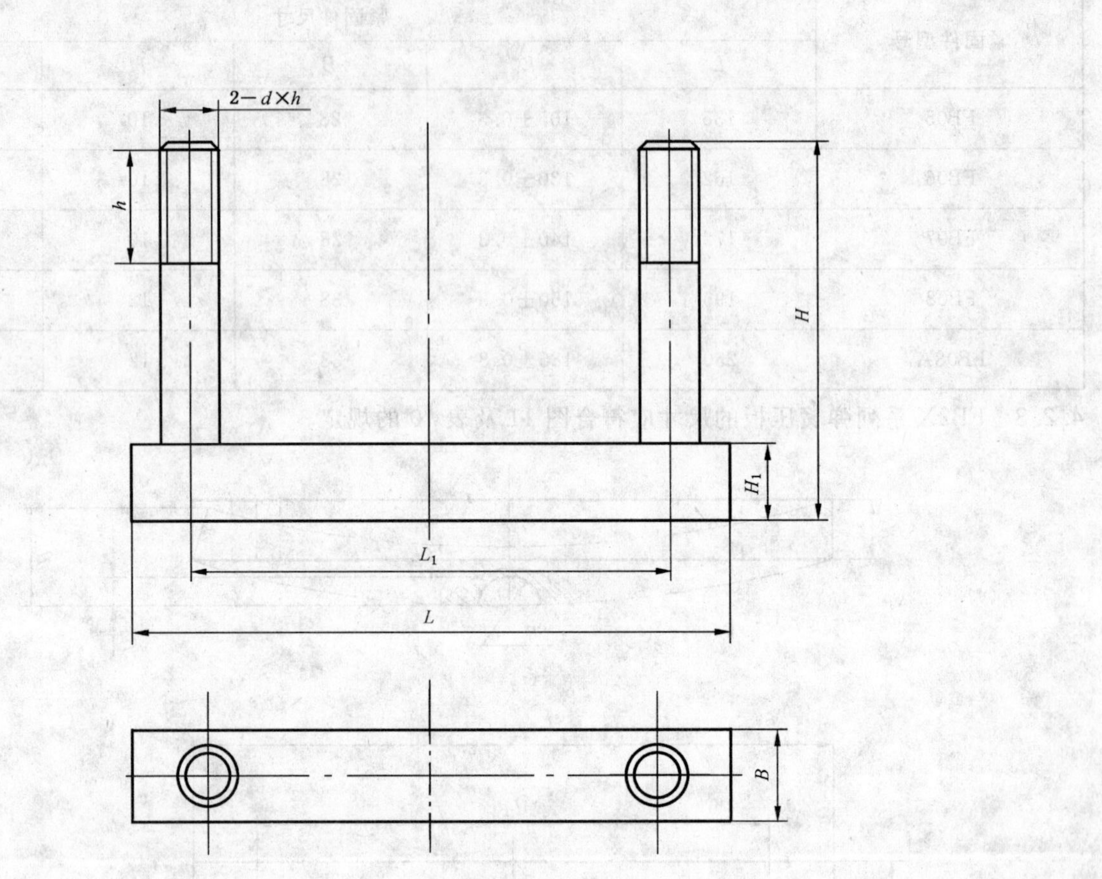

图 12 **FJ 系列**

表 11

单位为毫米

紧固件型号	紧固件尺寸					
	L	L_1	B	H	H_1	$d\times h$
FJ22	100	80±0.3	20	115_{-1}^{0}	20±1	M10×32
FJ23	110	90±0.3	20	120_{-1}^{0}	20±1	M10×32
FJ24	130	105±0.3	24	135_{-1}^{0}	20±1	M12×36
FJ25	130	105±0.3	24	150_{-1}^{0}	20±1	M12×36
FJ26	160	130±0.3	24	160_{-1}^{0}	20±1	M12×36
FJ27	170	140±0.3	24	166_{-1}^{0}	20±1	M12×36
FJ28	190	150±0.3	30	196_{-1}^{0}	30±1	M16×44
FJ28A	230	185±0.3	30	196_{-1}^{0}	30±1	M16×48

注：H 尺寸随组装的器件(管壳)高度不同可变化。

4.2.5 FD系列垫板的尺寸应符合图13、图14及表12的规定。

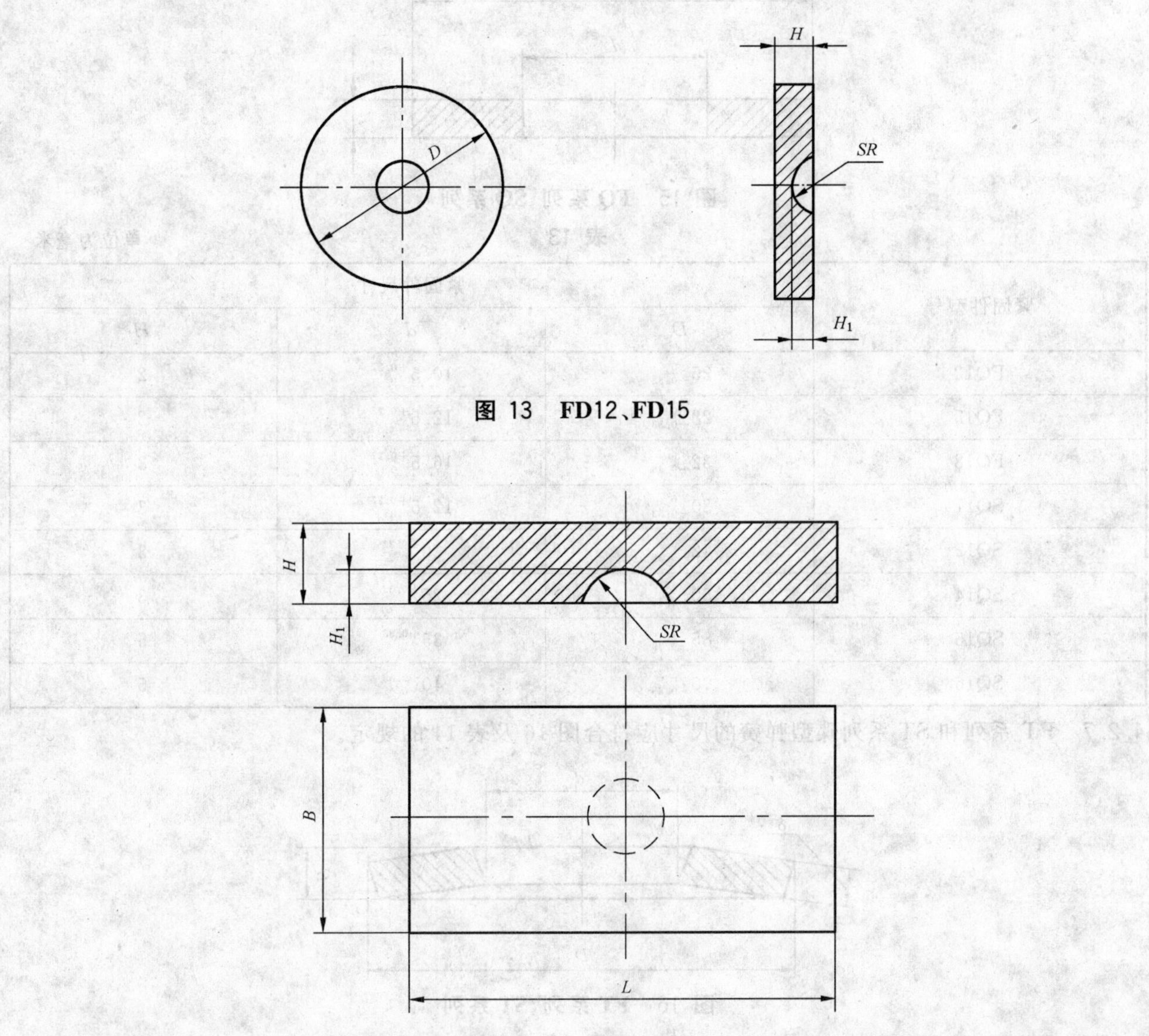

图13 FD12、FD15

图14 FD16、FD18

表12

单位为毫米

紧固件型号	紧固件尺寸					
	D	L	B	H	H_1	SR
FD12	$25_{-0.33}^{0}$	—	—	$6_{-0.48}^{0}$	3	4
FD15	$30_{-0.33}^{0}$	—	—	$6_{-0.48}^{0}$	3	4
FD16	—	$50_{-0.39}^{0}$	$28_{-0.33}^{0}$	$10_{-0.58}^{0}$	3	6
FD18	—	$70_{-0.39}^{0}$	$38_{-0.33}^{0}$	$12_{-0.58}^{0}$	4	6

4.2.6 FQ系列和SQ系列平垫圈的尺寸应符合图15及表13的规定。

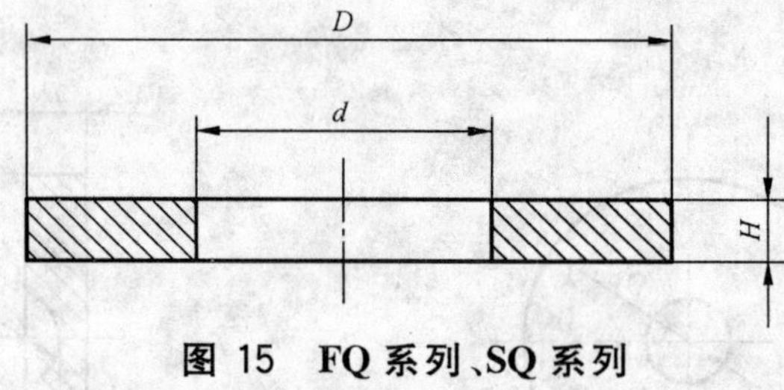

图 15 FQ系列、SQ系列

表 13

单位为毫米

紧固件型号	紧固件尺寸		
	D	d	H
FQ12	$25_{-0.33}^{0}$	$10.5_{0}^{+0.27}$	2
FQ15	$28_{-0.33}^{0}$	$12.5_{0}^{+0.27}$	2
FQ18	$32_{-0.33}^{0}$	$16.5_{0}^{+0.27}$	3
SQ11	$30_{-0.33}^{0}$	$12.5_{0}^{+0.27}$	3
SQ12	$42_{-0.39}^{0}$	$20_{0}^{+0.33}$	3
SQ14	$50_{-0.39}^{0}$	$25_{0}^{+0.33}$	3
SQ15	$85_{-0.39}^{0}$	$35_{0}^{+0.33}$	5
SQ16	$90_{-0.39}^{0}$	$40_{0}^{+0.33}$	5

4.2.7 FT系列和ST系列碟型弹簧的尺寸应符合图16及表14的规定。

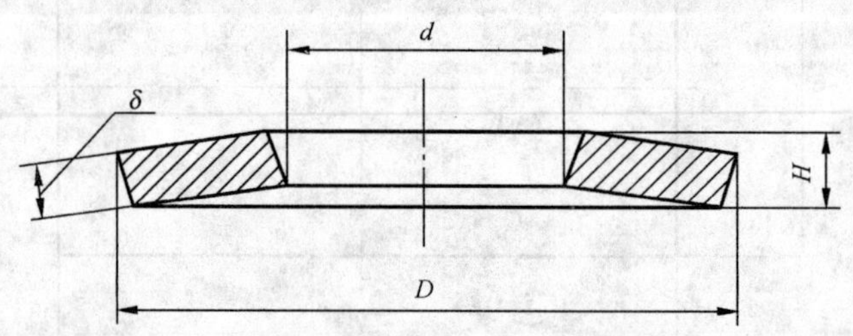

图 16 FT系列、ST系列

表 14

单位为毫米

紧固件型号	紧固件尺寸			
	D	d	H	δ
FT12	$25_{-0.33}^{0}$	$10.5_{0}^{+0.43}$	$3_{-0.15}^{+0.25}$	2
FT15	$28_{-0.33}^{0}$	$12.5_{0}^{+0.43}$	$3.5_{-0.15}^{+0.25}$	2.5
FT18	$32_{-0.33}^{0}$	$16.5_{0}^{+0.43}$	$4.2_{-0.08}^{+0.30}$	2.5
ST11	$28_{-0.33}^{0}$	$12.5_{0}^{+0.43}$	$4_{-0.08}^{+0.30}$	3
ST12	$40_{-0.39}^{0}$	$20_{0}^{+0.52}$	$3.9_{-0.08}^{+0.30}$	3
ST14	$45_{-0.39}^{0}$	$25_{0}^{+0.52}$	$4_{-0.08}^{+0.30}$	3
ST15	$70_{-0.39}^{0}$	$35.6_{0}^{+0.52}$	$5.7_{-0.15}^{+0.30}$	4
ST16	$80_{-0.39}^{0}$	$40.6_{0}^{+0.52}$	$6.7_{-0.15}^{+0.30}$	5

4.2.8 SA系列压盖的尺寸应符合图17、图18及表15的规定。

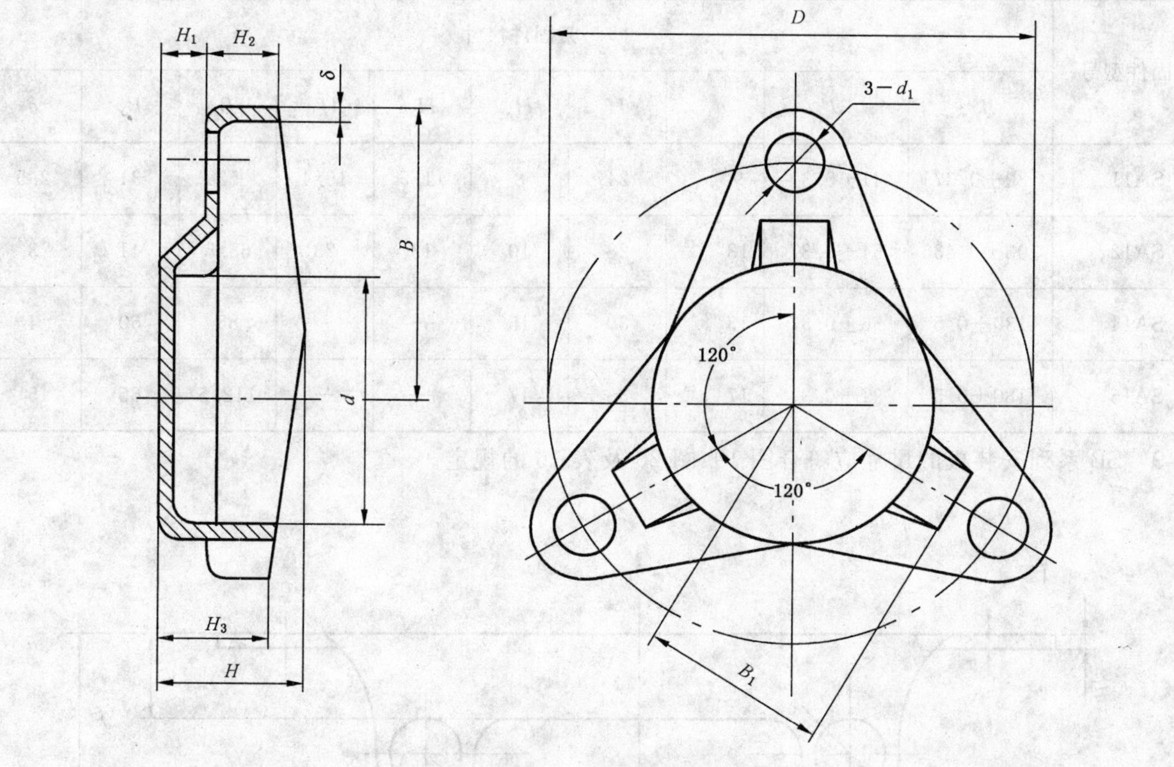

图 17 SA11、SA12

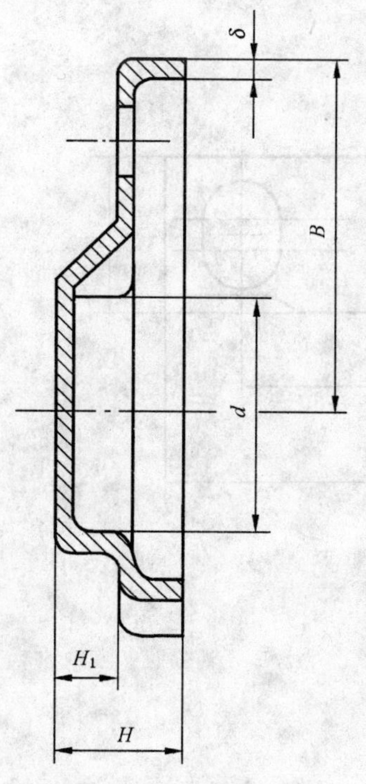

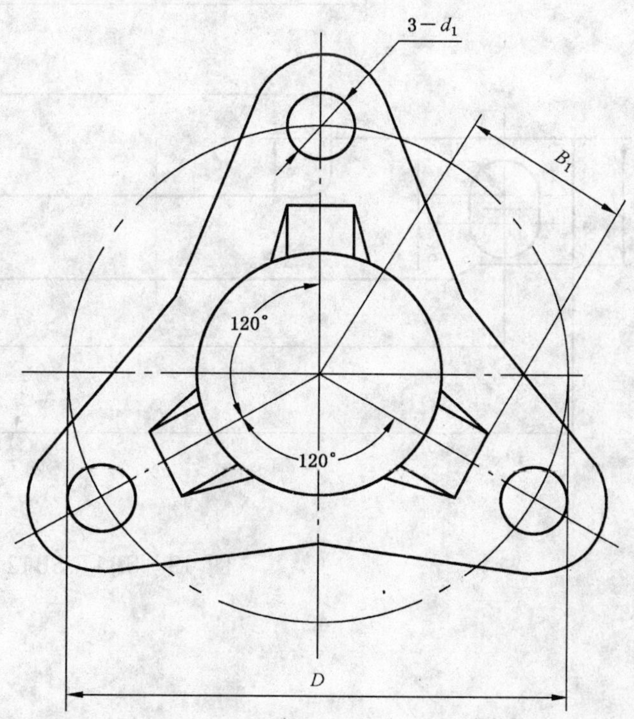

图 18 SA14、SA15

表 15

单位为毫米

紧固件型号	紧固件尺寸									
	D	d	d_1	H	H_1	H_2	H_3	B	B_1	δ
SA11	80±0.37	41±0.31	$9^{+0.36}_{0}$	24	8	11.5	19.4	52	31	2.5
SA12	103±0.435	54±0.37	$13^{+0.43}_{0}$	28	10	13	23	68.5	41	3
SA14	130±0.5	56±0.37	$13^{+0.43}_{0}$	30	15	—	—	85	50	4
SA15	180±0.5	91±0.37	$17^{+0.43}_{0}$	33	17	—	—	112.5	65	5

4.2.9 SB 系列安装板的尺寸应符合图 19、图 20 及表 16 的规定。

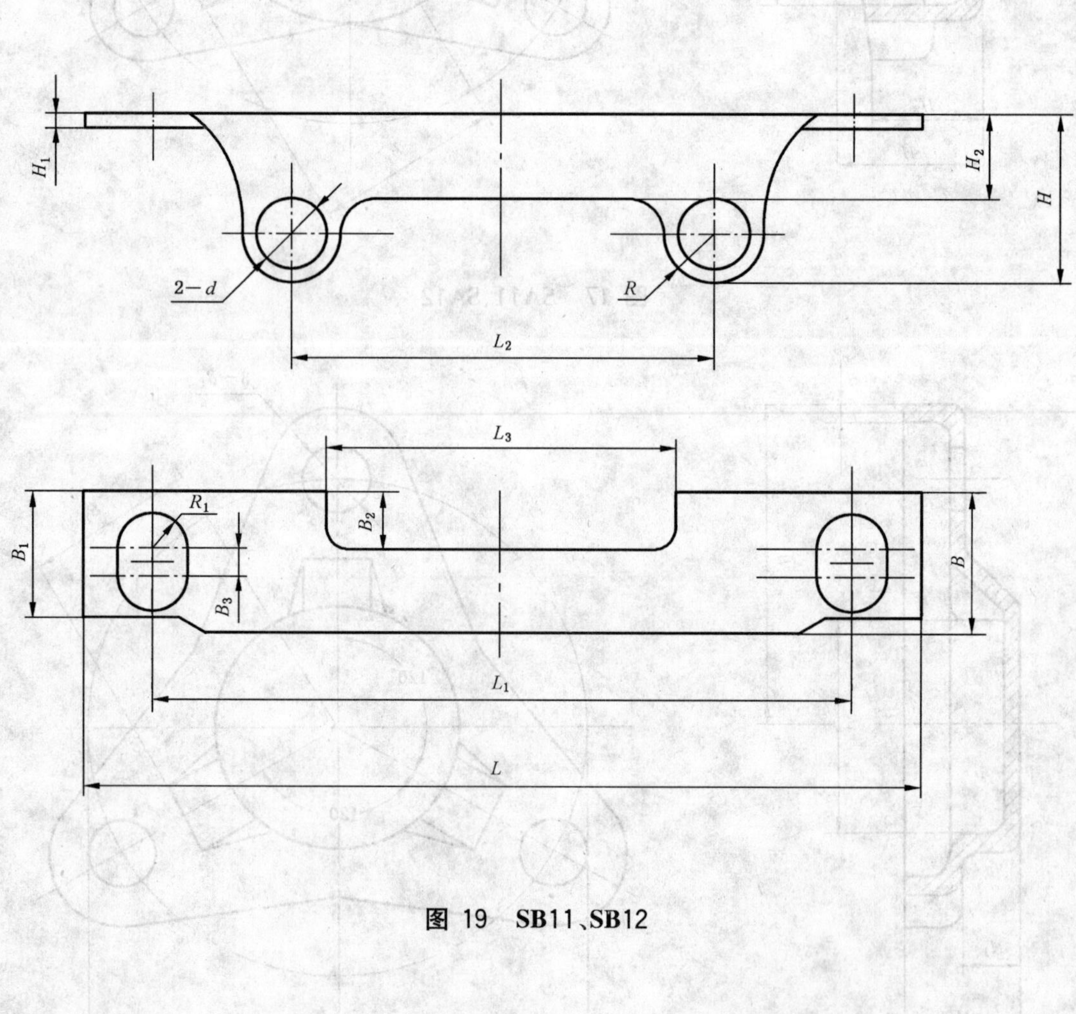

图 19 SB11、SB12

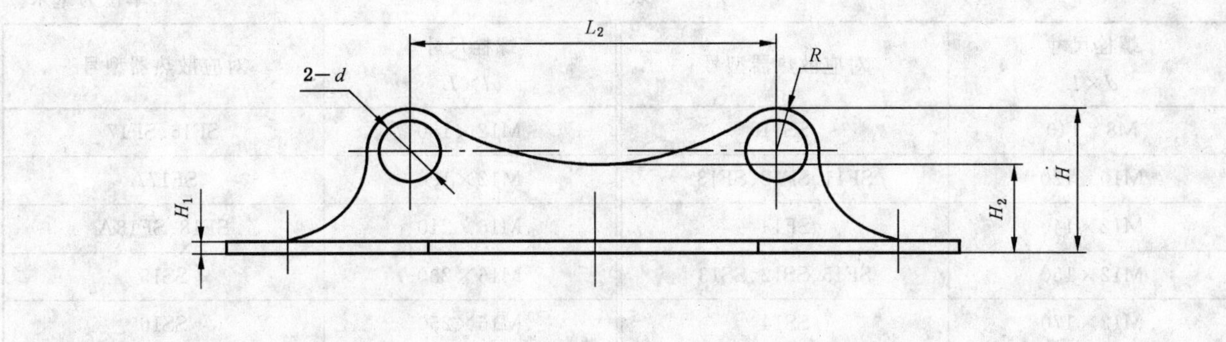

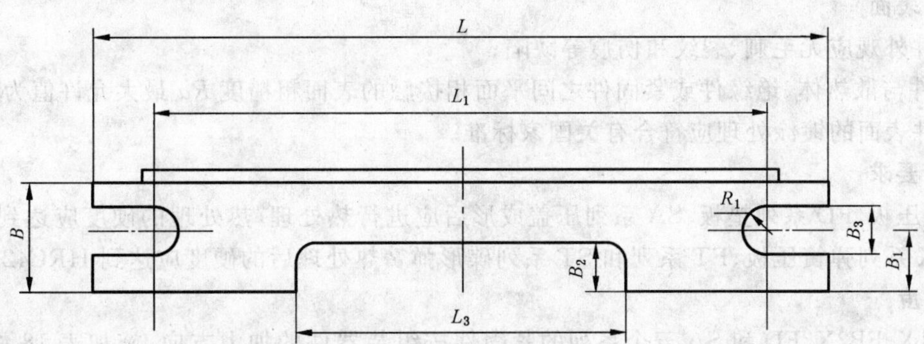

图 20　SB14、SB15

表 16

单位为毫米

紧固件型号	紧固件尺寸							
	L	L_1	L_2	L_3	H	H_1	H_2	B
SB11	135	112±0.3	69.2±0.3	65	23	2	10	22
SB12	160	140±0.3	89.2±0.3	80	28	2	11	24
SB14	195	165±0.3	112.6±0.3	100	35	2	—	30
SB15	260	220±0.3	156±0.3	120	44	3	—	35

紧固件型号	紧固件尺寸					
	B_1	B_2	B_3	R	R_1	d
SB11	20	8	4	8	5	$10^{+0.36}_{0}$
SB12	22	10	3	10	6	$13.5^{+0.43}_{0}$
SB14	12.5	10	11	18	—	$13.5^{+0.43}_{0}$
SB15	16	10	11	16	—	$16.5^{+0.43}_{0}$

4.2.10 散热器的螺栓直径 d 及螺栓长度 L 应符合表 17 的规定。

表 17

单位为毫米

螺栓尺寸 $d\times L$	对应散热器型号	螺栓尺寸 $d\times L$	对应散热器型号
M8×140	SS11	M12×180	SF16、SF17
M10×120	SF11、SF12、SF13	M12×190	SF17A
M12×140	SF14	M16×210	SF18、SF18A
M12×150	SF15、SS12、SS13	M16×230	SS15
M12×170	SS14	M16×250	SS16

4.3 紧固件的技术要求

4.3.1 外观及表面

a) 紧固件外观应无毛刺、裂纹和伤痕等缺陷；

b) 紧固件与散热体、绝缘件或紧固件之间平面相接触的表面粗糙度 Ra 最大允许值为 6.3 μm；

c) 紧固件表面的镀涂处理应符合有关国家标准。

4.3.2 热处理要求

FB 系列上压板、FD 系列垫板、SA 系列压盖成形后应进行热处理，热处理的硬度应达到 HRC28～HRC34。FB2X 系列弹簧压板、FT 系列和 ST 系列碟形弹簧热处理后的硬度应达到 HRC42～HRC48。

4.3.3 机械强度

FB0X、FB1X、FB2X、FD 和 SA 五个系列的紧固件按组装器件的加力方向，施加表 18 中规定的压力，应无形变和断裂。

表 18

单位为千牛

紧固件型号	压力
SA11	32
SA12、FB12、FB13、FD12	45
SA14、FB15、FB16、FB17、FB18、FD15、FD16	60
SA15、SA16、FB18A、FD18	80

4.3.4 一般技术要求

标准紧固件螺栓和螺母的一般技术要求应符合有关国家标准。

5 检验规则

5.1 逐批检验

5.1.1 绝缘件逐批检验按表 19 规定进行。

表 19

序号	检验项目	检验方法	合格判据	抽样方案 AQL(Ⅱ)
1	外观	在正常照明下目检	符合 3.3.1	1.5
2	尺寸	用游标卡尺	符合 3.2	1.0
3	绝缘耐压	25℃±10℃、相对湿度(85±5)%、在绝缘件内外壁或上下表面之间按 3.3.2 施加工频正弦有效值电压、持续时间 1 min	无闪络和击穿	0.65

5.1.2 紧固件逐批检验按表 20 规定进行。

表 20

序号	检验项目	检验方法	合格判据	抽样方案 AQL(Ⅱ)
1	外 观	在正常照明下目检	符合 4.3.1	1.5
2	尺 寸	用游标卡尺	符合 4.2	1.0
3	机械强度	在组装器件的加力方向上按表 18 规定施加压力	无形变和断裂	0.65

5.1.3 逐批检验第一次提交不合格时，可按附录 A 中表 A.1 的 AQL 值加严一级进行再次检验，但只能重新提交一次。

5.2 周期检验

5.2.1 在下列情况下应进行周期检验：

a) 新产品试制完成时；

b) 产品设计、工艺或所用材料有改变时；

c) 定型生产的产品每三年进行一次。

5.2.2 绝缘件的周期检验按表 21 进行。

表 21

序号	检验项目	检验方法	合格判据	抽样方案	
				n	c
1	外观	在正常照明下目检	符合 3.3.1	8	1
2	尺寸	用游标卡尺	符合 3.2	11	1
3	表面粗糙度	按 GB/T 1031	符合 3.3.1	11	1
4	机械强度	在组装器件的加力方向上按 3.3.3 规定施加压力	无形变和断裂	3	0
5	绝缘耐压	25℃±10℃，相对湿度(85±5)%，在绝缘件内外壁或上下表面之间按 3.3.2 施加工频正弦有效值电压、持续时间 1 min	无闪络和击穿	3	0
6	高温贮存	按 GB/T 4937—1995 的Ⅲ.2 中 100℃、持续时间 30 min	无形变和软化	3	0

注：n 为样本大小，c 为合格判定数。

5.2.3 紧固件的周期检验按表 22 进行。

表 22

序号	检验项目	检验方法	合格判据	抽样方案	
				n	c
1	外观	在正常照明下目检	符合 3.3.1	8	1
2	尺寸	用游标卡尺	符合 4.2	11	1
3	表面粗糙度	按 GB/T 1031	符合 4.3.1	11	1
4	机械强度	在组装器件的加力方向上，按表 18 规定施加压力	无形变和断裂	3	0
5	温度循环	GB/T 4937—1995 的Ⅲ.1.1(Na)：－40℃、125℃、循环五次、每循环高低温各 1 h、转移时间 3 min～4 min	无形变和断裂，镀层无起皮、脱落、生锈	3	0

5.2.4 周期检验第一次提交不合格时，可按附录A中表A.2的追加抽样方案再次进行检验，但只能追加一次。

6 包装和运输

6.1 成套包装的要求

绝缘件或紧固件与散热体成套包装时，包装、运输和保管应符合GB/T 8446.1—2004的第8章规定。

6.2 单独包装的要求

绝缘件或紧固件单独包装、运输时，包装箱(盒)上应注明产品型号、名称、数量、重量及制造厂名，在运输和保管场所应注意防水、防腐蚀、防摔碰。

附 录 A
（规范性附录）
抽样方案

A.1 AQL 抽样方案

表 A.1 AQL 抽样表

批量范围 N	样本大小 n	AQL													
		0.40		0.65		1.0		1.5		2.5		4.0		6.5	
		Ac	Re	Ac	Re	Ac	Re	Ac	Re	Ac	Re	Ac	Re	Ac	Re
26～50	8	↓[a]		↓		↓		0	1	↑		↓		1	2
51～90	13	↓		↓		0	1	↑		↓		1	2	2	3
91～150	20	↓		0	1	↑		↓		1	2	2	3	3	4
151～280	32	0	1	↑		↓		1	2	2	3	3	4	5	6
281～500	50	↑		↓		1	2	2	3	3	4	5	6	7	8
501～1 200	80	↓		1	2	2	3	3	4	5	6	7	8	10	11
1 201～3 200	125	1	2	2	3	3	4	5	6	7	8	10	11	14	15
3 201～10 000	200	2	3	3	4	5	6	7	8	10	11	14	15	21	22
10 001～35 000	315	3	4	5	6	7	8	10	11	14	15	21	22	↑	
35 001～150 000	500	5	6	7	8	10	11	14	15	21	22	↑		↑	

注 1：本表属检验水平(IL)Ⅱ。

注 2：Ac 为合格判定数，Re 为不合格判定数。

[a] 箭头表示应使用指向的第一个抽样方案，若箭头指向对应处的样本大小等于或大于批量，则应对批进行百分之百检验。

A.2 追加抽样方案

表 A.2 追加抽样表

样本大小 n					合格判定数 c
3	4	5	8	11	0
6	9	11	13	18	1
9	13	16	18	25	2

ICS 91.220
P 97

中华人民共和国国家标准

GB/T 8517—2004
代替 GB/T 8517—1987

振动桩锤

Vibratory pile hammer

2004-01-16 发布　　2004-07-01 实施

中华人民共和国国家质量监督检验检疫总局
中国国家标准化管理委员会　发布

前　言

本标准代替GB/T 8517—1987《振动桩锤　分类》。并将JG/T 5064—1995《振动桩锤　技术条件》和JG/T 5048—1994《振动桩锤　试验方法》合入本标准。

本标准与GB/T 8517—1987、JG/T 5064—1995和JG/T 5048—1994相比，主要变化如下：

——基本参数中增加了大功率电动机系列，如：电机功率180 kW、200 kW、240 kW等，取消了对桩锤全高、桩锤质量及导向中心距的限制；

——提高了对偏心力矩、激振力和噪声的要求；

——增加了对电动机的要求；

——重新规定了噪声的测量方法；

本标准的附录A为资料性附录。

本标准由中华人民共和国建设部提出。

本标准由北京建筑机械化研究院归口。

本标准负责起草单位：北京建筑机械化研究院。

本标准参加起草单位：浙江振中工程机械股份有限公司、上海金麟工程机械有限公司、江苏东达工程机械股份有限公司、北京桩工机械厂、天津市起重电机厂、宁夏电机有限责任公司。

本标准主要起草人：王欣丽、方伟、冯士慧、曹荣夏、郑寿鸿、常唐国、常乃麟、李桂莲、李松敏。

振动桩锤

1 范围

本标准规定了电动机驱动的振动桩锤(以下简称振动锤)的分类、技术要求、试验方法、检验规则及标志、包装、运输、贮存等。

本标准适用于电动式振动锤。

本标准不适用于冲击式振动锤。

2 规范性引用文件

下列文件中的条款通过本标准的引用而成为本标准的条款。凡是注日期的引用文件,其随后所有的修改单(不包括勘误的内容)或修订版均不适用于本标准,然而,鼓励根据本标准达成协议的各方研究是否可使用这些文件的最新版本。凡是不注日期的引用文件,其最新版本适用于本标准。

GB/T 1239.4 热卷圆柱螺旋弹簧技术条件

JG/T 69 液压油箱液样抽取法

JG/T 70 油液中固体颗粒污物的显微镜计数法

JG/T 110 振动桩锤 耐振三相异步电动机

JG/T 5035 建筑机械与设备用油液固体污染清洁度分级

JG/T 5050 建筑机械与设备可靠性考核通则

3 术语和定义

下列术语和定义适用于本标准。

3.1

功率利用系数 power availability ratio

振动锤偏心力矩和偏心轴转速的乘积与电动机额定功率之比值。

3.2

减振系数 damp coefficient

振动锤减振横梁振幅与激振器振幅之比值。

3.3

普通型振动锤 standard vibratory hammer

运转中偏心力矩和振动频率不可调节的振动锤。

3.4

变矩型振动锤 vibratory hammer with adjustable eccentric moment

运转中可调节偏心力矩的振动锤。

3.5

变频型振动锤 vibratory hammer variable frequency

运转中可调节振动频率的振动锤。

3.6

变矩变频型振动锤 vibratory hammer with adjustable eccentric moment and frequency

运转中可调节偏心力矩和振动频率的振动锤。

4 分类

4.1 型式

振动锤按工作方式分为普通型振动锤、变矩型振动锤、变频型振动锤和变矩变频型振动锤。

4.2 型号

4.2.1 型号编制

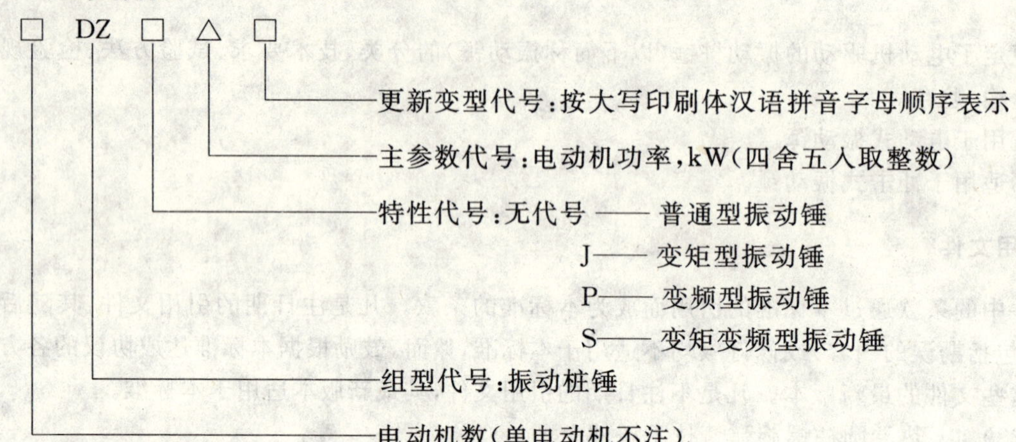

4.2.2 标记示例

单电动机、电动机功率为 30 kW、变矩型、第二次改进设计的振动锤:

振动桩锤 DZJ30B GB/T 8517

4.3 基本参数

振动锤的基本参数应符合表 1 的规定。

表 1 基本参数

项 目	数 值								
电动机功率/kW	3.7,4	7.5	11	15	22	30	37	40	45
偏心力矩/(N·m)	18～47	38～95	56～140	76～229	112～336	152～458	188～565	203～610	229～587
激振力/kN	18～47	38～96	56～140	64～192	93～281	128～384	158～474	170～512	192～576
偏心轴转速/(r/min)	600～1 500	600～1 500	600～1 000	600～1 500	500～1 500	500～1 500	500～1 500	500～1 500	500～1 500
空载振幅(不小于)/mm	2	2	3	3	3	3	4	4	4
许用拔桩力(不小于)/kN	—	—	60	60	80	80	100	100	120

表 1(续)

项 目	数 值								
电动机功率/kW	55	60	75	90	120	150	180	200	240
偏心力矩/(N·m)	280～840	305～916	381～1 145	624～1 718	833～2 290	1 041～2 863	1 249～3 436	1 388～3 818	1 666～4 581
激振力/kN	234～704	256～769	320～961	307～846	410～1 128	513～1 410	615～1 692	684～1 880	820～2 256
偏心轴转速/(r/min)	500～1 500	500～1 500	500～1 500	400～1 100	400～1 100	400～1 100	400～1 100	400～1 100	400～1 100
空载振幅(不小于)/mm	4	4	5	5	8	8	8	10	10
许用拔桩力(不小于)/kN	160	160	240	240	300	300	330	330	330
注：电动机的主参数按电动机总功率就近靠系列标准。									

5 技术要求

5.1 振动锤应按照经规定程序批准的图样及技术文件制造。

5.2 原材料应具有合格证，必要时应作抽样检验，确认合格后方可使用。

5.3 外购件须有合格证，所有零、部件(包括外购件、外协件、自制件)应经振动锤制造商检验部门验收合格后方可装配。

5.4 振动锤的工作环境温度为－10℃～＋40℃。工作电源电压的允许偏差为其公称值的±5%。

5.5 外观质量应符合下列要求：

a) 焊缝应均匀、平直，无漏焊、裂纹、夹渣、气孔、咬边、飞溅、焊穿等现象，铸件、锻件表面应无飞边、包砂等现象；

b) 所有外露金属表面应做防锈处理。喷涂油漆应附着牢固，漆膜均匀、光滑平整，无流痕、气泡、起皱、裂缝。两色涂漆交界限分明；

c) 外露表面应平整，无明显锤痕，不允许有锈斑；

d) 各种仪表、标牌、标记等应明显、清晰、便于观察。

5.6 振动锤的激振器箱体焊后应消除内应力。

5.7 减振装置的弹簧不应低于 GB/T 1239.4 中 2 级精度的规定。

5.8 振动锤的质量不应超过设计值的±5%。

5.9 振动锤外形尺寸不超过设计值的±5%。

5.10 应保证操作、保养部位的可接近性和足够的操作空间。

5.11 振动锤空载时，功率利用系数不应小于 5×10^3。

5.12 振动锤空载时，当功率利用系数为最大时的噪声不应大于 100 dB(A)。

5.13 振动锤空载振幅的偏差率不应大于±10%。

5.14 振动锤空载时，减振装置的减振系数不应大于 0.3。

5.15 振动锤不允许横振。

5.16 振动锤在空运转 1 h 后，激振器轴承部位的温升不应超过 48℃。

5.17 变矩型、变频型振动锤在功率利用系数为最大时，其偏心力矩和振动频率的变动率不应大于±5%。

注：偏心力矩、振动频率变动率为实测值和设定值的偏差与设定值之比值。

5.18 振动锤可靠性试验时间 200 h。可靠性指标应符合表 2 的规定。

表 2 可靠性指标

项目		单位	数值
可靠性指标	首次故障前工作时间	h	≥100
	平均无故障工作时间	h	≥80
	可靠度	—	≥85%

5.19 振动锤的润滑脂油杯应装配齐全，并加注润滑脂；激振器箱体内的润滑油应按规定加油。

5.20 振动锤在空运转 1 h 后，激振器润滑油固体污染清洁度等级应符合 JG/T 5035 中规定的 108/C。

5.21 振动锤空运转 1 h 后，不应有渗油现象。

5.22 电气装置应符合下列要求：

a) 电动机性能不应低于 JG/T 110 的规定；

b) 电气装置的各操纵手柄和按钮动作应灵活、定位准确可靠；各元件及其连接应牢固；激振器上的电缆与运动部件不应发生碰撞或摩擦；

c) 电气装置应有防止过载的安全装置；

d) 电源电缆相邻两芯线间绝缘电阻不应小于 2 MΩ。

5.23 液压系统应符合下列要求：

a) 液压系统的紧固件应连接可靠，不允许松脱；油管应夹持牢固，管路与运动部件不允许发生碰撞或摩擦；

b) 液压油温不得超过 80℃；

c) 振动锤在空运转 1 h 后，液压油固体污染清洁度等级不应超过 JG/T 5035 中规定的 19/16；

d) 液压系统在 1.2 倍额定压力下连接处不允许渗油。

6 试验方法

6.1 试验准备

6.1.1 试验条件

a) 静态参数测量的场地应坚实平整。

b) 环境温度及工作电压应符合 5.4 的要求。

c) 在测量噪声时，样机为中心，20 m 为半径的范围内，不应有反射物(如建筑物、围墙等)。背景噪声应比被测样机的噪声至少低 10 dB(A)。

d) 样机主要性能测量应在试验台上进行，试验台固有频率应低于样机的激振频率的 1/5。

e) 试验样机的技术资料应齐全。

6.1.2 样机

在试验前，样机应进行充分试运转，使其处在正常运转状态。

6.1.3 主要仪器、器具

试验用的仪器、器具在试验前应进行检查和校准，其性能和误差应符合仪器的有关规定。

6.2 性能试验

6.2.1 振动锤的质量(不包括夹桩器)应在样机总装完成后整体测量。

6.2.2 外形尺寸按图 1 进行测量。

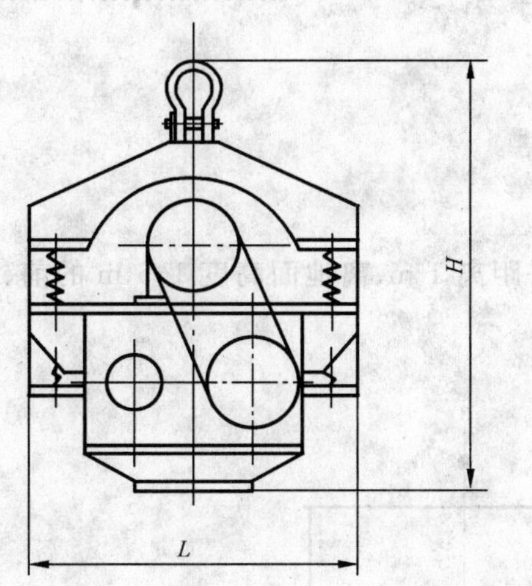

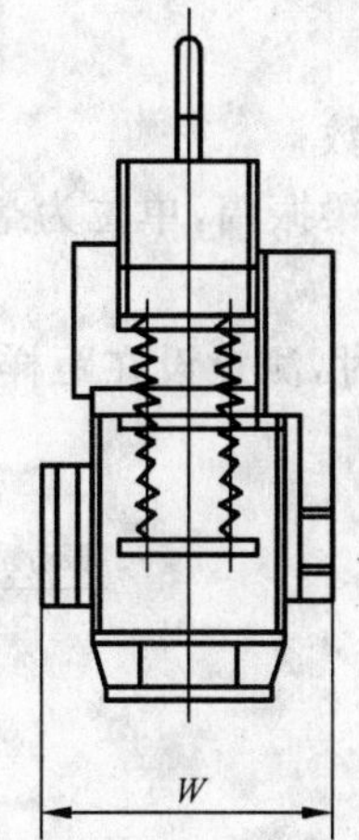

图 1

6.2.3 空载振动参数测量

振动锤的振动质量(参加振动的所有零件质量的总和)、激振器及减振横梁的振幅、偏心轴转速与偏心力矩。

a) 测量振动锤的振动质量;

b) 用测振仪测量激振器振幅及减振横梁振幅。激振器的空载振幅按公式(1)计算:

$$A = \frac{A_0(m_A + m_B)}{m_B} \quad \cdots\cdots(1)$$

式中:

A——激振器空载振幅,单位为毫米(mm);

A_0——激振器振幅,单位为毫米(mm);

m_A——试验台质量,单位为千克(kg);

m_B——振动锤的振动质量,单位为千克(kg)。

c) 用非接触式转速表测量偏心轴转速;

d) 偏心力矩按公式(2)计算:

$$M_k = 10^{-2} A m_B \quad \cdots\cdots(2)$$

式中:

M_k——偏心力矩,单位为牛米(Nm)。

e) 功率利用系数按公式(3)计算:

$$\text{功率利用系数} = \frac{M_k \times n}{P} \quad \cdots\cdots(3)$$

式中:

n——偏心轴转速,单位为转数每分钟(r/min);

P——发动机功率,单位为千瓦(kW)。

f) 对于变矩变频型振动锤在功率利用系数为最大时,空运转 20 min 后,测其偏心力矩和振动频率的变动率。

6.2.4 减振系数

减振系数按公式(4)计算:

$$\Psi = A_1/A_0 \qquad \cdots\cdots(4)$$

式中：

Ψ——减振系数；

A_1——减振横梁振幅，单位为毫米(mm)。

6.2.5 噪声试验

6.2.5.1 测噪声时，测点设在距样机最外缘水平距离 1 m、离地面高度 1.5 m 的前、后、左、右四处，测点位置如图 2 所示。

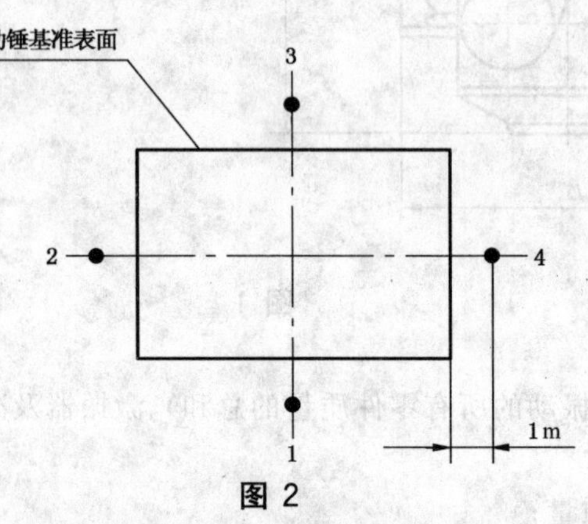

图 2

6.2.5.2 用测定 A 声级的声级计测出背景噪声及各测点的噪声。

若背景噪声比被测噪声低于 6 dB(A)以下，则测量无效。

如果背景噪声比被测噪声低(6～10)dB(A)时，测量结果应减去表 3 中的修正值。

表 3 背景噪声修正值

贝[尔]

测量噪声与背景噪声差值	6	7	8	9	10
数值	1	1	1	0.5	0.5

6.2.6 温升测量

温升测量应在振动锤连续空运转 1 h 后进行，测量部位如图 3 所示。

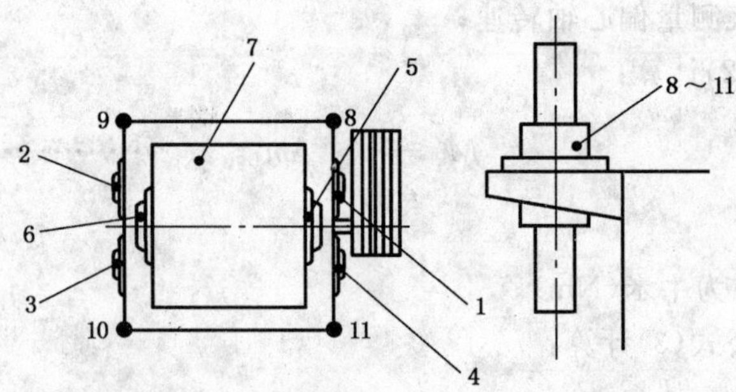

1～4——偏心轴轴承(四轴锤则多测四处)；

5～6——电动机轴承；

7——电动机机身；

8～11——减振装置弹簧座。

图 3

6.2.7 润滑油固体污染清洁度测量

振动锤连续空运转 1 h 后，立即从放油口取样 500 mL，加入轻质油稀释至 1 000 mL，用 120 目/英吋网过滤，将滤出的污物在 100℃±5℃温度下烘干，保温 1 h 后取出称重。

6.2.8 液压系统试验

6.2.8.1 液压油固体污染清洁度的测量应在振动锤连续工作 1 h 后进行，按 JG/T 69，JG/T 70 规定取样计数。

6.2.8.2 在振动锤连续工作 1 h 后测量液压油油温。

6.2.8.3 液压系统在 1.2 倍额定压力下，保压 20 min 后，观察连接处的渗油情况。

6.2.9 将以上各项测量结果进行整理并记入附录 A 表 A1 中。

6.3 可靠性试验

6.3.1 可靠性试验可在工业性试验中完成，其结果填入附录 A 表 A.2 中。

6.3.2 可靠性的故障分类见表 4。故障判定规则按 JG/T 5050 的要求。

6.3.3 可靠性计算

6.3.3.1 首次故障前工作时间(MTTF)

首次故障(当量故障数为 1 时)发生前的累计工作时间。

6.3.3.2 平均无故障工作时间(MTBF)

平均无故障工作时间按公式(5)计算：

$$\mathrm{MTBF} = \frac{t_0}{r_b} \qquad \cdots\cdots(5)$$

式中：

t_0——累计工作时间，单位为小时(h)；

r_b——当量故障数，按公式(6)计算，$r_b<1$ 时，取 $r_b=1$。

$$r_b = \sum_{i=1}^{4} k_i \varepsilon_i \qquad \cdots\cdots(6)$$

式中：

k_i——第 i 类故障次数；

ε_i——第 i 类故障危害度系数。

6.3.3.3 可靠度

可靠度按公式(7)计算：

$$R = \frac{t_0}{t_0 + t_1} \times 100\% \qquad \cdots\cdots(7)$$

式中：

R——可靠度；

t_1——修复故障时间总和，单位为小时(h)。

表 4 故障分类

故障类别	故障名称	故障特征	主要故障内容	危害度系数 ε
1	致命故障	机器严重损坏或导致人身伤亡	1. 电机烧毁 2. 偏心轴断 3. 箱体严重裂纹导致不能工作 4. 其他造成人身伤亡的故障	∞
2	严重故障	主要零部件损坏，用易损备件和随机工具不能修复	1. 轴承损坏 2. 齿轮断齿 3. 减振系统立轴损坏 4. 液压油缸损坏 5. 其他主要零部件损坏	3

表 4(续)

故障类别	故障名称	故障特征	主要故障内容	危害度系数 ε
3	一般故障	导致振动锤的工作性能下降和停机,更换易损件在 2 h 内不能排除	1. 弹簧座衬套损坏 2. 漏油 3. 液压油、轴承温度过高 4. 液压系统密封件损坏 5. 重要焊接部位焊缝开裂,长度大于所在部位焊缝长度的 5% 6. 重要部位紧固件松动 7. 调矩装置失灵 8. 键、销损坏,但未造成严重损坏 9. 弹簧断裂 10. 电机皮带断裂	1
4	轻度故障	不会导致停机和作业中断或性能下降,不需更换零件	1. 渗油较严重 2. 非重要部位紧固件松动 3. 一般焊接部位开裂,长度小于所在部位焊缝长度的 5% 4. 电机过热,造成停机时间超过20 min 5. 其他轻微故障	0.1

7 检验规则

7.1 检验分类

检验分为出厂检验和型式检验。

7.2 出厂检验

7.2.1 每台产品均应进行出厂检验,经质量检验部门检查合格后并签署产品合格证才可出厂。

7.2.2 出厂检验项目见表 5。

7.3 型式检验

7.3.1 凡有下列情况之一时,应进行型式检验:

a) 新产品或老产品转厂生产的试制定型鉴定;

b) 正式生产后,当结构、材料、工艺有较大改变,可能影响产品性能时;

c) 正常生产时,每五年进行一次周期性检验;

d) 产品停产三年后,恢复生产时;

e) 国家质量监督机构提出进行型式检验的要求时。

7.3.2 型式检验项目见表 5。

7.4 抽样

7.4.1 在 7.3.1 中 a)、b)和 d)三种情况时,从试制样机中随机抽取一台进行。

7.4.2 在 7.3.1 中 c)、e)两种情况时,采取随机抽样的方法,在经制造商产品检验部门验收合格的近半年内生产的产品中随机抽取一台进行,抽样基数不应少于三台。

7.5 判定规则

在表 5 的检验项目中,作为判定项目的只要有一项未达到要求,即判定该批产品为不合格。

表 5　检验项目

序号	检验项目		出厂检验	型式检验
1	外观质量		○	○
2	质量			○
3	外形尺寸			○
4	空载振幅		△	△
5	减振系数			△
6	功率利用系数			△
7	噪声		△	△
8	空载振幅偏差率			△
9	轴承部位温升		△	△
10	偏心力矩变动率(变矩型)			△
11	振动频率变动率(变频型)			△
12	润滑油固体污染清洁度			△
13	电缆两芯线间的绝缘电阻		○	○
14	液压油温度			△
15	液压油固体污染清洁度			△
16	液压系统密封性		△	△
17	渗漏油		△	△
18	可靠性试验	a) 首次故障前工作时间		△
		b) 平均无故障工作时间		△
		c) 可靠度		△
注：符号“△”作为判定项目，符号“○”不作为判定项目。				

8　标志、包装、运输、贮存

8.1　标志

8.1.1　应在振动锤明显位置固定产品标牌，标牌应包括以下内容：

a)　产品名称与型号；

d)　产品基本参数：电动机功率、激振力、拔桩力；

c)　出厂编号及出厂日期；

d)　制造商名称。

8.1.2　各操纵部位应设置操纵指示标牌。

8.2　包装

8.2.1　振动锤出厂时应在包装箱内固定牢靠，包装箱有防雨措施。

8.2.2　振动锤裸装出厂时，应对电气装置、液压系统进行防潮防锈包装。

8.2.3　振动锤出厂时应配齐附件、备件、随机工具和文件。

8.2.4　随机文件包括产品合格证、使用说明书和装箱单。

8.3　运输、贮存

8.3.1　包装后的振动锤应放在干燥、通风、防晒、防蚀的场所，并定期检查。

8.3.2　在正常运输与贮存的情况下，振动锤的防锈有效期，自出厂之日起不应少于 6 个月。

附　录　A
（资料性附录）
测试记录表

表 A.1　性能试验记录表

样机型号　　环境温度　　制造厂名　　试验地点

出厂编号　　背景噪声　　制造日期　　试验人员

<table>
<tr><th>序号</th><th colspan="2">项　目</th><th>单位</th><th>结果</th><th>标准值
（或设计值）</th><th>备注</th></tr>
<tr><td>1</td><td colspan="2">质量</td><td>kg</td><td></td><td></td><td></td></tr>
<tr><td>2</td><td colspan="2">外形尺寸</td><td>mm</td><td>L　W　H</td><td>L　W　H</td><td></td></tr>
<tr><td rowspan="8">3</td><td rowspan="8">空载振动参数</td><td>空载振幅</td><td>mm</td><td></td><td></td><td></td></tr>
<tr><td>减振横梁振幅</td><td>mm</td><td></td><td></td><td></td></tr>
<tr><td>振动质量</td><td>kg</td><td></td><td></td><td></td></tr>
<tr><td>功率利用系数</td><td>—</td><td></td><td></td><td></td></tr>
<tr><td>偏心轴转速</td><td>r/min</td><td></td><td></td><td></td></tr>
<tr><td>偏心力矩</td><td>Nm</td><td></td><td></td><td></td></tr>
<tr><td>偏心力矩变动率(变矩型)</td><td>—</td><td></td><td></td><td></td></tr>
<tr><td>振动频率变动率(变频型)</td><td>—</td><td></td><td></td><td></td></tr>
<tr><td>4</td><td colspan="2">减振系数</td><td>—</td><td></td><td></td><td></td></tr>
<tr><td>5</td><td colspan="2">噪声</td><td>dB(A)</td><td>①　②　③　④</td><td></td><td></td></tr>
<tr><td>6</td><td colspan="2">润滑油固体污染清洁度</td><td>—</td><td></td><td></td><td></td></tr>
<tr><td>7</td><td colspan="2">温升</td><td>℃</td><td>1　2　3　4
a　b　a　b　a　b　a　b
5　6　7　8　9　10　11</td><td></td><td></td></tr>
<tr><td>8</td><td colspan="2">液压油固体污染清洁度</td><td>—</td><td></td><td></td><td></td></tr>
<tr><td>9</td><td colspan="2">液压油温度</td><td>℃</td><td></td><td></td><td></td></tr>
</table>

表 A.2 可靠性试验记录表

样机型号　　　　　　　　制造厂名　　　　　　　　试验地点

出厂编号　　　　　　　　制造日期　　　　　　　　试验人员

试验日期			环境温度/℃	工作电压/V	运转时间/h	停机时累计运转时间/h	停机时间/h	停机原因	轴承部位温度/℃								电动机温度/℃	备注	记录
									1		2		3		4				
月	日	上午							a	b	a	b	a	b	a	b			

ICS 77.140.60
H 44

中华人民共和国国家标准

GB/T 8732—2004
代替 GB/T 8732—1988

汽轮机叶片用钢

Steels of blade for steam turbine

2004-01-19 发布　　　　2004-07-01 实施

中华人民共和国国家质量监督检验检疫总局
中国国家标准化管理委员会　发布

前言

本标准代替 GB/T 8732－1988《汽轮机叶片用钢》。

本标准与 GB/T 8732－1988《汽轮机叶片用钢》相比较主要变化如下：

——增加了第 3 章“订货内容”；

——增加了 2Cr11NiMoNbVN 牌号。取消了 1Cr12、2Cr12Ni1Mo1W1V 牌号；

——对 1Cr13 的力学性能指标与试样热处理制度进行了修改；

——对 2Cr12MoV 的化学成分范围及力学性能指标进行了调整；

——补充了对部分牌号非金属夹杂物的要求；

——补充了对部分牌号 δ-铁素体的要求；

——增加了晶粒度项目的检验。

本标准由中国钢铁工业协会提出。

本标准由全国钢标准化技术委员会归口。

本标准起草单位：本溪钢铁(集团)特殊钢有限责任公司、冶金工业信息标准研究院。

本标准主要起草人：李吉和、梁启华、柳泽燕、李锡峰、刘宝石。

本标准 1988 年 2 月首次发布。

汽轮机叶片用钢

1 范围

本标准规定了汽轮机叶片用钢的订货内容、尺寸、外形及允许偏差、技术要求、试验方法、检验规则、包装、标志和质量证明书等。

本标准适用于汽轮机叶片用热轧、锻制钢材。

2 规范性引用文件

下列文件中的条款通过本标准的引用而成为本标准的条款。凡是注日期的引用文件，其随后所有的修改单(不包括勘误的内容)或修订版均不适用于本标准，然而，鼓励根据本标准达成协议的各方研究是否可使用这些文件的最新版本。凡是不注日期的引用文件，其最新版本适用于本标准。

GB/T 222—1984 钢的化学分析用试样取样法及成品化学成分允许偏差

GB/T 223.3 钢铁及合金化学分析方法 二安替吡啉甲烷磷钼酸重量法测定磷量

GB/T 223.10 钢铁及合金化学分析方法 铜铁试剂分离-铬天青S光度法测定铝量

GB/T 223.11 钢铁及合金化学分析方法 过硫酸铵氧化容量法测定铬量

GB/T 223.13 钢铁及合金化学分析方法 硫酸亚铁铵容量法测定钒含量

GB/T 223.14 钢铁及合金化学分析方法 钽试剂萃取光度法测定钒含量

GB/T 223.16 钢铁及合金化学分析方法 变色酸光度法测定钛量

GB/T 223.17 钢铁及合金化学分析方法 二安替吡啉甲烷光度法测定钛量

GB/T 223.18 钢铁及合金化学分析方法 硫代硫酸钠分离-碘量法测定铜量

GB/T 223.19 钢铁及合金化学分析方法 新亚酮灵-三氯甲烷萃取光度法测定铜量

GB/T 223.23 钢铁及合金化学分析方法 丁二酮肟分光光度法测定镍量

GB/T 223.25 钢铁及合金化学分析方法 丁二酮肟重量法测定镍量

GB/T 223.26 钢铁及合金化学分析方法 硫氰酸盐直接光度法测定钼量

GB/T 223.36 钢铁及合金化学分析方法 蒸馏分离-中和滴定法测定氮量

GB/T 223.40 钢铁及合金化学分析方法 离子交换分离-氯磺酚S光度法测定铌量

GB/T 223.42 钢铁及合金化学分析方法 离子交换分离-溴邻苯三酚红光度法测定钽量

GB/T 223.43 钢铁及合金化学分析方法 钨量的测定

GB/T 223.60 钢铁及合金化学分析方法 高氯酸脱水重量法测定硅含量

GB/T 223.62 钢铁及合金化学分析方法 乙酸丁酯萃取光度法测定磷含量

GB/T 223.63 钢铁及合金化学分析方法 高碘酸钠(钾)光度法测定锰量

GB/T 223.67 钢铁及合金化学分析方法 还原蒸馏-次甲基蓝光度法测定硫量

GB/T 223.68 钢铁及合金化学分析方法 管式炉内燃烧后碘酸钾滴定法测定硫含量

GB/T 223.69 钢铁及合金化学分析方法 管式炉内燃烧后气体容量法测定碳含量

GB/T 223.71 钢铁及合金化学分析方法 管式炉内燃烧后重量法测定碳含量

GB/T 223.76 钢铁及合金化学分析方法 火焰原子吸收光谱法测定钙量

GB/T 226 钢的低倍组织及缺陷酸蚀检验法

GB/T 228 金属材料 室温拉伸试验方法

GB/T 229 金属夏比缺口冲击试验方法
GB/T 231.1 金属布氏硬度试验 第1部分 试验方法
GB/T 702—1986 热轧圆钢和方钢尺寸、外形、重量及允许偏差
GB/T 704 热轧扁钢尺寸、外形、重量及允许偏差
GB/T 908—1987 锻制圆钢和方钢尺寸、外形、重量及允许偏差
GB/T 1979 结构钢低倍组织缺陷评级图
GB/T 2101 型钢验收、包装、标志及质量证明书的一般规定
GB/T 2975 钢及钢产品力学性能试验取样位置及试样制备
GB/T 4336 碳素钢和中低合金钢火花源原子发射光谱分析方法(常规法)
GB/T 10561—1989 钢中非金属夹杂物显微评定方法
GB/T 13305—1991 奥氏体不锈钢中α-相面积含量金相测定法
GB/T 15711 钢材塔形发纹酸浸检验方法
GB/T 16761 锻制扁钢尺寸、外形、重量及允许偏差
GB/T 17505 钢及钢产品交货一般技术要求
GB/T 17616 钢铁及合金产品牌号统一数字代码
GB/T 6394 金属平均晶粒度测定法

3 订货内容

按本标准订货的合同或订单应包含以下内容：

a) 产品名称；
b) 牌号；
c) 标准号；
d) 规格(或型号)；
e) 重量和/或数量；
f) 加工用途；
g) 交货状态；
h) 应由供需双方协商,并在合同中注明的项目或指标(如未注明时则由供方选择)；
i) 需方提出的其他特殊要求,如有要求,见5.11。

4 尺寸、外形及允许偏差

4.1 热轧圆钢和方钢的尺寸、外形及允许偏差应符合GB/T 702—1986表2第2组的规定。
4.2 热轧扁钢尺寸、外形及允许偏差应符合GB/T 704的规定。
4.3 锻制圆钢和方钢的尺寸、外形及允许偏差应符合GB/T 908—1987表2第2组的规定。
4.4 锻制扁钢尺寸、外形及允许偏差应符合GB/T 16761的规定。
4.5 异型钢材型号和尺寸偏差应符合表1的规定,型号图样由需方提供。

表 1

单位为毫米

<table>
<tr><td rowspan="2">型号</td><td colspan="2">允许偏差</td></tr>
<tr><td>宽度</td><td>厚度</td></tr>
<tr><td>JY89</td><td rowspan="8">+3
0</td><td rowspan="8">+2
0</td></tr>
<tr><td>JY114</td></tr>
<tr><td>JY116</td></tr>
<tr><td>JY129</td></tr>
<tr><td>JY131</td></tr>
<tr><td>JY142</td></tr>
<tr><td>JY143</td></tr>
<tr><td>JY169</td></tr>
<tr><td colspan="3">注:JY 为静(Jing)叶(Ye)汉语拼音字头,其后数字为异型钢材公称宽度。</td></tr>
</table>

4.6 热轧钢材的最短长度不小于 2 m,锻制钢材和异型钢材最短长度不小于 1.5 m,要求定尺或倍尺交货时应在合同中注明,定尺钢材的长度偏差应符合表 2 规定。

表 2

单位为毫米

长度	允许偏差
≤7 000	+40 0

4.7 异型材的弯曲度应符合表 3 的规定,要求按Ⅰ组供货时应在合同中注明。

表 3

单位为毫米

<table>
<tr><td rowspan="2">组别</td><td colspan="2">弯曲度　　不大于</td></tr>
<tr><td>每米弯曲度</td><td>总弯曲度</td></tr>
<tr><td>Ⅰ</td><td>3</td><td>钢材长度的 0.3%</td></tr>
<tr><td>Ⅱ</td><td>5</td><td>钢材长度的 0.5%</td></tr>
</table>

5 技术要求

5.1 牌号及化学成分

5.1.1 钢的牌号、统一数字代号及化学成分(熔炼分析)应符合表 4 的规定。在满足力学性能的条件下,0Cr17Ni4Cu4Nb 的 Cr 含量(质量分数)可达到 16.50%。

5.1.2 钢材的化学成分允许偏差应符合 GB/T 222—1984 中表 3 的规定。对表 3 中不适用的元素或化学成分规定范围,按供需双方协商确定。

5.2 冶炼方法

汽轮机叶片用钢采用电炉冶炼并经电渣重熔。经供需双方协商可采用能满足本标准要求的其他冶炼方法。

5.3 交货状态

5.3.1 钢材交货状态为退火或高温回火。经供需双方协商并在合同中注明,也可以调质状态交货。

5.3.2 因热处理而产生的氧化铁皮,需用酸洗或其他方法除掉。

5.3.3 经退火或高温回火处理的钢材,其硬度应符合表 5 的规定。

表 4

序号	统一数字代号	牌号	化学成分（质量分数）/%														
			C	Si	Mn	P	S	Ni	Cr	Mo	W	V	Cu	Al	Ti	N	Nb+Ta
1	S 41010	1Cr13	0.10~0.15	≤1.00	≤1.00	≤0.030	≤0.025	≤0.60	11.50~13.50				≤0.30				
2	S 42020	2Cr13	0.16~0.24	≤0.60	≤0.60	≤0.030	≤0.025	≤0.60	12.00~14.00				≤0.30				
3	S 45610	1Cr12Mo	0.10~0.15	≤0.50	0.30~0.60	≤0.030	≤0.025	0.30~0.60	11.50~13.00	0.30~0.60			≤0.30				
4	S 46010	1Cr11MoV	0.11~0.18	≤0.50	≤0.60	≤0.030	≤0.025	≤0.60	10.00~11.50	0.50~0.70		0.25~0.40	≤0.30				
5	S 47110	1Cr12W1MoV	0.12~0.18	≤0.50	0.50~0.90	≤0.030	≤0.025	0.40~0.80	11.00~13.00	0.50~0.70	0.70~1.10	0.15~0.30	≤0.30				
6	S 46120	2Cr12MoV	0.18~0.24	0.10~0.50	0.30~0.80	≤0.030	≤0.025	0.30~0.60	11.00~12.50	0.80~1.20		0.25~0.35	≤0.30				
7	S 47670	2Cr11NiMoNbVN	0.15~0.20	≤0.50	0.50~0.80	≤0.020	≤0.015	0.30~0.60	10.0~12.0	0.60~0.90		0.20~0.30	≤0.10	≤0.03		0.04~0.09	Nb:0.20~0.60
8	S 47520	2Cr12NiMo1W1V	0.20~0.25	≤0.50	0.50~1.00	≤0.030	≤0.025	0.50~1.00	11.00~12.50	0.90~1.25	0.90~1.25	0.20~0.30	≤0.30				
9	S 51748	0Cr17Ni4Cu4Nb	≤0.055	≤1.00	≤0.50	≤0.030	≤0.025	3.80~4.50	15.00~16.00				3.00~3.70	≤0.050	≤0.050	≤0.050	0.15~0.35

表 5

序号	牌号	推荐的退火制度	推荐的高温回火制度	HBW10/3 000 不大于
1	1Cr13	800℃～900℃缓冷	700℃～770℃快冷	200
2	2Cr13	800℃～900℃缓冷	700℃～770℃快冷	223
3	1Cr12Mo	800℃～900℃缓冷	700℃～770℃快冷	255
4	1Cr11MoV	800℃～900℃缓冷	700℃～770℃快冷	200
5	1Cr12W1MoV	800℃～900℃缓冷	700℃～770℃快冷	223
6	2Cr12MoV	880℃～930℃缓冷	750℃～770℃快冷	255
7	2Cr11NiMoNbVN	800℃～900℃缓冷	700℃～770℃快冷	255
8	2Cr12NiMo1W1V	860℃～930℃缓冷	750℃～770℃快冷	255
9	0Cr17Ni4Cu4Nb	740℃～850℃缓冷	660℃～680℃快冷	361

5.4 力学性能

5.4.1 热处理制度及力学性能指标应符合表 6、表 7 的规定；0Cr17Ni4Cu4Nb 经表 8 热处理，其力学性能应符合表 9 的规定。

5.4.2 2Cr12MoV 钢的订货级别应在合同中注明。0Cr17Ni4Cu4Nb 钢的热处理通常按Ⅲ组规定，需方如要求按Ⅰ组或Ⅱ组处理时，应在合同中注明。

表 6

序号	牌号	热处理		力学性能					
		淬火温度/℃	回火温度/℃	延伸率为 0.2% 时的规定非比延伸强度 $R_{p0.2}$/(N/mm²)	抗拉强度 R_m/(N/mm²)	断后伸长率 A/%	断面收缩率 Z/%	冲击吸收功 A_{kv}/J	试样硬度 HBW
				不小于					
1	1Cr13	980～1040 油	660～770 空	440	620	20	60	35	187～229
2	2Cr13	950～1020 空、油	660～770 油、水、空	490	665	16	50	27	207～241
3	1Cr12Mo	950～1000 油	650～710 空	550	685	18	60	78	217～248
4	1Cr11MoV	1000～1050 空、油	700～750 空	490	685	16	56	27	217～248
5	1Cr12W1MoV	1000～1050 油	680～740 空	590	735	15	45	27	241～285
6	2Cr11NiMoNbVN	≥1090 油	≥640 空	760	930	12	32	20	277～331
7	2Cr12NiMo1W1V	980～1040 油	650～750 空	760	930	12	32	11	277～311

表 7

牌号	组别	淬火温度/℃	回火温度/℃	延伸率为0.2%时的规定非比延伸强度 $R_{p0.2}$/(N/mm²)	抗拉强度 R_m/(N/mm²)	断后伸长率 A/%	断面收缩率 Z/%	冲击吸收功 A_{kv}/J	试样硬度 HBW
				不小于					
2Cr12MoV	Ⅰ	1020～1070 油	≥650 空	700	900～1050	13	35	20	277～311
	Ⅱ	1020～1050 油	700～750 空	590～735	≤930	15	50	27	241～285

表 8

牌号	热处理类型	热处理制度		
		固溶处理	中间处理	时效处理
0Cr17Ni4Cu4Nb	Ⅰ	1025℃～1055℃油空冷(≥14℃/min冷却到室温)	—	645℃～655℃ 4 h空冷
	Ⅱ		810℃～820℃ 0.5 h空冷(≥14℃min冷却到室温)	565℃～575℃ 3 h空冷
	Ⅲ			600℃～610℃ 5 h空冷

表 9

牌号	类别	延伸率为0.2%时的规定非比延伸强度 $R_{p0.2}$/(N/mm²)	抗拉强度 R_m (N/mm²)	断后伸长率 A/%	断面收缩率 Z/%	试样硬度 HBW
				不小于		
0Cr17Ni4Cu4Nb	Ⅰ	590～755	≥890	16	55	262～302
	Ⅱ	890～980	950～1020	16	55	293～321
	Ⅲ	755～890	890～1030	16	55	277～311

5.5 低倍组织

钢材横截面酸浸低倍组织应均匀，不得有目视可见的缩孔、气泡、夹杂及裂纹，其一般疏松、中心疏松、偏析应符合表10的规定。

表 10

项目	一般疏松	中心疏松	偏析
级别	≤2.0	≤2.0	≤2.0

5.6 发纹

5.6.1 用塔形试样检验发纹，检验结果应符合表11的规定。

5.6.2 发纹起始长度为0.6 mm。

5.6.3 在同一母线上的两条发纹间距小于2.0 mm时作为一条计算。

表 11

单位为毫米

项目	发纹总条数	单条最大长度	发纹总长	每阶最多条数	每阶上发纹总长
允许值　不大于	5	6	25	3	10

5.6.4　不允许由一个阶梯通到另一个阶梯的发纹存在。

5.6.5　异型钢材发纹检验应符合表 12 的规定。

异型钢材发纹检验面为在内弧最低点下 4 mm 处作一平面，其平行于内弧两端点连成的平面。异型钢材试样的长度为型号的宽度。

表 12

单位为毫米

项目	发纹总条数	单条最大长度	发纹的总长
允许值　不大于	5	6	10

5.6.6　供方若能保证发纹合格时，可不做检验。

5.7　δ-铁素体

钢材应进行 δ-铁素体检验。2Cr13、1Cr12Mo、2Cr12MoV 的 δ-铁素体含量最严重视场不超过 5%。其他牌号的 δ-铁素体含量最严重视场不得超过 10%。

5.8　非金属夹杂物

钢材应检验非金属夹杂物，方法按 GB/T 10561—1989 中 A 法执行。电渣钢 A 类(硫化物)、B 类(氧化铝)、C 类(硅酸盐)、D 类(球状氧化物)的细系和粗系均不得超过 2.0 级，各类非金属夹杂物细系和粗系最重级别之和不超过 5.5 级(A 类夹杂物细系和粗系比较后取较重级别＋B 类夹杂物细系和粗系比较后取较重级别＋C 类夹杂物细系和粗系比较后取较重级别＋D 类夹杂物细系和粗系比较后取较重级别≤5.5 级)；电炉钢非金属夹杂物的细系和粗系允许不超过 2.5 级。

5.9　晶粒度

钢材应检验奥氏体晶粒度，平均晶粒度不粗于 4 级，并且不含有 1 级或更粗的晶粒。

5.10　表面质量

钢材表面不得有裂纹、折叠、结疤和夹杂及其他对使用有害的缺陷。如有上述缺陷必须清除，清理宽度应不小于深度的五倍，清理深度从实际尺寸算起，尺寸不大于 80 mm 的钢材不得超过该尺寸公差之半；尺寸大于 80 mm～140 mm 的钢材不得超过该尺寸公差；尺寸大于 140 mm 的钢材不得超过尺寸的 5%。当没有特殊规定时，允许有从实际尺寸算起不超过尺寸公差之半的个别的细小划痕、麻点、压痕等缺陷。

异型钢材清理深度，从公称尺寸算起不大于 0.5 mm。

5.11　特殊要求

根据需方要求，并在合同中注明可供下列特殊要求的钢材：

a)　缩小化学成分范围；

b)　加严试验项目的指标；

c)　进行热顶锻试验；

d)　加严表面质量的要求；

e)　其他要求。

6　试验方法

6.1　钢材的检验项目、取样数量、试验方法、取样部位的规定

钢材的检验项目、取样数量、试验方法、取样部位应符合表 13 的规定。

6.2 **δ-铁素体检验方法**

6.2.1 **取样方法**

试样从交货状态的钢材(或钢坯)上切取。取试样方法按 GB/T 13305—1991 中 3.1 的规定。

6.2.2 **推荐试样的腐蚀方法**

腐蚀剂配比:苦味酸 1 g~2 g,盐酸 5 mL,酒精 95 mL;

腐蚀时间:2 min~5 min。

表 13

序号	检验项目	取样数量	试验方法	取样部位
1	化学成分	1	GB/T 222、GB/T 223	GB/T 222
2	交货状态硬度	3	GB/T 231.1	任意三支钢材
3	拉伸试验	2	GB/T 228	任意两支钢材
4	冲击试验	2	GB/T 229	任意两支钢材
5	试样硬度	2	GB/T 231.1	任意两支钢材
6	低倍组织	2	GB/T 226、GB/T 1979	相当于钢锭头部的不同根钢坯或钢材
7	δ-铁素体	2	见 6.2	任意两支钢材
8	非金属夹杂物	2	GB/T 10561	任意两支钢材
9	晶粒度	1	GB/T 6394	任意支钢材
10	发纹	2	GB/T 15711	任意两支钢材
11	外形、尺寸	逐支	卡尺、千分尺、样板	—
12	表面质量	逐支	目视	—

6.2.3 **δ-铁素体面积含量的测定方法**

显微镜放大倍率为 250 倍,实际视场直径为 0.32 mm。

采用网格法、投影法或图像仪法进行检查,并以图像仪法为仲裁法。

7 检验规则

7.1 **检查和验收**

钢材的检查和验收由供方技术监督部门进行。需方有权按本标准的规定进行检验和验收。

7.2 **组批规则**

钢材应成批验收,每批钢材应由同一炉(电渣炉)号、同一加工方法、交货状态、同一尺寸和同一热处理炉次的钢材组成。

7.3 **取样数量和取样部位**

钢材检验的试样数量和取样部位按表 13 规定。

7.4 复验与判定规则

钢材复验与判定规则应按 GB/T 17505 的规定执行。

8 包装、标志和质量证明书

钢材的包装、标志和质量证明书按 GB/T 2101 的规定执行。

ICS 83.140.01
Y 28

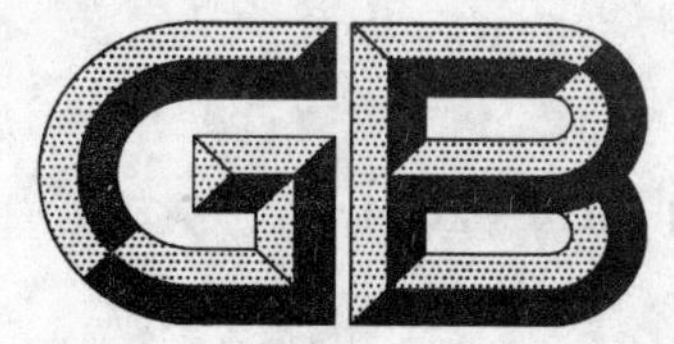

中华人民共和国国家标准

GB/T 8814—2004
代替 GB/T 8814—1998

门、窗用未增塑聚氯乙烯(PVC-U)型材

Unplasticized polyvinyl chloride (PVC-U) profiles for the doors and windows

(EN 12608:2002, Unplasticized polyvinyl chloride (PVC-U) profiles
for the fabrication of windows and doors—Classification,
requirements and test methods, MOD)

2004-03-15 发布　　　　2004-10-01 实施

中华人民共和国国家质量监督检验检疫总局
中国国家标准化管理委员会　发布

前言

本标准修改采用欧洲标准化技术委员会制定的 EN 12608《门窗生产用未增塑聚氯乙烯(PVC-U)型材——分类、要求和试验方法》(2002 英文版),对 GB/T 8814—1998《门、窗框用硬聚氯乙烯(PVC)型材》进行修订。

本标准与 EN 12608 的主要差异如下:

——将气候分类改为人工气候老化(以下简称老化)时间分类;

——部分试验方法采用了国家标准;

——增加了第七章"检验规则"和第九章"包装、运输和贮存";

——增加了对纱扇直线偏差的要求;

——删除了附录 B《标准颜色的允许偏差》;

——删除了附录 C《测定人工老化试验的辐射强度和暴露时间的计算方法》。

本标准与 GB/T 8814—1998 的主要差异如下:

——删除了洛氏硬度、拉伸屈服强度、断裂伸长率、氧指数、高低温反复尺寸变化率的要求;

——增加了老化时间分类、主型材落锤冲击分类和主型材壁厚分类;

—增加了对型材材料的要求;

——对主型材增加了可焊接性的要求;

——对主型材增加了永久性标识的要求;

——部分项目增加了对辅型材的要求;

——将型材的可视面和非可视面进行了确定;

——老化时间增加到 4 000 h 或 6 000 h;

——维卡软化温度由 A 法的 83℃,变为 B 法的 75℃;

——弯曲弹性模量由原来的 1 960 MPa,提高到 2 200 MPa。

在附录 A 中列出了本标准章条编号与 EN 12608:2002 章条编号的对照一览表。

考虑到我国国情,在采用 EN 12608:2002 时本标准作了一些修改。有关技术性差异已编入正文中,并在它们所涉及的条款的页边空白处用垂直单线标识。在附录 B 中给出了技术性差异及其原因的一览表以供参考。

本标准的附录 C 为规范性附录,附录 A 和附录 B 为资料性附录。

本标准由中国轻工业联合会提出。

本标准由全国塑料制品标准化技术委员会归口。

本标准负责起草单位:天津市塑料研究所、中国塑协异型材及门窗制品专业委员会、国家塑料制品质量监督检验中心(北京)、国家化学建筑材料测试中心、大连实德塑胶工业有限公司、芜湖海螺型材科技股份有限公司。

本标准参加起草单位:维卡塑料(上海)有限公司、北新建塑股份有限公司、四川华塑建材有限公司、哈尔滨中大门窗型材厂、沈阳久利化学建材股份有限公司、保定德玛斯新型建筑材料有限公司、天津百龙塑钢门窗异型材有限公司、天津开发区金鹏塑料异型材制造有限公司、柯梅令(天津)高分子型材有限公司、安徽国风塑业股份有限公司、浙江中财型材有限责任公司、皇家建筑系统(上海)有限公司、常州创佳型材有限公司、中山市中标建材有限公司、福建亚太建材有限公司、新疆天山塑业有限责任公司。

本标准主要起草人:郑宗仁、郑天禄、强萱、马力、王存吉、刘山生、李生德、薛一心、王杨林。

本标准所代替标准的历次版本发布情况为:GB 8814—1988、GB/T 8814—1998。

门、窗用未增塑聚氯乙烯(PVC-U)型材

1 范围

本标准规定了门、窗用未增塑聚氯乙烯(PVC-U)型材的分类、要求、试验方法、检验规则、标志、包装、运输和贮存。

本标准适用于颜色范围在$L^* \geqslant 82$，$-2.5 \leqslant a^* \leqslant 5$，$-5 \leqslant b^* \leqslant 15$内的未增塑聚氯乙烯型材。

2 规范性引用文件

下列文件中的条款通过本标准的引用而成为本标准的条款。凡是注日期的引用文件，其随后所有的修改单(不包括勘误的内容)或修订版均不适用于本标准，然而，鼓励根据本标准达成协议的各方研究是否可使用这些文件的最新版本。凡是不注日期的引用文件，其最新版本适用于本标准。

GB/T 1633—2000 热塑性塑料维卡软化温度(VST)的测定(ISO 306:1994,IDT)

GB/T 2828.1—2003 计数抽样检验程序 第1部分:按接收质量限(AQL)检索的逐批检验抽样计划(ISO 2859-1:1999,IDT)

GB/T 9341—2000 塑料弯曲性能试验方法(ISO 178:1993,IDT)

GB/T 13525—1992 塑料拉伸冲击性能试验方法

GB/T 16422.2—1999 塑料实验室光源暴露试验方法 第2部分:氙弧灯(ISO 4892-2:1994,IDT)

ISO 179:2000 塑料——简支梁冲击强度的测定

3 术语和定义

下列术语和定义适用于本标准。

3.1

型材 profile

一种挤出成型的产品。

3.2

主型材 main profile

框、扇(纱扇除外)、梃型材。

3.3

辅型材 auxiliary profile

主型材以外的型材。

3.4

可视面 sight surface

当门窗关闭时可以看到的型材表面。

3.5

直线偏差 deviation from straightness

型材沿直线上偏离于纵向轴的程度。

3.6

型材厚度(D) depth of a profile

在平面上直角测量型材前后可视面的距离，见图1。

3.7

型材宽度(*W*)　overall width of a profile

垂直于型材的纵向轴线,沿平面方向进行测量时所测得的最大尺寸,见图1。

3.8

新料　virgin material

没有添加再加工的或可循环使用的未增塑聚氯乙烯原料。

3.9

可重复利用的材料　reprocessable material

企业内部未经使用、没有污染和降解的聚氯乙烯型材。

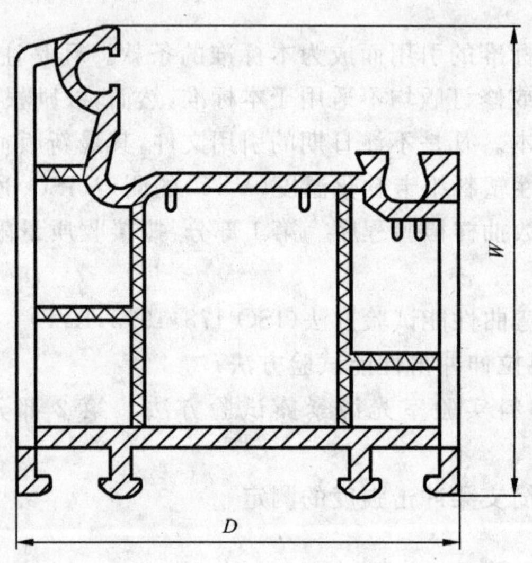

D——厚度;
W——宽度。

图1　型材断面图

4　分类

型材按老化时间、落锤冲击、壁厚分类。

4.1　老化时间分类

老化时间分类见表1。

表1　老化时间分类

项　　目	M　类	S　类
老化试验时间/h	4 000	6 000

4.2　主型材落锤冲击分类

主型材落锤冲击分类见表2。

表2　主型材在-10℃时落锤冲击分类

项　　目	Ⅰ　类	Ⅱ　类
落锤质量/g	1 000	1 000
落锤高度/mm	1 000	1 500

4.3 主型材的壁厚分类

主型材壁厚分类见表 3。

表 3 主型材壁厚分类　　单位为毫米

项　目	A　类	B　类	C　类
可视面	≥2.8	≥2.5	不规定
非可视面	≥2.5	≥2.0	不规定

4.4 产品标记

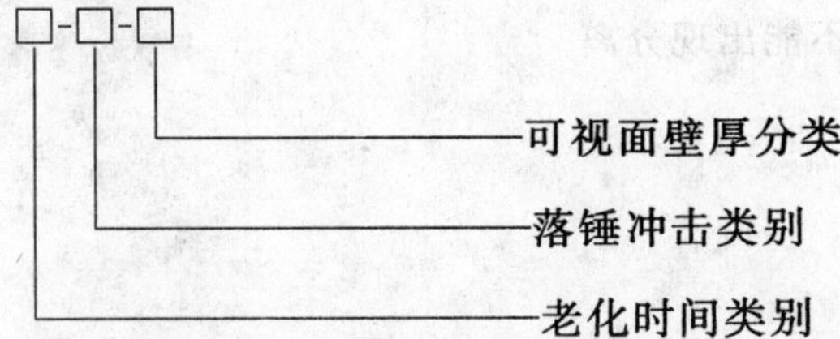

示例：老化时间 4 000 h，落锤高度 1 000 mm，壁厚 2.5 mm，标记为 M-I-B。

5 要求

5.1 材料性能

型材材料的性能应满足附录 C 的要求。

5.2 外观

型材可视面的颜色应均匀，表面应光滑、平整，无明显凹凸，无杂质。型材端部应清洁、无毛刺。型材允许有由工艺引起不明显的收缩痕。

5.3 尺寸和偏差

5.3.1 外形尺寸和极限偏差

型材外形尺寸见图 1，极限偏差应符合表 4 的规定。

表 4 外形尺寸和极限偏差　　单位为毫米

外形尺寸	极限偏差
厚度(D)≤80	±0.3
>80	±0.5
宽度(W)	±0.5

5.3.2 主型材的壁厚

主型材的壁厚应符合表 5 规定（见图 1）。

表 5 主型材的壁厚　　单位为毫米

类　型	名　称	A　类	B　类	C　类
	可视面	≥2.8	≥2.5	不规定
	非可视面	≥2.5	≥2.0	不规定

5.4 型材的直线偏差

长度为 1 m 的主型材直线偏差应≤1 mm。长度为 1 m 的纱扇直线偏差应≤2 mm。

5.5　**主型材的质量**

主型材每米长度的质量应不小于每米长度标称质量的95%。

5.6　**加热后尺寸变化率**

主型材两个相对最大可视面的加热后尺寸变化率为±2.0%；每个试样两可视面的加热后尺寸变化率之差应≤0.4%。

辅型材的加热后尺寸变化率为±3.0%。

5.7　**主型材的落锤冲击**

在可视面上破裂的试样数≤1个。对于共挤的型材，共挤层不能出现分离。

5.8　**150℃加热后状态**

试样应无气泡、裂痕、麻点。对于共挤型材，共挤层不能出现分离。

5.9　**老化**

5.9.1　**老化后冲击强度保留率**

老化后冲击强度保留率≥60%。

5.9.2　**颜色变化**

老化前后试样的颜色变化用ΔE^*、Δb^*表示，$\Delta E^* \leqslant 5$，$\Delta b^* \leqslant 3$。

5.10　**主型材的可焊接性**

焊角的平均应力≥35 MPa，试样的最小应力≥30 MPa。

6　试验方法

6.1　**状态调节和试验环境**

在(23±2)℃的环境下进行状态调节，用于检测外观、尺寸的试样，调节时间不少于1 h，其他检测项目调节时间不少于24 h，并在此条件下进行试验。

6.2　**外观**

在自然光或一个等效的人工光源下进行目测，目测距离0.5 m。

6.3　**尺寸和偏差**

测量外形尺寸和壁厚，用精度至少为0.05 mm的游标卡尺测量，外形尺寸和壁厚各测量三点。壁厚取最小值。测量方法见图2。

图2　壁厚测量方法

6.4　**直线偏差**

6.4.1　**试样制备**

从三根型材上各截取长度为($1\,000^{+10}_{0}$) mm的试样一个。

6.4.2　**试验步骤**

把试样的凹面放在三级以上的标准平台上。用精度至少为0.1 mm的塞尺测量型材和平台之间的最大间隙，然后再测量与第一次测量相垂直的面，取三个试样中的最大值。

6.5 主型材质量

6.5.1 试样制备

从三根型材上各截取长度为200 mm～300 mm的试样一个。

6.5.2 试验步骤

型材的质量用精度不低于1 g的天平称量，型材的长度用精度至少为0.5 mm的量具测量，取三个试样的平均值。

6.6 加热后尺寸变化率

6.6.1 试样制备

用机械加工的方法，从三根型材上各截取长度为(250±5) mm的试样一个，在试样规定的可视面上划两条间距为200 mm的标线，标线应与纵向轴线垂直，每一标线与试样一端的距离约为25 mm。并在标线中部标出与标线垂直并相交的测量线。主型材在两个相对最大可视面各做一对标线，辅型材只在一面做标线。

6.6.2 试验设备

电热鼓风箱，分度值为1℃的温度计。

6.6.3 试验步骤

用精度为0.05 mm的量具测量两交点间的距离 L_0，精确至0.1 mm，将非可视面放于(100±2)℃的电热鼓风箱内撒有滑石粉的玻璃板上，放置 60^{+3}_{0} min，连同玻璃板取出，冷却至室温，测量两交点间的距离 L_1，精确至0.1 mm。

6.6.4 结果和表示

加热后尺寸变化率按公式(1)计算：

$$R = \frac{L_0 - L_1}{L_0} \times 100 \qquad (1)$$

式中：

R——加热后尺寸变化率，%；

L_0——加热前两交点间的距离，单位为毫米(mm)；

L_1——加热后两交点间的距离，单位为毫米(mm)。

对于主型材，要计算每一可视面的加热后尺寸变化率 R，取三个试样的平均值；并计算每个试样两个相对可视面的加热后尺寸变化率的差值 ΔR，取三个试样中的最大值。

6.7 主型材的落锤冲击

6.7.1 原理

以规定高度和规定质量的落锤冲击试样，对试验结果的评价采用通过法。

6.7.2 试样制备

用机械加工的方法，从三根型材上共截取长度为(300±5) mm的试样10个。

6.7.3 试验设备

落锤冲击试验机。落锤质量(1 000±5) g，锤头半径(25±0.5) mm。

6.7.4 试验条件

将试样在 -10^{0}_{-2}℃条件下放置1 h后，开始测试。在标准环境(23±2)℃下，试验应在10 s内完成。

6.7.5 试验步骤

将试样的可视面向上放在支撑物上(见图3)，使落锤冲击在试样可视面的中心位置上，上下可视面各冲击五次，每个试样冲击一次。落锤高度Ⅰ类为 $1\,000^{+10}_{0}$ mm，Ⅱ类为 $1\,500^{+10}_{0}$ mm。观察并记录型材可视面破裂、分离的试样个数。

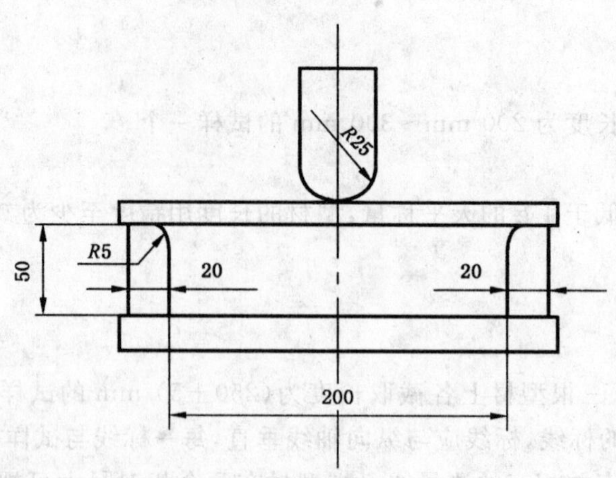

图 3 试样支撑物及落锤位置

6.8 150℃加热后状态

6.8.1 试样制备

用机械加工的方法，从三根型材上各截取长度为(200±10) mm 的试样一个。

6.8.2 试验设备

电热鼓风箱，分度值为 1℃的温度计。

6.8.3 试验步骤

将试样水平放于(150±2)℃的电热鼓风箱内撒有滑石粉的玻璃板上，放置 30^{+3}_{0} min，连同玻璃板取出，冷却至室温。目测观察是否出现气泡、裂纹、麻点或分离。

6.9 老化试验方法

老化试验按 GB/T 16422.2—1999 中 A 法的规定进行。黑板温度为(65±3)℃，相对湿度为(50±5)%。老化面为型材的可视面。M 类老化 4 000 h，S 类老化 6 000 h。

6.9.1 老化后的冲击强度保留率

6.9.1.1 试样制备

试样采用双 V 型缺口，长度 l 为(50±1) mm，宽度 b 为(6.0±0.2) mm，厚度 h 取型材的原厚，缺口底部半径 r_N 为(0.25±0.05) mm，缺口剩余宽度 b_N 为(3.0±0.1) mm，试样数量至少六个。

6.9.1.2 试验设备

冲击试验机应符合 ISO 179:2000 的要求。

6.9.1.3 试验条件

跨距 $L=40^{+0.5}_{0}$ mm，试样的冲击方向见图 4。

6.9.1.4 结果和表示

冲击强度按公式(2)计算：

$$\alpha_{cN}=\frac{E_c}{h\times b_N}\times 10^3 \qquad \cdots\cdots(2)$$

式中：

α_{cN}——冲击强度，单位为千焦耳每平方米(kJ/m²)；

E_c——试样断裂时吸收的已校准的能量，单位为焦耳(J)；

h——试样厚度，单位为毫米(mm)；

b_N——试样缺口底部剩余宽度，单位为毫米(mm)。

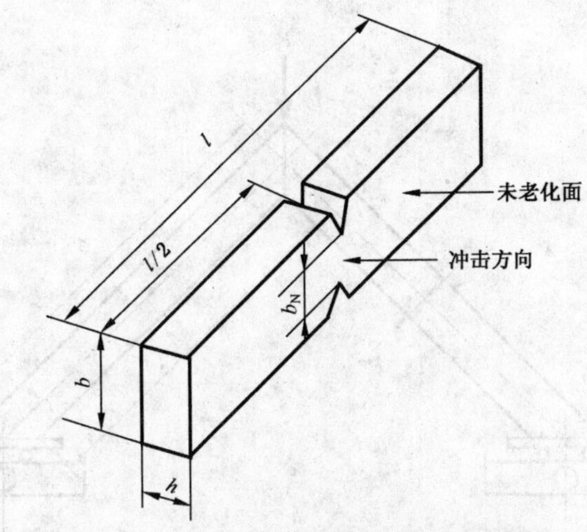

图 4　双 V 型缺口试样及冲击方向

6.9.2　颜色变化

6.9.2.1　试样制备

试样的长和宽为 50 mm×40 mm，数量至少两个。

6.9.2.2　试验设备

使用 CIE 标准光源 D65（包括镜子反射率），测定条件 8/d 或 d/8（两者都没有滤光器）的分光光度仪。

6.9.2.3　试验步骤

一个试样作为原始的试样，另外一个试样的可视面进行老化。老化试样取出后应在 24 h 内测量，每个试样测量两个点，取平均值，计算出 ΔE^* 和 Δb^*。

6.10　主型材的可焊接性

6.10.1　试样制备

焊角试样为五个，不清理焊缝，只清理 90°角的外缘。试样支撑面的中心长度 a 为（400±2）mm，见图 5。

6.10.2　试验设备

用精度为±1%，测量范围为（0～20）kN 的试验装置，试验速度（50±5）mm/min。

6.10.3　试验步骤

按图 5 将试样的两端放在活动的支撑座上，对焊角或 T 型接头施加压力，直到断裂为止，记录最大力值 F_c。

6.10.4　结果和表示

按公式(3)计算受压弯曲应力 σ_c。

$$\sigma_c = F_c \times [(a/2 - e/2^{1/2})/2W] \qquad (3)$$

式中：

σ_c——受压弯曲应力，单位为兆帕（MPa）；

F_c——受压弯曲的最大力值，单位为牛顿（N）；

a——试样支撑面的中心长度，单位为毫米（mm）；

e——临界线 AA′与中性轴 ZZ′的距离（见图 6）；

W——应力方向的倾倒矩 I/e，单位为立方毫米（mm^3）；

I——型材横断面 ZZ′轴的惯性矩。T 型焊接的试样应使用两面中惯性矩的较小值，单位为四次方毫米（mm^4）。

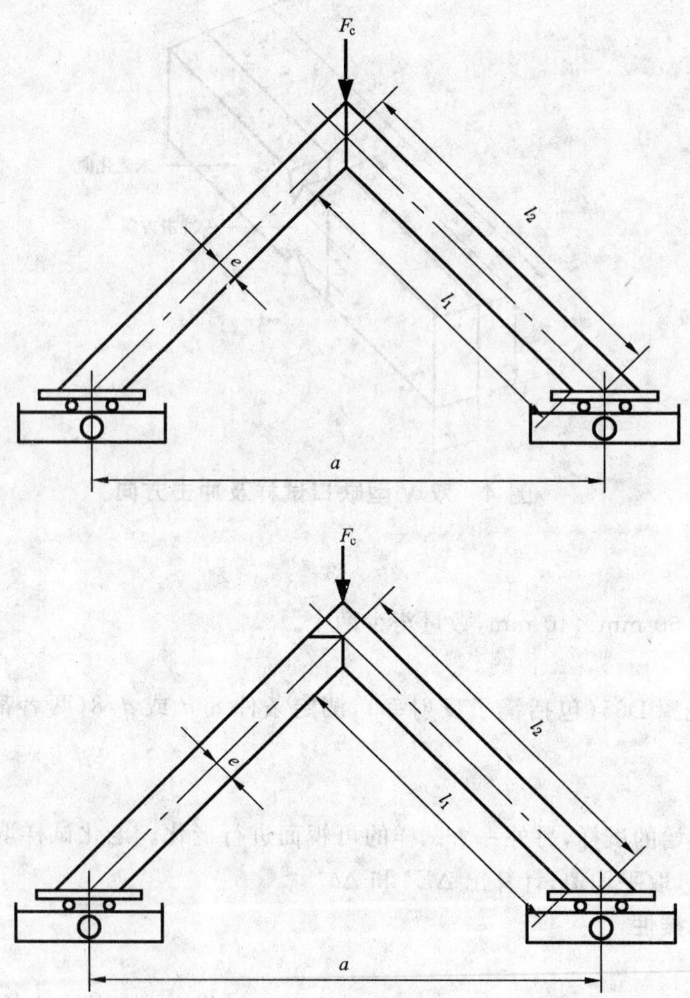

图 5 可焊接性试验示意图

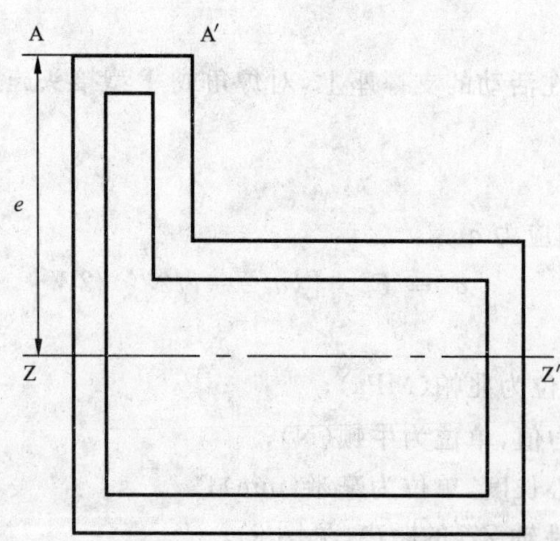

图 6 e 值示意图

7 检验规则

7.1 检验分类

7.1.1 出厂检验

出厂检验以批量为单位，检验项目为5.2、5.3、5.4、5.5、5.6、5.7、5.8、5.10及附录C中的C.3.1项。

7.1.2 型式检验

型式检验项目为要求的全部内容。一般情况下每年进行一次检验(老化指标除外)，每三年进行一次老化检验。

有下列情况之一，应进行型式检验：

a) 新产品或老产品转厂生产的试制定型鉴定；

b) 正式生产后，如原材料、工艺有较大改变，可能影响产品性能时；

c) 产品长期停产后，恢复生产时；

d) 出厂检验结果与上次型式检验有较大差异时；

e) 国家质量监督机构提出进行型式检验的要求时。

7.2 组批与抽样

7.2.1 组批

以同一原料、工艺、配方、规格为一批，每批数量不超过50 t。如产量小不足50 t，则以7 d的产量为一批。

7.2.2 抽样

外观、尺寸检验按GB/T 2828.1—2003规定，采用正常检查一次抽样方案，取一般检查水平Ⅰ，合格质量水平AQL6.5，抽样方案见表6。型材及型材的材料性能的检验，应从外观、尺寸检验合格的样本中随机抽取足够数量的样品。

表6 抽样方案

单位为根

批量范围 N	样本大小 n	合格判定数 Ac	不合格判定数 Re
2～15	2	0	1
16～25	3	0	1
26～90	5	1	2
91～150	8	1	2
151～280	13	2	3
281～500	20	3	4
501～1 200	32	5	6
1 201～3 200	50	7	8
3 201～10 000	80	10	11
10 001～35 000	125	14	15

7.2.3 抽样方案的转移规则

抽样方案的转移规则由企业自定。

7.3 判定规则

7.3.1 合格项的判定

7.3.1.1 外观与尺寸的判定

外观与尺寸检验结果按表6进行判定。

7.3.1.2 型材及材料性能的判定

型材及材料性能测试结果中，若有不合格项时，应从原批中随机抽取双倍样品，对该项目进行复验，复验结果全部合格，则型材及材料性能合格；若复检结果仍有不合格项时，则该型材及材料不合格。

7.3.2 合格批的判定

外观、尺寸、型材及材料性能检验结果全部合格，则判该批合格；若有一项不合格，则判该批不合格。

8 标志

8.1 标志

8.1.1 可视面保护膜

主型材的可视面应贴有保护膜。保护膜上至少有本标准代号、厂名、厂址、电话、商标等。

8.1.2 合格证

型材出厂应具有合格证。合格证上至少应包括每米质量、规格、生产日期。

8.2 主型材永久性标识

主型材应在非可视面上沿型材长度方向，每间隔 1 m 至少应具有一组永久性标识，应包括老化时间分类、落锤冲击分类、壁厚分类等。

9 包装、运输和贮存

9.1 外包装

型材应捆紧扎牢，用塑料薄膜或其他材料包装。

9.2 运输

运输时应避免重压，轻装轻卸。

9.3 贮存

产品应贮存在阴凉、通风的库房内，平整堆放，高度不宜超过 1.5 m，避免阳光直射。型材贮存期一般不超过两年。

附 录 A
（资料性附录）
本标准章条编号与 EN 12608:2002 章条编号对照

表 A.1 给出了标准章条编号与 EN 12608:2002 章条编号对照一览表。

表 A.1 标准章条编号与 EN 12608:2002 章条编号对照

本标准章条编号	对应的欧洲标准章条编号
1	1
2	2
—	3.1
3.1～3.3	3.2
3.4	3.4
—	3.5
3.5	3.6
3.6～3.7	3.7～3.8
3.8～3.9	3.9
4	4.1
4.1～4.3	4.2～4.4
4.4～4.5	—
5.1	5.1
—	5.1.1、5.1.2、5.1.2.2、5.1.2.3
—	5.1.3
5.2	5.2
5.3	5.3
5.3.2	5.3.2
—	5.3.3
5.4	5.3.4
5.5	5.4
5.6	5.5
5.7	5.6
5.8	5.7
5.9	5.8.1
5.9.1	5.8.2
5.9.2	5.8.3
5.10	5.9
6.1	—
6.2	6.1

表 A.1(续)

本标准章条编号	对应的欧洲标准章条编号
6.3	6.2
6.4	6.2.4.2
6.5	6.3
6.6	5.5
6.7	5.6
6.8	5.7
6.9	5.8
6.10	5.9
7	—
8	7
9	—
附录 C	附录 A
附录 A	—
附录 B	—
—	附录 B
—	附录 C
注：表中的章条以外的本标准其他章条编号与 EN 12608:2002 其他章条编号均相同且内容相对应。	

附 录 B
（资料性附录）
本标准与标准 EN 12608 技术性差异及原因一览表

表 B.1 给出了本标准与标准 EN 12608:2002 技术性差异及原因一览表。

表 B.1 本标准与标准 EN 12608:2002 技术性差异及原因一览表

本标准的章条编号	技术性差异	原 因
2	引用了采用国际标准的我国标准，而非国际标准。	适应我国国情。
4.1	将 EN 12608 标准中的按气候地域分类更改为按老化时间分类，将表 1 项目中的由“全年总太阳能量和最暖和月份平均最高温度”更改为“老化时间”，M 类：由“<5 GJ/m² 和<22℃”更改为“4 000 h”；S 类：由“≥5 GJ/m² 或≥22℃”更改为“6 000 h”。	欧洲划分气候地域的条件，不符合我国的气候地域分布情况，因此更改为按老化时间分类更适宜我国情况。
4.4	增加了产品标记和标记示例。	明确永久性标记及示例。
5.2	删除了标准 EN 12608 外观中的“内腔变形”和“附录 B《标准颜色的允许偏差》”。	我国企业自行设计的型材内腔结构比较复杂，无法判定内腔是否变形。标准颜色偏差应在顾客和企业之间进行，不是标准中要求的部分。
5.3.2	删除了型材壁厚分类中对内筋的要求。	我国企业自行设计的型材内筋结构较复杂，内筋是根据型腔结构而设计的，与欧洲型材的结构体系不尽相同。
5.4	增加了对纱扇直线偏差的要求。	纱扇是我国特有的型材，纱扇直线偏差过大，影响成窗后的开启。
5.9	删除了标准 EN 12608 中的附录 C《测定人工老化试验的辐射强度和暴露时间的计算方法》。	试验方法采用了 GB/T 16422.2—1999。
5.10	删除了标准 EN 12608 中可焊接性拉伸弯曲的测试方法。	只用一种方法就可以满足试验要求，采用加压试验方法比拉伸弯曲试验方法测试可焊接性更科学。
6.1	增加了状态调节和试验环境的要求。	按我国的标准要求。
6.6～6.10	将 EN 477、478、479、514 试验方法标准中的要求直接进行了描述。	适应我国现状，可操作性强。
7	增加了检验分类、抽样与组批、判定规则。	适应我国标准化要求。
9	增加了包装、运输和贮存。	适应我国标准化要求。

附 录 C
（规范性附录）
材料性能、试样制备和技术要求

C.1 范围

附录C规定了试样的制备和型材材料性能的要求。

型材应使用新料或加入部分可重复利用的材料生产。

C.2 试样的制备

用于型材材料性能测试的试样，应从型材上截取。

C.3 材料性能

C.3.1 维卡软化温度

按 GB/T 1633—2000 的规定中 B_{50} 法进行试验。试样承受的静负载 G=50 N±1 N，维卡软化温度（VST）≥75℃。

C.3.2 简支梁冲击强度

按 ISO 179:2000 规定进行测试，简支梁冲击强度应≥20 kJ/m²。试验跨距 $L=(62^{+0.5}_{0})$ mm，试样采用1eA型，试样数量五个，取平均值。试样见图C.1。

注：C类型材不考核该项。

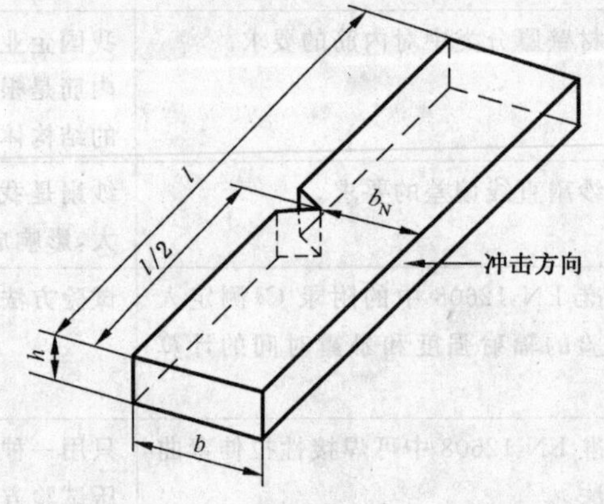

试样尺寸：l=(80±2) mm

b=(10.0±0.2) mm

h:型材可视面壁厚，单位为(mm)

r_N=(0.25±0.05) mm

b_N=(8.0±0.2) mm

图 C.1 简支梁冲击试样

C.3.3 主型材的弯曲弹性模量

按 GB/T 9341—2000 的规定进行测试。弯曲弹性模量≥2 200 MPa。

C.3.4 拉伸冲击强度

按 GB/T 13525—1992 的规定进行测试，试样采用B型，拉伸冲击强度≥600 kJ/m²。

GB/T 8814—2004《门、窗用未增塑聚氯乙烯(PVC-U)型材》第1号修改单

本修改单业经国家标准化管理委员会于2005年3月19日以国标委农轻函[2005]10号文批准，自2005年10月1日起实施。

一、6.7.5　试验步骤

"将试样的可视面向上放在支撑物上(见图3)，使落锤冲击在试样可视面的中心位置上，上下可视面各冲击五次，每个试样冲击一次。落锤高度Ⅰ类为1 000$^{+10}_{0}$ mm，Ⅱ类为1 500$^{+10}_{0}$ mm。观察并记录型材可视面破裂、分离的试样个数。"

改为：

"将试样的冲击可视面向上放在支撑物上(见图3)，冲击试样两支撑筋间的中心位置，每个试样冲击一次。落锤高度Ⅰ类为1 000$^{+10}_{0}$ mm，Ⅱ类为1 500$^{+10}_{0}$ mm。记录型材可视面产生破裂、裂纹或分离的试样数。

a) 应冲击型材暴露在室外的可视面。不能确认外可视面时，两个可视面各冲击五个试样；若其中一个可视面无法进行冲击试验时，则只对另一个可视面进行冲击试验。

b) 对非对称型材，为防止在冲击过程中型材发生倾斜，冲击前应给以辅助支撑。

c) 对多腔结构的可视面，应选择跨越可视面中心线的腔室面；若腔室分布在可视面中心线两侧，则应选择靠近中心线两腔室中较大的腔室面。"

二、8.1.2　合格证

"型材出厂应具有合格证。合格证上至少应包括每米质量、规格、生产日期。"

改为：

"型材出厂应具有合格证。合格证上至少应包括每米质量、规格、Ⅰ值、*e*值、生产日期。"

ICS 13.160;25.140.01
J 48

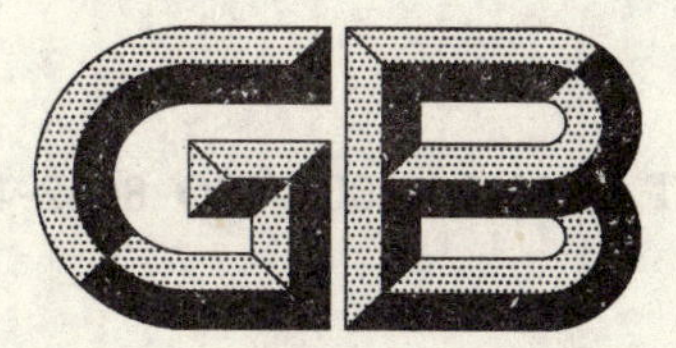

中华人民共和国国家标准

GB/T 8910.1—2004/ISO 8662-1:1988
代替 GB/T 8910.1—1988

手持便携式动力工具 手柄振动测量方法 第1部分:总则

Hand-held portable power tools—Measurement of vibrations at the handle—Part 1:General

(ISO 8662-1:1998,IDT)

2004-06-09 发布 2004-12-01 实施

中华人民共和国国家质量监督检验检疫总局
中国国家标准化管理委员会 发布

前言

GB/T 8910《手持便携式动力工具　手柄振动测量方法》分为如下部分：

——第1部分：总则；

——第2部分：铲和铆钉机；

——第3部分：凿岩机和回转锤；

——第4部分：砂轮机；

——第5部分：路面破碎机和建筑工程用镐；

——第6部分：冲击钻；

——第7部分：冲击、脉冲、棘轮扳手、螺丝刀和螺母旋具；

——第8部分：抛光机和回转式轨道、特殊轨道磨光机；

——第9部分：捣固机；

——第10部分：冲剪和剪；

——第11部分：打钉机；

——第12部分：带式锯和锉、摆式或回转式锯；

——第13部分：模具用砂轮机；

——第14部分：采石用工具和针束除锈器。

本部分为GB/T 8910的第1部分，对应于ISO 8662-1:1988《手持便携式动力工具　手柄振动测量方法　第1部分：总则》(英文版)，一致性程度为等同。本部分与国际标准技术内容相同，但作了如下编辑性修改：

——删除了ISO 8662-1中的前言和引言部分；

——根据GB/T 1.1—2000的规定，将国际标准中部分条文的注改为本部分的条款。

本部分与GB/T 8910.1—1988相比主要变化如下：

——删除了原标准的目次和附录；

——增加了前言部分；

——对标准名称作了调整，与国际标准名称取得一致。

本部分由中国机械工业联合会提出。

本部分由全国凿岩机械气动工具标准化技术委员会(SAC/TC 173)归口。

本部分起草单位：天水凿岩机械气动工具研究所。

本部分主要起草人：魏万江、苏薇、朱洵慧。

本部分所代替标准的历次版本发布情况为：

——GB 8910.1—1988。

手持便携式动力工具 手柄振动测量方法 第1部分:总则

1 范围

GB/T 8910 的本部分规定了手持便携式动力工具手柄振动测量的基本技术要求。

本部分适用于手持便携式动力工具手柄部位的振动测量。

本部分不适用于评定人体感受到的振动。对工作场地人体感受到的手传振动的测量和评定由 GB/T 14790 给出。

2 规范性引用文件

下列文件中的条款通过 GB/T 8910 的本部分的引用而成为本部分的条款。凡是注日期的引用文件,其随后所有的修改单(不包括勘误的内容)或修订版均不适用于本部分,然而,鼓励根据本部分达成协议的各方研究是否可使用这些文件的最新版本。凡是不注日期的引用文件,其最新版本适用于本部分。

GB/T 3241 倍频程和分数倍频程滤波器 (eqv IEC 1260)

GB/T 13823(所有部分) 振动与冲击传感器的校准方法[eqv ISO 5347(所有部分)]

GB/T 14412 机械振动与冲击 加速度计的机械安装(eqv ISO 5348)

GB/T 14790 人体手传振动的测量与评价方法(eqv ISO 5349)

GB/T 15619 人体机械振动与冲击术语(neq ISO/DIS 5805)

ISO 8041 人对振动的反应 测量仪器

3 测量和量

3.1 物理量

工具振动的量,是在试验的情况下测量动力工具手柄部位上的加速度,用均方根值 a_h 表示,单位为 m/s^2。也可用下式表示:

$$L_{a_h} = 20\lg\left(\frac{a_h}{a_0}\right)$$

式中:

L_{a_h}——加速度级,单位为分贝(dB);

a_h——均方根加速度,单位为米每秒平方(m/s^2);

a_0——基准加速度,$a_0 = 10^{-6}\ m/s^2$。

3.2 频率分析

应该在中心频率 8 Hz~1 000 Hz 的 1/1 倍频程频带或中心频率 6.3 Hz~1 250 Hz 的 1/3 倍频程频带进行测量分析。

为便于判断计权值测量的有效性(见 3.3 和 4.3),有必要在 1/1 倍频程频带内进行频率分析,例如,频带内高计权值低于工具的重复频率,可能表示存在非线性效应。

3.3 计权加速度

计权加速度 $a_{h,w}$,既可通过 ISO 8041 中规定的用于手-臂振动测量的计权滤波器测得,也可利用 GB/T 14790 规定的计权系数,计算 1/3 倍频程频带数据。

注:这两种方法会产生不同的结果,其原因是,在特性曲线、公差及滤波器电子滤波网络特性等方面存在差异。

4 使用仪器

4.1 传感器的技术要求

用于测量加速度的传感器,如压电式加速度计,其使用应与一个相匹配的前置放大器相连接,详细要求应按 ISO 8041 的规定。

振动传感器和其固定部分总的质量应尽量小于 50 g,并且不超过包括附件在内的整机质量的 5%。

加速度计的选择,应考虑诸如横向灵敏度(小于 10%),环境温度范围和最大冲击加速度等。

在某些情况下,特别是当传感器安装在诸如塑料或橡胶等非金属制造的或很轻的(大约小于连同附件在内占整机质量的 3%)手柄上时,上述规定的 50 g 质量可能会导致测量误差,在此,应尽量使用质量小的传感器。

4.2 传感器的固定

如果使用传感器和机械滤波器,应牢固安装,例如用螺栓和喉箍紧固。对于具体工具而言,其传感器的固定参见 GB/T 8910 的其他部分。在任何情况下,传感器的固定均应按照制造厂的说明进行。关于加速度计的安装应按 GB/T 14412 的规定进行。

配有弹性保护套手柄的振动测量,可以在手和手柄之间使用一个专门的接头来完成。该接头由一块适于固定加速度计的轻型刚性金属板组成。值得注意的是,接头的质量、尺寸和形状不能显著影响传感器在重要频率范围内的信号输出。

4.3 机械滤波器

对于冲击式工具,尤其是全金属外壳的工具,推荐使用连同加速度计在一起的机械滤波器。但是,经判断如果不用机械滤波器不会产生测量误差的话,则无需使用。

由于传感器本身共振的激励,振动高频成分内的高加速度可能会引起加速度计在重要频率范围内出现假信号。例如,周期性的重复信号对重要频率范围内振动信号会产生影响,可导致测量误差。

使用机械滤波器可以降低输入到加速度计里振动的高频成分。

如果使用机械滤波器,应使其与加速度计的质量相适应,并产生一个从 6.3 Hz～1.5 kHz 的响应。机械滤波器的截止频率应不小于加速度计共振频率的 1/5。

4.4 频率滤波器

如果使用 1/1 倍频程频带和 1/3 倍频程频带滤波器应符合 GB/T 3241 的规定。

4.5 计权滤波器和均方根值检波器

如果使用测量手-臂振动的计权滤波器和均方根值检波器,应符合 ISO 8041 的规定。

建议使用以下方法获得单独的均方根值:

如果用于分析的信号是瞬时的,或信号的幅值随时间显著地变化,则不能作简单分析,应使用具有“线性积分”功能的分析仪或积分计,建议首选前者。

只有当信号随时间相对稳定或持续足够一段时间的情况下,通常才使用分析噪声的分析仪,但时间常数的选择应与信号的持续时间相适应。

4.6 信号记录

为了便于计算,振动信号可以存入一个适宜的高质量记录仪里。

对于记录仪振动频谱的平坦频率响应的任何偏差都应该进行修正,对于 1/1 倍频程频带中心频率或 1/3 倍频程频带中心频率的修正应记录在试验报告里。

4.7 辅助仪器

用于监测运转情况(如电力状况、动力源、气压、转速等)的辅助仪器和具体工具的工作条件在 GB/T 8910的其他部分中有规定。

4.8 校准

整个测量系统(包括传感器)都应校准(见 ISO 8041 和 GB/T 13823)。

5 测量方向和位置

5.1 测量方向

应使用基本中心坐标系[1]确定测量方向。振动方向如果在轴线上,则测量应在主轴线上进行。具体工具的主轴线在 GB/T 8910 的其他部分中有规定。如果没有主轴线,测量应在全部三个轴线上进行。

5.2 测量位置

测量位置应在手柄长度的 1/2 处,或操作者进行典型作业时正常握持的地方。具体工具的测量位置在 GB/T 8910 的其他部分中有规定。

6 操作规程

6.1 通则

操作程序应详细,以获得相应的再现性。

操作程序应与典型实际作业情况相似。

为获得一个合适的精度,应有足够的运转次数和每一次运转的持续时间。具体工具的这些参数规定见 GB/T 8910 的其他部分。

为了有较好的再现性,规定了一个模拟程序后,振动源所产生的振动强度宜与实际作业情况基本相似。

6.2 运转条件

测量应在工具正常润滑,稳定运转下进行。对于被测工具所标定的动力源,如额定电压或气压,在试验时应保持不变。

测量时,应对转速或冲击频率进行监控。具体工具的转速规定见 GB/T 8910 的其他部分。

6.3 作业工具、试验件及作业

与机器一起使用的作业工具(如铲头、砂轮、链条或钻头)、试验件及作业状况在 GB/T 8910 的其他部分中规定。应该注意的是,即使作业工具的尺寸、形状、材料、磨损和不平衡性等有细小的差别,都会对振动强度有很大的影响。

如果使用一个完整的试验台,应详细给出它的设计结构。

6.4 操作者

工具的振动受操作者的影响。因此,操作者应熟练而正确地操纵机器。

7 试验报告

7.1 引用标准

报告应给出测量所引用的 GB/T 8910 的本部分及其他部分的有关标准。

7.2 测量仪器

应给出仪器的制造厂、型号和有关测量仪器的技术规格。

7.3 传感器的固定

应描述传感器和机械滤波器的测量位置、固定方式和测量方向。

7.4 动力工具和作业工具的说明

应给出动力工具和作业工具的说明。

动力工具的说明应包括:

a) 制造厂;

---

1) 见 GB/T 15619 中的定义。

b） 类型；

c） 型号；

d） 编号；

e） 运转条件；

f） 质量。

作业工具的说明应包括：

a） 制造厂；

b） 类型；

c） 型号；

d） 编号；

e） 尺寸；

f） 质量。

有手柄护套时应说明。

7.5 作业条件

作业条件应按 GB/T 8910 其他部分的规定。

7.6 信号处理

应给出频谱分析仪上的信号积分类型和确定计权加速度的方法。

7.7 附加的技术要求

应给出测量装置的详细情况，如尺寸、类型和试验件的安装等。

7.8 结果

应按计权值给出结果。对具体工具，当 GB/T 8910 中做出规定时，1/1 倍频程频带值也应给出。

ICS 13.160;25.140.01
J 48

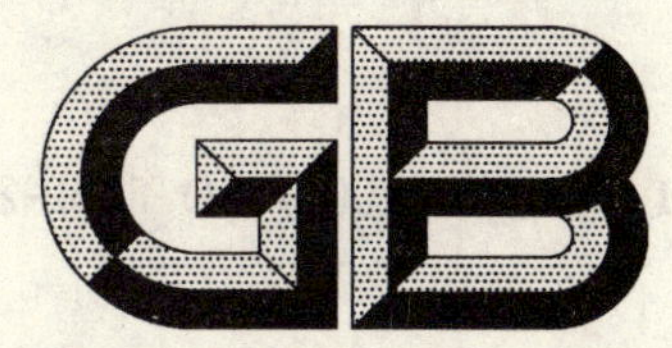

中华人民共和国国家标准

GB/T 8910.2—2004/ISO 8662-2:1992
代替 GB/T 8910.2—1988

手持便携式动力工具　手柄振动测量方法 第2部分:铲和铆钉机

Hand-held portable power tools—Measurement of vibrations at the handle—Part 2:Chipping hammers and riveting hammers

(ISO 8662-2:1992,IDT)

2004-06-09 发布　　2004-12-01 实施

中华人民共和国国家质量监督检验检疫总局
中国国家标准化管理委员会　发布

前言

GB/T 8910《手持便携式动力工具　手柄振动测量方法》分为如下几部分：

——第1部分：总则；

——第2部分：铲和铆钉机；

——第3部分：凿岩机和回转锤；

——第4部分：砂轮机；

——第5部分：路面破碎机和建筑工程用镐；

——第6部分：冲击钻；

——第7部分：冲击、脉冲、棘轮扳手、螺丝刀和螺母旋具；

——第8部分：抛光机和回转式轨道、特殊轨道磨光机；

——第9部分：捣固机；

——第10部分：冲剪和剪；

——第11部分：打钉机；

——第12部分：带式锯和锉、摆式或回转式锯；

——第13部分：模具用砂轮机；

——第14部分：采石用工具和针束除锈器。

本部分为GB/T 8910的第2部分。

本部分等同采用ISO 8662-2:1992《手持便携式动力工具　手柄振动测量方法　第2部分：铲和铆钉机》(英文版)，包括其修正案ISO 8662-2:1992/Amd.1:1999，经修正的内容已直接纳入正文中，并在正文中的页边空白处用垂直双线(‖)标识。

本部分代替GB/T 8910.2—1988《凿岩机械与气动工具　振动测量方法　冲击式机器的测量》。

本部分等同翻译ISO 8662-2:1992。

为便于使用，本部分做了下列编辑性修改：

——将一些适用于国际标准的表述改为适用于我国标准的表述；

——删除了国际标准的前言、引言以及资料性附录B和C；

——根据GB/T 1.1—2000的规定，将国际标准中条文的注改为本部分的条款。

本部分与GB/T 8910.2—1988相比主要变化如下：

——仅涉及机动铲和铆钉机；

——独立编排本部分标准；

——增加了前言部分和规范性附录A；

——对标准名称作了调整，与国际标准名称取得一致。

本部分的附录A为规范性附录。

本部分由中国机械工业联合会提出。

本部分由全国凿岩机械气动工具标准化技术委员会(SAC/TC 173)归口。

本部分起草单位：天水凿岩机械气动工具研究所。

本部分主要起草人：苏薇、朱洵慧、魏万江。

本部分所代替标准的历次版本发布情况为：

——GB/T 8910.2—1988。

手持便携式动力工具　手柄振动测量方法
第2部分:铲和铆钉机

1　范围

GB/T 8910的本部分规定了手持便携式机动铲和铆钉机手柄振动测量的技术要求,还确定了工具在特定负载状态下运转时,进行手柄部位振动大小的试验程序。

本部分适用于以电动、气动、液压或内燃为动力的铲和铆钉机(以下简称工具)。

2　规范性引用文件

下列文件中的条款通过GB/T 8910的本部分的引用而成为本部分的条款。凡是注日期的引用文件,其随后所有的修改单(不包括勘误的内容)或修订版均不适用于本部分,然而,鼓励根据本部分达成协议的各方研究是否可使用这些文件的最新版本。凡是不注日期的引用文件,其最新版本适用于本部分。

GB/T 5621　凿岩机械与气动工具　性能试验方法(eqv ISO 2787)

GB/T 8910.1—2004　手持便携式动力工具手柄振动测量方法　第1部分:总则(ISO 8662-1:1988,IDT)

3　测量的量

以下为测量的量:

a)　均方根加速度应按GB/T 8910.1—2004中3.1的规定表示;计权加速度应按GB/T 8910.1—2004中3.3的要求获得;频率分析应符合GB/T 8910.1—2004中3.2的规定。如果用其他方法能证明不存在重复信号,则可不作频率分析。

b)　电压、压气压力或液压油压力;

c)　冲击频率;

d)　推进力。

4　使用仪器

4.1　通则

使用仪器的技术要求应符合GB/T 8910.1—2004中4.1～4.8的规定。

4.2　传感器

传感器的技术要求应符合GB/T 8910.1—2004中4.1的规定。

对于诸如塑料制造的轻质手柄,注意尽量使用质量小的传感器。

如果手柄本身即作为机械滤波器,则可将轻型传感器直接粘合在手柄的固定面上,且其质量宜小于5 g。

4.3　传感器的固定

传感器和机械滤波器的固定应符合GB/T 8910.1—2004中4.2～4.3的规定(见图1)。

对于塑料手柄,可不必使用机械滤波器(见GB/T 8910.1—2004的4.3)。

4.4　辅助仪器

应使用测量均方根值的仪表来测定电动工具的电源电压。

应使用精密压力表来测定压气或液压油的压力。

可使用测力秤来测定推进力(见 6.3)。

4.5 校准

校准应按 GB/T 8910.1—2004 中 4.8 的要求进行。

5 测量方向和位置

5.1 测量方向

应在与冲击方向平行的方向上进行测量,即 Z 向(见图 1)。

基本中心坐标系的确定见附录 A。

5.2 测量位置

测量位置应设在操作者正常握持并施加推进力的主柄上。

传感器应固定在主柄长度的 1/2 处(见图 1)。

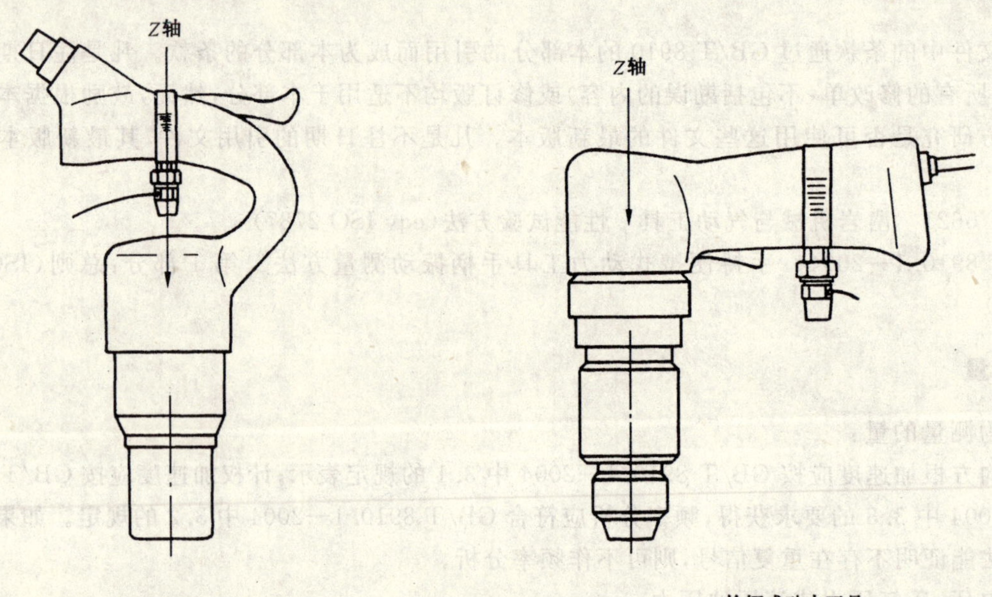

弯柄或环柄式动力工具　　　　枪柄式动力工具

卡紧面

手柄

喉箍

焊接螺母

机械滤波器

传感器

图 1 传感器的固定位置和测量方向

6 操作规程

6.1 通则

应对润滑良好，运转正常的新制工具进行测量。

测量前，预先将电动、液压或内燃工具运转约 10 min，而气动工具则无必要。

对标定的动力源，如额定电压或气压，在试验时应保持不变，并按制造厂的要求予以使用。另外，在整个测量期间，还应保证工具的平稳运转(见 6.3)。

测量时，应定位好吸能器以便操作者直立并能垂直向下操纵工具(见图 2)。

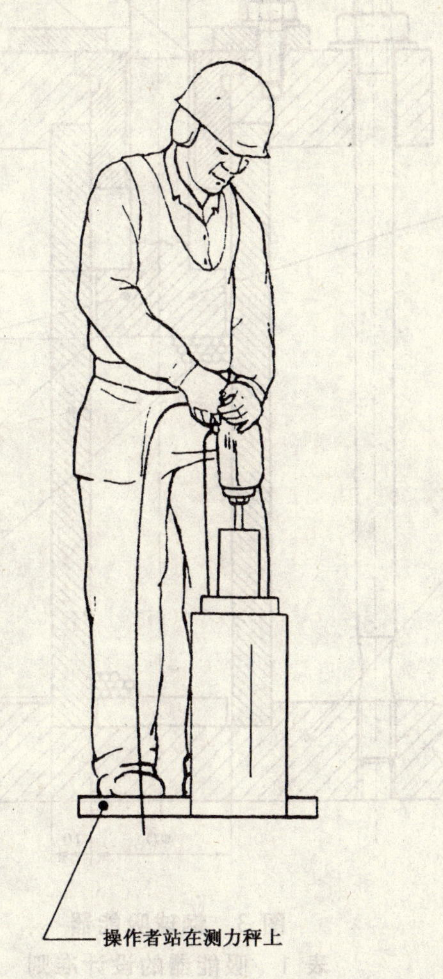

图 2 操作者的工作位置

6.2 吸能器

负载装置是一个模拟实际作业情况的钢球吸能器，吸能器应尽量不出现能量反射现象，且反射能量不应超过入射波能量的 20%。

吸能器由一个内装淬硬钢球的钢管组成。该钢管被牢牢地固定在一块质量至少为 300 kg 的坚硬基座底板上以防止其反弹。从吸能器的上端，插入一试验钎杆顶住钢球，并将被测工具与试验钎杆相连进行运转试验。其钢管的热处理硬度应为 62HRC±2HRC 或 750HV±10HV，测砧和试验钎杆的热处理硬度为 55HRC±2HRC，淬硬钢球应远远大于 63HRC。

吸能器(加载装置)和试验钎杆规格尺寸见图 3 和表 1。

试验钎杆宜选择与被测工具相符合的最短长度。

单位为毫米

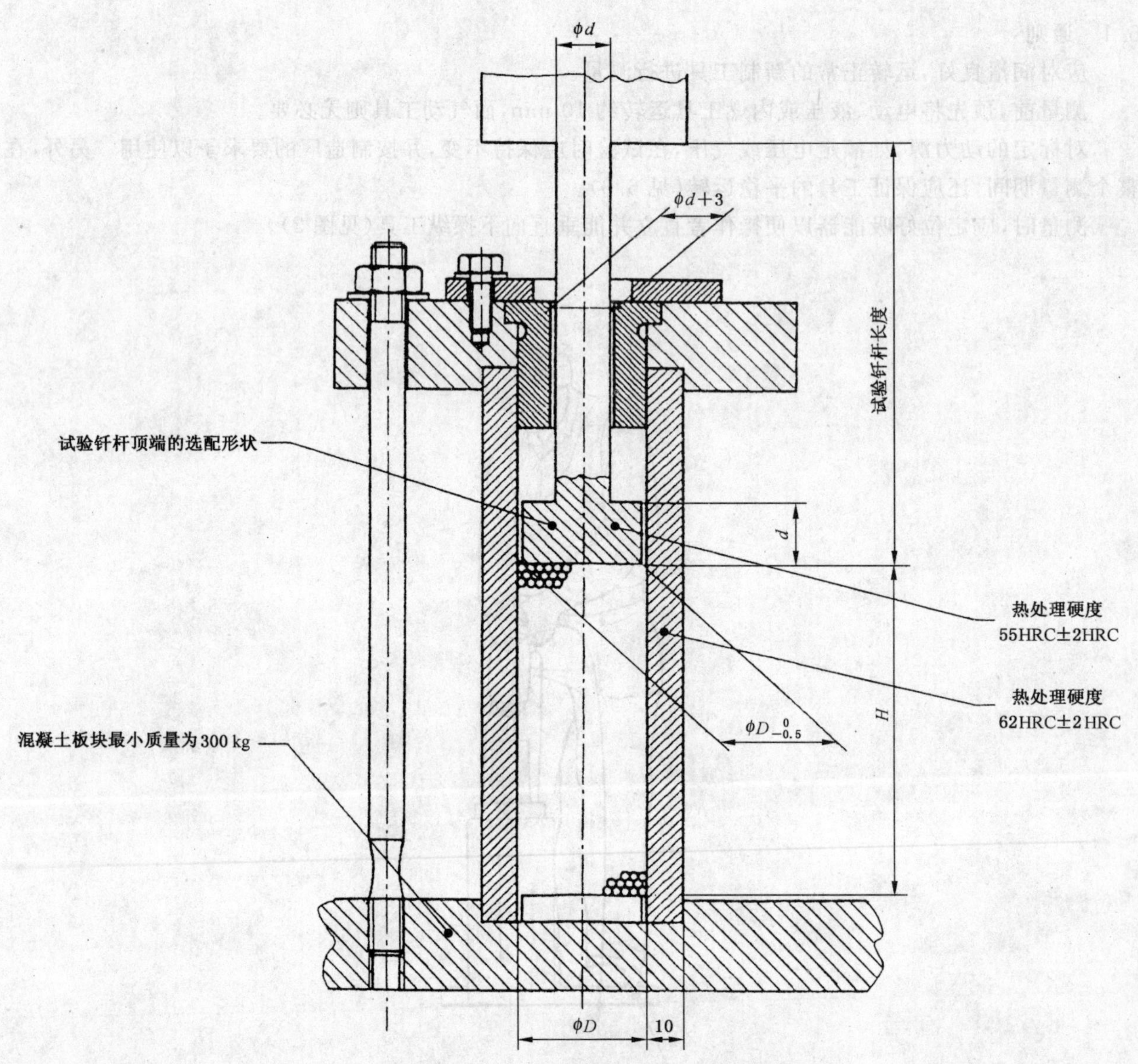

图 3 钢球吸能器

表 1 吸能器的设计准则

单位为毫米

钎尾直径 d	钢管直径 D	钢球直径	球柱高度 H
$d \leqslant 13$	20	4	50
$d > 13$	40	4	100

6.3 推进力

除工具本身的重量外，应垂直施加推进力，使试验钎杆不与吸能器的固定套筒相接触，才能确保工具在规定的性能范围内正常、平稳运转。

垂直施加的推进力 F_A（牛顿，N）约是被测工具质量（千克，kg）的 40 倍，且应大于 80 N 而小于 200 N。

示例：如工具的质量为 3.5 kg，则推进力宜约 140 N。

对振动大小可以调节的工具，测量时，推进力应取制造厂给定的最佳范围的中间值。

测量时，操作者站在测力秤上来施控推进力 F_A，此时推进力等于操作者的重量减去测力秤的读数。

7 测量程序和规范的有效性

7.1 动力源

应使用测量均方根值的仪表来测定电动工具的电源电压。

气动工具气压的测定应符合 GB/T 5621 的规定，并在整个测量期间始终保持制造厂标定的压力值。

液压压力应予测定，并按制造厂的要求保持不变。

以上技术要求同样满足于以其他方式（如内燃机）驱动的工具。

利用振动传感器传出的信号，通过电子滤波器或其他适宜的方法来确定工具的冲击频率。

7.2 测量程序

应由三名熟练的操作者分别完成一组试验，每组应进行 5 次运转测量。

应待工具运转平稳后进行读数，且每次测试时间不应少于 8 秒。

7.3 测量的有效性

应连续测量，直到获得一组有效的试验数据，即对于同一名操作者 5 个连续的计权值的变异系数小于 0.15 或标准偏差小于 0.30 m/s^2。

7.4 变异系数

该变异系数（C_V）定义为连续测量所得的标准偏差与均值的比，公式表示为：

$$C_V = \frac{S_{n-1}}{\overline{X}} \qquad (1)$$

其中

$$S_{n-1} = \sqrt{\frac{1}{n-1}\sum_{i=1}^{n}(X_i - \overline{X})^2}$$

$$\overline{X} = \frac{1}{n}\sum_{i=1}^{n}X_i$$

式中：

C_V——变异系数；

S_{n-1}——标准偏差，单位为米每秒平方（m/s^2）；

$\overline{X}$——均值，单位为米每秒平方（m/s^2）；

X_i——第 i 次的测定值，单位为米每秒平方（m/s^2）；

n——测量次数。

8 试验报告

除 GB/T 8910.1—2004 第 7 章的规定外，报告还应注明以下各项：

a) 试验钎杆的尺寸；

b) 吸能器的尺寸；

c) 电压、工作压力或与动力源有关的其他数据；

d) 冲击频率；

e) 推进力。

附 录 A
(规范性附录)
基本中心坐标系的确定

A.1 Z 向:与冲击方向平行的方向。

A.2 Y 向:以手柄和 Z 轴线为几何平面,并与 Z 轴成直角的方向。

A.3 X 向:与 Y 和 Z 向均垂直的方向。

A.4 在正交平面内,利用机械滤波器进行测量时,传感器的感振方向应与需要测试的方向重合,并且必须确保机械滤波器的上限截止频率达到 1 250 Hz。

ICS 13.160;25.140.01
J 48

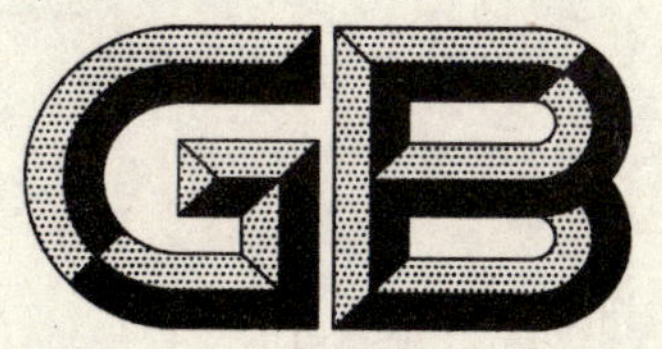

中华人民共和国国家标准

GB/T 8910.3—2004/ISO 8662-3:1992
代替 GB/T 8910.3—1988

手持便携式动力工具 手柄振动测量方法 第3部分:凿岩机和回转锤

Hand-held portable power tools—Measurement of vibrations at the handle—Part 3:Rock drills and rotary hammers

(ISO 8662-3:1992,IDT)

2004-06-09 发布 2004-12-01 实施

中华人民共和国国家质量监督检验检疫总局
中国国家标准化管理委员会 发布

ICS 13.160;25.140.01
J 98

中华人民共和国国家标准

GB/T 8910.3—2004/ISO 8662-3:1992
代替GB/T 8910.3—1988

手持便携式动力工具 手柄振动测量方法 第3部分：凿岩机和回转锤

Hand-held portable power tools—Measurement of vibrations at the handle—
Part 3: Rock drills and rotary hammers

(ISO 8662-3:1992, IDT)

2004-06-09 发布 2004-12-01 实施

中华人民共和国国家质量监督检验检疫总局
中国国家标准化管理委员会 发布

前言

GB/T 8910《手持便携式动力工具　手柄振动测量方法》分为如下几部分:
——第1部分:总则;
——第2部分:铲和铆钉机;
——第3部分:凿岩机和回转锤;
——第4部分:砂轮机;
——第5部分:路面破碎机和建筑工程用镐;
——第6部分:冲击钻;
——第7部分:冲击、脉冲、棘轮扳手、螺丝刀和螺母旋具;
——第8部分:抛光机和回转式轨道、特殊轨道磨光机;
——第9部分:捣固机;
——第10部分:冲剪和剪;
——第11部分:打钉机;
——第12部分:带式锯和锉、摆式或回转式锯;
——第13部分:模具用砂轮机;
——第14部分:采石用工具和针束除锈器。

本部分为GB/T 8910的第3部分。

本部分等同采用ISO 8662-3:1992《手持便携式动力工具　手柄振动测量方法　第3部分:凿岩机和回转锤》(英文版),包括其修正案ISO 8662-3:1992/Amd.1:1999,经修正的内容已直接纳入正文中,并在正文中的页边空白处用垂直双线(‖)标识。

本部分等同翻译ISO 8662-3:1992。

本部分与ISO 8662-3:1992技术内容相同,但作了如下编辑性修改:
——删除了ISO 8662-3:1992的前言和引言部分;
——删除了ISO 8662-3:1992的资料性附录B和附录C;
——将一些适用于国际标准的表述改为适用于我国标准的表述;
——根据GB/T 1.1—2000的规定,将国际标准中部分条文的注改为本部分的条款。

本部分代替GB/T 8910.3—1988《凿岩机械与气动工具振动测量方法　回转式机器的测量》。

本部分与GB/T 8910.3—1988相比主要变化如下:
——仅涉及凿岩机和回转锤;
——增加了前言、引言及规范性附录A;
——对标准名称作了调整,与ISO 8662-3:1992的名称取得一致。

本部分的附录A为规范性附录。

本部分由中国机械工业联合会提出。

本部分由全国凿岩机械气动工具标准化技术委员会(SAC/TC 173)归口。

本部分起草单位:天水凿岩机械气动工具研究所。

本部分起草人:朱洵慧、苏薇、魏万江。

本部分所代替标准的历次版本发布情况为:
——GB 8910.3—1988。

引　言

GB/T 8910 的本部分所涉及的动力工具的工作原理是钎头在作回转运动的同时，将能量以冲击形式周期性地传递给钎杆。

对质量小于 15 kg 的轻型凿岩机(不包括钎头的质量)和回转锤进行试验时，可采用类似典型工作状况下的试验方法。对于质量大于 15 kg 的重型凿岩机，由于凿速高，因此采用加载装置—钢球吸能器。该加载装置模拟了实际的工作状况，并且能够进行多次的反复试验，所以不失为一种经济可行的方法。

本部分规定的试验方法所获得的测量结果具有很好的再现性。

凿岩机和回转锤冲击能的大小由其内部设计结构来确定，不受外力影响。但保证工具平稳运转的先决条件则是要对其施加一定的轴推力。

手持便携式动力工具　手柄振动测量方法
第3部分:凿岩机和回转锤

1　范围

GB/T 8910的本部分规定了手持式动力凿岩机和回转锤手柄部位振动测量的试验方法。确定了被测工具在特定负载状态下运转时,手柄部位振动大小的试验程序。

本部分适用于以气动、液压、内燃、电动为动力的凿岩机和回转锤(以下简称工具)。其测得的结果能对不同或同类不同型号的工具进行比较。对于重型凿岩机,尽管是在模拟作业下测定的振动大小,但却是对实际工况中振动大小的评定。

2　规范性引用文件

下列文件中的条款通过GB/T 8910的本部分的引用而成为本部分的条款。凡是注日期的引用文件,其随后所有的修改单(不包括勘误的内容)或修订版均不适用于本部分,然而,鼓励根据本部分达成协议的各方研究是否可使用这些文件的最新版本。凡是不注日期的引用文件,其最新版本适用于本部分。

GB/T 5621　凿岩机械与气动工具　性能试验方法(eqv ISO 2787:1984,Rotary and percussive pneumatic tools—Performance tests)

GB/T 8910.1—2004　手持便携式动力工具　手柄振动测量方法　第1部分:总则(ISO 8662-1:1988,IDT)

GB/T 14790　人体手传振动的测量与评价方法(eqv ISO 5349)

ISO 679　水泥的试验方法　水泥强度的测定

3　测量的量

以下为测量的量:

a)　均方根(r.m.s)加速度应按GB/T 8910.1—2004中3.1的规定表示;计权加速度应按GB/T 8910.1—2004中3.3的规定获得;频率分析应按GB/T 8910.1—2004中3.2的要求进行,如果用其他方法能证明不存在重复信号,可不作频率分析;

b)　电源电压、压气压力或液压油压力;

c)　冲击频率;

d)　推进力。

4　使用仪器

4.1　通则

使用仪器的技术要求应符合GB/T 8910.1—2004中4.1～4.6的规定。

4.2　传感器

传感器的技术要求应符合GB/T 8910.1—2004中4.1的规定。

对于轻质(如塑制)手柄,不应使用质量太大的传感器。如果手柄本身即起到机械滤波器的作用,则可将轻型传感器直接粘合在手柄固定面上,且其质量宜小于5 g。

4.3　传感器的固定

传感器和机械滤波器的固定应符合GB/T 8910.1—2004中4.2～4.3的规定(见图1)。

对于塑制手柄,可不必使用机械滤波器(见 GB/T 8910.1—2004 中 4.3)。

4.4 辅助仪器

应使用测量均方根值的仪表来测定电动工具的电源电压。

应使用精密压力表来测定压气压力或液压油压力。

可使用测力秤来测定推进力(见 6.3)。

4.5 校准

校准应按 GB/T 8910.1—2004 中 4.8 的规定进行。

5 测量方向和位置

5.1 测量方向

测量应在与钎头轴线平行的方向即 Z 向(见图 1)上进行。附录 A 规定了相关被测工具建立基本中心坐标系的方向。

根据 GB/T 14790 的要求,应按附录 A 的规定在三个方向上进行测量。

5.2 测量位置

测量位置应设在操作者正常握持并施加推进力的主柄上。

传感器通常应置于主柄长度的 1/2 处。对于环柄、弯柄或枪柄式的工具,由于扳机的设置,传感器不可能置于手柄长度的 1/2 处。在这种情况下,传感器应尽可能放置在靠近拇指和食指之间(见图 1)。

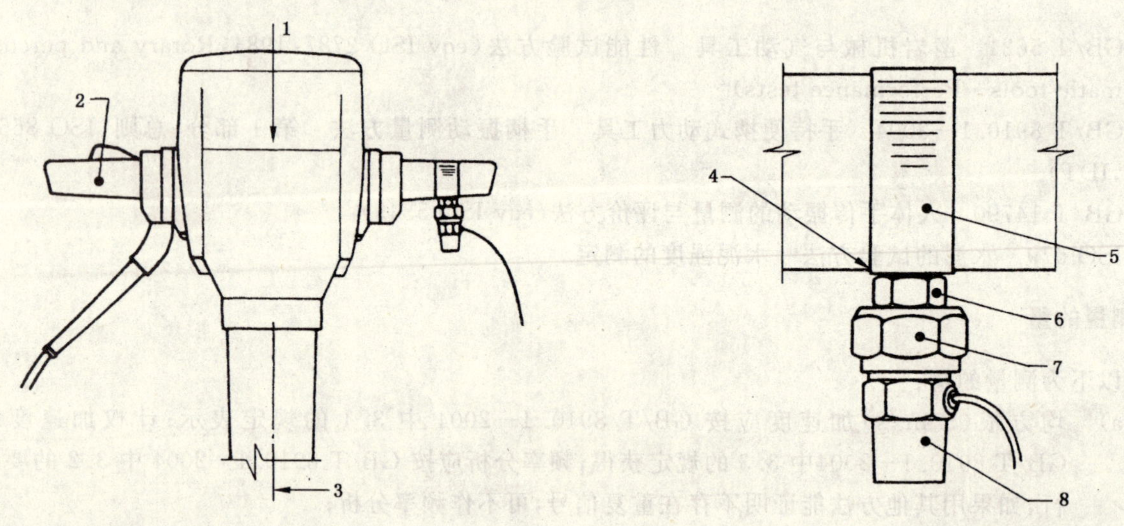

1——Z 轴;
2——主柄;
3——钎头轴线;
4——压紧面;
5——喉箍;
6——焊接的螺母;
7——机械滤波器;
8——传感器。

a) 凿岩机

图 1 传感器的固定位置和测量方向

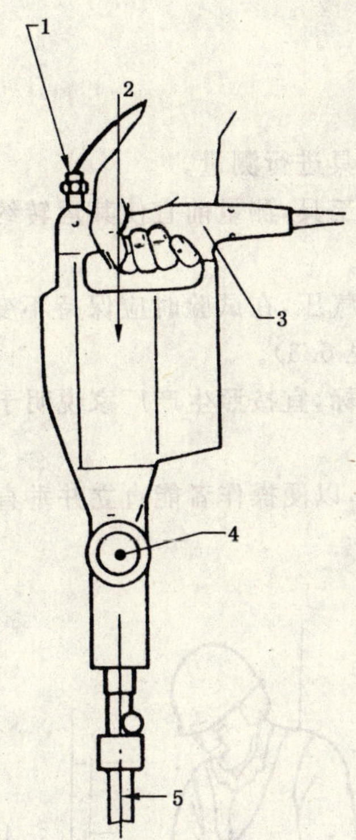

1——传感器直接粘接在工具或转接物上；
2——Z 轴；
3——主柄；
4——副柄；
5——钎头轴线。

b）重型回转锤

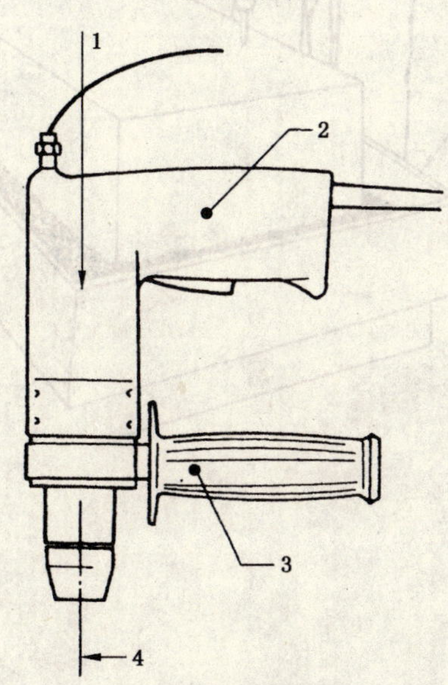

1——Z 轴；
2——主柄；
3——副柄；
4——钎头轴线。

c）轻型回转锤

图 1(续)

6 操作程序

6.1 通则

应对润滑良好、运转正常的新制工具进行测量。

对于以电动、液压和内燃为动力的工具，测量前宜使其运转约 10 min 时间，以便机器处于热平衡状态，而气动工具则无必要。

对于标定的动力源，如额定电压或气压，在试验时应保持不变，并按制造厂的要求予以使用。在整个测量期间，应保证机器的平稳运转(见 6.3)。

测量时，诸如工具的转速等性能指标，宜按照生产厂家说明予以调整，并与所使用的钎头相匹配。

钎头应保持转动。

测量时，应定位好试验件或吸能器，以便操作者能直立并垂直向下操纵机器(见图 2 和图 3)。

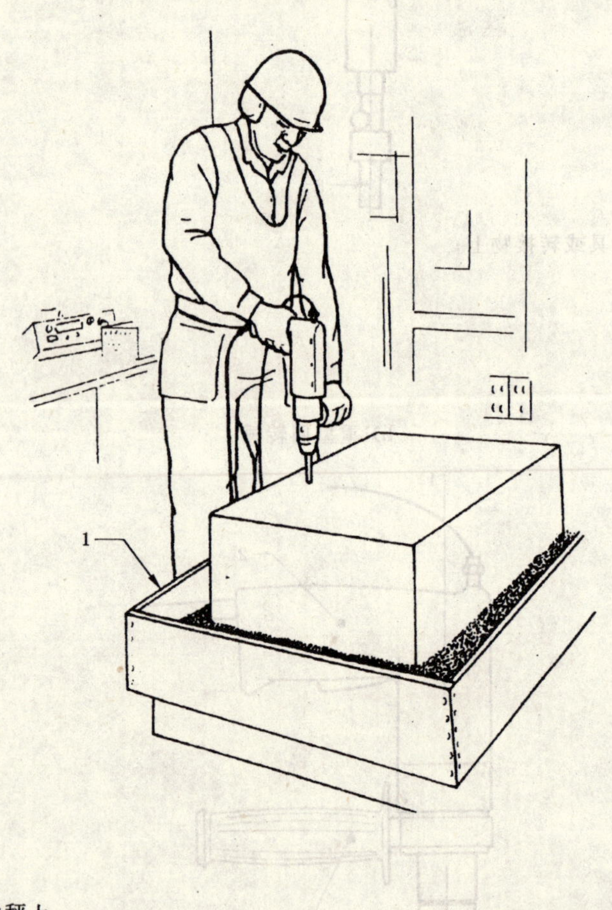

1——操作者站立在测力秤上。

图 2 试验回转锤时操作者的工作位置

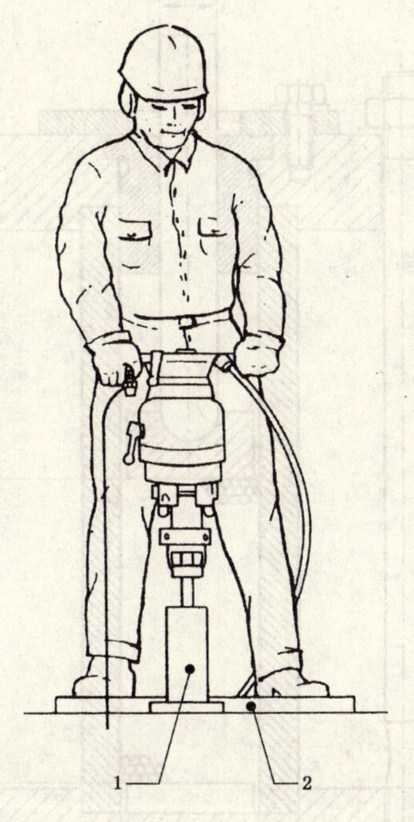

1——吸能器；

2——操作者站立在测力秤上。

图 3 试验凿岩机时操作者的工作位置

6.2 加载装置

6.2.1 回转锤和轻型凿岩机

测量时，操作者应持机器向抗压强度至少达到 40 MPa（混凝土至少凝固 28 天后），最大颗粒直径为 16 mm 的无钢筋矩形混凝土块（加载装置）钻凿。矩形混凝土块抗压强度的确定应符合 ISO 679 的规定。

矩形混凝土块的规格尺寸应至少为 800 mm×500 mm×200 mm，并应平放在减震材料（如：沙子、绝缘垫或厚木板）上，用来垫平不平整的地方。这样放置不会有明显的共振现象。

6.2.2 重型凿岩机

对于质量大于 15 kg 的重型凿岩机，应使用吸能器作为加载装置。吸能器应尽量不出现能量反射现象，且反射能量不应超过入射波能量的 20%。

吸能器由一个内装淬硬钢球的钢管组成。该钢管被牢牢地固定在一块质量至少为 300 kg 的坚硬基座底板上以防止其反弹。从吸能器的上端，插入一试验钎杆顶住钢球，并将被测工具与试验钎杆相连进行运转试验。其钢管的热处理硬度应为 62HRC±2HRC 或 750HV±10HV，测砧和试验钎杆的热处理硬度应为 55HRC±2HRC，钢球的热处理硬度应大于 63HRC。

如果测量持续时间长，应对测试系统予以冷却。

图 4 例举了一种吸能器（加载装置）和一种试验钎杆的规格。其钢管直径 D 应为 60 mm，钢球直径为 4 mm，钢球柱高 H 为 150 mm。

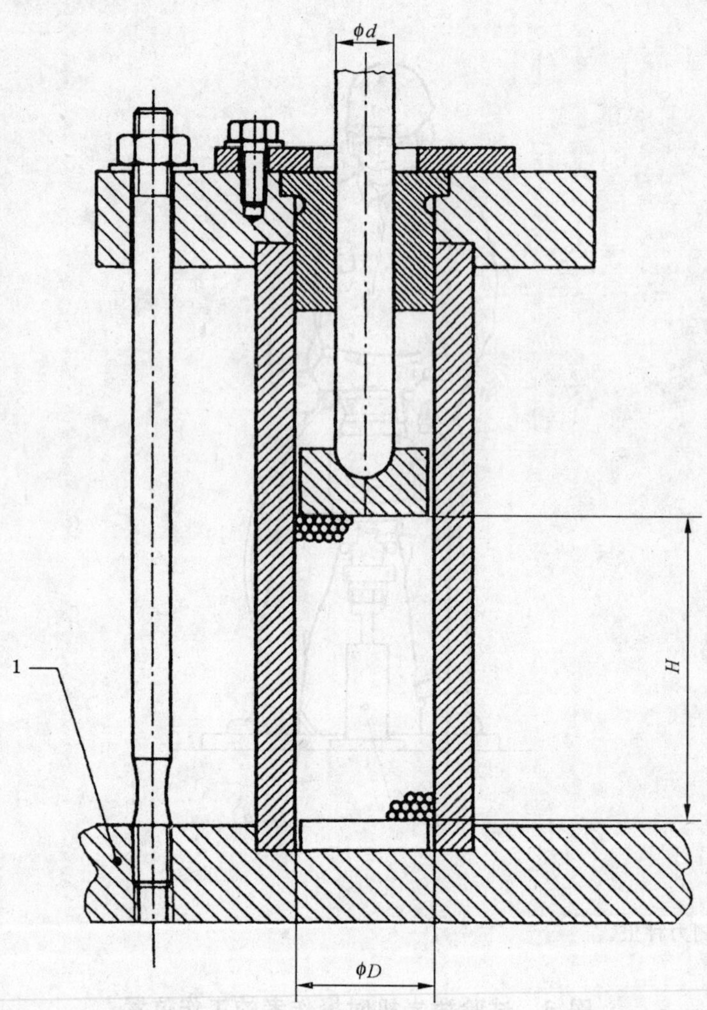

1——质量至少为 300 kg 的混凝土板。

图 4 吸能器

6.3 推进力

除被测工具本身的重量外，对其所施加的推进力应垂直向下，使钎杆不与吸能器的固定套筒相接触，这样才能保证被测工具在正常的性能范围内平稳运转。

通常施加的推进力 F_A，用牛顿(N)表示，约是被测工具质量(千克，kg)的 15 倍，且应大于 80 N 而小于 200 N。

示例：如被测工具的质量为 12 kg，那么推进力宜约为 180 N。

测量时，由操作者站在测力秤上来施控推进力 F_A，此时推进力为操作者的重量减去测力秤上的读数。

6.4 钎头

就回转锤而言，应使用生产厂家推荐的钎头。钎杆的有效深度和钎头直径宜按表 1 选配。

表 1 根据钎尾直径来选配钎头尺寸

单位为毫米

钎尾直径 d	钎头直径	约计有效深度
$d \leqslant 12$	10	100
$12 < d < 20$	20	200
注：作业宜按标准规格选择有效深度并宜尽可能接近此表所推荐的适当值。		

测量时，应使用一个新的或重新刃磨过的钎头开始每组试验，但在每组试验过程中，不应替换或重新刃磨钎头。

7 测量程序和规范的有效性

7.1 动力源

应使用测量均方根值的仪表来测定电动工具的电源电压。

气动工具气压的测定应符合 GB/T 5621 的规定，并在整个测量过程中始终保持制造厂标定的压力值。

液压应予测定，并按制造厂的要求保持不变。

以上技术要求等效满足于以其他方式(如内燃机)驱动的工具。

利用振动传感器传出的信号通过电子滤波器或其他适宜的方法来确定工具的冲击频率。

7.2 测量程序

三名熟练的操作者应各自分别完成一组测量。每组测量应使用被测工具钻凿混凝土块 5 次或将被测工具连接在吸能器上运转 5 次。

鉴于每组试验包括 5 次钻凿，因此每次钻凿的时间可由测试来确定，但不应少于 8 秒。其读数宜从钎头钻凿深度等于钎头直径时开始，到钎头的钻凿深度达到钎杆有效深度的 80％或钎头在钻穿矩形混凝土块之前时结束。

在使用吸能器时，每次运转试验应待工具运转平稳后开始计时，且测试的时间不应少于 8 秒。

7.3 测量的有效性

应连续测量直到获得一组有效的试验数据，即同一名操作者获得的 5 个连续计权值的变异系数小于 0.15 或标准偏差小于 0.30 m/s^2。

7.4 变异系数

该变异系数(C_V)被定义为连续测量所得的标准偏差与均值的比，公式表示为：

$$C_V = \frac{S_{n-1}}{\overline{X}}$$

其中：

$$S_{n-1} = \sqrt{\frac{1}{n-1}\sum_{i=1}^{n}(X_i - \overline{X})^2}$$

$$\overline{X} = \frac{1}{n}\sum_{i=1}^{n} X_i$$

式中：

C_V——变异系数；

S_{n-1}——标准偏差，单位为米每秒平方(m/s^2)；

$\overline{X}$——均值，单位为米每秒平方(m/s^2)；

X_i——第 i 次测定值，单位为米每秒平方(m/s^2)；

n——测量的次数。

8 试验报告

除 GB/T 8910.1—2004 中第 7 章的规定外，报告还应注明以下各项：

a) 钎头直径；

b) 钎杆长度；

c) 加载装置的规格尺寸，如吸能器的钢管直径，钢球柱高，钢球直径和吸能器的固定底座；

d) 电压、工作压力或与动力源有关的其他数据；

e) 冲击频率；

f) 推进力。

附 录 A
（规范性附录）
基本中心坐标系的确定

A.1 Z 向：与冲击方向平行的方向。

A.2 Y 向：以手柄和 Z 轴线为几何平面，并与 Z 轴线成直角的方向。

A.3 X 向：与 Y 和 Z 向均垂直的方向。

A.4 在正交平面内，利用机械滤波器进行测量时，传感器的感振方向应与需要测试的方向重合，并且必须确保机械滤波器的上限截止频率达到 1 250 Hz。

ICS 17.040.30
J 42

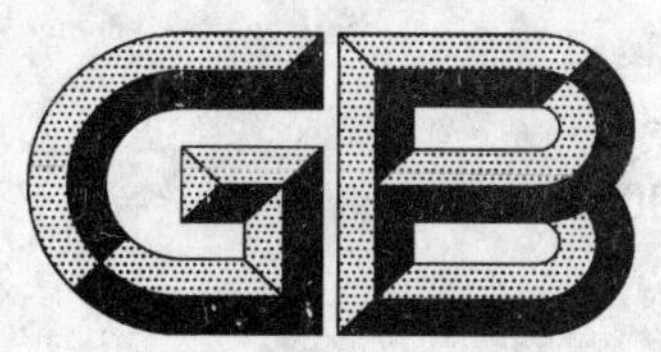

中华人民共和国国家标准

GB/T 9056—2004
代替 GB/T 9056—1988

金属直尺

Metal ruler

2004-02-10 发布　　2004-08-01 实施

中华人民共和国国家质量监督检验检疫总局
中国国家标准化管理委员会　发布

前言

本标准是对 GB/T 9056—1988《钢直尺》的修订，本标准自实施之日起，代替 GB/T 9056—1988《钢直尺》。

本标准与 GB/T 9056—1988 相比主要变化如下：

——修改了标准名称钢直尺为金属直尺；

——增加了规范性引用文件(本版的 2)；

——给出了“允许误差”的定义(本版的 3.2)；

——修改了端边、侧边为端面、侧面的术语名称(1988 年版的 2、3 和附录 A；本版的 4 至 6)；

——修改了型式图中标称长度、宽、厚的尺寸和标注(1988 年版的 2；本版的 4)；

——修改了侧面相对于端面的垂直度公差值(1988 年版的 3.9；本版的 5.5.1)；

——修改了侧面的直线度公差值(1988 年版的 3.10；本版的 5.5.2)；

——修改了允许误差的规定值(1988 年版的 3.11；本版的 5.6)；

——检验方法不再作为附录(1988 年版的附录 A；本版的 6)；

——删除了端面与侧面的垂直度检验方法中的附图(1988 年版的附录 A5；本版的 6.2)；

——删除了宽度差(两侧面的平行度)检验方法中的附图(1988 年版的附录 A4；本版的 6.5)。

本标准由中国机械工业联合会提出。

本标准由全国量具量仪标准化技术委员会归口。

本标准由靖江量具有限公司负责起草。

本标准主要起草人：杨东顺。

本标准所代替标准的历次版本发布情况为：

——GB/T 9056—1988。

金 属 直 尺

1 范围

本标准规定了金属直尺的术语和定义、型式与基本参数、要求、检验方法和标志与包装等。

本标准适用于分度值为 1 mm，标称长度不应大于 2 000 mm 的金属直尺。

2 规范性引用文件

下列文件中的条款通过本标准的引用而成为本标准的条款。凡是注日期的引用文件，其随后所有的修改单(不包括勘误的内容)或修订版均不适用于本标准，然而，鼓励根据本标准达成协议的各方研究是否可使用这些文件的最新版本。凡是不注日期的引用文件，其最新版本适用于本标准。

GB/T 17163—1997 几何量测量器具术语 基本术语

3 术语和定义

GB/T 17163—1997 中确立的以及下列术语和定义适用于本标准。

3.1

金属直尺 metal ruler

具有一组或多组有序的标尺标记及标尺数码所构成的金属制板状的测量器具。

3.2

允许误差 maximun permissible error

由技术规范、规则等对金属直尺规定的误差极限值。

4 型式与基本参数

4.1 金属直尺的型式见图 1 所示，图示仅供图解说明。

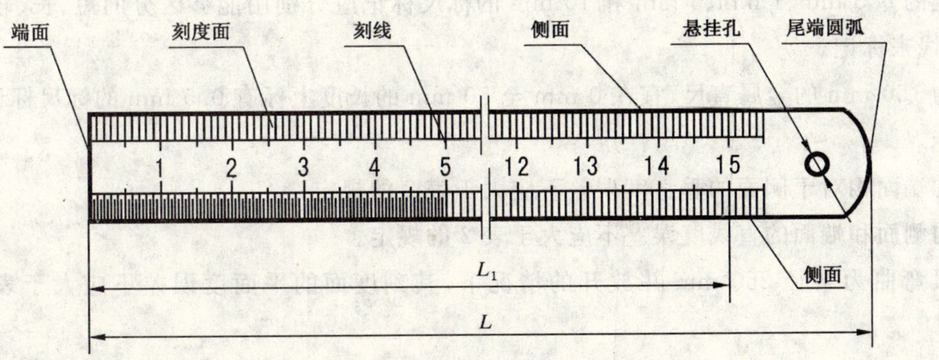

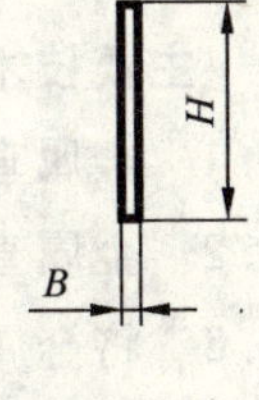

图 1

4.2 金属直尺的基本参数宜见表 1 的规定。

表 1 单位为毫米

<table>
<tr><th rowspan="2">标称长度 l</th><th colspan="2">全长 L</th><th colspan="2">厚度 B</th><th colspan="2">宽度 H</th><th rowspan="2">孔径 ϕ</th></tr>
<tr><th>尺寸</th><th>偏差</th><th>尺寸</th><th>偏差</th><th>尺寸</th><th>偏差</th></tr>
<tr><td>150</td><td>175</td><td rowspan="7">±5</td><td>0.5</td><td>±0.05</td><td>15 或 20</td><td>±0.3 或±0.4</td><td rowspan="4">5</td></tr>
<tr><td>300</td><td>335</td><td>1.0</td><td>±0.10</td><td>25</td><td>±0.5</td></tr>
<tr><td>500</td><td>540</td><td>1.2</td><td>±0.12</td><td>30</td><td>±0.6</td></tr>
<tr><td>600</td><td>640</td><td>1.2</td><td>±0.12</td><td>30</td><td>±0.6</td></tr>
<tr><td>1 000</td><td>1 050</td><td>1.5</td><td>±0.15</td><td>35</td><td>±0.7</td><td rowspan="3">7</td></tr>
<tr><td>1 500</td><td>1 565</td><td>2.0</td><td>±0.20</td><td>40</td><td>±0.8</td></tr>
<tr><td>2 000</td><td>2 065</td><td>2.0</td><td>±0.20</td><td>40</td><td>±0.8</td></tr>
</table>

5 要求

5.1 外观

金属直尺上不应有影响使用性能的碰伤、划痕、断线和漆层脱落等缺陷。

5.2 材料

金属直尺应选择 1Cr18Ni9、1Cr13 或其他类似性能的材料制造。

5.3 硬度和表面粗糙度

5.3.1 金属直尺的硬度不应小于 342 HV。

5.3.2 金属直尺的刻度面和背面的表面粗糙度 Ra 值不应大于 0.8 μm；侧面和端面的表面粗糙度 Ra 值不应大于 1.6 μm。

5.4 标尺

5.4.1 金属直尺上每 10 mm 应有 1 个标尺标数，其标尺间隔为 1 mm。

5.4.2 金属直尺上的标尺标记应清晰，标尺标记的宽度应在 0.10 mm 至 0.25 mm 之间，标尺标记间的最大宽度差不应大于 0.04 mm。

5.4.3 金属直尺上的 0.5 mm、1 mm、5 mm 和 10 mm 的标尺标记应分别用能够区分的短、长、较长和最长的四种长度刻线来标记。

5.4.4 标称长度为 150 mm 的金属直尺，宜在 0 mm 至 50 mm 的长度上标有 0.5 mm 的标尺标记。

5.5 主要技术指标

5.5.1 金属直尺的端面相对于侧面的垂直度误差不应大于表 2 的规定。

5.5.2 金属直尺的侧面和端面的直线度误差不应大于表 2 的规定。

5.5.3 将金属直尺弯曲为半径 250 mm 并放开的情况下，其刻度面的平面度误差不应大于表 2 的规定。

5.5.4 金属直尺的两侧面间的平行度误差不应大于表 2 的规定。

5.6 允许误差

金属直尺的允许误差不应大于表 3 的规定。

表 2

单位为毫米

<table>
<tr><th rowspan="2">标称长度 l</th><th rowspan="2">垂直度</th><th colspan="2">直线度</th><th rowspan="2">平面度</th><th rowspan="2">平行度</th></tr>
<tr><th>侧面</th><th>端面</th></tr>
<tr><td>150</td><td rowspan="7">0.035</td><td>0.23</td><td>0.03</td><td rowspan="4">0.25</td><td>0.15</td></tr>
<tr><td>300</td><td>0.26</td><td rowspan="6">0.04</td><td>0.25</td></tr>
<tr><td>500</td><td>0.28</td><td rowspan="2">0.35</td></tr>
<tr><td>600</td><td>0.32</td></tr>
<tr><td>1 000</td><td>0.40</td><td>0.40</td><td>0.50</td></tr>
<tr><td>1 500</td><td>0.50</td><td>0.50</td><td>0.60</td></tr>
<tr><td>2 000</td><td>0.60</td><td>0.60</td><td>0.70</td></tr>
</table>

表 3

单位为毫米

<table>
<tr><th>标称长度 l</th><th>允许误差</th></tr>
<tr><td>150</td><td rowspan="3">±0.15</td></tr>
<tr><td>300</td></tr>
<tr><td>500</td></tr>
<tr><td>600</td><td rowspan="2">±0.20</td></tr>
<tr><td>1 000</td></tr>
<tr><td>1 500</td><td>±0.25</td></tr>
<tr><td>2 000</td><td>±0.30</td></tr>
<tr><td colspan="2">注：允许误差值按±(0.10+0.05×l/500)计算，l 的单位为毫米。</td></tr>
</table>

6 检验方法

6.1 标尺

采用工具显微镜或放大倍数为 20 倍的读数显微镜(分辨力为 0.01 mm)，对标尺标记的宽度和标尺标记间的最大宽度差进行检测。

6.2 垂直度误差

将金属直尺置于平板(2 级)上，用直角尺与金属直尺的侧面或端面贴合，然后用标称尺寸等于垂直度公差值(见表 2)的塞尺(2 级)进行检测。

6.3 直线度误差

将金属直尺的侧面(端面)放置在平板(2 级)上，采用标称尺寸等于直线度公差值(见表 2)的塞尺(2 级)进行检测。

6.4 平面度误差

将金属直尺弯曲为半径 250 mm 并放开，然后将刻度面与平板(2 级)贴合，采用标称尺寸等于平面度公差值(见表 2)的塞尺(2 级)进行检测。

6.5 宽度差

用读数值为 0.02 mm 的游标卡尺在金属直尺全长范围内进行检测。

6.6 允许误差

6.6.1 在专用检定台上，将标称长度小于或等于 1 000 mm 的金属直尺和标准尺(3 等标准金属线纹尺)的两刻度侧面平接安置，采用读数显微镜(分辨力为 0.01 mm)读出金属直尺与标准尺之间的差值见图 2 所示，即为金属直尺的示值误差。

6.6.2 标称长度为 1 500 mm 的金属直尺采用上述方法在 0 mm 至 500 mm、500 mm 至 1 500 mm 分段进行检测，其两段差值的代数和即为该金属直尺的示值误差。

6.6.3 标称长度为 2 000 mm 的金属直尺采用上述方法在 0 mm 至 1 000 mm、1 000 mm 至 2 000 mm 分段进行检测，其两段差值的代数和即为该金属直尺的示值误差。

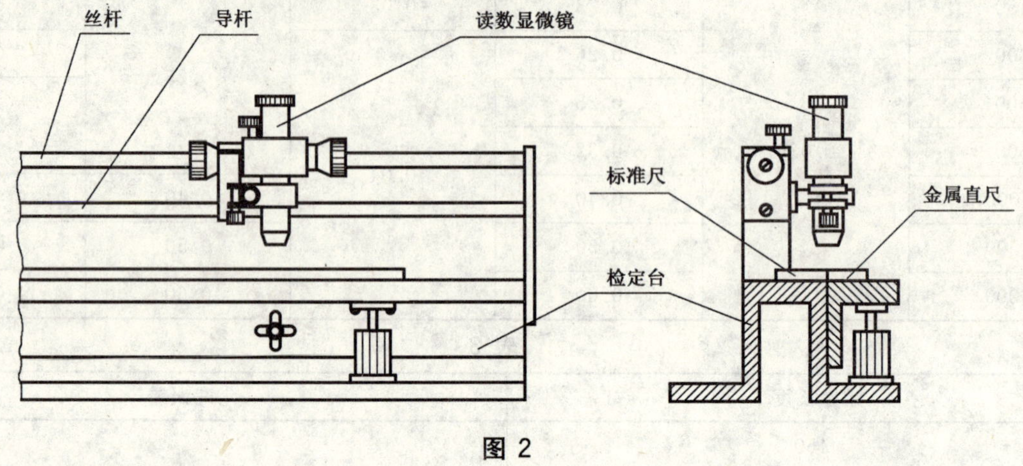

图 2

7 标志与包装

7.1 金属直尺上至少应标有：

a) 制造厂厂名或注册商标；

b) 分度值；

c) 标称长度。

7.2 金属直尺包装盒上至少应标有：

a) 制造厂厂名或注册商标；

b) 产品名称；

c) 标称长度。

7.3 金属直尺在包装前应经过防锈处理并妥善包装，不得因包装不善而在运输过程中损坏产品。

7.4 金属直尺经检定符合本标准要求的应附有产品合格证，产品合格证上应标有本标准的标准号、产品序号和出厂日期。

ICS 17.040.30
J 42

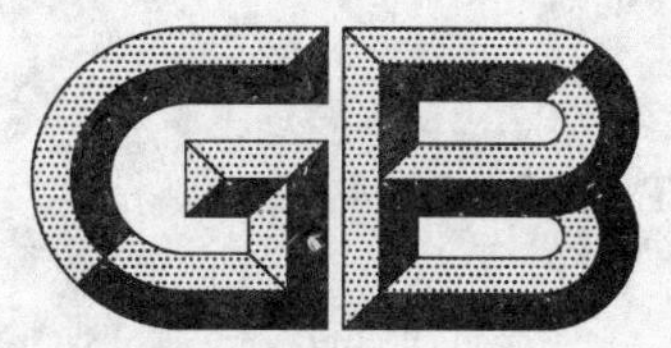

中华人民共和国国家标准

GB/T 9058—2004
代替 GB/T 9058—1988

奇数沟千分尺

Micrometer with prismatically arranged measuring faces

2004-02-10 发布　　　　2004-08-01 实施

中华人民共和国国家质量监督检验检疫总局
中国国家标准化管理委员会　发布

前　言

本标准自实施之日起,代替 GB/T 9058—1988《奇数沟千分尺》。

本标准与 GB/T 9058—1988 相比主要变化如下:

——增加了分度值为 0.001 mm、0.002 mm、0.005 mm(1988 年版的第一行条款;本版的 1);

——统一规定了奇数沟千分尺的测量上限(1988 年版的第一、二行条款;本版的 1);

——修改了误差的定义(1988 年版的 1.2;本版的 3.2);

——增加了数字显示等读数方式的示意图(本版的第 4.1);

——删除了固定套管上刻度数字要求(1988 年版的 2.2);

——增加了测微螺杆的"螺距"要求(本版的 4.2);

——修改了影响外观缺陷的要求(1988 年版的 3.1;本版的 5.1);

——增加了尺架、测微螺杆、测砧的制造材料要求(1988 年版的 3.7;本版的 5.2);

——修改了尺架上隔热装置要求(1988 年版的 2.3;本版的 5.3.1);

——增加了测微螺杆伸出的圆柱部分直径规格(1988 年版的 2.1;本版的 5.4.1);

——增加了测微螺杆伸出的圆柱部分长度(本版的 5.4.2);

——增加了测微螺杆与螺母、轴套之间的配合要求(本版的 5.4.3、5.4.4);

——删除了轴、径向间隙的要求(1988 年版的 3.2);

——修改了测量面与球面接触时的测力下限,删除了测力变化(1988 年版的 3.9;本版的 5.5);

——增加了测微螺杆锁紧时两测量面间的距离变化(本版的 5.6);

——增加了测量面的硬度要求(本版的 5.7.1);

——修改了测量面的表面粗糙度(1988 年版的 3.8;本版的 5.7.2);

——修改了测砧测量面平面度公差值(1988 年版的 3.10;本版的 5.7.2);

——增加了微分筒上标尺分度和标尺间隔要求(本版的 5.8.1);

——增加了微分筒上的标尺间距要求(本版的 5.8.2);

——修改了标尺标记宽度下限值(1988 年版的 3.4;本版的 5.8.2);

——增加了微分筒锥面的斜角要求(本版的 5.8.3);

——增加了带计数器千分尺的要求(本版的 5.9);

——修改了示值误差、两测量面间平行度和弯曲变形量(1988 年版的 3.11;本版的 5.10);

——检验方法不再作为附录(1988 年版的附录 A;本版的 6)。

本标准由中国机械工业联合会提出。

本标准由全国量具量仪标准化技术委员会归口。

本标准由成都工具研究所负责起草。

本标准主要起草人:姜志刚。

本标准所代替标准的历次版本发布情况为:

——GB/T 9058—1988。

奇 数 沟 千 分 尺

1 范围

本标准规定了三沟千分尺、五沟千分尺和七沟千分尺(以下简称“奇数沟千分尺”)的术语和定义、型式与基本参数、要求、检验方法、标志与包装等。

本标准适用于分度值为 0.01 mm、0.001 mm、0.002 mm、0.005 mm,测量上限 l_{max} 不应大于 100 mm的奇数沟千分尺。

2 规范性引用文件

下列文件中的条款通过本标准的引用而成为本标准的条款。凡是注日期的引用文件,其随后所有的修改单(不包括勘误的内容)或修订版均不适用于本标准,然而,鼓励根据本标准达成协议的各方研究是否可使用这些文件的最新版本。凡是不注日期的引用文件,其最新版本适用于本标准。

GB/T 17163—1997 几何量测量器具术语 基本术语

3 术语和定义

GB/T 17163—1997 中确立的以及下列术语和定义适用于本标准。

3.1

奇数沟千分尺 micrometer with prismatically arranged measuring faces

具有特制的V形测砧,可测量带有3、5和7个沿圆周均匀分布沟槽工件的外径千分尺。

3.2

最大允许误差 maximun permissible error

由技术规范、规则等对奇数沟千分尺规定的误差极限值。

4 型式与基本参数

4.1 型式

奇数沟千分尺的型式见图1所示,图示仅供图解说明。

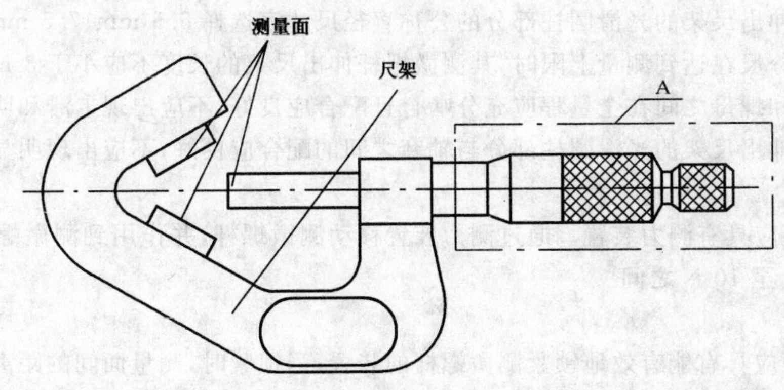

A 部详图

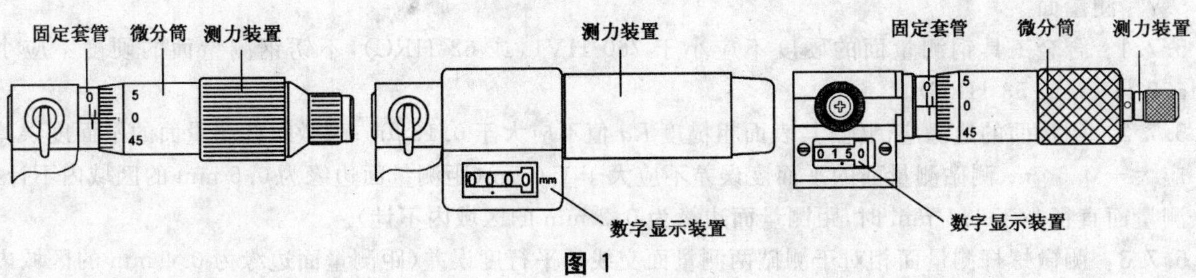

图1

4.2 基本参数

奇数沟千分尺的测微螺杆螺距、两测砧间夹角 α 和测量范围宜符合表 1 的规定。

表 1

基本参数	测微螺杆螺距/mm	测砧间夹角 α	测量范围/mm
三沟千分尺	0.75	60°	1～15、5～20、20～35、35～50、50～65、65～80
五沟千分尺	0.559	108°	5～25、25～45、45～65、65～85
七沟千分尺	0.527 5	128°34′17″	

5 要求

5.1 外观

奇数沟千分尺的测量面上不应有影响使用性能的锈蚀、碰伤、划痕、裂纹等缺陷。

5.2 材料

5.2.1 尺架应选择钢、可锻铸铁或其他性能类似的材料制造。

5.2.2 测微螺杆和测砧应选择合金工具钢或其他类似性能的材料制造，其测量面宜镶硬质合金或其他耐磨材料。

5.3 尺架

5.3.1 尺架上宜安装隔热板或隔热装置。

5.3.2 尺架应具有足够的刚性；当尺架沿测微螺杆的轴线方向作用 10 N 的力时，其弯曲变形量不应大于表 2 的规定。

表 2

单位为毫米

测量上限 l_{max}	最大允许误差	平行度公差	弯曲变形量
$l_{max} \leqslant 50$	0.004	0.004	0.002
$50 < l_{max} \leqslant 100$	0.005	0.005	0.003

5.4 测微螺杆和测砧

5.4.1 测微螺杆伸出尺架的光滑圆柱部分的公称直径尺寸宜选择 6.5 mm、7.5 mm 或 8 mm。

5.4.2 奇数沟千分尺在达到测量上限时，其测微螺杆伸出尺架的长度不应小于 3 mm。

5.4.3 测微螺杆和螺母之间在全量程应充分啮合且配合应良好，不应出现卡滞和明显的窜动。

5.4.4 测微螺杆伸出尺架的光滑圆柱部分与轴套之间的配合应良好，不应出现明显摆动。

5.5 测力装置

奇数沟千分尺应具有测力装置。通过测力装置移动测微螺杆，并作用到测微螺杆测量面与球面接触的测力应在 5 N 至 10 N 之间。

5.6 锁紧装置

奇数沟千分尺应具有能有效地锁紧测微螺杆的装置；当锁紧时，测量面间的距离与未锁紧时的变化差不应大于 2 μm。

5.7 测量面

5.7.1 合金工具钢测量面的硬度不应小于 760 HV1(或 62 HRC)，不锈钢测量面的硬度不应小于 575 HV5(或 53 HRC)。

5.7.2 测量面的边缘应倒钝，其表面粗糙度 Ra 值不应大于 0.16 μm；测微螺杆测量面的平面度误差不应大于 0.6 μm、测砧测量面的平面度误差不应大于 1.0 μm(距测量面边缘为 0.5 mm 的区域内不计；当测量面直径小于 1.5 mm 时，距测量面边缘为 0.2 mm 的区域内不计)。

5.7.3 测微螺杆测量面相对于测砧两测量面交线的平行度误差(距测量面边缘为 0.4 mm 的区域内不

计)不应大于表 2 的规定。

5.8 标尺

5.8.1 微分筒上应有 50 或 100 个标尺分度。

5.8.2 微分筒上的标尺间距不应小于 0.8 mm，标尺标记的宽度应在 0.08 mm 至 0.20 mm 之间。

5.8.3 微分筒上圆锥面的斜角宜在 7°至 20°范围内；微分筒圆锥面棱边至固定套管表面的距离不应大于 0.4 mm。

5.8.4 固定套管上的标尺标记与微分筒上的标尺标记应清晰，其宽度差不应大于 0.03 mm。

5.8.5 奇数沟千分尺对零位时，微分筒圆锥面的端面棱边至固定套管标尺标记的距离，允许压线不大于 0.05 mm、离线不大于 0.10 mm。

5.9 数字显示装置

当移动带计数器奇数沟千分尺的测微螺杆时，其计数器应按顺序进位，无错乱显示现象；微分筒指示值与计数器读数值的差值不应大于 3 μm；各位数字码和不对零时的各位数字码(尾数不进位时除外)的中心应在平行于测微螺杆轴线的同一直线上。

5.10 最大允许误差

奇数沟千分尺的最大允许误差不应大于表 2 的规定。

5.11 校对量柱和调整工具

5.11.1 奇数沟千分尺应提供用于调整零位和补偿测微螺杆与螺母螺纹之间磨损的调整工具。

5.11.2 奇数沟千分尺应提供校对量柱，校对量柱的尺寸偏差和圆柱度见表 3 的规定、测量面的硬度不应小于 760 HV1(或 62 HRC)及表面粗糙度 Ra 值不应大于 0.16 μm。

表 3

单位为毫米

标称尺寸	尺寸偏差	圆柱度公差
5、20	±0.001 5	0.001 0
25、35	±0.002 0	0.001 0
45、50、65	±0.002 5	0.001 5

6 检验方法

6.1 尺架

将尺架测砧固定，在测微螺杆一端施加 100 N 的力；然后分别观察奇数沟千分尺在施力或非施力的情况下，其示值之差按 10 N 的力进行比例换算，求出弯曲变形量。

6.2 测量面的平面度

采用光学平面平晶(2 级)进行检验，测量面上不应出现两条以上的相同颜色的干涉环或干涉带。检验时应调整平晶使测量面上的干涉带或干涉环的数目应尽可能少，或使其产生封闭的干涉环。

6.3 测量面的平行度

将奇数沟千分尺紧固在夹具上，采用不同尺寸的光滑极限塞规，分别在测砧的两端面进行测量读数，两读数之差即为测量面的平行度误差。光滑极限塞规的测量部位应相同，光滑极限塞规与测微螺杆测量面的接触长度为塞规的 1/4 直径尺寸，光滑极限塞规的直径尺寸和公差见表 3 的规定。

6.4 最大允许误差

将奇数沟千分尺紧固在夹具上，将不同尺寸的光滑极限塞规放在测砧测量面与测微螺杆测量面之间，由奇数沟千分尺读出示值并得出其与光滑极限塞规的尺寸之差，以其中最大差值的绝对值作为奇数沟千分尺的示值误差。光滑极限塞规的直径尺寸和公差见表 4 的规定。

表 4

单位为毫米

<table>
<tr><th>型　式</th><th>测量范围</th><th>直径尺寸</th><th>直径公差</th></tr>
<tr><td rowspan="3">三沟千分尺</td><td>1～15</td><td>1.00、4.20、7.24、10.36、13.50、15.00</td><td rowspan="5">按最大允许误差的 1/3 确定</td></tr>
<tr><td>5～20</td><td>5.00、8.12、12.24、15.36、18.50、20.00</td></tr>
<tr><td>20～35、35～50、50～65、65～80</td><td>l_{min}、l_{min}＋4.12、l_{min}＋7.24、l_{min}＋10.36、l_{min}＋13.50、l_{min}＋15.00</td></tr>
<tr><td rowspan="2">五沟千分尺
七沟千分尺</td><td>5～25</td><td>5.00、8.12、12.24、15.36、21.50、25.00</td></tr>
<tr><td>25～45、45～65、65～85</td><td>l_{min}、l_{min}＋4.12、l_{min}＋7.24、l_{min}＋10.36、l_{min}＋13.50、l_{min}＋15.00</td></tr>
<tr><td colspan="4">注：l_{min} 为奇数沟千分尺的测量下限值。</td></tr>
</table>

7　标志与包装

7.1　奇数沟千分尺上至少应标有：

a)　制造厂厂名或注册商标；

b)　测量范围；

c)　分度值；

d)　产品序号。

7.2　校对量杆上应标有长度标称尺寸。

7.3　奇数沟千分尺包装盒上至少应标有：

a)　制造厂厂名或注册商标；

b)　产品名称；

c)　测量范围。

7.4　奇数沟千分尺在包装前应经过防锈处理并妥善包装，不得因包装不善而在运输过程中损坏产品。

7.5　奇数沟千分尺经检定符合本标准要求的应附有产品合格证，产品合格证上应标有本标准的标准号、产品序号和出厂日期。

ICS 21.60.10
J 13

中华人民共和国国家标准

GB/T 9074.5—2004
代替 GB/T 9074.5—1988
GB/T 9074.6—1988

十字槽小盘头螺钉和平垫圈组合件

Cross recessed small pan head screw and washer assemblies with plain washers

2004-02-10 发布　　2004-08-01 实施

中华人民共和国国家质量监督检验检疫总局
中国国家标准化管理委员会　发布

前　言

本部分是国家标准"紧固件-组合件"产品系列标准之一。该系列包括：

a） GB/T 9074.1—2002　螺栓或螺钉和平垫圈组合件；

b） GB/T 9074.2—1988　十字槽盘头螺钉和外锯齿锁紧垫圈组合件；

c） GB/T 9074.3—1988　十字槽盘头螺钉和弹簧垫圈组合件；

d） GB/T 9074.4—1988　十字槽盘头螺钉、弹簧垫圈和平垫圈组合件；

e） GB/T 9074.5—2004　十字槽小盘头螺钉和平垫圈组合件；

f） GB/T 9074.7—1988　十字槽小盘头螺钉和弹簧垫圈组合件；

g） GB/T 9074.8—1988　十字槽小盘头螺钉、弹簧垫圈和平垫圈组合件；

h） GB/T 9074.9—1988　十字槽沉头螺钉和锥形锁紧垫圈组合件；

i） GB/T 9074.10—1988　十字槽半沉头螺钉和锥形锁紧垫圈组合件；

j） GB/T 9074.11—1988　十字槽凹穴六角头螺栓和平垫圈组合件；

k） GB/T 9074.12—1988　十字槽凹穴六角头螺栓和弹簧垫圈组合件；

l） GB/T 9074.13—1988　十字槽凹穴六角头螺栓、弹簧垫圈和平垫圈组合件；

m） GB/T 9074.15—1988　六角头螺栓和弹簧垫圈组合件；

n） GB/T 9074.16—1988　六角头螺栓和外锯齿锁紧垫圈组合件；

o） GB/T 9074.17—1988　六角头螺栓、弹簧垫圈和平垫圈组合件；

p） GB/T 9074.18—2002　自攻螺钉和平垫圈组合件；

q） GB/T 9074.20—2004　十字槽凹穴六角头自攻螺钉和平垫圈组合件。

本部分是 GB/T 9074 的第 5 部分。

本部分代替 GB/T 9074.5—1988《十字槽小盘头螺钉和平垫圈组合件》和 GB/T 9074.6—1988《十字槽小盘头螺钉和大垫圈组合件》。

本部分与 GB/T 9074.5—1988 和 GB/T 9074.6—1988 相比主要变化如下：

——将两个旧标准合并为一个标准；

——增加了 M2、(M3.5)和 M8 的螺纹规格(见表 1)；

——增加了小垫圈(S 型)系列，共给出三种可供选择的垫圈型式(见表 1)；

——调整了垫圈厚度(见表 1)；

——调整了垫圈硬度(见表 2)；

——增加组合件用螺钉和垫圈的代号(见表 3)；

——规定了新的组合件标记方法(见第 5 章)。

本部分由中国机械工业联合会提出。

本部分由全国紧固件标准化技术委员会(SAC/TC 85)归口。

本部分由机械科学研究院负责起草。

本部分所代替标准的历次版本发布情况为：

——GB/T 9074.5—1988；

——GB/T 9074.6—1988。

十字槽小盘头螺钉和平垫圈组合件

1 范围

本部分规定了螺纹规格为 M2～M8、平支承面的、机械性能等级为 4.8 级、垫圈硬度等级为 200HV、产品等级为 A 级的十字槽小盘头螺钉和平垫圈组合件。

该组合件中垫圈应能自由转动而不脱落。

2 规范性引用文件

下列文件中的条款通过 GB/T 9074 的本部分的引用而成为本部分的条款。凡是注日期的引用文件，其随后所有的修改单(不包括勘误的内容)或修订版均不适用于本部分，然而，鼓励根据本部分达成协议的各方研究是否可使用这些文件的最新版本。凡是不注日期的引用文件，其最新版本适用于本部分。

GB/T 90.1 紧固件 验收检查(GB/T 90.1—2002，idt ISO 3269:2000)

GB/T 90.2 紧固件 标志与包装

GB/T 97.4 平垫圈 用于螺钉和垫圈组合件(GB/T 97.4—2002，eqv ISO 10673:1998)

GB/T 823 十字槽小盘头螺钉

GB/T 1237 紧固件标记方法(GB/T 1237—2000，eqv ISO 8991:1986)

GB/T 3098.1 紧固件机械性能 螺栓、螺钉和螺柱(GB/T 3098.1—2000，idt ISO 898-1:1999)

GB/T 5267.1 紧固件 电镀层(GB/T 5267.1—2002，ISO 4042:1999，IDT)

3 尺寸

3.1 组合件中螺钉(见图 1)的尺寸，除组装垫圈的部位应按下列要求外，其余部分应符合 GB/T 823 的规定：

——螺钉应有直径为 d_s(见图 2)的细杆，垫圈的直径应符合 GB/T 97.4，以便能自由转动。

注：d_s≈中径。

——从支承面到第一扣完整螺纹始端的距离，应加大到可容纳垫圈的最大厚度。对这类产品是将螺纹辗制到接近垫圈的位置。

——过渡圆直径 d_a(见图 2 和表 1)，应小于 GB/T 823 规定的过渡圆直径 d_a，其减小量为公称直径与辗压螺纹毛坯直径的差值。GB/T 823 规定的曲率，在组合件中也不应改变。

3.2 平垫圈的尺寸应按 GB/T 97.4 规定。

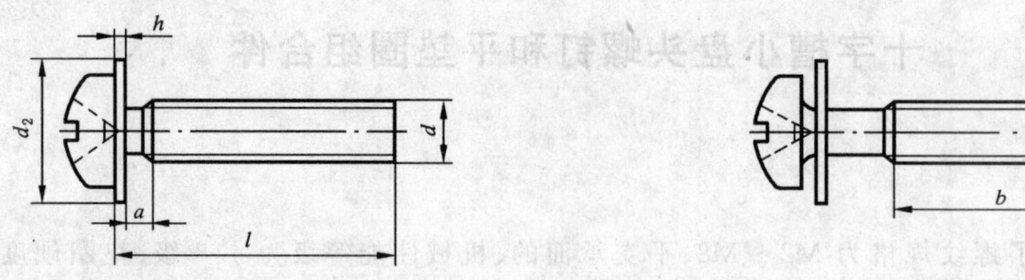

a) 全螺纹螺钉和平垫圈组合件　　b) 带光杆的螺钉和平垫圈组合件

图 1　十字槽小盘头螺钉和平垫圈组合件示例

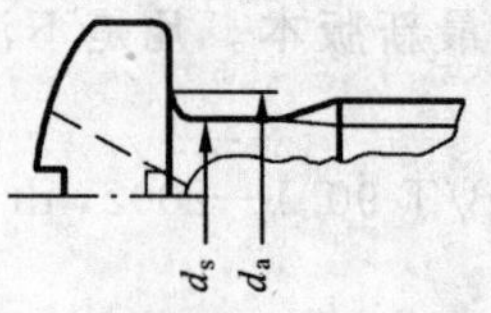

图 2　过渡圆直径 d_a 和杆径 d_s

表 1　尺寸

单位为毫米

螺纹规格[a] d	a[b] max	d_a max	平垫圈尺寸[c]					
			小系列 S型		标准系列 N型		大系列 L型	
			h 公称	d_2 max	h 公称	d_2 max	h 公称	d_2 max
M2	2P[d]	2.4	0.6	4.5	0.6	5	0.6	6
M2.5		2.8	0.6	5	0.6	6	0.6	8
M3		3.3	0.6	6	0.6	7	0.8	9
(M3.5)		3.7	0.8	7	0.8	8	0.8	11
M4		4.3	0.8	8	0.8	9	1	12
M5		5.2	1	9	1	10	1	15
M6		6.2	1.6	11	1.6	12	1.6	18
M8		8.4	1.6	15	1.6	16	2	24

a　尽可能不采用括号内的规格。

b　a——从垫圈支承面到第一扣完整螺纹始端的最大距离，当用平面（即用未倒角的环规）测量时，垫圈应与螺钉支承面或头下圆角接触。

c　摘自 GB/T 97.4 的尺寸仅为信息。

d　P——螺距。

4 技术条件和引用标准

技术条件和引用标准见表2。

表2 技术条件和引用标准

项目		螺钉	垫圈
机械性能	等级	4.8[a]	200 HV
	标准	GB/T 3098.1	GB/T 97.4
表面处理		镀锌技术要求,按 GB/T 5267.1	
验收及包装		GB/T 90.1、GB/T 90.2	

[a] 按 GB/T 3098.1 检查中发生争议时,应去除垫圈进行仲裁检查。

5 标记

5.1 组合件的标记应包括以下内容:

——对元件的描述;

——本国家标准编号;

——螺钉的特性;

——螺钉型式代号(见表3);

——垫圈型式代号(见表3)。

表3 螺钉和垫圈的型式代号

产品	代号	型式	标准编号
十字槽小盘头螺钉	S1	—	GB/T 823
平垫圈 用于螺钉和垫圈组合件	S	S型	GB/T 97.4
	N	N型	
	L	L型	

5.2 标记方法按 GB/T 1237 规定。

5.3 标记示例

十字槽小盘头螺钉和平垫圈组合件包括:一个 GB/T 823 M5×20-4.8 级螺钉(代号 S1)和一个 GB/T 97.4 标准系列垫圈(代号 N);组合件表面镀锌钝化(省略标记)的标记:

螺钉和垫圈组合件 GB/T 9074.5 M5×20 S1 N

十字槽小盘头螺钉和平垫圈组合件包括:一个 GB/T 823 M5×20-4.8 级螺钉(代号 S1)和一个 GB/T 97.4 大系列垫圈(代号 L);组合件表面镀锌钝化(省略标记)的标记:

螺钉和垫圈组合件 GB/T 9074.5 M5×20 S1 L

ICS 21.060.10
J 13

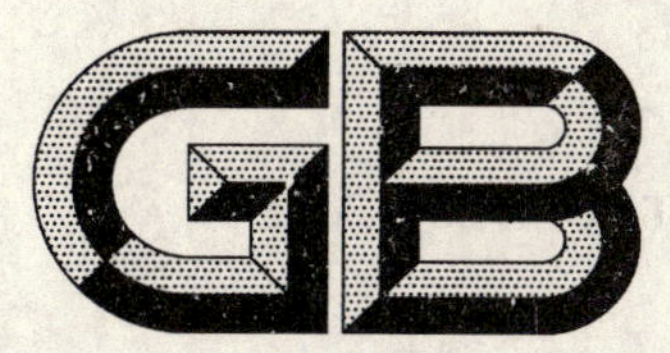

中华人民共和国国家标准

GB/T 9074.20—2004
代替GB/T 9074.20—1988
GB/T 9074.21—1988

十字槽凹穴六角头自攻螺钉和平垫圈组合件

Cross recessed hexagon head tapping screw with indentation and washer assemblies with plain washers

2004-02-10 发布 2004-08-01 实施

中华人民共和国国家质量监督检验检疫总局
中国国家标准化管理委员会 发布

前　言

本部分是国家标准“紧固件-组合件”产品系列标准之一。该系列包括：

a) GB/T 9074.1—2002　螺栓或螺钉和平垫圈组合件；

b) GB/T 9074.2—1988　十字槽盘头螺钉和外锯齿锁紧垫圈组合件；

c) GB/T 9074.3—1988　十字槽盘头螺钉和弹簧垫圈组合件；

d) GB/T 9074.4—1988　十字槽盘头螺钉、弹簧垫圈和平垫圈组合件；

e) GB/T 9074.5—2004　十字槽小盘头螺钉和平垫圈组合件；

f) GB/T 9074.7—1988　十字槽小盘头螺钉和弹簧垫圈组合件；

g) GB/T 9074.8—1988　十字槽小盘头螺钉、弹簧垫圈和平垫圈组合件；

h) GB/T 9074.9—1988　十字槽沉头螺钉和锥形锁紧垫圈组合件；

i) GB/T 9074.10—1988　十字槽半沉头螺钉和锥形锁紧垫圈组合件；

j) GB/T 9074.11—1988　十字槽凹穴六角头螺栓和平垫圈组合件；

k) GB/T 9074.12—1988　十字槽凹穴六角头螺栓和弹簧垫圈组合件；

l) GB/T 9074.13—1988　十字槽凹穴六角头螺栓、弹簧垫圈和平垫圈组合件；

m) GB/T 9074.15—1988　六角头螺栓和弹簧垫圈组合件；

n) GB/T 9074.16—1988　六角头螺栓和外锯齿锁紧垫圈组合件；

o) GB/T 9074.17—1988　六角头螺栓、弹簧垫圈和平垫圈组合件；

p) GB/T 9074.18—2002　自攻螺钉和平垫圈组合件；

q) GB/T 9074.20—2004　十字槽凹穴六角头自攻螺钉和平垫圈组合件。

本部分是 GB/T 9074 的第 20 部分。

本部分代替 GB/T 9074.20—1988《十字槽凹穴六角头自攻螺钉和平垫圈组合件》和 GB/T 9074.21—1988《十字槽凹穴六角头自攻螺钉和大垫圈组合件》。

本部分与 GB/T 9074.20—1988 和 GB/T 9074.21—1988 相比主要变化如下：

——将两个旧标准合并为一个标准；

——给出可供选择的两种垫圈型式(见表 1)；

——规定了垫圈硬度范围，以及应提供防止组合后热处理中硬度改变的措施(见表 2)；

——增加了组合件用自攻螺钉和垫圈的代号(见表 3)；

——规定了新的组合件标记方法(见第 5 章)。

本部分由中国机械工业联合会提出。

本部分由全国紧固件标准化技术委员会(SAC/TC 85)归口。

本部分由机械科学研究院负责起草。

本部分所代替标准的历次版本发布情况为：

——GB/T 9074.20—1988；

——GB/T 9074.21—1988。

十字槽凹穴六角头自攻螺钉和平垫圈组合件

1 范围

本部分规定了自攻螺纹规格为 ST2.9～ST8、平支承面的、机械性能符合 GB/T 3098.5 的十字槽凹穴六角头自攻螺钉和平垫圈组合件。

该组合件中垫圈应能自由转动而不脱落。

2 规范性引用文件

下列文件中的条款通过 GB/T 9074 的本部分的引用而成为本部分的条款。凡是注日期的引用文件，其随后所有的修改单(不包括勘误的内容)或修订版均不适用于本部分，然而，鼓励根据本部分达成协议的各方研究是否可使用这些文件的最新版本。凡是不注日期的引用文件，其最新版本适用于本部分。

GB/T 90.1　紧固件　验收检查(GB/T 90.1—2002,idt ISO 3269:2000)

GB/T 90.2　紧固件　标志与包装

GB/T 97.5　平垫圈　用于自攻螺钉和垫圈组合件(GB/T 97.5—2002,eqv ISO 10669:1999)

GB/T 1237　紧固件标记方法(GB/T 1237—2000,eqv ISO 8991:1986)

GB/T 3098.5　紧固件机械性能　自攻螺钉(GB/T 3098.5—2000,idt ISO 2702:1992)

GB/T 5267.1　紧固件　电镀层(GB/T 5267.1—2002,ISO 4042:1999,IDT)

GB/T 9456　十字槽凹穴六角头自攻螺钉

3 尺寸

3.1　组合件中自攻螺钉(见图 1)的尺寸，除组装垫圈的部位应按下列要求外，其余部分应符合 GB/T 9456的规定：

——螺钉应有直径为 d_s(见图 2)的细杆，垫圈的直径应符合 GB/T 97.5，以便能自由转动。

——从支承面到第一扣完整螺纹始端的距离，应加大到可容纳垫圈的最大厚度。

——过渡圆直径 d_a(见图 2 和表 1)，应小于 GB/T 9456 规定的过渡圆直径 d_a，其减小量为公称直径与辗压螺纹毛坯直径的差值。

3.2　平垫圈的尺寸应按 GB/T 97.5 规定。

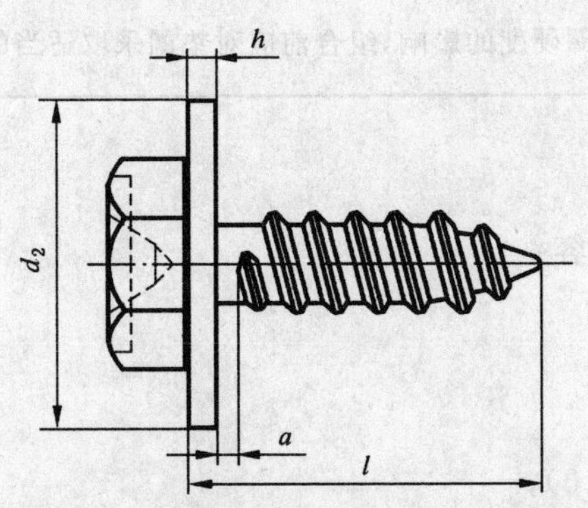

图 1　十字槽凹穴六角头自攻螺钉和平垫圈组合件示例

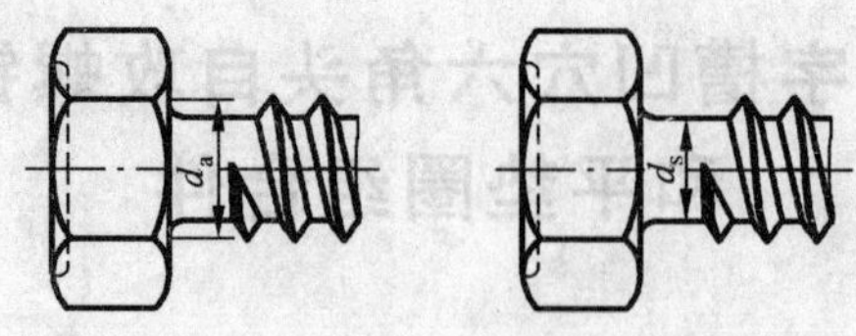

图 2 过渡圆直径 d_a 和杆径 d_s

表 1 尺寸

单位为毫米

螺纹规格	a[b] max	d_a max	平垫圈尺寸[a]			
			标准系列 N 型		大系列 L 型	
			h 公称	d_2 max	h 公称	d_2 max
ST2.9	1.1	2.8	1	7	1	9
ST3.5	1.3	3.3	1	8	1	11
ST4.2	1.4	4.03	1	9	1	12
ST4.8	1.6	4.54	1	10	1.6	15
ST6.3	1.8	5.93	1.6	14	1.6	18
ST8	2.1	7.76	1.6	16	2	24

a 摘自 GB/T 97.5 的尺寸仅为信息。

b 尺寸 a，在垫圈与螺钉支承面或头下圆角接触后进行测量。

4 技术条件和引用标准

技术条件和引用标准见表 2。

表 2 技术条件和引用标准

项 目		自攻螺钉	垫 圈
机械性能	等 级	—	180HV[a]
	标 准	GB/T 3098.5	GB/T 97.5
表面处理		镀锌技术要求，按 GB/T 5267.1	
验收及包装		GB/T 90.1、GB/T 90.2	

a 为避免在热处理的过程中对垫圈硬度的影响，组合前应对垫圈采取适当的防护措施，如镀铜。

5 标记

5.1 组合件的标记应包括以下内容：

——对元件的描述；

——本国家标准编号；

——自攻螺钉的特性；

——自攻螺钉型式代号(见表 3)；

——垫圈型式代号(见表 3)。

表 3　自攻螺钉和垫圈的型式代号

产　品	代　号	型　式	标准编号
十字槽凹穴 六角头自攻螺钉	S1	—	GB/T 9456
平垫圈 用于自攻螺钉和垫圈组合件	N	标准系列	GB/T 97.5
	L	大系列	

5.2　标记方法按 GB/T 1237 规定。

5.3　标记示例

十字槽凹穴六角头自攻螺钉和平垫圈组合件包括：一个 GB/T 9456 ST4.2×16、锥端(C)　十字槽凹穴六角头自攻螺钉(代号 S1)和一个 GB/T 97.5 标准系列垫圈(代号 N)组合件表面镀锌钝化(省略标记)的标记：

自攻螺钉和垫圈组合件　GB/T 9074.20　ST4.2×16 S1 N

十字槽凹穴六角头自攻螺钉和平垫圈组合件包括：一个 GB/T 9456 ST4.2×16、锥端(C)　十字槽凹穴六角头自攻螺钉(代号 S1)和一个 GB/T 97.5 大系列垫圈(代号 L)组合件表面镀锌钝化(省略标记)的标记：

自攻螺钉和垫圈组合件　GB/T 9074.20　ST4.2×16 S1 L

ICS 55.200
A 84

中华人民共和国国家标准

GB/T 9177—2004
代替 GB/T 9177—1988

真空、真空充气包装机通用技术条件

Vacuum packaging machine and vacuum-gas flushing packaging machine

2004-03-04 发布　　　　2004-08-01 实施

中华人民共和国国家质量监督检验检疫总局
中国国家标准化管理委员会　发布

前　言

本标准是对GB/T 9177—1988《真空、真空充气包装机通用技术条件》进行的修订，修订时保留了GB/T 9177—1988中适用的内容，同时根据实际情况作了如下修改：

——增加了规范性引用文件；

——增加了术语和定义；

——修改了基本参数：真空室最低绝对压强不大于1 kPa；

——增加了对真空室抽气时间的要求；

——调整了压强增量；

——增加了对接地装置的要求；

——调整了热封口强度数值；

——增加了箱盖变形量的要求；

——增加了噪声要求；

——试验方法作了相应的修改。

本标准自实施之日起代替GB/T 9177—1988。

本标准由全国包装标准化技术委员会机械分会提出并归口。

本标准负责起草单位：机械工业包装机械产品质量监督检测中心。

本标准参加起草单位：上海人民包装股份有限公司、上海青葩食品包装机械有限公司、诸城小康食品包装机械有限公司、杭州佑天元包装机械制造有限公司。

本标准主要起草人：陈润洁、吴圣恒、陈嘉中、孙学军、王健生、俞吉良、周在余、王勇。

本标准所代替标准的版本发布情况为；

——GB/T 9177—1988。

真空、真空充气包装机通用技术条件

1 范围

本标准规定了真空、真空充气包装机的型号、型式与基本参数、技术要求、试验方法、检验规则、标志、包装、运输及贮存等要求。

本标准适用于腔式的真空、真空充气包装机(以下简称包装机),该机型采用复合薄膜作为包装材料进行真空或真空充气后的热封包装。

2 规范性引用文件

下列文件中的条款通过本标准的引用而成为本标准的条款。凡是注日期的引用文件,其随后所有的修改单(不包括勘误的内容)或修订版均不适用于本标准,然而,鼓励根据本标准达成协议的各方研究是否可使用这些文件的最新版本。凡是不注日期的引用文件,其最新版本适用于本标准。

GB/T 191 包装储运图示标志

GB/T 5048 防潮包装

GB 5226.1—2002 机械安全 机械电气设备 第1部分:通用技术条件

GB/T 7311 包装机械型号编制方法

GB/T 13306 标牌

GB/T 13384 机电产品包装通用技术条件

JB/T 7232 包装机械噪声声功率级的测定

3 术语与定义

下列术语和定义适用于本标准。

3.1

真空室的最低绝对压强 lowest absolute pressure of vacuum chamber

在外界标准大气压下,在额定时间(表1所列时间)内抽真空至最低时真空室的压强。

3.2

真空室压强增量 increment pressure in vacuum chamber

在外界标准大气压下,真空室的初始压强为1 kPa经1 min泄漏,其压强的增加值。

3.3

包装能力 capacity

在外界标准大气压下,真空室内的绝对压强达到1 kPa时,一个工作循环所需要的时间。

4 型号、型式与基本参数

4.1 型号及型式:包装机的型号编制按GB/T 7311的规定。

4.2 基本参数应包含如下项目:

a) 真空室的最低绝对压强(简称压强):kPa;

b) 真空室有效尺寸(长×宽×高):mm;

c) 热封条有效尺寸(长×宽):mm;

d) 热封条数(单室热封条数):条;

e) 两热封条中心距(单条为热封条中心至对面真空室内壁的距离):mm;

f) 包装能力：s/次；

g) 功率：kW；

h) 真空泵抽气速率：m^3/h；

i) 工作电压、频率：V、Hz。

5 技术要求

5.1 包装机应符合本标准的要求，并按经规定程序批准的图样及技术文件制造。

5.2 在外界标准大气压下，当真空室的最低绝对压强不大于 1 kPa 时，真空室抽气时间不得大于表 1 所列数值。

表 1

真空室有效容积(R)/m^3	真空室抽气时间/s
$R \leqslant 0.03$	30
$0.03 < R < 0.06$	45
$R \geqslant 0.06$	60

5.3 在外界标准大气压下，真空室的初始压强 1 kPa 时停止抽真空，经 1 min 泄漏，其压强增量不得大于表 2 所列数值。

表 2

真空室有效容积/m^3	真空室压强增量/kPa
$R \leqslant 0.03$	0.8
$0.03 < R < 0.06$	1.2
$R \geqslant 0.06$	1.6

5.4 多工位包装机热封工位的定位精度为±2 mm。

5.5 工作零部件安装牢固无松动现象，动作应准确、无卡阻、无异常声响。

5.6 包装机的电气控制应安全、准确、可靠；指示仪表指示准确；真空室内的导电线不得裸露。

5.7 包装机应有可靠的接地装置，并有明显的接地标志。

5.8 动力电路导线和保护接地电路间的绝缘电阻应不小于 1 MΩ。

5.9 包装机的电气系统应经受耐压试验而无击穿和飞弧现象。

5.10 外观质量

a) 包装机外观的涂漆或喷塑层应平整、光洁；

b) 表面处理的零件应色泽均匀，无起泡、起层、斑点、锈蚀等缺陷。

5.11 包装袋的热封口应平整，不应有皱折及灼化现象。

5.12 包装袋的热封口强度：热封口所能承受的拉力不得小于表 3 所列数值。

表 3

包装袋类型	热封口强度/N
一般复合袋	30
蒸煮袋	45

5.13 包装袋经静压和跌落试验，封口应完好无损。

5.14 真空室抽气至 1 kPa 时，包装机箱盖的变形量应不大于箱盖长度的 6‰。

5.15 包装机在真空泵工作时，其噪声应不大于 82 dB(A)。

6 试验方法

6.1 空运转试验

每台包装机应做空运转试验，连续空运转时间不少于 1 h，检查机器性能，应符合 5.2～5.6 条的要求。

6.2 最低绝对压强试验

在外界标准大气压下，将真空度数显测量仪表的传感器与通向真空室的三通紧密相连后抽真空，测量真空室的最低绝对压强并计时，应符合 5.2 条要求。

6.3 压强增量试验

在外界标准大气压下，将真空度数显测量仪表的传感器与通向真空室的三通紧密相连后抽真空至 1 kPa 时停止，经 1 min 泄漏，其压强增量应符合 5.3 条要求。

6.4 电气安全试验

6.4.1 检查接地装置，应符合 5.7 条要求。

6.4.2 绝缘电阻测量

用兆欧表按 GB 5226.1—2002 中 19.3 的规定测量绝缘电阻，应符合 5.8 条要求。

6.4.3 耐电压试验

用耐压测试仪按 GB 5226.1—2002 中 19.4 的规定做耐压试验，应符合 5.9 条要求。

6.5 热封口质量试验

6.5.1 封口外观质量

在连续封口的包装袋中任取 30 袋，其封口外观质量应符合 5.11 条要求。

6.5.2 热封口强度试验

在连续封口的包装袋中任取 25 袋，沿每个袋封口的左、右部位各取一条试样，共 50 条试样进行试验。每条试样宽 15 mm，与封口长度垂直方向上长 50 mm，180°平展后长度为 100 mm，将封口位于中间的试样两端分别放置在试验机的夹具中。夹具间距离为 50 mm，试验速度为 300 mm/min±20 mm/min，读取试样断裂时的最大载荷。以所有试样载荷中的最低三个值的平均值作为封口强度值，应符合 5.12 条要求。

6.6 静压和跌落试验

6.6.1 在连续封口的包装袋中任取 25 袋，将试验袋放于两块加压板中，底板上放有试纸。加压板的表面积至少应为试验袋平放投影面积的两倍，其表面应光滑、平整。用砝码逐渐加载到表 4 规定的载荷，保持 1 min，检查包装袋，不应有泄漏现象。

6.6.2 在连续封口的包装袋中任取 25 袋，将试验袋的热合封口朝下，方向与冲击台面垂直，从表 4 规定的跌落高度跌落，检查包装袋热合封口，应符合 5.13 条要求。

表 4

包装袋总质量（内容物为水）/g	试验项目	
	静压载荷/kg	跌落高度/mm
≤100	20	1 200
＞100～500	40	1 000
＞500～2 000	60	600
＞2 000	80	500

6.7 箱盖变形量试验

在外界标准大气压下，将真空度数显测量仪表的传感器与通向真空室的三通紧密相连后抽真空至 1 kPa 时，测量箱盖长边上最大变形处对选定基准的距离，测量 5 次，平均值应符合 5.14 条的要求。

6.8　工作噪声试验

在真空泵工作过程中按 JB/T 7232 的规定进行测量，其噪声值应符合 5.15 条的要求。

6.9　外观质量检查

检查机器外观质量，并应符合 5.10 条的要求。

6.10　对于多工位包装机，各工位热封口位置与基准位置差的平均值不大于±2 mm。

7　检验规则

7.1　出厂检验

7.1.1　包装机出厂检验应按表 5 中要求。

表 5　检验项目

<table>
<tr><th rowspan="2">序号</th><th rowspan="2">检验项目名称</th><th colspan="2">检验类别</th><th rowspan="2">检验方法</th></tr>
<tr><th>型式</th><th>出厂</th></tr>
<tr><td>1</td><td>外观质量</td><td rowspan="14">√</td><td rowspan="5">√</td><td>6.9</td></tr>
<tr><td>2</td><td>产品标牌、铭牌及技术文件</td><td>8.1、8.2.6</td></tr>
<tr><td>3</td><td>运转性能</td><td>6.1</td></tr>
<tr><td>4</td><td>电气防护</td><td>6.4.1</td></tr>
<tr><td>5</td><td>绝缘电阻</td><td>6.4.2</td></tr>
<tr><td>6</td><td>耐电压试验</td><td>—</td><td>6.4.3</td></tr>
<tr><td>7</td><td>真空室的最低绝对压强</td><td rowspan="4">√</td><td>6.2</td></tr>
<tr><td>8</td><td>真空室压强增量</td><td>6.3</td></tr>
<tr><td>9</td><td>定位精度</td><td>6.10</td></tr>
<tr><td>10</td><td>封口外观质量</td><td>6.5.1</td></tr>
<tr><td>11</td><td>热封口强度试验</td><td rowspan="4">—</td><td>6.5.2</td></tr>
<tr><td>12</td><td>静压和跌落试验</td><td>6.6</td></tr>
<tr><td>13</td><td>箱盖变形量</td><td>6.7</td></tr>
<tr><td>14</td><td>噪声</td><td>6.8</td></tr>
</table>

7.1.2　每台产品应经制造厂的质量检验部门按本标准检验合格，并附有产品合格证方可出厂。

7.2　型式检验

7.2.1　有下列情况之一时，应进行型式检验：

a)　新产品试制定型鉴定时；

b)　正式生产后，如材料、结构、工艺有较大改变，可能影响产品性能时；

c)　正常生产时，每年进行一次检验；

d)　产品长期停产后，恢复生产时；

e)　出厂检验结果与上次型式检验有较大差异时；

f)　国家质量监督机构提出型式检验要求时。

7.2.2　型式检验应包括表 5 全部项目。

7.2.3　判定规则：以上各项具体检测方法按各自标准及相关标准执行。

8　标志、包装、运输和贮存

8.1　每台包装机应在明显的部位固定铭牌，铭牌尺寸和技术要求按 GB/T 13306 的规定。铭牌上至少应标出下列内容：

a） 产品型号；

b） 产品名称；

c） 产品主要技术参数；

d） 制造日期和出厂编号；

e） 制造厂名称及所在地(出口产品加标“中华人民共和国”)。

8.2 包装运输

包装机的包装应符合 GB/T 13384 的规定。

8.2.1 产品包装前，外露加工表面应涂防锈剂。

8.2.2 产品包装箱应牢固可靠，适合运输装卸的要求。

8.2.3 包装箱应有可靠的防潮措施，并符合 GB 5048 的要求；

8.2.4 产品运输过程中应小心轻放，不允许倒置和碰撞。

8.2.5 包装机、随机专用工具及易损件应加以包装并固定在包装箱中。

8.2.6 技术文件应妥善包装放在包装箱内，内容包括：

a） 产品合格证；

b） 产品说明书(应注明 4.2 中的所有参数)；

c） 装箱单。

8.2.7 包装箱的标志应符合 GB/T 191 的有关规定。

8.3 产品应贮存于干燥通风、无腐蚀性气体的场所。

8.4 制造厂自发货之日起，在正常储运条件下，应保证产品一年内不致因包装不良引起锈蚀、霉损等。

8.5 在用户遵守产品的使用、保管、安装运输规则条件下，从发货之日起，产品确因制造质量不良而不能正常工作时，制造厂应在保修期内负责免费为用户修理或更换零件(不包括易损件)。

ICS 83.160.20
G 41

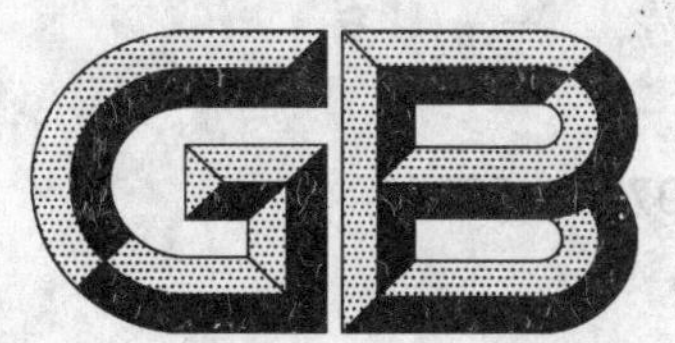

中华人民共和国国家标准

GB/T 9746—2004
代替 GB/T 9746—1995

航空轮胎系列

Series of aircraft tyres

2004-03-15 发布　　2004-12-01 实施

中华人民共和国国家质量监督检验检疫总局
中国国家标准化管理委员会　发布

前　言

本标准代替 GB/T 9746—1995《航空轮胎系列》。

本标准与《美国轮胎和轮辋协会标准年鉴　2001》(TRA—2001)(英文版)、《欧洲轮胎和轮辋技术组织标准手册　2000》(ETRTO—2000)(英文版)的一致性程度为非等效。

本标准中表 2、表 3、表 4、表 5、表 6 采用(TRA)2001 版中相应内容,表 7、表 8、表 9、表 10 采用(ETRTO)2000 版中相应内容,表 11 是目前国内保留生产的规格系列。为了便于使用同时还做了下列编辑性修改:

——将 TRA—2001 和 ETRTO—2000 表格中符号的注释方式进行了修改(本版表 2、表 3、表 4、表 5 和表 8);

——将表 2、表 3、表 4 中的次级表单独列入附录 B(本版附录 B)。

本标准与 GB/T 9746—1995 相比,主要变化如下:

——增加了标准目次(本版目次);

——增加了术语和定义(本版第 3 章);

——增加了轮胎规格表示方法(本版 4.1);

——增删了部分轮胎规格(本版表 2、表 3、表 4、表 7、表 8 和表 9);

——增加了子午线航空轮胎规格系列(本版表 6 和表 10);

——增加了资料性附录“飞机轮胎特殊用途表”(附录 A);

——将各表中表头“负荷下、无负荷下”改为“有负荷、无负荷”(本版表 2 至表 10);

——将表 2、表 3、表 4 中的次级表列入资料性附录(见附录 B)。

——将目前国内保留生产的规格系列中部分轮胎的帘布种类和帘布层数作了修改(1995 年版的表 9,本版的表 11);

本标准的附录 A 和附录 B 为资料性附录。

本标准由中国石油化学工业协会提出。

本标准由全国轮胎轮辋标准化技术委员会归口。

本标准委托全国航空轮胎标准化分技术委员会负责解释。

本标准起草单位:中橡集团曙光橡胶工业研究设计院、沈阳第三橡胶厂、银川中策(长城)橡胶有限公司。

本标准主要起草人:张萍、盛保信、张宏波、马建国。

本标准代替标准的历次发布情况为:

——GB/T 9746—1988,GB/T 9746—1995。

航 空 轮 胎 系 列

1 范围

本标准规定了航空轮胎的基本参数、充气尺寸、规格系列、轮辋规格、轮辋参数。

本标准适用于民用航空轮胎。

2 规范性引用文件

下列文件中的条款通过本标准的引用而成为本标准的条款。凡是注日期的引用文件,其随后所有的修改单(不包括勘误的内容)或修订版均不适用于本标准,然而,鼓励根据本标准达成协议的各方研究是否可使用这些文件的最新版本。凡是不注日期的引用文件,其最新版本适用于本标准。

GB/T 6326 轮胎术语(GB/T 6326—1994,neq ISO 4223:1989,neq ISO 3877-1:1978)

3 术语和定义

GB/T 6326 确立的术语和定义适用于本标准。

4 要求

4.1 航空轮胎规格表示方法

4.1.1 斜交航空轮胎规格表示方法有以下三种形式,规格表达式中的数值仅代表轮胎的名义尺寸,与实际的轮胎外缘尺寸不一定相等。

a) 断面宽-轮辋着合直径

例如:6.00-6 (单位:in)

b) 外直径×断面宽

例如:800×200 (单位:mm)

46×16 (单位:in)

c) 外直径×断面宽-轮辋着合直径

例如:560×210-229 (单位:mm)

H40×14.5-19 (单位:in)

B40×15.5-16 (单位:in)

26×6.6-(14) (单位:in)

4.1.2 子午线航空轮胎规格表示方法有以下两种形式:

a) 断面宽 R 轮辋着合直径

例如:6.50R10 (单位:in)

b) 外直径×断面宽 R 轮辋着合直径

例如:730×210R381 (单位:mm)

H40×14.5R19 (单位:in)

4.1.3 轮胎规格表达式的前缀字母含义如下:

B——表示轮胎配用 15°胎圈座轮辋,且轮辋着合宽度与轮胎断面宽度的比值为 0.6~0.7。

H——表示轮胎配用 5°胎圈座轮辋,且轮辋着合宽度与轮胎断面宽度的比值为 0.6~0.7。

轮胎规格无字母前缀表示轮胎配用 5°胎圈座轮辋,且轮辋着合宽度与轮胎断面宽度的比值为 0.7 以上。

4.2 航空轮胎公称轮辋直径与代号

航空轮胎公称轮辋直径与代号应符合表 1 的规定。

4.3 航空轮胎规格及其参数

航空轮胎规格及其参数应符合表 2、表 3、表 4、表 5、表 6、表 7、表 8、表 9、表 10 和表 11 的规定。

4.4 航空轮胎特殊用途

航空轮胎特殊用途，参见附录 A。

表 1 公称轮辋直径与代号

代号	公称轮辋直径		代号	公称轮辋直径	
	in	mm		in	mm
4	4	102	15	15	381
5	5	127	16	16	406
6	6	152	17	17	432
7	7	178	18	18	457
8	8	203	19	19	483
9	9	229	20	20	508
10	10	254	21	21	533
11	11	279	22	22	559
12	12	305	23	23	584
13	13	330	24	24	610
14	14	356			

表 2 航空轮胎

轮胎规格	层级	高宽比	额定值			充气尺寸/mm						静负荷半径/mm	轮辋					
			最大负荷/kg	充气内压/kPa		宽度			直径				规格	1——两轮缘间宽度； 2——着合直径； 3——轮缘高度； 4——最小着合宽度； 5——凹槽最小深度。 尺寸/mm				
				有负荷	无负荷	断面		肩部	中心线处		肩部							
						最小	最大	最大	最小	最大	最大			1	2	3	4	5
14.5×5.5-6	12	0.77	1 361	970	930	131	140	123	356	368	330	155	14.5×5.5-6	108.0	152.4	22.22	38.1	3.23
14.5×5.5-6	14	0.77	1 610	1 110	1 070	131	140	123	356	368	330	155	14.5×5.5-6	108.0	152.4	22.22	38.1	3.23
15×6.0-6	4	0.73	567	320	310	150	160	141	370	386	344	155	6.00-6	127.0	152.4	19.05	20.3	1.88
15×6.0-6	6	0.73	885	490	470	150	160	141	370	386	344	155	6.00-6	127.0	152.4	19.05	21.6	1.98
17.5×5.75-8	12	0.83	2 26 8	1 290	1 240	137	146	130	431	445	401	188	18×5.5	108.0	203.2	22.22	35.6	3.12
17.5×5.75-8	14	0.83	2 744	1 580	1 520	137	146	130	431	445	401	188	18×5.5	108.0	203.2	22.22	39.4	3.63
17.5×6.25-6	8	0.92	1 315	500	480	150	159	140	428	445	392	175	6.00-6	127.0	152.4	19.05	22.9	2.11
17.5×6.25-6	10	0.92	1 701	650	620	150	159	140	428	445	392	175	6.00-6	127.0	152.4	19.05	24.1	2.21
18×4.25-10	6	0.87	1 043	720	690	113	119	105	451	464	425	200	18×4.25-10	92.08	254.0	15.24	21.6	2.18
18×5.75-8	8	0.87	1 361	750	720	137	146	130	442	457	412	193	18×5.75-8[c]	108.0	203.2	22.22	31.8	2.74
19.5×6.75-8	6	0.85	1 040	430	420	158	171	151	480	495	443	206	6.50-8	133.4	203.2	20.62	31.8	2.84
19.5×6.75-10	8	0.85	1 500	610	590	158	171	151	480	495	443	206	6.50-8	133.4	203.2	20.62	31.8	2.84
19.5×6.75-8	10	0.85	1 937	790[b]	760[b]	158	171	151	480	495	443	206	6.50-8	133.4	203.2	20.62	31.8	2.84
H19.5×6.75-10	6	0.70	1 361	610	590	161	171	151	480	495	452	211	H19.5×6.75-10	108.0	254.0	19.05	33.0	2.97
H19.5×6.75-10	8	0.70	1 814	860	830	161	171	151	480	495	452	211	H19.5×6.75-10	108.0	254.0	19.05	38.1	3.40
20.5×6.75-10	12	0.78	2 830	1 300	1 250	161	171	155	508	521	494	224	20.5×6.75-10	133.4	254.0	25.40	45.72	4.08
21×7.25-10	8	0.78	1 814	680	660	173	183	161	523	540	489	229	22×6.6	139.7	254.0	25.40	31.8	2.87
21×7.25-10	10	0.78	2 336	970	930	173	183	161	523	540	489	229	22×6.6	139.7	254.0	25.40	49.56	4.42

表 2（续）

轮胎规格	层级	高宽比	最大负荷/kg	额定值 充气内压/kPa		充气尺寸/mm 宽度 断面		宽度 肩部	直径 中心线处		直径 肩部	静负荷半径/mm	轮辋 规格	轮辋 1——两轮缘间宽度；2——着合直径；3——轮缘高度；4——最小着合宽度；5——凹槽最小深度。尺寸/mm				
				有负荷	无负荷	最小	最大	最大	最小	最大	最大			1	2	3	4	5
21×7.25-10	12	0.78	2 900	1 190	1 140	173	183	161	523	540	489	229	22×6.6	139.7	254.0	25.40	35.6	3.20
22×5.75-12	8	0.87	1 973	970	930	137	146	128	544	559	513	244	22×5.5	108.0	304.8	22.22	31.8	3.05
22×5.75-12	10	0.87	2 586	1 290	1 240	137	146	128	544	559	513	244	22×5.5	108.0	304.8	22.22	34.3	3.28
22×5.75-12	12	0.87	3 221	1 580	1 520	137	146	128	544	559	513	244	22×5.5	108.0	304.8	22.22	34.9	3.33
22×6.5-10	6	0.91	1 270	490[b]	470[b]	159	169	144[a]	543	561	505[a]	234	6.50-10	120.6	254.0	20.62	30.5	2.03
22×6.5-10	8	0.91	1 810	680	660	159	169	144[a]	543	561	505[a]	234	6.50-10	120.6	254.0	20.62	39.70	3.62
22×6.5-10	10	0.91	2 360	900	860	159	169	144[a]	543	561	505[a]	234	6.50-10	120.6	254.0	20.62	43.18	3.94
22×6.75-10	8	0.89	2 019	680	660	161	171	151	541	559	504	231	6.50-10	120.6	254.0	20.62	27.9	2.59
22×6.75-10	10	0.89	2 676	900	860	161	171	151	541	559	504	231	6.50-10	120.6	254.0	20.62	33.0	3.05
22×6.75-10	12	0.89	3 310	1 090	1 050	161	171	151	541	559	504	231	6.50-10	120.6	254.0	20.62	38.10	3.90
22×7.75-10	10	0.77	2 495	790	760	185	197	173	541	559	504	231	6.50-10	120.6	254.0	20.62	27.9	2.59
22×8.0-8	6	0.88	1 134	290	280	192	203	179	541	559	495	221	22×8.0-8	152.4	203.2	22.22	27.9	2.46
22×8.0-8	8	0.88	1 588	390	380	192	203	179	541	559	495	221	22×8.0-8	152.4	203.2	22.22	40.6	3.58
B22×8.0-10	10	0.75	2 948	790	760	192	203	179	542	559	504	229	22×8.0-10[c]	127.0	254.0	15.88	35.6	8.89
B22×8.0-10	12	0.75	3 583	970	930	192	203	179	542	559	504	229	22×8.0-10	127.0	254.0	15.88	45.7	11.61
H22×8.25-10	12	0.73	3 130	940	910	198	210	189	544	559	528	231	H22×8.25	133.4	254.0	21.95	45.72	3.97
H22×8.25-10	14	0.73	3 760	1 120	1 080	198	210	189	544	559	528	231	H22×8.25	133.4	254.0	21.95	54.48	4.72
23×7.0-12	10	0.78	2 948	970	930	173	183	160	574	589	537	252	23×7.0-12	158.8	304.8	16.51	31.8	3.12

表 2（续）

轮胎规格	层级	高宽比	额定值			充气尺寸/mm						静负荷半径/mm	轮辋					
			最大负荷/kg	充气内压/kPa		宽度			直径				规格	1——两轮缘间宽度； 2——着合直径； 3——轮缘高度； 4——最小着合宽度； 5——凹槽最小深度。 尺寸/mm				
				有负荷	无负荷	断面		肩部	中心线处		肩部							
						最小	最大	最大	最小	最大	最大			1	2	3	4	5
23×7.0-12	12	0.78	3 540	1 150	1 100	173	183	160	574	589	537	252	23×7.0-12	158.8	304.8	16.51	43.18	4.11
24×7.25-12	10	0.84	2 994	860	830	178	191	165	605	622	565	264	24×7.25-12	158.8	304.8	17.78	35.6	3.45
24×7.25-12	12	0.84	3 700	1 180	1 130	178	191	165	605	622	565	264	24×7.25-12	158.8	304.8	17.78	45.72	4.57
B24×9.5-10.5	18	0.71	5 534	1 140	1 100	227	241	213	592	610	549	249	B24×9.5-10.5	152.4	266.7	22.22	48.3	11.68
25×7.75-10	12	0.97	3 130	830	790	185	197	177	615	635	597	262	25×7.75-10	152.4	254.0	25.40	49.5	4.42
25.5×8.75-10	12	0.89	3 240	610	590	210	220	196	627	650	580	259	24×7.7	139.7	254.0	23.01	38.19	3.95
25.5×8.75-10	14	0.89	3 860	720	700	210	220	196	627	650	580	259	24×7.7	139.7	254.0	23.01	54.48	4.93
25.75×6.75-14	14	0.87	4 672	1 700[b]	1 630[b]	161	171	151	638	654	601	285	26×6.6	127.0	355.6	25.40	43.2	4.11
26×6.75-14	14	0.89	4 672	1 650[b]	1 590[b]	161	171	151	643	660	606	287	26×6.6	127.0	355.6	25.40	43.2	4.11
26×6.75-14	16	0.89	5 398	1 940	1 860	161	171	151	643	660	606	287	26×6.6	127.0	355.6	25.40	48.3	4.55
H26.5×8.0-14	14	0.85	4 990	1 400	1 340	192	203	179	656	673	641	287	H26.5×8.0-14	127.0	355.6	25.40	43.2	4.11
27×7.75-15	10	0.77	3 538	1 140	1 100	185	197	174	668	686	631	300	29×7.7	152.4	381.0	25.40	41.9	4.06
27×7.75-15	12	0.77	4 377	1 430	1 380	185	197	174	668	686	631	300	29×7.7	152.4	381.0	25.40	41.9	4.06
H27×8.5-14	16	0.77	6 063	1 480	1 430	203	216	194	668	686	653	290	H27×8.5-14	139.7	355.6	24.13	25.61	5.00
28×9.0-12	8	0.87	2 700	470	450	225	240	205	695	720	645	290	28×9.0-12[c]	168.4	304.8	19.10	35.05	4.39
28×9.0-12	10	0.88	3 250	580	550	225	240	205	695	720	645	290	28×9.0-12	168.4	304.8	19.10	38.10	4.40
28×9.0-12	12	0.88	4 000	720	690	225	240	205	695	720	645	290	28×9.0-12	168.4	304.8	19.10	50.80	4.39
H29×9.0-15	16	0.74	6 577	1 410	1 360	216	229	217	716	737	704	312	H29×9.0-15	152.4	381.0	24.13	54.6	4.70

表 2(续)

轮胎规格	层级	高宽比	额定值			充气尺寸/mm						静负荷半径/mm	轮辋					
			最大负荷/kg	充气内压/kPa		宽度			直径				规格	1——两轮缘间宽度；2——着合直径；3——轮缘高度；4——最小着合宽度；5——凹槽最小深度。尺寸/mm				
				有负荷	无负荷	断面		肩部	中心线处		肩部							
						最小	最大	最大	最小	最大	最大			1	2	3	4	5
29×11.0-10	4	0.87	1 066	140	140	264	279	238	714	737	650	290	29×11.0-10	215.9	254.0	25.40	40.6	3.63
29×11.0-10	10	0.87	3 207	430[b]	410[b]	264	279	238	714	737	650	290	29×11.0-10	215.9	254.0	25.40	40.6	3.63
30×9.5-14	16	0.84	6 210	1 270	1 220	227	241	217	742	762	721	323	30×9.5-14	177.8	355.6	28.58	57.15	5.23
H31×9.75-13	12	0.93	4 241	650	620	234	248	211	765	787	704	315	26.5×8.0-13	165.1	330.2	25.40	52.1	4.42
H31×13.0-12	20	0.73	7 802	970[b]	930[b]	312	330	291	765	787	701	316	H31×13.0-12	203.2	304.8	30.48	68.6	5.99
32×11.5-15	12	0.74	5 080	860	830	274	292	267	790	813	737	343	32×11.5-15	228.6	381.0	31.75	48.3	4.47
34×9.25-16	16	0.98	7 031	1 110[b]	1 070[b]	222	235	207	842	864	781	363	32×8.8	177.8	406.4	28.58	53.3	5.13
34×9.25-16	18	0.98	8 074	1 370	1 310	222	235	207	842	864	781	363	32×8.8	177.8	406.4	28.58	58.4	5.56
H34×9.25-18	18	0.87	8 800	1 530	1 470	222	235	207	843	864	781	368	H34×9.25-18	152.4	457.2	30.48	63.50	5.82
34×10.75-16	16	0.88	7 480	1 040	1 000	250	265	225	885	875	790	360	34×10.75-16	209.6	406.4	28.58	59.41	5.55
H35×11.0-18	20	0.77	10 610	1 550	1 490	264	279	251	867	889	846	376	H35×11.00-18	177.8	457.2	30.48	69.27	6.32
H36×12.0-18	18	0.75	9 760	1 270	1 220	289	305	274	894	914	869	385	H36×12.0-18	196.5	457.2	30.48	60.96	5.59
37×13.0-16	20	0.81	10 070	1 190	1 140	312	330	291	917	940	843	391	36×11	228.6	406.4	34.92	66.0	5.97
37×13.0-16	26	0.81	13 290	1 580	1 520	312	330	291	917	940	843	391	36×11[c]	228.6	406.4	41.28	81.3	7.29
37×13.0-16	28	0.81	14 515	1 720	1 650	312	330	291	917	940	843	391	36×11[c]	228.6	406.4	41.2	81.3	7.29
37×14.0-14	24	0.83	11 340	1 140	1 100	338	356	305	916	940	834	384	37×14.0-14	279.4	355.6	38.10	76.2	6.78
H37×14.0-15	20	0.79	9 979	970[b]	930[b]	338	356	312	917	940	840	381	H37×14.0-15	228.6	381.0	33.02	68.6	6.07
H37×14.0-15	22	0.79	10 932	1 040[b]	1 000[b]	338	356	312	917	940	840	381	H37×14.0-15	228.6	381.0	33.02	71.1	6.30

表 2(续)

轮胎规格	层级	高宽比	额定值			充气尺寸/mm						静负荷半径/mm	轮辋					
			最大负荷/kg	充气内压/kPa		宽度			直径				规格	1——两轮缘间宽度；2——着合直径；3——轮缘高度；4——最小着合宽度；5——凹槽最小深度。				
				有负荷	无负荷	断面		肩部	中心线处		肩部			尺寸/mm				
						最小	最大	最大	最小	最大	最大			1	2	3	4	5
H37×14.0-15	24	0.79	12 111	1 140[b]	1 100[b]	338	356	312	917	940	840	381	H37×14.0-15	228.6	381.0	33.02	76.2	6.73
H40×14.0-19	18	0.76	10 930	1 040	1 000	335	356	305	993	1 016	921	422	H40×14.0-19	228.6	482.6	30.48	63.50	7.10
H40×14.0-19	20	0.76	12 293	1 190	1 140	335	356	305	993	1 016	921	422	H40×14.0-19	228.6	482.6	30.48	63.50	6.76
H40×14.5-19	22	0.73	13 653	1 290	1 240	349	368	325	993	1 016	921	424	H40×14.5-19	241.3	482.6	35.56	73.7	6.65
H40×14.5-19	24	0.73	15 060	1 430	1 380	349	368	325	993	1 016	921	424	H40×14.5-19	241.3	482.6	35.56	78.7	7.09
H40×14.5-19	26	0.73	16 692	1 580	1 520	349	368	325	993	1 016	921	424	H40×14.5-19	241.3	482.6	35.56	78.7	7.09
B40×15.5-16	26	0.78	16 466	1 290	1 240	375	394	347	992	1 016	907	409	40×15.5-16	254.0	406.4	31.75	81.3	20.04
B40×15.5-16	28	0.78	17 917	1 400	1 340	374	394	347	992	1 016	907	409	40×15.5-16	254.0	406.4	31.75	86.4	21.39
40.5×15.5-16	28	0.79	15 100	1 370	1 310	373	394	356	1 003	1 029	968	424	40.5×15.5-16	292.1	406.4	44.45	88.90	7.90
41×15.0-18	22	0.77	12 973	1 220	1 170	362	381	335	1 017	1 041	937	437	41×15.0-18	323.8	457.2	41.28	73.7	6.76
41×15.0-18	24	0.77	14 240	1 220	1 170	362	381	335	1 017	1 041	937	437	41×15.0-18	323.8	457.2	41.28	76.2	6.10
H42×16.0-19	22	0.72	14 152	1 140	1 100	386	406	358	1 044	1 067	963	439	H40×14.5-19	241.3	482.6	35.56	78.7	7.09
H42×16.0-19	24	0.72	15 604	1 250	1 210	386	406	358	1 044	1 067	963	439	H40×14.5-19	241.3	482.6	35.56	78.7	7.09
H42×16.0-19	26	0.72	17 146	1 370	1 310	386	406	358	1 044	1 067	963	439	H40×14.5-19	241.3	482.6	35.56	78.7	7.09
H43.5×16.0-21	26	0.70	18 410	1 510	1 450	386	406	366	1 081	1 105	1 048	463	H43.5×16.0-21	266.7	553.4	40.64	84.05	7.58
44.5×16.5-18	30	0.81	19 278	1 400	1 340	399	419	368	1 105	1 130	1 008	467	44×16	336.6	457.2	41.28	90.2	8.33
44.5×16.5-18	32	0.81	20 780	1 500	1 450	399	419	368	1 105	1 130	1 008	467	44×16	336.6	457.2	41.28	90.2	9.95
H44.5×16.5-20	24	0.75	16 420	1 190	1 140	399	419	370	1 105	1 130	1 019	465	H44.5×16.5-20	266.7	508.0	38.10	82.6	7.49

表 2（续）

轮胎规格	层级	高宽比	额定值			充气尺寸/mm						静负荷半径/mm	轮辋					
			最大负荷/kg	充气内压/kPa		宽度			直径				规格	1——两轮缘间宽度；2——着合直径；3——轮缘高度；4——最小着合宽度；5——凹槽最小深度。尺寸/mm				
				有负荷	无负荷	断面		肩部	中心线处		肩部							
						最小	最大	最大	最小	最大	最大			1	2	3	4	5
H44.5×16.5-20	26	0.75	17 963	1 290	1 240	399	419	370	1 105	1 130	1 019	465	H44.5×16.5-20[b]	266.7	508.0	38.10	87.6	7.95
H44.5×16.5-20	28	0.75	19 414	1 400	1 340	399	419	370	1 105	1 130	1 019	465	H44.5×16.5-20	266.7	508.0	40.64	88.9	8.05
H44.5×16.5-21	26	0.71	18 640	1 420	1 370	399	419	376	1 105	1 130	1 072	470	H44.5×16.5-21	266.7	533.4	40.64	83.82	7.67
H44.5×16.5-21	28	0.71	20 280	1 530	1 470	399	419	376	1 105	1 130	1 072	470	H44.5×16.5-21	266.7	533.4	40.64	86.40	7.78
H45×17.0-20	26	0.74	18 144	1 250[b]	1 210[b]	412	432	381	1 118	1 143	1 029	470	H45×17.0-20	279.4	508.0	40.64	82.6	7.39
H46×18.0-20	26	0.73	18 824	1 220[b]	1 170[b]	436	457	403	1 143	1 168	1 050	476	H45×17.0-20	279.4	508.0	40.64	85.1	7.59
H46×18.0-20	28	0.73	20 049	1 290[b]	1 240[b]	436	457	403	1 143	1 168	1 050	476	H45×17.0-20	279.4	508.0	40.64	90.2	8.05
H46×18.0-20	32	0.73	23 179	1 480[b]	1 410[b]	436	457	403	1 143	1 168	1 050	476	H45×17.0-20[b]	279.4	508.0	40.64	96.52	8.61
H46×18.0-20	34	0.73	25 080	1 580	1 520	436	457	403	1 143	1 168	1 049	478	H46×18.0-20	279.4	508.0	43.18	96.52	8.48
49×18-22	30	0.75	25 080	1 580	1 520	436	457	411	1 219	1 245	1 176	523	49×18.0-22	349.3	558.8	47.63	95.25	8.84
49×19.0-20	32	0.77	23 542	1 400	1 340	461	483	424	1 219	1 245	1 113	516	49×17[c]	336.6	508.0	47.62	95.2	8.64
49×19.0-20	34	0.77	25 266	1 540	1 480	461	483	424	1 219	1 245	1 113	516	49×17	336.6	508.0	47.62	100.3	9.07
H49.0×19.0-22	24	0.71	18 598	1 110	1 070	461	483	434	1 219	1 245	1 176	513	H49×19.0-22	304.8	558.8	43.18	88.9	7.95
H49.0×19.0-22	32	0.71	25 674	1 470	1 410	461	483	434	1 219	1 245	1 176	513	H49.0×19.0-22	304.8	558.8	43.18	100.3	8.97
50×20.0-20	24	0.75	17 328	970	930	485	508	447	1 245	1 270	1 133	523	50×20.0-20	412.8	508.0	47.62	86.4	7.85
50×20.0-20	26	0.75	18 960	1 080	1 030	485	508	447	1 245	1 270	1 133	523	50×20.0-20	412.8	508.0	47.62	88.9	8.08
50×20.0-20	30	0.75	22 408	1 250	1 210	485	508	447	1 245	1 270	1 133	523	50×20.0-20	412.8	508.0	47.62	95.2	8.64
50×20.0-20	32	0.75	24 404	1 370	1 310	485	508	447	1 245	1 270	1 133	523	50×20.0-20	412.8	508.0	47.62	100.3	9.07

表 2（续）

轮胎规格	层级	高宽比	额定值			充气尺寸/mm						静负荷半径/mm	轮辋					
			最大负荷/kg	充气内压/kPa		宽度			直径				规格	尺寸/mm（1——两轮缘间宽度；2——着合直径；3——轮缘高度；4——最小着合宽度；5——凹槽最小深度。）				
				有负荷	无负荷	断面		肩部	中心线处		肩部							
						最小	最大	最大	最小	最大	最大			1	2	3	4	5
50×20.0-20	34	0.75	25 855	1 470	1 410	485	508	447	1 245	1 270	1 133	523	50×20.0-20	412.8	508.0	47.62	105.4	9.52
50×20.0-20	36	0.75	27 530	1 540	1 480	485	508	447	1 245	1 270	1 133	523	50×20.0-20	412.8	508.0	47.62	111.8	10.16
50×21.0-20	28	0.72	21 183	1 080	1 030	509	533	470	1 245	1 270	1 133	513	47×17	336.6	508.0	44.45	88.9	8.15
50×21.0-20	30	0.72	22 226	1 140[b]	1 100[b]	509	533	470	1 245	1 270	1 133	513	47×17	336.6	508.0	44.45	91.4	8.41
52×20.5-20	34	0.79	26 218	1 320	1 280	480	521	459	1 295	1 321	1 175	541	50×20.0-20	412.8	508.0	47.62	100.3	9.07
52×20.5-20	36	0.79	28 350	1 430	1 380	480	521	459	1 295	1 321	1 175	541	50×20.0-20	412.8	508.0	47.62	106.7	9.63
52×20.5-20	38	0.79	29 620	1 500	1 450	480	521	459	1 295	1 321	1 175	541	50×20.0-20	412.8	508.0	47.62	115.6	10.41
B52×20.5-23	26	0.71	24 950	1 190	1 140	498	521	459	1 295	1 321	1 189	541	52×20.5-23	330.2	584.2	38.10	82.6	21.6
B52×20.5-23	28	0.71	26 989	1 290	1 240	498	521	458	1 295	1 321	1 189	541	52×20.5-23	330.2	584.2	38.10	82.6	19.81
B52×20.5-23	30	0.71	28 894	1 400	1 340	498	521	458	1 295	1 321	1 189	541	52×20.5-23	330.2	584.2	38.10	82.6	19.05
54×21.0-23	32	0.74	27 806	1 450	1 390	511	533	480	1 346	1 372	1 293	572	54×21.0-23	412.8	584.2	50.80	96.52	8.92
54×21.0-23	36	0.74	31 072	1 600	1 540	511	533	480	1 346	1 372	1 293	572	54×21.0-23	412.8	584.2	50.80	106.7	9.80
H54×21.0-24	34	0.72	30 890	1 430	1 380	511	533	480	1 346	1 372	1 293	572	H54×21.0-24	330.2	609.6	45.72	108.0	9.75
H54×21.0-24	36	0.72	32 750	1 520	1 460	511	533	480	1 346	1 372	1 293	572	H54×21.0-24	330.2	609.6	45.72	108.0	9.75
56×20.0-20	24	0.91	17 464	790	760	485	508	447	1 392	1 422	1 257	577	20.00-20	393.7	508.0	50.80	86.4	7.77

所有规格的航空轮胎最大前轮负荷为最大负荷的 1.5 倍。

a　表示可根据轮舱间隙要求减小计算尺寸。

b　表示允许使用特殊用途表中的充气内压或与轮胎制造商协商。参看附录 A 特殊用途表。

c　允许代用轮辋，参看附录 B 表 B.1。

表 3 航空轮胎(Ⅶ型)

轮胎规格	层级	高宽比	额定值			充气尺寸/mm						静负荷半径/mm	轮辋					
			最大负荷/kg	充气内压/kPa		宽度			直径				规格	1——两轮缘间宽度； 2——着合直径； 3——轮缘高度； 4——最小着合宽度； 5——凹槽最小深度。 尺寸/mm				
				有负荷	无负荷	断面		肩部	中心线处		肩部							
						最小	最大	最大	最小	最大	最大			1	2	3	4	5
16×4.4	4	0.90	499	390	380	105	113	99	394	406	370	175	16×4.4	88.9	203.2	20.62	20.3	1.73
16×4.4	6	0.90	771	610	590	105	113	99	394	406	370	175	16×4.4	88.9	203.2	20.62	22.9	1.96
16×4.4	8	0.90	1 043	860	830	105	113	99	394	406	370	175	16×4.4	88.9	203.2	20.62	26.7	2.29
16×4.4	10	0.90	1 320	1 110	1 070	105	113	99	394	406	370	175	16×4.4	88.9	203.2	20.62	30.48	2.74
18×4.4	6	0.89	953	720	690	106	113	99	442	455	419	201	18×4.4	88.9	254.0	20.62	26.7	2.31
18×4.4	10	0.89	1 610	1 320	1 280	106	113	99	442	455	419	201	18×4.4	88.9	254.0	20.62	31.8	2.87
18×4.4	12	0.89	1 973	1 610	1 550	106	113	99	442	455	419	201	18×4.4	88.9	254.0	20.62	31.8	2.87
18×5.5	6	0.87	1 020	540	520	136	146	127	439	455	412	191	18×5.5	108.0	203.2	22.23	31.75	2.79
18×5.5	8	0.87	1 383	750	720	136	146	127	439	455	412	191	18×5.5	108.0	203.2	22.23	31.8	2.79
18×5.5	10	0.87	1 814	1 010	970	136	146	127	439	455	412	191	18×5.5	108.0	203.2	22.23	35.6	3.12
26×6.6	8	0.88	2 410	870	830	159	169	149	636	654	598	285	26×6.6	127.0	355.6	25.40	33.0	3.95
26×6.6	10	0.88	3 130	1 110	1 070	159	169	149	636	654	598	285	26×6.6	127.0	355.6	25.40	35.6	3.45
26×6.6	12	0.88	3 901	1 320	1 280	159	169	149	636	654	598	285	26×6.6	127.0	355.6	25.40	38.1	3.66
26×6.6	14	0.88	4 536	1 610	1 550	159	169	149	636	654	598	285	26×6.6	127.0	355.6	25.40	43.2	4.11
26×6.6	16	0.88	5 440	1 940	1 860	159	169	149	636	654	598	285	26×6.6	127.0	355.6	25.40	43.2	4.11
24×7.7	6	0.92	1 340	400	380	183	194	171	592	613	546	254	24×7.7	139.7	254.0	23.01	31.75	2.92
24×7.7	8	0.92	1 880	540	520	183	194	171	592	613	546	254	24×7.7	139.7	254.0	23.01	31.75	2.92
24×7.7	10	0.92	2 449	650	620	183	194	171	592	613	546	254	24×7.7	139.7	254.0	23.01	31.75	2.92

表 3（续）

轮胎规格	层级	高宽比	额定值			充气尺寸/mm						静负荷半径/mm	轮辋					
			最大负荷/kg	充气内压/kPa		宽度			直径				规格	1——两轮缘间宽度； 2——着合直径； 3——轮缘高度； 4——最小着合宽度； 5——凹槽最小深度。 尺寸/mm				
				有负荷	无负荷	断面		肩部	中心线处		肩部							
						最小	最大	最大	最小	最大	最大			1	2	3	4	5
24×7.7	12	0.92	3 084	790	760	183	194	171	592	613	546	254	24×7.7	139.7	254.0	23.01	38.1	3.48
24×7.7	14	0.92	3 720	970	930	183	194	171	592	613	546	254	24×7.7	139.7	254.0	23.01	40.64	3.71
24×7.7	16	0.92	4 410	1 190	1 140	183	194	171	592	613	546	254	24×7.7	139.7	254.0	23.01	43.18	3.94
29×7.7	16	0.85	6 260	1 650	1 590	188	199	177	701	721	658	310	29×7.7	152.4	381.0	25.4	50.8	4.85
30×8.8	12	0.87	4 630	1 000	960	211	226	199	749	770	695	328	30×8.8	177.8	381.0	28.58	43.40	5.25
30×8.8	14	0.87	5 650	1 270	1 220	211	226	199	749	770	695	328	30×8.8	177.8	381.0	28.58	43.40	5.25
30×8.8	16	0.87	6 440	1 430	1 370	211	226	199	749	770	695	328	30×8.8	177.8	381.0	28.58	53.34	5.00
32×8.8	10	0.84	4 100	820	790	212	226	201	763	787	712	338	32×8.8	177.8	406.4	28.58	38.60	1.80
32×8.8	12	0.84	4 990	1 010	970	212	226	201	763	787	712	338	32×8.8	177.8	406.4	28.58	41.9	4.14
32×8.8	14	0.84	5 897	1 220	1 170	212	226	201	763	787	712	338	32×8.8	177.8	406.4	28.58	44.4	4.34
32×8.8	18	0.84	7 720	1 730	1 670	212	226	201	763	787	712	338	32×8.8	177.8	406.4	31.75	64.34	5.98
34×11	18	0.87	7 300	1 040	1 000	269	287	253	828	848	759	353	34×11	228.6	355.6	38.10	62.20	6.50
34×11	20	0.87	8 300	1 190	1 140	269	287	253	828	848	759	353	34×11	228.6	355.6	38.10	66.00	6.85
34×11	22	0.87	9 299	1 320	1 280	269	287	253	828	848	759	353	34×11	228.6	355.6	38.10	68.6	6.15
36×11	20	0.83	9 526	1 320	1 280	274	292	257	864	892	804	373	36×11	228.6	406.4	34.92	66.0	6.10
36×11	22	0.83	10 569	1 430	1 380	274	292	257	864	892	804	373	36×11	228.6	406.4	34.92	71.1	6.35
40×12	16	0.87	8 392	930	900	297	314	277	975	1 001	902	422	40×12	254.0	457.2	38.10	61.0	5.72
40×12	18	0.87	9 526	1 080	1 030	297	314	277	975	1 001	902	422	40×12	254.0	457.2	38.10	63.5	5.94

表 3（续）

轮胎规格	层级	高宽比	额定值			充气尺寸/mm						静负荷半径/mm	轮辋					
			最大负荷/kg	充气内压/kPa		宽度			直径				规格	1——两轮缘间宽度；2——着合直径；3——轮缘高度；4——最小着合宽度；5——凹槽最小深度。				
				有负荷	无负荷	断面		肩部	中心线处		肩部			尺寸/mm				
						最小	最大	最大	最小	最大	最大			1	2	3	4	5
40×12	20	0.87	10 841	1 220	1 170	297	314	277	975	1 001	902	422	40×12	254.0	457.2	38.10	66.0	6.15
40×12	22	0.87	12 111	1 370	1 310	297	314	277	975	1 001	902	422	40×12	254.0	457.2	38.10	69.8	6.50
39×13	14	0.86	6 804	720	690	311	330	291	947	972	870	401	39×13[a]	254.0	406.4	31.75	55.9	6.35
39×13	16	0.86	7 802	830	790	311	330	291	947	972	870	401	39×13[a]	254.0	406.4	31.75	58.4	5.44
39×13	18	0.86	8 800	930	900	311	330	291	947	972	870	401	39×13	254.0	406.4	34.92	63.5	5.87
39×13	20	0.86	10 115	1 080	1 030	311	330	291	947	972	870	401	39×13	254.0	406.4	34.92	69.8	6.43
39×13	22	0.86	11 159	1 190	1 140	311	330	291	947	972	870	401	39×13	254.0	406.4	34.92	71.1	6.55
39×13	24	0.86	12 430	1 350	1 300	311	330	291	947	972	870	401	39×13	254.0	406.4	34.92	77.47	7.11
42×15	18	0.87	9 700	750	720	366	389	342	1 052	1 077	956	439	42×15	292.1	406.4	38.10	69.8	6.38
42×15	20	0.87	10 660	860	830	366	389	342	1 052	1 077	956	439	42×15	292.1	406.4	38.10	69.8	6.38
42×15	22	0.87	11 930	970	930	366	389	342	1 052	1 077	956	439	42×15	292.1	406.4	38.10	73.7	6.71
42×15	24	0.87	13 154	1 080	1 030	366	389	342	1 052	1 077	956	439	42×15	292.1	406.4	41.28	77.5	6.88
40×14	14	0.86	6 760	670	620	337	356	305	987	1 011	892	419	40×14	279.4	406.4	41.28	58.40	6.35
40×14	16	0.86	7 857	750	720	337	356	305	987	1 011	892	419	40×14	279.4	406.4	41.28	61.0	5.54
40×14	20	0.86	10 115	970	930	337	356	305	987	1 011	892	419	40×14[a]	279.4	406.4	41.28	67.3	6.10
40×14	22	0.86	11 340	1 110	1 070	337	356	305	987	1 011	892	419	40×14[a]	279.4	406.4	41.28	71.1	6.43
40×14	24	0.86	12 565	1 220	1 170	337	356	305	987	1 011	892	419	40×14[a]	279.4	406.4	41.28	74.9	6.76
40×14	28	0.86	15 014	1 430	1 380	337	356	305	987	1 011	892	419	40×14	279.4	406.4	41.28	81.3	7.32

表 3（续）

轮胎规格	层级	高宽比	额定值			充气尺寸/mm						静负荷半径/mm	轮辋					
			最大负荷/kg	充气内压/kPa		宽度			直径				规格	1——两轮缘间宽度； 2——着合直径； 3——轮缘高度； 4——最小着合宽度； 5——凹槽最小深度。				
				有负荷	无负荷	断面		肩部	中心线处		肩部			尺寸/mm				
						最小	最大	最大	最小	最大	最大			1	2	3	4	5
44×16	18	0.80	9 230	720	690	382	406	348	1 074	1 099	970	455	44×16	336.6	457.2	41.28	76.2	18.4
44×16	28	0.80	17 410	1 430	1 380	382	406	348	1 074	1 099	970	455	44×16[a]	336.6	457.2	41.28	82.6	7.67
44×16	30	0.80	18 915	1 500	1 450	382	406	348	1 074	1 099	970	455	44×16[a]	336.6	457.2	41.28	86.4	8.00
44×16	32	0.80	20 412	1 610	1 550	382	406	348	1 074	1 099	970	455	44×16[a]	336.6	457.2	41.28	90.2	7.19
46×16	20	0.80	13 563	1 040	1 000	382	406	358	1 125	1 149	1 034	483	46×16[a]	336.6	508.0	41.28	72.4	6.91
46×16	22	0.80	14 750	1 110	1 070	382	406	358	1 125	1 149	1 034	483	46×16	336.6	508.0	41.28	74.80	8.50
46×16	24	0.80	16 200	1 220	1 170	382	406	358	1 125	1 149	1 034	483	46×16	336.6	508.0	44.45	76.40	8.40
46×16	26	0.80	17 373	1 320	1 280	382	406	358	1 125	1 149	1 034	483	46×16[a]	336.6	508.0	44.45	78.7	7.29
46×16	28	0.80	18 960	1 500	1 450	382	406	358	1 125	1 149	1 034	483	46×16[a]	336.6	508.0	44.45	82.6	7.62
46×16	30	0.80	20 321	1 610	1 550	382	406	358	1 125	1 149	1 034	483	46×16[a]	336.6	508.0	47.62	86.4	7.95
46×16	32	0.80	21 773	1 760	1 690	382	406	358	1 125	1 149	1 034	483	46×16[a]	336.6	508.0	47.62	90.2	8.28
49×17	26	0.84	17 963	1 190	1 140	417	438	368	1 212	1 238	1 092	513	49×17[a]	336.6	508.0	44.45	82.6	6.35
49×17	28	0.84	19 596	1 290	1 240	417	438	368	1 212	1 238	1 092	513	49×17[a]	336.6	508.0	44.45	85.1	7.11
49×17	30	0.84	21 183	1 400	1 340	417	438	368	1 212	1 238	1 092	513	49×17[a]	336.6	508.0	44.45	88.9	8.08
49×17	32	0.84	22 861	1 500	1 450	417	438	368	1 212	1 238	1 092	513	49×17[a]	336.6	508.0	44.45	92.7	8.41
49×17	34	0.84	24 449	1 580	1 520	417	438	368	1 212	1 238	1 092	513	49×17	336.6	508.0	44.45	96.5	8.74

注：所有规格的航空轮胎最大前轮负荷为最大负荷的 1.5 倍。

[a] 允许代用轮辋，见附录 B 表 B.2。

表 4 航空轮胎(Ⅲ型)

轮胎规格	层级	高宽比	额定值			充气尺寸/mm						静负荷半径/mm	轮辋					
			最大负荷/kg	充气内压/kPa		宽度			直径				规格[b]	1——两轮缘间宽度；2——着合直径；3——轮缘高度；4——最小着合宽度；5——凹槽最小深度。尺寸/mm				
				有负荷	无负荷	断面		肩部	中心线处		肩部							
						最小	最大	最大	最小	最大	最大			1	2	3	4	5
5.00-4	6	0.92	544	390	380	121	128	109	323	337	295	132	5.00-4	88.9	101.6	19.05	20.3	1.63
5.00-4	12	0.92	998	680	660	121	128	109	323	337	295	132	5.00-4	88.9	101.6	19.05	20.3	1.63
5.00-4	14	0.92	1 157	830	790	121	128	109	323	337	295	132	5.00-4	88.9	101.6	19.05	33.0	1.85
5.00-5	4	0.93	363	220	210	118	126	107	347	361	319	145	5.00-5	88.9	127.0	19.05	20.3	1.68
5.00-5	6	0.93	583	360	340	118	126	107	347	361	319	145	5.00-5	88.9	127.0	19.05	20.3	1.68
5.00-5	8	0.93	816	500	480	118	126	107	347	361	319	145	5.00-5	88.9	127.0	19.05	21.6	1.78
5.00-5	10	0.93	975	630	610	118	126	107	347	361	319	145	5.00-5	88.9	127.0	19.05	31.8	1.98
5.00-5	14	0.93	1 410	930	900	118	126	107	347	361	319	145	5.00-5	88.9	127.0	19.05	21.6	1.80
6.00-6	4	0.91	522	210	200	150	160	136	427	445	392	175	6.00-6	127.0	152.4	19.05	20.3	1.88
6.00-6	6	0.91	794	300	290	150	160	136	427	445	392	175	6.00-6	127.0	152.4	19.05	21.6	1.98
6.00-6	8	0.91	1 066	390	380	150	160	136	427	445	392	175	6.00-6	127.0	152.4	19.05	22.9	2.11
7.00-6	4	0.91	570	170	160	164	178	151	457	476	418	185	6.00-6	127.0	152.4	19.05	21.59	1.98
7.00-6	6	0.91	862	280	260	164	178[a]	151	457	476	418	185	6.00-6	127.0	152.4	19.05	21.59	1.98
7.00-6	8	0.91	1 157	390	370	164	178[a]	151	457	476	418	185	6.00-6	127.0	152.4	19.05	22.9	2.11
7.00-6	10	0.91	1 630	520	500	164	178	151	457	476	418	185	6.00-6	127.0	152.4	19.05	22.9	2.11
8.00-4	4	0.84	499	170	170	196	211	179	436	457	394	170	8.00-4	139.7	101.6	17.53	15.5	1.22
8.00-6	4	0.85	612	170	160	187	202[a]	171	476	495	433	191	6.00-6	127.0	152.4	19.05	20.3	1.88
8.00-6	6	0.85	930	250	240	187	202[a]	171	476	495	433	191	6.00-6	127.0	152.4	19.05	21.6	1.98
8.00-6	8	0.85	1 270	340	330	187	202[a]	171	476	495	433	191	6.00-6	127.0	152.4	19.05	22.9	2.11
8.50-6	6	0.91	1 032	210	210	211	225	191	537	561	488	213	8.50-6	152.4	152.4	22.22	22.9	2.03

表 4（续）

轮胎规格	层级	高宽比	额定值			充气尺寸/mm						静负荷半径/mm	轮辋					
			最大负荷/kg	充气内压/kPa		宽度			直径				规格[b]	1——两轮缘间宽度；2——着合直径；3——轮缘高度；4——最小着合宽度；5——凹槽最小深度。尺寸/mm				
				有负荷	无负荷	断面		肩部	中心线处		肩部							
						最小	最大	最大	最小	最大	最大			1	2	3	4	5
9.00-6	10	0.89	2 041	410	400	217	235[a]	199	544	569	494	216	9.00-6	171.4	152.4	22.22	36.8	3.25
6.50-8	6	0.86	1 043	370	350	161	175	149	486	504	450	203	6.50-8	133.4	203.2	20.62	21.6	1.96
6.50-8	8	0.86	1 429	540	520	161	175	149	486	504	450	203	6.50-8	133.4	203.2	20.62	24.1	2.16
7.00-8	6	0.88	1 089	330	320	174	185	158	511	530	471	211	7.00-8	139.7	203.2	20.62	21.6	1.96
7.00-8	10	0.88	2 040	600	580	174	185	158	511	530	471	211	7.00-8	139.7	203.2	20.62	33.02	2.95
7.00-8	16	0.88	3 020	900	860	174	185	158	511	530	471	211	7.00-8	139.7	203.2	20.62	33.02	2.95
6.50-10	6	0.91	1 256	430	410	159	169	144	542	561	506	231	6.50-10	120.6	254.0	20.62	21.6	2.03
6.50-10	8	0.91	1 071	570	550	159	169	144	542	561	506	231	6.50-10	120.6	254.0	20.62	24.1	2.26
6.50-10	10	0.91	2 155	720	690	159	169	144	542	561	506	231	6.50-10	120.6	254.0	20.62	27.9	2.59
6.50-10	12	0.91	2 608	860	830	159	169	144	542	561	506	231	6.50-10	120.6	254.0	20.62	33.0	3.05
6.50-10	14	0.91	3 510	1 140	1 100	159	169	144	542	561	506	231	6.50-10	120.6	254.0	20.62	33.0	3.05
8.50-10	6	0.90	1 474	300	280	208	221	188	627	652	597	259	8.50-10	158.8	254.0	20.62	25.4	2.36
8.50-10	8	0.90	1 996	390	380	208	221	188	627	652	597	259	8.50-10	158.8	254.0	20.62	29.21	2.69
8.50-10	10	0.90	2 495	500	480	208	221	188	627	652	597	259	8.50-10	158.8	254.0	20.62	34.29	3.15
8.50-10	12	0.90	3 630	720	690	208	221	188	627	652	597	259	8.50-10	158.8	254.0	20.62	38.10	3.48
8.50-10	14	0.90	3 950	790	760	208	221	188	627	652	597	259	8.50-10	158.8	254.0	20.62	40.64	3.71
8.50-10	16	0.90	4 490	920	890	208	221	188	627	652	597	259	8.50-10	158.8	254.0	20.62	40.64	3.71
11.00-12	6	0.90	2 087	250	240	267	285	241	787	818	725	323	11.00-12	209.6	304.8	25.4	25.4	2.44
11.00-12	8	0.90	2 858	320	310	267	285	241	787	818	725	323	11.00-12	209.6	304.8	25.4	27.9	2.64
11.00-12	10	0.90	3 720	430	410	267	285	241	787	818	725	323	11.00-12	209.6	304.8	25.4	35.6	3.33

表 4（续）

轮胎规格	层级	高宽比	额定值			充气尺寸/mm						静负荷半径/mm	轮辋					
			最大负荷/kg	充气内压/kPa		宽度			直径				规格[b]	1——两轮缘间宽度；2——着合直径；3——轮缘高度；4——最小着合宽度；5——凹槽最小深度。				
				有负荷	无负荷	断面		肩部	中心线处		肩部			尺寸/mm				
						最小	最大	最大	最小	最大	最大			1	2	3	4	5
7.50-14	8	0.90	2 590	630	600	183	194	165	686	705	643	295	7.50-14	139.7	355.6	20.62	27.9	3.90
7.50-14	12	0.90	3 946	930	900	183	194	165	686	705	643	295	7.50-14	139.7	355.6	20.62	41.9	4.06
9.50-16	10	0.90	4 196	650	620	231	246	210	826	847	768	353	9.50-16	177.8	406.4	25.40	38.1	3.78
9.50-16	12	0.90	5 080	790	760	231	246	210	826	847	768	353	9.50-16	177.8	406.4	25.40	44.4	4.34
12.50-16	10	0.89	4 808	430	410	305	324	276	953	977	874	396	12.50-16	254.0	406.4	31.75	45.7	4.32
12.50-16	12	0.89	5 806	540	520	305	324	276	953	977	874	396	12.50-16	254.0	406.4	31.75	48.3	4.55
12.50-16	14	0.89	6 800	650	620	305	324	276	953	977	874	396	12.50-16	254.0	406.4	31.75	61.00	5.35
15.00-12	14	0.83	5 761	470	450	354	373	318	898	922	812	358	15.00-12	279.4	304.8	25.40	63.5	6.53
15.00-16	10	0.87	5 534	380	370	366	389	330	1 052	1 077	956	427	15.00-16	285.8	406.4	30.18	44.4	4.34
15.00-16	14	0.87	7 760	510	490	366	389	330	1 052	1 077	956	427	15.00-16	285.8	406.4	30.18	44.4	4.34
15.00-16	16	0.87	8 940	580	560	366	389	330	1 052	1 077	956	427	15.00-16	285.8	406.4	30.18	44.4	4.34
17.00-16	12	0.84	7 258	430	410	415	442	376	1 110	1 144	1 011	450	17.00-16	336.6	406.4	34.92	50.8	4.90
15.50-20	14	0.80	9 435	650	620	382	406	345	1 125	1 149	1 034	472	17.00-20	336.6	508.0	41.28	55.9	5.46
15.50-20	16	0.80	10 890	760	730	382	406	345	1 125	1 149	1 034	472	17.00-20	336.6	508.0	41.28	61.00	7.25
15.50-20	20	0.80	13 563	970	930	382	406	345	1 125	1 149	1 034	472	17.00-20	336.6	508.0	41.28	72.4	6.91
17.00-20	22	0.84	15 649	930	900	417	438	372	1 212	1 238	1 170	503	17.00-20	336.6	508.0	44.45	71.1	6.63
8.90-12.50	6	0.85	1 950	360	340	220	229	194	693	704	634	290	8.90-12.5	171.4	317.5	22.22	30.5	3.12

所有规格的航空轮胎的最大前轮负荷为最大负荷的 1.45 倍。

[a] 表示对某一特定的飞机，其轮舱间隙可能不合适，该轮胎的最大尺寸可能会引起干涉。

[b] 允许代用轮辋，参见附录 B 表 B.3。

表 5　直升机用轮胎

轮胎规格	层级	高宽比	额定值				充气尺寸[b]/mm						静负荷半径[c]/mm	轮辋					
			最大负荷/kg	充气内压/kPa			宽度			直径				规格	1——两轮缘间宽度；2——着合直径；3——轮缘高度；4——最小着合宽度；5——凹槽最小深度。尺寸/mm				
				有负荷	无负荷	最大允许[a]	断面		肩部	中心线处		肩部							
							最小	最大	最大	最小	最大	最大			1	2	3	4	5
5.00-4	12	0.92	1 500	1 020	990	1 180	121	133	114	323	347	302	132	5.00-4	88.9	101.6	19.05	20.3	1.63
5.00-4	14	0.92	1 730	1 240	1 190	1 430	121	133	114	323	347	302	132	5.00-4	88.9	101.6	19.05	33.0	1.85
5.00-5	4	0.93	544	340	320	390	118	131	111	347	370	326	145	5.00-5	88.9	127.0	19.05	20.3	1.68
5.00-5	6	0.93	875	540	520	620	118	131	111	347	370	326	145	5.00-5	88.9	127.0	19.05	20.3	1.68
5.00-5	10	0.93	1 465	940	910	1 090	118	131	111	347	370	326	145	5.00-5	88.9	127.0	19.05	31.8	1.98
6.00-6	6	0.91	1 193	460	430	520	150	166	141	427	456	403	178	6.00-6	127.0	152.4	19.05	21.6	1.98
6.00-6	8	0.91	1 601	590	570	680	150	166	141	427	456	403	178	6.00-6	127.0	152.4	19.05	22.9	2.11
6.50-10	6	0.91	1 187	650	620	740	159	175	150	542	574	516	234	6.50-10	120.6	254.0	20.62	21.6	2.03
7.00-6	8	0.91	1 737	580	560	670	164	185	158	457	489	428	188	6.00-6	127.0	152.4	19.05	22.9	2.11
8.50-10	6	0.90	2 214	440	430	510	208	230	196	627	668	592	262	8.50-10	158.8	254.0	20.62	25.4	2.36
8.50-10	10	0.90	3 742	750	720	870	208	230	196	627	668	592	262	8.50-10	158.8	254.0	20.62	34.3	3.15
8.50-10	14	0.90	5 920	1 190	1 140	1 370	208	230	196	627	668	592	262	8.50-10	158.8	254.0	20.62	40.64	3.71
11.00-12	6	0.90	3 130	380	370	430	267	296	252	787	838	742	328	11.00-12	209.6	304.8	25.40	25.4	2.44
11.00-12	8	0.90	4 287	490	470	560	267	296	252	787	838	742	328	11.00-12	209.6	304.8	25.40	27.9	2.64
14.5×5.5-6	12	0.77	2 041	1 450	1 400	1 680	131	145	128	356	377	338	152	14.5×5.5-6	108.0	152.4	22.22	38.1	3.23
14.5×5.5-6	14	0.77	2 418	1 670	1 610	1 920	131	145	128	356	377	338	152	14.5×5.5-6	108.0	152.4	22.22	38.1	3.23
15×6.0-6	6	0.73	1 329	730	700	840	150	166	146	370	395	352	157	6.00-6	127.0	152.4	19.05	21.6	1.98
17.5×5.75-8	12	0.83	3 402	1 940	1 860	2 230	137	152	135	431	455	409	188	18×5.5	108.0	203.2	22.22	35.6	3.12
19.5×6.75-8	10	0.85	2 908	1 190	1 140	1 370	158	178	158	480	507	453	203	6.50-8	133.4	203.2	20.62	31.8	2.84
29×11.0-10	10	0.87	4 813	650	620	740	264	291	246	714	756	666	292	29×11.0-10	215.9	254.0	25.40	40.6	3.63

a 最大允许充气压力是为减小地面振动，气压增加后额定负荷不改变。

b 最大允许充气压力时的最大尺寸包括公差。

c 在名义充气压力下。

表 6　子午线航空轮胎

轮胎规格	层级	额定值			最大充气尺寸/mm				胀大静负荷半径/mm		轮辋						胎圈座斜度
		最大负荷/kg	充气内压/kPa		胀大宽度		胀大直径				规格	1——两轮缘间宽度；2——着合直径；3——轮缘高度；4——最小着合宽度；5——凹槽最小深度。尺寸/mm					
			无负荷	有负荷	断面	肩部	中心线处	肩部	最小	最大		1	2	3	4	5	
23.5×8.0R12	14	4 280	1 460	1 520	212	191	615	584	257	267	23.5×8.0R12	158.8	304.8	25.40	54.48	4.97	5°
25.75×6.75R14	14	4 680	1 630	1 700	179	161	669	638	284	295	25.75×6.75R14	127.0	355.6	25.40	43.18	4.11	5°
26×6.6R14	14	4 540	1 550	1 610	176	154	669	610	283	295	26×6.6	127.0	355.6	25.40	43.18	4.11	5°
27×7.75R15	12	4 380	1 380	1 430	206	182	704	645	298	310	29×7.7	152.4	381.0	25.40	41.91	4.06	5°
30×8.8R15	16	6 440	1 370	1 430	236	211	790	749	328	343	30×8.8	177.8	381.0	28.58	53.34	5.00	5°
32×8.8R16	10	4 080	790	820	235	208	808	729	330	345	32×8.8	177.8	406.4	28.58	38.10	3.78	5°
32×8.8R16	12	4 990	970	1 010	235	208	808	729	330	345	32×8.8	177.8	406.4	28.58	41.91	4.14	5°
H34×10.0R16	14	6 080	900	920	264	237	885	837	356	375	32×8.8	177.8	406.4	28.58	54.61	6.25	5°
40×14.0R16	24	12 560	1 170	1 220	370	317	1 042	916	417	439	40×14	279.4	406.4	41.28	74.93	6.81	5°
42×17.0R18	26	16 370	1 340	1 390	450	405	1 105	1 040	442	466	42×17.0R18	355.6	457.2	41.28	83.82	7.75	5°
45×16.0R20	28	19 050	1 530	1 590	423	372	1 160	1 068	471	494	46×16	336.7	508.0	44.45	82.55	7.62	5°
46×17.0R20	30	20 870	1 530	1 590	450	405	1 207	1 137	488	512	46×16	336.7	508.0	47.63	93.98	8.66	5°
49×17.0R20	32	22 860	1 450	1 500	456	383	1 277	1 123	509	537	49×17	336.7	508.0	47.63	92.71	8.48	5°
50×20.0R22	26	20 500	1 220	1 270	528	476	1 314	1 240	529	556	50×20.0R22	381.0	558.8	47.63	80.01	7.52	5°
50×20.0R22	32	25 900	1 520	1 580	528	476	1 314	1 240	529	556	50×20.0R22	381.0	558.8	47.63	80.01	7.52	5°
1 050×395R16	28	15 510	1 310	1 370	410	361	1 083	1 016	422	446	1 050×395R16 40.5×15.5-16	292.1	406.4	44.45	88.90	7.90	5°
1 270×455R22	30	23 090	1 510	1 570	476	381	1 310	1 234	521	547	49×18.0R22	349.3	558.8	47.63	95.25	8.84	5°
1 270×455R22	32	24 860	1 620	1 690	476	381	1 310	1 234	521	547	49×18.0R22	349.3	558.8	47.63	100.33	10.69	5°
1 400×530R23	32	27 810	1 390	1 450	551	485	1 444	1 358	568	599	1 400×530R23 54×21.0-23	412.8	584.2	50.80	96.52	8.92	5°
1 400×530R23	36	31 070	1 540	1 600	551	485	1 444	1 358	568	599	1 400×530R23 54×21.0-23	412.8	584.2	50.80	106.68	9.80	5°

注：上述表格中充气轮胎尺寸不包括最小间隙。

表 7 航空轮胎(1类)

轮胎规格	层级	额定值				充气尺寸/mm								公称负荷半径/mm	轮辋				
		最大负荷/kg	刹车时最大前轮负荷/kg	充气内压/kPa		宽度				直径					规格	1——两轮缘间宽度； 2——着合直径； 3——轮缘高度； 4——最小着合宽度。			
				有负荷	无负荷	断面		肩部	拨水板	中心线处		肩部	拨水板			尺寸/mm			
						最小	最大	最大	最大	最小	最大	最大	最大			1	2	3	4
5.00-5	4	360	530	230	220										5.00-5 4PR				
5.00-5	6	570	830	360	340	120	125	105	—	345	360	320	—	145	5.00-5 6PR	88.9	127.0	19.1	20.3
5.00-5	8	770	1 120	480	460										5.00-5 8PR				
5.00-5	14	1 410	2 040	930	900										5.00-5 14PR				21.6
6.00-6	4	520	760	210	200										6.00-6 4PR				20.3
6.00-6	6	790	1 150	310	290	150	160	135	—	425	445	390	—	175	6.00-6 6PR	127.0	152.4	19.1	21.6
6.00-6	8	1 070	1 550	400	380										6.00-6 8PR				22.9
6.50-8	6	1 040	1 520	370	350	160	175	150	—	485	505	450	—	205	6.50-8 6PR	133.4	203.2	20.6	21.6
6.50-8	8	1 430	2 070	550	520										6.50-8 8PR				24.1
6.50-10	6	1 260	1 820	440	420										6.50-10 6PR				21.6
6.50-10	8	1 700	2 470	580	550										6.50-10 8PR				24.1
6.50-10	10	2 155	3 125	720	690	160	170	145	—	540	560	505	—	230	6.50-10 10PR	120.7	254.0	20.6	27.9
6.50-10	12	2 065	—	860	830										6.50-10 12PR				33.0
6.50-10	14	3 510	5 265	1 180	1 130										6.50-10 14PR				38.9
7.00-6	4	570	820	170	160										7.00-6 4PR				20.3
7.00-6	6	860	1 250	270	260										7.00-6 6PR				21.6
7.00-6	8	1 160	1 680	400	370	165	180	150	—	455	475	420	—	185	7.00-6 8PR	127.0	152.4	19.1	22.9
7.00-6	10	1 630	2 360	520	500										7.00-6 10PR				22.9

表 7（续）

轮胎规格	层级	额定值				充气尺寸/mm									轮辋				
		最大负荷/kg	刹车时最大前轮负荷/kg	充气内压/kPa		宽度				直径				公称负荷半径/mm	规格	1——两轮缘间宽度；2——着合直径；3——轮缘高度；4——最小着合宽度。			
				有负荷	无负荷	断面		肩部	拨水板	中心线处		肩部	拨水板			尺寸/mm			
						最小	最大	最大	最大	最小	最大	最大	最大			1	2	3	4
7.25-6	8	1 130	1 460	440	420	165	175	150	—	420	435	385	—	175	7.25-6 8PR	146.1	152.4	20.3	26.7
7.50-10	6	1 360	1 970	340	320	185	195	165	—	590	615	550	—	245	7.50-10 6PR	139.7	254.0	20.6	22.9
7.50-10	8	1 760	2 550	460	440										7.50-10 8PR				
7.50-14	8	2 590	3 750	630	600	185	195	165	—	685	705	645	—	295	7.50-14 8PR	139.7	355.6	20.6	27.9
7.50-14	12	3 950	5 730	930	900										7.50-14 12PR				41.9
8.00-7	6	1 520	2 200	440	420	200	210	175	—	490	510	440	—	205	8.00-7 6PR	165.1	177.8	21.6	34.9
8.50-6	6	1 030	1 500	220	210	210	225	190	—	535	560	490	—	215	8.50-6 6PR	152.4	152.4	22.2	22.9
8.50-10	6	1 470	2 140	300	290	210	220	190	—	625	650	580	—	260	8.50-10 6PR	158.8	254.0	20.6	25.4
8.50-10	8	2 000	2 890	410	380										8.50-10 8PR				29.2
8.50-10	10	2 490	3 620	510	490										8.50-10 10PR				34.3
8.50-10	12	3 630	5 445	720	690										8.50-10 12PR				37.6
9.00-6	10	2 040	3 060	420	400	217	235	199	—	544	569	494	—	215	9.00-6 10PR	171.5	152.4	22.2	36.8
9.00-10	10	2 640	3 820	460	440	225	240	205	—	620	640	565	—	260	9.00-10 10PR	196.9	254.0	22.2	41.9
9.25-12	8	2 540	3 680	440	420	230	240	205	—	695	715	645	—	290	9.25-12 8PR	177.8	304.8	22.2	28.4
9.25-12	12	4 010	6 015	720	690										9.25-12 12PR				34.0
9.50-16	10	4 200	6 080	650	620	230	245	210	—	825	845	770	—	355	9.50-16 10PR	177.8	406.4	25.4	38.1
9.50-16	12	5 080	7 370	790	760										9.50-16 12PR				

表 7（续）

轮胎规格	层级	额定值				充气尺寸/mm								公称负荷半径/mm	轮辋				
		最大负荷/kg	刹车时最大前轮负荷/kg	充气内压/kPa		宽度				直径					规格	1——两轮缘间宽度； 2——着合直径； 3——轮缘高度； 4——最小着合宽度。			
				有负荷	无负荷	断面		肩部	拨水板	中心线处		肩部	拨水板			尺寸/mm			
						最小	最大	最大	最大	最小	最大	最大	最大			1	2	3	4
10.50-16	10	4 350	6 000	540	520	255	265	225	—	860	885	800	—	365	10.50-16　10PR	209.6	406.4	28.6	40.6
10.50-16	12	5 260	7 460	650	620										10.50-16　12PR				
11.00-12	6	2 090	—	250	240										11.00-12　6PR				25.4
11.00-12	8	2 860	—	330	310	265	285	240	—	785	820	725	—	323	11.00-12　8PR	209.6	304.8	25.4	27.9
11.00-12	10	3 730	—	440	420										11.00-12　10PR				35.6
12.50-16	10	4 810	6 970	440	420										12.50-16　10PR				45.7
12.50-16	12	5 800	8 420	540	520	305	325	275	—	955	975	875	—	395	12.50-16　12PR	254.0	406.4	31.8	48.3
12.50-16	14	6 800	9 870	650	620										12.50-16　14PR				61.0
15.00-16	10	5 530	8 020	390	370										15.00-16　10PR				
15.00-16	14	7 760	11 250	510	490	365	390	330	—	1 050	1 070	955	—	430	15.00-16　14PR	285.8	406.4	30.2	44.5
15.00-16	16	8 940	12 960	580	560										15.00-16　16PR				
15.50-20	14	9 440	13 680	650	620										15.50-20　14PR				55.9
15.50-20	16	10 890	15 790	760	730	380	405	345	—	1 175	1 150	1 035	—	470	15.50-20　16PR	336.6	508.0	41.3	61.0
15.50-20	20	13 560	19 690	970	930										15.50-20　20PR				72.4
20.00-20	22	17 640	25 310	690	660	490	510	435	—	1 380	1 420	1 255	—	566	20.00-20　22PR	393.7	508.0	50.8	88.9
20.00-20	26	21 090	30 620	900	860										20.00-20　26PR				

表 8 航空轮胎(2类)

轮胎规格	层级	额定值				充气尺寸/mm								公称负荷半径/mm	轮辋				
		最大负荷/kg	刹车时最大前轮负荷/kg	充气内压/kPa		宽度				直径					规格	1——两轮缘间宽度；2——着合直径；3——轮缘高度；4——最小着合宽度。尺寸/mm			
				有负荷	无负荷	断面		肩部	拨水板	中心线处		肩部	拨水板						
						最小	最大	最大	最大	最小	最大	最大	最大			1	2	3	4
14.5×5.5-6	14	1 540	2 240	1 120	1 080	130	140	125	85	355	370	330	305	155	14.5×5.5-6 14PR	108.0	152.4	22.2	41.9
16×4.4(-8)	6	770	1 155	610	590	105	115	100	—	395	405	370	—	175	16×4.4-8 6PR	89.0	203.2	20.6	22.9
16×4.4(-8)	8	1 050	1 570	860	830	105	115	100	—	395	405	370	—	175	16×4.4-8 6PR	89.0	203.2	20.6	28.6
17.5×5.75-8	12	2 270	3 400	1 290	1 240	135	145	130	—	430	445	400	—	190	17.5×5.75-8 12PR	108.0	203.2	22.2	35.7
17.5×6.25-6	8	1 180	1 770	510	490	150	160	140	—	430	445	395	—	180	17.5×6.25-6 8PR	127.0	152.4	19.1	22.9
18×4.25-10	6	1 080	1 620	720	690	115	120	105	80	450	465	420	400	205	18×4.25-10 6PR	72.1	254.0	15.2	28.7
18×4.4(-10)	12	1 970	2 960	1 610	1 550	105	115	100	—	445	455	420	—	200	18×4.4-10 12PR	89.0	254.0	20.6	11.8
18×5.5(-8)	6	1 020	1 530	540	520										18×5.5-8 6PR				31.8
18×5.5(-8)	8	1 380	2 070	760	730										18×5.5-8 8PR				
18×5.5(-8)	10	1 810	2 720	1 010	970	135	145	125	—	440	455	410	—	190	18×5.5-8 10PR	108.0	203.2	22.2	35.6
18×5.5(-8)	12	2 290	3 430	1 220	1 170										18×5.5-8 12PR				
18×5.5(-8)	14	2 810	4 220	1 560	1 480										18×5.5-8 14PR				38.1
18×5.7(-8)	14	2 810	4 220	1 540	1 480	135	140	125	—	435	450	410	—	190	18×5.7-8 14PR	108.0	203.2	22.2	41.4
18×5.7-8	18	3 900	5 850	2 150	2 070	135	140	125	—	435	450	410	—	190	18×5.7-8 18PR	108.0	203.2	22.2	41.4
18×6.5-8	12	2 270	3 410	1 080	1 040	160	165	145	—	445	460	405	—	190	18×6.5-8 12PR	133.4	203.2	22.2	38.1
19.5×6.75-8	8	1 500	2 250	610	590	157	171	151	—	480	495	443	—	206	19.5×6.75-8 (6.50-8)	133.4	203.2	20.6	31.8
19.5×6.75-8	10	1 935	2 905	790	760	157	171	151	—	480	495	443	—	206					

表 8（续）

轮胎规格	层级	额定值				充气尺寸/mm								公称负荷半径/mm	轮辋				
		最大负荷/kg	刹车时最大前轮负荷/kg	充气内压/kPa		宽度				直径					规格	1——两轮缘间宽度；2——着合直径；3——轮缘高度；4——最小着合宽度。			
				有负荷	无负荷	断面		肩部	拨水板	中心线处		肩部	拨水板			尺寸/mm			
						最小	最大	最大	最大	最小	最大	最大	最大			1	2	3	4
20×4.4(-12)	10	1 700	2 550	1 220	1 170	105	115	100	—	495	510	495	—	225	20×4.4-12 10PR	89.0	304.8	20.6	29.2
20×4.4(-12)	12	2 340	3 510	1 610	1 550										20×4.4-12 12PR				33.0
20×4.4(-12)	14	2 950	4 425	1 900	1 830										20×4.4-12 14PR				
20×5.25-11	10	2 220	—	1 160	1 110	140	145	125	—	545	565	540	—	235	20×5.25-11 10PR	114.3	297.4	16.7	33.3
H21×7.25-8	12	2 560	3 840	760	730	174	184	166	—	517	533	500	—	213	H21×7.25-8 12PR	120.7	203.2	19.05	49.5
22×5.5(-12)	10	2 590	3 880	1 330	1 280	135	145	125	—	545	565	540	—	245	22×5.5-12 10PR	108.0	304.8	22.2	33.0
22×5.5(-12)	12	3 220	4 840	1 690	1 620										22×5.5-12 12PR				
22×5.75-12	8	1 980	2 730	970	930	135	145	130	—	545[a]	560	515	—	245	22×5.75-12 8PR	108.0	304.8	22.2	31.8
22×5.75-12	10	2 590	2 960	1 290	1 240										22×5.75-12 10PR				34.3
22×6.5-10	8	1 810	2 710	680	660	159	169	144	—	542	561	505	—	234	22×6.5-10 8PR	120.7	254.0	20.62	39.70
22×6.75-10	8	—	2 930	680	650	160	170	150	—	540	560	505	—	230	22×6.75-10 8PR	120.7	254.0	20.6	27.9
22×6.75-10	10	2 650	—	890	860										22×6.75-10 10PR				33.0
22×6.75-10	12	3 310	4 970	1 090	1 050										22×6.75-10 12PR				38.1
H22×8.25-10	14	3 760	5 650	1 120	1 080	198	210	189	—	544	559	528	—	231	H22×8.25-10 14PR				54.48
22×8.5-11	16	4 540	6 810	1 510	1 450	205	215	190	—	545	560	500	—	240	22×8.5-11 16PR	184.2	279.4	22.2	47.8
23×7.00-12	10	3 030	—	900	860	175	185	160	—	575	590	540	—	250	23×7.00-12 10PR	158.8	304.8	16.7	42.9
23×7.00-12	12	3 540	—	1 150	1 100										23×7.00-12 12PR				
23×9.00-8	10	2 400	3 600	570	550	225	240	215	—	570	610	555	—	240	23×9.00-8 10PR	184.2	203.2	22.2	44.5

表 8（续）

轮胎规格	层级	额定值				充气尺寸/mm								公称负荷半径/mm	轮辋				
		最大负荷/kg	刹车时最大前轮负荷/kg	充气内压/kPa		宽度				直径					规格		1——两轮缘间宽度； 2——着合直径； 3——轮缘高度； 4——最小着合宽度。		
				有负荷	无负荷	断面		肩部	拨水板	中心线处		肩部	拨水板				尺寸/mm		
						最小	最大	最大	最大	最小	最大	最大	最大			1	2	3	4
24×5.5(-14)	16	5 220	—	2 550	2 450	135	145	126	—	600	615	590	—	272	24×5.5-14 16PR	108.0	355.6	22.2	35.1
24×6.6(-12)	20	2 950	4 420	2 110	2 030	160	170	140	—	585	605	545	—	260	24×6.6-12 20PR	140.0	304.8	25.4	45.7
24×7.25-12	10	3 000	4 040	870	830	185	190	165	120	610	620	565	525	265	24×7.25-12 10PR	158.8	304.8	17.8	35.4
24×7.25-12	12	3 700	5 550	180	1 130	178	190	165	—	605	622	565	—	265	24×7.25-12 12PR				45.8
24×7.7(-10)	6	1 340	2 010	400	380	185	195	170	—	590	615	545	—	255	24×7.7-10 6PR	139.7	254.0	23.0	31.9
24×7.7(-10)	8	1 880	2 820	540	520										24×7.7-10 8PR				
24×7.7(-10)	10	2 450	3 860	650	620										24×7.7-10 10PR				
24×7.7(-10)	12	3 080	4 620	790	760										24×7.7-10 12PR				35.2
24×7.7(-10)	14	3 720	5 580	970	930										24×7.7-10 14PR				40.6
24×7.7(-10)	16	4 400	6 600	1 190	1 140										24×7.7-10 16PR				43.2
24×8.00-13	18	5 670	8 510	2 050	1 970	195	205	180	—	595	610	560	—	270	24×8.00-13 18PR	146.1	330.2	25.4	52.1
24.5×8.5(-10)	10	2 590	3 880	620	590	205	215	190	—	605	620	555	—	255	24.5×8.5-10 10PR	158.8	254.0	20.7	34.3
24.5×8.5(-10)	12	3 360	5 040	790	760										24.5×8.5-10 12PR				
25×6.75(-14)[b]	18	5 900	—	2 150	2 070	163	174	153	—	630	647	595	—	283	25×6.75-14 18PR	127.0	355.6	25.4	41.1
25.5×8.0-14	18	6 940	10 060	1 970	1 900	190	203	174	—	630	650	588	—	280	25.5×8.0-14 18PR	146.1	355.6	25.4	53.3
25.5×8.0-14	20	7 350	10 060	2 230	2 140											—	—	—	—
25.5×8.75-10	12	3 240	4 860	610	590	210	220	195	—	627	650	580	—	265	25.5×8.75-10 12PR	139.7	254.0	23.0	38.1
25.75×6.75-14	14	4 670	7 005	1 700	1 630	161	171	151	—	638	654	601	—	284	25.75×6.75-14(26×6.6)	127.0	355.6	25.4	43.2

表 8（续）

轮胎规格	层级	额定值				充气尺寸/mm									轮辋				
		最大负荷/kg	刹车时最大前轮负荷/kg	充气内压/kPa		宽度				直径				公称负荷半径/mm	规格	1——两轮缘间宽度； 2——着合直径； 3——轮缘高度； 4——最小着合宽度。			
				有负荷	无负荷	断面		肩部	拨水板	中心线处		肩部	拨水板			尺寸/mm			
						最小	最大	最大	最大	最小	最大	最大	最大			1	2	3	4
26×6.6(-14)	8	2 410	3 610	870	830	160	170	150	125	635	655	600	560	285	26×6.6-14 8PR	127.0	355.6	25.4	33.0
26×6.6(-14)	10	3 130	4 690	1 120	1 070										26×6.6-14 10PR				35.6
26×6.6(-14)	12	3 900	5 860	1 330	1 280										26×6.6-14 12PR				38.1
26×6.6(-14)	14	4 540	6 800	1 620	1 550										26×6.6-14 14PR				43.2
26×7.75-13	8	2 540	3 310	620	590	190	200	175	125	650	670	610	565	280	26×7.75-13 8PR	168.4	330.2	17.8	38.1
26×7.75-13	10	3 290	4 280	790	760										26×7.75-13 10PR			25.4	
26×7.75-13	12	4 060	5 280	970	930										26×7.75-13 12PR				
26×7.75-13	14	4 880	6 340	1 160	1 110										26×7.75-13 14PR				5.7
26×8.0-14	16	5 760	8 640	1 690	1 620	190	205	150	—	645	660	605	—	285	26×8.0-14 16PR	162.1	355.6	28.4	93.1
26×8.0-14	18	6 570	—	1 900	1 830										26×8.0-14 18PR				
26×8.75-11	12	4 570	5 000	760	730	215	225	200	—	655	675	605	—	265	26×8.75-11 12PR	184.2	279.4	22.2	40.6
26×8.75-11	16	5 020	—	900	870										26×8.75-11 16PR				47.0
26.5×8.0-13	12	4 300	6 450	1 070	1 030	192	203	178	—	655	673	604	—	282	26.5×8.0-13 12PR	165.1	330.2	25.4	39.4
27×7.75-15	10	3 540	4 400	1 150	1 100	185	195	175	—	670	685	630	—	300	27×7.75-15 10PR	152.4	381.0	25.4	41.9
27×7.75-15	12	4 380	6 570	1 440	1 380										27×7.75-15 12PR				47.0
28×9.00-12	8	2 700	4 050	470	450	225	240	205	—	695	720	645	—	290	28×9.00-12 8PR	168.4	304.8	19.1	35.1
28×9.00-12	10	3 250	4 870	580	550										28×9.00-12 10PR				38.1
28×9.00-12	12	4 000	—	720	690										28×9.00-12 12PR				50.8

表 8（续）

轮胎规格	层级	额定值				充气尺寸/mm								公称负荷半径/mm	轮辋				
		最大负荷/kg	刹车时最大前轮负荷/kg	充气内压/kPa		宽度				直径					规格	1——两轮缘间宽度；2——着合直径；3——轮缘高度；4——最小着合宽度。尺寸/mm			
				有负荷	无负荷	断面		肩部	拨水板	中心线处		肩部	拨水板						
						最小	最大	最大	最大	最小	最大	最大	最大			1	2	3	4
29×7.7(-15)	16	6 260	9 390	1 660	1 590	190	200	175	—	700	720	660	—	310	29×7.7-15 16PR	152.4	381.0	25.4	50.8
29×8.00-15	12	4 550	6 170	1 010	970	200	205	180	—	740	755	685	—	320	29×8.00-15 12PR	174.6	381.0	24.1	44.5
30×7.7(-16)	12	4 270	7 080	1 190	1 140										30×7.7-16 12PR				
30×7.7(-16)	14	5 440	8 170	1 340	1 280	190	200	175	—	725	745	685	—	320	30×7.7-16 14PR	152.4	406.4	25.4	42.0
30×7.7(-16)	18	7 490	11 240	1 940	1 860										30×7.7-16 18PR				54.6
30×8.8(-15)	12	4 630	6 945	1 000	960										30×8.8-15 12PR				
30×8.8(-15)	14	5 650	8 480	1 270	1 220	210	225	200	—	750	770	695	—	330	30×8.8-15 14PR	177.8	381.0	28.6	43.4
30×8.8(-15)	22	9 520	—	2 080	2 000										30×8.8-15 22PR				—
30×9.00-15	12	5 530	—	940	900	232	243	213	—	744	762	693	—	320	30×9.00-15 12PR	203.2	381.0	25.4	44.5
30×11.5-14.5	20	9 510	—	1 580	1 520										30×11.5-14.5 20PR				
30×11.5-14.5	24	11 340	17 000	1 760	1 690	280	290	270	—	730	755	725	—	310	30×11.5-14.5 24PR	247.7	368.3	31.8	69.9
30×11.5-14.5	26	11 340	17 000	2 380	2 290										30×11.5-14.5 26PR				
H31×9.75-13	12	4 240	6 360	650	620	234	248	211	—	765	787	704	—	315	H31×9.75-13 12PR	161.5	330.2	25.4	52.1
31×9.75-14	12	5 030	—	820	790	235	250	225	—	765	785	745	—	325	31×9.75-14 12PR	203.2	355.6	25.4	57.2
31×10.75-14	20	8 490	11 460	1 340	1 280	265	281	247	—	777	798	718	—	335	31×10.75-14 20PR	228.6	355.6	31.8	82.6
31×11.50-16	22	10 570	15 860	1 980	1 900	275	290	255	—	765	785	720	—	340	31×11.5-14 22PR	228.6	406.4	31.8	67.3
H31×13.0-12	20	7 800	—	1 120	1 070	312	330	291	—	765	787	701	—	323	H31×13.0-12 20PR	203.2	304.8	30.5	68.6

表 8（续）

轮胎规格	层级	额定值				充气尺寸/mm									轮辋				
		最大负荷/kg	刹车时最大前轮负荷/kg	充气内压/kPa		宽度				直径				公称负荷半径/mm	规格	1——两轮缘间宽度； 2——着合直径； 3——轮缘高度； 4——最小着合宽度。 尺寸/mm			
				有负荷	无负荷	断面		肩部	拨水板	中心线处		肩部	拨水板			1	2	3	4
						最小	最大	最大	最大	最小	最大	最大	最大						
32×8.8(-16)	10	4 100	6 150	820	790										32×8.8-16 10PR				38.6
32×8.8(-16)	12	4 990	7 480	1 010	970	210	225	200	—	765	785	710	—	340	32×8.8-16 12PR	177.8	406.4	28.6	41.9
32×8.8(-16)	14	5 900	8 840	1 220	1 170										32×8.8-16 14PR				44.5
32×8.8(-16)	18	7 720	11 590	1 730	1 610	212	220	201	—	763	787	712	—	338	32×8.8-16 18PR				64.3
32×10.75-14	12	4 880	—	650	620	270	280	240	—	805	825	725	—	335	32×10.75-14 12PR	232.0	355.6	26.7	50.8
32×11.5-15	12	5 080	7 620	870	830	275	290	265	175	790	815	735	685	345	32×11.5-15 12PR	228.6	381.0	31.8	48.3
33.5×10.75-15	12	5 035	—	650	620	258	273	232	—	829	851	767	—	348	33.5×10.75-15 12PR	203.2	381.0	25.4	48.3
34×10.75-16	10	4 930	—	580	550										34×10.75-16 10PR	210.0	406.4	26.7	47.0
34×10.75-16	12	5 900	8 850	690	660	250	265	225	—	855	875	790	—	360					
34×10.75-16	14	6 850	10 275	790	760										34×10.75-16 14PR	209.6	406.4	28.6	54.5
34×10.75-16	16	7 480	11 230	1 040	1 000										34×10.75-16 16PR				59.4
34×11(-14)	18	7 300	10 950	1 040	1 000										34×11-14 18PR				62.2
34×11(-14)	20	8 300	12 450	1 190	1 140	270	285	255	—	830	850	760	—	355	34×11-14 20PR	228.6	355.6	38.1	66.0
34×11(-14)	22	9 300	13 950	1 330	1 280										34×11-14 22PR				68.6
34×11.75-14	12	5 450	7 900	580	550	290	305	260	—	850	880	785	—	355	34×11.75-14 12PR	232.2	355.6	27.9	44.5
34×14.00-14	14	6 100	9 150	780	750	337	356	320	—	842	864	813	—	357	34×14.0-14 14PR	273.0	355.6	31.75	54.5
H34.5×12.0-14	14	5 940	—	680	650	290	305	270	—	855	875	785	—	350	H34.5×12.0-14 14PR	203.2	355.6	21.6	57.2

表 8（续）

轮胎规格	层级	额定值				充气尺寸/mm								公称负荷半径/mm	轮辋				
		最大负荷/kg	刹车时最大前轮负荷/kg	充气内压/kPa		宽度				直径					规格	1——两轮缘间宽度；2——着合直径；3——轮缘高度；4——最小着合宽度。尺寸/mm			
				有负荷	无负荷	断面		肩部	拨水板	中心线处		肩部	拨水板						
						最小	最大	最大	最大	最小	最大	最大	最大			1	2	3	4
35×9.00-17	14	6 350	—	1 070	1 030										35×9.00-17 14PR				57.2
35×9.00-17	16	7 400	—	1 220	1 170	220	230	210	—	860	890	805	—	375	35×9.00-17 16PR	184.2	431.8	27.9	
35×9.00-17	18	8 500	—	1 370	1 310										35×9.00-17 18PR				64.0
35×10.00-17	26		—	1 730	1 660	245	260	230	—	880	905	820	—	380	35×10.00-17 26PR	219.2	431.8	34.9	63.5
36×10.00-18	16	8 170	—	1 190	1 140										36×10.00-18 16PR				60.5
36×10.00-18	18	9 930	—	1 370	1 310	250	260	230	—	910	930	845	—	395	36×10.00-18 18PR	219.2	457.2	27.9	63.5
36×10.00-18	20	10 730	—	1 480	1 420										36×10.00-18 20PR				68.6
36×11(-16)	22	10 570	15 850	1 440	1 380	275	290	255	—	865	890	805	—	380	36×11-16 22PR	228.6	406.4	34.9	71.1
36×13.0-12	6	2 880	—	260	200	316	334	284	—	902	927	815	—	395	36×13.00-12 6PR	210.0	304.8	25.4	27.9
37×11.75-16	10	4 730	7 100	470	450										37×11.75-16 10PR				
37×11.75-16	12	6 760	9 390	680	650	285	300	265	—	920	940	845	—	380	37×11.75-16 12PR	255.0	406.4	25.4	41.4
37×11.75-16	14	7 300	10 950	830	790										37×11.75-16 14PR	209.6			49.9
37×13.0-16	20	10 070	15 110	1 190	1 140										37×13.0-16 20PR				66.0
37×13.0-16	26	13 290	19 930	1 580	1 520	310	330	290	—	920	940	845	—	390	37×13.0-16 26PR	228.6	406.4	34.9	81.3
37×13.0-16	28	14 520	21 780	1 710	1 650										37×13.0-16 28PR				85.1
37×14.0-14	24	11 340	17 010	1 160	1 110	340	355	305	—	915	940	835	—	385	37×14.0-14 24PR	279.4	355.6	38.1	76.4
H37×14.0-15	22	10 930	—	1 190	1 140	340	355	312	—	917	940	839	—	386	H37×14.0-15 22PR	228.6	381.0	33.0	71.1
H37×14.0-15	24	12 110	18 165	1 290	1 240										H37×14.0-15 24PR				

表 8（续）

轮胎规格	层级	额定值				充气尺寸/mm								公称负荷半径/mm	轮辋				
		最大负荷/kg	刹车时最大前轮负荷/kg	充气内压/kPa		宽度				直径					规格	尺寸/mm（1——两轮缘间宽度；2——着合直径；3——轮缘高度；4——最小着合宽度。）			
				有负荷	无负荷	断面		肩部	拨水板	中心线处		肩部	拨水板						
						最小	最大	最大	最大	最小	最大	最大	最大			1	2	3	4
38×11(-18)	14	6 950	10 430	940	900	274	292	257	—	914	942	855	—	399	38×11-18 14PR	228.6	457.2	34.9	55.9
39×13(-16)	14	6 810	10 210	720	690										39×13-16 14PR				55.9
39×13(-16)	16	7 800	11 700	840	800										39×13-16 16PR				58.4
39×13(-16)	18	8 800	—	940	900	310	330	290	195	945	970	870	805	400	39×13-16 18PR	254.0	406.4	31.8	63.5
39×13(-16)	20	10 120	15 190	1 080	1 040										39×13-16 20PR				69.9
39×13(-16)	22	11 160	16 740	1 190	1 140										39×13-16 22PR				69.8
39×13(-16)	24	12 430	18 645	1 330	1 280	310	330	290	—	945	970	870	—	400	39×13-16 24PR	254.0	406.4	31.8	79.1
40×12(-18)	16	8 390	12 590	940	900										40×12-18 16PR				61.0
40×12(-18)	18	9 530	14 290	1 080	1 040	300	315	275	—	975	1 000	900	—	420	40×12-18 18PR	254.0	457.2	38.1	63.5
40×12(-18)	20	10 840	16 260	1 220	1 170										40×12-18 20PR				66.0
40×12(-18)	22	12 120	18 180	1 370	1 310										40×12-18 22PR				69.9
40×14(-16)	14	6 760	10 150	670	620										40×14-16 14PR				58.4
40×14(-16)	16	7 850	11 795	760	730										40×14-16 16PR				61.0
40×14(-16)	20	10 210	15 200	970	930	335	355	305	—	990	1 010	890	—	420	40×14-16 20PR	279.4	406.4	41.3	67.3
40×14(-16)	22	11 340	17 000	1 120	1 070										40×14-16 22PR				71.1
40×14(-16)	24	12 560	19 300	1 220	1 170										40×14-16 24PR				74.9
40×14(-16)	28	15 010	—	1 440	1 380										40×14-16 28PR				81.3

表 8（续）

轮胎规格	层级	额定值				充气尺寸/mm								公称负荷半径/mm	轮辋				
		最大负荷/kg	刹车时最大前轮负荷/kg	充气内压/kPa		宽度				直径					规格	1——两轮缘间宽度；2——着合直径；3——轮缘高度；4——最小着合宽度。			
				有负荷	无负荷	断面		肩部	拨水板	中心线处		肩部	拨水板			尺寸/mm			
						最小	最大	最大	最大	最小	最大	最大	最大			1	2	3	4
H40×14.0-19	18	10 930	16 395	1 040	1 000	335	355	305	—	993	1 016	921	—	422	H40×14.0-19 18PR	228.6	482.6	30.5	63.5
H40×14.0-19	20	12 290	18 435	1 190	1 140										H40×14.0-19 20PR				73.7
H40×14.5-19	22	13 650	—	1 290	1 240										H40×14.5-19 22PR				73.7
H40×14.5-19	24	15 060	—	1 440	1 380	349	368	325	—	993	1 016	921	—	424	H40×14.5-19 24PR	241.3	482.6	35.6	
H40×14.5-19	26	16 700	—	1 580	1 520										H40×14.5-19 26PR				78.7
B40×15.5-16	26	16 470	24 700	1 290	1 240	375	395	345	—	990	1 020	905	—	410	40×15.5-16 26PR	254.0	406.4	31.8	81.3
B40×15.5-16	28	17 910	26 860	1 400	1 350										40×15.5-16 28PR				78.7
40.5×15.5-16	28	15 510	23 270	1 370	1 310	375	394	354	—	1 005	1 029	967	—	425	40.5×15.5-16 28PR	292.1	406.4	44.5	90.2
41×15.0-18	22	12 890	19 480	1 220	1 170	360	380	335	—	1 015	1 040	935	—	435	41×15.0-18 22PR	323.9	457.2	41.3	73.7
41×15.0-18	24	14 260	21 830	1 370	1 310										41×15.0-18 24PR				76.2
42×15(-16)	18	9 700	—	750	720	365	390	340							42×15-16 18PR				69.9
42×15(-16)	20	10 660	15 990	860	830			345	—	1 050	1 075	955	—		42×15-16 20PR	292.1	406.4	38.1	
42×15(-16)	22	11 930	17 895	970	930	365	390							440	42×15-16 22PR				73.7
H42×16-19	24	15 600	—	1 250	1 210	385	405	360	—	1 045	1 065	960	—		H42×16-19 24PR	241.3	482.6	35.6	78.7
H42×16-19	26	17 150	—	1 360	1 310										H42×16-19 26PR				
H43.5×16.0-21	24	16 647	24 971	1 370	1 320	386	406	366	—	1 081	1 105	1 048	—	464	H43.5×16.0-21 24PR	266.7	533.4	40.64	84.00

表 8（续）

轮胎规格	层级	额定值				充气尺寸/mm								公称负荷半径/mm	轮辋				
		最大负荷/kg	刹车时最大前轮负荷/kg	充气内压/kPa		宽度				直径					规格	1——两轮缘间宽度； 2——着合直径； 3——轮缘高度； 4——最小着合宽度。 尺寸/mm			
				有负荷	无负荷	断面		肩部	拨水板	中心线处		肩部	拨水板						
						最小	最大	最大	最大	最小	最大	最大	最大			1	2	3	4
44×16(-18)	18	9 230	—	720	690	380	405	350	—	1 075	1 100	970	—	455	44×16-18 18PR	336.6	457.2	34.9	76.2
44×16(-18)	28	17 420	26 130	1 440	1 380										44×16-18 28PR			41.3	82.6
44×16(-18)	30	18 910	28 370	1 510	1 450										44×16-18 30PR				78.7
44×16(-18)	32	20 420	30 640	1 620	1 550										44×16-18 32PR				90.2
44.5×16.5-18	30	19 280	28 920	1 410	1 350	400	420	370	—	1 105	1 130	1 010			44.5×16.5-18 30PR	336.6	457.2	41.3	90.2
44.5×16.5-18	32	20 780	31 170	1 500	1 450										44.5×16.5-18 32PR				94.8
H44.5×16.5-20	24	16 420	—	1 190	1 140							1 020	—	466	H44.5×16.5-20 24PR	266.7	508.0	38.1	82.6
H44.5×16.5-20	26	17 960	—	1 310	1 250										H44.5×16.5-20 26PR				87.6
H44.5×16.5-20	28	19 420	29 130	1 400	1 350										H44.5×16.5-20 28PR				91.4
H44.5×16.5-21	28	20 276	30 414	1 530	1 470	399	419	376	—	1 105	1 130	1 071	—	471	H44.5×16.5-21 28PR	266.7	533.4	40.64	86.40
H45×17.0-20	26	18 140	—	1 410	1 340	412	432	381	—	1 118	1 143	1 029	—	478	H45×17.0-20 26PR	279.4	508.0	40.5	82.6
46×16(-20)	20	13 550	20 400	1 040	1 000	380	405	360	—	1 125	1 150	1 031	—	485	46×16-20 20PR	336.6	508.0	41.3	72.4
46×16(-20)	22	14 750	22 120	1 110	1 070										46×16-20 22PR				74.8
46×16(-20)	24	16 200	24 300	1 220	1 170										46×16-20 24PR			44.5	76.4
46×16(-20)	26	17 370	26 060	1 340	1 280										46×16-20 26PR				78.7
46×16(-20)	28	18 960	28 440	1 510	1 450										46×16-20 28PR				82.6
46×16(-20)	30	20 320	30 480	1 620	1 550										46×16-20 30PR			47.6	86.4
46×16(-20)	32	21 770	32 660	1 760	1 690										46×16-20 32PR				90.2

表 8（续）

轮胎规格	层级	额定值				充气尺寸/mm								公称负荷半径/mm	轮辋				
		最大负荷/kg	刹车时最大前轮负荷/kg	充气内压/kPa		宽度				直径					规格	1——两轮缘间宽度； 2——着合直径； 3——轮缘高度； 4——最小着合宽度。			
				有负荷	无负荷	断面		肩部	拨水板	中心线处		肩部	拨水板			尺寸/mm			
						最小	最大	最大	最大	最小	最大	最大	最大			1	2	3	4
H46×18.0-20	26	18 820	—	1 370	1 310										H46×18.0-20 26PR				85.1
H46×18.0-20	28	20 250	30 075	1 430	1 380	436	457	403	—	1 143	1 168	1 049	—	488	H46×18.0-20 28PR	279.4	508.0	40.6	90.2
H46×18.0-20	32	23 180	34 770	1 650	1 580										H46×18.0-20 32PR				96.5
47×15.75-22.1	32	24 310	—	1 650	1 585	385	405	355	—	1 200	1 220	1 100	—	505	47×15.75-22.1 32PR	323.9	561.3	44.5	95.3
49×17(-20)	26	17 960	26 940	1 190	1 140										49×17-20 26PR			44.5	82.6
49×17(-20)	28	19 610	29 420	1 290	1 240										49×17-20 28PR				85.1
49×17(-20)	30	21 100	31 600	1 370	1 310	415	440	370	—	1 210	1 240	1 090	—	515	49×17-20 30PR	336.6	508.0		88.9
49×17(-20)	32	22 860	34 300	1 510	1 450										49×17-20 32PR			47.6	92.7
49×17(-20)	34	24 450	36 670	1 580	1 520										49×17-20 34PR				96.5
49×18-22	30	23 088	24 632	1 570	1 510	436	457	411	—	1 219	1 245	1 176	—	523	49×18-22 30PR	349.3	558.8	47.6	95.0
49×19.0-20	32	23 550	35 300	1 400	1 350	465	485	425	—	1 220	1 245	1 115	—	515	49×19.0-20 32PR	336.6	508.0	47.6	95.3
49×19.0-20	34	25 270	37 900	1 540	1 480										49×19.0-20 34PR				100.3
H49×19.0-20	32	25 670	38 505	1 470	1 410	461	483	434	—	1 219	1 244	1 176	—	513	H49×19.0-22 32PR	304.8	558.8	43.2	100.3
50×18(-20)	26	18 950	28 420	1 120	1 070	425	445	390	—	1 230	1 255	1 120	—	520	50×18-20 26PR	362.0	508.0	44.5	88.9

表 8（续）

轮胎规格	层级	额定值				充气尺寸/mm								公称负荷半径/mm	轮辋				
		最大负荷/kg	刹车时最大前轮负荷/kg	充气内压/kPa		宽度				直径					规格	1——两轮缘间宽度；2——着合直径；3——轮缘高度；4——最小着合宽度。尺寸/mm			
				有负荷	无负荷	断面		肩部	拨水板	中心线处		肩部	拨水板						
						最小	最大	最大	最大	最小	最大	最大	最大			1	2	3	4
50×20.0-20	26	18 960	28 440	1 080	1 040										50×20.0-20 26PR				88.9
50×20.0-20	30	22 500	33 610	1 260	1 210										50×20.0-20 30PR				95.3
50×20.0-20	32	24 410	36 610	1 370	1 310	485	510	445	—	1 245	1 270	1 135	—	525	50×20.0-20 32PR	412.8	508.0	47.8	100.3
50×20.0-20	34	25 860	—	1 470	1 420										50×20.0-20 34PR				105.4
50×20.0-20	36	27 530	41 290	1 530	1 480										50×20.0-20 36PR				109.3
50×20.5-20	34	26 220	39 330	1 340	1 280	500	520	460	—	1 295	1 320	1 175	—	540	50×20.5-20 34PR	412.8	508.0	47.6	100.3
50×20.5-20	36	28 350	—	1 440	1 380										50×20.5-20 36PR				106.7
50×21.0-20	28	21 190	31 780	1 090	1 040	510	535	470	—	1 245	1 270	1 135	—	525	50×21.0-20 28PR	336.6	508.0	44.5	88.9
50×21.0-20	30	22 230	33 340	1 160	1 110										50×21.0-20 30PR				91.4
B52×20.5-23	26	24 950	37 420	1 190	1 140										52×20.5-23 26PR				
B52×20.5-23	28	26 990	40 480	1 300	1 250	500	520	460	—	1 295	1 320	1 190	—	540	52×20.5-23 28PR	330.2	584.2	38.1	82.6
B52×20.5-23	30	28 890	—	1 400	1 350										52×20.5-23 30PR				
54×21.0-23	32	27 860	41 731	1 450	1 390	510	533	480	—	1 346	1 372	1 293	—	572	54×21.0-23 32PR	412.8	584.2	50.8	96.5
54×21.0-23	36	31 072	46 630	1 600	1 530										54×21.0-23 36PR				106.7
H54×21.0-24	34	30 890	46 335	1 440	1 380	510	533	480	—	1 346	1 372	1 295	—	564	H54×21.0-24 34PR	330.2	609.6	45.7	108.0
H54×21.0-24	36	32 750	49 125	1 520	1 460										H54×21.0-24 36PR				
56×20.0-20	24	17 470	—	790	760	485	508	447	—	1 392	1 422	1 257	—	577	56×20.0-20 24PR	393.7	508.0	50.8	86.4

a 表示若另有规定，其最小值允许取 535。

b 表示参考表 9 中 640×170-14。

表 9　航空轮胎(3类)

轮胎规格	层级	额定值				充气尺寸/mm								公称负荷半径/mm	轮辋				
		最大负荷/kg	刹车时最大前轮负荷/kg	充气内压/kPa		宽度				直径					规格	1——两轮缘间宽度；2——着合直径；3——轮缘高度；4——最小着合宽度。尺寸/mm			
				有负荷	无负荷	断面		肩部	拨水板	中心线处		肩部	拨水板						
						最小	最大	最大	最大	最小	最大	最大	最大			1	2	3	4
175×254×545	10	2 400	—	790	760	171	179	156	—	537	553	480	—	228	175×254×545　10PR	159.0	254.0	19.0	35.0
175×254×545	12	2 855	—	950	910										175×254×545　12PR				
355×120-5	8	800	1 160	520	500	118	126	107	—	347	361	319	—	145	355×120-5　8PR	88.9	127.0	19.1	20.3
360×135-6	12	1 355	2 140	1 110	1 070										360×135-6　12PR				
360×135-6	14	1 590	—	1 290	1 240	131	139	125	—	355	367	332	—	169	360×135-6　14PR	108.0	152.4	22.2	38.0
360×135-6	16	1 400	—	1 400	1 350														
380×150-4	6	630	940	270	260	145	155	140	192	375	392	346	310	152	380×150-4　6PR	128.0	101.6	18.0	25.0
380×150-4	8	856	1 250	420	400										380×150-4　8PR				
380×150-5	6	725	1 050	330	310	140	150	135	—	371	387	346	—	150	380×150-5　6PR	95.0	127.0	13.3	18.0
420×150-6.5	6	510	1 600	260	250	134	150	135	—	420	437	394	—	178	420×150-6.5　6PR	96.2	165.1	18.4	19.0
450×190-5	10	1 590	2 300	540	520	185	195	175	—	445	465	405	—	180	450×190-5　10PR	160.0	127.0	18.0	35.0
550×250-6	8	1 440	2 160	300	290										550×250-6　8PR				
550×250-6	10	1 890	2 850	430	410	245	255	205	—	540	560	500	—	220	550×250-6　10PR	210.0	152.4	22.0	42.0
550×250-6	12	2 400	3 560	520	500										550×250-6　12PR				
605×155-13	10	2 940	—	1 170	1 130	153	164	148	—	594	613	566	—	260	605×155-13　10PR	138.0	330.2	20.3	40.0

表 9（续）

轮胎规格	层级	额定值				充气尺寸/mm								公称负荷半径/mm	轮辋				
		最大负荷/kg	刹车时最大前轮负荷/kg	充气内压/kPa		宽度				直径					规格	1——两轮缘间宽度； 2——着合直径； 3——轮缘高度； 4——最小着合宽度。			
				有负荷	无负荷	断面		肩部	拨水板	中心线处		肩部	拨水板			尺寸/mm			
						最小	最大	最大	最大	最小	最大	最大	最大			1	2	3	4
615×225-10	10	2 630	—	660	630	220	230	195	—	605	625	540	—	260	615×225-10 10PR	200.0	254.0	22.5	40.0
615×225-10	12	3 240	—	800	770										615×225-10 12PR				
640×170-14	14	3 540	—	1 300	1 250	165	175	155	—	630	650	595	—	285	640×170-14 14PR	127.0	355.6	25.4	42.0
670×210-12	8	1 930	—	590	570	200	215	190	—	655	680	615	—	290	670×210-12 8PR	176.0	304.8	20.0	52.0
670×210-12	10	3 040	—	770	740										670×210-12 10PR				
750×230-15	12	4 940	—	1 030	990										750×230-15 12PR				
750×230-15	14	5 965	8 950	1 230	1 180	220	235	190	—	745	765	710	—	325	750×230-15 14PR	178.0	381.0	24.0	55.0
750×230-15	18	7 620	—	1 600	1 550										750×230-15 18PR				
790×275-15	20	8 650	—	1 530	1 470	265	285	255	—	775	800	764	—	345	790×275-15 20PR	228.6	381.0	31.8	65.0
960×354-18	26	12 240	—	1 310	1 170	330	350	315	—	948	978	870	—	418	960×354-18 26PR	275	457.2	30.0	90.0

表 10 子午线航空轮胎

轮胎规格	最大静负荷/kg	刹车时最大前轮负荷/kg	充气内压/kPa		最大胀大尺寸/mm				胀大静负荷半径/mm		轮辋				
											规格	1——两轮缘间宽度；2——着合直径；3——轮缘高度；4——最小着合宽度。尺寸/mm			
			无负荷	有负荷	直径	宽度	肩部直径	肩部宽度	最小	最大		1	2	3	4
1 050×395 R 16 28PR	15 510	23 270	1 310	1 370	1 083	410	1 016	361	422	446	1 050 ×395 R 16 28PR	292.1	406.4	44.5	91.4
1 270×455 R 22 30PR	23 090	34 640	1 510	1 570	1 311	476	1 235	419	521	547	1 270 ×455 R 22 30PR	349.3	558.8	47.66	95.25
1 400×530 R 23 32PR	27 810	41 730	1 390	1 450	1 444	551	1 358	485	558	599	1 400 ×530 R 23 32PR	412.8	584.2	50.8	96.5
1 400×530 R 23 36PR	31 070	46 630	1 530	1 600	1 444	551	1 358	485	558	599	1 400 ×530 R 23 36PR	412.8	584.2	50.8	106.7
23.5×8.0 R 12 14PR	4 280	6 420	1 460	1 520	615	212	584	191	257	267	23.5×8.0 R 12 14PR	158.8	304.6	25.40	54.48
26×6.6 R 14 14PR	4 540	6 800	1 550	1 610	669	176	610	154	283	295	26×6.6 R 14 14PR	120.7	355.6	25.40	43.18
30×8.8 R 15 16PR	6 440	9 660	1 370	1 430	790	236	749	212	328	343	30×8.8 R 15 16PR	117.8	381.0	28.58	53.34
32×8.8 R 16 10PR	4 080	6 120	790	820	808	235	729	208	330	345	32×8.8 R 16 10PR	177.8	406.4	28.58	38.10
32×8.8 R 16 12PR	4 990	7 480	970	1 010	808	235	729	208	330	345	32×8.8 R 16 12PR	177.8	406.4	28.58	41.91
H34× 10.0 R 16 14PR	6 080	9 120	900	920	885	264	837	237	356	375	H34× 10.0 R 16 14PR	177.8	406.4	28.58	54.61
40×14.0 R 16 24PR	12 560	18 850	1 170	1 220	1 042	370	916	317	417	439	40× 14.0 R 16 24PR	279.4	406.4	41.28	74.93
42×17.0 R 18 26PR	16 370	24 580	1 340	1 390	1 105	450	1 040	405	442	466	42× 17.0 R 18 26PR	355.6	457.2	41.3	83.6
45×16.0 R 20 28PR	19 050	28 580	1 530	1 590	1 160	423	1 068	372	471	494	45×16.0 R 20 28PR	336.5	508.0	44.45	82.55
46×17.0 R 20 30PR	20 870	31 300	1 530	1 590	1 207	450	1 137	405	488	512	46×17.0 R 20 30PR	336.6	508.0	47.63	93.98
50×20.0 R 22 26PR	20 500	30 750	1 220	1 270	1 314	528	1 240	476	529	556	50×20.0 R 22 26PR	381.0	558.8	47.63	80.01
50×20.0 R 22 32PR	25 900	38 850	1 520	1 580	1 314	528	1 240	476	529	556	50×20.0 R 22 32PR	381.0	558.8	47.63	80.01

表 11 目前国内保留生产的航空轮胎规格系列

轮胎规格	轮胎类型	帘布种类	帘布层数	胎面花纹类型	胎面结构类型	单胎负荷/kg	充气压力/kPa	爆破压力(最小)/kPa	轮胎质量(最大)/kg	充气外直径/mm	充气断面宽/mm	胎圈着合直径/mm	胎圈宽度/mm	胎面胶厚度(最小)/mm	胎侧胶厚度(最小)/mm
400×150	TT	N	4	无花纹	普通	650	294	1 570	4.8	395±5	155±5	114.0	21±4	4.5	1.5
400×150						228	226								
470×210			8			1 150	343	1 373	8.5	464±5	210±5	125.0	22±4	5.0	
610×185	TL	N	8	纵沟		1 021	618	2 472	14.0	614±10	186±5	303.5	33±5	—	—
700×250	TT					2 970	392	2 352	16.0	700±10	238±5	354.5	29±5	7.0	1.5
700×250						1 525	588								
700×250						1 500	343								
715×240-305Ⅱ	TL		4	无花纹纵沟		2 550	490	1 961	17.0	706±10	235±6	305.0	41.0	8	1.5
715×240-305Ⅳ						2 620	470	1 880							
770×330			10			1 925	392	2 450	22.5	720±10	328±5	249.0	39±5	7.0	2.0
800×225						5 500	1 079	4 119	26.5	785±10	225±5	405.0	40±5	5.0	1.5
800×260	TT		6	纵沟	补强	2 140	245～294	2 158	28.0	795±10	256±5	328.5	24±5	18.0	—
800×260						2 800	441								
840×300						3 655	510+30	2 942	31.0	810±10	278±5	417.5	34±5	17.0	2.0
865×280			8			4 300	686	2 744	28.0	830±10	265±5	429.0	33±5	18.0	—
865×280						4 085	539								

表 11（续）

轮胎规格	轮胎类型	帘布种类	帘布层数	胎面花纹类型	胎面结构类型	单胎负荷/kg	充气压力/kPa	爆破压力（最小）/kPa	轮胎质量（最大）/kg	充气外直径/mm	充气断面宽/mm	胎圈着合直径/mm	胎圈宽度/mm	胎面胶厚度（最小）/mm	胎侧胶厚度（最小）/mm
890×300	TL	N	12	纵沟	—	5 449	560	—	—	863.5±16.5	291±7.5	—	—	7.0	2.0
900×300	TT		8		普通	3 830	461	2 354	30.0	870±7	295±6	368.5	35±5		
910×275	TL		12			6 680	686+98	3 608	38.0	880±10	269±5	418.0	53±5	10.0	2.5
910×275						7 712	902								
930×305	TT			无花纹纵沟		8 000	1 079	4 316	42.0	895±10	290±6	405.0	48.0	—	—
930×305											285.5±7.5				
930×305	TL		10		补强	7 244	785	3 923	35.0		275±5		38±5	10.0	1.5
950×300						8 000	1 079	—	47.0	928±10	268±6	468.6	70	—	—
950×300						7 200									
950×350	TT				普通	1 320	343	2 942	35.0	930±10	330±5	450.0	44～48	11.0	2.0
950×350						1 600	353								
950×350						2 100	392								
1 050×300					补强	8 000	588～637		48.0	1 012±10	296±5	507.0	36±5	18.0	—
1 050×400			8	纵沟	普通	5 625	441	1 961	42.0	1 008±10	384±6	369.0	38±5	10.0	2.0
1 200×450			14			6 000	373	1 569	75.0	1 185±15	448±6	430.0	39±6	11.0	
1 400×485		M	16			10 550	412	1 765	125.0	1 380±15	485±10	583.0	58±6	14.0	2.5
1 450×520		N	18	条块		14 850	540	2 746	140.0	1 405±15	495±10	684.5	63±5		2.0
1 450×485			20	纵沟	补强	19 985	1 078	4 900	149.0	1 414±15	445±10	629.5	71±5	18.0	—

注 1：TT 为有内胎轮胎，TL 为无内胎轮胎。

注 2：M 为棉帘线，N 为尼龙帘线。

附 录 A
（资料性附录）
航空轮胎特殊用途表

表 A.1～表 A.3 给出了航空轮胎特殊用途时的最大负荷和充气内压。

表 A.1 用于低承载强度跑道

轮胎规格	层级	最大负荷/kg	充气内压/kPa	
			无负荷	有负荷
22×6.5-10	6	1 270	421	434
25.75×6.75-14	14	4 671	1 375	1 430
26×6.75-14	14	4 263	1 230	1 276
50×21.0-20	30	20 635	930	965
25.75×6.75R14	14	4 671	1 375	1 430

表 A.2 用于较高工作压力时

轮胎规格	层级	最大负荷/kg	充气内压/kPa	
			无负荷	有负荷
H31×13.0-12	20	7 800	1 070	1 110
H37×14.0-15	20	9 977	1 034	1 070
H37× 14.0-15	22	10 930	1 138	1 186
H37×14.0-15	24	12 109	1 241	1 290
H45×17.0-20	26	18 141	1 345	1 400
H46×18.0-20	26	18 820	1 310	1 365
H46×18.0-20	28	20 045	1 380	1 434
H46×18.0-20	32	23 175	1 586	1 650

表 A.3 特殊用途

轮胎规格	层级	最大负荷/kg	充气内压/kPa		备 注
			无负荷	有负荷	
19.5×6.75-8	10	1 479	560	580	用于 18×5.5 轮辋 (Swearingen SA226)
19.5×6.75-8	10	1 810	760	786	用于 18×5.5 轮辋
29×11.0-10	10	4 649	480	496	用于 Alenia C-27-J
34×9.25-16	16	5 080	775	800	用于 34×9.9 轮辋 (Boeing 720/720B)

附 录 B
（资料性附录）
允许代用轮辋

表B.1、表B.2、表B.3分别给出了表2、表3、表4中允许代用的轮辋。

表 B.1 允许代用轮辋

轮胎规格	层级	允许轮辋	轮缘高度/mm
18×5.75-8	8	18×5.5	22.23
22×8.0-10	10	22×8.0-10	12.70
28×9.0-12	8	9.25-12	22.23
37×13.0-16	26,28	36×11	34.93
H44.5×16.5-20	26	H44.5×16.5-20	40.64
H46×18.0-20	32	H46×18.0-20	40.64
49×19.0-20	32	49×17	44.45

表 B.2 允许代用轮辋

轮胎规格	层级	允许轮辋	轮缘高度/mm
39×13	14,16	12.50-16	31.75
40×14	20,22,24	13.50-16	41.28
44×16	28,30,32	17.00-18	41.28
46×16	20	17.00-20	41.28
46×16	26,28	17.00-20,49×17	44.45
46×16	26,28,30	49×17	47.63
46×16	30,32	46×16	47.63
46×16	26,28,30	46×16	44.45
49×17	26,28,30	46×16	44.45
49×17	26,28	49×17	47.63
49×17	30,32	49×17	44.45

表 B.3 允许代用轮辋

轮胎规格	层级	允许轮辋
6.50-8	6,8	7.00-8
6.50-10	6,8,10	7.50-10
7.00-8	8,10	6.50-8
8.50-10	6,8,10	7.50-10,24×7.7

ICS 83.160.20
G 41

中华人民共和国国家标准

GB/T 9747—2004
代替 GB/T 9747—1988

航空轮胎动态模拟试验方法

Dynamometer test methods for aircraft tyres

2004-03-15 发布 2004-12-01 实施

中华人民共和国国家质量监督检验检疫总局
中国国家标准化管理委员会 发布

前　言

本标准代替 GB/T 9747—1988《航空轮胎动态模拟试验方法》。

本标准与 GB/T 9747—1988 相比,主要变化如下：

——增加对试样的要求“试验胎应是硫化后按 GB/T 13652 进行表面质量检查合格、在环境温度下停放 24 h 以上,方可进行动态模拟试验”(1988 年版第 3 章;本版 3.1)。

——对试验充气内压的要求增加“停放后若气压下降应补充充气”(1988 年版 5.2;本版 5.2)。

——增加额定速度为 193 km/h～257 km/h 的轮胎试验曲线(本版图 2)。

——增加“代替试验适用于额定速度小于 193 km/h 的轮胎”(本版 6.2.7)。

——在起飞试验前增加“除另有规定外”,为高速轮胎也可按照飞机制造厂提供的负荷-速度-时间距离关系曲线进行试验留下空间(1988 年版 7.3.2.1;本版 6.2.4)。

——增加试验结果的判定和试验报告的内容(本版第 7 章和第 8 章)。

本标准由中国石油和化学工业协会提出。

本标准由全国轮胎轮辋标准化技术委员会归口。

本标准委托全国航空轮胎标准化分技术委员会负责解释。

本标准起草单位:中橡集团曙光橡胶工业研究设计院、沈阳第三橡胶厂、银川中策(长城)橡胶有限公司负责起草。

本标准主要起草人:苏荣文、盛保信、张宏波、马建国。

本标准代替标准的历次版本为：

——GB/T 9747—1988。

航空轮胎动态模拟试验方法

1 范围

本标准规定了航空轮胎的动态模拟试验方法。

本标准适用于低速、高速航空轮胎。

2 规范性引用文件

下列文件中的条款通过本标准的引用而成为本标准的条款。凡是注日期的引用文件，其随后所有的修改单(不包括勘误的内容)或修订版均不适用于本标准，然而，鼓励根据本标准达成协议的各方研究是否可使用这些文件的最新版本。凡是不注日期的引用文件，其最新版本适用于本标准。

GB/T 9746 航空轮胎系列

GB/T 13652 航空轮胎表面质量

GB/T 13653 航空轮胎 X 射线检测方法

GB/T 13654 航空轮胎全息照相检测方法

3 试样

3.1 试验胎应是硫化后按 GB/T 13652 进行表面质量检查合格、在环境温度下停放 24 h 以上，方可进行动态模拟试验。

3.2 只用同一条轮胎完成本标准规定的动态模拟试验。

4 试验设备

高速轮胎应在能真实地模拟轮胎在跑道上的各种操作情况的动态模拟试验机上进行试验。

低速轮胎应在动态模拟试验机上或惯性试验机上进行试验。

5 试验条件

5.1 轮胎试验负荷

除另有规定外，轮胎的试验负荷应等于或大于 GB/T 9746 中的轮胎最大额定负荷。

5.2 试验充气内压

轮胎充气后应在试验场的环境温度下停放 12 h 以上，停放后若气压下降应补充充气方可进行动态模拟试验。

5.3 试验充气内压的修正

为了补偿飞轮曲率的影响，应对轮胎的充气内压加以修正，修正方法按下述方法进行：

a) 轮胎在进行动态模拟试验时的充气内压，应使其下沉量等于轮胎在额定负荷和额定充气内压下压向平板时的下沉量；

b) 由图 1 查得在一定曲率半径的飞轮上轮胎的充气内压校正值，试验轮胎按该值充气后，再按 A 条的规定进一步调整至下沉量符合要求为止。

不得调整试验充气内压来补偿试验期间由于温度升高而引起的充气内压增值。

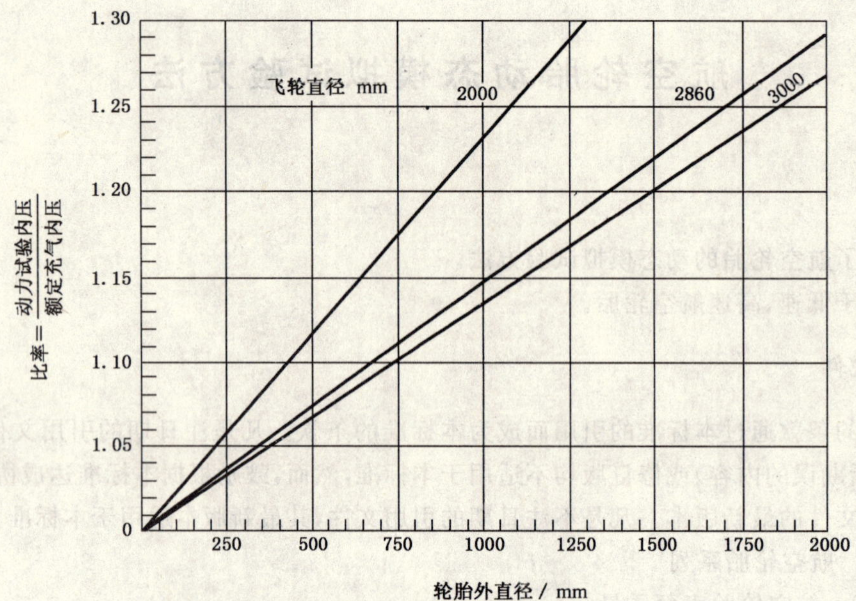

图 1 试验内压修正图

5.4 轮胎试验后冷却

轮胎在每次试验后应冷却到规定的温度才可开始下一次试验。

6 试验方法

本方法包括低速轮胎和高速轮胎的试验方法。

6.1 低速轮胎试验方法

低速轮胎在下列试验温度和动能条件下，用试验方法 A 或试验方法 B，应能在动态模拟试验机上通过 200 次着陆试验。即：100 次低速着陆试验和 100 次高速着陆试验。

6.1.1 试验温度

除另有规定外，至少应有 90％的试验次数，其试验开始时，轮胎胎腔内气体温度或轮胎胎体最热点的温度不应低于 41℃，其余的 10％试验次数不低于 27℃。允许轮胎在飞轮上滚动以获得规定的试验起始温度。

6.1.2 动能

轮胎在试验过程中吸收飞轮的动能(E_K)应按式(1)进行计算：

$$E_K = CWV^2 = 191W \qquad \cdots\cdots(1)$$

式中：

E_K——动能，单位为焦耳(J)；

W——轮胎额定负荷，单位为千克(kg)；

V——193 km/h；

C——0.00513。

轮胎在低速着陆试验过程中应吸收上述动能 E_K 的 56％。在高速着陆试验过程中应吸收上述动能 E_K 的 44％。

6.1.3 试验方法 A——可变质量的飞轮

轮胎在试验过程中应吸收的动能，是由一定质量飞轮的速度衰减来提供的。如果不能采用一定数目的飞轮片数来获得所计算的动能值或所要求的飞轮宽度时，则可适当增加飞轮片数并调节试验机速度以获得需要的动能。

6.1.3.1 低速着陆试验

轮胎应通过100次低速着陆试验，即：在飞轮圆周线速度为145 km/h时着陆，在飞轮圆周线速度为零时离陆。

轮胎的着陆速度应调整至轮胎着陆过程所吸收的能量等于E_K的56%，但调整后的着陆速度不得低于129 km/h。假若调整后的着陆速度低于129 km/h，则：

a) 以103 km/h速度下的飞轮动能E加上E_K的28%（即：$E+28\%E_K$）来确定轮胎的着陆速度；

b) 以103 km/h速度下的飞轮动能E减去E_K的28%（即：$E-28\%E_K$）来确定轮胎的离陆速度。

6.1.3.2 高速着陆试验

轮胎应通过100次高速着陆试验，即：在飞轮圆周线速度为193 km/h时着陆，在飞轮圆周线速度为145 km/h时离陆。轮胎的着陆速度应调整至轮胎着陆过程所吸收的能量等于E_K的44%。

6.1.4 试验方法B——固定质量的飞轮

轮胎在固定质量的飞轮上进行着陆试验时，每次着陆试验应在计算的时间T_C内完成。在时间T_C内，轮胎应吸收试验所规定的动能E_K。时间T_C用式(2)进行计算：

$$T_C=\frac{E_{KC}}{\frac{E_{KW(UL)}-E_{KW(LL)}}{T_{L(UL)}-T_{L(LL)}}-\frac{E_{KW(UL)}-E_{KW(LL)}}{T_{W(UL)}-T_{W(LL)}}} \qquad \cdots\cdots(2)$$

对速度从145 km/h衰减至0的试验，公式简化为：

$$T_C=\frac{E_{KC}}{\frac{E_{KW(UL)}}{T_{L(UL)}}-\frac{E_{KW(UL)}}{T_{W(UL)}}}$$

式中：

T_C——轮胎吸收规定动能所需时间，单位为秒(s)；

E_{KC}——轮胎在每次着陆试验中应吸收的动能，单位为焦耳(J)；

E_{KW}——在给定速度下飞轮具有的动能，单位为焦耳(J)；

T_L——在轮胎额定负荷作用下飞轮速度的衰减时间，单位为秒(s)；

T_W——无轮胎负荷作用时飞轮速度的衰减时间，单位为秒(s)；

(UL)——速度上限的下标；

(LL)——速度下限的下标。

按下列速度范围把着陆试验的总次数分成相等的两组，每组100次。

6.1.4.1 低速着陆试验

第一组的100次低速着陆试验。在每次试验中，轮胎应在飞轮的圆周线速度不低于145 km/h时着陆。轮胎着陆后，飞轮的速度逐渐衰减。在T_C时间内，飞轮速度从145 km/h匀速减速至0。

6.1.4.2 高速着陆试验

第二组的100次高速着陆试验。在每次试验中，轮胎应在飞轮的圆周线速度不低于193 km/h时着陆。轮胎着陆后，飞轮的速度逐渐衰减。在T_C时间内，飞轮速度从193 km/h匀速减速至145 km/h。

6.1.5 轮胎充气内压的测定

除另有规定外，进行能量吸收试验的轮胎，每5次试验后应测量轮胎充气内压一次。第10次试验后，每10次测量一次。第50次试验后，每50次测量一次。测量后，如发现轮胎内压低于规定值应补充充气。内压高于规定值，可认为是由于温度升高而引起，这种内压增加不可进行调整。

6.2 高速轮胎试验方法

除代替试验（见6.2.7）的规定外，地面速度大于193 km/h的轮胎应按6.2.3的规定进行动态模拟试验。试验曲线应按6.2.4的规定加以确定。每次试验开始时的轮胎负荷应等于轮胎的额定负荷。地面速度小于193 km/h的轮胎，可按6.2.7所规定的代替试验进行。

6.2.1 **试验温度**

在滑行试验(见 6.2.6)中,至少有 90%的试验次数,在试验开始时,轮胎胎腔内气体温度或轮胎胎体最热点的温度不应低于 49℃;在超载起飞试验(见 6.2.5)、起飞试验(见 6.2.4)和代替试验(见 6.2.7)中,至少有 90%的试验次数,在试验开始时,轮胎胎腔内气体温度或在轮胎胎体最热点的温度不应低于 41℃。每组试验其余 10%试验次数在试验开始时,轮胎胎腔内气体温度或在轮胎胎体最热点的温度不应低于 27℃。允许轮胎在飞轮上滚动以获得规定的试验起始温度。

6.2.2 **试验速度**

与飞机最大地面速度相对应的动态模拟试验速度见表 1。

表 1 动态模拟试验速度

飞机最大地面速度/(km/h)		轮胎额定速度/(km/h)	在 S_2 点的最小动态模拟试验速度/(km/h)
大于	小于或等于		
193	257	257	257
257	306	306	306
306	338	338	338
338	362	362	362
362	378	378	378
378	394	394	394
如果地面速度超过 394 km/h,应按轮胎的最苛刻的负荷-速度-时间要求进行试验,并相应标出合适的额定速度值。			

6.2.3 **试验次数及条件**

试验轮胎应通过下述 50 次起飞试验,1 次超载起飞试验,10 次滑行试验,试验顺序可任意确定。

6.2.4 **起飞试验**

除另有规定外,轮胎在起飞试验中的负荷-速度-距离关系曲线必须符合图 2、图 3 或图 4 的规定。其中:

a) 图 2 规定的试验条件适用于速度为 193 km/h~257 km/h 的航空轮胎;

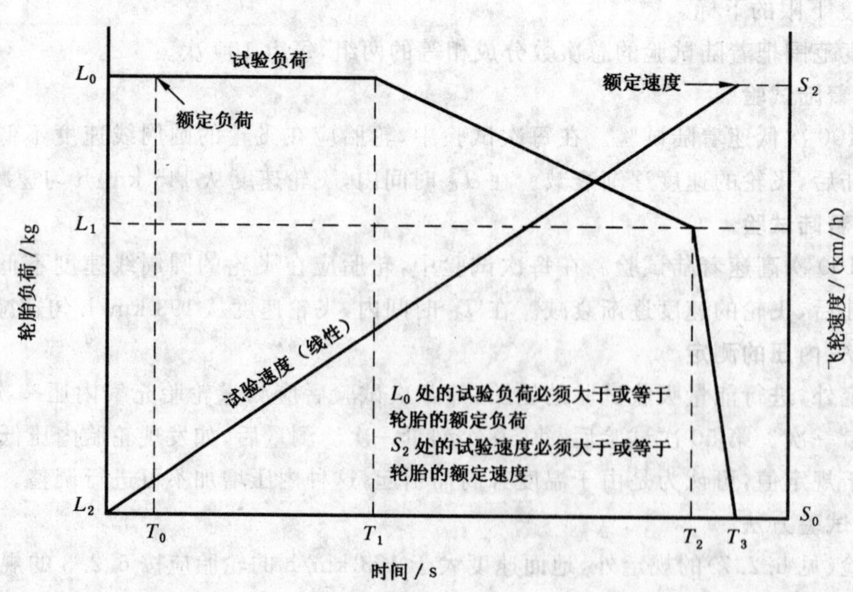

图 2 额定速度为 193 km/h~257 km/h 的航空轮胎试验曲线示图

b) 图 3 规定的试验条件适合于任何航空轮胎；

c) 如果用图 4 作为试验依据时，则应根据轮胎最苛刻的起飞条件选择试验负荷、速度和距离。

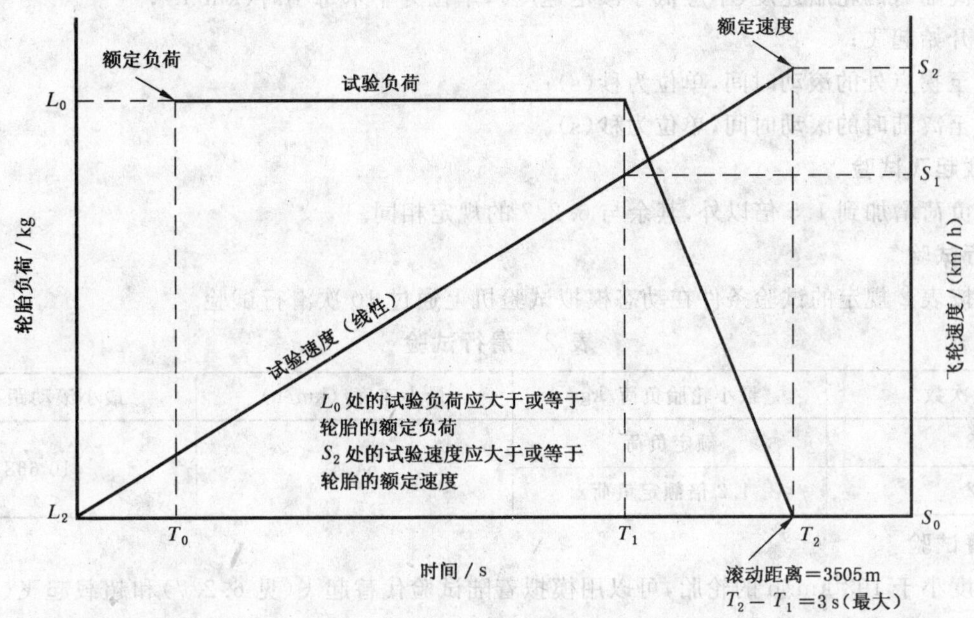

图 3 通用负荷-速度-时间试验曲线示图

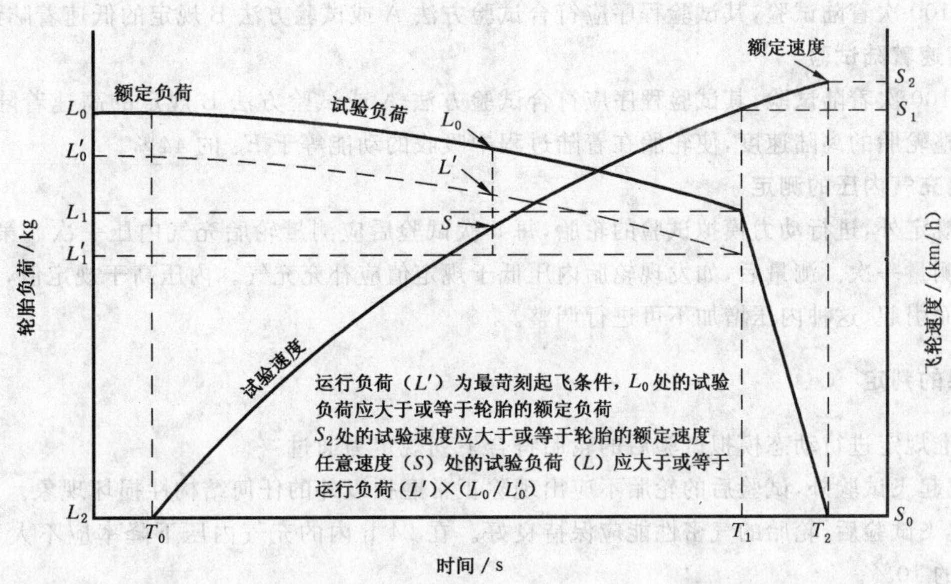

图 4 理论负荷-速度-时间试验曲线示图

图 2、图 3 和图 4 中的符号定义：

下列符号的具体数值应根据相应飞机的负荷-速度-时间数据来确定。

L_0——开始起飞时的轮胎负荷（不应低于额定负荷），单位为千克(kg)；

L_1——拐点处的轮胎负荷，单位为千克(kg)；

L_2——轮胎零负荷（离陆负荷）；

RD——滚动距离，单位为米(m)；

S_0——轮胎零速度；

S_1——拐点处的轮胎速度，单位为千米每小时(km/h)；

S_2——离陆时的轮胎速度(不应低于额定速度)，单位为千米每小时(km/h)；

T_0——开始起飞；

T_1——至拐点处的滚动时间，单位为秒(s)；

T_2——至离陆时的滚动时间，单位为秒(s)。

6.2.5 超载起飞试验

除试验负荷增加到1.5倍以外，其余与6.2.7的规定相同。

6.2.6 滑行试验

轮胎应按表2规定的试验条件在动态模拟试验机上通过10次滑行试验。

表2 滑行试验

试验次数	最小轮胎负荷/kg	最小速度/(km/h)	最小滚动距离/m
8	额定负荷	64.4	10 668
2	1.2倍额定负荷		

6.2.7 代替试验

额定速度小于193 km/h的轮胎，可以用模拟着陆试验代替起飞(见6.2.7)和超载起飞(见6.2.5)规定的起飞试验。轮胎应在额定负荷下通过6.2.7.1规定的100次试验后，再在额定负荷下通过6.2.7.2规定的100次试验。

6.2.7.1 低速着陆试验

第一组100次着陆试验，其试验程序应符合试验方法A或试验方法B规定的低速着陆试验方法。

6.2.7.2 高速着陆试验

第二组100次着陆试验，其试验程序应符合试验方法A或试验方法B规定的高速着陆试验方法。必要时应调整轮胎的离陆速度，使轮胎在着陆过程中吸收的动能等于E_K的44%。

6.2.8 轮胎充气内压的测定

除另有规定外，进行动力模拟试验的轮胎，每5次试验后应测量轮胎充气内压一次。第10次试验后，每10次测量一次。测量后，如发现轮胎内压低于规定值应补充充气。内压高于规定值，可认为是由于温度升高而引起，这种内压增加不可进行调整。

7 试验结果的判定

按本标准规定进行动态模拟试验后的轮胎符合下列规定为通过：

7.1 除超载起飞试验外，试验后的轮胎不应出现除正常磨损以外的任何结构性损坏现象。

7.2 超载起飞试验后，轮胎的气密性能应保持良好。在24 h内的充气内压下降率应不大于试验开始时充气内压的10%。

超载起飞试验后，不要求轮胎胎面完好。

7.3 按本标准规定进行动态模拟试验时，在最初5次试验期间，试验轮胎胎圈与轮辋之间不应转动；5次以后的试验这种转动也不应损伤无内胎轮胎的胎圈气密层或有内胎轮胎的内胎或气门嘴。

8 试验报告

试验报告应包括如下内容：

——试验轮胎及其主要特征(规格、胎号、帘布层数、机种和轮位等)；

——试验方法标准号；

——试验项目和试验条件；

——试验原始记录（速度、负荷、时间、距离、试验后轮胎的温度、充气内压及轮胎的损坏情况、试验室环境温度和相对湿度等）；

——试验结论。

ICS 71.120.30
G 93

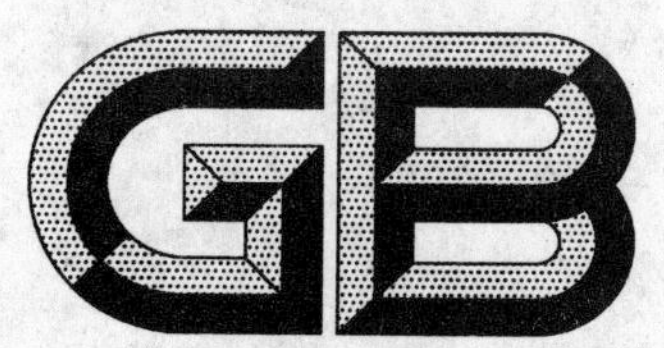

中华人民共和国国家标准

GB/T 9842—2004
代替 GB 9842—1988

尿素合成塔技术条件

Specification for urea reactor

2004-06-09 发布　　　　2004-12-01 实施

中华人民共和国国家质量监督检验检疫总局
中国国家标准化管理委员会　发布

前言

本标准与 GB 9842—1988 相比主要进行了下列变动：

——取消了“关于分瓣冲压球封头的检查”；

——增加了“热处理炉内气氛含硫量的控制”；

——00Cr25Ni22Mo2 不锈钢的晶间腐蚀五个周期的平均腐蚀率 R 值由 1.5 μm/48 h 提高到 1.0 μm/48 h；

——对尿素级 00Cr17Ni14Mo2 不锈钢、尿素级 00Cr25Ni22Mo2 不锈钢及熔敷金属的化学成分控制范围作了适当的调整；

——增加了“母材为 00Cr25Ni22Mo2 不锈钢、熔敷金属为 00Cr25Ni22Mo2 不锈钢，母材、焊缝及热影响区在任何方向上选择性腐蚀深度均不大于 70 μm”的规定；

——氨渗漏试验改为渗漏试验，允许采用其他经认可的渗漏试验方法。

本标准自实施之日起，代替 GB 9842—1988《尿素合成塔技术条件》。

本标准由中国石油和化学工业协会提出。

本标准由化学工业机械设备标准化技术委员会归口。

本标准起草单位：中国石化集团南化公司化工机械厂。

本标准主要起草人：陈建俊、韩冰。

本标准所代替标准的历次发布情况为：GB 9842—1988。

尿素合成塔技术条件

1 范围

本标准规定了尿素装置中尿素合成塔的材料、制造、检验及验收等要求。

本标准适用于设计压力不大于 21.6 MPa、设计温度不大于 190℃的尿素级超低碳奥氏体不锈钢(以下简称不锈钢)衬里尿素合成塔。

2 规范性引用文件

下列文件中的条款通过本标准的引用而成为本标准的条款。凡是注日期的引用文件,其随后所有的修改单(不包括勘误的内容)或修订版均不适用于本标准,然而,鼓励根据本标准达成协议的各方研究是否可使用这些文件的最新版本。凡是不注日期的引用文件,其最新版本适用于本标准。

GB 150 钢制压力容器

GB/T 983 不锈钢焊条

GB/T 1220 不锈钢棒

GB/T 4226 不锈钢冷加工钢棒

GB/T 13296 锅炉、热交换器用不锈钢无缝钢管

GB/T 14976 流体输送用不锈钢无缝钢管

HG/T 3172 尿素高压设备制造检验方法 尿素级超低碳铬镍钼奥氏体不锈钢晶间腐蚀倾向试验的试样制取

HG/T 3173 尿素高压设备制造检验方法 尿素级超低碳铬镍钼奥氏体不锈钢晶间腐蚀倾向试验

HG/T 3174 尿素高压设备制造检验方法 尿素级超低碳铬镍钼奥氏体不锈钢的选择性腐蚀检查和金相检查

HG/T 3175 尿素高压设备制造检验方法 不锈钢带极自动堆焊层超声检测

HG/T 3176 尿素高压设备制造检验方法 尿素高压设备氨渗漏试验方法

HG/T 3179 尿素高压设备堆焊工艺评定和焊工技能评定

HG/T 3180 尿素高压设备衬里板及内件的焊接工艺评定和焊工技能评定

JB/T 4711 压力容器涂敷与运输包装

JB 4730 压力容器无损检测

JB 4744 钢制压力容器产品焊接试板的力学性能试验

JG 69 衬垫石棉板

《压力容器安全技术监察规程》

3 术语及定义

下列术语和定义适用于本标准。

3.1

材料试验报告 material test report

“材料试验报告”是指原材料制造厂、钢厂或铸锻厂的试验报告。此报告应阐明材料是符合哪一种标准、材料的炉号、批号或熔炼号、热处理号(如果有的话),化学成分、和/或耐腐蚀性能数据、力学性能及无损检测的结果。

3.2

合格证　certificate

“合格证”是指钢厂、铸锻厂、材料制造厂或设备制造厂签发的一种书面文件(或由卖方同意的这项工作或数据记录),用于说明其化学成分和力学性能以及热处理符合特定的材料标准,如GB 150、本标准或有关工程标准的要求。

3.3

焊接工艺规程　welding specification

“焊接工艺规程”是指设备制造厂根据焊接工艺评定报告(PQR)和焊接工艺指导书(WPS)编制的直接为焊工阅读使用的焊接工艺卡(WPC),内容包括焊接参数、焊接材料规格、焊接顺序、焊后热处理(PWHT)、无损检测(NDT)等要求。

3.4

回火色　tempered colour

“回火色”是指奥氏体不锈钢加热到600℃～650℃左右的颜色,一般呈暗金黄色或暗灰色,可能造成晶间腐蚀。打磨时局部过热会出现这种颜色。

3.5

尿素级奥氏体不锈钢　urea grade austenite stainless steel

本标准所提到的“尿素级奥氏体不锈钢”是指超低碳铬镍钼奥氏体不锈钢的化学成分和金相组织除符合相关标准要求外,还应符合下列条件:

1)　铁素体形成元素(Cr、Mo、Si)和奥氏体形成元素(Ni、C、N、Mn)配比应使不锈钢固溶热处理后形成全奥氏体组织。
2)　对00Cr17Ni14Mo2奥氏体不锈钢,要求Cr≥17.0%、Ni≥13.0%、Mo≥2.2%、N≤0.22%。
3)　铁素体含量≤0.6%。
4)　应按HG/T 3172、HG/T 3173、HG/ 3174的方法进行取样和试验,其结果应符合本标准规定的要求。

4　要求

4.1　基本要求

尿素合成塔的制造除符合本标准外,还应符合GB 150的有关规定和图样的要求。

4.2　材料

4.2.1　尿素合成塔的受压元件材料和与腐蚀介质接触的材料必须具有材料试验报告和合格证。制造厂应按此进行验收,并按4.2.3的要求复验。碳钢和低合金钢材料应符合相应标准的要求。

4.2.2　不锈钢(包括熔敷金属)的要求

衬里、人孔密封垫和内件等与腐蚀介质接触的零部件,应采用尿素级00Cr17Ni14Mo2或尿素级00Cr25Ni22Mo2不锈钢制造。所用不锈钢除符合GB/T 983、GB/T 1220、GB/T 13296、GB/T 14976等相应材料标准的规定外,还应符合4.2.2.1.1至4.2.2.1.2的规定。

4.2.2.1　化学成分

4.2.2.1.1　不锈钢板材、管材、棒材及锻件的化学成分应符合表1的规定。

表1

材　料	化学成分/(%)								
	C	Si	Mn	P	S	Ni	Cr	Mo	N
尿素级 00Cr17Ni14Mo2	≤0.030	≤1.00	≤2.00	≤0.040	≤0.030	13.0～15.0	17.0～18.5	2.20～3.00	含N钢 0.14～0.22
00Cr25Ni22Mo2	≤0.020	≤0.40	≤2.0	≤0.020	≤0.015	21.0～23.0	24.5～25.5	1.9～2.3	0.10～0.16

4.2.2.1.2 焊条、焊丝、焊带及焊剂等焊接材料的熔敷金属化学成分应符合表2规定。

表 2

材料	化学成分/(%)								
	C	Cr	Ni	Mo	N	Mn	Si	P	S
尿素级 00Cr17Ni14Mo2	≤0.045	≥17.0	≥14.0	2.20～3.00	—	≥3.00	≤1.00	≤0.03	≤0.02
00Cr25Ni22Mo2	≤0.040	≥24.0	≥21.0	1.9～2.7	≤0.20	≥3.0	≤0.50	≤0.030	≤0.020

4.2.2.2 金相组织和铁素体含量

不锈钢(包括熔敷金属)在最终热处理后或焊后应为单相奥氏体组织,不应有连续网状碳化物或σ相。铁素体含量不得大于0.6%。

4.2.2.3 晶间腐蚀倾向试验

不锈钢(包括熔敷金属)晶间腐蚀倾向试验的试样应符合HG/T 3172的规定。晶间腐蚀倾向试验方法应符合HG/T 3173的规定,其五个周期的平均腐蚀速率R须符合下列规定:

a) 尿素级00Cr17Ni14Mo2不锈钢:R≤3.3 μm/48 h;

b) 尿素级00Cr25Ni22Mo2不锈钢:R≤1.0 μm/48 h。

4.2.2.4 选择性腐蚀检查及金相检查

经晶间腐蚀倾向试验后的全部衬里板材及其焊接接头试样,必须进行选择性腐蚀检查及金相检查;对于内件等其他与腐蚀介质接触的不锈钢(包括熔敷金属)试样,若在晶间腐蚀倾向试验中第四、五周期的腐蚀速率分别超过第三、四周期的腐蚀速率的50%时,这些试样必须进行选择性腐蚀检查及金相检查。检查方法应符合HG/T 3174的规定。检查结果应符合下列规定。

4.2.2.4.1 在试样的检查截面上,面向腐蚀介质的选择性腐蚀深度δ应符合下列规定:

a) 母材和熔敷金属均为尿素级00Cr17Ni14Mo2不锈钢[如图1a)]时,母材(板材、管材、棒材、锻件)及其焊接热影响区(H.A.Z)的选择性腐蚀深度δ,在垂直于轧制或锻造方向上应不大于70 μm,在平行于轧制或锻造方向上应不大于200 μm。熔敷金属的选择性腐蚀深度δ,在任何方向上应不大于200 μm。

b) 母材为尿素级00Cr17Ni14Mo2不锈钢,熔敷金属为尿素级00Cr25Ni22Mo2不锈钢[如图1b)]时,母材及其焊接热影响区的选择性腐蚀深度δ应符合a)项规定;熔敷金属的选择性腐蚀深度δ,在任何方向上应不大于70 μm。

c) 母材和熔敷金属均为尿素级00Cr25Ni22Mo2不锈钢时,母材、焊缝及热影响区在任何方向上选择性腐蚀深度均不大于70 μm。

单位为微米

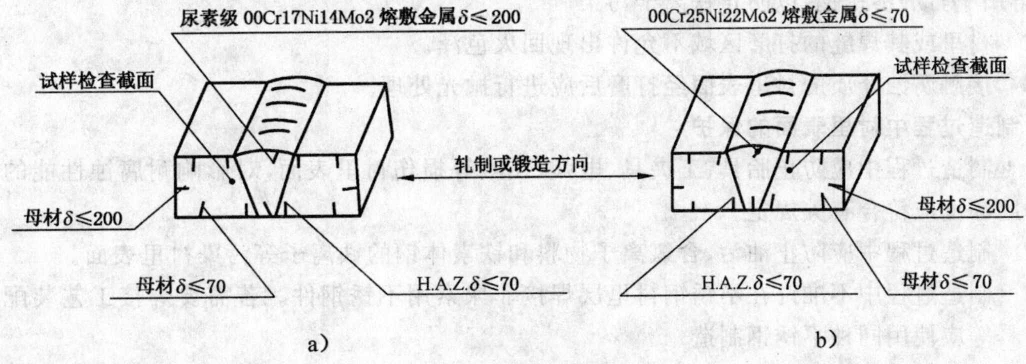

图 1

4.2.2.4.2 金相组织应符合 4.2.2.2 规定

4.2.3 不锈钢的复验

4.2.3.1 所用不锈钢材料应按下列规定复验，并符合 4.2.2 规定。

4.2.3.2 板材、管材、棒材及锻件等原材料

a) 按炉号复验化学成分，按批号复验力学性能。

b) 逐件测定铁素体含量。

c) 同一熔炼炉号、同一规格、同一热处理炉号的原材料，应按下列规定抽样进行晶间腐蚀倾向试验：

1) 当总数超过 5 件时，每 5 件取一个试样，剩余不足 5 件取 1 个试样；

2) 当总数为 5 件时，取 2 个试样；

3) 当总数不足 5 件时，取 1 个试样。

在取 2 个以上试样时，不得取自同一件原材料。试样的制取应符合 HG/T 3172 的规定。

d) 应按 4.2.2.4 规定进行选择性腐蚀检查及金相检查。

e) 应逐张检查衬里板材的尺寸、外形及表面质量。

f) 外径大于 20 mm 的不锈钢高压无缝钢管应逐根进行超声波检测，并符合 JB 4730 的规定。

4.2.3.3 焊接材料

应按炉(批)号复验焊条、焊丝、焊带及焊剂等焊接材料的熔敷金属的化学成分、铁素体含量、晶间腐蚀倾向试验、选择性腐蚀检查及金相检查。

4.2.4 不锈钢的标记

4.2.4.1 对复验合格的不锈钢材料，应作确认标记。在制造过程中应将该标记移植到零件的明显部位。

4.2.4.2 应使用不含金属颜料、硫化物或氯离子含量不大于 25 mg/L 的防水墨水或油漆等在不锈钢上书写标记；也可以采用尖端半径不小于 0.15 mm 的圆头虚线硬印作标记。标记不应打在与腐蚀介质接触的表面。

4.2.5 人孔密封垫若用石棉板，除符合 JG 69 的规定外，其氯离子含量应不大于 100 mg/L。

4.3 加工与成形

4.3.1 不锈钢焊接坡口的制备

应采用机械加工方法制备焊接坡口。

若须采用热切割法(如等离子切割)制备焊接坡口时，必须打磨去除影响耐腐蚀性能的金属。坡口表面须经铁素体含量测定及渗透检测。

4.3.2 不锈钢件的打磨

4.3.2.1 应使用橡胶或尼龙掺合氧化铝的砂轮打磨不锈钢，砂轮质量应符合有关规定。打磨过碳钢的砂轮不得用于打磨不锈钢，以防止铁离子污染。

4.3.2.2 衬里或其焊缝的打磨区域不允许出现回火色泽。

4.3.2.3 接触腐蚀介质的衬里表面经打磨后应进行抛光处理。

4.3.3 制造过程中衬里表面的保护

4.3.3.1 制造过程中应防止胎具、工夹具、电弧、飞溅等损伤衬里表面，对影响耐腐蚀性能的损伤必须修磨，修磨深度应符合有关规定。

4.3.3.2 制造过程中应防止油污、含氯离子物料和铁素体钢的铁离子等污染衬里表面。

4.3.3.3 制造过程中不准许在不锈钢衬里层焊接非尿素用不锈钢件。若需要焊接工艺装配用临时件和/或夹具等应使用同种不锈钢制造。

4.3.4 球形封头

4.3.4.1 球形封头除符合 GB 150 的规定外，还应符合下列规定：

a) 用弦长等于封头内径 3/4DN 的内样板检查球形封头的形状偏差，任何部位的间隙应不大于 2.5 mm。

注：DN 为容器公称内径（以下相同）。

b) 整体冲压球形封头的拼板对接焊缝错边量 b 应不大于 2 mm（图 2）。

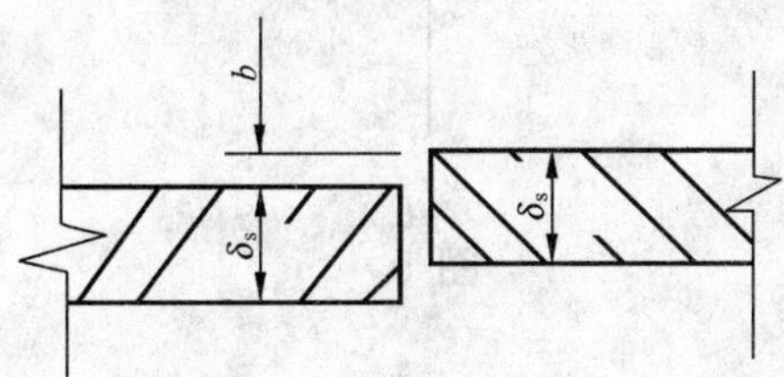

图 2

c) 球形封头的内径应与相连的筒节内缘相配，其最大内径与最小内径之差应不大于 0.5%DN（图 3），且符合环缝错边量的规定。

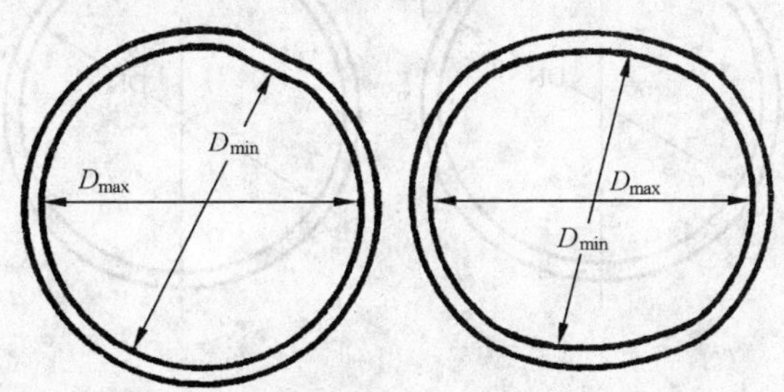

图 3

d) 衬里或堆焊不锈钢前，球形封头内表面与规定形状的上偏差（如图 4）应不大于 1.25%DN，下偏差应不大于 0.625%DN，并应圆滑过渡。

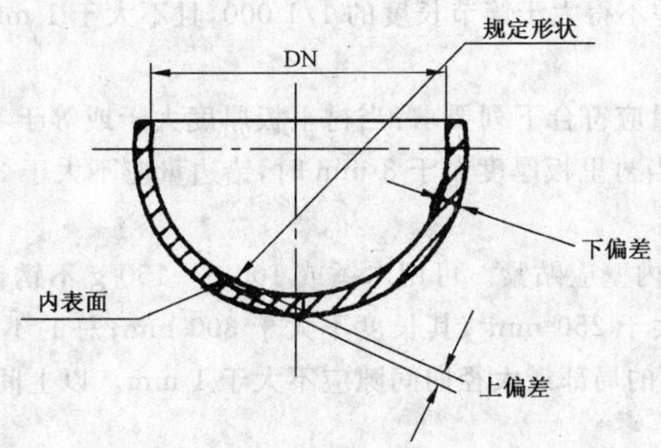

图 4

4.3.4.2 封头衬里或堆焊不锈钢前，内表面应经机加工或打磨光滑，并进行内表面磁粉检测，不允许有裂纹及影响衬里或堆焊层质量的缺陷存在。当采用堆焊时，凹凸量应不大于 1.5 mm；当采用衬里时，内表面必须进行机加工，加工表面粗糙度 Ra 应不大于 12.5 μm。

4.3.5 筒节

4.3.5.1 多层壳体内筒或单层壳体筒节纵焊缝对口错边量 b 应不大于 1.5 mm（图 5）；纵焊缝棱角 E 用弦长等于 1/6 内径 DN，且不小于 300 mm 的内样板或外样板检查（见图 6），其 E 值应不大于 2 mm（图 6）。

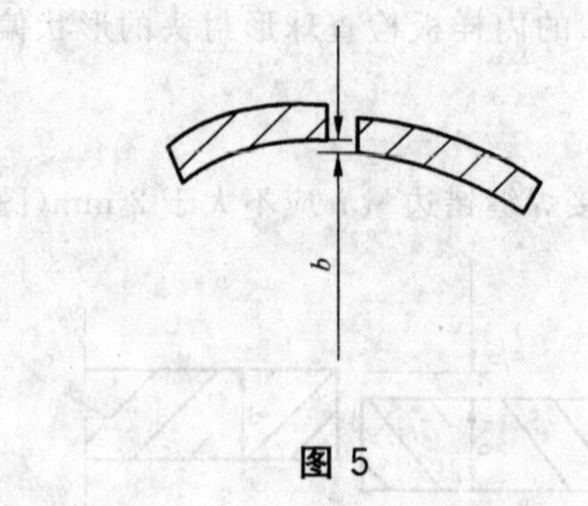

图 5

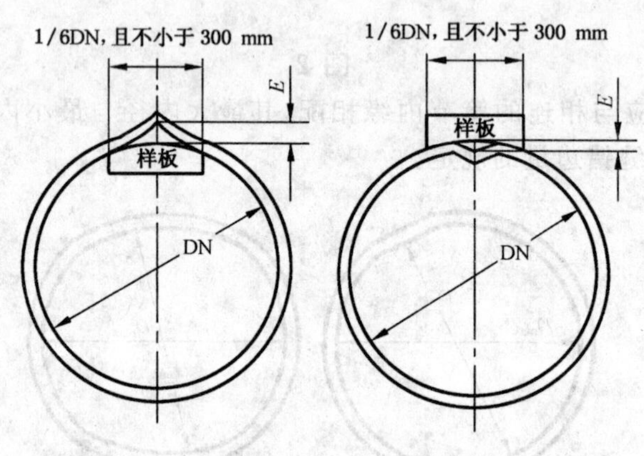

图 6

4.3.5.2　在热套衬里及松衬衬里之前，应除去与其套合的低合金钢筒体内壁的氧化皮、油垢等污物，对焊缝错边、棱角及其他突台、凹陷等须修磨平滑，不允许有影响衬里质量的缺陷存在。

4.3.5.3　筒节同一断面上最大内径与最小内径之差应不大于 0.5%DN，且不大于 4 mm。

4.3.5.4　衬里筒节直线度公差不得大于筒节长度的 1/1 000，且不大于 1 mm。

4.3.6　**组装**

4.3.6.1　环焊缝的对口错边量应符合下列要求：当衬里板厚度大于或等于 6 mm 且小于或等于 8 mm 时，错边量应不大于 2.5 mm；当衬里板厚度大于 8 mm 时，错边量应不大于 3 mm。

4.3.6.2　衬里

4.3.6.2.1　衬里与筒体、封头内壁应贴紧。可用木锤或 100 g～150 g 不锈钢锤轻敲衬里，检查贴紧程度，任一单个不贴合面积应不大于 250 mm^2，其长度不大于 300 mm；总的不贴合面积应不大于衬里总面积的 10%。任一端部不贴合的局部最大径向间隙应不大于 1 mm。以上间隙也可采用经认可的仪器检测。

4.3.6.2.2　衬里板的两相邻拼接焊缝距离、相邻筒节衬里纵焊缝距离、封头衬里拼接焊缝的端点与相邻筒节衬里纵焊缝的距离均应不小于 100 mm。

4.3.6.2.3　塔板托架与衬里的连接焊缝边缘，应与衬里纵缝边缘错开，错开距离应不小于衬里板厚度。塔板托架与衬里环焊缝边缘的距离应不小于 50 mm。

4.3.6.3　塔体直线度允许偏差每 6 m 长不大于 6 mm，且总长的累计偏差应不大于 0.05%筒体长度，且≤15 mm。

4.3.6.4　下封头底座平面到容器基准线的距离偏差应不大于 6 mm（图 7）。容器基准线应有永久性标记。

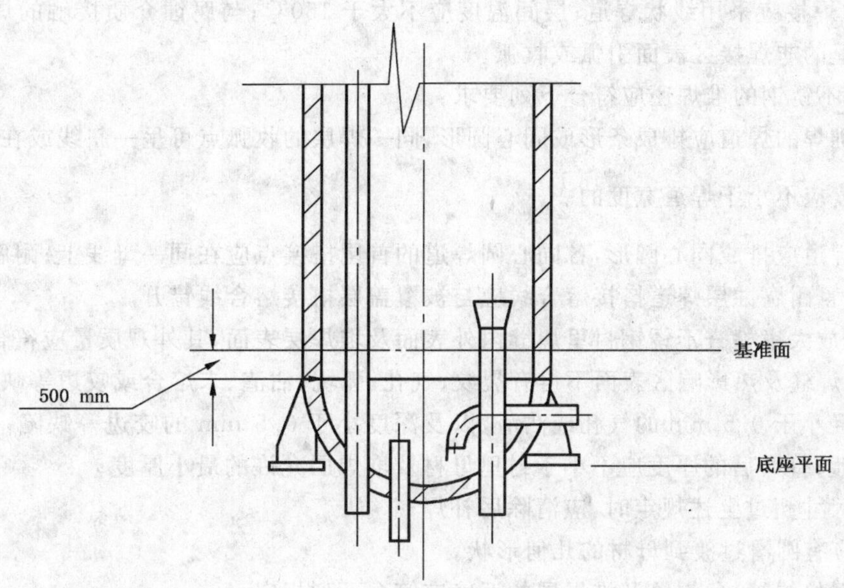

图 7

4.3.7 塔板及塔板托架

4.3.7.1 塔板局部平面度在 300 mm 长度内应不大于 2 mm;在整个板面内的弯曲,应符合表 3 规定。

表 3

单位为毫米

塔板长度	弯曲
	不大于
<1 000	3.0
1 000～1 500	3.5
>1 500	4.0

4.3.7.2 塔板螺栓孔中心圆直径允差、相邻两孔弦长允差和任意两孔弦长允差均不大于 2 mm。

4.3.7.3 同一层塔板托架标高的最大偏差为 3 mm。

4.3.7.4 相邻两层塔板托架的间距允差不大于 3 mm。任意两层塔板托架的间距允差不大于 10 mm。

4.3.7.5 分块式塔板出厂前应预组装,并检验安装尺寸。

4.4 焊接

4.4.1 受压件的施焊、受压件与非受压件的施焊以及不锈钢的施焊(包括定位焊)必须由具备符合锅炉压力容器压力管道焊接相应资格的焊工承担,不锈钢焊接的焊工还应符合 4.4.4 的规定。焊工必须严格遵守焊接工艺规程。

4.4.2 焊接工艺规程必须按图样要求和施焊单位评定合格的焊接工艺进行编制。

4.4.3 凡施焊单位首次焊接的受压件钢种或不锈钢材料牌号,首次采用的焊接材料或焊接方法,以及改变已经评定合格的焊接工艺的主要参数时,均应在尿素合成塔施焊前进行焊接工艺评定。

4.4.4 不锈钢的焊接工艺评定及焊工技能评定应符合 HG/T 3179 及 HG/T 3180 的规定。

4.4.5 除图样另有规定外,凡与腐蚀介质接触的不锈钢对接焊缝及角焊缝(如衬里板与塔板托架的角接焊接头等)应为全焊透结构。

4.4.6 暴露在腐蚀介质中的不锈钢接管端面,必须采用符合 4.2.2 要求的焊接材料堆焊覆盖。

4.4.7 不锈钢带极堆焊不得少于 2 层(其中过渡层为 1 层,耐腐蚀层不少于 1 层),不锈钢手工堆焊不得少于 3 层(其中过渡层为 1 层,耐腐蚀层不少于 2 层)。堆焊耐腐蚀层(从其表面最低点量起)总厚度:衬里部分不得小于 3 mm;密封面部分在加工完毕后应不小于 6 mm。

4.4.8 不锈钢的焊接应采用线状焊道；层间温度应不大于 150℃；与腐蚀介质接触的焊缝表面应最后焊成。不得在衬里的非焊接区表面引弧或收弧。

4.4.9 球形封头不锈钢的堆焊还应符合下列要求：

大面积手工堆焊的焊道应排成条形或同心圆形，同一焊层的收弧点可呈一斜线或在同一条母线上；相邻焊道搭接宽度应不小于焊道宽度的$\frac{1}{2}$。

带极堆焊的焊道应排成同心圆形，各同心圆焊道的首尾搭接点应在同一母线上；耐腐蚀层焊道应与过渡层焊道平行，且耐腐蚀层焊道搭接熔合线应与被覆盖层搭接熔合线错开。

4.4.10 用 10 倍放大镜检查不锈钢衬里焊缝内外表面及堆焊层表面，其外观质量应符合下列规定：

a) 堆焊层、焊缝及热影响区表面不得有裂纹、气孔、弧坑、沾渣、未熔合或咬边等缺陷存在；

b) 对于直径小于 0.5 mm 的气孔或沾渣，以及深度小于 0.5 mm 的咬边等缺陷，允许打磨清除，圆滑过渡；打磨后的厚度应不小于衬里母材及堆焊层允许的最小厚度；

当缺陷尺寸超过上述规定时，应清除后补焊；

c) 角焊缝应有圆滑过渡到母材的几何形状。

4.4.11 不锈钢对接焊缝、角焊缝及堆焊层的返修应符合下列规定：

a) 应使用打磨法清除不允许存在的缺陷，并按评定合格的补焊工艺进行补焊；

b) 焊缝及堆焊层的同一部位返修次数不宜超过两次，若超过上述规定需经制造单位技术总负责人批准，返修后将返修部位、次数和无损探伤等结果记入质量证明书。

4.4.12 不锈钢施焊(包括返修补焊)时必须做好施焊记录。焊工应及时在焊缝附近的规定部位作焊工标记。与腐蚀介质接触的不锈钢表面上，只允许作书写标记，不允许打焊工钢印。

4.5 热处理

4.5.1 凡不锈钢内件或衬里零部件有下列情况之一者，应进行热处理。

4.5.1.1 对不锈钢堆焊衬里，应在过渡层堆焊后、耐腐蚀层堆焊前，进行消除应力热处理。

4.5.1.2 冷成形变形率超过 15% 的不锈钢零部件，应作提高耐腐蚀性能的固溶热处理。

4.5.1.3 不锈钢零部件热成形后，应作提高耐腐蚀性能的固溶热处理。

4.5.2 消除应力热处理温度应符合表 4 规定。

表 4 单位为摄氏度

堆焊不锈钢过渡层材质	消除应力热处理温度
尿素级 00Cr17Ni14Mo2	510±10
尿素级 00Cr25Ni22Mo2	560±10

4.5.3 不锈钢零部件不得进行局部热处理或两次以上的整体固溶热处理。

4.5.4 不锈钢零部件被加热前，必须清除油脂、油漆等污物。凡需与不锈钢加热件接触的工具，必须用不锈钢制造。直接与已被加热的不锈钢件接触的工具需要预热。

4.5.5 以油为燃料进行炉内热处理时，油中含硫量不得大于 2%。

4.5.6 固溶热处理需带有热处理试板，并应同炉进行热处理。

4.5.7 不锈钢零部件经热处理后须进行酸洗钝化处理。

4.6 试板

4.6.1 每台塔的衬里不锈钢焊接试板数量应符合下列要求：

a) 每焊 5 个衬里筒节至少带纵焊缝试板 1 块，剩余不足 5 个衬里筒节至少带 1 块纵焊缝试板；

b) 每一个球形封头衬里，至少带拼接焊缝试板 1 块；

c) 凡需经热处理达到耐腐蚀性能要求的衬里零部件，每一炉批号至少带热处理试板 1 块。

4.6.2 衬里焊接试板的制备及检验项目，除符合 GB 150 的规定外，还应满足 4.6.3 及 HG/T 3172 的要求。

4.6.3 衬里焊接试板的检验

4.6.3.1 焊缝外观质量应符合 4.4.10 的规定。

4.6.3.2 焊缝铁素体含量的测定应符合 4.2.2.2 规定。

4.6.3.3 焊缝渗透检测应符合 4.7.5 的规定,并随同焊件进行。

4.6.3.4 焊缝应 100%X 射线透照检测,焊缝质量应符合 JB 4730 中Ⅰ级规定。

4.6.3.5 焊缝熔敷金属的化学成分应符合 4.2.2.1.2 的规定。

4.6.3.6 焊接接头的晶间腐蚀倾向试验,应符合 4.2.2.3 的规定。

4.6.3.7 焊缝熔敷金属、母材及热影响区的选择性腐蚀检查及金相检查应符合 4.2.2.4 的规定。

4.6.3.8 每台塔的衬里板焊接接头至少做 1 个拉力试验,并符合 JB 4744 的规定。拉力试验结果应不低于母材的标准值。

4.6.4 固溶热处理试板应作表面质量检查、铁素体含量测定、晶间腐蚀倾向试验、选择性腐蚀检查、金相组织检查及拉力试验,其结果应符合 4.2.2 及 4.6.3.8 的规定。

4.7 无损检测

4.7.1 无损检测应由按 JB 4730 中规定的无损检测人员承担。

4.7.2 应根据产品技术要求制定无损检验工艺规程,并按规程操作。

4.7.3 不锈钢焊缝、热影响区及堆焊层的外观质量应符合 4.4.10 规定。

4.7.4 不锈钢焊缝和堆焊层表面应进行铁素体含量的测定,任一测点处的铁素体含量不得大于 0.6%。

4.7.5 不锈钢焊缝和堆焊层表面,应按 JB 4730 及下列规定进行渗透检测,其结果应符合 4.4.10 中 a)和 b)的规定。

a) 内件和衬里焊缝(包括衬里上的角焊缝等)表面须经 100%渗透检测。

b) 衬里堆焊层至少须经两次渗透检测,第一次在过渡层堆焊后进行,检查的过渡层表面积应不小于总堆焊层面积的 30%;第二次在耐腐蚀层堆焊后进行,耐腐蚀层表面须经 100%渗透检测。

4.7.6 不锈钢带极堆焊层和经过加工的手工堆焊层表面,须按 HG/T 3175 的规定进行超声检测及堆焊层厚度测量。堆焊层的厚度应符合 4.4.7 或图样的规定。

4.7.7 凡在塔体外焊接的衬里焊缝,应进行 100%射线透照检测,射线质量和焊缝质量应分别符合 JB 4730 中的Ⅰ级规定。

4.7.8 不锈钢对接焊缝、角焊缝及堆焊层经无损检测发现有不允许的缺陷时,应按 4.4.11 的规定清除缺陷及补焊,并对返修部分重新进行无损检测,直至合格。

5 水压试验和渗漏试验

5.1 尿素合成塔制造完工后应进行水压试验和渗漏试验。

5.2 水压试验除符合 GB 150 的规定外,还应符合下列规定:

a) 水压试验用水的氯离子含量应不大于 25 mg/L;

b) 水压试验时水的温度不低于 15℃。当塔体温度与水温大致相同时,开始加压至试验压力;

c) 水压试验后,应对衬里焊缝表面进行 100%渗透检测,结果符合 4.7.5 规定。

5.3 渗漏试验应符合下列规定:

a) 水压试验后须对衬里层进行渗漏试验;

b) 检漏系统必须畅通;

c) 衬里层的渗漏试验若采用氨渗漏试验,应符合 HG/T 3176 的规定,选择其中的 A、B 任一种方法进行;或由合同规定。

d) 衬里层渗漏试验若采用其他介质进行渗漏试验(如氦气等),必须制定试验方法和验收标准,经合同双方签字认可后进行。

e) 渗漏试验应根据 c)或 d)的要求编制渗漏试验操作说明书,经检验部门批准后进行。

6 不锈钢的表面处理

6.1 尿素合成塔经渗漏试验合格后,应对不锈钢表面进行酸洗、钝化处理。

注:钝化处理是否在容器制造厂进行,由用户与容器制造厂协议确定。

6.2 酸洗、钝化后须立即用氯离子含量小于 25 mg/L 的水冲洗,直至 pH 试纸检查呈中性为止。

6.3 水压试验、酸洗、钝化后的处理:

a) 排除塔内积水,保持塔内表面干燥及清洁;

b) 更换水压试验时用于人孔密封垫的石棉垫片;

c) 封闭所有开口(包括检漏管)。

7 油漆、包装、运输、标志及出厂技术文件

7.1 尿素合成塔的油漆、包装、运输及标志应符合 JB/T 4711 的规定。

对采用海运的尿素合成塔,塔内应充以 0.03 MPa 氮气,并须防止海水污染不锈钢。

7.2 尿素合成塔铭牌应按《压力容器安全技术监察规程》的要求制备,包括下列内容:

a) 制造单位名称和制造许可证号码;

b) 产品名称;

c) 产品标准;

d) 制造单位的产品编号;

e) 制造日期;

f) 设计压力;

g) 最高工作压力;

h) 水压试验压力;

i) 设计温度;

j) 容器重量;

k) 容器类别;

l) 介质;

m) 设备编号;

n) 注册编号。

7.3 尿素合成塔的出厂技术文件至少应包括出厂合格证、安装操作说明书、竣工图及质量证明书。

7.3.1 安装操作说明书应包括:

a) 尿素合成塔特性(包括设计压力、设计温度、工作介质);

b) 除正常操作外的特殊要求;

c) 禁焊、安装等特殊说明。

7.3.2 质量证明书应包括:

a) 主要零部件材料(包括焊接材料)的化学成分、机械性能及其复验报告;衬里及内件材料还应有铁素体测定、晶间腐蚀倾向试验、选择性腐蚀检查和金相检查、以及衬里板材表面质量检查的报告;

b) 零部件的无损检测报告;

c) 焊接质量的主要检查报告(包括产品焊接试板试验、焊缝的无损检测及超过规定次数的返修结果等);

d) 衬里焊缝 X 射线透照检测的排版图和焊工号；

e) 热处理曲线记录及检验报告；

f) 水压试验和渗漏试验报告；

g) 主要尺寸、接管方位的检验报告；

h) 铭牌照片或拓印件；

i) 与本标准和图样(包括用户的特殊订货要求)不一致的项目。

ICS 71.120.30
G 93

中华人民共和国国家标准

GB/T 9843—2004
代替 GB 9843—1988

尿素高压洗涤器技术条件

Specifications for urea high pressure scrubber

2004-06-09 发布　　2004-12-01 实施

中华人民共和国国家质量监督检验检疫总局
中国国家标准化管理委员会　发布

前言

本标准与 GB 9843—1988 相比主要进行了下列变动：

——增加了高压管箱主要受压锻件的级别要求及管板超声检测的特殊要求；

——增加了尿素级不锈钢材料的力学性能及晶间腐蚀倾向试验的取样数量要求；

——修改了尿素级不锈钢材料复验时，其晶间腐蚀倾向试验的取样数量；

——增加了尿素级不锈钢材料的标记要求；

——修改了空气试验要求。

本标准自实施之日起，代替 GB 9843—1988《尿素高压洗涤器技术条件》。

本标准由中国石油和化学工业协会提出。

本标准由化学工业机械设备标准化技术委员会归口。

本标准起草单位：大连冰山集团金州重型机器有限公司。

本标准主要起草人：孙绍兵、李文华、张文勇。

参加本标准编制的人员有：毕序隆、董树森、刘静、王永斌、于义枫、王菁、马伯林、郭建华等。

本标准所代替标准的历次版本发布情况为：GB 9843—1988。

尿素高压洗涤器技术条件

1 范围

本标准规定了尿素装置中尿素高压洗涤器的材料、制造、检验及验收等要求。

本标准适用于管程设计压力不大于16.5 MPa、设计温度不高于200℃的超低碳奥氏体尿素级不锈钢(以下简称尿素级不锈钢)衬里结构的尿素高压洗涤器(以下简称洗涤器)。

2 规范性引用文件

下列文件中的条款通过本标准的引用而成为本标准的条款。凡是注日期的引用文件,其随后所有的修改单(不包括勘误的内容)或修订版均不适用于本标准,然而,鼓励根据本标准达成协议的各方研究是否可使用这些文件的最新版本。凡是不注日期的引用文件,其最新版本适用于本标准。

GB 150 钢制压力容器

GB 151 管壳式换热器

GB/T 1220 不锈钢棒

GB/T 4237 不锈钢热轧钢板

GB 6654 压力容器用钢板

GB/T 8923 涂装前钢材表面锈蚀等级和除锈等级

GB/T 14976 流体输送用不锈钢无缝钢管

HG/T 2806 奥氏体不锈钢压力容器制造管理细则

HG/T 3172 尿素高压设备制造检验方法 尿素级超低碳铬镍钼奥氏体不锈钢晶间腐蚀倾向试验的试样制取

HG/T 3173 尿素高压设备制造检验方法 尿素级超低碳铬镍钼奥氏体不锈钢晶间腐蚀倾向试验

HG/T 3174 尿素高压设备制造检验方法 尿素级超低碳铬镍钼奥氏体不锈钢的选择性腐蚀检查和金相检查

HG/T 3175 尿素高压设备制造检验方法 不锈钢带极自动堆焊层的超声检测

HG/T 3176 尿素高压设备制造检验方法 尿素高压设备氨渗漏试验方法

HG/T 3178 尿素高压设备耐腐蚀不锈钢管子 管板的焊接工艺评定和焊工技能评定

HG/T 3179 尿素高压设备堆焊工艺评定和焊工技能评定

HG/T 3180 尿素高压设备衬里板及内件的焊接工艺评定和焊工技能评定

JB 4708 钢制压力容器焊接工艺评定

JB/T 4711 压力容器涂敷与运输包装

JB 4726 压力容器用碳素钢和低合金钢锻件

JB 4730 压力容器无损检测

JB 4744 钢制压力容器产品焊接试板的力学性能试验

YB/T 5148 金属平均晶粒度测定法

《压力容器安全技术监察规程》

《锅炉压力容器压力管道焊工考试与管理规则》

3 术语和定义

下列术语和定义适用于本标准。

3.1

材料试验报告　material test report

“材料试验报告”是指原材料制造厂、钢厂或铸锻厂的试验报告。此报告应阐明材料是符合哪一种标准、材料的炉号、批号或熔炼号、热处理号(如果有的话)、化学成分和/或耐腐蚀性能数据、力学性能及无损检测的结果。

3.2

合格证　certificate

“合格证”是指钢厂、铸锻厂、材料制造厂或设备制造厂签发的一种书面文件(或由卖方同意的这项工作或数据记录),用于说明其化学成分和力学性能以及热处理符合特定的标准,GB 150、GB 6654、本技术条件或有关工程标准的要求。

3.3

焊接工艺规程　welding specifications

“焊接工艺规程”是指设备制造厂根据焊接工艺评定报告(PQR)和焊接工艺指导书(WPS)编制的直接为焊工阅读使用的焊接工艺卡(WPC),内容包括焊接参数、焊接材料规格、焊接顺序、焊后热处理(PWHT)、无损检测(NDE)等要求。

3.4

回火色　tempered colour

“回火色”是指奥氏体不锈钢加热到600℃～650℃左右的颜色,一般呈暗金黄色或暗灰色,可能造成晶间腐蚀。打磨时局部过热会出现这种颜色。

3.5

尿素级奥氏体不锈钢　urea grade austenitic stainless steel

本标准所提到的“尿素级奥氏体不锈钢”是指超低碳铬镍钼奥氏体不锈钢的化学成分和金相组织除符合相关标准要求外,还应符合下列条件:

a) 铁素体形成元素(Cr、Mo、Si)和奥氏体形成元素(Ni、C、N、Mn)配比应使不锈钢固溶处理后形成全奥氏体组织;

b) 对00Cr17Ni14Mo2(尿素级)奥氏体不锈钢,要求Cr≥17%、Ni≥13%、Mo≥2.2%、N≤0.22%;

c) 铁素体含量不超过0.6%;

d) 应按HG/T 3172、HG/T 3173、HG/T 3174标准进行取样和试验,其结果应符合本标准规定的要求。

4　要求

4.1　基本要求

尿素高压洗涤器的设计、制造、检验及验收除应符合本标准规定外,还应符合GB 150、GB 151及图样的要求。

4.2　材料

受压元件材料和与腐蚀介质接触的材料(均包括焊接材料)应符合有关的标准及图样规定,且应有钢厂出具的试验报告和合格证。

4.2.1　低合金钢

4.2.1.1　用于制造封头的钢板应是细晶粒钢,晶粒度按YB/T 5148检测不低于6级;钢板还应按JB 4730逐张进行超声检测,Ⅱ级合格,且应保证设计温度下的屈服强度。

4.2.1.2　用于制造管板、管箱筒体、人孔凸缘、人孔盖及人孔法兰的锻件,应符合JB 4726 Ⅳ级要求,且应保证设计温度下的屈服强度,屈强比不得大于0.8。对于管板的超声检测还应符合下述要求:

a) 锻件粗加工后，管板任一端面 0～150 mm 深度范围内为重要区。该区域的检测起始灵敏度为 $\phi 3$ 当量直径，缺陷等级要求如下：单个缺陷，Ⅲ级；底波降底量，Ⅲ级；密集区缺陷，Ⅰ级。

b) 非重要区域的检测起始灵敏度为 $\phi 4$ 当量直径，缺陷等级要求如下：单个缺陷，Ⅲ级；底波降底量，Ⅲ级；密集区缺陷，Ⅱ级。且每个区域面积不应超过 30 cm^2，各区域的间距不小于 120 mm。

4.2.1.3 所有低合金钢焊接接头，常温下抗拉强度不得大于 720 MPa，材料焊接以后任何部位的硬度不得大于 280 HB。

4.2.2 尿素级不锈钢

4.2.2.1 设备中与腐蚀介质接触的衬里、密封环、管子、接管(包括螺纹接头)、内件等零部件应根据设计要求分别选用 00Cr17Ni14Mo2(尿素级)或 00Cr25Ni22Mo2 尿素级不锈钢材料。

4.2.2.2 尿素级不锈钢材料的化学成分见表 1，力学性能见表 2。

表 1

材料	化学成分/(%)								
	C	Cr	Ni	Mo	N	Mn	Si	S	P
00Cr17Ni14Mo2(尿素级)	≤0.030	17.00～18.50	13.00～15.00	2.20～3.00	≤0.22	≤2.00	≤1.00	≤0.030	≤0.040
00Cr25Ni22Mo2	≤0.020	24.50～25.50	21.00～23.00	1.90～2.30	0.10～0.16	≤2.00	≤0.40	≤0.015	≤0.020

表 2

材料	常温力学性能			高温力学性能
	σ_b/MPa	$\sigma_{0.2}$/MPa	δ_5/(%)	$\sigma_{0.2}^{200℃}$/MPa
00Cr17Ni14Mo2(尿素级)	490～690	≥190	≥40	≥137
00Cr25Ni22Mo2	≥530	≥255	≥30	≥173(板) ≥193(管)

4.2.2.3 用于尿素级不锈钢焊接的焊条、焊丝、焊带和焊剂，其熔敷金属的化学成分应符合表 3 的规定。

表 3

材料	化学成分/(%)								
	C	Cr	Ni	Mo	N	Mn	Si	S	P
00Cr17Ni14Mo2(尿素级)	≤0.045	≥17.00	≥14.00	2.20～3.00	≤0.20	≥3.00	≤1.00	≤0.020	≤0.030
00Cr25Ni22Mo2	≤0.040	≥24.00	≥21.00	1.90～2.70	≤0.20	≥3.00	≤0.50	≤0.020	≤0.030

4.2.2.4 金相组织和铁素体测定

尿素级不锈钢材料(包括熔敷金属)，金相组织在焊后或最终热处理后应为单一奥氏体相，不应存在连续网状碳化物和 σ 相。铁素体含量不得大于 0.6%。

4.2.2.5 晶间腐蚀倾向试验

尿素级不锈钢材料(包括熔敷金属)的晶间腐蚀倾向试验的试样应符合 HG/T 3172 的规定，取样数量按表 4。晶间腐蚀倾向试验方法应符合 HG/T 3173 的规定。其五个沸腾周期(每个沸腾周期为 48 小时)的平均腐蚀速率 R 应符合下列规定：

a) 00Cr17Ni14Mo2(尿素级)：$R \leqslant 3.3\ \mu m/48\ h$；

b) 00Cr25Ni22Mo2：$R \leqslant 1.0\ \mu m/48\ h$。

熔敷金属能否接受或判废的标准按表4规定。

表 4

材料种类	钢厂取样		设备制造厂取样
	00Cr17Ni14Mo2(尿素级)	00Cr25Ni22Mo2	
衬里板	每张板一个试样		见表7
内件板	每一炉号，每一热处理号，每一厚度的10张板中一个试样		见表7
换热管	每一炉号，每一热处理号，每50根换热管取一个试样	每一炉号，每一热处理号，每100根换热管取一个试样	见表7
接管(包括螺纹接头)	每根管子取一个试样		见表7
棒	每根棒取一个试样		见表7
空心棒和锻件	每一根空心棒和每一件锻件取一个试样		见表7

4.2.2.6 选择性腐蚀检查和金相检查

4.2.2.6.1 经晶间腐蚀倾向试验后的下列试样应按HG/T 3174进行选择性腐蚀检查(选择性腐蚀检查的试样应取自晶间腐蚀试样在放大十倍的显微镜下显示出腐蚀最严重的横截面上)：

a) 衬里板、换热管；

b) 晶间腐蚀试验时，第四或第五周期的R值超过第三或第四周期中较低值的50%的试样；

c) 所有熔敷金属；

d) 除b)外的晶间腐蚀倾向试样，应对其10%且每个炉号、每个热处理号、每一种规格最少一个试样进行选择性腐蚀检查。

选择性腐蚀深度按表5规定。

4.2.2.6.2 经晶间腐蚀倾向试验、选择性腐蚀检查后的所有试样均应按HG/T 3174进行金相检查，其金相组织应符合4.2.2.4的规定。

4.2.2.7 换热管

a) 换热管应选用整根冷拔无缝管，换热管的外径及壁厚偏差应符合GB/T 14976规定；

b) 换热管应逐根进行超声检测，符合JB 4730 Ⅰ级；

c) 换热管应逐根进行水压试验，试验压力及保压时间应符合GB/T 14976规定，试验用水应有水质合格证，其氯离子含量不得大于25 mg/L。

表 5

单位为微米

材料种类	选择性腐蚀深度	
	00Cr17Ni14Mo2(尿素级)	00Cr25Ni22Mo2
熔敷金属	≤200	≤70
其余所有耐腐蚀材料及焊接热影响区	垂直于轧制或锻造方向≤70，平行于轧制或锻造方向≤200	所有方向≤70
注：对熔敷金属，选择性腐蚀深度是决定其能否使用的决定性因素。		

4.2.2.8 管材、板材和棒材

4.2.2.8.1 管材、板材和棒材的表面质量、尺寸及允许偏差应分别符合GB/T 14976、GB/T 4237、GB/T 1220的规定；

4.2.2.8.2 对DN≥50的管材和棒材，应逐根进行超声检测，符合JB 4730 Ⅰ级。

4.2.2.9 标记

尿素级不锈钢材料的标记按表6。

表 6

单位为毫米

材料类型		完整的标记 墨水[a]	制造厂标记材料型号等 墨水[a]	炉号、批号、板号 硬冲[b]	标记位置
管子		✓	—	—	每端至少300内应没有标记
板	厚度≥5	✓	—	✓	介质侧的一个部位上
	厚度<5	✓	—	—	介质侧的一个部位上
棒材、锻件		✓	✓	✓	介质侧的一个部位上

a 防水墨水或油漆不应含金属颜料、氯化物和硫。

b 应使用应力最小的圆头，虚线硬印。

4.2.3 **材料复验**

4.2.3.1 低合金钢材料的复验按《压力容器安全技术监察规程》的规定。

4.2.3.2 尿素级不锈钢材料复验应符合下列规定：

a) 按炉号复验其化学成分；

b) 逐件测定铁素体含量；

c) 同一炉号、同一规格、同一热处理炉号的材料，应抽样按4.2.2.5进行晶间腐蚀倾向试验。两个或两个以上试样不能取自同一件材料。试样的制取应符合HG/T 3172的规定，取样数量按表7；

d) 按4.2.2.6规定进行选择性腐蚀检查和金相检查；

e) 逐件检查尺寸及表面质量、材料标记；

f) 换热管按其数量10%进行超声检测(若发现问题，可视情况再扩大抽检比例)；

g) 换热管应按其数量10%进行水压试验。

表 7

材料类别	00Cr17Ni14Mo2(尿素级)		00Cr25Ni22Mo2	
	材料总数/件	取样数量/个	材料总数/件	取样数量/个
板材	>5	每5件取一个试样，剩余不足5件取一个试样	>5	每5件取一个试样，剩余不足5件取一个试样
	≤5	2	≤5	2
棒材、锻件	>5	每5件取一个试样，剩余不足5件取一个试样	>10	每10件取一个试样，剩余不足10件取一个试样
	≤5	2	≤10	2
管材	>50	每50件取一个试样，剩余不足50件取一个试样	>200	每200根取一个试样，剩余不足200根取一个试样
	≤50	2	≤200	2

4.2.3.3 尿素级不锈钢焊接材料复验应符合下列规定：

a) 焊条及自动焊焊丝、焊带应按炉号复验其熔敷金属的化学成分，按批号复验其熔敷金属的铁素体含量、晶间腐蚀、选择性腐蚀和金相组织；

b) 氩弧焊的焊丝，按炉号复验其化学成分，按批号复验其铁素体含量、晶间腐蚀、选择性腐蚀和金相组织。

4.2.4 标记移植

尿素级不锈钢材料在制造过程中的标记移植按表6规定。

4.3 制造

4.3.1 一般规定

4.3.1.1 低合金钢受压元件坡口允许采用火焰切割，火焰切割坡口表面应将熔渣清除干净。对于标准抗拉强度下限值$\sigma_b \geqslant 490$ MPa高压部位的钢材，经机加工或火焰切割的坡口表面应进行磁粉或渗透检测，坡口表面不得有裂纹、分层、夹渣等缺陷。

4.3.1.2 尿素级不锈钢的制作除符合以下规定外，还应符合HG/T 2806的规定

4.3.1.2.1 不锈钢件焊接坡口应采用机械加工，若采用等离子切割时，应将过热区清除干净，坡口表面打磨光滑。对尿素级不锈钢坡口还应进行铁素体测定和液体渗透检测。

4.3.1.2.2 用于打磨不锈钢表面的砂轮片应为纯氧化物材料或橡胶、尼龙掺合氧化铝。打磨过非奥氏体不锈钢的砂轮片不得用于打磨不锈钢。

4.3.1.2.3 应加强对不锈钢件在制造和运转过程中的保护，防止磕碰划伤。如有影响耐腐蚀性能的缺陷时应修磨，修磨部位应圆滑过渡，修磨范围的斜度至少为1∶3，修磨深度不得超过规定厚度的负偏差。

4.3.1.2.4 打磨不锈钢表面不允许出现回火色，直接与腐蚀介质接触的材料表面、经打磨后还应进行抛光处理。

4.3.2 封头

4.3.2.1 封头应尽量采用整板冲压成型。当钢板需要拼接时，对接接头的错边量应不大于2 mm。拼接接头的内表面以及影响成形质量的外表面，在成形前应打磨与母材平齐。

4.3.2.2 若采用分瓣封头，应用样板检查瓣片的曲率，任何部位的间隙不得大于2.5 mm。当瓣片弦长大于或等于2 m时，样板弦长不小于2 m；当瓣片弦长小于2 m时，样板弦长不得小于瓣片弦长。分瓣封头组合的对接接头对口错边量应不大于10%板厚，且不大于3 mm。当分瓣封头板厚超过80 mm时，对接接头对口错边量不大于5 mm。分瓣封头对按接头形成的棱角应不大于7 mm。

4.3.2.3 整体冲压封头或分瓣组焊封头热处理后，内径允许偏差为公称内径的±0.25%，最大内径与最小内径差值不得大于公称内径的0.5%且不大于6 mm。

4.3.2.4 封头在松衬或堆焊前，内表面应经机加工或打磨光滑，不允许有影响衬里或堆焊质量的缺陷存在。其局部凹凸量应符合以下规定：

a) 采用衬里结构时应不大于1.0 mm；

b) 采用堆焊结构时应不大于1.5 mm。

4.3.3 管板

4.3.3.1 管板堆焊耐蚀层后，平面度公差值不大于4 mm。

4.3.3.2 管孔加工后孔桥宽度、管孔直径及偏差按GB 151 Ⅰ级规定，管孔与管板的端面垂直度公差不得大于管板厚度的0.5/1 000。

4.3.3.3 管板的管孔坡口应彻底清除毛刺，并用5～10倍放大镜逐孔检查，可疑处进行渗透检测，无缺陷为合格。

4.3.4 筒体、衬里

4.3.4.1 低压部位筒体的制造要求应符合GB 151的规定。

4.3.4.2 衬里筒节应尽量采用整板制作。如确需拼板，则拼板的数量不得超过一块。衬里筒节对接接头的对口错边量应小于衬里厚度的10%，接头处形成的棱角不大于1 mm。筒节的直线度允许偏差不

得大于筒节长度的1/1 000。筒节有效长度范围内任何两处周长偏差不得大于2 mm。衬里外表面纵向接头应打磨平滑。

4.3.5 组装

4.3.5.1 换热管与管板连接

4.3.5.1.1 换热管的管端及管板应清理干净,不得有金属屑、油污、锈蚀等影响焊接质量的缺陷。

4.3.5.1.2 换热管与管板连接应采用强度焊,不允许胀接,可在上管板端采用不填丝氩弧焊进行定位焊。

4.3.5.1.3 换热管与管板的焊接推荐采用手工钨极氩弧焊焊两遍,起弧/收弧位置应错开,每遍均填丝,且管内应充有氩气保护。

4.3.5.1.4 换热管突出上管板的管端应在同一平面上,上端管口齐平,平面度偏差±1 mm。

4.3.5.2 换热管与管板连接的操作和检验按下列程序:

a) 焊接上管板的第一层焊缝(对应端为自由端);

b) 焊接下管板的第一层焊缝;

c) 用压缩空气进行气密性试验;

d) 焊接上下管板的第二层焊缝;

e) 焊缝的目测检查、渗透检测、铁素体测量;

f) 壳程水压试验;

g) 氨渗漏试验;

h) 焊接接头渗透检测。

4.3.5.3 衬里组装

4.3.5.3.1 衬里所有对接接头经检查合格,衬里内外表面经彻底清洗后才能装入低合金钢部件内。

4.3.5.3.2 封头衬里与低合金钢间的最大间隙不得大于1.5 mm,其余最大间隙不得大于0.5 mm。

4.3.6 焊接

4.3.6.1 焊工

4.3.6.1.1 焊接产品的焊工及焊接操作者,应持有符合《锅炉压力容器压力管道焊工考试与管理规则》要求的合格证。

4.3.6.1.2 焊接尿素级材料的焊工及焊接操作者,除符合4.3.6.1.1要求外,还应按HG/T 3178、HG/T 3179、HG/T 3180进行焊工技能评定。

4.3.6.2 焊接工艺评定

受压件焊接接头、衬里焊接接头、内件焊接接头、管子与管板连接焊接接头及尿素级不锈钢材料手工和带极堆焊,均应进行焊接工艺评定。

4.3.6.2.1 受压件焊接接头的焊接工艺评定应符合JB 4708;

4.3.6.2.2 衬里板及内件焊接接头的焊接工艺评定按HG/T 3180;

4.3.6.2.3 管子与管板连接接头的焊接工艺评定按HG/T 3178;

4.3.6.2.4 尿素级不锈钢材料手工和带极堆焊的焊接工艺评定按HG/T 3179。

4.3.6.3 焊接工艺规程

所有焊接接头施焊前,应根据图样和技术要求以及评定合格的焊接工艺,制定焊接工艺规程。焊工施焊应严格遵守焊接工艺规程。

4.3.6.4 焊接操作

4.3.6.4.1 所有与腐蚀介质接触的尿素级不锈钢焊接接头,应连续焊、全焊透,焊接应采用小电流快速焊接的线状焊道,其层间温度一般不高于150℃。与腐蚀介质接触的焊接接头表面应最后焊接,且与母材圆滑过渡并尽量保持焊态。

4.3.6.4.2 大面积堆焊尽量采用带极堆焊。带极堆焊的焊道应排列成条形或同心圆,同心圆焊道的首尾搭接点应在同一半径线上。耐腐蚀层的焊道应和过渡层的焊道平行,耐腐蚀层的焊道搭接熔合线应和过渡层搭接熔合线错开。当采用手工堆焊时,焊道应排成条形或同心圆,同一焊层的收弧点应为一斜线或者在同一半径线上,相邻焊道搭接应不小于二分之一焊道宽度;应使焊道处于平焊位置焊接,不允许采用横焊、立焊及仰焊工艺;

4.3.6.4.3 尿素级不锈钢的手工堆焊不少于三层(一层为过渡层,其余为耐蚀层),带极堆焊应不少于两层(一层为过渡层,其余为耐蚀层)。手工或带极堆焊耐蚀层厚度(从表面最低点量起)衬里部分不得小于 3 mm,密封面部分经加工后不得小于 6 mm。

4.3.6.5 焊接接头返修

尿素级不锈钢焊接接头进行返修时,应由焊接技术人员制定返修方案。只能用机械加工或打磨的方法除去缺陷。同一部位的返修次数不宜超过二次,超过二次的返修应经制造单位技术总负责人批准。返修部位、次数、缺陷性质和无损检测结果应记入质量证明书。

4.3.6.6 焊接接头标记

对尿素级不锈钢焊接接头,应做现场施焊记录。施焊后,焊工应及时在焊接接头附近规定部位作焊工标记,标记按表 6 要求,不允许打焊工钢印。

4.3.7 热处理

4.3.7.1 凡不锈钢内件或衬里零部件有下列情况之一者,应进行热处理:

a) 不锈钢堆焊衬里,一般应在过渡层堆焊后、耐蚀层堆焊前,进行消除应力热处理;

b) 冷成形变形率超过 15%的不锈钢零部件,应作提高耐腐蚀性能的固溶热处理;

c) 不锈钢零部件热成形后,应作提高耐腐蚀性能的固溶热处理。

4.3.7.2 消除应力热处理温度按表 8 规定。

表 8

单位为摄氏度

堆焊不锈钢过渡层材质	消除应力热处理温度
00Cr17Ni14Mo2(尿素级)	510±10
00Cr25Ni22Mo2	560±10

4.3.7.3 不锈钢零部件不允许进行局部热处理或两次以上的整体固溶热处理。

4.3.7.4 不锈钢零部件被加热前,应清除油脂、油漆等污物。凡与不锈钢加热件接触的工具应用不锈钢制作。直接与已被加热的不锈钢件接触的工具需要预热。

4.3.7.5 以油为燃料进行炉内热处理时,油中的含硫量不得大于 2%。

4.3.7.6 固溶热处理应带有热处理试板,并应同炉进行热处理。

4.3.7.7 不锈钢零部件经热处理后,应进行酸洗钝化处理。

4.3.7.8 高压部位所有低合金钢焊接接头应进行消除焊接应力热处理。热处理时,与其相邻的尿素级材料耐蚀层的温度不得超过表 8 规定。

4.3.8 产品试板

4.3.8.1 焊接试板

4.3.8.1.1 产品下述部位需带一块焊接试板:

a) 低压壳体纵向对接接头;

b) 衬里筒体的纵向对接接头;

c) 球形封头接板的对接接头;

d) 封头分瓣的经向对接接头;

e) 封头衬里拼接接头；

f) 膨胀节纵向焊接接头；

g) 首次制造的产品，其产品的管箱筒体与管板、管箱筒体与封头的环向焊接接头。

4.3.8.1.2 焊接试板按下列要求：

a) 试板的材料应与制造设备所用的材料具有相同牌号、相同规格并经相同热处理；

b) 试板应由施焊容器的焊工，按照相应焊接接头的焊接工艺焊接。试板应打上焊工的钢印；

c) 纵向焊接接头试板应在筒节纵向接头的延长部分与筒节同时施焊，环向焊接接头试板应按相应焊接接头的焊接工艺规程进行施焊；

d) 有热处理要求的焊接接头，试板应与工件一起进行热处理；

e) 试板应经外观检查和无损检测，外观检查质量和无损检测评定标准与所代表的部件相同；

f) 试板的尺寸、试样的截取及数量应符合 JB 4744 的规定；对尿素级不锈钢晶间腐蚀倾向试验试样的截取应符合 HG/T 3172 的规定；

g) 高压部位的低合金钢焊接试板的检验项目除符合 JB 4744 的规定外，还应在接头中心、熔合线、热影响区进行硬度检查。对 4.3.8.1.1 中 c)、d)的试板还应做设计温度下的屈服强度试验；

h) 尿素级不锈钢焊接试板的检验项目，除符合 JB 4744 的规定外，还应按 4.2.2 进行铁素体测定、化学成分分析、金相检查、晶间腐蚀倾向试验和选择性腐蚀试验。

4.3.8.2 母材试板

4.3.8.2.1 球封头(包括球瓣片)热冲压时应带有母材试板，并与热冲压工件同炉加热。检验项目除按《压力容器安全技术监察规程》的规定外，还应做设计温度下的屈服强度检验和材料的晶粒度检查。

4.3.8.2.2 凡需经热处理达到耐腐蚀性能的尿素级不锈钢零部件，每一炉(批)号至少带一块热处理试板。试板随产品同炉热处理，经酸洗后检验项目除按《压力容器安全技术监察规程》的规定外，还应按 4.2.2 做铁素体测定、晶间腐蚀倾向试验、选择性腐蚀检查及金相检查。

5 检验和试验

5.1 焊接接头的外观质量检查

所有焊接接头均应做外观质量检查，检查标准除按 GB 150 规定外，对尿素级不锈钢焊接接头还应符合下述要求。

5.1.1 焊接接头(包括堆焊耐蚀层)表面不得有裂纹、气孔、弧坑、夹渣、未焊透和咬边等缺陷，对于直径小于 0.5 mm 的气孔、夹渣及深度小于 0.5 mm 的咬边，允许打磨圆滑过渡，打磨后的厚度不得小于规定的厚度。

5.1.2 换热管与管板焊接接头不得存在咬边、夹钨、夹渣、裂纹、气孔和收弧缺陷，管端及管端内壁不得烧穿、焊塌和过热。

5.2 无损检测

5.2.1 射线检测按表 9 规定。

5.2.2 超声检测按表 10 规定。

5.2.3 渗透检测按表 11 规定。

5.2.4 磁粉检测按表 12 规定。

5.3 铁素体检测

与腐蚀介质接触的所有管子、衬里、内件的每条焊道表面(包括堆焊表面)应用经校正并经认可的铁素体测定仪进行测定，任何部位的铁素体含量均不得超过 0.6%，且应接近焊接工艺评定时测定的铁素体含量。

表 9

序 号	检 测 部 位	JB 4730 AB级	
		检测比例/(%)	合格等级
1	低压壳体纵环向焊接接头	100	Ⅱ级
2	封头拼接接头		
3	高压管箱所有对接接头		
4	不锈钢衬里对接焊接接头		Ⅰ级
5	波形膨胀节纵向焊接接头(压形前)		
6	波形膨胀节与壳体焊接接头		
7	密封镶环对接接头		
8	中心管对接接头		

表 10

序号	检 测 部 位	检测比例(%)	合格等级	检测标准
1	高压管箱所有对接接头	100	Ⅰ	JB 4730
2	中心管对接接头			
3	人孔凸缘与封头焊接接头			
4	下管板与低压壳体焊接接头			
5	与高压部位相焊的接管加强凸缘接头[a]			
6	封头拼接接头			
7	带极堆焊过渡层、耐蚀层交接面		HG/T 3175	

a 仅对可以实施超声检测的接头。

表 11

序号	检 测 部 位	JB 4730 Ⅰ级	
		检测比例/(%)	备 注
1	尿素级不锈钢堆焊过渡层表面	100	热处理前后
2	衬里焊接接头、堆焊耐蚀层表面		水压试验前后
3	管子与管板最终焊接接头表面		
4	波形膨胀节焊接接头表面		水压试验前后
5	膨胀节与壳体环向焊接接头表面		水压试验前后
6	所有尿素级不锈钢内件的焊接接头表面		
7	经加工后的尿素级不锈钢密封表面		
8	尿素级不锈钢接管与高压部位焊接接头		
9	不锈钢盖板与高压部位焊接接头		
10	管板的管孔焊接坡口		用放大镜检查可疑处

5.4 硬度检测

高压部位所有低合金钢的对接接头热处理后进行硬度检测(硬度值≤280 HB)。

表 12

<table>
<tr><th rowspan="2">序号</th><th rowspan="2">检测部位</th><th colspan="2">JB 4730 Ⅰ级</th></tr>
<tr><th>检测比例/(%)</th><th>备 注</th></tr>
<tr><td>1</td><td>标准抗拉强度下限值 $\sigma_b \geqslant 490$ MPa 的高压部位低合金钢受压元件坡口表面</td><td rowspan="7">100</td><td></td></tr>
<tr><td>2</td><td>高压部位所有低合金钢受压元件焊接接头表面</td><td>热处理前后;水压试验后(仅外表面)</td></tr>
<tr><td>3</td><td>吊耳与封头或管箱筒体焊接接头表面</td><td rowspan="3">热处理前后</td></tr>
<tr><td>4</td><td>封头成形后外表面 200 mm 宽(十字交叉带)</td></tr>
<tr><td>5</td><td>临时附件铲磨后的表面</td></tr>
<tr><td>6</td><td>高压螺栓</td><td>水压试验前后</td></tr>
<tr><td>7</td><td>接管与低压壳体焊接接头表面</td><td>水压试验前后</td></tr>
</table>

5.5 尺寸检查

所有尺寸都应进行检查。尺寸检验报告至少应包括下列内容：

a) 外形尺寸；

b) 接管位置尺寸；

c) 支座位置尺寸和螺孔中心距；

d) 堆焊层厚度；

e) 衬里板厚度；

f) 换热管的排列(包括管孔、孔间距、垂直度)；

g) 上、下管板平行度、扭曲度；

h) 管子伸出管板高度；

i) 内件尺寸；

j) 加工后镶环的密封面；

k) 衬里贴紧度。

5.6 表面处理

5.6.1 设备的管箱内不锈钢表面应进行彻底清理,不应存在墨水标记、脏物、污物。根据不锈钢表面状况可进行整体或局部酸洗钝化处理,处理后用氯离子含量小于 25 mg/L 的清洗剂清洗,直至 pH 试纸检查呈中性。

5.6.2 设备的外表面应按 GB/T 8923 进行喷砂除锈,等级应达到 Sa2 $\frac{1}{2}$ 级。喷砂后涂红丹醇酸底漆二层,每层厚 40 μm。漆膜应均匀,不得有气泡、龟裂、剥落等缺陷。

5.6.3 壳程膨胀节保护罩应锁紧,螺栓上紧前下部接触面应涂二硫化钼。

5.6.4 螺栓、螺母、密封面等精加工表面应涂医用凡士林。

5.7 压力试验

5.7.1 高压管箱、低压壳体应分别进行水压试验,试验压力按图纸要求,保压时间应不少于 1 小时。

5.7.2 壳程试压用水,氯离子含量不得大于 1 mg/L,其余部分试压用水氯离子含量不得大于 25 mg/L,并要有水质合格证明书。

5.7.3 试验用水温度至少为 15℃。

5.8 空气试验和氨泄漏试验

5.8.1 管子与管板的第一层焊缝,进行空气加中性肥皂液鼓泡试验,试验压力 0.05 MPa,保压时间不少于 1 h。

5.8.2　管子与管板的最终焊缝，在水压试验后按 HG/T 3176 中 B 法进行氨渗漏试验。

5.8.3　衬里、衬环焊缝，在水压试验后按 HG/T 3176 中 A 法进行氨渗漏试验。

5.8.4　高压接管护板焊缝在水压试验前进行空气试验，试验压力为 0.5 MPa。

5.8.5　筒式防爆内件组焊后进行进行空气加中性肥皂液鼓泡试验，试验压力 0.03 MPa(表压)，保压时间不少于 10 min。

6　包装、贮存和运输

6.1　设备的包装、贮存和运输应符合 JB/T 4711 规定。

6.2　设备竣工后贮存运输期间，管程、壳程应充 3×10^{-2} MPa(表压)的氮气进行保护。

6.3　设备竣工后至设备安装检漏管和保温层施工前期间应将所有检漏孔、通气孔堵上，以防湿气进入。

7　出厂文件

出厂文件至少应包括：

a)　经检验机构签发的产品合格证明书；

b)　质量证明书；

c)　竣工图(总图)；

d)　螺栓上紧程序。

其中，质量证明书应包括如下附件：

a)　承压部件材料和不锈钢材料合格证及材料复验报告(包括焊接材料)；

b)　全部检验报告(包括产品返修报告)；

c)　热处理报告；

d)　水压试验(包括试验用水合格证)报告；

e)　空气试验、氨泄漏试验报告；

f)　尺寸检查报告；

g)　无损探伤检验员和焊工名单及代号；

h)　分别标有焊工代号及无损探伤编号的焊接接头排版图；

i)　铭牌的照片或拓印；

j)　与本技术条件和图样不一致的项目的情况说明。

ICS 79.060.10
B 70

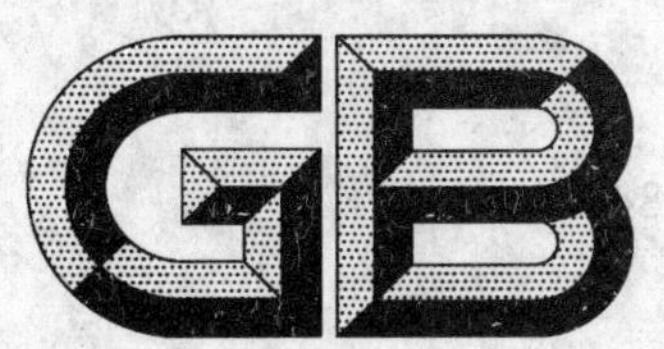

中华人民共和国国家标准

GB/T 9846.1—2004
代替 GB/T 9846.1—1988

胶合板
第1部分：分类

Plywood—Part 1：Classification

(ISO 1096：1999，Plywood—Classification，MOD)

2004-06-22 发布　　2004-09-15 实施

中华人民共和国国家质量监督检验检疫总局
中国国家标准化管理委员会　发布

前　言

GB/T 9846《胶合板》分为八个部分：

——第1部分：分类(代替GB/T 9846.1—1988)；

——第2部分：尺寸公差(代替GB/T 9846.3—1988)；

——第3部分：普通胶合板通用技术条件(代替GB/T 9846.4—1988和GB/T 13009—1991)；

——第4部分：普通胶合板外观分等技术条件(代替GB/T 9846.5—1988)；

——第5部分：普通胶合板检验规则(代替GB/T 9846.6—1988和GB/T 9846.8—1988)；

——第6部分：普通胶合板标志、标签和包装(代替GB/T 9846.7—1988)；

——第7部分：试件的锯制(代替GB/T 9846.9—1988)；

——第8部分：试件尺寸的测量(代替GB/T 9846.10—1988)。

本部分为GB/T 9846《胶合板》的第1部分。

本部分修改采用ISO 1096:1999《胶合板——分类》(1999年第二版)，并对GB/T 9846.1—1988《胶合板　分类》进行修订。本部分与ISO 1096:1999相比，在技术内容上增加2.4按用途分，以适合我国实际情况。

本部分自实施之日起，代替GB/T 9846.1—1988。

自GB/T 9846—2004实施之日起，GB/T 9846.2—1988、GB/T 9846.11—1988和GB/T 9846.12—1988即行废止。

本部分由国家林业局提出。

本部分由全国人造板标准化技术委员会归口。

本部分负责起草单位：中国林业科学研究院木材工业研究所。

本部分参加起草单位：上海木材工业研究所、上海福海(木业)企业有限公司、南海市华光装饰板材有限公司、光大木材工业(深圳)有限公司、国营松江胶合板厂、上海联合木材工业有限公司、东莞佳力木业有限公司、上海百霖木业有限公司。

本部分主要起草人：曹忠荣、张莺红、康熹、冯桐昌、刘永丹、李晓秀、关键、彭东华、顾燕。

胶　合　板
第 1 部 分：分 类

1　范围

GB/T 9846 的本部分规定了各种胶合板的分类。

本部分适用于各种胶合板。

2　分类

2.1　按总体外观分

2.1.1　按构成分：

a）单板胶合板。

b）木芯胶合板：

　1）细木工板；

　2）层积板。

c）复合胶合板。

2.1.2　按外形和形状分：

a）平面的；

b）成型的。

2.2　按主要特征分

2.2.1　按耐久性分：

a）干燥条件下使用；

b）潮湿条件下使用；

c）室外条件下使用。

2.2.2　按力学性能分；

2.2.3　按表面外观分；

2.2.4　按表面加工状况分：

a）未砂光板；

b）砂光板；

c）预饰面板；

d）贴面板（装饰单板、薄膜、浸渍纸等）。

2.3　按最终使用者要求分

2.4　按用途分

a）普通胶合板；

b）特种胶合板。

ICS 79.060.10
B 70

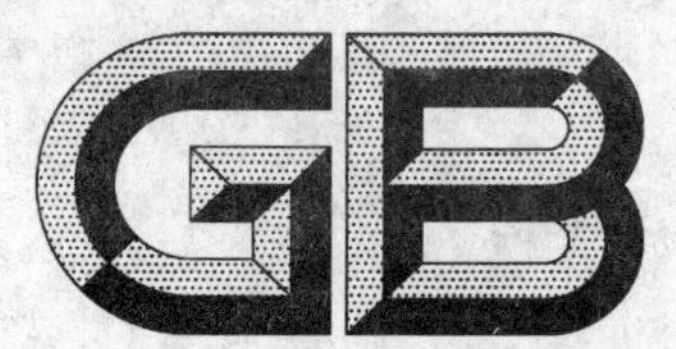

中华人民共和国国家标准

GB/T 9846.2—2004
代替 GB/T 9846.3—1988

胶 合 板
第 2 部 分：尺 寸 公 差

Plywood—Part 2：Tolerances on dimensions

（ISO 1954：1999，Plywood—Tolerances on dimensions，NEQ）

2004-06-22 发布 2004-09-15 实施

中华人民共和国国家质量监督检验检疫总局
中国国家标准化管理委员会 发布

前　言

GB/T 9846《胶合板》分为八个部分：

——第 1 部分：分类(代替 GB/T 9846.1—1988)；

——第 2 部分：尺寸公差(代替 GB/T 9846.3—1988)；

——第 3 部分：普通胶合板通用技术条件(代替 GB/T 9846.4—1988 和 GB/T 13009—1991)；

——第 4 部分：普通胶合板外观分等技术条件(代替 GB/T 9846.5—1988)；

——第 5 部分：普通胶合板检验规则(代替 GB/T 9846.6—1988 和 GB/T 9846.8—1988)；

——第 6 部分：普通胶合板标志、标签和包装(代替 GB/T 9846.7—1988)；

——第 7 部分：试件的锯制(代替 GB/T 9846.9—1988)；

——第 8 部分：试件尺寸的测量(代替 GB/T 9846.10—1988)。

本部分为 GB/T 9846《胶合板》的第 2 部分。

本部分在非等效于 ISO 1954:1999《胶合板——尺寸公差》(1999 年第一版)的同时，对 GB/T 9846.3—1988《胶合板　普通胶合板尺寸和公差技术条件》进行修订，并将 GB/T 13009—1991《热带阔叶树材普通胶合板》中 4.1 的内容纳入其中。在厚度(5 mm 以下除外)、边缘直度及垂直度等的公差要求上与该国际标准等同。

本部分与 GB/T 9846.3—1988 相比，有如下重要改变：

1)　长度和宽度公差由＋5 mm，负偏差不许有改为±2.5 mm；

2)　增加边缘直度公差；

3)　对板材方规度的要求由测定两对角线之差改为测定垂直度。

本部分自实施之日起，代替 GB/T 9846.3—1988。

自 GB/T 9846—2004 实施之日起，GB/T 9846.2—1988、GB/T 9846.11—1988 和 GB/T 9846.12—1988 即行废止。

本部分的附录 A 为规范性附录。

本部分由国家林业局提出。

本部分由全国人造板标准化技术委员会归口。

本部分负责起草单位：中国林业科学研究院木材工业研究所。

本部分参加起草单位：上海木材工业研究所、南海市华光装饰板材有限公司、上海福海(木业)企业有限公司、光大木材工业(深圳)有限公司、上海百霖木业有限公司、国营松江胶合板厂、上海联合木材工业有限公司、东莞佳力木业有限公司。

本部分主要起草人：曹忠荣、张莺红、冯桐昌、康熹、刘永丹、顾燕、李晓秀、关键、彭东华。

胶 合 板
第 2 部 分：尺 寸 公 差

1 范围

GB/T 9846 的本部分规定了平面状普通胶合板的长度、宽度、厚度的尺寸公差，以及边缘直度和垂直度的公差要求。

本部分适用于整张胶合板，不适用于通过斜接、指接或其他端接拼成的胶合板。

2 规范性引用文件

下列文件中的条款通过 GB/T 9846 的本部分的引用而成为本部分的条款。凡是注日期的引用文件，其随后所有的修改单(不包括勘误的内容)或修订版均不适用于本部分，然而，鼓励根据本部分达成协议的各方研究是否可使用这些文件的最新版本。凡是不注日期的引用文件，其最新版本适用于本部分。

GB/T 19367.1—2003 人造板 板的厚度、宽度及长度的测定

GB/T 19367.2—2003 人造板 板的垂直度和边缘直度的测定

3 幅面尺寸

胶合板的幅面尺寸按表 1 规定。

表 1 胶合板的幅面尺寸 单位为毫米

宽 度	长 度				
	915	1 220	1 830	2 135	2 440
915	915	1 220	1 830	2 135	—
1 220	—	1 220	1 830	2 135	2 440
注：特殊尺寸由供需双方协议。					

4 公差要求

4.1 长度和宽度公差

4.1.1 按 GB/T 19367.1—2003 中 5.2 测量板的长度和宽度。

4.1.2 胶合板长度和宽度公差为±2.5 mm。

4.2 厚度公差

4.2.1 按 GB/T 19367.1—2003 中 5.1 测量板的厚度。

4.2.2 胶合板厚度公差应符合表 2 的规定。

表 2 厚度公差 单位为毫米

公称厚度 (t)	未砂光板		砂光板(单面)	
	每张板内的厚度允差	厚度的允差	每张板内的厚度允差	厚度的允差
2.7，3	0.5	+0.4 −0.2	0.3	±0.2

表 2(续)

单位为毫米

公称厚度 (t)	未砂光板		砂光板(单面)	
	每张板内的厚度允差	厚度的允差	每张板内的厚度允差	厚度的允差
$3<t<5$	0.7	+0.5 −0.3	0.5	±0.3
$5\leqslant t\leqslant 12$	1.0	+(0.8+0.03t) −(0.4+0.03t)	0.6	+(0.2+0.03t) −(0.4+0.03t)
$12<t\leqslant 25$	1.5			
注：有特殊要求由供需双方协议。				

4.3 边缘直度公差

4.3.1 按 GB/T 19367.2—2003 中 5.2 测量板的边缘直度。

4.3.2 胶合板边缘直度公差为 1 mm/m。

4.4 垂直度公差

4.4.1 按 GB/T 19367.2—2003 中 5.1 测量板的垂直度。

4.4.2 胶合板垂直度公差为 1 mm/m。

5 翘曲度

5.1 公称厚度自 6 mm 以上的胶合板翘曲度：优等品不超过 0.5%，一等品不超过 1%，合格品不超过 2%。

5.2 翘曲度的测量方法按附录 A 进行。

附 录 A
（规范性附录）
翘曲度的测量方法

A.1 将胶合板凹面向上并在无任何外力作用下放置在水平台面上，分别沿两对角线方向置金属直尺或绷紧线绳于板面，用测量仪器测量板面与直尺或线绳间最大弦高及对角线长度，精确至 1 mm。

A.2 用式(A.1)计算翘曲度，精确至 0.1%。

$$翘曲度 = \frac{对角线最大弦高(mm)}{对应对角线长度(mm)} \times 100\% \qquad \cdots\cdots(A.1)$$

A.3 分别计算两对角线方向的翘曲度，取其中大者为该板的翘曲度。

ICS 79.060.10
B 70

中华人民共和国国家标准

GB/T 9846.3—2004
代替 GB/T 9846.4—1988,GB/T 13009—1991

胶 合 板
第3部分:普通胶合板通用技术条件

Plywood—Part 3:General specification for plywood for general use

2004-06-22 发布　　2004-09-15 实施

中华人民共和国国家质量监督检验检疫总局
中国国家标准化管理委员会　发布

前言

GB/T 9846《胶合板》分为八个部分：

——第 1 部分：分类(代替 GB/T 9846.1—1988)；

——第 2 部分：尺寸公差(代替 GB/T 9846.3—1988)；

——第 3 部分：普通胶合板通用技术条件(代替 GB/T 9846.4—1988 和 GB/T 13009—1991)；

——第 4 部分：普通胶合板外观分等技术条件(代替 GB/T 9846.5—1988)；

——第 5 部分：普通胶合板检验规则(代替 GB/T 9846.6—1988 和 GB/T 9846.8—1988)；

——第 6 部分：普通胶合板标志、标签和包装(代替 GB/T 9846.7—1988)；

——第 7 部分：试件的锯制(代替 GB/T 9846.9—1988)；

——第 8 部分：试件尺寸的测量(代替 GB/T 9846.10—1988)。

本部分为 GB/T 9846《胶合板》的第 3 部分。

本部分是对 GB/T 9846.4—1988《胶合板　普通胶合板通用技术条件》的修订，并将 GB/T 13009—1991《热带阔叶树材普通胶合板》中 4.2～4.4 的内容纳入其中，与 GB/T 9846.4—1988 及 GB/T 13009—1991 相比，有如下重要技术改变：

1)　增加表板厚度不得小于 0.55 mm 的规定；

2)　普通胶合板类别由四类改为三类，即Ⅰ、Ⅱ类胶合板不变，原Ⅳ类胶合板现改为Ⅲ类胶合板；

3)　胶合强度初检判为不合格及复检的规定有所加严；

4)　增加了甲醛释放量的规定，指标参照了日本 JAS(昭和 39 年 4 月 11 日农林省告示第 383 号，最终改正：平成 12 年 6 月 28 日农林水产省告示第 920 号)标准。

本部分自实施之日起，代替 GB/T 9846.4—1988 及 GB/T 13009—1991。

自 GB/T 9846—2004 实施之日起，GB/T 9846.2—1988、GB/T 9846.11—1988 和 GB/T 9846.12—1988 即行废止。

本部分由国家林业局提出。

本部分由全国人造板标准化技术委员会归口。

本部分负责起草单位：中国林业科学研究院木材工业研究所。

本部分参加起草单位：上海木材工业研究所、上海百霖木业有限公司、东莞佳力木业有限公司、光大木材工业(深圳)有限公司、国营松江胶合板厂、上海联合木材工业有限公司、南海市华光装饰板材有限公司、上海福海(木业)企业有限公司。

本部分主要起草人：曹忠荣、张莺红、顾燕、彭东华、刘永丹、李晓秀、关键、冯桐昌、康熹。

胶　合　板
第3部分:普通胶合板通用技术条件

1　范围

GB/T 9846 的本部分规定了普通胶合板的通用技术条件。

本部分适用于普通胶合板。

2　规范性引用文件

下列文件中的条款通过 GB/T 9846 的本部分的引用而成为本部分的条款。凡是注日期的引用文件,其随后所有的修改单(不包括勘误的内容)或修订版均不适用于本部分,然而,鼓励根据本部分达成协议的各方研究是否可使用这些文件的最新版本。凡是不注日期的引用文件,其最新版本适用于本部分。

GB/T 1933　木材密度测定方法(eqv ISO 3131)

GB/T 9846.2—2004　胶合板　第2部分:尺寸公差(ISO 1954:1999,NEQ)

GB/T 9846.4—2004　胶合板　第4部分:普通胶合板外观分等技术条件

GB/T 17657—1999　人造板及饰面人造板理化性能试验方法

3　板的结构

3.1　通常相邻两层单板的木纹应互相垂直。

3.2　中心层两侧对称层的单板应为同一厚度,同一树种或物理性能相似的树种,同一生产方法(即都是旋切或是刨切的),而且木纹配置方向也应相同。

3.3　木纹方向平行的两层单板允许合为一层作中心层。测试胶合强度时,该两层单板看作一层。

3.4　同一层表板应为同一树种,表板应紧面朝外。

3.5　无孔胶纸带不得用于胶合板内部。如用其拼接优等品和一等品面板或修补一等品面板的裂缝,除不修饰外,事后应除去胶纸带且不留有明显胶纸痕。

3.6　在正常的干燥条件下,阔叶树材胶合板表板厚度不得大于3.5 mm,内层单板厚度不得大于5 mm;针叶树材胶合板的内层和表层单板的厚度均不得大于6.5 mm。所有表板厚度均不得小于0.55 mm。

3.7　胶合板的各层单板不允许采用未经斜面胶接或指形拼接的端接。

3.8　胶合板中不得留有影响使用的夹杂物,即不影响板面平整,不影响饰面处理及不影响胶合质量。

4　尺寸要求

胶合板尺寸和公差应符合 GB/T 9846.2—2004 的规定。

5　表板的特征

5.1　根据外观等级,表板可以是整幅单板,也可以由几片等宽或不等宽的单板沿边缘拼接在一起。

5.2　拼接、配色及允许缺陷均应符合 GB/T 9846.4—2004 的规定。

6　内层单板的特征

6.1　胶合板的内层单板包括任意宽度的拼接或不拼接的单板。

6.2 内层单板允许含有材质缺陷和加工缺陷，但应符合 GB/T 9846.4—2004 的规定。

7 种类

7.1 胶合板面板的树种为该胶合板的树种。

7.2 普通胶合板分为三类：

a) Ⅰ类胶合板，即耐气候胶合板，供室外条件下使用，能通过煮沸试验；

b) Ⅱ类胶合板，即耐水胶合板，供潮湿条件下使用，能通过 63℃±3℃热水浸渍试验；

c) Ⅲ类胶合板，即不耐潮胶合板，供干燥条件下使用，能通过干状试验。

8 物理力学性能

8.1 含水率

8.1.1 胶合板出厂时的含水率应符合表 1 的规定。

表 1 胶合板的含水率值 %

胶合板材种	Ⅰ、Ⅱ类	Ⅲ类
阔叶树材(含热带阔叶树材)	6～14	6～16
针叶树材		

8.1.2 含水率测定应按 GB/T 17657—1999 中 4.3 规定进行。

8.1.3 当测试试件的平均含水率符合表 1 要求时，判该批胶合板的含水率为合格；如不符，允许重新抽样对其复检再判其合格与否。

8.2 胶合强度

8.2.1 各类胶合板的胶合强度指标值应符合表 2 的规定。

表 2 胶合强度指标值 单位为兆帕

树种名称或木材名称或国外商品材名称	类别	
	Ⅰ、Ⅱ类	Ⅲ类
椴木、杨木、拟赤杨、泡桐、橡胶木、柳安、奥克榄、白梧桐、异翅香、海棠木	≥0.70	≥0.70
水曲柳、荷木、枫香、槭木、榆木、柞木、阿必东、克隆、山樟	≥0.80	
桦木	≥1.00	
马尾松、云南松、落叶松、云杉、辐射松	≥0.80	

8.2.2 胶合强度测定应按 GB/T 17657—1999 中 4.15 规定进行，其中Ⅰ类、Ⅱ类胶合板按 4.15.4.2 中 a)和 b)规定进行；Ⅲ类胶合板按 d)规定进行。

8.2.3 对用不同树种搭配制成的胶合板的胶合强度指标值，应取各树种中胶合强度指标值要求最小的指标值。

8.2.4 确定厚芯单板结构的胶合强度换算系数时，应根据单板的公称厚度。

8.2.5 其他国产阔叶树材或针叶树材制成的胶合板，其胶合强度指标值可根据其密度分别比照表 2 所规定的椴木、水曲柳或马尾松的指标值；其他热带阔叶树材制成的胶合板，其胶合强度指标值可根据树种的密度比照表 2 的规定，密度自 0.60 g/cm³ 以下的采用柳安的指标值，超过的则采用阿必东的指标值。供需双方对树种的密度有争议时，按 GB/T 1933 的规定测定。

8.2.6 如测定胶合强度试件的平均木材破坏率超过 80%时，则其胶合强度指标值可比表 2 所规定的指标值低 0.20 MPa。

8.2.7 测试结果的判断，应按以下规定进行：

符合胶合强度指标值规定的试件数等于或大于有效试件总数的80％时，该批胶合板的胶合强度判为合格。小于60％，则判为不合格。如符合胶合强度指标值要求的试件数等于或大于有效试件总数的60％，但小于80％时，允许重新抽样进行复检，其结果符合该项性能指标值要求的试件数等于或大于有效试件总数的80％时，判其为合格；小于80％时，则判其为不合格。

9 甲醛释放量

9.1 室内用胶合板的甲醛释放量应符合表3的规定。

表3 胶合板的甲醛释放限量

单位为毫克每升

级别标志	限量值	备注
E_0	≤0.5	可直接用于室内
E_1	≤1.5	可直接用于室内
E_2	≤5.0	必须饰面处理后可允许用于室内

9.2 甲醛释放量测定应按GB/T 17657—1999中4.12的规定进行。

9.3 当测试试件的甲醛释放量限量值(平均值)符合表3规定的某级别时，判该批胶合板的甲醛释放量为某级别。当其限量值不符合表3规定的某级别时，则判该批胶合板的甲醛释放量为不符合某级别。

ICS 79.060.10
B 70

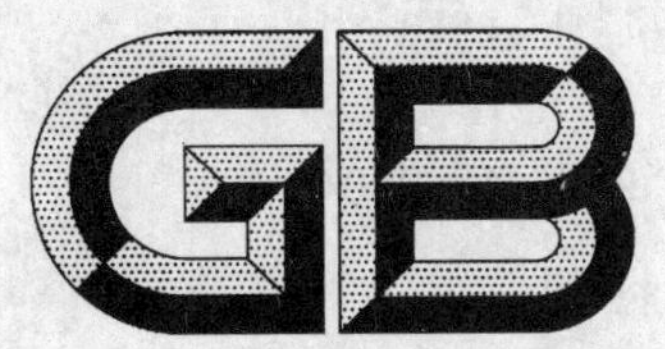

中华人民共和国国家标准

GB/T 9846.4—2004
代替 GB/T 9846.5—1988

胶　合　板
第4部分:普通胶合板外观分等技术条件

Plywood—Part 4: Specification for classification by appearance of plywood for general use

2004-06-22 发布　　　　2004-09-15 实施

中华人民共和国国家质量监督检验检疫总局
中国国家标准化管理委员会　发布

前　言

GB/T 9846《胶合板》分为八个部分：

——第 1 部分：分类（代替 GB/T 9846.1—1988）；

——第 2 部分：尺寸公差（代替 GB/T 9846.3—1988）；

——第 3 部分：普通胶合板通用技术条件（代替 GB/T 9846.4—1988 和 GB/T 13009—1991）；

——第 4 部分：普通胶合板外观分等技术条件（代替 GB/T 9846.5—1988）；

——第 5 部分：普通胶合板检验规则（代替 GB/T 9846.6—1988 和 GB/T 9846.8—1988）；

——第 6 部分：普通胶合板标志、标签和包装（代替 GB/T 9846.7—1988）；

——第 7 部分：试件的锯制（代替 GB/T 9846.9—1988）；

——第 8 部分：试件尺寸的测量（代替 GB/T 9846.10—1988）。

本部分为 GB/T 9846《胶合板》的第 4 部分。

本部分是对 GB/T 9846.5—1988《胶合板　普通胶合板外观分等技术条件》的修订，并将 GB/T 13009—1991《热带阔叶树材普通胶合板》中 4.5 的内容纳入其中。修订后本部分外观质量分为三个等级：优等品、一等品和合格品。

本部分自实施之日起，代替 GB/T 9846.5—1988。

自 GB/T 9846—2004 实施之日起，GB/T 9846.2—1988、GB/T 9846.11—1988 和 GB/T 9846.12—1988 即行废止。

本部分由国家林业局提出。

本部分由全国人造板标准化技术委员会归口。

本部分负责起草单位：中国林业科学研究院木材工业研究所。

本部分参加起草单位：上海木材工业研究所、国营松江胶合板厂、南海市华光装饰板材有限公司、上海联合木材工业有限公司、光大木材工业（深圳）有限公司、上海百霖木业有限公司、上海福海（木业）企业有限公司、东莞佳力木业有限公司。

本部分主要起草人：曹忠荣、张莺红、李晓秀、冯桐昌、关键、刘永丹、顾燕、康熹、彭东华。

胶　合　板
第4部分：普通胶合板外观分等技术条件

1　范围

GB/T 9846的本部分规定了普通胶合板外观分等的通用规则和允许缺陷。

本部分适用于普通胶合板。

本部分不适用于贴面胶合板。

2　分等

2.1　普通胶合板按成品板上可见的材质缺陷和加工缺陷的数量和范围分成三个等级，即优等品、一等品和合格品。这三个等级的面板均应砂（刮）光，特殊需要的可不砂（刮）光或两面砂（刮）光。

2.2　普通胶合板的各个等级主要按面板上的允许缺陷进行确定，并对背板、内层单板的允许缺陷及胶合板的加工缺陷加以限定。

2.3　除本部分规定的各等级普通胶合板的面板组合外，还可按用户需要，生产两个表面各为某一等级面板所组合的胶合板。

2.4　一般通过目测胶合板上的允许缺陷来判定其等级。

3　允许缺陷

3.1　以阔叶树材单板为表板的各等级普通胶合板的允许缺陷见表1。

表1　阔叶树材胶合板外观分等的允许缺陷

<table>
<tr><th colspan="2" rowspan="3">缺陷种类</th><th rowspan="3">检量项目</th><th colspan="3">面　板</th><th rowspan="3">背　板</th></tr>
<tr><th colspan="3">胶　合　板　等　级</th></tr>
<tr><th>优等品</th><th>一等品</th><th>合格品</th></tr>
<tr><td colspan="2">(1) 针节</td><td>—</td><td colspan="4">允　许</td></tr>
<tr><td colspan="2">(2) 活节</td><td>最大单个直径/mm</td><td>10</td><td>20</td><td colspan="2">不限</td></tr>
<tr><td rowspan="4">(3)</td><td>半活节、死节、夹皮</td><td>每平方米板面上总个数</td><td>不允许</td><td>4</td><td>6</td><td>不限</td></tr>
<tr><td>半活节</td><td>最大单个直径/mm</td><td>不允许</td><td>15
(自5以下不计)</td><td colspan="2">不限</td></tr>
<tr><td>死节</td><td>最大单个直径/mm</td><td>不允许</td><td>4
(自2以下不计)</td><td>15</td><td>不限</td></tr>
<tr><td>夹皮</td><td>单个最大长度/mm</td><td>不允许</td><td>20
(自5以下不计)</td><td colspan="2">不限</td></tr>
<tr><td colspan="2">(4) 木材异常结构</td><td>—</td><td colspan="4">允　许</td></tr>
<tr><td colspan="2" rowspan="2">(5) 裂缝</td><td>单个最大宽度/mm</td><td rowspan="2">不允许</td><td>1.5
椴木0.5</td><td>3
椴木1.5
南方材4</td><td>6</td></tr>
<tr><td>单个最大长度/mm</td><td>200
南方材250</td><td>400
南方材450</td><td>800
南方材1 000</td></tr>
</table>

表 1(续)

缺陷种类	检量项目	面板 胶合板等级 优等品	面板 胶合板等级 一等品	面板 胶合板等级 合格品	背板
(6) 虫孔、排钉孔、孔洞	最大单个直径/mm	不允许	4	8	15
	每平方米板面上个数		4	不呈筛状不限	
(7) 变色	不超过板面积/(%)	不允许	30	不限	
		注 1：浅色斑条按变色计。 注 2：一等品板深色斑条宽度不得超过 2 mm，长度不得超过 20 mm。 注 3：桦木除优等品板外，允许有伪心材，但一等品板的色泽应调和。 注 4：桦木一等品板不允许有密集的褐色或黑色髓斑。 注 5：优等品和一等品板的异色边心材按变色计。			
(8) 腐朽	—	不允许		允许有不影响强度的初腐象征，但面积不超过板面的 1%	允许有初腐
(9) 表板拼接离缝	单个最大宽度/mm	不允许	0.5	1	2
	单个最大长度为板长/(%)		10	30	50
	每米板宽内条数		1	2	不限
(10) 表板叠层	单个最大宽度/mm	不允许		8	10
	单个最大长度为板长/(%)			20	不限
(11) 芯板叠离	紧贴表板的芯板叠离 单个最大宽度/mm	不允许	2	8	10
	紧贴表板的芯板叠离 每米板宽内条数		2	不限	
	其他各层离缝的最大宽度/mm		10		—
(12) 长中板叠离	单个最大宽度/mm	不允许	10		—
(13) 鼓泡、分层	—	不允许			—
(14) 凹陷、压痕、鼓包	单个最大面积/mm²	不允许	50	400	不限
	每平方米板面上个数		1	4	
(15) 毛刺沟痕	不超过板面积/(%)	不允许	1	20	不限
	深度不得超过/mm		0.2	不允许穿透	
(16) 表板砂透	每平方米板面上/mm²	不允许		400	不限
(17) 透胶及其他人为污染	不超过板面积/(%)	不允许	0.5	30	不限
(18) 补片、补条	允许制作适当且填补牢固的，每平方米板面上的数	不允许	3	不限	不限
	累计面积不超过板面积/(%)		0.5	3	
	缝隙不得超过/mm		0.5	1	2

表 1(续)

<table>
<tr><th rowspan="3">缺陷种类</th><th rowspan="3">检量项目</th><th colspan="3">面板</th><th rowspan="3">背板</th></tr>
<tr><th colspan="3">胶合板等级</th></tr>
<tr><th>优等品</th><th>一等品</th><th>合格品</th></tr>
<tr><td>(19) 内含铝质书钉</td><td>—</td><td colspan="4">不允许</td></tr>
<tr><td>(20) 板边缺损</td><td>自公称幅面内不得超过/mm</td><td colspan="2">不允许</td><td colspan="2">10</td></tr>
<tr><td>(21) 其他缺陷</td><td>—</td><td>不允许</td><td colspan="3">按最类似缺陷考虑</td></tr>
</table>

3.2 以针叶树材单板为表板的各等级普通胶合板的允许缺陷见表 2。

表 2 针叶树材胶合板外观分等的允许缺陷

<table>
<tr><th colspan="2" rowspan="3">缺陷种类</th><th rowspan="3">检量项目</th><th colspan="3">面板</th><th rowspan="3">背板</th></tr>
<tr><th colspan="3">胶合板等级</th></tr>
<tr><th>优等品</th><th>一等品</th><th>合格品</th></tr>
<tr><td colspan="2">(1) 针节</td><td>—</td><td colspan="4">允许</td></tr>
<tr><td rowspan="3">(2)</td><td>活节、半活节、死节</td><td>每平方米板面上总个数</td><td>5</td><td>8</td><td>10</td><td>不限</td></tr>
<tr><td>活节</td><td>最大单个直径/mm</td><td>20</td><td>30
(自 10 以下不计)</td><td colspan="2">不限</td></tr>
<tr><td>半活节、死节</td><td>最大单个直径/mm</td><td>不允许</td><td>5</td><td>30
(自 10 以下不计)</td><td>不限</td></tr>
<tr><td colspan="2">(3) 木材异常结构</td><td>—</td><td colspan="4">允许</td></tr>
<tr><td colspan="2" rowspan="2">(4) 夹皮、树脂道</td><td>每平方米板面上个数</td><td>3</td><td>4
(自 10 以下不计)</td><td>10
(自 15 以下不计)</td><td>不限</td></tr>
<tr><td>单个最大长度/mm</td><td>15</td><td>30</td><td colspan="2">不限</td></tr>
<tr><td colspan="2" rowspan="2">(5) 裂缝</td><td>单个最大宽度/mm</td><td rowspan="2">不允许</td><td>1</td><td>2</td><td>6</td></tr>
<tr><td>单个最大长度/mm</td><td>200</td><td>400</td><td>1 000</td></tr>
<tr><td colspan="2" rowspan="2">(6) 虫孔、排钉孔孔洞</td><td>最大单个直径/mm</td><td rowspan="2">不允许</td><td>2</td><td>6</td><td>15</td></tr>
<tr><td>每平方米板面上个数</td><td>4</td><td>10
(自 3 mm 以下不计)</td><td>不呈筛孔状不限</td></tr>
<tr><td colspan="2">(7) 变色</td><td>不超过板面积/(%)</td><td>不允许</td><td>浅色 10</td><td colspan="2">不限</td></tr>
<tr><td colspan="2">(8) 腐朽</td><td>—</td><td colspan="2">不允许</td><td>允许有不影响强度的初腐象征，但面积不超过板面积的 1%</td><td>允许有初腐</td></tr>
<tr><td colspan="2" rowspan="3">(9) 树脂漏(树脂条)</td><td>单个最大长度/mm</td><td rowspan="3">不允许</td><td>150</td><td colspan="2" rowspan="3">不限</td></tr>
<tr><td>单个最大宽度/mm</td><td>10</td></tr>
<tr><td>每平方米板面上个数</td><td>4</td></tr>
<tr><td colspan="2" rowspan="3">(10) 表板拼接离缝</td><td>单个最大宽度/mm</td><td rowspan="3">不允许</td><td>0.5</td><td>1</td><td>2</td></tr>
<tr><td>单个最大长度为板长/(%)</td><td>10</td><td>30</td><td>50</td></tr>
<tr><td>每米板宽内条数</td><td>1</td><td>2</td><td>不限</td></tr>
</table>

表 2(续)

<table>
<tr><th rowspan="3">缺陷种类</th><th rowspan="3" colspan="2">检量项目</th><th colspan="3">面板</th><th rowspan="3">背板</th></tr>
<tr><th colspan="3">胶合板等级</th></tr>
<tr><th>优等品</th><th>一等品</th><th>合格品</th></tr>
<tr><td rowspan="2">(11) 表板叠层</td><td colspan="2">单个最大宽度/mm</td><td rowspan="2" colspan="2">不允许</td><td>2</td><td>10</td></tr>
<tr><td colspan="2">单个最大长度为板长/(%)</td><td>20</td><td>不限</td></tr>
<tr><td rowspan="3">(12) 芯板叠离</td><td rowspan="2">紧贴表板的芯板叠离</td><td>单个最大宽度/mm</td><td rowspan="3">不允许</td><td>2</td><td>4</td><td>10</td></tr>
<tr><td>每米板宽内条数</td><td>2</td><td colspan="2">不限</td></tr>
<tr><td colspan="2">其他各层离缝的最大宽度/mm</td><td colspan="2">10</td><td>—</td></tr>
<tr><td>(13) 长中板叠离</td><td colspan="2">单个最大宽度/mm</td><td>不允许</td><td colspan="2">10</td><td>—</td></tr>
<tr><td>(14) 鼓泡、分层</td><td colspan="2">—</td><td colspan="3">不允许</td><td>—</td></tr>
<tr><td rowspan="2">(15) 凹陷、压痕、鼓包</td><td colspan="2">单个最大面积/mm²</td><td rowspan="2">不允许</td><td>50</td><td>400</td><td rowspan="2">不限</td></tr>
<tr><td colspan="2">每平方米板面上个数</td><td>2</td><td>6</td></tr>
<tr><td rowspan="2">(16) 毛刺沟痕</td><td colspan="2">不超过板面积/(%)</td><td rowspan="2">不允许</td><td>5</td><td>20</td><td>不限</td></tr>
<tr><td colspan="2">深度不得超过/mm</td><td>0.5</td><td colspan="2">不允许穿透</td></tr>
<tr><td>(17) 表板砂透</td><td colspan="2">每平方米板面上/mm²</td><td colspan="2">不允许</td><td>400</td><td>不限</td></tr>
<tr><td>(18) 透胶及其他人为污染</td><td colspan="2">不超过板面积/(%)</td><td>不允许</td><td>1</td><td colspan="2">不限</td></tr>
<tr><td rowspan="3">(19) 补片、补条</td><td colspan="2">允许制作适当且填补牢固的，每平方米板面上个数</td><td rowspan="3">不允许</td><td>6</td><td colspan="2">不限</td></tr>
<tr><td colspan="2">累计面积不超过板面积/(%)</td><td>1</td><td>5</td><td>不限</td></tr>
<tr><td colspan="2">缝隙不得超过/mm</td><td>0.5</td><td>1</td><td>2</td></tr>
<tr><td>(20) 内含铝质书钉</td><td colspan="2"></td><td colspan="3">不允许</td><td>—</td></tr>
<tr><td>(21) 板边缺损</td><td colspan="2">自公称幅面内不得超过/mm</td><td colspan="2">不允许</td><td colspan="2">10</td></tr>
<tr><td>(22) 其他缺陷</td><td colspan="2">—</td><td>不允许</td><td colspan="3">按最类似缺陷考虑</td></tr>
</table>

3.3 以热带阔叶树材(指橡胶木、柳安、奥克榄、白梧桐、异翅香、海棠木、阿必东、克隆、山樟等)单板为表板的各等级普通胶合板的允许缺陷见表 3。

表 3 热带阔叶树材胶合板外观分等的允许缺陷

<table>
<tr><th rowspan="3" colspan="2">缺陷种类</th><th rowspan="3">检量项目</th><th colspan="3">面板</th><th rowspan="3">背板</th></tr>
<tr><th colspan="3">胶合板等级</th></tr>
<tr><th>优等品</th><th>一等品</th><th>合格品</th></tr>
<tr><td colspan="2">(1) 针节</td><td>—</td><td colspan="4">允许</td></tr>
<tr><td colspan="2">(2) 活节</td><td>最大单个直径/mm</td><td>10</td><td>20</td><td colspan="2">不限</td></tr>
<tr><td rowspan="3">(3)</td><td>半活节、死节</td><td>每平方米板面上个数</td><td rowspan="3">不允许</td><td>3</td><td>5</td><td>不限</td></tr>
<tr><td>半活节</td><td>最大单个直径/mm</td><td>10
(自 5 以下不计)</td><td colspan="2">不限</td></tr>
<tr><td>死节</td><td>最大单个直径/mm</td><td>4
(自 2 以下不计)</td><td>15</td><td>不限</td></tr>
</table>

表 3(续)

缺陷种类	检量项目	面板			背板
		胶合板等级			
		优等品	一等品	合格品	
(4) 木材异常结构	—	允许			
(5) 裂缝	单个最大宽度/mm	不允许	1.5	2	6
	单个最大长度/mm		250	350	800
(6) 夹皮	每平方米板面上总个数	不允许	2	4	不限
	单个最大长度/mm		10 (自5以下不计)	不限	
(7) 蛀虫造成的缺陷	虫孔 每平方米板面上个数	不允许	8(自1.5 mm以下不计)	不允许呈筛孔状	
	虫孔 单个最大直径/mm		2		
	虫道 每平方米板面上个数		2		
	虫道 单个最大长度/mm		10		
(8) 排钉孔、孔洞	单个最大直径/mm	不允许	2	8	15
	每平方米板面上个数		1	不限	
(9) 变色	不超过板面积/(%)	不允许	5	不限	
(10) 腐朽	—	不允许		允许有不影响强度的初腐象征，但面积不超过板面积的1%	允许有初腐
(11) 表板拼接离缝	单个最大宽度/mm	不允许		1	2
	单个最大长度，相对于板长的百分比/(%)			30	50
	每米板宽内条数			2	不限
(12) 表板叠层	单个最大宽度/mm	不允许		2	10
	单个最大长度，相对于板的百分比/(%)			10	不限
(13) 芯板叠离	紧贴表板的芯板叠离 单个最大宽度/mm	不允许	2	4	10
	紧贴表板的芯板叠离 每米板宽内条数		2	不限	
	其他各层离缝的最大宽度/mm		10		—
(14) 长中板叠离	单个最大宽度/mm	不允许	10		—
(15) 鼓泡、分层	—	不允许			—
(16) 凹陷、压痕、鼓包	单个最大面积/mm^2	不允许	50	400	不限
	每平方米板面上个数		1	4	

表 3(续)

缺陷种类	检量项目	面板			背板
		胶合板等级			
		优等品	一等品	合格品	
(17) 毛刺沟痕	不超过板面积/(%)	不允许	1	25	不限
	最大深度/mm		0.4	不允许穿透	
(18) 表板砂透	每平方米板面上/mm^2	不允许		400	不限
(19) 透胶及其他人为污染	不超过板面积/(%)	不允许	0.5	30	不限
(20) 补片、补条	允许制作适当且填补牢固的,每平方米板面上个数	不允许	3	不限	不限
	累计面积不超过板面积/(%)		0.5	3	
	最大缝隙/mm		0.5	1	2
(21) 内含铝质书钉	—	不允许			—
(22) 板边缺损	自公称幅面内不得超过/mm	不允许		10	
(23) 其他缺陷	—	不允许	按最类似缺陷考虑,不影响使用		

注 1:髓斑和斑条按变色计。

注 2:优等品和一等品板的异色边心材按变色计。

3.4 限制缺陷的数量,累积尺寸或范围应按整张板面积的平均每平方米上的数量进行计算,板宽度(或长度)上缺陷应按最严重一端的平均每米内的数量进行计算,其结果应取最接近相邻整数中大数。

3.5 从表板上可以看到的内层单板的各种缺陷不得超过每个等级表板的允许限度。紧贴面板的芯板孔洞直径不得超过 20 mm,因芯板孔洞使一等品胶合板面板产生凹陷时,凹陷面积不得超过 50 mm^2。孔洞在板边形成的缺陷,其深度不得超过孔洞尺寸的 1/2,超过者按芯板离缝计。

3.6 普通胶合板的节子或孔洞直径系指最大直径和最小直径的平均值。节子或孔洞直径,按节子或孔洞轮廓线的切线间的垂直距离测定。

3.7 公称幅面尺寸以外的各种缺陷均不计。

4 拼接要求

4.1 优等品的面板应使用旋切光洁的单板,板宽在 1 220 mm 以内的,其面板应为整张板或用两张单板在大致位于板的正中进行拼接,拼缝应严密。优等品的面板拼接时应适当配色且纹理相似。

4.2 一等品的面板拼接应密缝,木色相近且纹理相似,拼接单板的条数不限。

4.3 合格品的面板及各等级品的背板,其拼接单板条数不限。

4.4 各等级品的面板的拼缝均应大致平行于板边。

5 修补

5.1 对死节、孔洞和裂缝等缺陷,应用腻子填平后砂光进行修补。

5.2 补片和补条应采用与制造胶合板相近的胶粘剂进行胶粘。补片和补条的颜色和纹理,以及填料的颜色应与四周木材适当相配。

ICS 79.060.10
B 70

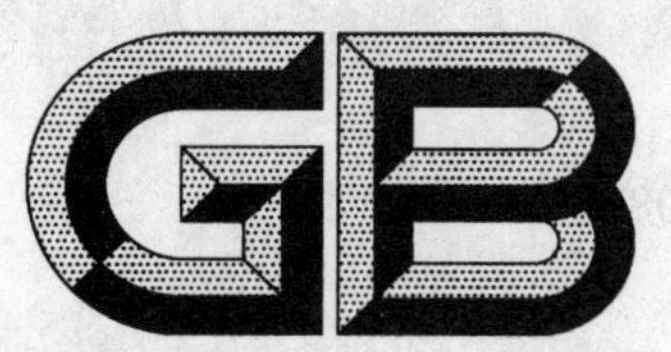

中华人民共和国国家标准

GB/T 9846.5—2004
代替 GB/T 9846.6—1988,GB/T 9846.8—1988

胶 合 板
第5部分:普通胶合板检验规则

Plywood—Part 5:Inspection codes of plywood for general use

2004-06-22 发布　　　　2004-09-15 实施

中华人民共和国国家质量监督检验检疫总局
中国国家标准化管理委员会　发布

前言

GB/T 9846《胶合板》分为八个部分：

——第1部分：分类(代替GB/T 9846.1—1988)；

——第2部分：尺寸公差(代替GB/T 9846.3—1988)；

——第3部分：普通胶合板通用技术条件(代替GB/T 9846.4—1988和GB/T 13009—1991)；

——第4部分：普通胶合板外观分等技术条件(代替GB/T 9846.5—1988)；

——第5部分：普通胶合板检验规则(代替GB/T 9846.6—1988和GB/T 9846.8—1988)；

——第6部分：普通胶合板标志、标签和包装(代替GB/T 9846.7—1988)；

——第7部分：试件的锯制(代替GB/T 9846.9—1988)；

——第8部分：试件尺寸的测量(代替GB/T 9846.10—1988)。

本部分为GB/T 9846《胶合板》的第5部分。

本部分是对GB/T 9846.6—1988《胶合板　普通胶合板检验规则》和GB/T 9846.8—1988《胶合板　测试胶合板的抽取方法》的修订，并将GB/T 13009—1991《热带阔叶树材普通胶合板》第6章的内容纳入其中。与前版标准(GB/T 9846.6—1988)相比，增加了测试物理力学性能和甲醛释放量样板抽取的规定，删去了GB/T 9846.6—1988中的附录A。

本部分自实施之日起，代替GB/T 9846.6—1988和GB/T 9846.8—1988。

自GB/T 9846—2004实施之日起，GB/T 9846.2—1988、GB/T 9846.11—1988和GB/T 9846.12—1988即行废止。

本部分由国家林业局提出。

本部分由全国人造板标准化技术委员会归口。

本部分负责起草单位：中国林业科学研究院木材工业研究所。

本部分参加起草单位：上海木材工业研究所、光大木材工业(深圳)有限公司、上海福海(木业)企业有限公司、南海市华光装饰板材有限公司、国营松江胶合板厂、东莞佳力木业有限公司、上海联合木材工业有限公司、上海百霖木业有限公司。

本部分主要起草人：曹忠荣、张莺红、刘永丹、康熹、冯桐昌、李晓秀、彭东华、关键、顾燕。

胶　合　板
第5部分:普通胶合板检验规则

1　范围

GB/T 9846 的本部分规定了普通胶合板的检验规则。

本部分适用于普通胶合板。

2　规范性引用文件

下列文件中的条款通过 GB/T 9846 的本部分的引用而成为本部分的条款。凡是注日期的引用文件,其随后所有的修改单(不包括勘误的内容)或修订版均不适用于本部分,然而,鼓励根据本部分达成协议的各方研究是否可使用这些文件的最新版本。凡是不注日期的引用文件,其最新版本适用于本部分。

GB/T 9846.2—2004　胶合板　第2部分:尺寸公差(ISO 1954:1999,NEQ)

GB/T 9846.3—2004　胶合板　第3部分:普通胶合板通用技术条件

GB/T 9846.4—2004　胶合板　第4部分:普通胶合板外观分等技术条件

3　检验规则

3.1　生产厂应保证其成品符合标准规定,通过逐张检验胶合板确定其等级。

3.2　对成批拨交胶合板进行质量检验时,应按以下规定进行:

3.2.1　外观等级检验按 GB/T 9846.4—2004 的规定进行;采用一次抽样方案,其检查水平为Ⅱ,接收质量限(AQL)为4.0,见表1。

表1

单位为张

批量范围	样本数	接收数 Ac	拒收数 Re
51～90	13	1	2
91～150	20	2	3
151～280	32	3	4
281～500	50	5	6
501～1 200	80	7	8
1 201～3 200	125	10	11
3 201～10 000	200	14	15
10 001～35 000	315	21	22

3.2.2　规格尺寸检验按 GB/T 9846.2—2004 的规定进行;采用一次抽样方案,其检查水平为S-4,接收质量限(AQL)为6.5,见表2。

表2

单位为张

批量范围	样本数	接收数 Ac	拒收数 Re
51～90	5	1	2
91～150	8	1	2
151～280	13	2	3
281～500	13	2	3
501～1 200	20	3	4

表 2(续)

单位为张

批量范围	样本数	接收数 Ac	拒收数 Re
1 201～3 200	32	5	6
3 201～10 000	32	5	6
10 001～35 000	50	7	8

3.2.3　物理力学性能和甲醛释放量检验按 GB/T 9846.3—2004 的规定进行，样板的抽取见表 3。

表 3

成批拨交的张数	第一次抽样张数	复检时抽样张数
＜1 000	1	2
1 000～2 999	2	4
3 000～4 999	3	6
≥5 000	4	8

3.2.4　样本应从提交检查批中随机抽取，即把整批产品分成若干小批或几部分，然后再按各小批或各部分占整个批的百分比，与总样本大小成比例地在各小批或各部分随机抽取。

3.2.5　经外观等级、规格尺寸、物理力学性能和甲醛释放量检验均符合相应要求和级别时，判定该批产品为合格和符合某级别；否则判定为不合格和不符合某级别。对不合格或不符合的项目，如外观等级，允许生产厂全部重检或降等处理；如胶合强度，允许生产厂降类处理；如甲醛释放量，允许生产厂降级别处理。

3.3　用户要求对拨交的胶合板检验时，可按本标准规定的质量检验要求进行。

3.4　胶合板应按立方米计算，其允许公差不得计算在内。测算单张胶合板时，可精确至 0.000 01 m^3；计算成批胶合板时，可精确至 0.001 m^3。

3.5　胶合板出厂时，应具有生产厂质量检验部门的产品质量鉴定证明书，注明胶合板的批号、树种、类别、规格、等级、胶合强度、含水率和甲醛释放量级别等。生产厂受理产品质量争议的时效为出厂之日起半年内。

ICS 79.060.10
B 70

中华人民共和国国家标准

GB/T 9846.6—2004
代替 GB/T 9846.7—1988

胶合板
第6部分:普通胶合板标志、标签和包装

Plywood—Part 6: Marking, tag, packaging of plywood for general use

2004-06-22 发布　　2004-09-15 实施

中华人民共和国国家质量监督检验检疫总局
中国国家标准化管理委员会　发布

前言

GB/T 9846《胶合板》分为八个部分：

——第1部分：分类（代替 GB/T 9846.1—1988）；

——第2部分：尺寸公差（代替 GB/T 9846.3—1988）；

——第3部分：普通胶合板通用技术条件（代替 GB/T 9846.4—1988 和 GB/T 13009—1991）；

——第4部分：普通胶合板外观分等技术条件（代替 GB/T 9846.5—1988）；

——第5部分：普通胶合板检验规则（代替 GB/T 9846.6—1988 和 GB/T 9846.8—1988）；

——第6部分：普通胶合板标志、标签和包装（代替 GB/T 9846.7—1988）；

——第7部分：试件的锯制（代替 GB/T 9846.9—1988）；

——第8部分：试件尺寸的测量（代替 GB/T 9846.10—1988）。

本部分为 GB/T 9846《胶合板》的第6部分。

本部分是对 GB/T 9846.7—1988《胶合板 普通胶合板标志、包装、运输和贮存》的修订，并将 GB/T 13009—1991《热带阔叶树材普通胶合板》第7章的内容纳入其中。与前版标准（GB/T 9846.7—1988）相比，主要技术内容没有变更，只是取消了 GB/T 9846.7—1988 中附录 A，将其改为本部分的条文。

本部分自实施之日起，代替 GB/T 9846.7—1988。

自 GB/T 9846—2004 实施之日起，GB/T 9846.2—1988、GB/T 9846.11—1988 和 GB/T 9846.12—1988 即行废止。

本部分由国家林业局提出。

本部分由全国人造板标准化技术委员会归口。

本部分负责起草单位：中国林业科学研究院木材工业研究所。

本部分参加起草单位：上海木材工业研究所、上海福海（木业）企业有限公司、东莞佳力木业有限公司、光大木材工业（深圳）有限公司、国营松江胶合板厂、上海联合木材工业有限公司、上海百霖木业有限公司、南海市华光装饰板材有限公司。

本部分主要起草人：曹忠荣、张莺红、康熹、彭东华、刘永丹、李晓秀、关键、顾燕、冯桐昌。

胶　合　板
第6部分：普通胶合板标志、标签和包装

1 范围

GB/T 9846的本部分规定了普通胶合板的标志、标签、包装、运输和贮存的要求。

本部分适用于普通胶合板。

2 标志

2.1 在每张胶合板背板的右下角或侧面用不褪色的油墨加盖表明该胶合板的类别、等级、甲醛释放量级别、生产厂代号、检验员代号及生产日期的标记。

2.2 等级标记用〈优〉、△、(合格)分别代表普通胶合板的各个等级。

2.3 甲醛释放量级别分别用 E_0、E_1 和 E_2 标示。

3 标签

每包胶合板应有标签，其上应标明：生产厂名、地址、品名、商标、产品标准号、规格、树种、类别、等级、甲醛释放量级别、张数和生产日期等。

4 包装

胶合板出厂时应按不同类别、树种、规格、等级、甲醛释放量级别、批号分别包装。为防止板面污损，打包时最外面一张板的面板应朝内。对有特别要求的胶合板，按供需协议包装。

5 运输和贮存

5.1 要用清洁、干燥及带篷的运输工具运输胶合板。

5.2 胶合板在运输和贮存过程中不得受潮，要防止搬运时人为和机械损伤。

ICS 79.060.10
B 70

中华人民共和国国家标准

GB/T 9846.7—2004
代替 GB/T 9846.9—1988

胶合板
第7部分：试件的锯制

Plywood—Part 7:Cutting of test specimens

2004-06-22 发布　　2004-09-15 实施

中华人民共和国国家质量监督检验检疫总局
中国国家标准化管理委员会　发布

前言

GB/T 9846《胶合板》分为八个部分：

——第1部分：分类(代替 GB/T 9846.1—1988)；

——第2部分：尺寸公差(代替 GB/T 9846.3—1988)；

——第3部分：普通胶合板通用技术条件(代替 GB/T 9846.4—1988 和 GB/T 13009—1991)；

——第4部分：普通胶合板外观分等技术条件(代替 GB/T 9846.5—1988)；

——第5部分：普通胶合板检验规则(代替 GB/T 9846.6—1988 和 GB/T 9846.8—1988)；

——第6部分：普通胶合板标志、标签和包装(代替 GB/T 9846.7—1988)；

——第7部分：试件的锯制(代替 GB/T 9846.9—1988)；

——第8部分：试件尺寸的测量(代替 GB/T 9846.10—1988)。

本部分为 GB/T 9846《胶合板》的第7部分。

本部分是对 GB/T 9846.9—1988《胶合板　试件的锯割》的修订，本部分的主要技术改变是对胶合强度试件剪断面的长度尺寸做了修改，即 A 型由 20 mm 改为 25 mm，B 型由 10 mm 改为 13 mm；此外，本部分新增甲醛释放量试件锯制的要求。

本部分自实施之日起，代替 GB/T 9846.9—1988。

自 GB/T 9846—2004 实施之日起，GB/T 9846.2—1988、GB/T 9846.11—1988 和 GB/T 9846.12—1988 即行废止。

本部分由国家林业局提出。

本部分由全国人造板标准化技术委员会归口。

本部分负责起草单位：中国林业科学研究院木材工业研究所。

本部分参加起草单位：上海木材工业研究所、南海市华光装饰板材有限公司、上海福海(木业)企业有限公司、光大木材工业(深圳)有限公司、国营松江胶合板厂、东莞佳力木业有限公司、上海联合木材工业有限公司、上海百霖木业有限公司。

本部分主要起草人：曹忠荣、张莺红、冯桐昌、康熹、刘永丹、李晓秀、彭东华、关键、顾燕。

胶　合　板
第 7 部 分：试 件 的 锯 制

1　范围

GB/T 9846 的本部分规定了普通胶合板物理力学性能和甲醛释放量测试试件锯制的方法和要求。

本部分适用于普通胶合板。

2　试件截取

2.1　从每张供测试的胶合板上截取半张或取整张(指板长为 915 mm 或 1 220 mm),并按图 1 规定截取 400 mm×400 mm 试样。

单位为毫米

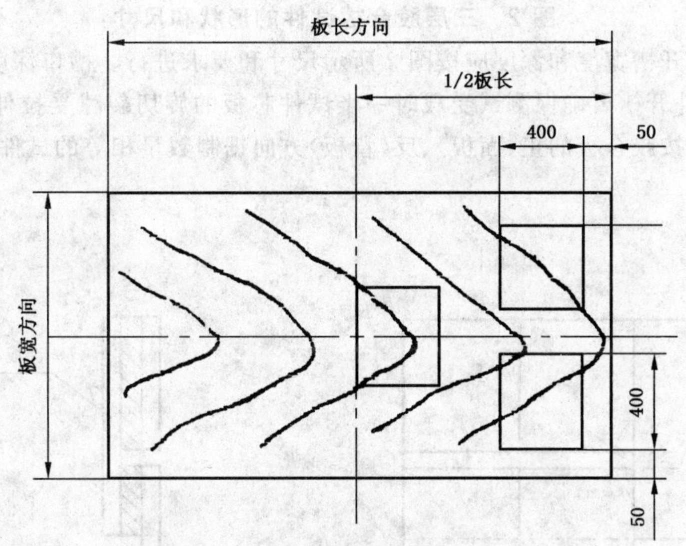

图 1　试样在胶合板中分布

2.2　截取试样和试件时,应避开影响测试准确性的材质缺陷和加工缺陷。

2.3　从每张板上制取试件的数量见表 1。含水率及胶合强度试件数从三组试样上均取,甲醛释放量试件数从三组试样上按 6-6-7 片制取。

表 1　每张板的试件数量

单位为片

试验项目	胶合板层数				
	三 层	五 层	七 层	九 层	十一层
含水率	3	3	3	3	3
胶合强度	12	12	18	24	36
甲醛释放量	20	20	20	20	20

3　含水率试件

含水率试件的形状和尺寸不限,试件的最小面积为 25 cm^2。

4 胶合强度试件

4.1 胶合强度试件按图2规定的形状和尺寸锯割。凡表板厚度(胶压前的单板厚度)大于1 mm的胶合板采用A型试件尺寸;表板厚度自1 mm(含1 mm)以下的胶合板采用B型试件尺寸。

单位为毫米

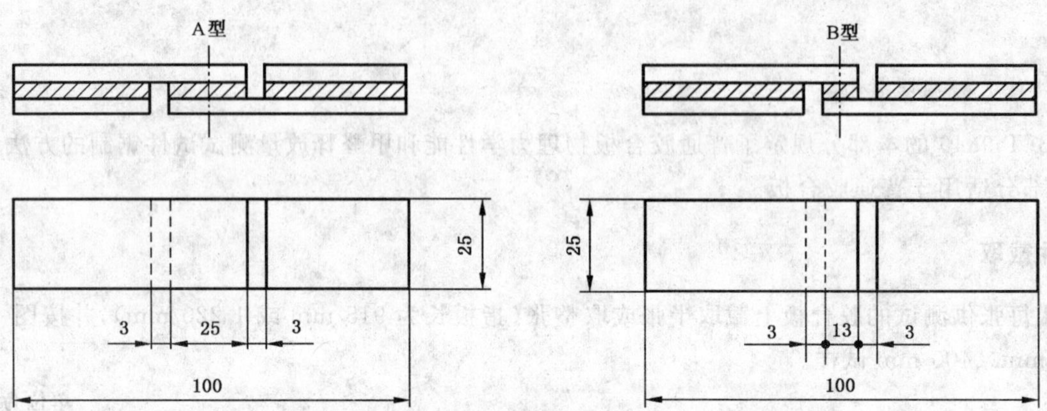

图2 三层胶合板试件的形状和尺寸

4.2 胶合强度试件的开槽宽度和深度应按图2所示尺寸和要求进行。槽口深度应锯过芯板到胶层止,不得锯过该胶层。试件开槽要确保测试受载时一半试件芯板的旋切裂隙受拉伸,而另一半试件芯板的旋切裂隙受压缩,即应按胶合板的正(面板)、反(背板)方向锯制数量相等的试件,见图3。

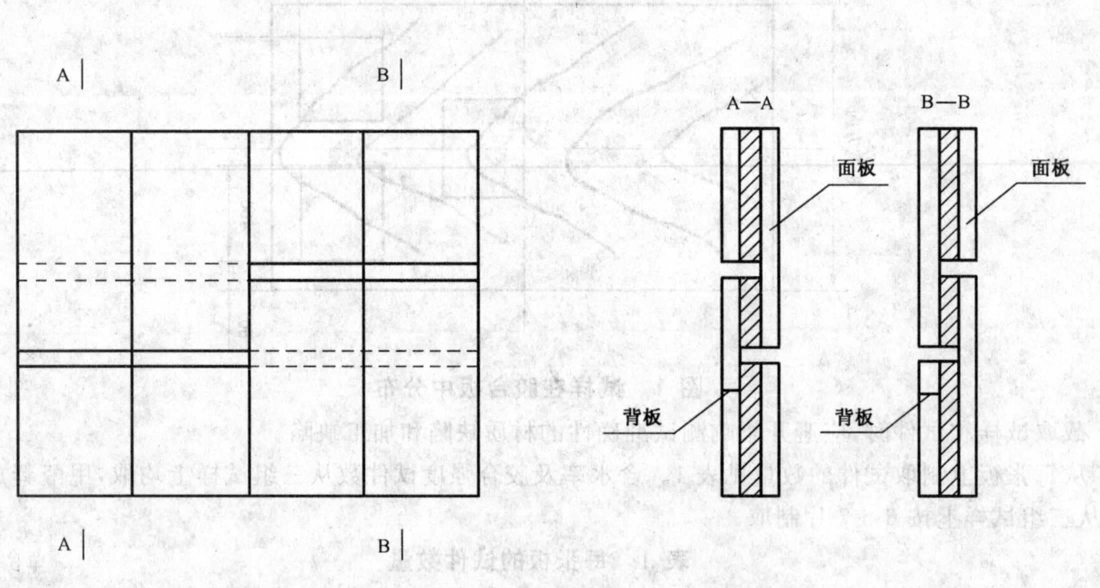

图3 三层胶合板试件锯槽位置的配置

4.3 胶合强度试件锯割的四边应平直光滑,纵边与表板纤维方向平行。锯槽切口应平滑并与纵边垂直。

4.4 多层胶合板的胶合强度试件可参照图4锯制。试件的总数量应包括每个组的各个胶层,而且测试最中间胶层的试件数量应不少于试件总数量的三分之一。

4.5 多层胶合板允许刨去其他各层,仅留三层测定胶合强度。试件锯制应符合4.1、4.2、4.3的规定。所留三层试件的部位应满足4.4的规定。

4.6 胶合强度试件剪断面的长度和宽度锯割误差不得超过±0.5 mm。

单位为毫米

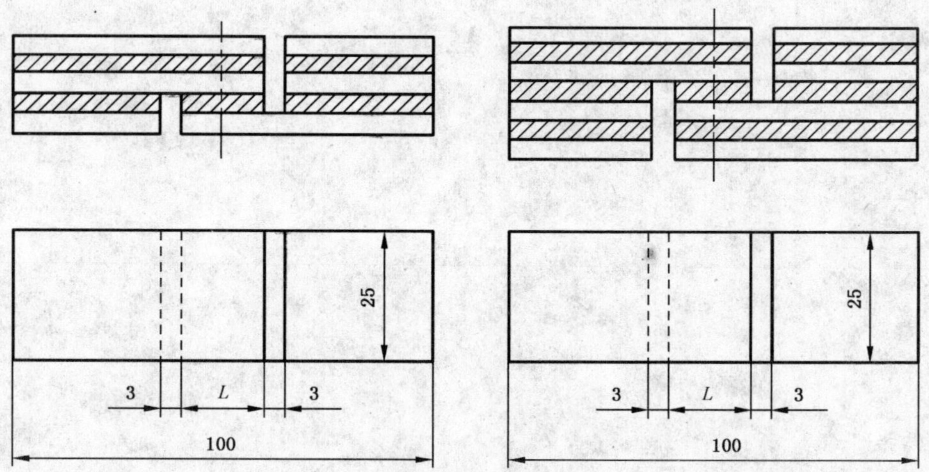

A 型试件：L=25 mm

B 型试件：L=13 mm

图 4　多层胶合板试件的形状和尺寸

5　甲醛释放量试件

从三组试样上，共锯制长为 150 mm、宽为 50 mm 的长方形试件 20 片，试件长、宽尺寸误差不得超过±1 mm。

ICS 79.060.10
B 70

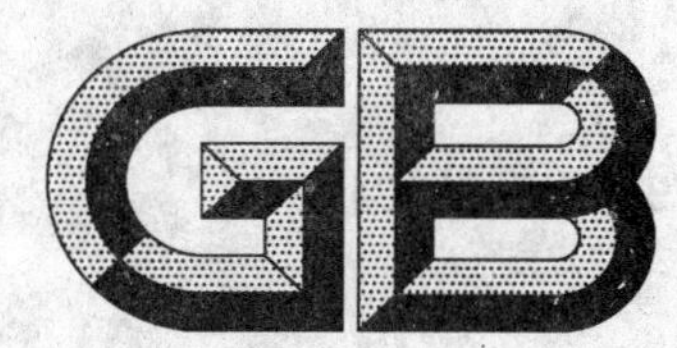

中华人民共和国国家标准

GB/T 9846.8—2004
代替 GB/T 9846.10—1988

胶合板
第8部分:试件尺寸的测量

Plywood—Part 8:Determination of dimensions of test pieces

(ISO 9424:1989,Plywood—Determination of dimensions of test pieces,MOD)

2004-06-22 发布 2004-09-15 实施

中华人民共和国国家质量监督检验检疫总局
中国国家标准化管理委员会 发布

前言

GB/T 9846《胶合板》分为八个部分：

——第1部分：分类(代替GB/T 9846.1—1988)；

——第2部分：尺寸公差(代替GB/T 9846.3—1988)；

——第3部分：普通胶合板通用技术条件(代替GB/T 9846.4—1988和GB/T 13009—1991)；

——第4部分：普通胶合板外观分等技术条件(代替GB/T 9846.5—1988)；

——第5部分：普通胶合板检验规则(代替GB/T 9846.6—1988和GB/T 9846.8—1988)；

——第6部分：普通胶合板标志、标签和包装(代替GB/T 9846.7—1988)；

——第7部分：试件的锯制(代替GB/T 9846.9—1988)；

——第8部分：试件尺寸的测量(代替GB/T 9846.10—1988)。

本部分为GB/T 9846《胶合板》的第8部分。

本部分修改采用ISO 9424:1989《人造板——试件尺寸的测量》(1989年第一版)，并对GB/T 9846.10—1988《胶合板　试件尺寸的测量》进行修订，对试件的厚度、长度和宽度的测量与ISO 9424:1989相同，只是增加5.1条，即测量试件剪断面长度和宽度的位置。本部分与GB/T 9846.10—1988相比增加试件厚度测量。

本部分自实施之日起，代替GB/T 9846.10—1988。

自GB/T 9846—2004实施之日起，GB/T 9846.2—1988、GB/T 9846.11—1988和GB/T 9846.12—1988即行废止。

本部分由国家林业局提出。

本部分由全国人造板标准化技术委员会归口。

本部分负责起草单位：中国林业科学研究院木材工业研究所。

本部分参加起草单位：上海木材工业研究所、光大木材工业(深圳)有限公司、上海福海(木业)企业有限公司、南海市华光装饰板材有限公司、上海联合木材工业有限公司、国营松江胶合板厂、东莞佳力木业有限公司、上海百霖木业有限公司。

本部分主要起草人：曹忠荣、张莺红、刘永丹、康熹、冯桐昌、关键、李晓秀、彭东华、顾燕。

胶　合　板
第8部分:试件尺寸的测量

1 范围

GB/T 9846的本部分规定了各种胶合板试件的厚度、长度和宽度的测量方法。

本部分适用于各种胶合板。

2 规范性引用文件

下列文件中的条款通过GB/T 9846的本部分的引用而成为本部分的条款。凡是注日期的引用文件,其随后所有的修改单(不包括勘误的内容)或修订版均不适用于本部分,然而,鼓励根据本部分达成协议的各方研究是否可使用这些文件的最新版本。凡是不注日期的引用文件,其最新版本适用于本部分。

GB/T 9846.5—2004 胶合板 第5部分:普通胶合板检验规则

GB/T 9846.7—2004 胶合板 第7部分:试件的锯制

3 仪器

3.1 厚度测量

测微仪,精度为0.01 mm。

3.2 长度和宽度测量

游标卡尺,精度为0.1 mm。

4 试件

4.1 样板的抽取按GB/T 9846.5—2004中表3的规定进行。

4.2 胶合强度试件的尺寸和锯制按GB/T 9846.7—2004中第4章的规定进行。

5 程序

5.1 测量点

测量点的数量和位置应符合有关试验方法标准对测量的要求。测量胶合强度试件剪断面的长度在试件两侧中心线处测量;宽度在剪断面两端处测量。

5.2 厚度测量

缓慢地将仪器的测量表面施加于试件,测量厚度精确至0.01 mm。

5.3 长度和宽度测量

缓慢地不加过分压力将游标卡尺的卡钳卡于试件。卡钳与试件平面大约成45°角(见图1),测量长度和宽度精确至0.1 mm。

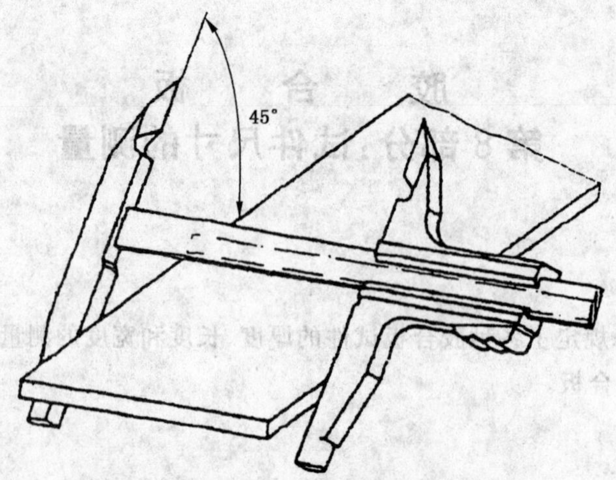

图 1 游标卡及与试件平面的倾斜角

6 结果表示

6.1 厚度

对于每个试件的厚度，计算其测量的算术平均值，精确至 0.01 mm。

6.2 长度和宽度

对于每个试件的长度和宽度，分别计算其算术平均值，精确至 0.1 mm。

ICS 77.080.10
H 53

中华人民共和国国家标准

GB/T 9971—2004
代替 GB/T 9971—1988

原 料 纯 铁

Pure iron for raw material

2004-03-24 发布　　2004-09-01 实施

中华人民共和国国家质量监督检验检疫总局
中国国家标准化管理委员会　发布

前　言

本标准代替 GB/T 9971—1988《原料纯铁》。

本标准与 GB/T 9971—1988 相比主要变化如下：

——适用范围扩大到低碳、超低碳不锈钢，成分结构更加适应硬磁材料及软磁材料发展的需要；

——增加了 GB/T 4336《碳素钢和中低合金钢火花源原子发射光谱分析方法(常规法)》、附录 A“高频感应炉内燃烧后红外吸收法测定碳含量”和附录 B“高频感应炉内燃烧后红外吸收法测定硫含量 ”等检验方法：

——增加了产品的“订货内容”；

——取消了对产品尺寸、外形允许偏差的规定；

——对各牌号及化学成分作了较大的修改，取消了沸腾纯铁；

——增加了统一数字代号的表示方法；

——取消了成品化学成分允许偏差的规定；

——增加了原料纯铁钢坯和热轧盘条的技术要求，去掉了粉末冶金的引用标准而改为直接引用。

本标准的附录 A 和附录 B 为规范性附录，附录 C 为资料性附录。

本标准由中国钢铁工业协会提出。

本标准由冶金工业信息标准研究院归口。

本标准起草单位：太原钢铁(集团)有限公司、冶金工业信息标准研究院。

本标准主要起草人：张宇斌、牛晓玲、栾燕。

本标准于 1988 年 10 月首次发布。

原 料 纯 铁

1 范围

本标准规定了原料纯铁的产品分类、尺寸、外形、重量、技术要求、试验方法、检验规则、包装标志和质量证明书。

本标准适用于电热合金、精密合金(包括软磁材料、硬磁材料、弹性合金、膨胀合金等)、低碳超低碳不锈钢及粉末冶金等用途的原料纯铁钢坯、棒材、扁钢及热轧盘条。

2 规范性引用文件

下列标准中的条款通过本标准的引用而成为本标准的条款。凡是注日期的引用文件,其随后所有的修改单(不包括勘误的内容)或修订版均不适用于本标准,然而,鼓励根据本标准达成协议的各方研究是否可使用这些文件的最新版本。凡是不注日期的引用文件,其最新版本适用于本标准。

GB/T 222—1984 钢的化学分析用试样取样法及成品化学成分允许偏差

GB/T 223.3 钢铁及合金化学分析方法 二安替比林甲烷磷钼酸重量法测定磷量

GB/T 223.5 钢铁及合金化学分析方法 还原型硅钼酸盐光度法测定酸溶硅含量

GB/T 223.7 铁粉 铁含量的测定 重铬酸钾滴定法

GB/T 223.8 钢铁及合金化学分析方法 氟化钠分离-EDTA 滴定法测定铝含量

GB/T 223.9 钢铁及合金化学分析方法 铬天青 S 光度法测定铝含量

GB/T 223.10 钢铁及合金化学分析方法 铜铁试剂分离-铬天青 S 光度法测定铝含量

GB/T 223.12 钢铁及合金化学分析方法 碳酸钠分离-二苯碳酰二肼光度法测定铬量

GB/T 223.18 钢铁及合金化学分析方法 硫代硫酸钠分离-碘量法测定铜量

GB/T 223.19 钢铁及合金化学分析方法 新亚铜灵-三氯甲烷萃取光度法测定铜量

GB/T 223.24 钢铁及合金化学分析方法 萃取分离-丁二酮肟分光光度法测定镍量

GB/T 223.29 钢铁及合金化学分析方法 载体沉淀-二甲酚橙光度法测定铅量

GB/T 223.31 钢铁及合金化学分析方法 蒸馏分离-钼蓝分光光度法测定砷量

GB/T 223.37 钢铁及合金化学分析方法 蒸馏分离-靛酚蓝光度法测定氮量(GB/T 223.37—1989 neq ISO 4945:1977 Steel—Determination of nitrogen content-Spectrophotometric method)

GB/T 223.47 钢铁及合金化学分析方法 载体沉淀-钼蓝光度法测定锑量

GB/T 223.48 钢铁及合金化学分析方法 半二甲酚橙光度法测定铋量

GB/T 223.50 钢铁及合金化学分析方法 苯基荧光酮-溴化十六烷基三甲基胺直接光度法测定锡量

GB/T 223.51 钢铁及合金化学分析方法 5-Br-PADAP 光度法测定锌量

GB/T 223.53 钢铁及合金化学分析方法 火焰原子吸收分光光度法测定铜量(GB/T 223.53—1987 eqv ISO 4943:1985 Steel and cast iron—Determination of copper content—Flame atomic absorption spectrometric method)

GB/T 223.54 钢铁及合金化学分析方法 火焰原子吸收分光光度法测定镍量(GB/T 223.54—1987 eqv ISO 4940:1985 Steel and cast iron—Determination of nickel content—Flame atomic absorption spectrophtometric method)

GB/T 223.58 钢铁及合金化学分析方法 亚砷酸钠-亚硝酸钠滴定法测定锰量

GB/T 223.59 钢铁及合金化学分析方法 锑磷钼蓝光法测定磷量

GB/T 223.61　钢铁及合金化学分析方法　磷钼酸铵容量法测定磷量

GB/T 223.62　钢铁及合金化学分析方法　乙酸丁酯萃取光度法测定磷量

GB/T 223.63　钢铁及合金化学分析方法　高碘酸钠(钾)光度法测定锰量(GB/T 223.63—1988 neq ISO 629:1982 Steel and cast iron—Determination of manganese content—Spectrophtometric method)

GB/T 223.67　钢铁及合金化学分析方法　还原蒸馏-次甲基蓝光度法测定硫量

GB/T 223.68　钢铁及合金化学分析方法　管式炉内燃烧后碘酸钾滴定法测定硫含量

GB/T 223.72　钢铁及合金化学分析方法　氧化铝色层分离-硫酸钡重量法测定硫量

GB/T 702　热轧圆钢和方钢尺寸、外形、重量及允许偏差

GB/T 704　热轧扁钢尺寸、外形、重量及允许偏差

GB/T 2101　型钢验收、包装、标志及质量证明书的一般规定

GB/T 4336　碳素钢和中低合金钢　火花源原子发射光谱分析方法(常规法)

GB/T 6379　测试方法的精密度　通过实验室间试验确定标准测试方法的重复性和再现性

GB/T 11261　高碳铬轴承钢化学分析法　脉冲加热惰气熔融-红外线吸收法测定氧量

GB/T 12805　实验室玻璃仪器　滴定管

GB/T 12806　实验室玻璃仪器　单标线容量瓶(GB/T 12806—1991 eqv ISO 1042:1983)

GB/T 12808　实验室玻璃仪器　单标线吸量管(GB/T 12808—1991 eqv ISO 648:1977)

GB/T 14981　热轧盘条尺寸、外形、重量及允许偏差

GB/T 17616　钢铁及合金牌号统一数字代号体系

YB/T 001　初轧坯尺寸、外形、重量及允许偏差

YB/T 2011　连续铸钢方坯和矩形坯

YB/T 2012　连续铸钢板坯

3　订货内容

按本标准订货的合同或订单应包括如下内容：

a)　标准编号；

b)　产品名称；

c)　牌号及化学成分；

d)　交货重量；

e)　尺寸及外形；

f)　交货状态；

g)　表面质量；

h)　特殊要求。

4　符号、代号

4.1　原料纯铁的牌号用汉语拼音大写字母和阿拉伯数字表示,“YT”代表原料纯铁中“原”和“铁”拼音的第一个字母,阿拉伯数字代表不同牌号。

4.2　原料纯铁牌号的统一数字代号按 GB/T 17616 标准编写。

5　分类

原料纯铁按产品品种分为钢坯、棒材、扁钢及热轧盘条。

6 尺寸、外形及重量

6.1 尺寸和外形

6.1.1 原料纯铁初轧坯的公称尺寸和外形应符合 YB/T 001 的规定。

6.1.2 连铸方坯和矩形坯的公称尺寸和外形应符合 YB/T 2011 的规定。

6.1.3 连铸板坯的公称尺寸和外形应符合 YB/T 2012 的规定。

6.1.4 原料纯铁棒材的公称尺寸和外形应符合 GB/T 702 的规定。

6.1.5 原料纯铁扁钢的公称尺寸和外形应符合 GB/T 704 的规定。

6.1.6 原料纯铁热轧盘条的公称尺寸和外形应符合 GB/T 14981 的规定。

6.1.7 根据需方要求，经供需双方协商，并在合同中注明，可供应其它尺寸、外形及允许偏差的原料纯铁。

6.2 重量

原料纯铁按实际重量交货。

7 技术要求

7.1 化学成分

7.1.1 牌号及化学成分应符合表 1 的规定。

表 1

统一数字代号	牌号	化学成分(质量分数)/%，不大于								
		C	Si	Mn	P	S	Al	Ni	Cr	Cu
M00108	YT1	0.010	0.06	0.20	0.015	0.012	0.50	0.02	0.02	0.10
M00088	YT2	0.008	0.03	0.12	0.012	0.009	0.05	0.02	0.02	0.08
M00058	YT3	0.005	0.01	0.07	0.009	0.007	0.03	0.02	0.02	0.05

7.1.2 根据需方要求，经供需双方协商，可增加对原料纯铁中 O_2、N_2 及 Pb、Bi、Sn、Sb、As、Zn 的检验项目，并规定其含量范围及检验方法。

7.1.3 根据需方要求，经供需双方协商，可供不同于表 1 规定元素含量的产品及适量添加表 1 规定之外的其它元素。

7.2 交货状态

原料纯铁材(或初轧坯)以热轧状态交货；原料纯铁连铸坯直接交货。

7.3 表面质量

7.3.1 原料纯铁坯(或材)的表面不得有宽度大于 1 mm 的裂纹及影响使用的裂口及龟裂。

7.3.2 粉末冶金用原料纯铁热轧盘条的表面上不得有影响冷拔的缺陷存在。订货合同中应注明“粉末冶金”用途。

8 试验方法

每批原料纯铁钢坯(或材)的检验项目及试验方法应符合表 2 的规定。

表 2

序号	检验项目	取样数量	取样部位	试验方法
1	化学成分	1(每炉罐号)	GB/T 222	GB/T 223 GB/T 4336 附录 A、附录 B
2	尺寸	逐根或逐盘	整根或整盘	卡尺
3	表面	逐根或逐盘	整根或整盘	目视

9 检验规则

9.1 检查和验收

原料纯铁坯(或材)由供方技术监督部门进行检查并验收。需方有权按相应标准的规定进行复查。

9.2 组批规则

原料纯铁坯(或材)应成批验收。每批应由同一牌号、同一规格的原料纯铁坯(或材)组成。

9.3 取样数量和取样部位

原料纯铁坯(或材)的取样数量和取样部位应符合表 2 的规定。

9.4 复验和判定规则

9.4.1 原料纯铁材(或初轧坯)的复验和判定规则应符合 GB/T 2101 的有关规定。

9.4.2 原料纯铁连铸方坯和矩形坯的复验和判定规则应符合 YB/T 2011 的有关规定。

9.4.3 原料纯铁连铸板坯的复验和判定规则应符合 YB/T 2012 的有关规定。

9.5 包装、标志及质量证明书

9.5.1 原料纯铁材或初轧坯包装、标志及质量证明书应符合 GB/T 2101 的有关规定。

9.5.2 原料纯铁连铸方坯和矩形坯包装、标志及质量证明书应符合 YB/T 2011 的有关规定。

9.5.3 原料纯铁连铸板坯的包装、标志及质量证明书应符合 YB/T 2012 的有关规定。

附 录 A
（规范性附录）
高频感应炉内燃烧后红外吸收法测定碳含量[1)]

A.1 范围

本方法适用于原料纯铁中碳含量的测定。测量范围（质量分数）：0.003 0％～4.5％。

A.2 原理

试料与助熔剂在高温的高频炉内通氧燃烧，碳转化为二氧化碳或一氧化碳或者二氧化碳和一氧化碳的混合物。由氧流输送的二氧化碳或一氧化碳，或者二氧化碳和一氧化碳的混合物，以红外吸收法测定。

A.3 试剂和材料

A.3.1 水

不含二氧化碳的水。

A.3.2 氧

纯度不低于 99.5％。如氧中含有有机杂质，则必须经过处理。

氧用装有浸渍过氢氧化钠的惰性陶瓷和高氯酸镁的两只管子净化，净化过程流速保持恒定。

A.3.3 纯铁

已知其碳的含量（质量分数）低于 0.000 5％。

A.3.4 溶剂

适于洗涤试样上的油质或污垢，如丙酮等。

A.3.5 高氯酸镁

粒度为 0.7 mm～1.2 mm。

A.3.6 碳酸钡

用前将碳酸钡（含量（质量分数）≥99.9％）于 105℃～110℃烘 2 h，放干燥器中冷却。

A.3.7 碳酸钠

将无水碳酸钠（含量（质量分数）≥99.5％）于 285℃烘 2 h，放干燥器中冷却。

A.3.8 助熔剂

铜、钨—锡混合物或者钨助熔剂中碳的含量（质量分数）应小于 0.001 0％。

A.3.9 蔗糖标准溶液（碳的含量为 25 g/L）

称取 14.843 g（准确至 0.001 g）预先于 100℃～105℃烘 2.5 h，并在干燥器中冷却后的分析纯蔗糖，以约 100 mL 水溶解，定量转入 250 mL 单刻度容量瓶内，用水稀释至刻度并混匀。此溶液 1 mL 含 25 mg 碳。

1）参见《ISO 9556 钢铁 碳含量的测定 感应电炉燃烧后红外线吸收法》。

A.3.10 碳酸钠标准溶液(碳的含量为 25 g/L)

称取 55.152 g(准确至 0.001 g)碳酸钠,以约 200 mL 水溶解,然后定量地转移至 250 mL 单刻度容量瓶内,用水稀释至刻度,混匀。此溶液 1 mL 含 25 mg 碳。

A.3.11 惰性陶瓷(一种活性白土)

用氢氧化钠浸渍过,粒度:0.7 mm～1.2 mm。

A.4 仪器与设备

分析中,除下列规定外,仅用通常的实验室仪器、设备。按照 GB/T 12805、GB/T 12808 或者 GB/T 12806的规定,容量玻璃器皿均应为 A 级。

A.4.1 微量移液管

50 μL 和 100 μL,误差小于 1 μL。

A.4.2 锡皿

直径约为 6 mm,高 18 mm,质量 0.3 g,容积约为 0.4 mL。

A.4.3 瓷坩埚

用前,在空气或通氧并加热至 1 100℃的电炉中灼烧 2 h 以上,并贮于干燥器中。为测定碳的含量低的试样,宜于 1 350℃的氧流中灼烧。

A.5 取制样

按照 GB/T 222—1984 或其它适当的方法取制样。

A.6 分析步骤

A.6.1 试料量

以适宜的溶剂洗涤试样表面的油污,加热蒸发除去残留的洗涤液,称取试料(准确至 0.000 1 g),碳的含量(质量分数)小于 1.0%时,称 1.000 g 试样。

A.6.2 空白试验

测定之前,重复地做两次下述空白试验。

将锡皿放入瓷坩埚中,轻轻地往下压使其挨着坩埚底。加入纯铁,其量与试料量一样,加入助熔剂,其量与加入试料中的助熔剂的量一样。按 A.6.3 操作。

将测得的空白试验读数由工作曲线换算成碳的毫克数。从空白试验测得碳的含量中减去所用纯铁中碳的含量,得到空白值。以两次空白值计算出平均空白值。平均空白值以及两个空白值之间的差值都不得超过 0.01 mg 碳。若这些值异常高,应找出并消除染源。

锡皿的制备:以微量移液管取 100 μL 水注入一只锡皿中,于 90℃烘干 2 h。

A.6.3 测定

将 1 只锡皿放入瓷坩埚中,轻轻地往下压至挨着坩埚底。加入试料,并以适量的助熔剂覆盖。助熔剂的用量决定于各自仪器的性能和待分析试样的类型,但其用量应足够使试料燃烧完全。

将装好试料的瓷坩埚放到托架上,升到燃烧区并闭合系统,按仪器生产厂家的规定操作感应炉。燃烧和测定完成后,取下并去掉坩埚,记录分析仪上的读数。

A.6.4 绘制工作曲线(试样中碳的含量为 0.003 0%～0.010%)

A.6.4.1 标准系列的制备

按表 A.1 规定,分别移取蔗糖标准溶液或者碳酸钠标准溶液到 5 个 250 mL 的单刻度容量瓶内,以水稀释至刻度,混匀。

用微量移液管移取上面制备的溶液各 100 μL,分别放入 5 只锡皿中,于 90℃烘 2 h。置于干燥器中,冷却至室温。

表 A.1

标准溶液[(3.9)或(3.10)]的体积/mL	每毫升稀释溶液中碳的质量/mg	分取于锡皿中碳的质量/mg	试样中碳的含量(质量分数)/%
0[a]	0	0	0
1.0	0.10	0.010	0.001
2.0	0.20	0.020	0.002
5.0	0.50	0.050	0.005
10.0	1.00	0.100	0.010
[a] 表示零号。			

A.6.4.2 测量

将装有蔗糖或碳酸钠的锡皿放入瓷坩埚中,轻轻地往下压至锡皿挨着坩埚底,加入1.000 g纯铁,以测定试料相同量的助熔剂覆盖。按A.6.3操作。

A.6.4.3 绘制工作曲线

从标准系列中的每一个读数值减去零号的读数值得到净读数值。以净读数值相对于标准系列中相应的碳量(毫克)绘图,即得工作曲线。

A.7 分析结果及其表示

由工作曲线将测得的试料读数换算成碳的毫克数。

以质量分数表示的碳含量由下式计算:

$$w(\mathrm{C})(\%) = (m_0 - m_1)/10 \times m$$

式中:

m_0——表示试料中碳的质量,单位为毫克(mg);

m_1——表示空白试验中碳的质量,单位为毫克(mg);

m——表示试料量,单位为克(g)。

A.8 精密度

表 A.2

碳的含量(质量分数)/%	重复性 r	再现性 R	再现性 Ru
0.003	0.000 53	0.001 19	0.000 77
0.005	0.000 69	0.001 60	0.001 02
0.010	0.000 99	0.002 40	0.001 50
0.020	0.001 42	0.003 59	0.002 20

如果应用本标准得到的两个独立测定值之间的差值超过表A.2中相应档次的重复性值或再现性值,则认为这两个测定值是可疑的。

附 录 B
（规范性附录）
高频感应炉内燃烧后红外吸收法测定硫含量[1)]

B.1 范围

本方法适用于原料纯铁中硫含量的测定。测量范围（质量分数）：0.002 0%～0.10%。

B.2 原理

试料与助熔剂在高温的高频炉中通氧燃烧，硫转化为二氧化硫。由氧流输送的二氧化硫以红外吸收法测定。

B.3 试剂与材料

B.3.1 氧

纯度不低于 99.5%（见附录 A 第 A.3.2 条）。

B.3.2 纯铁

已知其硫的含量（质量分数）低于 0.000 5%。

B.3.3 溶剂

适于洗涤试样上的油质或污垢，如丙酮等。

B.3.4 高氯酸镁

粒度为 0.7 mm～1.2 mm。

B.3.5 助熔剂

无硫钨或已知其硫的含量（质量分数）低于 0.000 5%的钨。助熔剂的粒度可由所用仪器、设备类型而定。

B.3.6 硫标准溶液

按表 B.1 规定称取（准确至 0.000 1 g）硫酸钾（最低含量（质量分数）99.9%）。硫酸钾应预先于 105℃～110℃烘干 1 h，并在干燥器中冷却。

表 B.1

硫标准溶液	硫酸钾的质量/g	硫的浓度/(mg/mL)
A	0.217 4	0.40
B	0.380 4	0.70
C	0.543 6	1.00
D	1.086 9	2.00
E	1.902 2	3.50
F	2.717 2	5.00
G	4.347 5	8.00

将称好的硫酸钾转入 7 只 100 mL 的烧杯中并加水溶解，定量地转入 7 个 100 mL 的单刻度容量瓶中。以水稀释至刻度并混匀。

1）参见《ISO 4935　钢铁　硫含量的测定　感应电炉燃烧后红外线吸收法》。

B.3.7 惰性陶瓷(一种活性白土)

用氢氧化钠浸渍过,粒度:0.7 mm~1.2 mm。

B.4 仪器与设备

见附录 A 第 4 章。

B.5 取制样

见附录 A 第 5 章。

B.6 分析步骤

B.6.1 试料量

以适宜的溶剂洗涤试样表面的油污。加热蒸发除去残留的洗涤液。称取试料(准确至 0.000 1 g),硫的含量小于 0.04%时,称 1.000 g 试样。

B.6.2 空白试验

测定之前,重复地做两次下述空白试验。

将锡皿放入瓷坩埚中,轻轻地往下压使其挨着坩埚底。加入纯铁,其量与试料量一样,加入助熔剂 1.5 g±0.1 g。按 B.6.3 操作。

将测得的空白试验读数由工作曲线换算成硫的毫克数。从空白试验测得硫的含量中减去所用纯铁中硫的含量,得到空白值。以两次空白值计算出平均空白值。平均空白值不应当超过 0.005 mg 的硫。两次空白值之间的差值不应当高于 0.003 mg 的硫。若这些值异常高,应当找出并消除污染源。

B.6.3 测定

将 1 只锡皿放入瓷坩埚中,轻轻地往下压至挨着坩埚底。加入试料,并以 1.5 g±0.1 g 助熔剂覆盖。

将装好试料的瓷坩埚放到托架上,升到燃烧区并闭合系统,按仪器生产厂家的规定操作感应炉。燃烧和测定完成后,取下并去掉瓷坩埚,记录分析仪上的读数。

B.6.4 绘制工作曲线(试样中硫的含量(质量分数)小于 0.04%)

B.6.4.1 标准系列的制备

按表 B.2 规定,用 50 μL 微量移液管移取水(零号)和硫标准溶液分别放入 4 只锡皿中(试样中硫的含量(质量分数)小于 0.005%)或 5 只锡皿中(试样中硫的含量(质量分数)在 0.005%~0.04%),于 90℃慢慢蒸发至完全干燥,然后置于干燥器中冷却至室温。

表 B.2

分　　类	硫标准溶液	硫的质量/μL	试样的硫含量(质量分数)/%
试样中硫的含量小于 0.005%	水[a]	0	0.000 0
	A	20	0.002 0
	B	35	0.003 5
	C	50	0.005 0
试样中硫的含量(质量分数)在 0.005%~0.04%	水[a]	0	0.000 0
	C	50	0.005 0
	D	100	0.010 0
	E	250	0.025 0
	G	400	0.040 0

a　表示零号。

B.6.4.2 测量

将B.6.4.1的锡皿放入瓷坩埚中，轻轻地往下压锡皿至挨着瓷坩埚底，加入1.000 g纯铁，并以1.5 g±0.1 g助熔剂覆盖，按B.6.3操作。

B.6.4.3 绘制工作曲线

从标准系列中的每一个读数值减去零号的读数值得到净读数值。以净读数值相对于标准系列中相应的硫量（毫克）绘图，即得工作曲线。

B.7 分析结果及其表示

由工作曲线将测得的试料读数换算为硫的毫克数（m_0）。

以质量百分数表示的硫含量由下式计算：

$$w(\mathrm{S})(\%) = (m_0 - m_1)/10 \times m$$

式中：

m_0——表示试料中硫的质量，单位为毫克(mg)；

m_1——表示空白试验中硫的质量，单位为毫克(mg)；

m——表示试料量，单位为克(g)。

B.8 精密度

表 B.3

硫的含量（质量分数）/%	重复性 r	再现性 R	再现性 Ru
0.002	0.000 21	0.000 59	0.000 25
0.005	0.000 37	0.001 11	0.000 48
0.010	0.000 57	0.001 79	0.000 77
0.020	0.000 88	0.002 89	0.001 26

如果应用本标准得到的两个独立测定值之间的差值超过表B.3中相应档次的重复性值或再现性值，则认为这两个测定值是可疑的。

附 录 C
（资料性附录）
新标准牌号、主要用途及适用范围

C.1 新标准牌号、主要用途及适用范围见表 C.1。

表 C.1

序号	牌号	主 要 用 途
1	YT1	适用于电热合金(FeCrAl)及铝镍钴系列硬磁材料。
2	YT2	适用于精密合金(弹性合金、膨胀合金、低性能的硬磁材料(如 NdFeB)和软磁材料(如 SiFeB))、低碳、超低碳不锈钢及成品碳要求小于 0.008%的低碳合金用料
3	YT3	适用于精密合金(高性能的硬磁材料(如 NdFeB)和软磁材料(如 SiFeB))、粉末冶金及成品碳要求小于 0.005%的低碳合金用料

ICS 71.100.40
G 71

中华人民共和国国家标准

GB/T 9983—2004
代替 GB/T 9983—1988

工业三聚磷酸钠

Industrial sodium tripolyphosphate

2004-03-15 发布　　2004-09-01 实施

中华人民共和国国家质量监督检验检疫总局
中国国家标准化管理委员会　发布

前　言

本标准是对 GB/T 9983—1988《工业三聚磷酸钠》的修订。本标准的优级品参考采用西德伍德公司产品质量指标；一级品参考采用日本工业标准 JIS K 1465—62(88)《三聚磷酸钠》。本标准主要修订了以下内容：

1）本标准对产品的白度要求；

2）颗粒度指标要求由筛余量调整为筛分率。

本标准自实施之日起，代替 GB/T 9983—1988。

本标准由中国轻工业联合会提出。

本标准由国家质量监督检验检疫总局批准。

本标准由全国表面活性剂洗涤用品标准化中心归口。

本标准起草单位：国家洗涤用品质量监督检验中心(太原)。

本标准主要起草人：姚晨之、耿詼、李晓辉。

本标准于 1988 年 1 月首次发布。

工业三聚磷酸钠

1 范围

本标准规定了工业三聚磷酸钠的产品分类、技术要求、试验方法、检验规则和标志、包装、运输、贮存。

本标准适用于以热法磷酸或萃取磷酸为原料制造的工业三聚磷酸钠。该产品主要用作合成洗涤剂的助剂，也可用于石油、冶金、采矿水处理等工业。

2 规范性引用文件

下列文件中的条款通过本标准的引用而成为本标准的条款。凡是注日期的引用文件，其随后所有的修改单(不包括勘误的内容)或修订版均不适用于本标准，然而，鼓励根据本标准达成协议的各方研究是否可使用这些文件的最新版本。凡是不注日期的引用文件，其最新版本适用于本标准。

GB/T 9984.1　工业三聚磷酸钠　白度的测定

GB/T 9984.2　工业三聚磷酸钠　总五氧化二磷含量的测定　磷钼酸喹啉重量法(eqv ISO 3357:1975)

GB/T 9984.3　工业三聚磷酸钠　离子交换柱色谱法分离测定不同形式的磷酸盐(eqv ISO 3358:1976)

GB/T 9984.4　工业三聚磷酸钠　水不溶物的测定(neq ISO 850:1976)

GB/T 9984.6　工业三聚磷酸钠　铁含量的测定　2,2′-联吡啶分光光度法(idt ISO R 852:1968)

GB/T 9984.7　工业三聚磷酸钠　pH 的测定　电位计法(idt ISO 851:1976)

GB/T 9984.8　工业三聚磷酸钠　颗粒度的测定(mod ISO 2996:1974)

GB/T 9984.9　工业三聚磷酸钠　表观密度的测定　给定体积称量法(neq ISO 697:1981)

GB/T 9984.11　工业三聚磷酸钠　Ⅰ型含量的测定

3 产品分类

3.1 产品分子式及分子量

分子式：$Na_5P_3O_{10}$；

分子量：367.86(按照1999年国际原子量)。

3.2 产品规格、代号

工业三聚磷酸钠按表观密度和Ⅰ型含量的不同分为如下规格，并用代号表示(表1)。

表1　工业三聚磷酸钠分类规格表

项　目	表观密度/(g/cm³)			Ⅰ型含量/%		
代号	L	M	H	A	B	C
规格	0.35～0.50	0.51～0.65	0.66～0.99	5～20	21～40	>40

3.3 标记示例

表观密度为0.35 g/cm³～0.50 g/cm³、Ⅰ型含量为5%～20%的工业三聚磷酸钠　标记示例：工业三聚磷酸钠　LA　GB/T 9983

4 技术要求

工业三聚磷酸钠呈白色颗粒或粉状，按产品质量分为优级品、一级品和二级品。工业三聚磷酸钠的物理化学指标应符合表 2 规定。

表 2　工业三聚磷酸钠的物理化学指标

项　　目		指　　标		
		优　级	一　级	二　级
白度/%	≥	90	85	80
五氧化二磷(P_2O_5)/%	≥	57.0	56.5	55.0
三聚磷酸钠($Na_5P_3O_{10}$)/%	≥	96	90	85
水不溶物/%	≤	0.10	0.10	0.15
铁(Fe)/%	≤	0.007	0.015	0.030
pH 值(1%溶液)		9.2～10.0		
颗粒度		通过 1.00 mm 试验筛的筛分率不低于 95%		

5　试验方法

5.1　表观密度

按 GB/T 9984.9 测定。

5.2　Ⅰ型含量

按 GB/T 9984.11 测定。

5.3　白度

按 GB/T 9984.1 测定，以 W_{10} 值为仲裁。

5.4　五氧化二磷含量

按 GB/T 9984.2 测定。

5.5　三聚磷酸钠含量

按 GB/T 9984.3 测定。

5.6　水不溶物含量

按 GB/T 9984.4 测定。

5.7　铁含量

按 GB/T 9984.6 测定。

5.8　pH 值

按 GB/T 9984.7 测定。

5.9　颗粒度

按 GB/T 9984.8 测定。

6　检验规则

6.1　检验分类

6.1.1　型式检验

型式检验项目包括表观密度、Ⅰ型含量和第 4 章规定的全部项目。在下列情况下应进行型式检验：

a)　正式生产时，原料、工艺、管理等方面(包括人员素质的变化)有较大改变，或设备改造可能影响产品质量时；

b)　正常生产时，应定期进行型式检验，一般情况每月一次；

c)　长期停产后恢复生产时；

d)　出厂检验结果与上次型式检验结果有较大差异时；

e) 国家行业管理部门和质量监督机构提出进行型式检验时。

6.1.2 **出厂检验**

出厂检验项目包括第4章中除铁含量、水不溶物以外的全部项目。

6.2 **产品组批与抽样规则**

6.2.1 产品按批交付及抽样验收,一次交付的同一规格、同一批号的产品为一交付批。

生产单位交付的产品,应先经其质量检验部门按本标准检验,符合本标准并出具产品质量检验合格证书,方可出厂。产品质量检验合格证书应包括:生产厂商名称、产品名称、商标、本标准编号、批号、批量、质量指标、生产日期等。

收货方凭产品质量检验合格证书验收,必要时可按下述规定在一个月内抽样验收或仲裁。

6.2.2 取样

收货方验收、仲裁检验所需的样品,应根据批量大小按表3确定样本大小,交收双方会同在交货地点从交付批中随机抽取袋样本。

表3 批量和样本大小

批量/袋	1～15	16～25	26～90	91～150	151～500	501～1 200	1 201 以上
样本大小/袋	2	3	5	8	13	20	32

采样时用采样器自包装袋中心插入四分之一处采集样品,每个样本袋中采样量应相近,样品应迅速置于具塞样品瓶中,并加塞,采样总量不小于2 kg。

将采取的样品按四分法混匀并缩分至1.5 kg,分装于三个清洁、干燥的容器中,签封。标签上应注明产品名称、产品批号及数量、生产单位、样品编号、采样日期、采样人。交收双方各持一份进行检验,第三份由交货方保管,备仲裁检验用,保管期为三个月。

6.3 **判定规则**

检验结果按修约值比较法判定合格与否。如理化指标有一项不合格,可重新取两倍袋样本采取样品对不合格项进行复检,复检结果仍不合格,则判该批产品不合格。

交收双方因检验结果不同,如不能取得协议时,可商请仲裁检验,仲裁结果为最后依据。

7 标志、包装、运输、贮存

7.1 **标志**

7.1.1 包装物应有下列标志:

a) 产品名称、商标、执行标准号;

b) 生产批号或生产日期;

c) 净含量;

d) 有防水防潮等文字或标记;

e) 生产者名称、地址和联系电话等。

7.1.2 包装物上印刷的标志(图案及文字)应清晰美观、无脱色。

7.2 **包装**

用内衬塑料薄膜的编塑袋包装,包装净含量应符合标称质量。

7.3 **运输**

运输过程中应防止日晒、雨淋、受潮,轻装轻卸,避免包装袋破损。

7.4 **贮存**

产品应贮存在干燥、洁净的库房内,如需在露天存放时,应采取必要的防潮措施,垛高以不超过支撑物的最大载荷为限,并加遮盖物以防晒、防雨、防潮、防破损。

ICS 71.100.40
G 70

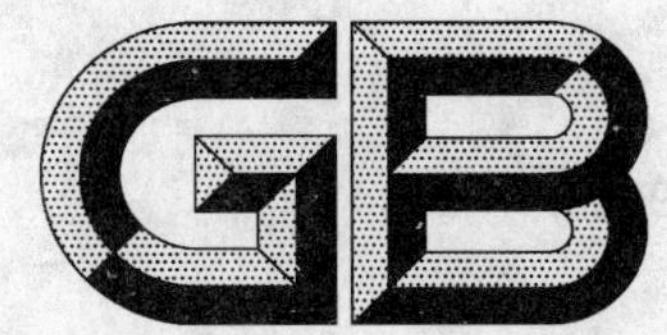

中华人民共和国国家标准

GB/T 9984.1—2004
代替 GB/T 9984.1—1988

工业三聚磷酸钠 白度的测定

The measurement of whiteness for industrial sodium tripolyphosphate

2004-03-15 发布 2004-09-01 实施

中华人民共和国国家质量监督检验检疫总局
中国国家标准化管理委员会 发布

前　言

GB/T 9984《工业三聚磷酸钠试验方法》系列标准分为11个部分：

GB/T 9984.1　工业三聚磷酸钠　白度的测定

GB/T 9984.2　工业三聚磷酸钠　总五氧化二磷含量的测定　磷钼酸喹啉重量法

GB/T 9984.3　工业三聚磷酸钠　离子交换柱色谱法分离测定不同形式的磷酸盐

GB/T 9984.4　工业三聚磷酸钠　水不溶物的测定

GB/T 9984.5　工业三聚磷酸钠和焦磷酸钠　灼烧损失的测定

GB/T 9984.6　工业三聚磷酸钠　铁含量的测定　2,2′-联吡啶分光光度法

GB/T 9984.7　工业三聚磷酸钠　pH的测定　电位计法

GB/T 9984.8　工业三聚磷酸钠　颗粒度的测定

GB/T 9984.9　工业三聚磷酸钠　表观密度的测定　给定体积称量法

GB/T 9984.10　工业三聚磷酸钠(包括食品工业用)　氮的氧化物含量的测定　3,4-二甲苯酚分光光度法

GB/T 9984.11　工业三聚磷酸钠　Ⅰ型含量的测定

本部分为GB/T 9984的第1部分。

本部分代替GB/T 9984.1—1988《工业三聚磷酸钠　白度的测定》。

本部分对GB/T 9984.1—1988《工业三聚磷酸钠　白度的测定》按GB/T 20001.4—2001的要求进行了编辑性修改，取消了白度测试时的试样用量，提出根据样品及压样器的规格选取合适的试样用量。

本部分由中国轻工业联合会提出。

本部分由全国表面活性剂洗涤用品标准化中心归口。

本部分起草单位：国家洗涤用品质量监督检验中心(太原)。

本部分主要起草人：王万绪、王治儿。

本部分所代替标准的历次版本发布情况为：

——GB/T 9984.1—1988。

工业三聚磷酸钠　白度的测定

1　范围

本标准规定了测定工业(包括食品工业用)三聚磷酸钠产品白度的方法。

本标准适用于工业(包括食品工业用)三聚磷酸钠产品的白度测定。

2　规范性引用文件

下列文件中的条款通过本标准的引用而成为本标准的条款。凡是注日期的引用文件,其随后所有的修改单(不包括勘误的内容)或修订版均不适用于本标准,然而,鼓励根据本标准达成协议的各方研究是否可使用这些文件的最新版本。凡是不注日期的引用文件,其最新版本适用于本标准。

GB/T 9087　用于色度和光度测量的粉体标准白板

GB/T 13173.1　洗涤剂样品分样方法(eqv ISO 607:1980)

3　术语和定义

下列术语和定义适用于本标准。

3.1

白度　whiteness

被测物体的白度是指该物体的表面在可见光区域内相对于完全白(标准白)物体漫反射辐射能的大小的比值,用百分数表示,即白色的程度,称为白度。

3.2

三聚磷酸钠的白度　the whiteness of sodium tripolyphosphate

三聚磷酸钠的白度是指在本标准规定的条件下,试样相对于标准粉末物质白度实物的辐射能大小的比值,用百分数表示。

4　仪器和设备

4.1　标准白板

标准白板的制备选用 GSB A67001《氧化镁白度实物标准》,经国家计量标准测试部门给定数据的标准粉末,在有效期内用压样器按 GB/T 9087 规定的步骤压成标准白板,用于校准仪器。

4.2　工作白板

为了测定方便,可用表面平整、无刻痕、无裂纹的白色陶瓷板作为日常测定白度的工作白板,工作白板应每月用标准白板自行标定。工作白板应置于干燥器中在避光处保存,如有污染,须用绒布或脱脂棉蘸无水乙醇擦净。然后置于干燥箱中在 105℃～110℃间烘 30 min,取出,置于干燥器中冷至室温,用标准白板标定。

4.3　对测定三聚磷酸钠白度的光谱光度计,或色差计,或白度计要求

仪器的光学几何条件可以是垂直/漫射(o/d)、漫射/垂直(d/o)、45°/垂直(45°/o)和垂直/45°(o/45°)中的任何一种;仪器的光源可以是 D_{65} 或 C 光源;仪器的读数精度要求达到小数点后 1 位;仪器的稳定性,在开机预热后,每隔半小时漂移不大于读数的 0.5%±1 个字;仪器的准确度应符合色差计或白度计检定规程分级标准中二级或二级以上的要求。

5 测试程序

5.1 取样

按 GB/T 13173.1 规定的分样方法将待测样品缩分至一定的量(不少于 200 g)供测定使用。

5.2 按使用说明书开启、预热和调整仪器。

5.3 根据试样的密度及压样器的容积选择合适试样量,压制成表面平整、无裂纹和无污点的试样板。每个样品同时压制两块。

注:本标准推荐对于中密度的工业三聚磷酸钠用 HY-3 型压样器压制时,试样使用量为 9 g。HY-3 型压样器系 GB/T 9087《用于色度和光度测量的粉体标准白板》推荐使用的压样器。

5.4 用标准白板或工作白板校准仪器至显示稳定的标准量值。

5.5 仪器经校准并稳定后,分别测定、记录每个试样板的三刺激值 X、Y、Z。

注:若仪器配有微机和打印器,则可直接打印出 X、Y、Z 或 W 值。

6 结果及计算

6.1 本标准采用国际照明委员会(CIE)1986 年公布推荐的中性白度公式为计算白度的公式,并必须与淡色调公式并用。

白度公式:

$$W = Y + 800(x_n - x) + 1700(y_n - y) \quad \cdots\cdots(1)$$

$$W_{10} = Y_{10} + 800(x_{n,10} - x_{10}) + 1700(y_{n,10} - y_{10}) \quad \cdots\cdots(2)$$

淡色调公式:

$$T_W = 1000(x_n - x) - 650(y_n - y) \quad \cdots\cdots(3)$$

$$T_{W,10} = 900(x_{n,10} - x_{10}) - 650(y_{n,10} - y_{10}) \quad \cdots\cdots(4)$$

式中:

W 或 W_{10}——被测试样的白度;

T_w 或 $T_{w,10}$——被测试样的淡色调系数;

Y 或 Y_{10}——试样的三刺激值实测数据之一;

x_n、y_n 或 $x_{n,10}$、$y_{n,10}$——完全反射漫射体分别对 2°或 10°标准观察者的色品坐标值;

x、y 或 x_{10}、y_{10}——被测样品分别对 2°或 10°标准观察者实测结果计算得到的色品坐标值。

$$x = \frac{X}{X+Y+Z} \qquad y = \frac{Y}{X+Y+Z}$$

$$x_{10} = \frac{X_{10}}{X_{10}+Y_{10}+Z_{10}} \qquad y_{10} = \frac{Y_{10}}{X_{10}+Y_{10}+Z_{10}}$$

6.2 若仪器为 D_{65} 光源,完全反射漫射体对 2°或 10°标准观察者的色品坐标值分别为:

2°:$x_n = 0.3127$ $\qquad y_n = 0.3291$

10°:$x_{n,10} = 0.3138$ $\qquad y_{n,10} = 0.3310$

根据仪器设计条件,将此值代入公式(1)~(4)相应的公式中计算白度或淡色调。

6.3 如果仪器为 C 光源,则由测出的 C 光源条件的三刺激值 X_C、Y_C、Z_C 先按下式转换计算求出相当于 D_{65} 光源条件的三刺激值 X、Y、Z。

$$X = 1.0046X_C - 0.0137Y_C - 0.0184Z_C \quad \cdots\cdots(5)$$

$$Y = Y_C \quad \cdots\cdots(6)$$

$$Z = 0.9210Z_C \quad \cdots\cdots(7)$$

则:x_n、y_n、$x_{n,10}$、$y_{n,10}$ 亦可用 D_{65} 光源时的值(6.2)。

然后根据仪器的设计条件,将 X、Y、Z 值代入 6.1 条公式(1)~(4)中计算白度或淡色调。

6.4 以两次平行测得的白度(误差不超过1.0%,若大于1.0%需重测)的算术平均值(保留至个位)作为测定结果。

7 白度测定报告

白度报告单应有以下内容:

- 仪器型号
- 光源及几何条件
- 标准白板或工作白板量值
- 白度 W(或 W_{10})
- T_W 或($T_{W,10}$)
- 本标准未包括或任选的操作细节

注:6.1所列中性白度(又称甘茨白度)公式只可应用于下列极限范围值之内的被测试样;W 或 W_{10} 大于40和小于 $5Y-280$ 或 $5Y_{10}-280$;T_W 或 $T_{W,10}$ 大于 -3 和小于 $+3$;对于带明显颜色的被测试样,使用6.1所列甘茨白度公式评价白度是没有意义的。

ICS 71.100.40
G 70

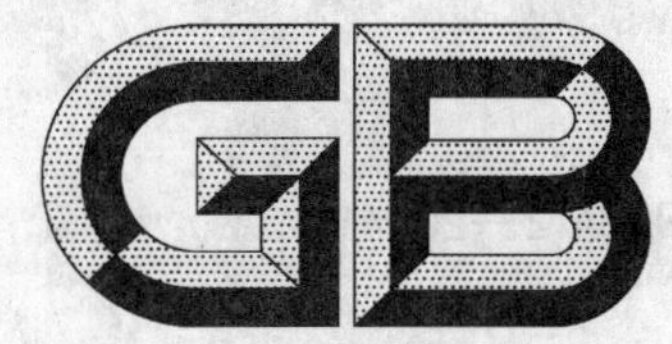

中华人民共和国国家标准

GB/T 9984.2—2004
代替 GB/T 9984.2—1988

工业三聚磷酸钠 总五氧化二磷含量的测定 磷钼酸喹啉重量法

Sodium tripolyphosphate for industrial use—Determination of total phosphorus (Ⅴ) oxide content—Quinoline phosphomolybdate gravimetric method

(ISO 3357:1975, Sodium tripolyphosphate and sodium pyrophosphate for industrial use—Determination of total phosphorus (Ⅴ) oxide content—Quinoline phosphomolybdate gravimetric method, MOD)

2004-03-15 发布 2004-09-01 实施

中华人民共和国国家质量监督检验检疫总局
中国国家标准化管理委员会 发布

前言

GB/T 9984《工业三聚磷酸钠试验方法》系列标准分为 11 个部分：

GB/T 9984.1　工业三聚磷酸钠　白度的测定

GB/T 9984.2　工业三聚磷酸钠　总五氧化二磷含量的测定　磷钼酸喹啉重量法

GB/T 9984.3　工业三聚磷酸钠　离子交换柱色谱法分离测定不同形式的磷酸盐

GB/T 9984.4　工业三聚磷酸钠　水不溶物的测定

GB/T 9984.5　工业三聚磷酸钠和焦磷酸钠　灼烧损失的测定

GB/T 9984.6　工业三聚磷酸钠　铁含量的测定　2,2′-联吡啶分光光度法

GB/T 9984.7　工业三聚磷酸钠　pH 的测定　电位计法

GB/T 9984.8　工业三聚磷酸钠　颗粒度的测定

GB/T 9984.9　工业三聚磷酸钠　表观密度的测定　给定体积称量法

GB/T 9984.10　工业三聚磷酸钠(包括食品工业用)　氮的氧化物含量的测定　3,4-二甲苯酚分光光度法

GB/T 9984.11　工业三聚磷酸钠　Ⅰ型含量的测定

本部分为 GB/T 9984 的第 2 部分。

本部分代替 GB/T 9984.2—1988《工业三聚磷酸钠　总五氧化二磷含量的测定　磷钼酸喹啉重量法》。

本部分修改采用 ISO 3357:1975《工业三聚磷酸钠和焦磷酸钠　总五氧化二磷含量的测定　磷钼酸喹啉重量法》。

本部分根据 ISO 3357:1975 重新起草。由于我国的法律要求和工业的特殊需要，本部分在采用国际标准时进行了修改。这些技术性差异用垂直线标识在它们所涉及条款的页边右侧空白处，并在附录 A 中给出了技术性差异及其原因一览表以供参考。

本部分的附录 A 为资料性附录。

为便于使用，本标准还做了下列编辑性修改：

a)　“本国际标准”改为“本标准”；

b)　用小数点“.”代替作为小数点的逗号“,”；

c)　删除国际标准的前言。

本部分由中国轻工业联合会提出。

本部分由全国表面活性剂洗涤用品标准化中心归口。

本部分起草单位：国家洗涤用品质量监督检验中心(太原)。

本部分主要起草人：耿詵、姚晨之。

本部分所代替标准的历次版本发布情况为：

——QB 763—1980；

——GB/T 9984.2—1988。

工业三聚磷酸钠　总五氧化二磷含量的测定　磷钼酸喹啉重量法

1　范围

本标准规定了测定工业用三聚磷酸钠(三磷酸五钠)中总五氧化二磷含量的磷钼酸喹啉重量法。

本标准亦适用于焦磷酸钠(二磷酸四钠)中总五氧化二磷含量的测定。

2　原理

在硝酸存在下,将试验份煮沸水解。

在丙酮存在下,使磷酸盐成为磷钼酸喹啉沉淀。将沉淀过滤、洗涤、干燥并称量。

3　试剂与材料

除非另有说明,在分析中仅使用确认为分析纯的试剂和蒸馏水或去离子水或相当纯度的水。

3.1　硝酸(GB/T 626)

密度约 1.4 g/ mL,约 68%(质量分数)溶液。

3.2　柠檬酸钼酸钠试剂(即喹钼柠酮试剂)

溶解 70 g 二水合钼酸钠($Na_2MoO_4 \cdot 2H_2O$)(HG3-1087)于 150 mL 水中(溶液 A);

溶解 60 g 一水合柠檬酸($C_6H_8O_7 \cdot H_2O$)(GB/T 9855)于 150 mL 水和 85 mL 硝酸(3.1)的混合液中(溶液 B);

在搅拌下,将溶液 A 加入到溶液 B 中(溶液 C);

溶解 5 mL 喹啉(不含还原剂)(Q/HG 2-212)于 35 mL 硝酸(3.1)和 100 mL 水的混合液中(溶液 D);

缓慢地把溶液 D 注入溶液 C 中并混匀。在聚乙烯瓶中于暗处放置 24 h,用玻璃过滤坩埚(4.1)过滤。量取 280 mL 丙酮(GB/T 686)注入滤液中,用水稀释至 1 000 mL,混匀,贮存于另一洁净的聚乙烯瓶中。此溶液在避光下保存不超过一周。

4　仪器

常用实验室仪器和

4.1　玻璃过滤坩埚,有烧结玻璃板,孔径 4 μm～10 μm。

4.2　烘箱,能控温 180℃±1℃。

5　程序

5.1　试验份

小心避免任何水分的得失,称取 1 g 试样,精确到 0.000 2 g。

5.2　空白试验

在测定的同时,按照测定的同样程序和使用相同量的全部试剂作一空白试验。

5.3　测定

5.3.1　试液的配制

将试验份(5.1)用水溶解,转入 1 000 容量瓶中,稀释至刻度,充分摇匀。

此溶液临用时制备,必要时过滤。

5.3.2 试验份的水解、沉淀、过滤

移取 25.0 mL 试液(5.3.1)于一个 400 mL 烧杯中,用水稀释至 100 mL,加入 8 mL 硝酸(3.1),盖上表玻璃,置电热板上煮沸 40 min,趁热加入 50 mL 柠檬酸钼酸钠试剂(3.2),调节温度使维持 75℃±5℃约 30 s。加入沉淀试剂,不要搅拌,以免形成凝块。

冷却至室温,用预先在 180℃干燥恒重过的玻璃过滤坩埚(4.1),以真空抽滤。用倾泻法过滤、洗涤 6 次,每次用水约 30 mL。然后用洗瓶将沉淀冲洗至过滤坩埚,再洗涤四次,每次需待水抽滤干后,再加下一份洗涤用水。

5.3.3 干燥和称量

将带有沉淀的过滤坩埚置于 180℃±1℃的烘箱(4.2)中从温度稳定开始计时保持 45 min,然后移入盛有良好硅胶干燥剂的干燥器中冷却 30 min,称量,精确至 0.000 1 g。

6 结果计算

总五氧化二磷(P_2O_5)含量以质量分数表示,按下式计算:

$$w(P_2O_5)(\%) = \frac{(m_1 - m_2) \times 0.032\ 07}{m_0 \times \frac{25}{1\ 000}} \times 100$$

式中:

m_1——测定(5.3.3)中获得的沉淀质量,g;

m_2——空白试验(5.2)得到的沉淀质量,g;

m_0——试验份(5.1)的质量,g;

0.032 07——磷钼酸喹啉换算为五氧化二磷的系数;

以两次平行测定结果的算术平均值表示至小数点后一位作为测定结果。

7 精密度

在重复性条件下获得的两次独立测定结果的绝对差值不大于 0.2%,以大于 0.2%的情况不超过 5%为前提。

8 试验报告

试验报告应包括以下内容:

a) 所用的参考方法;

b) 结果和所用的表示方法;

c) 测定过程中出现的任何异常现象;

d) 本标准未包括的任何操作或自选操作;

e) 试验日期。

附 录 A
（资料性附录）
本标准与 ISO 3357:1975 技术性差异及其原因

表 A.1 给出了本标准与 ISO 3357:1975 的技术性差异及其原因一览表。

表 A.1 本标准与 ISO 3357:1975 技术性差异及其原因

标准章条编号	本标准	ISO 章条编号	ISO 3357:1979	原　因
5.3.1	用水溶解试验份，定容至 1 L。	5.3.1	试验份用 50 mL 水溶解，加浓盐酸，装冷凝器回流 20 min 完成水解后，定容至 1 L。	用硝酸水解和用盐酸效果一样。
5.3.2	先加 8 mL 硝酸煮沸 40 min，水解试验份。趁热加入 50 mL 沉淀剂，于 75℃维持 30 s，冷却，不搅动沉淀。		冷时加沉淀剂，加热至 75 ℃ 30 s，冷却过程中搅动沉淀。	冷时加沉淀剂，再加热陈化，所生产的沉淀细小，难过滤。趁热加入沉淀剂，产生的沉淀松大，易过滤。
5.3.3	在 180℃±1℃ 干燥过滤坩埚及沉淀 45 min。	5.3.3	在 250℃±10℃ 干燥过滤坩埚及沉淀 15 min。	选用在 180℃±1℃ 45 min 干燥沉淀已能等效的达到恒重。
7	增加了试验结果的精密度要求。	—	无	使标准更科学严密。

ICS 71.100.40
G 70

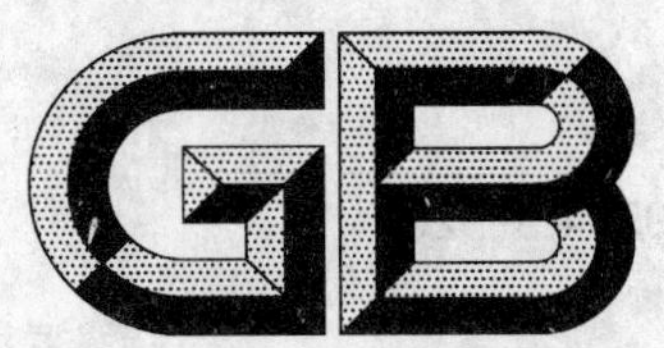

中华人民共和国国家标准

GB/T 9984.3—2004
代替 GB/T 9984.3—1988

工业三聚磷酸钠 离子交换柱色谱法分离测定不同形式的磷酸盐

Sodium tripolyphosphate for industrial use—Separation by ion exchange chromatography and determination of the different phosphate forms

(ISO 3358:1979 Sodium tripolyphosphate and sodium pyrophosphate for industrial use—Separation by column chromatography and determination of the different phosphate forms, MOD)

2004-03-15 发布　　2004-09-01 实施

中华人民共和国国家质量监督检验检疫总局
中国国家标准化管理委员会　发布

前言

GB/T 9984《工业三聚磷酸钠试验方法》系列标准分为11个部分：

GB/T 9984.1 工业三聚磷酸钠 白度的测定

GB/T 9984.2 工业三聚磷酸钠 总五氧化二磷含量的测定 磷钼酸喹啉重量法

GB/T 9984.3 工业三聚磷酸钠 离子交换柱色谱法分离测定不同形式的磷酸盐

GB/T 9984.4 工业三聚磷酸钠 水不溶物的测定

GB/T 9984.5 工业三聚磷酸钠和焦磷酸钠 灼烧损失的测定

GB/T 9984.6 工业三聚磷酸钠 铁含量的测定 2,2′-联吡啶分光光度法

GB/T 9984.7 工业三聚磷酸钠 pH的测定 电位计法

GB/T 9984.8 工业三聚磷酸钠 颗粒度的测定

GB/T 9984.9 工业三聚磷酸钠 表观密度的测定 给定体积称量法

GB/T 9984.10 工业三聚磷酸钠(包括食品工业用) 氮的氧化物含量的测定 3,4-二甲苯酚分光光度法

GB/T 9984.11 工业三聚磷酸钠 Ⅰ型含量的测定

本部分为GB/T 9984的第3部分。

本部分代替GB/T 9984.3—1988《工业三聚磷酸钠 离子交换柱色谱法分离测定不同形式的磷酸盐》。

本部分修改采用ISO 3358:1979《工业三聚磷酸钠和焦磷酸钠 离子交换柱色谱法分离测定不同形式的磷酸盐》(英文版)。

本部分根据ISO 3358:1979重新起草。由于我国的法律要求和工业的特殊需要，本标准在采用国际标准时进行了修改。这些技术性差异用垂直线标识在它们所涉及条款的页边右侧空白处，并在附录A中给出了技术性差异及其原因一览表以供参考。

本部分的附录A为资料性附录。

为便于使用，本部分还做了下列编辑性修改：

a) “本国际标准”改为“本标准”；

b) 用小数点“.”代替作为小数点的逗号“,”；

c) 删除国际标准的前言；

d) 删除国际标准的附录A，将其内容穿插在本标准相关章节中。

本部分由中国轻工业联合会提出。

本部分由全国表面活性剂洗涤用品标准化中心归口。

本部分起草单位：国家洗涤用品质量监督检验中心(太原)。

本部分主要起草人：耿龑、姚晨之。

本部分所代替标准的历次版本发布情况为：

——QB 763—1980；

——GB/T 9984.3—1988。

工业三聚磷酸钠　离子交换柱色谱法 分离测定不同形式的磷酸盐

1　范围

本标准规定了分离和测定工业用三聚磷酸钠(三磷酸五钠)中的不同形式磷酸盐的离子交换柱色谱法。

本标准适用于测定正磷酸盐、焦磷酸盐、三聚磷酸盐和三偏磷酸盐的含量,也适用于在无四偏和五偏磷酸盐存在时估计多聚磷酸盐的总含量。

2　规范性引用文件

下列文件中的条款通过本标准的引用而成为本标准的条款。凡是注日期的引用文件,其随后所有的修改单(不包括勘误的内容)或修订版均不适用于本标准,然而,鼓励根据本标准达成协议的各方研究是否可使用这些文件的最新版本。凡是不注日期的引用文件,其最新版本适用于本标准。

GB/T 9984.2　工业三聚磷酸钠　总五氧化二磷含量的测定　磷钼酸喹啉重量法(eqv ISO 3357:1975)

3　原理

将工业三聚磷酸钠中的各种磷酸盐吸附在强碱性阴离子交换树脂柱上,利用其对树脂的亲和力不同,用递增浓度的氯化钾溶液洗提,使其按正、焦、三聚、三偏磷酸盐的顺序流出,测定相应洗提液中的五氧化二磷,计算各种磷酸盐的含量。

4　仪器

常用实验室仪器和

4.1　离子交换柱,玻璃管内径 10 mm,长 400 mm,管底收缩,配一玻璃活塞(25 mL 滴定管可适用),见图 1;

4.2　分液漏斗,125 mL,固定在铁环上与交换柱顶部连接;

4.3　玻璃棉;

4.4　烧杯,400 mL;

4.5　玻璃过滤坩埚,烧结玻璃板孔径 4 μm～10 μm;

4.6　硬质玻璃试管,ϕ25 mm×200 mm;

4.7　水浴锅,可控于微沸;

4.8　分光光度计,波长范围 350 nm～800 nm。

单位为毫米

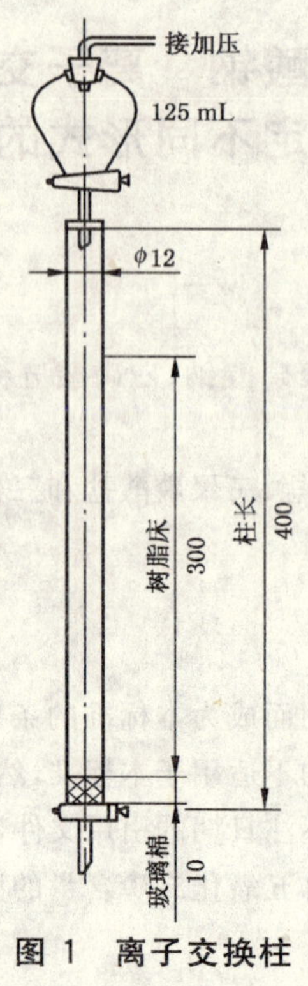

图 1 离子交换柱

5 试剂与材料

除非另有说明,在分析中仅使用确认为分析纯的试剂和蒸馏水或去离子水或相当纯度的水。

5.1 离子交换树脂,强碱性阴离子型,氯型,粒度 0.07 mm～0.16 mm:在 4 mol/L 盐酸溶液中浸泡一周,用水以倾泻法洗至洗液澄清,保存于水溶液中备用。

5.2 缓冲溶液(pH=4.3):溶解 51 g 三水合乙酸钠($CH_3COONa \cdot 3H_2O$)(GB/T 693)和 46 mL 冰乙酸(GB/T 676)于水中,用水稀释至 1 000 mL。

5.3 钼酸铵-硫酸溶液(7.2 g/L):溶解 7.2 g 四水合钼酸铵[$(NH_4)_6Mo_7O_{24} \cdot 4H_2O$](GB/T 657)于水中,加入 400 mL 浓度为 $c(1/2H_2SO_4)=10$ mol/L 的硫酸(GB/T 625),用水稀释至 1 000 mL。此溶液中硫酸浓度为 $c(1/2H_2SO_4)=4$ mol/L,每升中含三氧化钼(MoO_3)约 6 g。

5.4 抗坏血酸,25 g/L 溶液,每隔(2～3)天重配。

5.5 盐酸(GB/T 622),约 2 mol/L 溶液。

5.6 氯化钾(GB/T 646),0.15 mol/L、0.25 mol/L、0.50 mol/L 和 0.75 mol/L 溶液,每种溶液 1 L 中含缓冲溶液(5.2)10 mL。

5.7 标准五氧化二磷溶液(每 1 mL 含 1.00 mg P_2O_5):将磷酸二氢钾(KH_2PO_4)(GB 1274)在 110℃烘 2 h,在干燥器中冷却后称取 1.917 g(准至 0.000 5 g),加水溶解,移入 1 000 mL 容量瓶中,用水稀释至刻度,混匀。

5.8 标准五氧化二磷使用溶液(每 1 mL 含 10 μg P_2O_5):准确吸取 10.0 mL 五氧化二磷标准溶液(5.7)于 1 000 mL 容量瓶中,用水稀释至刻度,混匀。

6 程序

6.1 准备工作

6.1.1 离子交换柱的准备

将离子交换柱(4.1)固定在架子上,关上活塞,在柱子底部填 1 cm 厚的玻璃棉,倒入约 10 mL 水浸湿。将树脂(5.1)倒入柱内,使树脂床高为 30 cm,用盐酸(5.5)浸没备用。用前按树脂再生步骤中使用前的处理过程处理后，即可进样。

6.1.2 树脂的再生

每次样品洗脱分离完毕，用盐酸(5.5)200 mL流过树脂床且浸泡过夜使树脂再生。使用前使50 mL盐酸(5.5)流过柱子，关闭交换柱活塞，将柱充满水，塞上橡皮塞，倒转几次使树脂松动，排出空气泡。将柱竖直固定在架上，用水先慢速洗树脂，然后以5.5 mL/min～6.0 mL/min流速洗至流出液的pH值为4.5～5.0(用水约80 mL)。维持液面高于树脂层1 cm，关闭交换柱和分液漏斗的活塞，备用。

离子交换柱树脂床中不能有气泡；每次分离完毕，树脂必须再生；在再生树脂和分离样品的全过程中要保持柱中液面高出树脂层约1 cm，不能流干。

6.1.3 当树脂批号或交换柱参数改变时，需按(6.1.5)选择最佳分离条件的程序，用已知组成的样品，选用合适的洗提溶液，核对离子交换柱色谱分离的准确性。

6.1.4 标准曲线的制作

准确吸取标准五氧化二磷使用溶液(5.8)0、2、4、6、8、10、15、20、25 mL，分别移入硬质玻璃试管(4.6)中，加水稀释至25 mL，加入钼酸铵-硫酸溶液(5.3)10 mL，抗坏血酸溶液(5.4)2 mL，在沸水浴(4.7)中加热至少30 min，保证水解完全。冷却至室温，分别移入100 mL容量瓶中，用水稀释至刻度，混匀。用分光光度计(4.8)在650 nm处，以2 cm比色池用水作参比测定系列溶液的吸光度。以各溶液的吸光度减去空白溶液的吸光度得到的净吸光度(A)为横坐标，五氧化二磷含量(μg)为纵坐标绘制标准曲线。

注：标准五氧化二磷使用溶液0 mL作为空白试验溶液。

6.1.5 选择最佳色谱分离条件

三聚磷酸钠样品中各种磷酸盐的彼此分离与离子交换树脂的性能、交换柱参数、树脂床高、洗脱液浓度、pH值和流速等因素有关。

在选定离子交换柱以后，装入处理好的树脂，然后按测定程序称样，制备试样溶液，进样，加入洗脱溶液，每5 mL流出液收作一份，按6.1.4分别测定吸光度，绘制流出曲线，从而确定最佳分离条件。本标准选用内径10 mm柱，树脂床高300 mm，柱流速5.5 mL/min～6.0 mL/min，用0.15 mol/L氯化钾溶液70 mL、0.25 mol/L氯化钾溶液90 mL、0.50 mol/L氯化钾溶液90 mL、0.75 mol/L氯化钾溶液70 mL依次洗脱正、焦、三聚、三偏磷酸盐。如图2所示。

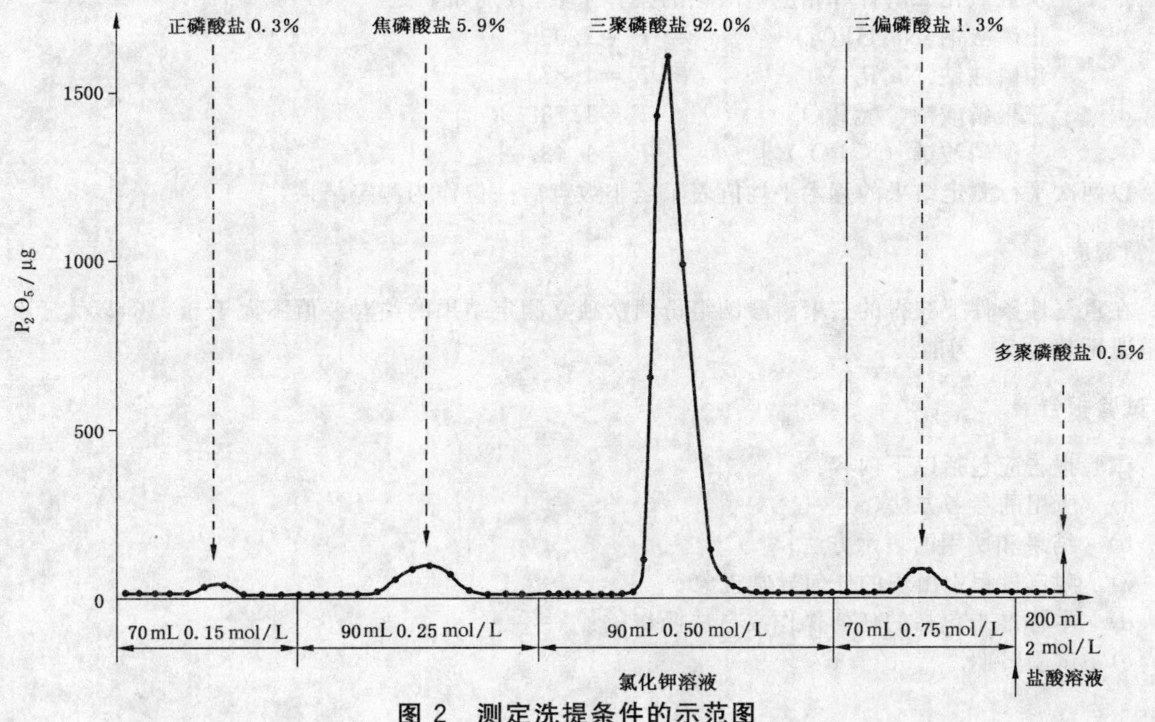

图2 测定洗提条件的示范图

6.2 分离

6.2.1 试验溶液的配制

称取 1 g 试样(精确到 0.000 2 g),加水溶解,移入 500 mL 容量瓶中,加入 10 mL 缓冲溶液(5.2),用水稀释至刻度,混匀(若混浊需过滤)。

6.2.2 色谱分离

准确吸取 10 mL 试样溶液于交换柱上端的分液漏斗中,打开分液漏斗和交换柱的活塞,使试液流入树脂床,用 0.15 mol/L 氯化钾溶液(5.6)10 mL 冲洗分液漏斗,再加 0.15 mol/L 氯化钾溶液(5.6)60 mL,控制流速 5.5 mL/min～6.0 mL/min,洗提分离正磷酸盐组分,收集于 100 mL 容量瓶中;用 0.25 mol/L氯化钾溶液(5.6)90 mL 洗提分离焦磷酸盐组分,收集于 250 mL 容量瓶中;用 0.50 mol/L 氯化钾溶液(5.6)90 mL 洗提分离三聚磷酸盐组分,收集于 400 mL 烧杯(4.4)中;用 0.75 mol/L 氯化钾溶液(5.6)70 mL 洗提分离三偏磷酸盐组分,收集于 100 mL 容量瓶中。

6.3 测定各洗出液中五氧化二磷含量

6.3.1 正、焦和三偏磷酸盐流出液的测定

将正、焦和三偏磷酸盐流出液分别用水稀释至刻度,混匀。分别取 25 mL 按 6.1.4 条加入钼酸铵-硫酸溶液(5.3)10 mL 及其后相同程序测定各组分溶液的吸光度,由标准曲线查得五氧化二磷的含量,计算该组分的五氧化二磷总量(g)。

6.3.2 三聚磷酸盐流出液的测定

用全部流出液,按照 GB/T 9984.2 测定五氧化二磷含量(g)。

7 结果计算

工业三聚磷酸钠中各种形式磷酸钠的含量以质量分数 wX 表示,按下式计算:

$$w(X)(\%) = \frac{m_i}{m_n} \times F_i \times 100$$

式中:

m_i——由 i 种流出液中测得的五氧化二磷质量,g;

m_n——试验份(6.2.1)的质量,g;

F_i——从五氧化二磷计算相应磷酸钠的换算系数,分别如下:

正磷酸钠(Na_2HPO_4)	F_i=2.000
焦磷酸钠($Na_4P_2O_7$)	F_i=1.873
三聚磷酸钠($Na_5P_3O_{10}$)	F_i=1.728
三偏磷酸钠[$(NaPO_3)_3$]	F_i=1.437

以两次平行测定结果的算术平均值表示至小数点后一位作为测定结果。

8 精密度

在重复性条件下获得的三聚磷酸钠组份两次独立测定结果的绝对差值不大于 0.5%,以大于 0.5% 的情况不超过 5%为前提。

9 试验报告

试验报告应包括以下内容:

a) 所用的参考方法;
b) 结果和所用的表示方法;
c) 测定过程中出现的任何异常现象;
d) 本标准未包括的任何操作或自选操作;
e) 试验日期。

附　录　A
（资料性附录）
本标准与 ISO 3358：1979 技术性差异及其原因

表 A.1 给出了本标准与 ISO 3358：1979 的技术性差异及其原因一览表。

表 A.1　本标准与 ISO 3358：1979 技术性差异及其原因

本标准章条编号	本标准	ISO 章条编号	ISO 3358：1979	原　因
4.1 6.1.1	离子交换柱内径 10 mm，树脂柱床装填高度 300 mm。	6.1 7.1	离子交换柱内径 12 mm，树脂柱床装填高度 240 mm。	可使分离峰不拖尾。
6.1.5	洗提液的浓度及用量为： 0.15 mol/L，用量为 70 mL； 0.25 mol/L，用量为 90 mL； 0.50 mol/L，用量为 90 mL； 0.75 mol/L，用量为 70 mL。		洗提液的浓度及用量为： 0.25 mol/L，用量为 110 mL； 0.50 mol/L，用量为 80 mL； 0.75 mol/L，未定量。	经回收实验证明，可得到分离良好的各组分，而 ISO 3358 有拖尾现象。
6.2.2	洗提液流速 5.5 mL/min～6.0 mL/min。	7.3.2	洗提液流速 2.5 mL/min～3.0 mL/min。	用 ISO 3358 流速太慢，且组分分离不如本标准，还存在拖尾现象。
8	增加对主组分“三聚磷酸钠”的重复性要求。	—	无	使标准更科学严密。

ICS 71.100.40
G 70

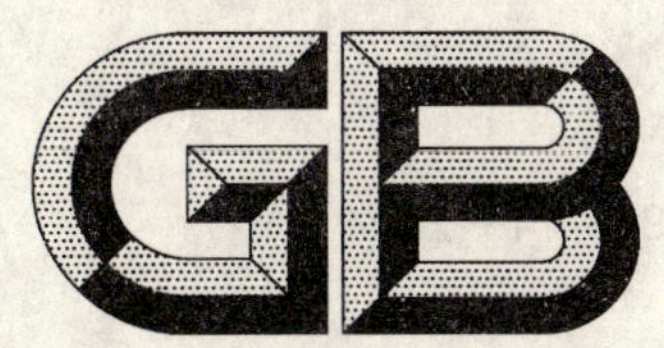

中华人民共和国国家标准

GB/T 9984.4—2004
代替 GB/T 9984.4—1988

工业三聚磷酸钠 水不溶物的测定

Sodium tripolyphosphate for industrial use—
Determination of matter insoluble in water

(ISO 850:1976,Sodium tripolyphosphate for industrial use—
Determination of matter insoluble in water,MOD)

2004-03-15 发布 2004-09-01 实施

中华人民共和国国家质量监督检验检疫总局
中国国家标准化管理委员会 发布

前　言

GB/T 9984《工业三聚磷酸钠试验方法》系列标准分为11个部分：

GB/T 9984.1　工业三聚磷酸钠　白度的测定

GB/T 9984.2　工业三聚磷酸钠　总五氧化二磷含量的测定　磷钼酸喹啉重量法

GB/T 9984.3　工业三聚磷酸钠　离子交换柱色谱法分离测定不同形式的磷酸盐

GB/T 9984.4　工业三聚磷酸钠　水不溶物的测定

GB/T 9984.5　工业三聚磷酸钠和焦磷酸钠　灼烧损失的测定

GB/T 9984.6　工业三聚磷酸钠　铁含量的测定　2,2'-联吡啶分光光度法

GB/T 9984.7　工业三聚磷酸钠　pH的测定　电位计法

GB/T 9984.8　工业三聚磷酸钠　颗粒度的测定

GB/T 9984.9　工业三聚磷酸钠　表观密度的测定　给定体积称量法

GB/T 9984.10　工业三聚磷酸钠(包括食品工业用)　氮的氧化物含量的测定　3,4-二甲苯酚分光光度法

GB/T 9984.11　工业三聚磷酸钠　Ⅰ型含量的测定

本部分为GB/T 9984的第4部分。

本部分代替GB/T 9984.4—1988《工业三聚磷酸钠　水不溶物的测定》。

本部分修改采用ISO 850:1976《工业三聚磷酸钠和焦磷酸钠　水不溶物的测定》(英文版)。

本部分根据ISO 850:1976重新起草。由于我国的法律要求和工业的特殊需要，本标准在采用国际标准时进行了修改，增加了对试验结果的表示和精密度要求。

上述技术性差异在标准中已用垂直线标识在它们所涉及条款的页边右侧空白处。

为便于使用，本标准还做了下列编辑性修改：

a)　“本国际标准”改为“本标准”；

b)　用小数点“.”代替作为小数点的逗号“,”；

c)　删除国际标准的前言。

本部分由中国轻工业联合会提出。

本部分由全国表面活性剂洗涤用品标准化中心归口。

本部分起草单位：国家洗涤用品质量监督检验中心(太原)。

本部分主要起草人：耿龑、姚晨之。

本部分所代替标准的历次版本发布情况为：

——QB 763—1980；

——GB/T 9984.4—1988。

工业三聚磷酸钠　水不溶物的测定

1　范围

本标准规定了工业用三聚磷酸钠(三磷酸五钠)中水不溶物的测定方法。

本标准适用于各种工艺生产的三聚磷酸钠中水不溶物的测定。

2　原理

将试验份溶解,过滤分离不溶物,干燥并称重。

3　试剂

除非另有说明,在分析中仅使用确认为分析纯的试剂和蒸馏水或去离子水或相当纯度的水。

4　仪器

常用实验室仪器和

4.1　玻璃过滤坩埚,烧结玻璃板孔径 16 μm～40 μm;

4.2　电烘箱,能控制在 110℃±5℃。

5　程序

5.1　试验份

称取约 10 g 试样,精确到 0.01 g。

5.2　测定

将试验份(5.1)置于 400 mL 烧杯中,用约 200 mL 水溶解。

煮沸该溶液约 10 min,稍微冷却即用玻璃过滤坩埚(4.1)真空过滤。玻璃过滤坩埚(4.1)已预先在 110℃±5℃的烘箱(4.2)中干燥 2 h,在干燥器中冷却后称量,精确到 0.000 1 g。洗涤沉淀直至滤液无磷酸盐(定性检验)。

将坩埚置于 110℃±5℃的烘箱(4.2)中并保持此温度 2 h。然后从烘箱中取出坩埚,置于干燥器中,冷却后称量,精确到 0.000 1 g。

在干燥器中冷却的时间应与称空坩埚皮重时冷却的时间相同。

6　结果计算

水不溶物以质量分数 $w(X)$ 表示,按下式计算:

$$w(X)(\%) = \frac{m_1 \times 100}{m_0}$$

式中:

m_1——过滤并干燥后水不溶物的质量,g;

m_0——试验份(5.1)的质量,g。

以两次平行测定结果的算术平均值表示至小数点后两位作为测定结果。

7　精密度

在重复性条件下获得的两次独立测定结果的绝对差值不大于 0.01%,以大于 0.01%的情况不超过 5%为前提。

8 试验报告

试验报告应包括以下内容：

a) 所用的参考方法；

b) 结果和所用的表示方法；

c) 测定过程中出现的任何异常现象；

d) 本标准未包括的任何操作或自选操作；

e) 试验日期。

ICS 71.100.40
G 70

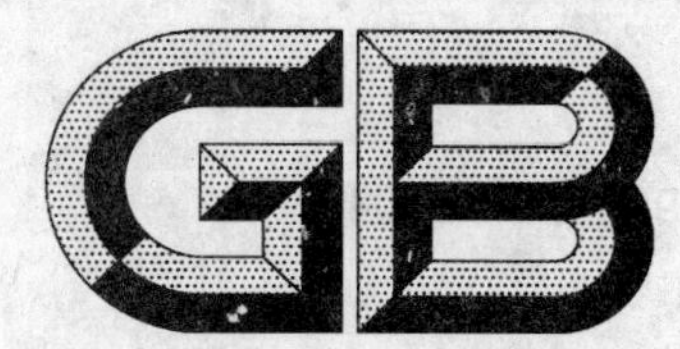

中华人民共和国国家标准

GB/T 9984.5—2004
代替 GB/T 9984.5—1988

工业三聚磷酸钠和焦磷酸钠灼烧损失的测定

Sodium tripolyphosphate and sodium pyrophosphate for industrial use—Determination of loss on ignition

(ISO 853:1976,Sodium tripolyphosphate and sodium pyrophosphate for industrial use—Determination of loss on ignition,MOD)

2004-03-15 发布　　2004-09-01 实施

中华人民共和国国家质量监督检验检疫总局
中国国家标准化管理委员会　发布

前　言

GB/T 9984《工业三聚磷酸钠试验方法》系列标准分为11个部分：

GB/T 9984.1　工业三聚磷酸钠　白度的测定

GB/T 9984.2　工业三聚磷酸钠　总五氧化二磷含量的测定　磷钼酸喹啉重量法

GB/T 9984.3　工业三聚磷酸钠　离子交换柱色谱法分离测定不同形式的磷酸盐

GB/T 9984.4　工业三聚磷酸钠　水不溶物的测定

GB/T 9984.5　工业三聚磷酸钠和焦磷酸钠　灼烧损失的测定

GB/T 9984.6　工业三聚磷酸钠　铁含量的测定　2,2′-联吡啶分光光度法

GB/T 9984.7　工业三聚磷酸钠　pH的测定　电位计法

GB/T 9984.8　工业三聚磷酸钠　颗粒度的测定

GB/T 9984.9　工业三聚磷酸钠　表观密度的测定　给定体积称量法

GB/T 9984.10　工业三聚磷酸钠(包括食品工业用)　氮的氧化物含量的测定　3,4-二甲苯酚分光光度法

GB/T 9984.11　工业三聚磷酸钠　I型含量的测定

本部分为GB/T 9984的第5部分。

本部分代替GB/T 9984.5—1988《工业三聚磷酸钠和焦磷酸钠　灼烧损失的测定》。

本部分修改采用ISO 853:1976《工业三聚磷酸钠和焦磷酸钠　灼烧损失的测定》(英文版)。

本部分根据ISO 853:1976重新起草。由于我国的法律要求和工业的特殊需要，本标准在采用国际标准时进行了修改，增加了试验结果的表示。另外，为了便于使用，本标准做了下列编辑性修改：

a)　“本国际标准”改为“本标准”；

b)　用小数点“.”代替作为小数点的逗号“,”；

c)　删除国际标准的前言。

本部分由中国轻工业联合会提出。

本部分由全国表面活性剂洗涤用品标准化中心归口。

本部分起草单位：国家洗涤用品质量监督检验中心(太原)。

本部分主要起草人：李晓辉、姚晨之。

本部分所代替标准的历次版本发布情况为：

——GB/T 9984.5—1988。

工业三聚磷酸钠和焦磷酸钠 灼烧损失的测定

1 范围

本标准规定了工业用三聚磷酸钠(三磷酸五钠)和焦磷酸钠(二磷酸四钠)灼烧损失的测定方法。

本标准适用于三聚磷酸钠(三磷酸五钠)和焦磷酸钠(二磷酸四钠)灼烧损失的测定。

2 原理

试验份在550℃±25℃灼烧至恒重。

3 仪器

常用实验室仪器和

3.1 瓷坩埚,直径约25 mm;

3.2 电热高温炉,能控制在550℃±25℃。

4 程序

4.1 试验份

称取约5 g试样于瓷坩埚(3.1)中,精确到0.001 g。瓷坩埚预先经550℃灼烧,在干燥器内冷却后称量,精确到0.000 1g,直至恒重。

4.2 测定

将盛有试验份(4.1)的坩埚(3.1)置于高温炉(3.2)中,开始加热并逐渐升温至550℃±25℃,维持此温度约1 h。然后从高温炉中取出坩埚置于干燥器中,令其冷却并称重,精确到0.000 1 g。重复于550℃±25℃加热、冷却、称重,直至连续两次称量的质量偏差不大于0.000 2 g,即为恒重。

5 结果计算

灼烧损失以质量分数$w(X)$表示,按下式计算:

$$w(X)(\%)=\frac{m_1-m_2}{m_0}\times 100$$

式中:

m_1——灼烧前坩埚和试验份的质量,g;

m_2——灼烧后坩埚和试验份的质量,g;

m_0——试验份(4.1)质量,g。

以两次平行测定结果的算术平均值表示到小数点后一位作为测定结果。

6 试验报告

试验报告应包括以下内容:

a) 所用的参考方法;

b） 结果和所用的表示方法；

c） 测定过程中出现的任何不正常现象；

d） 本标准未包括的任何操作或自选操作；

e） 试验日期。

ICS 71.100.40
G 70

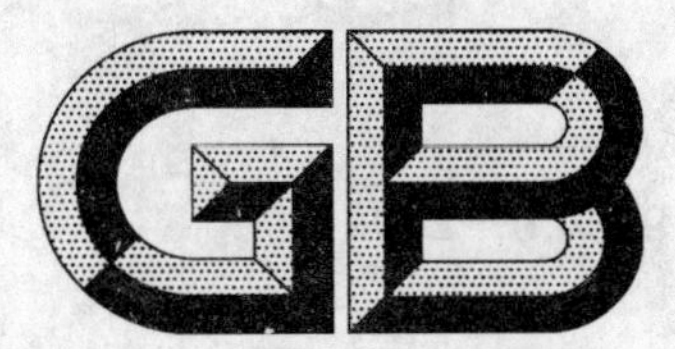

中华人民共和国国家标准

GB/T 9984.6—2004
代替 GB/T 9984.6—1988

工业三聚磷酸钠　铁含量的测定 2,2′-联吡啶分光光度法

Sodium tripolyphosphate for industrial use—Determination of iron content—2,2′-bipyridyl spectrophotometric method

(ISO R 852:1968 Sodium tripolyphosphate and sodium pyrophosphate for industrial use—Determination of iron content—2,2′-bi-pyridyl spectrophotometric method, MOD)

2004-03-15 发布　　2004-09-01 实施

中华人民共和国国家质量监督检验检疫总局
中国国家标准化管理委员会　发布

前言

GB/T 9984《工业三聚磷酸钠试验方法》系列标准分为11个部分：

GB/T 9984.1 工业三聚磷酸钠 白度的测定

GB/T 9984.2 工业三聚磷酸钠 总五氧化二磷含量的测定 磷钼酸喹啉重量法

GB/T 9984.3 工业三聚磷酸钠 离子交换柱色谱法分离测定不同形式的磷酸盐

GB/T 9984.4 工业三聚磷酸钠 水不溶物的测定

GB/T 9984.5 工业三聚磷酸钠和焦磷酸钠 灼烧损失的测定

GB/T 9984.6 工业三聚磷酸钠 铁含量的测定 2,2′-联吡啶分光光度法

GB/T 9984.7 工业三聚磷酸钠 pH的测定 电位计法

GB/T 9984.8 工业三聚磷酸钠 颗粒度的测定

GB/T 9984.9 工业三聚磷酸钠 表观密度的测定 给定体积称量法

GB/T 9984.10 工业三聚磷酸钠(包括食品工业用) 氮的氧化物含量的测定 3,4-二甲苯酚分光光度法

GB/T 9984.11 工业三聚磷酸钠 Ⅰ型含量的测定

本部分为GB/T 9984的第6部分。

本部分代替GB/T 9984.6—1988《工业三聚磷酸钠 铁含量的测定 2,2′-联吡啶分光光度法》。

本部分修改采用ISO R 852:1968《工业用三聚磷酸钠和焦磷酸钠 铁含量的测定 2,2′-联吡啶分光光度法》(英文版)。

本部分根据ISO R 852:1968重新起草，由于我国的法律要求和工业的特殊需要，本标准在采用国际标准时进行了以下技术性修改：

——以1：1盐酸溶液代替ISO R 852:1968的12N盐酸溶液；

——增加了精密度要求。

上述技术性差异在标准中已用垂直线标识在它们所涉及条款的页边右侧空白处。

为便于使用，本标准还做了下列编辑性修改：

a)“本国际标准”一词改为“本标准”；

b)用小数点“.”，代替作为小数点的逗号“，”；

c)删除国际标准的前言。

本部分由中国轻工业联合会提出。

本部分由全国表面活性剂洗涤用品标准化中心归口。

本部分起草单位：国家洗涤用品质量监督检验中心(太原)。

本部分主要起草人：李晓辉、姚晨之。

本部分所代替标准的历次版本发布情况为：

——GB/T 9984.6—1988。

工业三聚磷酸钠　铁含量的测定 2,2′-联吡啶分光光度法

1　范围

本标准规定了用分光光度法测定工业三聚磷酸钠中的含铁量。

本标准适用于含铁量(以 Fe 表示)在 0.001%以上的产品。

2　原理

在盐酸存在下,煮沸样品溶液 1 h,使三价铁离子游离出来。

用盐酸羟胺将三价铁离子还原成二价铁离子。加入 2,2′-联吡啶溶液及乙酸铵溶液,使试液的 pH 值为 3.0~3.2。在温度 75℃左右,二价铁离子可生成红色的 2,2′-联吡啶络合物$[Fe(C_{10}H_8N_2)_3]Cl_2$。在波长 522 nm 处测量红色络合物的吸光度。

3　试剂

除非另有说明,在分析中仅使用确认为分析纯的试剂和蒸馏水或去离子水或相当纯度的水。

3.1　盐酸(GB/T 622),1∶1 溶液。

3.2　硫酸(GB/T 625),100 g/L 溶液。

3.3　2,2′-联吡啶,5 g/L 盐酸溶液:溶解 2,2′-联吡啶 0.50 g 于 20 mL 盐酸(3.1)中并用水稀释至 100 mL(此溶液贮于冰箱中,有效期可达数月)。

3.4　乙酸铵(GB/T 1292),300 g/L 溶液。

3.5　盐酸羟胺(HG/T 3-967),100 g/L 溶液,此溶液在冰箱内可存放 2 周。

3.6　铁标准储液,含铁 2.00 g/L:准确称取 7.022 g 六水合硫酸亚铁铵(GB/T 661)于 50 mL 烧杯中,加入 50 mL 硫酸(3.2),定量转移至 500 mL 容量瓶中,用水稀释至刻度,混匀。此溶液含铁(Fe)2.0 mg/mL。

3.7　铁标准使用溶液,含铁 0.020 g/L:临用前移取 10.0 mL 铁标准储液(3.6)于 1 000 mL 容量瓶中,稀释至刻度,混匀。此溶液含铁(Fe)20 μg/mL。

4　仪器

常用实验室仪器和

4.1　pH 计,精度至少 0.1 pH 单位,附有玻璃电极和甘汞电极。

4.2　分光光度计。

5　程序

5.1　校正曲线的制作

在 5 个 100 mL 烧杯内,分别定量移入表 1 规定量的铁标准使用溶液(3.7)。

表 1　铁标准使用溶液的移取量

铁标准使用溶液的体积/mL	0[a]	5.0	10.0	15.0	25.0
相应的铁含量/μg	0	100	200	300	500

a　空白试验溶液。

向每个烧杯各加入 10 mL 盐酸(3.1),用水稀释至约 50 mL。再各加入 1 mL 盐酸羟胺溶液(3.5),10 min 后,加入 2,2′-联吡啶溶液(3.3)5 mL。静置 10 min 后,先加入 15 mL 乙酸铵溶液(3.4),以 pH 计指示,再加乙酸铵溶液,调节溶液的 pH 值为 3.0～3.2。然后定量转移至 100 mL 容量瓶中,于 70℃～75℃水浴中加热 15 min,冷却至室温后,稀释至刻度,混匀。

用分光光度计(4.2)在 522 nm 处,以 1 cm 比色池,水作参比测定各溶液的吸光度。以各溶液的吸光度减去空白溶液的吸光度得到的净吸光度为纵坐标,铁(Fe)含量(μg)为横坐标绘制校正曲线。

注:pH 计用的校正溶液为酒石酸氢钾饱和溶液(25℃时,pH=3.56)。

5.2 测定

称取 2.0 g 试样(精确到 0.000 1 g)两份于两个 100 mL 烧杯内,同时另取一个 100 mL 烧杯作空白试验。向各烧杯分别加入 20 mL 盐酸溶液(3.1)及 15 mL 水,搅匀,盖上表面皿,在电炉上微沸 1 h,冷却后用水转移至 100 mL 容量瓶中,稀释至刻度,混匀。若溶液不清澈,用中速定性滤纸过滤。

移取 50.0 mL 溶液至 100 mL 烧杯中,再按 5.1 条“加入 1 mL 盐酸羟胺溶液(3.5)”及其后相同程序和试剂加入量测定各溶液的吸光度。用试验溶液的净吸光度从校正曲线(5.1)上查得相应的铁含量(μg)。

6 结果计算

三聚磷酸钠的铁含量以铁 $w(\mathrm{Fe})$ 的质量分数表示,按下式计算:

$$w(\mathrm{Fe})(\%) = \frac{2A}{m \times 10^4}$$

式中:

A——试验溶液净吸光度相应的铁的含量,μg;

m——试验份(5.2)的质量,g。

以两次平行测定结果的算术平均值表示到小数点后第三位作为测定结果。

7 精密度

在重复性条件下获得的两次独立测定结果的绝对差值不大于 0.000 6%,以大于 0.000 6%的情况不超过 5%为前提。

8 试验报告

试验报告应包括以下内容:

a) 所用的参考方法;

b) 结果和所用的表示方法;

c) 测定过程中出现的任何不正常现象;

d) 本标准未包括的任何操作或自选操作;

e) 试验日期。

ICS 71.100.40
G 70

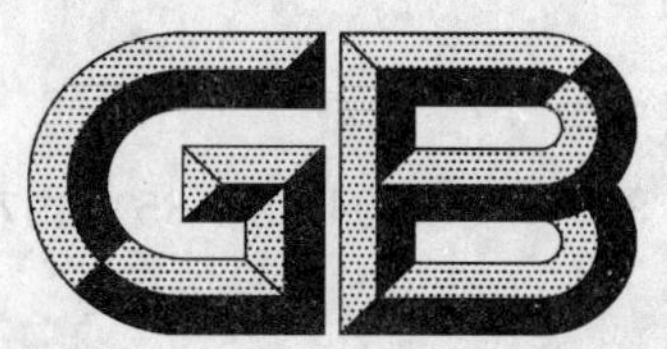

中华人民共和国国家标准

GB/T 9984.7—2004/ISO 851:1976
代替 GB/T 9984.7—1988

工业三聚磷酸钠 pH 的测定 电位计法

Sodium tripolyphosphate for industrial use—Measurement of pH—Potentiometric method

(ISO 851:1976, Sodium tripolyphosphate for industrial use—Measurement of pH—Potentiometric method, IDT)

2004-03-15 发布　　　　2004-09-01 实施

中华人民共和国国家质量监督检验检疫总局
中国国家标准化管理委员会　发布

前　言

GB/T 9984《工业三聚磷酸钠试验方法》系列标准分为11个部分：

GB/T 9984.1　工业三聚磷酸钠　白度的测定

GB/T 9984.2　工业三聚磷酸钠　总五氧化二磷含量的测定　磷钼酸喹啉重量法

GB/T 9984.3　工业三聚磷酸钠　离子交换柱色谱法分离测定不同形式的磷酸盐

GB/T 9984.4　工业三聚磷酸钠　水不溶物的测定

GB/T 9984.5　工业三聚磷酸钠和焦磷酸钠　灼烧损失的测定

GB/T 9984.6　工业三聚磷酸钠　铁含量的测定　2,2′-联吡啶分光光度法

GB/T 9984.7　工业三聚磷酸钠　pH的测定　电位计法

GB/T 9984.8　工业三聚磷酸钠　颗粒度的测定

GB/T 9984.9　工业三聚磷酸钠　表观密度的测定　给定体积称量法

GB/T 9984.10　工业三聚磷酸钠(包括食品工业用)　氮的氧化物含量的测定　3,4-二甲苯酚分光光度法

GB/T 9984.11 工业三聚磷酸钠　Ⅰ型含量的测定

本部分为GB/T 9984的第7部分。

本部分代替GB/T 9984.7—1988《工业三聚磷酸钠　pH的测定　电位计法》。

本部分等同采用ISO 851:1976《工业三聚磷酸钠　pH的测定　电位计法》(英文版)。

为了便于使用，本标准做了下列编辑性修改：

a)　“本国际标准”改为“本标准”；

b)　用小数点“.”代替作为小数点的逗号“,”；

c)　删除国际标准的前言。

本部分由中国轻工业联合会提出。

本部分由全国表面活性剂洗涤用品标准化中心归口。

本部分起草单位：国家洗涤用品质量监督检验中心(太原)。

本部分主要起草人：李晓辉、姚晨之。

本部分所代替标准的历次版本发布情况为：

——QB 763—1980；

——GB/T 9984.7—1988。

工业三聚磷酸钠　pH 的测定　电位计法

1　范围

本标准规定了工业用三聚磷酸钠以 10 g/L 的常规浓度测定溶液 pH 值的电位法。

2　原理

用 pH 计测定三聚磷酸钠 10 g/L 溶液的 pH 值。

3　试剂

除非另有说明，在分析中仅使用确认为分析纯的试剂和新煮沸并冷却到室温的蒸馏水或去离子水或相当纯度的水。

3.1　四硼酸钠(GB/T 6856)，$c_{(Na_2B_4O_7 \cdot 10H_2O)}=0.01$ mol/L 缓冲溶液

溶解 3.81 g±0.01 g 十水合四硼酸钠($Na_2B_4O_7 \cdot 10H_2O$)于水中，定量转移至 1 000 mL 单刻度容量瓶中，稀释至刻度并混匀。

将此溶液贮于无二氧化碳的密闭塑料瓶中，一个月至少更换一次。

此溶液在不同温度下的 pH 值如表 1 所示。

表 1　四硼酸钠缓冲溶液在不同温度下的 pH 值

温度/℃	15	20	25	30
pH	9.26	9.22	9.18	9.14
注：温度每升高 1℃，pH 变化－0.008 pH 单位。				

3.2　四硼酸钠和氢氧化钠(GB/T 629)缓冲溶液

将 0.01 mol/L 的氢氧化钠溶液 100 mL 加入到 100 mL 四硼酸钠缓冲溶液(3.1)中并混匀。

该溶液在不同温度时的 pH 值如表 2 所示。

表 2　四硼酸钠和氢氧化钠缓冲溶液在不同温度下的 pH 值

温度/℃	15	20	25	30
pH	9.64	9.61	9.58	9.55
注：温度每升高 1℃，pH 变化－0.006 pH 单位。				

4　仪器

常用实验室仪器和

4.1　pH 计(或酸度计)，灵敏度 0.05 pH 单位，配有玻璃测量电极和甘汞参比电极，如 231 型玻璃电极和 232 型甘汞电极。

5　程序

5.1　试验份

称取 1.00 g 试样，精确至 0.001 g。

5.2　试验溶液的配制

放 50 mL 水至 250 mL 烧杯中，在玻璃棒搅拌下，小量地加入试验份(5.1)，至溶解完全。

将此溶液定量转移到100 mL单刻度容量瓶中，稀释至刻度并混匀。

注：试验溶液临用前现配。

5.3 测定

将容量瓶中的内容物转移到250 mL的干烧杯中，用预先经缓冲溶液(3.1)或(3.2)校准过的pH计(4.1)测量其pH值。所选缓冲溶液的pH值应略低于待测试验溶液，但不得低过该试验溶液pH的0.5 pH单位。

pH计的校准和试验溶液pH的测定应在相同温度下进行。

6 结果的表示

用pH单位表示测量结果，精确至0.05 pH单位，并标明测量温度。

7 试验报告

试验报告应包括以下内容：

a) 所用的参考方法；

b) 结果和所用的表示方法；

c) 测定过程中出现的任何异常现象；

d) 本标准未包括的任何操作或自选操作；

e) 试验日期。

ICS 71.100.40
G 70

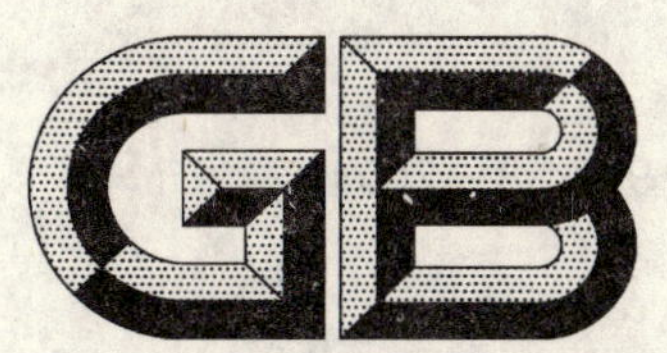

中华人民共和国国家标准

GB/T 9984.8—2004
代替 GB/T 9984.8—1988

工业三聚磷酸钠　颗粒度的测定

Sodium tripolyphosphate for industrial use—Determination of particle size

(ISO 2996:1974　Sodium tripolyphosphate and sodium pyrophosphate for industrial use—Determination of particle size distribution by mechanical sieving,MOD)

2004-03-15 发布　　2004-09-01 实施

中华人民共和国国家质量监督检验检疫总局
中国国家标准化管理委员会
发布

前　言

GB/T 9984《工业三聚磷酸钠试验方法》系列标准分为11个部分：

GB/T 9984.1　工业三聚磷酸钠　白度的测定

GB/T 9984.2　工业三聚磷酸钠　总五氧化二磷含量的测定　磷钼酸喹啉重量法

GB/T 9984.3　工业三聚磷酸钠　离子交换柱色谱法分离测定不同形式的磷酸盐

GB/T 9984.4　工业三聚磷酸钠　水不溶物的测定

GB/T 9984.5　工业三聚磷酸钠和焦磷酸钠　灼烧损失的测定

GB/T 9984.6　工业三聚磷酸钠　铁含量的测定　2,2′-联吡啶分光光度法

GB/T 9984.7　工业三聚磷酸钠　pH的测定　电位计法

GB/T 9984.8　工业三聚磷酸钠　颗粒度的测定

GB/T 9984.9　工业三聚磷酸钠　表观密度的测定　给定体积称量法

GB/T 9984.10　工业三聚磷酸钠(包括食品工业用)　氮的氧化物含量的测定　3,4-二甲苯酚分光光度法

GB/T 9984.11 工业三聚磷酸钠　Ⅰ型含量的测定

本部分为GB/T 9984的第8部分。

本部分代替GB/T 9984.8—1988《工业三聚磷酸钠　颗粒度的测定》。

本部分修改采用ISO 2996:1974《工业三聚磷酸钠和焦磷酸钠　用机械筛测定粒度分布》(英文版)。

本部分根据ISO 2996:1974重新起草。由于我国的法律要求和工业的特殊需要，本部分在采用国际标准时进行了以下技术性修改：

——增加了规范性引用文件；

——删除了试验样品预先干燥1 h的操作；

——增加了试验样品先经分样器分样的操作；

——选用的电动振荡器与ISO 2996所用仪器在振幅和频率方面略有不同，因此筛分时间也不同。

——增加了精密度要求。

上述技术性差异在标准中已用垂直线标识在它们所涉及条款的页边右侧空白处。

为便于使用，本标准还做了下列编辑性修改：

a)　“本国际标准”改为“本标准”；

b)　用小数点“.”代替作为小数点的逗号“,”；

c)　删除国际标准的前言。

本部分由中国轻工业联合会提出。

本部分由全国表面活性剂洗涤用品标准化中心归口。

本部分起草单位：国家洗涤用品质量监督检验中心(太原)。

本部分主要起草人：姚晨之、李晓辉。

本部分所代替标准的历次版本发布情况为：

——GB/T 9984.8—1988。

工业三聚磷酸钠 颗粒度的测定

1 范围

本标准规定了用机械筛筛分法测定三聚磷酸钠的颗粒度。

本标准适用于各种工艺生产的三聚磷酸钠颗粒度的测定。

2 规范性引用文件

下列文件中的条款通过本标准的引用而成为本标准的条款。凡是注日期的引用文件，其随后所有的修改单（不包括勘误的内容）或修订版均不适用于本标准，然而，鼓励根据本标准达成协议的各方研究是否可使用这些文件的最新版本。凡是不注日期的引用文件，其最新版本适用于本标准。

GB/T 13173.1 洗涤剂样品分样方法

3 原理

将试样用规定孔径的筛子，经机械振荡器筛分，分别称取留于筛子上及底盘中试样的质量，以对试样的百分率表示之。

4 仪器

常用实验室仪器和

4.1 试验筛（GB/T 6003）筛框直径 $D=200$ mm，金属丝编织网筛面。按待测产品标准的要求选取一套规定孔径的筛子，配以底盘和筛盖；

4.2 电动振荡器，振幅 36 mm，频率 243 次/min；

4.3 架盘天平，可称准至 0.1 g；

4.4 分样器。

5 试样

试样不经干燥，按 GB/T 13173.1 规定分样，分取二只样品，备用。

6 程序

6.1 把按要求选取的一套规定孔径的清洁、干燥的筛子（4.1），按孔径从小到大的顺序，从下而上重叠为一筛组，将筛组置于底盘之上，一起装在电动振荡器上。

6.2 称取经分样器分样的样品 100 g（精确到 0.1 g），置于上层筛中，加筛盖。

6.3 开动振荡器，筛振 4 min±30 s，停止振荡后取下底盘和筛组，分别收集并称取各筛子及底盘中的试样质量（附着于筛面上的粒子用刷子仔细拂下）。

6.4 另取一只经分样器分样的样品，重复进行上述试验。

7 结果计算

根据筛盘上残留的试验份质量，按下式计算颗粒通过百分率：

$$A_i = \frac{B_i}{m} \times 100$$

式中：

A_i——经 i 筛层的通过率，%；

B_i——i 筛层以下各层(不包括 i 筛层)和底盘上试验份质量之和，g；

m——试验份的质量，g。

以两次平行测定结果的算术平均值表示至个位作为测定结果。

8 精密度

进行颗粒度试验时，各层筛上和底盘中残留试验份的质量之和（$\sum B_i$），与投入试验份的质量(m)相比，减少量 $\left(\frac{m-\sum B_i}{m}\times 100\right)$ 应不大于1%，否则须重新测定。

在重复性条件下获得的两次独立测定结果的绝对差值不大于1.5%，以大于1.5%的情况不超过5%为前提。

9 试验报告

试验报告应包括以下内容：

a) 所用的参考方法；

b) 结果和所用的表示方法；

c) 测定过程中出现的任何异常现象；

d) 本标准未包括的任何操作或自选操作；

e) 试验日期。

ICS 71.100.40
G 70

中华人民共和国国家标准

GB/T 9984.9—2004
代替 GB/T 9984.9—1988

工业三聚磷酸钠 表观密度的测定 给定体积称量法

**Industrial sodium tripolyphosphate—
Determination of apparent density—
Method by measuring the mass of a given volume**

(ISO 697:1981 Surface active agents—
Washing powders—Determination of apparent density—
Method by measuring the mass of a given volume,MOD)

2004-03-15 发布 2004-09-01 实施

中华人民共和国国家质量监督检验检疫总局
中国国家标准化管理委员会 发布

前　言

GB/T 9984《工业三聚磷酸钠试验方法》系列标准分为11个部分：

GB/T 9984.1　工业三聚磷酸钠　白度的测定

GB/T 9984.2　工业三聚磷酸钠　总五氧化二磷含量的测定　磷钼酸喹啉重量法

GB/T 9984.3　工业三聚磷酸钠　离子交换柱色谱法分离测定不同形式的磷酸盐

GB/T 9984.4　工业三聚磷酸钠　水不溶物的测定

GB/T 9984.5　工业三聚磷酸钠和焦磷酸钠　灼烧损失的测定

GB/T 9984.6　工业三聚磷酸钠　铁含量的测定　2,2′-联吡啶分光光度法

GB/T 9984.7　工业三聚磷酸钠　pH的测定　电位计法

GB/T 9984.8　工业三聚磷酸钠　颗粒度的测定

GB/T 9984.9　工业三聚磷酸钠　表观密度的测定　给定体积称量法

GB/T 9984.10　工业三聚磷酸钠(包括食品工业用)　氮的氧化物含量的测定　3,4-二甲苯酚分光光度法

GB/T 9984.11　工业三聚磷酸钠　Ⅰ型含量的测定

本部分为GB/T 9984的第9部分。

本部分代替GB/T 9984.9—1988《工业三聚磷酸钠　表观密度的测定　给定体积称量法》。

本标准修改采用ISO 697:1981《表面活性剂　洗衣粉　表观密度的测定　给定体积称量法》(英文版)。

本部分根据ISO 697:1981重新起草。由于我国的法律要求和工业的特殊需要，本标准在采用国际标准时进行了下列技术及编辑方面的修改：

a) 删除了引用标准ISO 3424；

b) 引用标准ISO 607改为GB/T 13173.1；

c) “本国际标准”改为“本标准”；

d) 用小数点“.”代替作为小数点的逗号“,”；

e) 删除国际标准的前言。

有关技术性差异a)、b)在标准中已用垂直线标识在它们所涉及条款的页边右侧空白处。

本部分由中国轻工业联合会提出。

本部分由全国表面活性剂洗涤用品标准化中心归口。

本部分起草单位：国家洗涤用品质量监督检验中心(太原)。

本部分主要起草人：姚晨之、李晓辉。

本部分所代替标准的历次版本发布情况为：

——GB/T 9984.9—1988。

引　言

粉体的表观密度可用占有一定体积的粉体质量，或一定质量粉体所占的体积来评价。在这两种形式中，都包括把粉体从原容器转移到测量容器这一过程。由于产品易碎，其流动性或结块性，其粒子的几何形状的变化，加之测定时，由于倾注至测量容器而造成的不可避免的压缩，因此一般所测得的表观密度不同于产品在原容器或包装中的密度。

所以，测定的结果仅是一个与所用方法有关的惯用值。

工业三聚磷酸钠　表观密度的测定 给定体积称量法

1　范围

本标准规定了用测量一给定体积的粉体质量来测定工业三聚磷酸钠粉体的表观密度的方法。

本标准适用于自由流动的粉体，当使用合适的漏斗时，也适用于有结块趋势的粉体。

本标准也适用于其他粉状或颗粒状的物料。

若粉体中带有团块，则只有当这些团块易于松散，且又不致使粉体的颗粒破碎的情况下，本标准才是适用的。

2　规范性引用文件

下列文件中的条款通过本标准的引用而成为本标准的条款。凡是注日期的引用文件，其随后所有的修改单(不包括勘误的内容)或修订版均不适用于本标准，然而，鼓励根据本标准达成协议的各方研究是否可使用这些文件的最新版本。凡是不注日期的引用文件，其最新版本适用于本标准。

GB/T 13173.1　洗涤剂样品分样方法

3　术语

表观密度　apparent density

粉体在标准条件下，每一毫升体积的质量克数表示为克每毫升(g/ mL)。

注：克每毫升(g/ mL)是 C. G. S 制的密度单位。国际单位制(SI)密度单位千克每立方米(kg/m^3)：1 kg/m^3 = 10^{-3} g/mL。

4　原理

在规定条件下，将试样从一个具有规定形状的漏斗中漏下，装满一个已知容积的受器后，测定此粉体的质量。

5　装置

5.1　漏斗，可用不锈钢、塑料、木或其他合适的材料制成

和流动粉体接触的所有表面应该光滑，且不允许由于粉体的流动而产生静电。

测定自由流动的粉体时，漏斗下口的内径采用 40 mm；而测定有结块趋势的粉体时，下口内径采用 60 mm。

5.2　受器，容量为 500 mL，用与漏斗类似材料制做

将受器体积按 7.1 条规定校准至 500 mL±0.5 mL。

5.3　支架，能使漏斗和受器对应定位，漏斗可借助漏斗法兰及支架顶板的孔，用定位销或螺钉固定。受器可用定位销或其它适当的方式固定在漏斗下面的正中央。

5.4　截止板，110 mm×70 mm。

5.5　直尺，长度为 150 mm。

5.6　玻璃板，100 mm×100 mm×7 mm。

单位为毫米

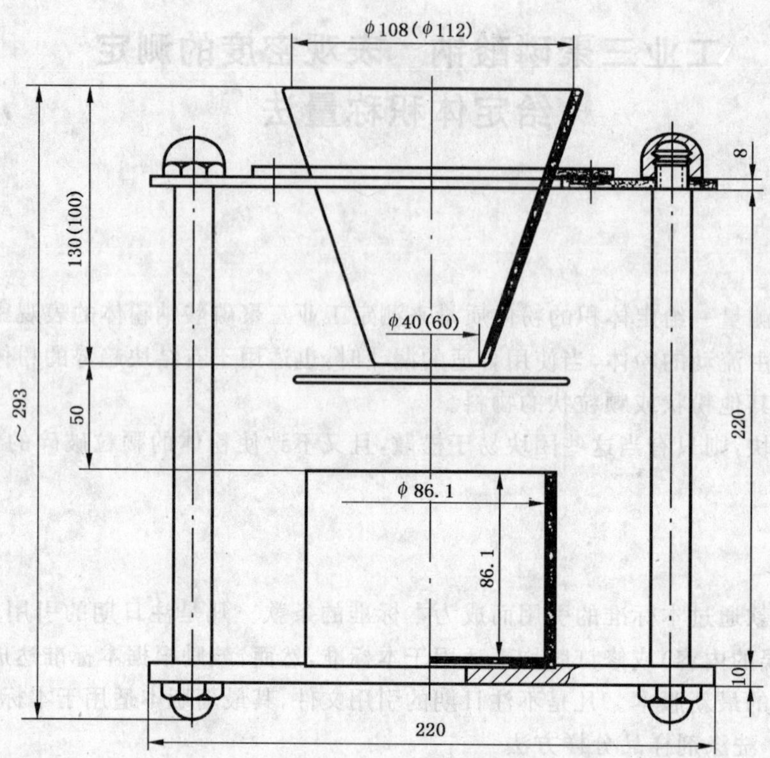

图1 用于测定粉体或颗粒的表观密度的仪器

6 试样

试样应按照GB/T 13173.1规定的方法准备及贮存。

7 程序

7.1 受器的校准

按下法测定容积,校准受器。

把空的干净受器称准至0.1 g。置于一个水平面上,用刚煮沸过冷却至20℃的蒸馏水充满受器,并轻轻敲打器壁以除去在倒水的过程中聚集起来的任何气泡。将已称重的玻璃板(5.6)水平地放到受器边缘上,慢慢移动玻璃板使之通过水表面。当将要通过时,再加1 mL~2 mL蒸馏水到受器中去,移动此板,使之完全覆盖该受器。小心用滤纸擦干露在受器外面的玻璃板下面及受器外壁的水,然后称重,精确到0.1 g。

容器的容积(V)以毫升表示,按公式(1)计算:

$$V = m_2 - (m_0 + m_1) \qquad \cdots\cdots(1)$$

式中:

m_2——充满水并盖有玻璃板的受器质量,g;

m_0——空受器的质量,g;

m_1——玻璃板的质量,g。

7.2 试验样品的制备

轻轻摇晃存放实验室样品的容器,以使任何团块松散,注意勿使粉体的颗粒破碎。按GB/T 13173.1规定进行缩分样品,使之均匀。

7.3 测定

将漏斗(5.1)放到支架(5.3)上,称量过的受器(5.2)放在下底板的定位槽内。

用截止板(5.4)遮住漏斗的下口,握住此板并使之轻轻地紧贴着漏斗。

把试样倒入漏斗,直至其上缘,然后快速地移去截止板,漏斗中的试样随即流入受器并溢出。

用直尺(5.5)沿着受器的上口边缘,小心地把粉体刮平呈平面,并用干布擦净受器外壁。称量受器及内容物,精确到0.1 g。

用不同的试验份样至少进行两次测定。

8 结果计算

粉体表观密度(ρ)以克每毫升表示,按公式(2)计算:

$$\rho = \frac{m_3 - m_0}{V} \qquad \cdots\cdots\cdots(2)$$

式中:

m_3——受器及其内容物的总质量,g;

m_0——空受器的质量,g;

V——受器的体积,mL。

以两次平行测定结果的算术平均值表示至小数点后三位作为测定结果。

9 重复性

在重复性条件下获得的两次独立测定结果的相对差值不大于5%,以大于5%的情况不超过5%为前提。

10 试验报告

试验报告应包括以下内容:

a) 所用的参考方法;

b) 结果和所用的表示方法;

c) 测定过程中出现的任何异常现象;

d) 本标准未包括的任何操作或自选操作;

e) 试验日期。

ICS 71.100.40
G 70

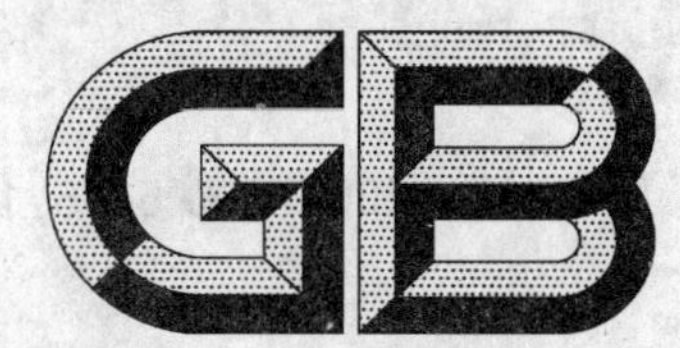

中华人民共和国国家标准

GB/T 9984.10—2004/ISO 5375:1979
代替 GB/T 9984.10—1988

工业三聚磷酸钠(包括食品工业用) 氮的氧化物含量的测定 3,4-二甲苯酚分光光度法

Sodium tripolyphosphate for industrial use(including foodstuffs)—Determination of oxides of nitrogen content—3,4-Xylenol spectrophotometric method

(ISO 5375:1979 Condensed phosphates for industrial use(including foodstuffs)—Determination of oxides of nitrogen content—3,4-Xylenol spectrophotometric method, IDT)

2004-03-15 发布　　2004-09-01 实施

中华人民共和国国家质量监督检验检疫总局
中国国家标准化管理委员会　发布

前　言

GB/T 9984《工业三聚磷酸钠试验方法》系列标准分为 11 个部分：

GB/T 9984.1　工业三聚磷酸钠　白度的测定

GB/T 9984.2　工业三聚磷酸钠　总五氧化二磷含量的测定　磷钼酸喹啉重量法

GB/T 9984.3　工业三聚磷酸钠　离子交换柱色谱法分离测定不同形式的磷酸盐

GB/T 9984.4　工业三聚磷酸钠　水不溶物的测定

GB/T 9984.5　工业三聚磷酸钠和焦磷酸钠　灼烧损失的测定

GB/T 9984.6　工业三聚磷酸钠　铁含量的测定　2,2′-联吡啶分光光度法

GB/T 9984.7　工业三聚磷酸钠　pH 的测定　电位计法

GB/T 9984.8　工业三聚磷酸钠　颗粒度的测定

GB/T 9984.9　工业三聚磷酸钠　表观密度的测定　给定体积称量法

GB/T 9984.10　工业三聚磷酸钠(包括食品工业用)　氮的氧化物含量的测定　3,4-二甲苯酚分光光度法

GB/T 9984.11　工业三聚磷酸钠　Ⅰ型含量的测定

本部分为 GB/T 9984 的第 10 部分。

本部分代替 GB/T 9984.10—1988《工业三聚磷酸钠(包括食品工业用)　氮的氧化物含量的测定　3,4-二甲苯酚分光光度法》。

本部分等同采用 ISO 5375:1979《工业用缩合磷酸钠(包括食品工业用)　氮的氧化物含量的测定　3,4-二甲苯酚分光光度法》(英文版)。

为了便于使用,本标准做了如下的编辑性修改:

a)　“本国际标准”一词改为“本标准”;

b)　用小数点“.”,代替作为小数点的逗号“,”;

c)　删除国际标准的前言。

本部分由中国轻工业联合会提出。

本部分由全国表面活性剂洗涤用品标准化中心归口。

本部分起草单位:国家洗涤用品质量监督检验中心(太原)。

本部分主要起草人:姚晨之、李晓辉。

本部分所代替标准的历次版本发布情况为:

——GB/T 9984.10—1988。

工业三聚磷酸钠(包括食品工业用)氮的氧化物含量的测定 3,4-二甲苯酚分光光度法

1 范围

本标准规定了工业用三聚磷酸钠(包括食品工业用)氮的氧化物含量的测定3,4-二甲苯酚分光光度法。

本标准适用于以氮(N)计的氧化物含量等于或大于2 mg/kg的三聚磷酸钠产品。

2 原理

用高锰酸钾将试样中三价氮氧化成五价氮。

五价氮与3,4-甲苯酚在规定条件下反应生成硝酸盐的衍生物。蒸馏硝酸盐的衍生物并用氢氧化钠溶液吸收。在波长约435 nm处对黄色的硝基苯酚进行分光光度测量。

3 试剂

除非另有说明,在分析中仅使用确认为分析纯的试剂和蒸馏水或去离子水或相当纯度的水。

3.1 乙酸高汞(HG/T 31096);

3.2 硫酸(GB/T 625),约80%(质量分数)的溶液

将800 mL硫酸(密度约1.84 g/mL)小心加入到200 mL水中,并加热至放出白烟以除去硫酸中氮的氧化物。冷却,将此发烟酸加入到另外的200 mL水中,并再次加热至发烟。再重复一次稀释和发烟。

冷却,在搅拌下将该硫酸750 mL加入到250 mL水中。

3.3 3,4-二甲苯酚,50 g/L乙酸溶液

取3,4-二甲苯酚5 g溶解于冰乙酸中,并用冰乙酸(GB/T 676)稀释至100 mL。

此溶液在低于5℃贮存。

3.4 高锰酸钾(GB/T 643),约16 g/L溶液。

3.5 氢氧化钠(GB/T 629),约80 g/L溶液。

3.6 过氧化氢(HG/T 1082),1 g/L溶液。

3.7 硝酸钾(GB/T 647),相当于每毫升含氮500 μg的标准溶液

称取预先在120℃干燥2 h并在干燥器中冷却了的硝酸钾3.609 g(精确到0.001 g)。溶解于少量水中,移入1 000 mL容量瓶中,稀释至刻度并混匀。1 mL此标准溶液含氮500 μg。

3.8 硝酸钾(GB/T 647),相当于每毫升含氮5 μg的标准溶液

移取10.0 mL标准硝酸钾溶液(3.7)于1 000 mL容量瓶中,稀释至刻度并混匀。

1 mL此标准溶液含氮5 μg。

4 仪器

常用实验室仪器和

4.1 水浴,能控制在35℃±1℃;

4.2 蒸馏装置,带有24/29锥形磨口玻璃接头和下列部件(见图1);

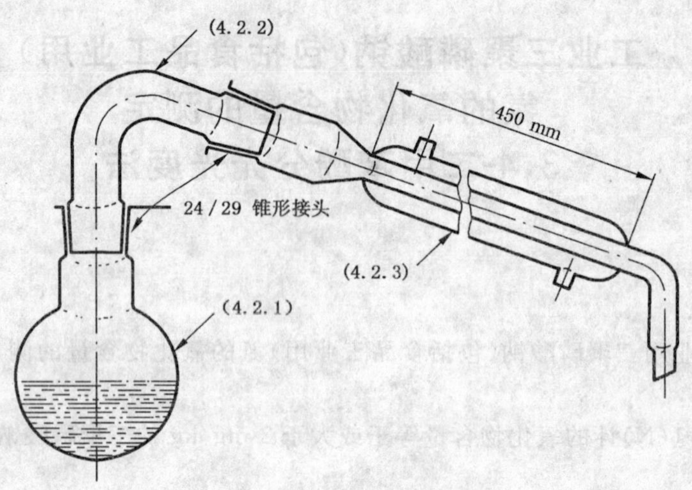

图 1 蒸馏装置

4.2.1 蒸馏烧瓶，容积为 250 mL；

4.2.2 回收弯头，75°角；

4.2.3 李比希式冷凝器(即直管冷凝器)，水循环，有效长度约 450 mm，与回收弯头(4.2.2)相接；

4.3 分光光度计。

5 程序

注意：蒸馏残液含有汞盐，为防止废水污染，溶液可以如下处理以除去和回收汞盐：

a) 将残液收集于一容积合适的容器中；

b) 用过量的亚硫酸钠在碱性介质中沉淀汞；

c) 过量亚硫酸盐用过氧化氢氧化以防止汞以聚亚硫酸盐形式重新溶解；

d) 倾析滤去无汞溶液；

e) 将不溶性残渣转入贮藏容器，日后由专门公司回收汞。

5.1 试验份

称取试样约 1 g，精确到 0.001 g。

5.2 空白试验

按同样程序，应用测定中所用同量全部试剂，在测定的同时作一空白试验。

5.3 校正曲线的制作

5.3.1 光度测量用标准比色溶液的制备(采用光径长度为 4 cm 或 5 cm 的比色池)

在七个蒸馏烧瓶(4.2.1)中，按表 1 体积加入标准硝酸钾溶液(3.8)，每瓶内容物用水稀释到 5 mL 并作如下处理：

将蒸馏瓶(4.2.1)置入冰水浴中，各瓶加入 0.200 g 乙酸高汞(3.1)。然后，在搅拌下一小部分一小部分地缓缓加入 15 mL 硫酸溶液(3.2)，使温度始终不超过 35℃。逐滴加高锰酸钾溶液(3.4)，其量应能使溶液转为粉红色且稳定数分钟，再逐滴滴加过氧化氢溶液(3.6)使溶液脱色。从水浴上取下烧瓶，加入 3,4-二甲苯酚溶液(3.3)1 mL，搅拌并将烧瓶置入水浴(4.1)，控温 35℃±1℃，不时地搅拌。30 min后，在搅拌下小心加水 100 mL。

注：加入乙酸高汞是为避免氯化物的干扰。

表 1 标准硝酸钾溶液的移取量

标准硝酸钾溶液(3.8)/mL	相应含氮量/μg	标准硝酸钾溶液(3.8)/mL	相应含氮量/μg
0[a]	0	3.0	15
0.4	2	4.0	20
1.0	5	5.0	25
2.0	10	a 补偿溶液	

5.3.2 蒸馏

将烧瓶与装置(4.2)相连接上,加热至沸后在约 15 min 内收集 30 mL 馏出物于一盛有 10 mL 氢氧化钠溶液(3.5)的 50 mL 单刻度容量瓶中。停止冷凝水的循环,并再蒸出几毫升。将盛有蒸馏物的容量瓶冷却到室温,稀释至刻度并混匀。

5.3.3 分光光度测量

15 min 后用分光光度计(4.3)在最大吸收波长(波长约 435 nm)处进行测量,仪器要在补偿溶液校正到零点吸收后方可进行。

5.3.4 曲线图的绘制

以 50 mL 标准溶液中的含氮(N)量(μg)为横坐标,相应的吸光度值为纵坐标作图。

5.4 测定

5.4.1 试液的制备

5.4.1.1 如试验份(5.1)中含有(2～25) μg 以氮(N)计的氮的氧化物,可直接置入蒸馏瓶(4.2.1),加水 5 mL 后,按 5.4.1.3 进行。

5.4.1.2 如试验份(5.1)含氮的氧化物量(以 N 计)超过 25 μg,可先溶于水,然后定量转移此溶液于一容积适宜的容量瓶中,稀释至刻度并混匀。该溶液每 5 mL 应含有(2～25) μg(N)。将此溶液 5.0 mL 移入蒸馏烧瓶(4.2.1)中后按 5.4.1.3 进行。

5.4.1.3 将蒸馏烧瓶及内容物放入冰水浴并加入 0.200 g 乙酸高汞(3.1)。然后在搅拌下非常缓慢地一小部分一小部分加入 15 mL 硫酸溶液(3.2),务使温度始终不超过 35℃。逐滴加高锰酸钾溶液(3.4)至出现的粉红色稳定数分钟。然后逐滴加入过氧化氢溶液(3.6)使溶液脱色。从冰水浴上取下烧瓶,加入 3,4-二甲苯酚溶液(3.4)1 mL,搅拌并置烧瓶于水浴上(4.1),控制于 35℃±1℃,不断地搅拌,30 min 后,在搅拌下向烧瓶内小心加入 100 mL 水。

5.4.2 蒸馏

将烧瓶与蒸馏装置(4.2)连接并按 5.3.2 进行蒸馏。

5.4.3 分光光度测量

试液(5.4.2),空白溶液(5.2)按 5.3.3 规定进行分光光度测量。仪器须先用水校正至零吸光度。

6 结果计算

由试验溶液的净吸光度从标准曲线(5.3.4)上查得相应的含氮(N)量(μg)。

三聚磷酸钠试样中氮的含量(质量分数)以(N)表示,单位为 mg/kg,按下式计算:

$$w(\mathrm{N}) = \frac{m_1 - m_2}{m_0} \times D$$

式中:

m_1——试液中测得的氮量,μg;

m_2——空白试液中测得的氮量,μg;

m_0——试验份(5.1)的质量,g;

D——试液体积(mL)对测定用体积(mL)之比(以全部试液进行测定的 D 等于 1)。

以两次测定结果的算术平均值表示至个位作为测定结果。

7 试验报告

试验报告应包括以下内容：

a） 所用的参考方法；

b） 结果和所用的表示方法；

c） 测定过程中出现的任何异常现象；

d） 本标准未包括的任何操作或自选操作；

e） 试验日期。

ICS 71.100.40
G 70

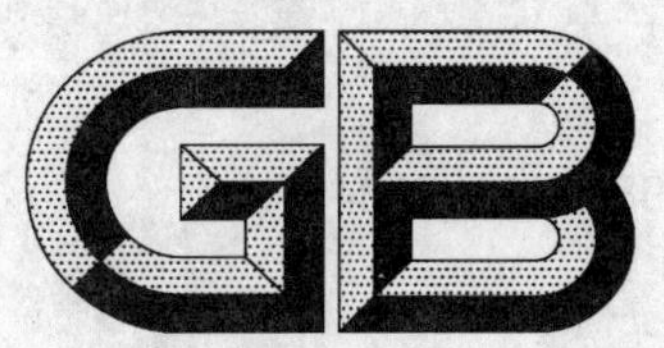

中华人民共和国国家标准

GB/T 9984.11—2004
代替 GB/T 9984.11—1988

工业三聚磷酸钠 Ⅰ型含量的测定

Sodium tripolyphosphate for industrial use—Determination of I type content

2004-03-15 发布　　2004-09-01 实施

中华人民共和国国家质量监督检验检疫总局
中国国家标准化管理委员会　发布

前　言

GB/T 9984《工业三聚磷酸钠试验方法》系列标准分为11个部分：

GB/T 9984.1　工业三聚磷酸钠　白度的测定

GB/T 9984.2　工业三聚磷酸钠　总五氧化二磷含量的测定　磷钼酸喹啉重量法

GB/T 9984.3　工业三聚磷酸钠　离子交换柱色谱法分离测定不同形式的磷酸盐

GB/T 9984.4　工业三聚磷酸钠　水不溶物的测定

GB/T 9984.5　工业三聚磷酸钠和焦磷酸钠　灼烧损失的测定

GB/T 9984.6　工业三聚磷酸钠　铁含量的测定　2,2′-联吡啶分光光度法

GB/T 9984.7　工业三聚磷酸钠　pH的测定　电位计法

GB/T 9984.8　工业三聚磷酸钠　颗粒度的测定

GB/T 9984.9　工业三聚磷酸钠　表观密度的测定　给定体积称量法

GB/T 9984.10　工业三聚磷酸钠(包括食品工业用)　氮的氧化物含量的测定　3,4-二甲苯酚分光光度法

GB/T 9984.11　工业三聚磷酸钠　Ⅰ型含量的测定

本部分为GB/T 9984的第11部分。

本部分代替GB/T 9984.11—1988《工业三聚磷酸钠　Ⅰ型含量的测定》。

本部分对GB/T 9984.11—1988的主要修改之处是：

——设计了新的试验装置，以电动机械搅拌装置代替原标准的人工操作，并根据装置的变化对操作进行了具体要求；

——增加了注解，指出标准对Ⅰ型含量大于45%以上的三聚磷酸钠的测定结果比X-射线衍射法低。

本部分由中国轻工业联合会提出。

本部分由全国表面活性剂洗涤用品标准化中心归口。

本部分起草单位：国家洗涤用品质量监督检验中心(太原)。

本部分主要起草人：姚晨之、李晓辉、耿韺。

本部分所代替标准的历次版本发布情况为：

——GB/T 9984.11—1988。

工业三聚磷酸钠　Ⅰ型含量的测定

1　范围

本标准规定了测定工业用三聚磷酸钠产品的Ⅰ型含量测定的方法。

本标准适用于三聚磷酸钠中Ⅰ型含量测定。

2　术语和定义

下列术语和定义适用于本标准

2.1

Ⅰ型，Ⅰ type

工业三聚磷酸钠由于晶体内部原子排列结构不同而形成的一种晶体形态。

2.2

Ⅱ型，Ⅱ type

工业三聚磷酸钠由于晶体内部原子排列结构不同而形成的另一种晶体形态。

3　试剂与材料

除非另有说明，在分析中仅使用确认为分析纯的试剂和蒸馏水或去离子水或相当纯度的水。

3.1　甘油，用蒸馏水调节密度至 1.249 g/mL～1.250 g/mL(25℃)；

3.2　蒸馏水或去离子水。

4　仪器和设备

4.1　仪器结构及尺寸见图 1，图 2 为俯视图；

4.2　双层中空玻璃容器，250 mL；

4.3　直角型精密温度计，15℃～55℃，分度 0.1℃；

4.4　电子恒速搅拌器 40 W～90 W；

4.5　秒表；

4.6　针筒注射器，不小于 50 mL，二支；

4.7　台天平，感量 0.1 g，称量 100 g 以上；

4.8　试验筛，(GB/T 6003)筛孔 ϕ0.160 mm，金属丝编织网筛面。

5　测试程序

5.1　准备

5.1.1　试样制备：将样品充分研细，过筛(4.8)。将通过筛孔的样品经 150℃干燥 1 h，贮存备用。

5.1.2　试验前，仪器、试剂、样品和试验中用水都应保持在 25℃±1℃。

5.2　测定

称取试样(5.1.1) 50 g±0.1 g 于双层中空玻璃容器(4.2)中，装好搅拌装置(4.1)，搅拌下用注射器加入 50 g±0.1 g 甘油(3.1)，同时开动秒表计时。用电子恒速搅拌器(4.4)控制转速在 200 r/min±20 r/min，2 min 后停止搅拌，将直角型温度计(4.3)插入料浆中，并注意观察温度的变化，实验进行到 4 min45 s 时，记录料浆初温(T_0)。

5 min 时，用注射器迅速加入 25 mL±0.3 mL 水，立即开动电动搅拌器，以 200 r/min±20 r/min

的转速搅拌 30 s,(从加水到开始搅拌,时间不应超过 2 s)。测定 5 min 30 s 时停止搅拌,并观察温度的升高(不变动仪器的位置)。当温度升高达到最大值,转而降低 0.1℃的瞬间,记录温度的最高值(T_m)。

如果实验进行到 15 min 时,温度仍不降低,即取 15 min 时的温度为 T_m。

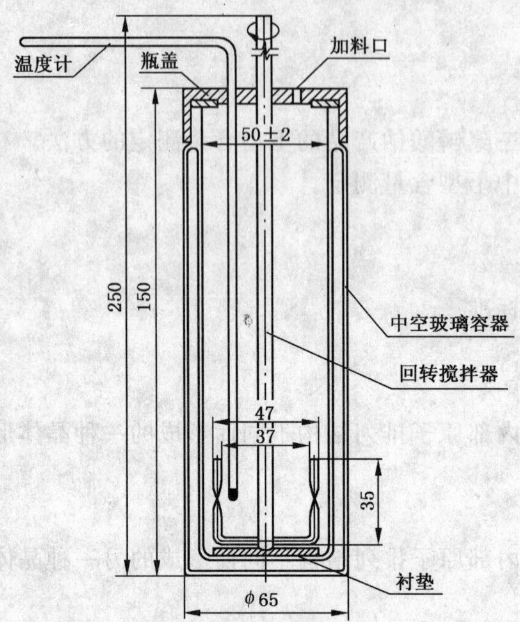

图 1　Ⅰ型含量测试装置及尺寸图

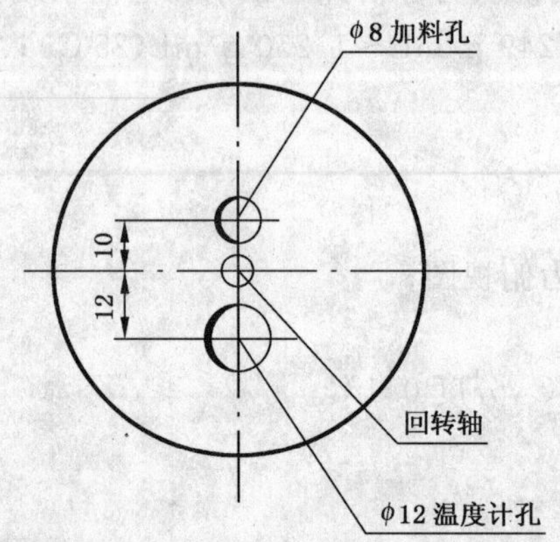

图 2　Ⅰ型含量测试装置俯视图

6　结果计算

三聚磷酸钠中Ⅰ型含量以质量分数表示,按下式计算:

$$w(\text{Ⅰ 型})(\%) = 4(T_r - 6)$$

式中:

T_r(温升值)$= T_m - T_0$

注:此公式已经 X-射线衍射法验证,对于Ⅰ型含量小于 45%的产品,结果一致;大于 45%的产品,测试结果与 X-射线衍射法相比有所降低。

7　精密度

温升值(T_r)低于 10℃时,平行测定允许误差±0.5℃。

温升值(T_r)高于 10℃时,平行测定允许误差±1℃。

注:仪器装置的规格和操作搅拌时间、搅拌速度应严格按照本标准规定。

8 试验报告

试验报告应包括以下内容：

a) 所用的参考方法；

b) 结果和所用的表示方法；

c) 测定过程中出现的任何异常现象；

d) 本标准未包括的任何操作或自选操作；

e) 试验日期及环境条件。

ICS 01.080.10
A 22

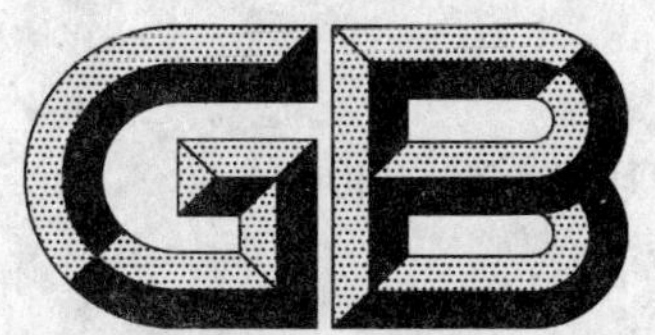

中华人民共和国国家标准

GB/T 10001.3—2004
代替 GB/T 7058—1986

标志用公共信息图形符号
第3部分:客运与货运

Public information graphical symbols for use on sign—
Part 3:Passenger and cargo transport

2004-05-13 发布　　2004-12-01 实施

中华人民共和国国家质量监督检验检疫总局
中国国家标准化管理委员会　发布

前言

GB/T 10001《标志用公共信息图形符号》分为以下部分：

——第1部分：通用[1)]；

——第2部分：旅游[2)]；

——第3部分：客运与货运；

——第4部分：体育运动[3)]；

——第5部分：购物；

——第6部分：医疗；

——第7部分：印刷品；

……

本部分为GB/T 10001的第3部分。

本部分代替GB/T 7058—1986《铁路客运服务图形标志》。

本部分与GB/T 7058—1986的主要区别是：增加了民航、公路等方面的客运与货运符号。

本部分的附录A为规范性附录。

本部分由中国标准化研究院提出。

本部分由全国图形符号标准化技术委员会归口。

本部分起草单位：中国标准化研究院、中国民用航空总局、清华大学美术学院、中华人民共和国交通部、北京地铁线路公司、铁道部标准计量研究所。

本部分主要起草人：张亮、白殿一、何洁、张天驯、安姚舜、刘家伟、陈永权、孙渝平、周克、张锦、张忠。

1) 该标准现行名称为：第1部分：通用符号

2) 该标准现行名称为：第2部分：旅游设施与服务符号

3) 该标准现行名称为：第4部分：体育运动符号

标志用公共信息图形符号
第3部分：客运与货运

1 范围

GB/T 10001 的本部分规定了客运服务与货运服务的标志用公共信息图形符号(以下简称图形符号)。

本部分适用于客运服务与货运服务的相关设施及公共场所,也适用于出版物及其他信息载体。

2 规范性引用文件

下列文件中的条款通过 GB/T 10001 的本部分的引用而成为本部分的条款。凡是注日期的引用文件,其随后所有的修改单(不包括勘误的内容)或修订版均不适用于本部分,然而,鼓励根据本部分达成协议的各方研究是否可使用这些文件的最新版本。凡是不注日期的引用文件,其最新版本适用于本部分。

GB 2894　安全标志

GB/T 10001.1—2000　标志用公共信息图形符号　第1部分：通用符号(neq ISO 7001:1990)

GB/T 10001.2　标志用公共信息图形符号　第2部分:旅游设施与服务符号

GB/T 15566　图形标志　使用原则与要求

3 图形符号

客运与货运符号见表1;客运与货运领域常用的安全标志见表 A.1。

4 颜色

图形符号的颜色应符合 GB/T 10001.1—2000 第4章的规定。

5 图形符号标志的绘制和制作

图形符号标志的绘制和制作应符合 GB/T 10001.1—2000 第5章的规定。

6 应用

6.1 客运与货运符号可与 GB/T 10001 的其他部分及其他相关标准配套使用。如涉及通用符号,应从 GB/T 10001.1 中选取;如涉及旅游设施与服务符号,应从 GB/T 10001.2 中选取;如涉及安全符号,则应从 GB 2894 中选取。

6.2 图形标志的使用应符合 GB/T 15566 的要求。

表 1 客运与货运符号

序号	图形符号	名 称	说 明
01		飞机 Aircraft	表示民用飞机场或提供民用航空服务 用于公共场所、建筑物、服务设施、方向指示牌、平面布置图、信息板、时刻表、印刷品等 采用 ISO 7001:1990(022)
02		直升机 Helicopter	表示直升机场(停机坪)或提供直升机服务 用于公共场所、建筑物、服务设施、方向指示牌、平面布置图、信息板、时刻表、印刷品等 采用 ISO 7001:1990(003)
03		轮船 Boat	表示码头或提供水运服务 用于公共场所、建筑物、服务设施、方向指示牌、平面布置图、信息板、时刻表、印刷品等 采用 ISO 7001:1990(024)
04		轮渡 Ferry	表示轮渡码头或提供轮渡服务 用于公共场所、建筑物、服务设施、方向指示牌、平面布置图、信息板、时刻表、印刷品等

表 1(续)

序号	图形符号	名 称	说 明
05		火车 Train	表示铁路车站或提供铁路运输服务 用于公共场所、建筑物、服务设施、方向指示牌、平面布置图、信息板、时刻表、印刷品等
06		地铁 Subway	表示地铁车站或提供地铁运输服务 用于公共场所、建筑物、服务设施、方向指示牌、平面布置图、信息板、车站站牌、时刻表、印刷品等
07		轻轨 Light Railway	表示轻轨车站或提供轻轨运输服务 用于公共场所、建筑物、服务设施、方向指示牌、平面布置图、信息板、车站站牌、时刻表、印刷品等 根据具体情况可使用该符号的镜像图形
08	TAXI	出租车 Taxi	表示出租车站或提供出租车服务 用于公共场所、建筑物、服务设施、方向指示牌、平面布置图、信息板、车站站牌、时刻表、印刷品等 采用 ISO 7001:1990 (012)

表 1（续）

序号	图形符号	名 称	说 明
09		公共汽车 Bus	表示公共汽车站或提供公共汽车服务 用于公共场所、建筑物、服务设施、方向指示牌、平面布置图、信息板、车站站牌、时刻表、印刷品等 采用 ISO 7001:1990 (005)
10		无轨电车 Trolleybus	表示无轨电车站或提供无轨电车服务 用于公共场所、建筑物、服务设施、方向指示牌、平面布置图、信息板、车站站牌、时刻表、印刷品等 根据具体情况可使用该符号的镜像图形
11		有轨电车 Streetcar	表示有轨电车站或提供有轨电车服务 用于公共场所、建筑物、服务设施、方向指示牌、平面布置图、信息板、车站站牌、时刻表、印刷品等 采用 ISO 7001:1990(004)
12		长途汽车 Long Distance Bus	表示长途汽车站或提供长途汽车服务 用于公共场所、建筑物、服务设施、方向指示牌、平面布置图、信息板、车站站牌、时刻表、印刷品等

表 1（续）

序号	图形符号	名　称	说　　明
13		旅游车 Sight Seeing Bus	表示提供旅游车服务的场所 用于公共场所、建筑物、服务设施、方向指示牌、平面布置图、信息板、时刻表、印刷品等 根据具体情况可使用该符号的镜像图形
14		轨道缆车 Cable Railway; Ratchet Railway	表示提供轨道缆车服务的场所 用于公共场所、建筑物、服务设施、方向指示牌、平面布置图、信息板、车站站牌、时刻表、印刷品等 采用 ISO 7001:1990(035)
15		大容量空中缆车 Cable Car (Large Capacity)	表示提供大容量空中缆车服务的场所 用于公共场所、建筑物、服务设施、方向指示牌、平面布置图、信息板、时刻表、印刷品等 采用 ISO 7001:1990(033)
16		小容量空中缆车 Cable Car (Small Capacity)	表示提供小容量空中缆车服务的场所 用于公共场所、建筑物、服务设施、方向指示牌、平面布置图、信息板、时刻表、印刷品等 采用 ISO 7001:1990(034)

表 1（续）

序号	图形符号	名 称	说 明
17		汽车租赁 Car Rental	表示提供汽车租赁服务的场所 用于公共场所、建筑物、服务设施、方向指示牌、平面布置图、信息板、时刻表、印刷品等
18		车辆清洗 Vehicle Cleaning	表示提供洗车服务的场所 用于公共场所、建筑物、服务设施、方向指示牌、平面布置图、信息板、时刻表、印刷品等
19		汽车修理 Garage	表示提供修车服务的场所 用于公共场所、建筑物、服务设施、方向指示牌、平面布置图、信息板、时刻表、印刷品等
20		自行车租赁 Bicycle Rental	表示提供自行车租赁服务的场所 用于公共场所、建筑物、服务设施、方向指示牌、平面布置图、信息板、时刻表、印刷品等

表 1(续)

序号	图形符号	名 称	说 明
21		民航售票 Airline Tickets	表示出售飞机票的场所 用于公共场所、建筑物、服务设施、方向指示牌、平面布置图、信息板、时刻表、印刷品等
22		轮船售票 Boat Tickets	表示出售轮船票的场所 用于公共场所、建筑物、服务设施、方向指示牌、平面布置图、信息板、时刻表、印刷品等
23		火车售票 Railway Tickets	表示出售火车票的场所 用于公共场所、建筑物、服务设施、方向指示牌、平面布置图、信息板、时刻表、印刷品等
24		检票 Check in	表示检票的场所,如火车站、汽车站、码头等场所的检票口 用于公共场所、建筑物、服务设施、方向指示牌、平面布置图、信息板、时刻表、印刷品等

表 1(续)

序号	图形符号	名 称	说 明
25		自动检票 Automatic Check in	表示提供自动检票服务的场所,如地铁站、汽车站等场所的检票口 用于公共场所、建筑物、服务设施、方向指示牌、平面布置图、信息板、时刻表、印刷品等
26	No.5	登乘口 Boarding Gate	表示登乘的通道口,如:登机口、火车站台等 用于公共场所、建筑物、服务设施、方向指示牌、平面布置图、信息板、时刻表、印刷品等 可根据具体需要变换或增加数字、字母。 在机场使用时,应与符号“出发”组合使用
27		出发 Departures	表示飞机离港或旅客出发及送客的场所 用于公共场所、建筑物、服务设施、方向指示牌、平面布置图、信息板、时刻表、印刷品等
28		到达 Arrivals	表示飞机到港或旅客到达及接客的场所 用于公共场所、建筑物、服务设施、方向指示牌、平面布置图、信息板、时刻表、印刷品等

表 1（续）

序号	图形符号	名　称	说　明
29		自动步道 Moving Walkway	表示供人们使用的水平运行的自动扶梯 用于公共场所、建筑物、服务设施、方向指示牌、平面布置图、信息板、印刷品等 根据具体情况可使用该符号的镜像图形
30		行李手推车 Baggage Cart	表示供旅客使用的行李手推车的存放场所 用于公共场所、建筑物、服务设施、方向指示牌、平面布置图、信息板、印刷品等
31		行李托运 Baggage Check in	表示托运行李或包裹的场所 用于公共场所、建筑物、服务设施、方向指示牌、平面布置图、信息板、时刻表、印刷品等
32		行李提取 Baggage Claim	表示提取行李或包裹的场所 用于公共场所、建筑物、服务设施、方向指示牌、平面布置图、信息板、印刷品等

表 1（续）

序号	图形符号	名 称	说 明
33		行李查询 Baggage Inquiries	表示查询行李或包裹的场所 用于公共场所、建筑物、服务设施、方向指示牌、平面布置图、信息板、时刻表、印刷品等
34		自助行李寄存 Self-service Luggage Storage	表示提供行李自助寄存或电子寄存的场所，如：自助寄存箱、电子寄存柜等 用于公共场所、建筑物、服务设施、方向指示牌、平面布置图、信息板、印刷品等
35		行李检查 Baggage Check	表示对行李或包裹进行安全检查的场所 用于公共场所、建筑物、服务设施、方向指示牌、平面布置图、信息板、印刷品等
36		安全检查 Safety Check	表示对旅客进行安全检查的通道 用于公共场所、建筑物、服务设施、方向指示牌、平面布置图、信息板、印刷品等

表 1（续）

序号	图形符号	名 称	说 明
37		海关 Customs	表示进行海关检查的场所 用于公共场所、建筑物、服务设施、方向指示牌、平面布置图、信息板、印刷品等
38		边防检查 Immigration	表示对旅客进行边防护照检查的场所 用于公共场所、建筑物、服务设施、方向指示牌、平面布置图、信息板、印刷品等
39		卫生检疫 Quarantine	表示对出入境人员、交通工具、货物、行李、邮包和食品实施检疫查验、传染病检测、卫生监督、卫生检验的场所 用于公共场所、建筑物、服务设施、方向指示牌、平面布置图、信息板、印刷品等
40		动植物检疫 Animal and Plant Quarantine	表示对输入、输出和过境动植物及其产品和其他检疫物实施检疫的场所 用于公共场所、建筑物、服务设施、方向指示牌、平面布置图、信息板、印刷品等

表 1（续）

序号	图形符号	名 称	说 明
41		红色通道 （有申报物品） Red Channel （Goods to Declare）	表示有需要申报物品的旅客通过的通道 用于公共场所、建筑物、服务设施、方向指示牌、平面布置图、信息板、印刷品等
42		绿色通道 （无申报物品） Green Channel （Nothing to Declare）	表示没有需要申报物品的旅客通过的通道 用于公共场所、建筑物、服务设施、方向指示牌、平面布置图、信息板、印刷品等
43		航班中转联程 Connecting Flight	表示持联程客票的旅客办理中转手续及候机的场所 用于公共场所、建筑物、服务设施、方向指示牌、平面布置图、信息板、时刻表、印刷品等 根据具体情况可使用该符号的镜像图形
44		母婴等候室 Waiting Room for Mothers with Small Children	表示母婴等候的场所，如母婴候车室 、母婴候船室等 用于公共场所、建筑物、服务设施、方向指示牌、平面布置图、信息板、印刷品等

表 1（续）

序号	图形符号	名 称	说 明
45		头等舱、软卧 等候室 First Class Lounge	表示持头等舱机票、船票及软卧车票的旅客等候的场所 用于公共场所、建筑物、服务设施、方向指示牌、平面布置图、信息板、印刷品等
46		老人专座 Seat for Old Person	表示供老年人使用的座位 用于公共场所、建筑物、服务设施、交通工具、方向指示牌、印刷品等 可与符号“带小孩乘客专座”和“孕妇专座”组合使用，表示“老幼病残孕专座”。
47		带小孩乘客专座 Seat for Passenger with Small Children	表示供母婴使用的座位 用于公共场所、建筑物、服务设施、交通工具、方向指示牌、印刷品等 可与符号“老人专座”和“孕妇专座”组合使用，表示“老幼病残孕专座”。
48		孕妇专座 Seat for Pregnant Woman	表示供孕妇使用的座位 用于公共场所、建筑物、服务设施、交通工具、方向指示牌、印刷品等 可与符号“带小孩乘客专座”和“老人专座”组合使用，表示“老幼病残孕专座”。

表 1（续）

序号	图形符号	名 称	说 明
49		货运 Freight	表示办理货物运输的场所 用于公共场所、建筑物、服务设施、方向指示牌、平面布置图、信息板、时刻表、印刷品等
50		航空货运 Air Freight	表示办理航空货运的场所 用于公共场所、建筑物、服务设施、方向指示牌、平面布置图、信息板、时刻表、印刷品等
51		水路货运 Water Freight	表示办理水路货运的场所 用于公共场所、建筑物、服务设施、方向指示牌、平面布置图、信息板、时刻表、印刷品等
52		铁路货运 Rail Freight	表示办理铁路货运的场所 用于公共场所、建筑物、服务设施、方向指示牌、平面布置图、信息板、时刻表、印刷品等

表 1（续）

序号	图形符号	名 称	说 明
53		公路货运 Road Freight	表示办理公路货运的场所 用于公共场所、建筑物、服务设施、方向指示牌、平面布置图、信息板、时刻表、印刷品等
54		货物检查 Freight Check	表示对托运货物进行安全检查的场所 用于公共场所、建筑物、服务设施、方向指示牌、平面布置图、信息板、印刷品等
55	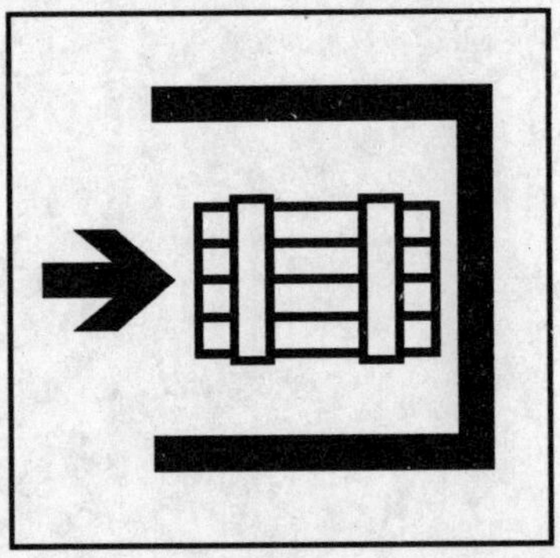	货物交运 Freight Check in	表示交运货物的场所 用于公共场所、建筑物、服务设施、方向指示牌、平面布置图、信息板、时刻表、印刷品等
56	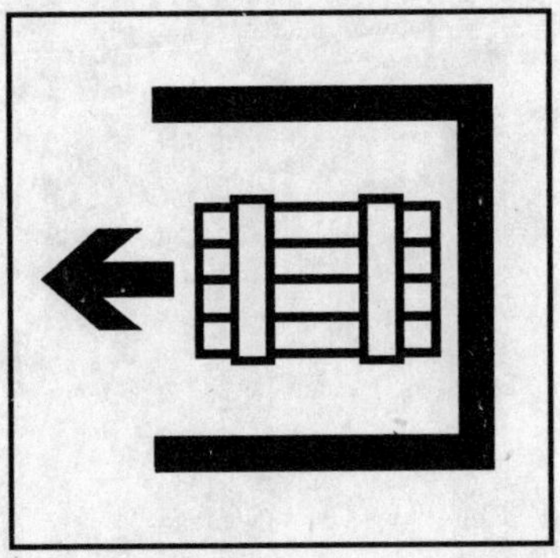	货物提取 Freight Claim	表示领取托运货物的场所 用于公共场所、建筑物、服务设施、方向指示牌、平面布置图、信息板、时刻表、印刷品等

表1(续)

序号	图形符号	名　称	说　　　明
57		货物查询 Freight Inquiries	表示帮助货主查找货物的场所 用于公共场所、建筑物、服务设施、信息板、时刻表、印刷品等

附 录 A
（规范性附录）
客运与货运领域常用的安全标志

表 A.1 给出了客运与货运领域中常用的安全标志。

表 A.1 客运与货运领域常用的安全标志

序号	图形标志	名 称	说 明
A-01		当心夹手 Caution, Risk of Pinching Hand	警告人们有夹手的危险 用于公共场所、建筑物、服务设施、信息板、印刷品等
A-02		当心落水 Caution, Risk of Falling into Water	警告人们有落水的危险 用于公共场所、建筑物、服务设施、信息板、印刷品等
A-03		禁止携带武器及仿真武器 Carrying Weapons and Emulating Weapons Prohibited	表示禁止携带和托运武器、凶器及仿真武器 用于公共场所、建筑物、服务设施、信息板、印刷品等

表 A.1（续）

序号	图形标志	名　称	说　　明
A-04		禁止携带托运易燃及易爆物品 Carrying Flammable and Explosive Materials Prohibited	表示禁止携带和托运易燃、易爆及其他危险品 用于公共场所、建筑物、服务设施、信息板、印刷品等
A-05		禁止携带托运剧毒物品及有害液体 Carrying Poisonous Materials and Harmful Liquid Prohibited	表示禁止携带和托运剧毒物品、有害液体物品 用于公共场所、建筑物、服务设施、信息板、印刷品等
A-06		禁止携带托运放射性及磁性物品 Carrying Radioactive and Magnetic Materials Prohibited	表示禁止携带和托运放射性物质和超过规定的磁性物质 用于公共场所、建筑物、服务设施、信息板、印刷品等
A-07		禁止倚靠 Leaning on the Door Prohibited	表示禁止倚靠某物体，如车门等 用于公共场所、建筑物、服务设施、印刷品等

表 A.1（续）

序号	图形标志	名　称	说　　明
A-08		禁止头手伸出窗外 Head and Hand Out of the Window Prohibited	表示禁止将头、手伸出窗外 用于公共场所、建筑物、服务设施、印刷品等

索 引

中文名称 **序号**

英文对应词	序号
Air Freight	50
Aircraft	01
Airline Tickets	21
Animal and Plant Quarantine	40
Arrivals	28
Automatic Check in	25
Baggage Cart	30
Baggage Check	35
Baggage Check in	31
Baggage Claim	32
Baggage Inquiries	33
Bicycle Rental	20
Boarding Gate	26
Boat	03
Boat Tickets	22
Bus	09
Cable Car (Large Capacity)	15
Cable Car (Small Capacity)	16
Cable Railway;Ratchet Railway	14
Car Rental	17
Carrying Flammable and Explosive Materials Prohibited	A-04
Carrying Poisonous Materials and Harmful Liquid Prohibited	A-05
Carrying Radioactive and Magnetic Materials Prohibited	A-06
Carrying Weapons and Emulating Weapons Prohibited	A-03
Caution, Risk of Falling into Water	A-02
Caution, Risk of Pinching Hand	A-01
Check in	24
Connecting Flight	43
Customs	37
Departures	27
Ferry	04
First Class Lounge	45
Freight	49
Freight Check	54
Freight Check in	55
Freight Claim	56
Freight Inquiries	57
Garage	19
Green Channel (thing to Declare)	42
Head and Hand Out of the Window Prohibited	A-08
Helicopter	02
Immigration	38

ICS 25.180.10
K 60

中华人民共和国国家标准

GB/T 10066.1—2004
代替 GB/T 10066.1—1988

电热设备的试验方法 第1部分：通用部分

**Test methods for electroheat installations—
Part 1：General**

(IEC 60398：1999，Industrial electroheating installations—
General test methods，MOD)

2004-02-04 发布　　2004-08-01 实施

中华人民共和国国家质量监督检验检疫总局
中国国家标准化管理委员会　发布

前　言

GB/T 10066《电热设备的试验方法》目前包括以下11个部分：

——第1部分：通用部分；

——第2部分：有心感应炉；

——第3部分：无心感应炉；

——第4部分：间接电阻炉；

——第5部分：等离子设备(GB/T 13535—1992《电热用等离子设备试验方法》)；

——第6部分：工业微波加热设备输出功率的测定方法(GB/T 18662—2002《工业微波加热设备输出功率的测定方法》)；

——第7部分：具有电子枪的电热设备；

——第8部分：电渣重熔炉(GB/T 1020—1989《电渣重熔炉的试验方法》)；

——第9部分：高频介质加热设备输出功率的测量方法(GB/T 14809—2000《高频介质加热设备输出功率的测量方法》)；

——第10部分：直接电弧炉(GB/T 6542—1986《直接电弧炉的试验方法》)；

——第11部分：埋弧炉(GB/T 7405—1987《埋弧炉试验方法》)。

注：某些现有电热设备的试验方法未采用分部编号(如括号内所示)，在修订时将改为上述规定的分部编号。

这套标准均修改采用或非等效采用相应的IEC标准制定。

本部分为GB/T 10066的第1部分。

本部分修改采用IEC 60398:1999《工业电热设备　通用试验方法》(英文版)。

本部分根据IEC 60398:1999重新起草。后者是以由我国根据GB/T 10066.1—1988提出的草案为基础起草的，但删去了某些非电类的试验项目和试验方法，注明“由其他标准涉及”。在附录A中列出了本部分章条编号与IEC 60398:1999章条编号的对照一览表。

考虑到工业电热设备为综合性的机电成套设备，在采用IEC 60398:1999时，本部分做了一些修改，对机械类的试验项目及其试验方法作了补充。有关技术性差异已编入正文中并在它们所涉及的条款的边页空白处用垂直单线标识。在附录B中给出了这些技术性差异及其原因的一览表以供参考。

为便于使用，对于IEC 60398:1999，本部分还做了下列编辑性修改：

a) “本国际标准”一词改为“本部分”；

b) 标准名称由《工业电热设备　通用试验方法》改为现名；

c) 删除国际标准的前言。

本部分代替GB/T 10066.1—1988《电热设备试验方法　通用部分》，与后者相比的主要技术变化如下：

——“有功功率的测量”(5.3)，根据IEC 60398:1999删去原计及电压偏离的修正计算式；

——冷态试验项目(6.1)中，删去了“一般检查”(部分内容包括在现4.1中)、“标牌字迹耐久性试验”、“导通性试验”、“接触电阻的测量”、“温度仪表的校验”和“包装检验”，原“安全检查”由“触电防护措施的试验”代替；

——热态试验项目(6.2)中，原“对无线电干扰的测量”和“对电网干扰的测量”归入现“电磁兼容性的测量”；原“水耗的测量”和“冷却水温升的测量”改名为“冷却液流量的测量”和“冷却液温升的测量”；删去了“X射线的测量”；

——试验方法(第7章)中，作与试验项目相应的增删；

——"安全联锁和报警系统的试验"(7.1.9,原7.1.10),对试验动作次数未作明确规定;

——"冷却液流量的测量"(7.2.2.1),删去原测量最小水耗量的一些规定;

——"冷却液温升的测量"(7.2.2.2),测试条件略有改动。

本部分的附录A和附录B为资料性附录。

本部分由中国电器工业协会提出。

本部分由全国工业电热设备标准化技术委员会归口。

本部分起草单位:西安电炉研究所、锦州电炉有限责任公司、西安华能电炉厂、陕西海意电气电炉有限责任公司。

本部分主要起草人:葛华山、何其畏、姜战胜、郭新社。

本部分所代替标准的历次版本发布情况为:GB 4001—1983,GB/T 10066.1—1988。

电热设备的试验方法
第1部分：通用部分

1 范围和目的

GB/T 10066《电热设备的试验方法》的本部分适用于各种工业电热设备，如：

——直接电弧炉；

——埋弧炉；

——感应炉；

——中频和高频感应加热装置；

——射频加热装置和介质加热装置；

——直接和间接电阻加热装置；

——电渣重熔炉；

——红外加热装置；

——微波加热装置；

——具有电子枪的电热装置；

——等离子电热装置；

——工业用激光装置。

本部分不适用于家用和类似用途的电烹调和电加热装置；也不适用于家用和工业用房间取暖、钎焊、焊接或其他类似用途的设备和器具以及用于农业和加热道路、桥梁、停车场或任何形式的空间加热的电热设备。

本部分的目的是使适用于所有工业电热设备的试验条件、基本测量和通用试验方法标准化，以确认其安全和性能方面的技术要求。

本部分应与现有和有关的工业电热装置的特殊安全和性能标准配合使用。当这些标准不适用时，可由制造厂和用户商定。本部分给出的试验项目既不是强制性的也不具约束性。

2 规范性引用文件

下列文件中的条款通过 GB/T 10066 的本部分的引用而成为本部分的条款。凡是注日期的引用文件，其随后所有的修改单（不包括勘误的内容）或修订版均不适用于本部分，然而，鼓励根据本部分达成协议的各方研究是否可使用这些文件的最新版本。凡是不注日期的引用文件，其最新版本适用于本部分。

GB/T 2900.23—1995 电工术语 工业电热设备（neq IEC 60050(841):1983）

GB/T 3768—1996 声学 声压法测定噪声源声功率级 反射面上方采用包络测量表面的简易法（eqv ISO 3746:1995）

GB/T 3859.1—1993 半导体变流器 基本要求的规定（eqv IEC 60146-1-1:1991）

GB 4793.1 测量、控制和试验室用电气设备的安全要求 第1部分：通用要求（GB 4793.1—1995，idt IEC 61010-1:1990）

GB 4824—2001 工业、科学和医疗（ISM）射频设备电磁骚扰特性的测量方法和限值（idt IEC CISPR11:1997）

GB/T 5226.1 工业机械电气设备 第1部分：通用技术要求（GB/T 5226.1—2002，IEC 60204-1:

2000,IDT)

GB 5959.1　电热设备的安全　第一部分　通用要求(GB 5959.1—1986,neq IEC 60519-1:1984)

GB/T 9079—1988　工业炉窑烟尘测试方法

GB/T 16839.2—1997　热电偶　第2部分:允差(idt IEC 60584-2:1982)

3　定义

GB/T 2900.23—1995 的定义和下列定义适用于本部分。

关于电气术语和电气量,除非另有说明,在交流情况下,术语“电压”和“电流”都指的是有效值;而前面加“额定”两字的电气术语和电气量是对电热装置本身而言。术语“额定电压”、“额定电流”或“额定功率”是指由制造厂规定并标明在电热装置上的电压(在三相系统中,为线电压)、电流或功率。

3.1

(电热设备的)冷态　cold state (of an electroheat installation)

电热设备的一种热学状态,此时其电热装置的所有构件的温度都等于环境温度。

3.2

(电热设备的)热态　hot state (of an electroheat installation)

电热设备的一种热学状态,此时其构件处于它们的工作温度或稳态温度下,其炉料(如有的话)已达到稳态温度或想要的温度分布。

3.3

(电热设备的)热稳态　thermal steady state (of an electroheat installation)

电热设备的一种热学状态,此时输入电热装置的全部能量用于补偿其热损失。

3.4

正常工作状态　normal operating conditions

电热装置设计规定的最常用的工作状态。

4　一般要求

4.1　冷态试验

冷态试验应在电热设备出厂前以及在安装和冷态调整过程中进行。安装和试验准备应按制造厂的使用说明书进行。试验中应采取必要的安全防护措施。

试验前,应对电热设备的电气接线、开关和控制装置以及内外尺寸进行一般检查。

4.2　热态试验

除非另有规定,热态试验应在冷态试验合格后进行。除非另有规定,被试验的电热设备应处于正常工作状态。试验中不得采取任何会影响被试验设备性能的临时性措施。

试验中应遵照 GB 5959.1、有关的特殊安全要求和制造厂的使用说明书,以确保试验安全。

4.3　环境条件

试验应在表1所列的环境条件下进行。

表1　试验的环境条件

环境温度/℃	正常	20
	最低	5
	最高	40
相对湿度/%	最大	85
海拔高度/m	最高	1 000
注:若环境条件与本表不符,则应按有关规定对所测量数值进行修正。		

环境温度系指平均值。所有与温度有关的量应以环境温度 20℃,即所谓基准环境温度为基准。

4.4 电源电压

试验期间电源电压的波形应是正弦波形,其电压畸变以及电源电压的对称性应在 GB/T 3859.1—1993 和特殊试验方法标准所规定的允差范围内。

电源电压的波动值应保持在允差范围内。必要时可用调压器进行试验。

注:试验期间的电源电压如与上述要求不符,除非另有规定,应由制造厂和用户协商对所测数值进行修正。

4.5 测量仪表

试验中所用的所有测量仪表和传感器应是合适和经校验的。

测量时应严格遵守测量仪表的操作说明。

所有测量仪表的准确度应符合本部分和有关特殊试验方法标准的规定;或无规定时,应由制造厂和用户商定。

5 基本测量

5.1 时间的测量

时间的测量和所用的仪表应与被测周期和所需的准确度相称。

5.2 电流、电压和视在功率的测量

电流和电压测量所用的测量系统的准确度,对低频(低于或等于 60 Hz)装置应不低于 1.5 级;对中频(高至 10 kHz)装置应不低于 2.5 级(见 GB 4793.1)。

对更高的频率,测量系统的准确度应由制造厂和用户商定。

注:当测量畸变的电压或电流时,应特别小心。对 5.3~5.6 的测量,也是这样。

视在功率根据电流和电压的测量值计算确定。在三相系统中可测量相电压。在三相三线系统中可设一个人为的中性点。

5.3 有功功率的测量

有功功率应当用测量系统,如具有 5.2 所述同样准确度的瓦特表来测量。

功率因数非常低的功率应采用专门设计的测量系统。

注:功率因数低于 0.3 时,需要专门设计的测量装置。

对三相四线系统,推荐用三瓦特表法测量。在三相三线系统中可设一个人为的中性点。但是,对三相三线系统也允许用两瓦特表法测量。

在测量额定功率时,应计及电压偏离其额定值的影响。

5.4 功率因数的测量

对单相系统或实际上是对称和平衡的三相系统,功率因数可由有功功率和视在功率的测量值确定,也可用两瓦特表法测定,或可由同一期间所消耗的有功和无功电能的测量值确定。

注:在有谐波分量时,按 GB/T 3859.1—1993 的第一种方法给出基波功率因数或称位移因数 $\cos\phi_1$。

5.5 电能的测量

在电热装置输入端的电能应当用准确度不低于 2 级的仪表测量。

5.6 频率的测量

对低频,频率应当用准确度不低于 1.5 级的测量系统测量;对中频,其准确度应不低于 2.5 级。对高于 10 kHz 的频率,可使用准确度不低于 1.5 级的测量传感器和指示器。

5.7 温度的测量

根据测量要求温度用玻璃温度计、热电偶、热电阻温度计、热电温度计或高温计等测量。

除非另有规定,它们的允许误差或测量准确度应符合表 2 的规定。

表 2 温度测量仪表的允许误差或测量准确度

温度测量仪表的类型	允许误差或测量准确度(不低于)
玻璃温度计	1 K
热电偶	见 GB/T 16839.2—1997
热电温度计	2.5 级
热电阻温度计	1 级
高温计	取决于校准

5.8 环境温度的测量

环境温度用放置在距电热装置适当远、无气流处的玻璃温度计测量(见图 1),或用给出相同结果的其他仪表测量。对电阻炉,温度计通常放置在距炉子后墙中心 1 m 远处。对其他电热设备,该距离必要时可在特殊的试验方法标准中规定或由制造厂和用户商定。在温度计与电热装置之间应当用一个箱形隔热罩隔开(见图 1,图中 1 m 的距离适用于一般电阻炉)。隔热罩对着电热装置的一面应贴附光亮的金属箔。

测量湿度用的干湿球湿度计的干球温度计,也可用来测量环境温度。

在有必要对环境温度进行自动监测和记录时可用铂电阻温度计和相应的仪表。铂电阻温度计应设置在图 1 球壳的中心部位。

5.9 湿度的测量

湿度用干湿球湿度计或用能得到相同结果的其他仪器测量。湿度计的安放位置应同测量环境温度的温度计的安放位置一样(见 5.8 和图 1),应放在没有气流的地方。图 1 中所示的隔热罩应放在湿度计和电热装置之间。相对湿度可从湿度计的表格中读出。

5.10 真空度的测量

按真空电炉真空度的高低和测量范围分别用电离真空计、电阻真空计(pirani 真空计)等测量。仪表的测量准确度应在所测真空度值的 25%范围内。

6 试验项目

各类电热设备的试验项目可对下列试验项目进行修改和(或)列为强制性试验项目。

注:试验被分为冷态和热态两大类。

6.1 冷态试验项目

a) 触电防护措施的试验(见 7.1.1)。

b) 绝缘电阻的测量(见 7.1.2)。

c) 绝缘耐压试验(见 7.1.3)。

d) 控制电路试验(见 7.1.4)。

e) 冷却系统试验(见 7.1.5)。

f) 气路系统试验(见 7.1.6)。

g) 液压系统试验(见 7.1.7)。

h) 运动机构运转或动作情况的冷态试验(见 7.1.8)。

i) 安全联锁和报警系统的试验(见 7.1.9)。

j) 真空试验

——极限真空度的测量(见 7.1.10.1);

——空炉抽气时间的测量(见 7.1.10.2);

——压升率的测量(见 7.1.10.3)。

6.2 热态试验项目

a) 受热构件表面温度的测量(见7.2.1);

b) 冷却液流量的测量(见7.2.2.1);

c) 冷却液温升的测量(见7.2.2.2);

d) 运动机构运转或动作情况的热态试验(见7.2.3);

e) 工作真空度的测量(见7.2.4);

f) 电磁兼容性的测量(见7.2.5);

g) 噪声的测量(见7.2.6);

h) 废气(包括粉尘)的测量(见7.2.7);

i) 热态试验后的外观检查(见7.2.8)。

7 试验方法

7.1 冷态试验

7.1.1 触电防护措施的试验

外观检查应确保设计的安全措施,如设置盖板和接地连接以及保持间隔距离等均有效、可靠,特别是所有的接地措施和等电位连接均应符合制造厂的安装手册。

7.1.2 绝缘电阻的测量

测量在电热设备与供电电网断开的情况下进行,并且仅对与电网直接连接的带电部分进行测量。

电热设备的额定电压低于500 V时,用500 V交流或直流兆欧表测量;500 V~1 000 V时,用1 000 V交流或直流兆欧表测量;高于1 000 V时,用2 500 V交流或直流兆欧表测量。

兆欧表应分别接在电热设备正常工作时带电的两个不同带电体之间,以及各带电体与所有外露的金属结构件之间,后者应连接在一起并接地。

当电容器的外壳接地时,应注意在电源线和地间存在的电容。

对于可能经由炉衬短路的电热装置,在测量绝缘电阻之前应把炉衬充分烘干并冷却到环境温度。

带电体用水冷却的电热设备,其绝缘电阻的测量应在电热设备未接水冷系统的情况下进行。测量时应将会形成电通路的冷却水管断开。

真空炉的绝缘电阻应在炉子未抽气之前测量。

7.1.3 绝缘耐压试验

所加试验电压应是工频正弦波。此电压应施加在电热设备正常工作时带电的两个不同带电体之间以及各带电体与所有外露的金属结构件之间,后者应连接在一起并接地。

除非另有规定,试验电压 U_t 应在10 s内从 $U_t/2$ 逐渐升到 U_t,然后在这电压下保持1 min,试验期间不应有击穿或闪络现象。不同电路的试验电压按表3规定。

表3的试验电压仅适用于新电热设备或新电热装置的第一次试验。对重复性试验,或对运行后的电热设备或其部件的试验,试验电压可由制造厂和用户商定。

表3 绝缘耐压试验的试验电压

额定绝缘电压 U_i(交流有效值或直流)/V	试验电压 U_t/V
$U_i \leqslant 60$	500
$60 < U_i \leqslant 125$	1 000
$125 < U_i \leqslant 250$	1 500

表 3(续)

额定绝缘电压 U_i(交流有效值或直流)/V	试验电压 U_t/V
250<U_i≤500	1 500[a] 2 000
U_i>500	$2U_t$+1 000

a　该试验电压仅适用于间接电阻炉,并分别施加在各相加热元件之间以及加热元件与炉壳间。

对某些特殊的工作条件例如电压、频率、粉尘、沾污、烟尘,以及绝缘材料或特殊的结构要求如较小的间隙和爬电距离,可以由制造厂和用户商定采用其他的试验电压。

对与其他导电件的距离很小的感应器,如工作在中频或高频的感应退火线圈,可能有必要采用较低的试验电压。

除电阻炉外,绝缘耐压试验应在电热装置没有砌筑耐火炉衬之前进行。对于带电体用水冷却的电热设备,本试验应在电热设备未接水冷系统情况下进行。试验时应将会形成电通路的冷却水管断开。

对真空炉,本试验应在非真空状态下进行。

对不能经受试验电压的电气元器件,如电容器和电子元器件等,在试验时应拆除或短路。

试验变压器的 1 h 额定容量规定为:试验电压值每 1 000 V 应不小于 0.5 kVA。

7.1.4　控制电路试验

控制电路的试验应按 GB/T 5226.1 进行。

7.1.5　冷却系统试验

首先把冷却液的压力调节到其规定的最低值,冷却液在所有冷却回路内均应畅通。

然后关闭各冷却回路的出口,把冷却液的压力调节到规定最高值的 1.5 倍并至少保持 5 min。试验中应无冷却液渗漏现象。

应检查冷却系统的所有阀,以确保它们满足规定的运行状况。

对不能承受该试验压力的某些部件和电气元件,如真空炉的冷却炉壳和炉盖、陶瓷电容器的冷却管或冷却外壳以及高频电热设备的电子管等,应被旁路或拆除。这些部件和装置应按其设计规定,在其制造过程中单独进行试验。

7.1.6　气路系统试验

出厂检验时,对以压缩空气为动力的气路系统,分部按正常工作状态操作,各个系统应动作正常,无漏气现象;对控制气氛炉用的各种气体发生装置和净化装置的管道,从进气口通入压缩空气,并采取措施使气路系统中的压力达到系统额定工作压力的 1.5 倍,并保持 10 min,管路各处应无漏气现象。可用肥皂水等进行检漏。

型式检验时,在气路系统安装后重复以上检验,在整个试验过程中,各个系统应动作正确,管路各处应无漏气现象。

7.1.7　液压系统试验

出厂检验时,可分部或对系统进行检验。检验时应采取措施,使各部分或系统中的压力提高到额定工作压力的 1.5 倍,并在此压力下保持 10 min 以上,各处应无漏油现象。

型式检验在液压系统安装完成后进行。检验时,除非另有规定,应采取措施使系统中的压力提高到额定工作压力的 1.5 倍,并在此压力下保持 10 min 以上,系统各处应无漏油现象,管路不应变形。试验中对某些规定不能承受该试验压力的管路元件应作适当处理。

7.1.8　运动机构运转或动作情况的冷态试验

应分机构逐个进行。在电热设备冷态情况下,观察和测量运动机构运转或动作的情况,如动作的正确性、行程范围、运动速度、气路或液压系统的工作压力,驱动电机的输入功率、操作手柄或手轮的作用力等。必要时在相应炉种的试验方法标准、电热设备基本技术条件或产品标准中,对各个机构分别规定其试验方法。

7.1.9 安全联锁和报警系统的试验

可根据实际情况在各机构进行试验时或在电热设备总装完成后进行试验。

试验前应具备以下基本条件：

——机械限位装置、联锁装置、电气限位开关和电信号发生器已先经过检验并安装就位；

——已通过试验确认电气联锁电路接线正确；

——监测装置已设定在其规定值上；

——监测装置已输入模拟值或数据进行了摸拟试验。

试验应证实联锁和监测电路的功能正常，它们在电热设备内的作用符合规定。

注：允许电热设备在试验期间通电加热。

7.1.10 真空试验

7.1.10.1 极限真空度的测量

在空炉冷态情况下，用真空炉本身配套的真空系统进行试验。按正常工作条件启动真空泵，直到炉内压力达到最低值。真空炉应能达到产品标准中所规定的极限真空度值。测量真空度的仪表应符合5.10的规定。

7.1.10.2 空炉抽气时间的测量

在上述试验中，从炉内压力为大气压时开始到炉内真空度达到产品标准中规定的极限真空度为止的时间，即为空炉抽气时间。

油扩散泵和油增压泵的预热时间不包括在空炉抽气时间之内。

7.1.10.3 压升率的测量

用关闭法测量。在上述试验以后，关闭真空腔各通气口的真空阀门，并关停真空泵。压升率按式(1)计算：

$$\Delta p = \frac{p_2 - p_1}{\Delta t} \quad \cdots\cdots(1)$$

式中：

Δp——压升率，单位为帕每小时(Pa/h)；

p_1——第一次读数时真空腔内的压力，单位为帕(Pa)；

p_2——第二次读数时真空腔内的压力，单位为帕(Pa)；

Δt——两次读数的时间间隔，单位为小时(h)；Δt应不小于0.5 h。

第一次读数的时间应按产品标准的规定；产品标准中未规定时，为关闭真空阀门后15 min。两次读数应当用同一只真空计的同一测量档。

为减少炉内构件放气或吸气对压升率的影响，试验最好在炉内没有耐火绝热炉衬的情况下进行。如果不可能做到这一点，则应每隔一定时间(不小于0.5 h)读取真空腔内的压力值，并在直角坐标纸上绘制压力对时间的关系曲线，以曲线最后直线上升段的斜率作为压升率的测定值。

试验一般用真空炉本身配套的抽气系统进行。但对低真空(压力10^5 Pa～10^2 Pa)和中真空(压力10^2 Pa～10^{-1} Pa)电炉，也允许用非本身配套的抽气系统。各抽气系统本身都应分别经过检漏、极限真空度测量和压升率的试验，并确认其压升率不致影响整台炉子达到规定压升率指标。

7.2 热态试验

7.2.1 受热构件表面温度的测量

受热或受电磁场影响的构件的表面温度用热电偶或可给出可靠读数的其他温度测量装置测量。它们的传感器应与被测表面接触良好。

当需要自动记录表面温度时，推荐用铂电阻温度计和相应的温度记录仪。

7.2.2 冷却系统的测量

7.2.2.1 冷却液流量的测量

电热设备的冷却液流量用流量计测量或由一定时间内流出的冷却液的体积除以该时间算得。

7.2.2.2 冷却液温升的测量

进口处冷却液的压力及流量应在制造厂规定的范围内。冷却液的温升等于冷却液出口温度和进口温度的差。温度用玻璃温度计或用能给出可靠读数的其他等效装置测量。试验中，冷却液的出口温度和温升应在制造厂规定的范围内。

测量应在制造厂和用户商定的条件下进行。

7.2.3 运动机构运转或动作情况的热态试验

在热态试验的过程中按 7.1.8 所述方法和要求进行。

7.2.4 工作真空度的测量

在真空炉型式检验、工艺检验或工业运行检验中，按制造厂和用户商定的炉料和工艺，用真空炉本身配套的仪表在正常工作状态下测量，或按产品标准的规定。测量真空度的仪表应符合 5.10 的规定。

7.2.5 电磁兼容性的测量

正在考虑中。

7.2.6 噪声的测量

在电热设备正常工作状态下，按 GB/T 3768—1996 和有关产品标准的规定进行检测。

7.2.7 废气(包括粉尘)的测量

测量方法参照 GB/T 9079—1988 并在产品标准中规定。测量在电热设备正常工作状态下进行。

7.2.8 热态试验后的外观检查

外观检查应在所有的热态试验结束后进行，主要检查电热装置的受热或受电磁场影响的部件，如炉衬、加热元件、耐热件、炉门、炉盖、炉料传送或定位系统以及其他运动机构等，看是否存在因热膨胀、烧蚀、氧化和蠕变而造成脱落、开裂、变形、异常磨损等会妨碍电热设备正常运行或影响其性能的情况。

注：特殊情况的检查时间应由制造厂和用户商定。

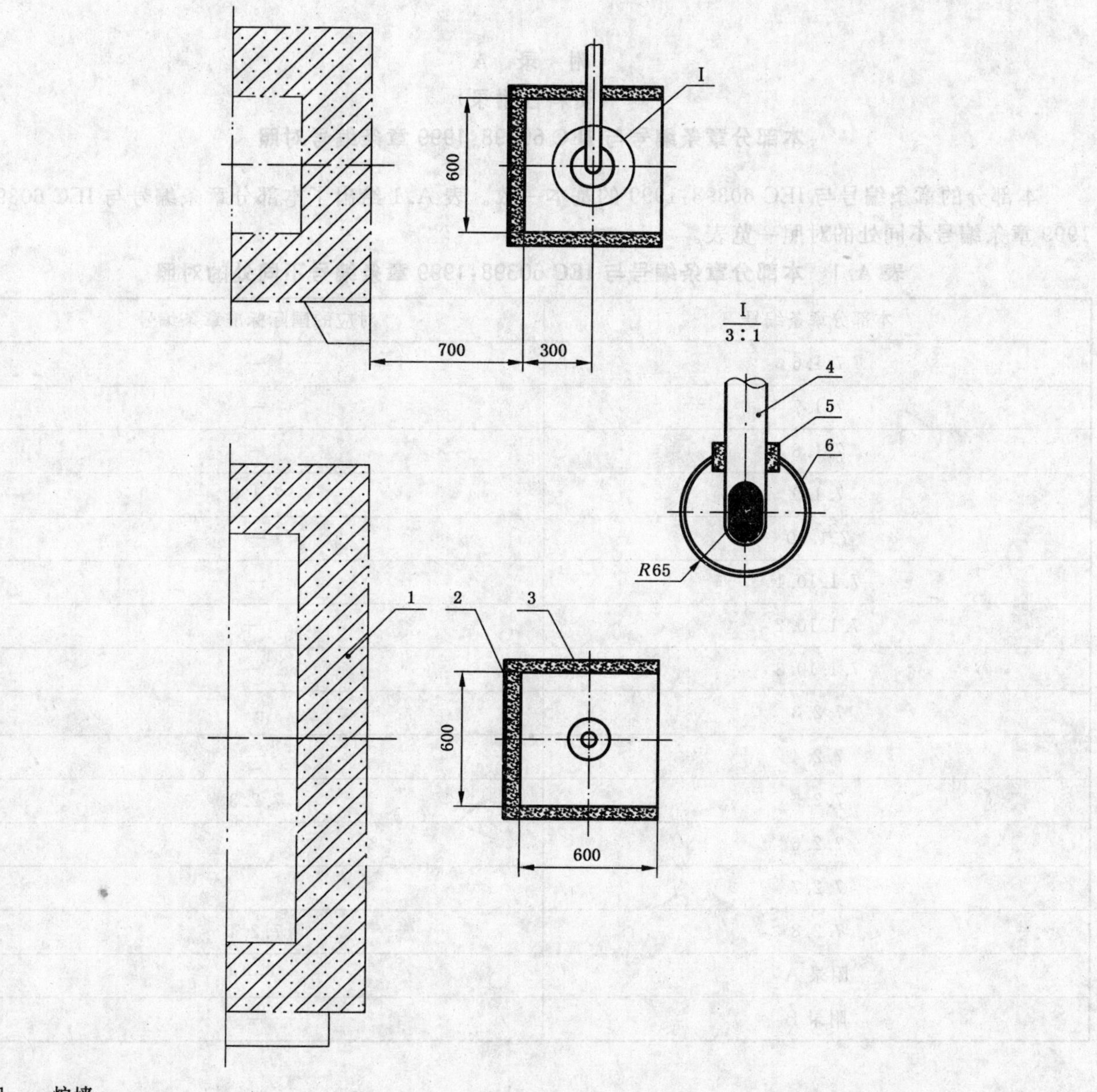

1——炉墙；

2——光亮的金属箔；

3——隔热罩；

4——玻璃温度计；

5——塞子；

6——厚 0.2 mm 铜皮制球壳(外表面涂黑)。

图 1　环境温度测量布置图

附　录　A
（资料性附录）
本部分章条编号与 IEC 60398:1999 章条编号对照

本部分的章条编号与 IEC 60398:1999 的基本一致。表 A.1 给出了本部分章条编号与 IEC 60398:1999 章条编号不同处的对照一览表。

表 A.1　本部分章条编号与 IEC 60398:1999 章条编号不同处的对照

本部分章条编号	对应的国际标准章条编号
7.1.6	—
7.1.7	—
7.1.8	—
7.1.9	7.1.6
7.1.10	—
7.1.10.1	—
7.1.10.2	—
7.1.10.3	—
7.2.3	—
7.2.4	—
7.2.5	7.2.3
7.2.6	—
7.2.7	—
7.2.8	7.2.4
附录 A	—
附录 B	—

附　录　B
（资料性附录）
本部分与 IEC 60398:1999 技术性差异及其原因

表 B.1 给出了本部分与 IEC 60398:1999 的技术性差异及其原因的一览表。

表 B.1　本部分与 IEC 60398:1999 技术性差异及其原因

本部分的章条编号	技术性差异	原　因
5.7 表 2	热电温度计的测量精确度由 4 级改为 2.5 级	原精确度偏低，现有产品均能达到 2.5 级
6.1	增加下列 4 个冷态试验项目： f)　气路系统试验； g)　液压系统试验； h)　运动机构运转或动作情况的冷态试验； j)　真空试验 ——极限真空度的测量； ——空炉抽气时间的测量； ——压升率的测量	考虑电热设备为综合性的机电成套设备及 IEC 60398:1999 第 6 章的“注:关于噪声、粉尘以及液压、气动和气路系统的试验参见其他标准”，根据原 GB/T 10066.1—1988 增加了左边所列的试验项目及其试验方法
6.2	增加下列 4 个热态试验项目： d)　运动机构运转或动作情况的热态试验； e)　工作真空度的测量； g)　噪声的测量； h)　废气(包括粉尘)的测量	
7.1.6	增加“气路系统试验”的试验方法	
7.1.7	增加“液压系统试验”的试验方法	
7.1.8	增加“运动机构运转或动作情况的冷态试验”的试验方法	
7.1.10	增加“真空试验”三项测量的试验方法	
7.2.3	增加“运动机构运转或动作情况的热态试验”的试验方法	
7.2.4	增加“工作真空度的测量”的试验方法	
7.2.6	增加“噪声的测量”的试验方法，并在第 2 章中增加其引用的标准 GB/T 3768—1996	
7.2.7	增加“对废气(包括粉尘)的测量”的试验方法，并在第 2 章中增加其引用的标准GB/T 9079—1988	

ICS 25.180.10
K 60

中华人民共和国国家标准

GB/T 10066.2—2004
代替 GB/T 10066.2—1988

电热设备的试验方法 第2部分：有心感应炉

Test methods for electroheat installations—Part 2：Induction channel furnaces

(IEC 60396：1991，Test methods for induction channel furnaces，MOD)

2004-02-04 发布　　2004-08-01 实施

中华人民共和国国家质量监督检验检疫总局
中国国家标准化管理委员会　发布

前 言

GB/T 10066《电热设备的试验方法》目前包括以下11个部分：

——第1部分：通用部分；

——第2部分：有心感应炉；

——第3部分：无心感应炉；

——第4部分：间接电阻炉；

——第5部分：等离子设备(GB/T 13535—1992《电热用等离子设备试验方法》)；

——第6部分：工业微波加热设备输出功率的测定方法(GB/T 18662—2002《工业微波加热设备输出功率的测定方法》)；

——第7部分：具有电子枪的电热设备；

——第8部分：电渣重熔炉(GB/T 1020—1989《电渣重熔炉的试验方法》)；

——第9部分：高频介质加热设备输出功率的测量方法(GB/T 14809—2000《高频介质加热设备输出功率的测量方法》)；

——第10部分：直接电弧炉(GB/T 6542—1986《直接电弧炉的试验方法》)；

——第11部分：埋弧炉(GB/T 7405—1987《埋弧炉　试验方法》)。

注：某些现有电热设备的试验方法未采用分部编号(如括号内所示)，在修订时将改为上述规定的分部编号。

这套标准均修改采用或非等效采用相应的IEC标准制定。

本部分为GB/T 10066的第2部分。

本部分修改采用IEC 60396:1991《有心感应炉的试验方法》(英文版)，是根据IEC 60396:1991重新起草。附录B列出了本部分章条编号与IEC 60396:1991章条编号的对照一览表。

考虑到有心感应炉为综合性的机电成套设备，在采用IEC 60396:1991时，本部分做了一些修改，对非电类的试验项目及其试验方法作了补充。有关技术性差异已编入正文中，并在它们所涉及条文的边页空白处用垂直单线标识。在附录C中给出了这些技术性差异及其原因的一览表供参考。

为便于使用，对于IEC 60396:1991，本部分还做了下列编辑性修改：

a) 改《有心感应炉的试验方法》为《电热设备的试验方法　第2部分：有心感应炉》，英文名称对应修改；

b) 改标准章节编号为与其他各类工业电热设备的试验方法标准的章节编号相对应；

c) "本国际标准"一词改为"本部分"；

d) 用小数点"."代替作为小数点的逗号","；

e) 用下脚标"f"代替"F"；

f) 删除国际标准的前言；

g) 将试验项目按冷、热态分类。

本部分代替GB/T 10066.2—1988《电热设备试验方法　有心感应炉》，与后者相比的主要技术变化如下：

a) 在"3　术语和定义"中，根据IEC 60396:1991，增加了下列术语：

——有心感应炉；

——感应体；

——感应线圈；

——环境温度；

——炉子的热稳态；
——炉子的冷态；
——单位电耗。
修改了下列术语定义：
——有心感应炉的电热设备；
——铁芯；
——线圈的冷却保护套；
——额定电参数；
——补偿电路的输入电压 U_c,V；
——炉子电压 U_f,V；
——炉子电流 I_f,A；
——炉子功率 S_f,kVA、P_f,kW；
——炉子感应器的功率因数 $\cos\varphi$；
——有心感应炉的额定(有效)容积 V,m^3；
——额定(有效)装料量 G,kg；
——最小装料容积 V_{min},m^3；
——炉子的总容积 V_t,m^3；
——炉子的总装料量 G_t,kg；
——试验炉料量 G_S,kg；
——炉料温度 θ,℃；
——炉料的额定温度 θ_{chf},℃；
——冷却介质的进口温度 θ_{fi},℃；
——冷却介质的出口温度 θ_{fo},℃；
——炉子的间歇作业；
——炉子的连续作业；
——保温功率 P_h,kW；
——单位电耗 kW·h/kg；
——熔化率和(或)升温率,kg/h。

b) 按 GB/T 10066.1—2004《电热设备的试验方法　第1部分:通用部分》将原试验项目(4.1)按冷、热态分类；根据 IEC 60396:1991 明确 4.2.1 中 a)、b)和 4.2.2 中 a)、b)项是强制性试验项目，其余为非强制性试验项目。

c) 在 4.3 中，根据 IEC 60396:1991 补充了对测量仪器的使用要求，明确所有测量仪器的准确度应由制造厂和用户商定。

d) 在第5章中，根据 IEC 60396:1991 修改了下列试验方法：
——冷却回路的试验方法；
——冷却回路的流量试验；
——冷却介质(水)温升的测量；
——炉子主电路的功率 P_1(1.3.8)和功率因素 $\cos\varphi_1$(1.3.9)的测定；
——保温功率 P_h(1.3.35)的测定；
——单位电耗(1.3.37)、熔化率和(或)升温率(1.3.38)的测定。

e) 根据 IEC 60396:1991，增加“附录A　与炉子主电路有关的符号和定义的图解”。

f) 增加附录B、附录C。

本部分应与 GB/T 10066.1—2004 配合使用。

本部分的附录 A、附录 B 和附录 C 为资料性附录。

本部分由中国电器工业协会提出。

本部分由全国工业电热设备标准化技术委员会归口。

本部分起草单位:西安电炉研究所。

本部分主要起草人:刘西萍、潘彬云。

本部分所代替标准的历次版本发布情况为:GB/T 10066.2—1988。

电热设备的试验方法
第 2 部分:有心感应炉

1 范围

GB/T 10066《电热设备的试验方法》的本部分适用于包括熔炼、保温用工业有心感应炉的电热设备。

本部分目的是使测量包括上述类型炉子的电热设备基本参数和技术特性的试验方法标准化。

除本部分 4.2.1 和 4.2.2 所注明的强制性试验项目外,其余项目不是强制性和约束性的。为了表征和评估炉子的性能,可以从所列项目中按需要选择试验项目,也可以附加试验项目,最好由涉及炉子的制造厂和用户商定。

2 规范性引用文件

下列文件中的条款通过 GB/T 10066 的本部分的引用而成为本部分的条款。凡是注日期的引用文件,其随后所有的修改单(不包括勘误的内容)或修订版均不适用于本部分,然而,鼓励根据本部分达成协议的各方研究是否可使用这些文件的最新版本。凡是不注日期的引用文件,其最新版本适用于本部分。

GB/T 2900.23—1995　电工术语　工业电热设备(neq IEC 60050(841):1983)

GB/T 10066.1—2004　电热设备的试验方法　第 1 部分:通用部分(IEC 60398:1999,Industrial electroheating installations—General test methods,MOD)

3 术语和定义

GB/T 2900.23—1995 的术语和定义和下列定义适用于本部分。

与炉子主电路有关的符号和定义的图解见附录 A。

3.1

有心感应炉的电热设备　electroheat installation with induction channel furnace

由有心感应炉及其运行使用时所必需的电气和机械装置所组成的设备。

电气装置由位于电源隔离开关后炉子主电路中包括导电体和开关装置在内的所有电气组件以及辅助回路组成。

3.2

有心感应炉　induction channel furnace

以变压器原理工作的感应熔炼炉或感应保温炉,变压器的二次回路包括位于耐火材料制成的熔沟中的熔融金属,该熔沟与也盛放熔融金属的具有耐火炉衬的炉膛相连,料块放入该炉膛被加热。

注:有心感应炉可包括一个或多个可更换的感应体。

3.3

感应体　inductor assembly

由感应线圈、铁芯、保护套、外壳和熔沟等构成的组合体。

3.4

感应线圈　inductor coil

与交流电源相接绕在铁芯上,用于在铁芯中产生出交流磁通的电气绕组。

3.5

铁芯 magnetic core

对磁通形成低阻通路的，由矽钢片叠成的闭合导磁体。

3.6

线圈的冷却保护套 cooling and protection shield for a coil

装在感应线圈外围，用于保护线圈的气冷或水冷套。

3.7

炉子的补偿电路 compensated circuit of the furnace

由感应线圈及其相应补偿电容器组构成的电路。

3.8

炉子主电路的额定输入功率（视在功率 S_1，kVA 或有功功率 P_1，kW） **rated input power of the furnace power circuit(apparent power S_1, kVA or active power P_1, kW)**

在额定电压和额定频率下，在炉子主电路的供电线路上测得的电功率。

3.9

炉子主电路的功率因数 $\cos\varphi_1$ power-factor of the furnace power circuit $\cos\varphi_1$

有功功率 P_1 与视在功率 S_1 之比。

3.10

额定电参数 rated electrical values

设备或其某部分设计时规定并被标志的电气参数，它们至少包括：

a) 频率 f_n，Hz 或频带 $f_{n1} \sim f_{n2}$，Hz；

b) 电压 U_n，V；

c) 有功功率 P_n，kW。

3.11

a) 补偿电路的输入电压 U_c，V input voltage of the compensated circuit U_c，V

补偿电路输入端间的电压。

b) 炉子电压 U_f，V furnace voltage U_f，V

感应线圈或感应线圈系统端子间的电压。

3.12

炉子电流 I_f A furnace current I_f，A

流经感应线圈或感应线圈系统的电流。

3.13

炉子频率 f_f，Hz furnace frequency f_f，Hz

炉子电流 I_f 的频率。

3.14

a) 补偿电路功率 S_c，kVA；P_c，kW power of the compensated circuit S_c，kVA；P_c，kW

在补偿电路输入端测得的电功率（视在功率 S_c，kVA 或有功功率 P_c，kW）。

b) 炉子功率 S_f，kVA；P_f，kW furnace power S_f，kVA；P_f，kW

在感应线圈或感应线圈系统端子间测得的电功率（视在功率 S_f，kVA，或有功功率 P_f，kW）。

3.15

a) 补偿电路的功率因数 $\cos\varphi_c$ power-factor of the compensated circuit $\cos\varphi_c$

在补偿电路输入端测得的有功功率 P_c 和视在功率 S_c 之比。

b) 炉子感应器的功率因数 $\cos\varphi_f$ power-factor of the furnace inductor $\cos\varphi_f$

在感应线圈或感应线圈系统端子间测得的有功功率 P_f 和视在功率 S_f 之比。

3.16

有心感应炉的额定(有效)容积 V,m^3 rated (useful) capacity of an induction channel furnace V,m^3

在倾炉的极限位置,在炉子加热电路不断路的情况下,能从炉内倒出的规定标称熔融金属炉料的体积。

3.17

额定(有效)装料量 G kg rated(useful) charge G,kg

与炉子额定(有效)容积相对应规定的标称熔融炉料的重量。

3.18

最小装料容积 V_{min},m^3 capacity of minimum charge V_{min},m^3

炉子处于正常位置时,为保证加热电路的连续稳定所需的熔融金属的最小体积。

3.19

最小装料量 G_{min},kg minimum charge G_{min},kg

与最小装料容积相对应的熔融金属的重量。

3.20

炉子的总容积 V_t,m^3 total capacity of a furnace V_t,m^3

炉子的额定(有效)容积和最小装料容积之和。

3.21

炉子的总装料量 G_t,kg total charge of a furnace G_t,kg

炉子的额定(有效)装料量与最小装料量之和。

3.22

试验炉料量 G_S,kg test charge G_s,kg

用于测定炉子的单位电耗、熔化率和(或)升温率的被熔化和(或)被升温的金属的重量。

3.23

炉料温度 θ,℃ charge temperature θ,℃

加热周期中给定时刻炉料的温度。

3.24

炉料的起始温度 θ_{chs},℃ charge starting temperature θ_{chs},℃

加热周期开始时炉料的温度。

3.25

炉料的额定温度 θ_{chr},℃ charge rated temperature θ_{chr},℃

设计时规定,并被标志的炉料温度。

3.26

冷却介质的进口温度 θ_{fi},℃ inlet temperature of the coolant θ_{fi},℃

冷却介质在进入冷却回路时的温度。

3.27

冷却介质的出口温度 θ_{fo},℃ outlet temperature of the coolant θ_{fo},℃

炉子在额定条件下运行,冷却介质流出冷却回路时的温度。

3.28

环境温度 θ_A,℃ ambient temperature θ_A,℃

在炉外足够远处不受热辐射或自然对流影响的空气温度。

3.29

炉子的额定工作状态(炉子的额定工作制) furnace duty at rated conditions (rated furnace duty)

炉子在规定尺寸的新熔沟、额定装料量、额定功率和额定频率条件下,并且电压和电流不超过其最大值的工作状态。

3.30

炉子的热稳态　thermal steady-state of furnace

输入炉子的全部能量用于补偿热损失的热学状态。

3.31

炉子的热态　hot state of furnace

炉料处于额定温度时炉子的热稳态。

3.32

炉子的冷态　cold state of furnace

炉子各部分温度等于环境温度的热学状态。

3.33

炉子的间歇作业　intermittent (batch) operation of furnace

仅在前一炉炉料出炉之后,新的熔炼周期才开始的作业方式。

3.34

炉子的连续作业　continuous operation of furnace

一边连续出炉、一边连续加料的作业方式。

3.35

保温功率 P_h,kW　holding power P_h,kW

为使整个炉料一直处于额定温度而向炉子主电路供给的有功功率。

3.36

电耗(有功电耗 E_{al},kW·h 或无功电耗 E_{rl},kvarh　energy consumption active energy consumption E_{al},kW h or reactive energy consumption E_{rl},kvarh)

供给炉子主电路的电能。

3.37

单位电耗,kW·h/kg　specific energy consumption,kW·h/kg

用于把试验炉料从其起始温度加热、熔化和(或)升温到其额定温度所供给炉子主电路的总电能与试验炉料重量的比率。

3.38

熔化率和(或)升温率,kg/h　melting rate and/or superheating rate,kg/h

试验炉料从起始温度到额定温度,其重量与用于加热、熔化率和(或)升温所需的总时间之比。

4　试验项目和通用试验条件

有心感应炉的试验项目应按 GB/T 10066.1—2004 第 6 章规定和以下补充项目进行。但所有的试验项目除强制性的外,不是必须全部进行。对有心感应炉技术经济评价所需进行的试验项目可从中选取,必要时在产品标准中补充规定或由制造厂和用户商定。

4.1　通用试验条件

按 GB/T 10066.1—2004 中 4.3～4.5 的规定。

注:关于有心感应炉的额定值及其验证试验应注意考虑其不同的参数。对所有规格的炉子,其性能取决于:

a)　炉子本身的设计;

b)　炉盖型式和使用情况;

c)　排烟装置的型式和使用情况;

d)　炉料的材料和构成,即材料性质和料块的形状及大小;

e)　炉子供电电源装置的型式和频率;

f） 炉子电源装置调节系统的型式。

4.2 试验项目

4.2.1 冷态试验项目

a） 在耐火炉衬安装前感应体的绝缘耐压试验(5.1)；

b） 冷却回路的压力试验(5.2)；

注：以上均为强制性试验项目。

4.2.2 热态试验项目

a） 冷却回路的流量试验(5.3)；

b） 冷却介质(水)温升的测定(5.4)；

c） 炉子主电路功率和功率因数的测定(5.5)；

d） 补偿电路功率和功率因数的测定(5.6)；

e） 炉子的功率和功率因数的测定(5.7)；

f） 保温功率的测定(5.8)；

g） 单位电耗、熔化率和(或)升温率的测定(5.9)；

h） 炉子构件温度的测量(5.10)；

i） 炉料温度的测量(5.11)；

j） 液态金属最小留剩量的测量(5.12)。

注：除 a)、b)为强制性试验项目外，其余为非强制性试验项目。

4.3 试验条件

冷态试验项目试验应在制造完成或修理后进行。

热态试验项目试验应在新熔沟情况下进行，新熔沟尺寸按规定，其材料由制造厂和用户商定。

试验的炉料应是干燥和清洁的，其重量和类型以及熔炼和保温的工艺过程应由制造厂和用户商定。炉料的类型是指材料成分、料块形状、大小以及杂质的含量。工艺过程包括加料、除渣、取样、成分分析和温度测量。

对某些炉子设备(如配料装置)，生产设施可能影响一项或几项试验项目(见 4.2)，这时应由制造厂和用户协商安排一些适当的附加试验。

由 4.2.2 的 c)～g)项试验所测定的数据与额定电压 U_{1n} 和额定频率 f_{1n} 有关，与额定电压和额定频率的允许偏差应由制造厂和用户商定。若试验过程中，电压和频率超出了这些允许偏差，则在评价试验结果时应予以考虑。

在主变压器单独用于电热设备的情况，对供电线路输入端的电参数将考虑变压器的特性，由变压器二次侧的相应值来测定。

应细心进行所有的测量，使用合适的仪器，并准确地遵照其使用说明书。所有测量仪器(如测量电参数、温度和重量的仪器)的准确度应由制造厂和用户商定。

当试验应在热态下进行时，试验前炉子应至少已运行了 24 h；如果炉子是新炉衬，则试验前炉子应至少已运行了 3 d。

5 试验和测量方法

有心感应炉的试验应按 GB/T 10066.1—2004 第 7 章的有关规定和以下规定进行。

5.1 感应体的绝缘耐压试验

本试验应在 $2U_n+1\ 000$ V(最小为 2 000 V)的工频正弦波电压下进行，这里 U_n 是感应线圈的额定电压。试验电压应施加在炉子正常运行时的带电件与连接在一起并接地的感应体的所有其他金属件间。该电压应在 10 s 内逐渐增加到其试验值，并保持 1 min。

感应体的绝缘耐压试验应在砌筑耐火炉衬前进行。对水冷线圈，要拆卸水冷管，以使炉子正常运行时带电的构件在电气上不通过水与炉子的金属外壳相连接。试验期间,不应该发生绝缘击穿。

5.2 冷却回路的压力试验

本试验检验冷却回路的密封整体性。在闭合回路的出口后,将水压升到由炉子制造厂规定压力的1.5倍并至少保持5 min,试验期间,不应发生漏水现象。

5.3 冷却回路的流量试验

本试验检验冷却水在不超过规定压降的情况下所通过的规定流量。

冷却回路的水流量应使用流量计或用一定时间内流出的水体积除以该时间来测定。

5.4 冷却介质(水)温升的测定

本试验应在炉子运行在额定工作状态的热态并在5.9规定的试验结束时进行。温度应用温度计或其他等效仪器插入冷却回路的进出口处的冷却介质(水)中来测量。进、出口处的温差即是温升值。试验中出口温度和温升应在制造厂的要求内。

注:建议取多个读数,如在5.9试验后期,确定炉子已处于热稳定状态下,每5 min读一次。

5.5 炉子主电路的额定功率 P_1 和功率因数 $\cos\varphi_1$ 的测定

应在炉子处于额定工作状态和热态下,测定有功功率 P_1,可通过测量电流 I_1 和电压 U_1 来测定视在功率 S_1。功率因数可由有功功率和视在功率之比来计算。

测量仪器的准确度应不低于1.0。

注1:应尽量减少电压和电流的谐波,以减少对试验结果的影响;在此条件下,3.9中定义的功率因数实际上与用功率因数表测得的功率因数相同。对三相供电的情况,在测量过程中,应确保三相电流不出现明显的不平衡。作为一条准则,可认为当每相电流值与三相电流平均值的偏差不超过±10%时就算满足平衡要求。当三相电流的偏差超过±10%时,应采用适当的和更精确的测量方法。

注2:在试验过程中有功功率和无功功率维持相对恒定时,有功功率也可以由在给定时间内消耗的有功电能(由电度表测得)除以这段时间而得。功率因数 $\cos\varphi_1$ 可以由在同一时期内用合适的电度表测得的有功电能和无功电能来确定。

5.6 补偿电路的功率和功率因数的测定

应在5.5规定的额定工作状态和热态下,在补偿电路输入端测得电功率和功率因数,测定方法和要求应与5.5相同。

5.7 炉子功率和功率因数的测定

应在5.5规定的额定工作状态和热态下,在感应线圈或感应线圈系统端子间测得电功率和功率因数,测定方法和要求应与5.5相同。

5.8 保温功率的测定

装有总炉料的炉子应经过足够长时间的正常运行,以确保其处于热态。在整个试验周期,炉料的额定温度应尽可能保持恒定。

除炉料温度外,还应测量炉子的电耗和保温时间。电耗应在炉子主电路的输入端测量。保温功率由该电耗除以该时间计算。

测量仪器的准确度应不低于1.0。

5.9 单位电耗、熔化率和(或)升温率的测定

测量在炉子经过足够长时间运行,保证处于热态之后进行。

试验开始之前,应尽快地一次性从装有总装料量的炉内倒出试验需要量的炉料,如果试验炉料量小于额定装料量,则剩余炉料应处于额定温度。在任何情况下,都应该在出炉之后或剩余炉料加热到额定温度之后立即开始加料。

在加入试验炉料或加入部分试验炉料后立即通电开始试验,并继续装料直到试验炉料完全加入炉内,当炉料已加热到额定温度时,炉子停电,试验结束。

试验期间所消耗的电能在炉子主电路供电端测量,应同时测量试验期间的通电时间以及炉料的开始温度和出炉温度。为了防止炉料过热,在达到额定温度之前应进行几次温度测量,当达到额定温度时

应立即记录电能和通电时间。

单位电耗是用上面测得的电能(减去与试验期间炉子停电的热损耗对应的能耗)除以这期间炉内试验炉料的重量而得。

炉子的熔化率和(或)升温率是用试验炉料的重量除以试验期间的通电时间而得(通电时间应减去为补偿停电产生的热损耗而需的时间)。

重复上述试验,连续熔化和(或)升温几炉(例三炉),单位电耗、熔化率和(或)升温率采用几次测定的平均值。

注:由于打开炉盖造成的热损失和试验期间断电次数对试验结果有影响,应尽可能减少这些热损失和断电次数,并且应在评价试验结果时予以考虑。

5.10 炉子构件温度的测量

本试验应在5.9规定的试验之后立即进行。炉壳外表面不同点的温度应用接触式热电偶、温度计或等效的仪器测量。

5.11 炉料温度的测量

测量在炉子处于热稳态情况下进行。

用合适的器具夹持测温仪器(例快速热偶)插入距液态金属液面三分之一以下的中心位置,取三次测取温度的平均值即为炉料温度。

在低于1 000℃范围内,测温仪的测量准确度应保证温度误差在±5℃内;在高于1 000℃时,则应保证在±10℃以内。

5.12 液态金属最小留剩量的测量

试验开始时,炉内液态金属量应保证加热电路的闭合,并不少于产品标准中所规定的留剩量(等于“总装料量”减去“有效装料量”)的三分之二,然后通低电压并逐渐升高电压,把金属加热到最终温度,这期间通过电流表观察炉子电流,如果电流表的指针剧烈振动,则表明加热电路有断开现象,应增加炉料。重复以上试验,直到炉子通额定电压时加热电路不再断开时为止,这时的液态金属量就是最小留剩量(kg)。试验后,在断电情况下测出从熔沟口算起的熔池内金属液的高度(mm)。

附 录 A
（资料性附录）
与炉子主电路有关的符号和定义的图解

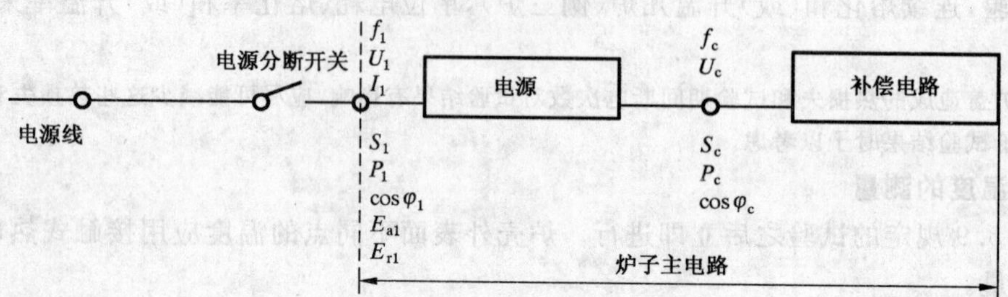

电源设备的示例：

Ⅰ.单相电源，工频单相炉

带抽头的变压器或其他电压调节装置＋负荷通断接触器。

Ⅱ.三相电源，工频单相炉

在Ⅰ的基础上另加相平衡装置。

Ⅲ.三相电源，非工频的单相炉

变频器装置，包括开关装置，可能还有工频降压变压器。

补偿电路设备示例：

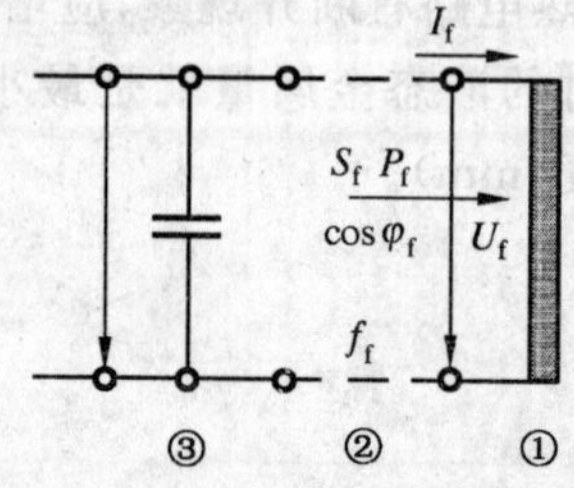

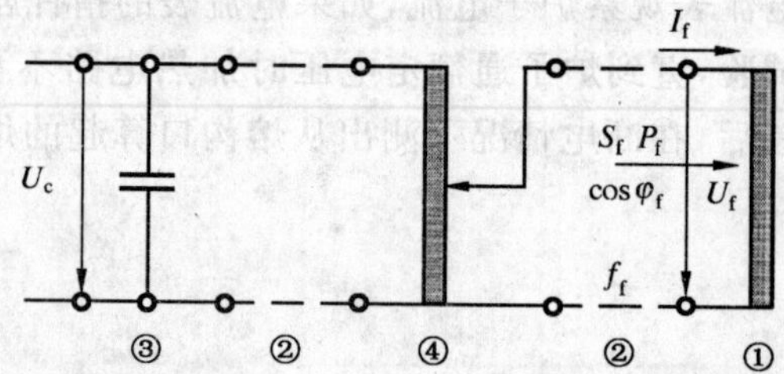

① 为感应线圈（可以是几个线圈串联或并联）；

② 为以有功或无功阻抗表示的连接导线（汇流排、挠性电缆）；

③ 为补偿电容器；

④ 为调压变压器。

附 录 B
（资料性附录）
本部分章条编号与 IEC 60396:1991 章条编号对照表

本部分章条编号与 IEC 60396:1991 章条编号不同之处的对照见表 B.1。

表 B.1

本部分章条编号	对应的国际标准章条编号
1	第一部分 1.1
2	1.2
3	1.3
3.1～3.28	1.3.1～1.3.38
3.2	1.3.2
4	第二部分 2.1
4.1	2.1.1
4.2	2.1.2
4.2.1 a)、b)	2.1.2 a)、b)
4.2.2 a)、b)、c)、f)、g)、h)	2.1.2 c)、d)、e)、f)、g)、h)
4.2.2 d)、e)、i)、j)	—
4.3	2.1.3
5	第三部分 3.1
5.1	3.1.1
5.2	3.1.2
5.3	3.1.3
5.4	3.1.4
5.5	3.1.5
5.6	—
5.7	—
5.8	3.1.6
5.9	3.1.7
5.10	3.1.8
5.11	—
5.12	—
附录 A	附录 A
附录 B	—
附录 C	—

附 录 C
（资料性附录）
本部分与 IEC 60396:1991 技术性差异及其原因

本部分与 IEC 60396:1991 的技术性差异及其原因见表 C.1。

表 C.1

本部分的章条编号	技术性差异	原因
4	引用 GB/T 10066.1—2004，将补充试验项目分为冷态和热态两类	本部分试验项目是在通用试验方法的项目上选定和补充的。试验项目分为冷态和热态是根据实际需要与其他工业电热设备试验方法标准保持协调一致
4.2.1	分类为冷态试验项目	根据 GB/T 10066.1—2004 划分
4.2.2	分类为热态试验项目并增加了： c) 补偿电路功率和功率因数的测量(5.6)； d) 炉子的功率和功率因数的测量(5.7)； i) 炉料温度的测量(5.11)； j) 液态金属最小留剩量的测量(5.12)	根据 GB/T 10066.1—2004 划分。 c)、d)项为衡量设备效率的参数； h)、i)项是非电类试验项目。这些均为考核评价有心感应炉性能经济指标的主要参数，是保留 GB/T 10066.2—1988 的内容
5	引用 GB/T 10066.1—2004	本部分试验方法是在工业电热设备通用试验方法的基础上补充的
5.6	增加“补偿电路的功率和功率因数的测量”方法	对应试验项目补充测量方法
5.7	增加“炉子功率和功率因数测量”方法	对应试验项目补充测量方法
5.11	增加“炉料温度的测量”方法	对应试验项目补充测量方法
5.12	增加“液态金属最小留剩量的测量”方法	对应试验项目补充测量方法

ICS 25.180.10
K 60

中华人民共和国国家标准

GB/T 10066.3—2004
代替 GB/T 10066.3—1988

电热设备的试验方法
第3部分：无心感应炉

**Test methods for electroheat installations—
Part 3: Induction crucible furnace**

(IEC 60646:1992, Test methods for induction crucible furnaces, MOD)

2004-02-04 发布　　2004-08-01 实施

中华人民共和国国家质量监督检验检疫总局
中国国家标准化管理委员会　发布

前言

GB/T 10066《电热设备的试验方法》目前包括以下11个部分：

——第1部分：通用部分；

——第2部分：有心感应炉；

——第3部分：无心感应炉；

——第4部分：间接电阻炉；

——第5部分：等离子设备(GB/T 13535—1992《电热用等离子设备试验方法》)

——第6部分：工业微波加热设备输出功率的测定方法(GB/T 18662—2002《工业微波加热设备输出功率的测定方法》)；

——第7部分：具有电子枪的电热设备；

——第8部分：电渣重熔炉(GB/T 1020—1989《电渣重熔炉的试验方法》)；

——第9部分：高频介质加热设备输出功率的测量方法(GB/T 14809—2000《高频介质加热设备输出功率的测量方法》)；

——第10部分：直接电弧炉(GB/T 6542—1986《直接电弧炉的试验方法》)；

——第11部分：埋弧炉(GB/T 7405—1987《埋弧炉试验方法》)。

注：某些现有电热设备的试验方法未采用分部编号(如括号内所示)，在修订时将改为上述规定的分部编号。

这套标准均修改采用或非等效采用相应的IEC标准制定。

本部分为GB/T 10066的第3部分。

本部分修改采用IEC 60646:1992《无心感应炉的试验方法》(英文版)。

本部分根据IEC 60646:1992重新起草。附录B列出了本部分章条编号与IEC 60646:1992章条编号的对照一览表。

考虑到无心感应炉为综合性的机电成套设备，在采用IEC 60646:1992时，本部分做了一些修改，对非电类的试验项目及其试验方法作了补充。有关技术性差异已编入正文中，并在它们所涉及条文的边页空白处用垂直单线标识。在附录C中给出了这些技术性差异及其原因的一览表供参考。

为便于使用，对于IEC 60646:1992，本部分还做了下列编辑性修改：

a) 改《无心感应炉的试验方法》为《电热设备的试验方法　第3部分：无心感应炉》，英文名称对应修改；

b) 删除国际标准的前言；

c) 删去了第2章中有关数学、物理概念、电路和磁路、电气装置和电磁装置术语的引用标准；

d) “本国际标准”一词改为“本部分”；

e) 用小数点“.”代替作为小数点的逗号“,”；

f) 用下脚标“f”代替下脚标“F”；

g) 将试验项目按冷、热态分类。

本部分代替GB/T 10066.3—1988《电热设备试验方法　无心感应炉》，与后者相比的主要技术变化如下：

a) 在“3　术语和定义”中，根据IEC 60646:1992，增加下列术语：

——无心感应炉；

——坩埚；

——感应体；

——感应线圈；
——试验炉料量；
——环境温度；
——炉子的热稳态；
——炉子的冷态；
——炉子的间歇作业；
——炉子的连续作业；
——单位电耗。
修改下列术语定义：
——无心感应炉的电热设备；
——炉子的补偿电路；
——炉子主电路的输入功率 S_1,kVA、P_1,kW；
——额定电参数；
——炉子电压 U_f,V；
——炉子电流 I_f,A；
——炉子功率 S_f,kVA、P_f,kW；
——炉子感应器的功率因数 $\cos\varphi$；
——额定(有效)装料量 G,kg；
——炉料温度 θ,℃；
——炉料的起始温度 θ_{chs},℃；
——炉料的额定温度 θ_{chf},℃；
——冷却介质的进口温度 θ_{fi},℃；
——冷却介质的出口温度 θ_{fo},℃；
——炉子的额定工作状态；
——保温功率 P_h,kW；
——单位电耗,kW·h/kg；
——熔化率和(或)升温率,kg/h。

b) 按 GB/T 10066.1—2004《电热设备的试验方法 第1部分 通用部分》(IEC 60398:1999,MOD),将原试验项目(4.1)按冷、热态分类；根据 IEC 60646:1992 明确 4.2.1 中 a)、b)和 4.2.2 中 a)、b)项是强制性试验项目,其余为非强制性试验项目；
c) 在 4.3 中,根据 IEC 60646:1992 补充了对测量仪器的使用要求,明确所有测量仪器的准确度应由制造厂和用户商定；
d) 在第5章中,根据 IEC 60646:1992 补充、完善和保留了下列试验方法：
——冷却回路的试验方法；
——冷却回路的流量试验；
——冷却介质(水)温升的测量；
——炉子主电路的功率 P_1(3.7)和功率因数 $\cos\varphi_1$(3.8)的测定；
——保温功率 P_h(3.30)的测定；
——单位电耗(3.32)、熔化率和(或)升温率(3.33)的测定；
——炉子构件温度的测量；
——炉料温度的测量。
e) 根据 IEC 60646:1992,增加“附录 A 与炉子主电路有关的符号和定义的图解”；
f) 增加附录 B、附录 C。

本部分应与 GB/T 10066.1—2004 配合使用。

本部分的附录 A、附录 B 和附录 C 为资料性附录。

本部分由中国电器工业协会提出。

本部分由全国工业电热设备标准化技术委员会归口。

本部分起草单位：西安电炉研究所、锦州电炉有限责任公司。

本部分主要起草人：刘西萍、潘彬云、何其畏。

本部分所代替标准的历次版本发布情况为：GB/T 10066.3—1988。

电热设备的试验方法
第3部分：无心感应炉

1 范围

GB/T 10066《电热设备的试验方法》的本部分适用于包括熔炼、保温用工业无心感应炉的电热设备。

本部分目的是使测量包括上述类型炉子的电热设备基本参数和技术特性的试验方法标准化。

除本部分4.2.1和4.2.2所注明的强制性试验项目外，其余项目不是强制性和约束性的。为了表征和评估炉子的性能，可以从所列项目中按需要选择试验项目，也可以附加试验项目，最好由涉及炉子的制造厂和用户商定。

2 规范性引用文件

下列文件中的条款通过GB/T 10066的本部分的引用而成为本部分的条款。凡是注日期的引用文件，其随后所有的修改单(不包括勘误的内容)或修订版均不适用于本部分，然而，鼓励根据本部分达成协议的各方研究是否可使用这些文件的最新版本。凡是不注日期的引用文件，其最新版本适用于本部分。

GB/T 2900.23—1995 电工术语 工业电热设备(neq IEC 60050(841):1983)

GB/T 10066.1—2004 电热设备的试验方法 第1部分：通用部分(IEC 60398:1999, Industrial electroheating installations—General test methods, MOD)

3 术语和定义

GB/T 2900.23—1995的术语和定义以及下列术语和定义适用于本部分。

于与炉子主电路有关的符号和定义的图解见附录A。

3.1

无心感应炉的电热设备 electroheat installation with induction crucible furnace

由无心感应炉及其运行使用时所必需的电气和机械装置所组成的设备。

电气装置由位于电源隔离开关后炉子主电路中包括导电体和开关装置在内的所有电气组件以及辅助回路组成。

3.2

无心感应炉 induction crucible furnace

由一个或数个环绕在坩埚周围的感应线圈在炉料中或盛有炉料的坩埚内直接产生热的感应熔炼炉或保温炉。

3.3

坩埚 crucible

用耐火材料或导电材料(如钢、铜或石墨等)制成，用来盛装和处理炉料的容器。

3.4

感应体 inductor assembly

由感应线圈、导磁体(如有)、坩埚、周围构架或金属外壳等所构成的组合体。

3.5

感应线圈 inductor coil

用于产生磁场进而在金属炉料或在导电坩埚内产生感应电流的加热感应器。

3.6

炉子的补偿电路 compensated circuit of the furnace

由感应线圈及其相应补偿电容器组构成的电路。

3.7

炉子主电路的额定输入功率(视在功率 S_1,kVA 或有功功率 P_1,kW) rated input power of the furnace power circuit (apparent power S_1,kVA or active power P_1,kW)

在额定电压和额定频率下,在炉子主电路供电线路上测得的电功率。

3.8

炉子主电路的功率因数 $\cos\varphi_1$ power-factor of the furnace power circuit $\cos\varphi_1$

有功功率 P_1 与视在功率 S_1 之比。

3.9

额定电参数 rated electrical values

设备或其某部分设计时规定并被标志的电气参数,它们至少包括:

a) 频率 f_n,Hz 或频带 $f_{n1} \sim f_{n2}$,Hz;

b) 电压 U_n,V;

c) 有功功率 P_n,kW。

3.10

a) 补偿电路的输入电压 U_c,V input voltage of the compensated circuit U_c,V

补偿电路输入端间的电压。

b) 炉子电压 U_f,V furnace voltage U_f,V

感应线圈或感应线圈系统端子间的电压。

3.11

炉子电流 I_f,A furnace current I_f,A

流经感应线圈或感应线圈系统的电流。

3.12

炉子频率 f_f,Hz furnace frequency f_f,Hz

炉子电流 I_f 的频率。

3.13

a) 补偿电路功率 S_c,kVA、P_c,kW power of the compensated circuit S_c,kVA、P_c,kW

在补偿电路输入端测得的电功率(视在功率 S_c,kVA 或有功功率 P_c,kW)。

b) 炉子功率 S_f,kVA、P_f,kW furnace power S_f,kVA 、P_f,kW

在感应线圈或感应线圈系统端子间测得的电功率(视在功率 S_f,kVA,或有功功率 P_f,kW)。

3.14

a) 补偿电路的功率因数 $\cos\varphi_c$ power-factor of the compensated circuit $\cos\varphi_c$

在补偿电路输入端测得的有功功率 P_c 和视在功率 S_c 之比。

b) 炉子感应器的功率因数 $\cos\varphi_f$ power-factor of the furnace inductor $\cos\varphi_f$

在感应线圈或感应线圈系统端子间测得的有功功率 P_f 和视在功率 S_f 之比。

3.15

无心感应炉的额定容积 V,m^3 rated capacity of an induction crucible furnace V,m^3

在正常运行条件下,具有规定坩埚尺寸的炉子所容纳对应于额定装料量的熔融炉料的容积。

3.16

额定(有效)装料量 G,kg　rated (useful) charge G,kg

与炉子额定(有效)容积相对应规定的标称熔融炉料的重量。

3.17

试验炉料量 G_S,kg　test charge G_S,kg

用于测量炉子的单位电耗、熔化率和(或)升温率的被熔化和(或)被升温的金属的重量。

3.18

炉料温度 θ,℃　charge temperature θ,℃

加热周期中给定时刻炉料的温度。

3.19

炉料的起始温度 θ_{chs},℃　charge starting temperature θ_{chs},℃

加热周期开始时炉料的温度。

3.20

炉料的额定温度 θ_{chr},℃　charge rated temperature θ_{chf},℃

设计时规定,并被标志的炉料温度。

3.21

冷却介质的进口温度 θ_{fi},℃　inlet temperature of the coolant θ_{fi},℃

冷却介质在进入冷却回路时的温度。

3.22

冷却介质的出口温度 θ_{fo},℃　outlet temperature of the coolant θ_{fo},℃

炉子在额定条件下运行,冷却介质流出冷却回路时的温度。

3.23

环境温度 θ_A,℃　ambient temperature θ_A,℃

在炉外足够远处不受热辐射或自然对流影响的空气温度。

3.24

炉子的额定工作状态(炉子的额定工作制)　furnace duty at rated conditions (rated furnace duty)

炉子在额定的坩埚尺寸、额定装料量和额定功率的状态下,并且电压、电流和频率不超过其最大值的工作状态。

3.25

炉子的热稳态　thermal steady-state of furnace

输入炉子的全部能量用于补偿热损失的热学状态。

3.26

炉子的热态　hot state of furnace

炉料处于额定温度时炉子的热稳态。

3.27

炉子的冷态　cold state of furnace

炉子各部分的温度等于环境温度的热学状态。

3.28

炉子的间歇作业　intermittent (batch) operation of furnace

仅在前一炉炉料出炉之后,新的熔炼周期才开始的作业方式。

3.29

炉子的连续作业　continuous operation of furnace

一边连续出炉、一边连续加料的作业方式。

3.30

保温功率 P_h,kW　holding power P_h,kW

为使整个炉料一直处于额定温度而向炉子主电路供给的有功功率。

3.31

电耗(有功电耗 E_{al},kW·h 或无功电耗 E_{rl},kvarh)　energy consumption (active energy consumption E_{al},kW·h or reactive energy consumption E_{rl},kvarh)

供给炉子主电路的电能。

3.32

单位电耗,kW·h/kg　specific energy consumption,kW·h/kg

用于把试验炉料从其起始温度加热、熔化和(或)升温到其额定温度所供给炉子主电路的总电能与试验炉料重量的比率。

3.33

熔化率和(或)升温率,kg/h　melting rate and/or superheating rate,kg/h

试验炉料从起始温度到额定温度,其重量与用于加热、熔化和(或)升温所需的总时间之比。

4　试验项目和通用试验条件

无心感应炉的试验项目应按 GB/T 10066.1—2004 第 6 章规定和以下补充项目进行。但所有的试验项目除强制性的外,不是必须全部进行。对无心感应炉技术经济评价所需进行的试验项目可从中选取,必要时在产品标准中补充规定或由制造厂和用户商定。

4.1　通用试验条件

按 GB/T 10066.1—2004 中 4.3～4.5 的规定。

注:关于无心感应炉的额定值及其验证试验应注意考虑其不同的参数。对所有规格的炉子,其性能取决于:

a)　炉子本身的设计;

b)　炉盖型式和使用情况;

c)　排烟装置的型式和使用情况;

d)　炉料的材料和构成,即材料性质和料块的形状及大小;

e)　炉子供电电源装置的型式和频率;

f)　炉子电源装置调节系统的型式;

g)　炉子电源装置对无功功率快速变化的反应能力。

4.2　试验项目

4.2.1　冷态试验项目

a)　在耐火炉衬安装前感应体的绝缘耐压试验(见 5.1);

b)　冷却回路的压力试验(见 5.2)。

注:以上均为强制性试验项目。

4.2.2　热态试验项目

a)　冷却回路的流量试验(见 5.3);

b)　冷却介质(水)温升的测量(见 5.4);

c)　炉子主电路功率和功率因数的测定(见 5.5);

d)　补偿电路功率和功率因数的测定(见 5.6);

e)　炉子的功率和功率因数的测定(见 5.7);

f)　保温功率的测定(见 5.8);

g)　单位电耗、熔化率和(或)升温率的测定(见 5.9);

h)　炉子构件温度的测量(见 5.10);

i)　炉料温度的测量(见 5.11)。

注:除 a)、b)为强制性试验项目外,其余为非强制性试验项目。

4.3 试验条件

冷态试验项目试验应在制造完成或修理后进行。

热态试验项目试验应采用新坩埚，坩埚的尺寸按规定，坩埚的材料由制造厂和用户商定。

试验的炉料应是干燥和清洁的，其重量和类型以及熔炼和保温的工艺过程应由制造厂和用户商定。炉料的类型是指材料成分、料块形状、大小以及杂质的含量。工艺过程包括加料、除渣、取样、成分分析和温度测量。

对某些炉子设备(如配料装置)，生产设施可能影响一项或几项试验项目(见 4.2)，这时应由制造厂和用户协商安排一些适当的附加试验。

由 4.2.2 的 c)～g)项试验所测量的数据与额定电压 U_{1n} 和额定频率 f_{1n} 有关，与额定电压和额定频率的允许偏差应由制造厂和用户商定。若试验过程中，电压和频率超出了这些允许偏差，则在评价试验结果时应予以考虑。

在主变压器单独用于电热设备的情况，对供电线路输入端的电参数将考虑变压器的特性，由变压器二次侧的相应值来测量。

应细心进行所有的测量，使用合适的仪器，并准确地遵照其使用说明书。所有测量仪器(如测量电参数、温度和重量的仪器)的准确度应由制造厂和用户商定。

当试验应在热态下进行时，试验前炉子应至少已运行了 24 h；如果炉子是新炉衬，则试验前炉子应至少已运行了 3 d。

5 试验和测量方法

无心感应炉的试验应按 GB/T 10066.1—2004 第 7 章的有关规定和以下规定进行。

5.1 感应体的绝缘耐压试验

本试验应在 $2U_n+1\ 000$ V(最小为 2 000 V)的工频正弦波电压下进行，这里 U_n 是感应线圈的额定电压。试验电压应施加在炉子正常运行时的带电件与连接在一起并接地的感应体的所有其他金属件间。该电压应在 10 s 内逐渐增加到其试验值，并保持 1 min。

感应体的绝缘耐压试验应在砌筑耐火炉衬前进行。对水冷线圈，要拆卸水冷管，以使炉子正常运行时带电的构件在电气上不通过水与炉子的金属外壳相连接。试验期间，不应该发生绝缘击穿。

5.2 冷却回路的压力试验

本试验检验冷却回路的密封整体性。在闭合回路的出口后，将水压升到由炉子制造厂规定压力的 1.5 倍并至少保持 5 min，试验期间，不应发生漏水现象。

5.3 冷却回路的流量试验

本试验检验冷却水在不超过规定压降的情况下所通过的规定流量。

冷却回路的水流量应使用流量计或用一定时间内流出的水体积除以该时间来测量。

5.4 冷却介质(水)温升的测量

本试验应在炉子运行在额定工作状态的热态并在 5.9 规定的试验结束时进行。温度应用温度计或其他等效仪器插入冷却回路的进出口处的冷却介质(水)中来测量。进、出口处的温差即是温升值。试验中出口温度和温升应在制造厂的要求内。

注：建议取多个读数，如在 5.9 试验后期，确定炉子已处于热稳定状态下，每 5 min 读一次。

5.5 炉子主电路的功率 P_1 和功率因数 $\cos\varphi_1$ 的测定

应在炉子处于额定工作状态和热态下，测定有功功率 P_1，可通过测量电流 I_1 和电压 U_1 来测量视在功率 S_1。功率因数可由有功功率和视在功率之比来计算。

测量仪器的准确度应不低于 1.0。

注 1：应尽量减少电压和电流的谐波，以减少对试验结果的影响；在此条件下，3.8 中定义的功率因数实际上与用功率因数表测得的功率因数相同。对三相供电的情况，在测量过程中，应确保三相电流不出现明显的不平衡。作为一条准则，可认为当每相电流值与三相电流平均值的偏差不超过±10%时就算满足平衡要求。当三相电流的偏差超过±10%时，应采用适当的和更精确的测量方法。

注2：在试验过程中有功功率和无功功率维持相对恒定时，有功功率也可以由在给定时间内消耗的有功电能（由电度表测得）除以这段时间而得。功率因数 $\cos\varphi_1$ 可以由在同一时期内用合适的电度表测得的有功电能和无功电能来确定。

5.6 补偿电路的功率和功率因数的测定

应在5.5规定的额定工作状态和热态下，在补偿电路输入端测得电功率和功率因数，测量方法和要求应与5.5相同。

5.7 炉子功率和功率因数的测定

应在5.5规定的额定工作状态和热态下，在感应线圈或感应线圈系统端子间测得电功率和功率因数，测定方法和要求应与5.5相同。

5.8 保温功率 P_h 的测定

装有总炉料的炉子应经过足够长时间的正常运行，以确保其处于热态。在整个试验周期，炉料的额定温度应尽可能保持恒定。

除炉料温度外，还应测量炉子的电耗和保温时间。电耗应在炉子主电路的输入端测量。保温功率由该电耗除以该时间计算。

测量仪器的准确度应不低于1.0。

5.9 单位电耗、熔化率和（或）升温率的测定

测量在炉子经过足够长时间运行，保证处于热态之后进行。

试验开始之前，应尽快地一次性从装有总装料量的炉内倒出试验需要量的炉料，如果试验炉料量小于额定装料量，则剩余炉料应处于额定温度。在任何情况下，都应该在出炉之后或剩余炉料加热到额定温度之后立即开始加料。

在加入试验炉料或加入部分试验炉料后立即通电开始试验，并继续装料直到试验炉料完全加入炉内，当炉料已加热到额定温度时，炉子停电，试验结束。

试验期间所消耗的电能在炉子主电路供电端测量，应同时测量试验期间的通电时间以及炉料的开始温度和出炉温度。为了防止炉料过热，在达到额定温度之前应进行几次温度测量，当达到额定温度时应立即记录电能和通电时间。

单位电耗是用上面测得的电能（减去与试验期间炉子停电的热损耗对应的能耗）除以这期间炉内试验炉料的重量而得。

炉子的熔化率和（或）升温率是用试验炉料的重量除以试验期间的通电时间而得（通电时间应减去为补偿停电产生的热损耗而需的时间）。

重复上述试验，连续熔化和（或）升温几炉（例三炉），单位电耗、熔化率和（或）升温率采用几次测定的平均值。

注：由于打开炉盖造成的热损失和试验期间断电次数对试验结果有影响，应尽可能减少这些热损失和断电次数，并且应在评价试验结果时予以考虑。

5.10 炉子构件温度的测量

本试验应在5.9规定的试验之后立即进行。炉壳外表面不同点的温度应用接触式热电偶、温度计或等效的仪器测量。

5.11 炉料温度的测量

测量在炉子处于热稳态情况下进行。

用合适的器具夹持测温仪器（例快速热偶）插入距液态金属液面三分之一深度以下的中心位置，取三次测取温度的平均值为炉料温度。

在低于1 000℃范围内，测温仪的测量准确度应保证温度误差在±5℃内；在高于1 000℃时，则应保证在±10℃以内。

附　录　A
（资料性附录）
与炉子主电路有关的符号和定义的图解

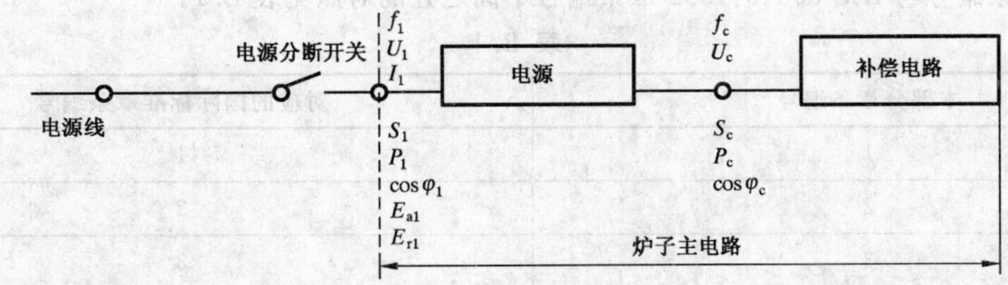

电源设备的示例：

Ⅰ. 单相电源，工频单相炉

带抽头的变压器或其他电压调节装置＋负荷通断接触器。

Ⅱ. 三相电源，工频单相炉

在Ⅰ的基础上另加相平衡装置。

Ⅲ. 三相电源，非工频的单相炉

变频器装置，包括开关装置，可能还有工频降压变压器。

补偿电路设备示例：

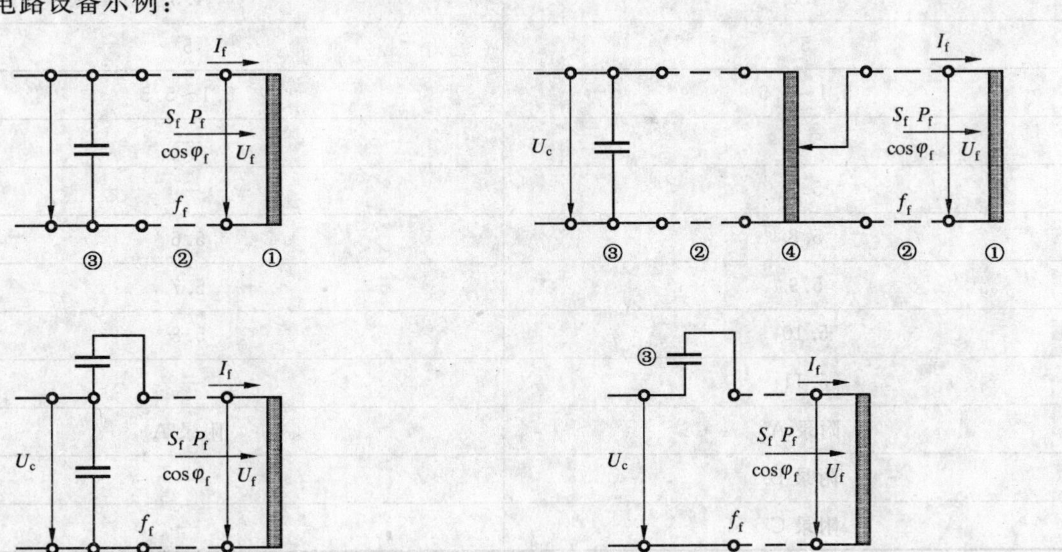

①为感应线圈（可以是几个线圈串联或并联）；

②为以有功或无功阻抗表示的连接导线（汇流排、挠性电缆）；

③为补偿电容器；

④为调压变压器。

附　录　B
（资料性附录）
本部分章条编号与 IEC 60646:1992 章条编号对照表

本部分章条编号与 IEC 60646:1992 章条编号不同之处的对照见表 B.1。

表 B.1

本部分章条编号	对应的国际标准章条编号
1	1
2	2
3	3
3.1～3.33	3.1～3.33
4	4
4.1	4.1
4.2	4.2
4.2.1a)、b)	4.2a)、b)
4.2.2a)、b)、c)、f)、g)、h)	4.2c)、d)、e)、f)、g)、h)
4.2.2d)、e)、i)	—
4.3	4.3
5	5
5.1～5.5	5.1～5.5
5.6	—
5.7	—
5.8	5.6
5.9	5.7
5.10	5.8
5.11	—
附录 A	附录 A
附录 B	—
附录 C	—

附　录　C
（资料性附录）
本部分与 IEC 60646：1992 技术性差异及其原因

本部分与 IEC 60646：1992 的技术性差异及其原因见表 C.1。

表 C.1

本部分的章条编号	技术性差异	原　因
4.2	将试验项目分为冷态和热态两类（4.2.1 和 4.2.2）	按 GB/T 10066.1—2004 规定
4.2.2	热态试验项目增加了： d） 补偿电路功率和功率因数的测量（5.6）； e） 炉子的功率和功率因数的测量（5.7）； i） 炉料温度的测量（5.11）	d）、e）项为评价设备效率所需的参数；i）项为试验过程所需的
5	引用 GB/T 10066.1—2004 第 7 章的有关规定	本部分试验方法是在 GB/T 10066.1—2004 的基础上补充的
5.6	增加“补偿电路的功率和功率因数的测量”方法	对应试验项目而增设
5.7	增加“炉子功率和功率因数测量”方法	对应试验项目而增设
5.11	增加“炉料温度的测量”方法	对应试验项目而增设

ICS 25.180.10
K 60

中华人民共和国国家标准

GB/T 10066.4—2004
代替 GB/T 10066.4—1988

电热设备的试验方法 第4部分:间接电阻炉

Test methods for electroheat installations— Part 4: Indirect resistances furnaces

(IEC 60397:1994 Test methods for batch furnaces with metallic heating resistors, NEQ)

2004-05-14 发布　　2005-02-01 实施

中华人民共和国国家质量监督检验检疫总局
中国国家标准化管理委员会　发布

前　言

GB/T 10066《电热设备的试验方法》现有十一个部分：

——第1部分：通用部分；

——第2部分：有心感应炉；

——第3部分：无心感应炉；

——第4部分：间接电阻炉；

——第5部分：等离子设备（GB/T 13535—1992《电热用等离子设备试验方法》）；

——第6部分：工业微波加热设备输出功率的测定方法（GB/T 18662—2002《工业微波加热设备输出功率的测定方法》）；

——第7部分；具有电子枪的电热设备；

——第8部分：电渣重熔炉（GB/T 1020—1989《电渣重熔炉的试验方法》）；

——第9部分：高频介质加热设备输出功率的测量方法（GB/T 14809—2000《高频介质加热设备输出功率的测量方法》）；

——第10部分：直接电弧炉（GB/T 6542—1986《直接电弧炉的试验方法》）；

——第11部分：埋弧炉（GB/T 7405—1987《埋弧炉的试验方法》）。

注：某些现有电热设备的试验方法未采用分部编号（如括号内所示），在修订时将改为上述规定的分部编号。

本部分为GB/T 10066的第4部分。

本部分与IEC 60397:1994《具有金属加热元件的间歇式电阻炉的试验方法》（第二版）的一致性程度为非等效）。

本部分同IEC 60397:1994相比：

——修改了IEC 60397:1984中的7条术语定义，删去了23条术语；

——补充了IEC 60397:1984正在考虑的控制气氛炉，真空炉和连续式电阻炉试验方法；

——用空炉能耗的测量替代IEC 60397:1984中的积蓄热的测量。删去了冷却曲线的测量；

——修改简化了IEC 60397:1994中炉温稳定度的计算公式；

——修改简化了IEC 60397:1994中达稳的判定方法及其测量空炉损失的计算公式。

本部分替代GB/T 10066.4—1988《电热设备的试验方法　间接电阻炉》，与后者相比的主要技术内容变化如下：

——增加了测温架、检测传感器、工作传感器、监控传感器、达稳时间、空炉升温能耗、热稳定状态共7条术语；

——删去了“积蓄热”术语；

——用“空炉能耗的测量”代替“积蓄热的测量”；

——增加“安全联锁和报警系统的试验”；

——修改了空炉升温时间计算公式；

——修改“额定功率的测量”；

——增加“空炉升温能耗的测量”；

——修改“空炉损失的测量”；

——增加“达稳时间的测量”；

——修改“炉温均匀度的测量”；

——修改“炉温稳定度的测量”；

——修改“泄漏电流的测量”；

——增加第7章数据处理与分析；

——增加附录A(资料性附录)推荐的电阻炉测试电气原理图。

本部分应与GB/T 10066.1—2004《电热设备的试验方法　第1部分：通用部分》配合使用。

本部分的附录A为资料性附录。

本部分由中国电器工业协会提出。

本部分由全国工业电热设备标准化技术委员会归口。

本部分起草单位：西安电炉研究所、西安华能电炉厂。

本部分起草人：李海波、姜战胜。

本部分代替标准的历次版本发布情况为GB 4836(部分)—1984、GB/T 10066.4—1988。

电热设备的试验方法
第4部分:间接电阻炉

1 范围

GB/T 10066《电热设备的试验方法》的本部分适用于配有温度自动控制系统,炉内为自然气氛、中性保护气氛、控制气氛或真空,额定温度在250℃~1 800℃范围内的各类实验用和工业用电阻炉(如井式炉、箱式炉、台车式炉、罩式炉或其他结构型式的炉子)等主要是加热和热处理用间歇式和连续式电阻炉、电阻熔炼炉和保温炉等。这些炉子可以是强迫气氛循环的或非强迫气氛循环的。

本部分是间接电阻炉(以下简称电阻炉)的专用部分,应与GB/T 10066.1—2004配合使用,其目的是使测定上述炉子的主要参数和技术数据的试验条件、试验项目和试验方法标准化。

本部分不适用家用和类似用途的电热器具。

2 规范性引用文件

下列文件中的条款通过本部分的引用而成为本部分的条款。凡是注日期的引用文件,其随后所有的修改单(不包括勘误的内容)或修订版均不适用于本部分,然而,鼓励根据本部分达成协议的各方研究是否可使用这些文件的最新版本。凡是不注日期的引用文件,其最新版本适用于本部分。

GB/T 2900.23—1995 电工术语工业电热设备(neq IEC 60050(841):1983)

GB/T 10066.1—2004 电热设备的试验方法 第1部分:通用部分(IEC 60398:1999,MOD)

GB/T 10067.4—1988 电热设备基本技术条件 间接电阻炉

GB 5959.1 电热设备的安全 第1部分:通用要求(GB 5959.1—1986,neq IEC 60519-1:1984)

GB 5959.4 电热设备的安全 第4部分:对电阻炉的通用要求(GB 5959.4—1992,eqv IEC 60519-2:1975)

GB/T 9452—1988 热处理炉有效加热区的测定方法

JB/T 7629—1994 耐火纤维炉衬的设计和安装规范

3 术语和定义

GB/T 2900.23—1995、GB/T 10066.1—2004和GB 5959.1—1986以及下列术语和定义适用于本部分。

3.1

间接电阻炉 indirect resistance furnace

电流通过加热元件(对电极盐浴炉,是流过电极和盐液)所产生的热量通过传导、对流、辐射,使炉料间接得到加热的电阻炉。

3.2

额定电压 rated voltage

U_n,V

电阻炉设计时规定并在铭牌上标出的接在加热元件上的电压。

3.3

工作电压 working voltage

U_r,V

对于配备调压器或变压器等的电阻炉,是在设计时规定的接在加热元件或电极(对电极盐浴炉)上的电压,通常是一个电压范围或几档电压。

3.4

额定功率　rated power

P_n，kW

电阻炉设计时规定并在铭牌上标出的输入功率。

3.5

工作温度　working temperature

θ_i，℃

电阻炉设计时规定的正常使用温度，通常是一个温度范围。在此温度范围内电阻炉应能满足所规定的炉温均匀度要求，工作温度的上限称最高工作温度。

3.6

试验温度　test temperature

θ_0，℃

试验方法中所规定的炉子进行某项试验时的运行温度。如未加规定，试验温度就是最高工作温度。

3.7

工作区尺寸，mm　working zone dimensions，mm

电阻炉设计时规定并在图样上标明，满足炉温均匀度要求，允许放置炉料的炉内空间尺寸。

3.8

空炉升温时间　no-load heating up time

t_p，h

通常指在额定电压下，把一台经过充分干燥的，没有装炉料的电阻炉，从冷态合闸加热到达到试验温度所需的时间。

对多控温区的电阻炉，是指所有控温区都达到试验温度的时间，对于配备调压器或变压器等的电阻炉，是指按企业产品标准中规定的升温程序进行升温所需的时间。

3.9

空炉损失　no-load power loss

p_0，kW

没有装炉料的电阻炉的炉体部分在最高工作温度下的热稳定状态时所损失的功率。

3.10

空炉升温能耗　no-load heating-up energy consumption

E_{a0}，kW·h

电阻炉在空炉升温时间内所消耗的总电能。

3.11

空炉能耗　no-load energy consumption

E_{b0}，kW·h

没有装炉料的电阻炉从冷态开始升温直到试验温度下的热稳定状态时所消耗的总能量，包括这个阶段炉体所积蓄的能量和散失到周围空间的能量及其附属设备（如井式炉的底座、深井炉的专用吊具等）所积蓄和散失的能量。

3.12

炉子的热稳定状态　thermal steady state(of furnace)

炉子的炉温和加热功率不变或在某一恒定的平均值附近略有波动的一种状态。

3.13

达到热稳定状态的时间（简称达稳时间）　heating-up time to thermal steady state

t_n，h

炉子从冷态加热到达到试验温度下的热稳定状态的时间间隔。

3.14

相对效率　relative efficiency

η,%

没有装炉料的间歇式电阻炉从冷态开始加热升温并在达到最高工作温度后保温,直到达到某一规定时刻的时间(如4 h～8 h或达到热稳定状态时)内可被利用的能量与满功率输入能量之比。

3.15

炉温均匀度,℃　furnace temperature uniformity,℃

电阻炉在试验温度下的热稳定状态时炉子工作区内的温度均匀程度。炉温均匀度的表示方法见6.15.6,除非另有规定,炉温均匀度表示为:在规定的各个测温点上测得的温度真实值减去设定温度(即监控点上所测得的温度)所得的最大差值(可正可负)。没有特别说明时,指在空炉情况下。特殊情况(如有罐炉,电热浴炉等),另在产品标准中规定。

3.16

炉温稳定度,℃　furnace temperature stability,℃

电阻炉在试验温度下的热稳定状态时控温点温度的稳定程度。炉温稳定度的表示方法:见6.16。

3.17

表面温升,*K*　surface temperature rise,*K*

电阻炉在最高温度下的热稳定状态时,炉体外表面指定范围内任意点的温度与环境温度的差。

3.18

加热能力,h　heating capability,h

表征间歇式电阻炉是否有足够的输入功率的一项指标。通常表示为:在产品标准规定的试验条件下把炉料装入炉内后、炉温能在规定的时间内从冷态上升(如对真空炉)或从开始加料时的温度(对一般电阻炉)回升到规定的温度。

3.19

最大装载量,kg　maximum loading,kg

间歇式电阻炉设计时规定的每一炉最多能装载的炉料重量,包括随被加热工件或材料同时进炉的料筐、料盘或夹具等的重量。

3.20

生产率,kg/h　production rate,kg/h

连续式电阻炉设计时规定的在典型工件和典型加热工艺条件下,或在由制造厂和用户商定的条件下的生产能力。

3.21

多工区电阻炉　multi-working zone resistance furnace

具有多个不同工艺要求的工作区的电阻炉,如具有加热区、渗碳区、扩散区、保温区等的渗碳淬火炉,工作时各区的温度一般不相同。

3.22

多(控制)区电阻炉　multi-controlled zone resistance furnace

同一个炉膛内加热元件被分成几组,分别用单独的控制回路(或系统)进行控温的电阻炉,如深井式电阻炉等。

3.23

测温架(桩、柱、笆)　temperature measuring frame (stub、stud、rake)

在炉温均匀度测量中,用来固定温度传感器位置的耐热支架(桩、柱、笆),(一般为金属制作)。

3.24

工作传感器(或控温传感器)　working sensor (or sensor for temperature control)

安装在炉膛内(有罐炉除外)能准确反映炉膛温度用于控制、指示和记录炉温的传感器。

3.25

检测传感器　test sensor

安放在工作区测温架各个规定位置上用于检测该点温度的传感器。

3.26

监控传感器　mornitoring sensor

炉温均匀度试验时，安装在控温传感器延伸方向处在工作区内(有罐炉除外)，能准确反映工艺规定温度，并以此为基准判定炉温均匀度的传感器。

4　一般要求和基本测量

按 GB/T 10066.1—2004 第 4、5 两章的规定。

5　试验项目

除 GB/T 10066.1—2004 第 6 章中所列试验项目外，补充的项目如下，但所有这些试验项目不是必须全部进行的，对电阻炉技术经济评价所需进行的试验项目可以从中选取，必要时再在产品标准中补充，或由制造厂和用户商定。

5.1　冷态检验项目

a)　工作区尺寸的测量；
b)　炉衬质量的检查；
c)　加热元件制造质量的检查；
d)　金属加热元件冷态直流电阻的测量；
e)　加热元件对炉壳短路的检查；
f)　安全联锁和报警系统的试验。

5.2　热态检验项目

a)　空炉升温时间的测量；
b)　额定功率的测量；
c)　最高工作温度的测量；
d)　空炉升温能耗的测量；
e)　空炉损失的测量；
f)　空炉能耗的测量；
g)　达稳时间的测量；
h)　相对效率的测量；
i)　炉温均匀度的测量；
j)　炉温稳定度的测量；
k)　表面温升的测量；
l)　加热能力试验；
m)　装料运行检验；
n)　控制气氛电阻炉的检漏；
o)　泄漏电流的测量；
p)　生产率的测量；
q)　热态试验后的检查。

6　试验方法

电阻炉的试验方法按 GB/T 10066.1—2004 第 7 章和以下补充规定相应项目试验，当两者有不一致时，以本部分补充项目的试验方法为准。

5.2 试验项目推荐的电阻炉电器原理图见附录 A.1a)～c)。

6.1 工作区尺寸的测量

根据产品标准和设计图样规定用量具进行测量。

6.2 炉衬质量的检查

对砖砌炉衬，按有关规定进行检查；对耐火纤维炉衬按 JB/T 7629—1994 进行检查。

6.3 加热元件制造质量的检查

在加热元件的制造和电阻炉的装配安装过程中应按设计图样要求，用量具测量加热元件的主要尺寸，必要时用放大镜检查加热元件表面(尤其焊接部位)有无裂纹等缺陷。

6.4 金属加热元件冷态直流电阻的测量

用直流电桥或数字欧姆表测量。单相接线时测量总电阻；三线接线时测量并计算各相的电阻。

6.5 加热元件对炉壳短路的检查

在电阻炉炉体装配完成，但未烘炉干燥之前，用万用表测量加热元件对炉壳的电阻，应无短路现象。

6.6 安全联锁和报警系统的试验

按 GB/T 10066.1—2004 中 7.1.9 进行试验。用模拟信号或设备本身的电器，观察报警是否正常工作，联锁是否可靠，限位是否正确。

6.7 空炉升温时间的测量

试验前电阻炉应已充分干燥，在空炉冷态情况下接上电源，测出炉温上升到最高工作温度的时间。用秒表测量。

测量空炉升温时间应根据电阻炉所用加热元件的性质和控制方式，分别按下列要求进行测量。

6.7.1 对采用镍铬和铁铬铝等电阻温度系数不大的金属加热元件的电阻炉在测量过程中，有条件(例：有调压器等)应使输入电压的波动不超过其额定值的±2%，否则应用秒表和电能表测出试验过程中的平均输入功率 p'(等于升温期间输入给炉子的电能除以实测升温时间 t')，而可用经验公式(1)近似计算：

$$t = t'\left(\frac{p'}{p_n}\right)^x \qquad \cdots\cdots(1)$$

式中：

t——电阻炉的空炉升温时间，单位为小时(h)；

t'——实测升温时间，单位为小时(h)；

p_n——电阻炉的实测额定功率；单位为千瓦(kW)；

x——修正指数；

p'——t'期间实测的平均输入功率，单位为千瓦(kW)。

注1：凡是通过调压器或变压器等供电者，按下述规定调节其输入功率：对于无级调压的电阻炉，其输入功率的偏差应在±2%范围内，对于有级调压的电阻炉，其输入功率的偏差应在±10%范围内，试验结果也应用上述方法折算。

注2：X 范围为 1.5～2.0，一般实验电阻炉取高值，工业电阻炉取低值。

6.7.2 对于采用钨、钼、钽、铬酸镧、碳化硅、二硅化钼等电阻温度系数较大的加热元件和石墨作为加热元件的电阻炉，在测量时其输入电压应先调节在最低值上，然后根据企业产品标准中所规定的升温方式逐渐升高电压，并且根据是分级或无级调压，使额定功率的偏差尽可能保持在 6.7.1 中所述的范围内。

6.8 额定功率的测量

在上述试验中，当炉温将达到最高工作温度而温控仪尚未起作用时，用功率表测量，对于位式控温电阻炉也可在炉温达到最高工作温度以后的通电期间内测量。若检验期间受电压波动的影响，测量结果应按下式进行折算。

$$p_n = p'_n\left(\frac{U_n}{U}\right)^2 \qquad \cdots\cdots(2)$$

式中：

p_n——额定功率；单位为千瓦(kW)；

p'_n——在电压 U(与 U_n 的偏差不超过±5%)时测得的功率，单位为千瓦(kW)；

U_n——额定电压；单位为伏特(V)；

U——测量功率时的电压，单位为伏特(V)。

6.9 最高工作温度的测量

在6.7的试验后，用电阻炉本身配备的温度仪表或其它合适的仪表测量。

6.10 空炉升温能耗的测量

在6.7所述合闸前记录电能表的读数 E_0，通电后，每隔5 min～10 min或30 min分别记录炉温 θ、设备功率 p 或加热功率 p_r(分别如图A.1a)或c)所测)、电流I、输入电能E(t)以及电源电压U，在炉温达到最高工作温度时刻，读取电能表读数 E_a，则空炉升温能耗 E_{a0} 即：

$$E_{a0} = E_a - E_0 \quad \cdots\cdots(3)$$

6.11 空炉损失的测量

电阻炉的空炉损失应在电阻炉空炉最高工作温度下的热稳定状态时进行测量。炉内气氛应与正常工作时相同，炉内风机所消耗的功率应包括在内。

电阻炉的热稳定状态和空炉损失应在电阻炉达到最高工作温度后用下述三种方法之一来确定。

a) 平均功率法

用高精度(0.5级)、高分辨率数字电能表测量电阻炉相邻各段时间内的耗电量，如在第一段时间 Δt_1 内的耗电量为 E_1，在第二段时间 Δt_2 内的耗电量是 E_2，……在第 n 段时间内 Δt_n 内是 E_n，……等。

对于一般位式控制的电阻炉，$\Delta t_1, \Delta t_2, \cdots \Delta t_n \cdots$ 各段时间都必须是整数个通断周期，即 $\Delta t + \delta_i$，其中 $\delta_i = (\delta_1 \delta_2 \cdots \delta_n)$ 要尽可能小。

对于连续控温的电阻炉，各段时间都应相等，即 $\Delta t_1 = \Delta t_2 = \cdots \Delta t_n = \Delta t$，h。除非另有规定，$\Delta t$ 的值对于实验电阻炉和全纤维炉衬工业电阻炉取20 min对砖砌炉衬工业电阻炉取30 min。

求出各段时间内的平均功率：

$p_1 = E_1/\Delta t_1, p_2 = E_2/\Delta t_2; \cdots\cdots, p_n = E_n/\Delta t_n$；设 p_{max1} 和 p_{min1} 分别是 p_1、p_2，p_3 中的最大值和最小值，求得

$$\Delta_1 = p_{max1}/p_{min1}$$

同样，对于 p_2, p_3, p_4 求得 $\Delta_2 = p_{max2}/p_{min2}$

重复类似计算，直到 $\Delta_{n-1} \leqslant 1.03$；$\Delta_n \leqslant 1.03$；$\Delta_{n+1} \leqslant 1.03$。这时，就认为在 Δt_n 时间段结束时，电阻炉已达到实际上的热稳定状态。

电阻炉的空炉损失按式(4)计算

$$p_0 = \frac{E_{n-1} + E_n + E_{n+1}}{\Delta t_{n-1} + \Delta t_n + \Delta t_{n+1}} \cdot \frac{\theta_n - 20}{\theta_n - \theta_a} \quad \cdots\cdots(4)$$

式中：

p_0——电阻炉空炉损失，单位为千瓦(kW)；

$\Delta t_{n-1}, \Delta t_n, \Delta t_{n+1}$——测量时间段，单位为小时(h)；

E_{n-1}, E_n, E_{n+1}——在测量时间段内的电阻炉耗电量，单位为千瓦小时(kW·h)；

θ_n——电阻炉的最高工作温度，单位为摄氏度(℃)；

θ_a——试验最后阶段的环境温度，单位为摄氏度(℃)。

注：如果试验中不能出现连续三个 Δ 都小于1.03的情况，则允许在出现连续二个 Δ 小于1.03以后，再次出现连续二个 Δ(Δ_n 和 Δ_{n+1})小于1.03时就认为已达热稳定状态。并用最后二个 $\Delta \leqslant 1.03$ 计算空炉损失。

b) 表面温升法(适用于多区炉)

用分辨率不低于0.2℃的温度计测量炉壳的表面温度和环境温度，测量点应选择在炉膛侧壁中心并远

离引出孔的位置上，每隔 Δt 小时测量一次温度值，并求出该点的温升值。（Δt 的取值同平均功率法）

设在测量过程中求得的炉壳表面温升值分别为 $\Delta\theta_1$，$\Delta\theta_2$，$\Delta\theta_n$…。为进行类似于上述平均功率法的计算，求得每三个相邻温升值中的最大与最小值之比 Δ_1、Δ_2…Δ_n…，直到：

$$\Delta_{n-1}\leqslant 1.03 \quad \Delta_n\leqslant 1.03 \quad \Delta_{n+1}\leqslant 1.03$$

这时就认为电阻炉在 Δt_n 时间段结束时已达到热稳定状态。电阻炉的空炉损失按式(5)计算。

$$p_0=\left(\frac{E_{\mathrm{I}}}{\Delta t_{\mathrm{I}}}+\frac{E_{\mathrm{II}}}{\Delta t_{\mathrm{II}}}+\cdots+\frac{E_{\mathrm{M}}}{\Delta t_{\mathrm{M}}}\right)\cdot\frac{\theta_n-20}{\theta_n-\theta_a} \qquad \cdots\cdots(5)$$

式中：

Δt_{I}、Δt_{II}…Δt_{M}——各控制区的测量时间段单位为小时(h)；

E_{I}、E_{II}、…E_{M}——各控制区测量时间段内各区的耗电量，单位为千瓦小时(kW·h)；

M——控制区数，对单区炉，M=1。

注：对各控制区的测量时间段 Δt_{M} 应不小于 1 h；对位式控温的电阻炉，各区的测量时间中应分别包含整数个通断周期。

如果将电能表接到主回路，而非各区，则这时空炉损失按式(5′)计算，即：

$$p_0=\frac{E}{\Delta t}\cdot\frac{\theta_n-20}{\theta_n-\theta_a} \qquad \cdots\cdots(5')$$

式中：

E——Δt 测量时间段输入给电阻炉的耗电量，单位为千瓦小时(kW·h)；

Δt——测量时间，单位为小时(h)。

注：Δt 应不小于 1.5 h。

c) 经验判稳法

由于炉衬结构和试验温度相同的同一品种电阻炉实际上达到热稳定状态的时间近似地相等，因此可以根据以往的经验(用以上 a 种方法)在企业产品标准中规定同一品种电阻炉实际上达到热稳定状态的时间。对所规定的值有争议时，用以上 a)或 b)方法校验。

电阻炉的空炉损失按式(6)计算：

$$p_0=\frac{E}{\Delta t}\cdot\frac{\theta_n-20}{\theta_n-\theta_a} \qquad \cdots\cdots(6)$$

式中：

Δt——从电阻炉实际上达到热稳定状态开始计算的测量时间段，单位为小时(h)；

E——在 Δt 时间内输入给电阻炉的电能，单位为千瓦小时(kW·h)。

注：Δt 应不小于 1 h；对于位式控温电阻炉，Δt 应包含整数个通断周期。

如果是位式控温，且主回路中未接电能表，也可用功率表测量，则空炉损失按式(7)计算。

$$p_0=p_n\frac{t}{T}\cdot\frac{\theta_n-20}{\theta_n-\theta_a} \qquad \cdots\cdots(7)$$

式中：

p_n——达热稳定状态时电阻炉的实测额定功率，单位为千瓦(kW)；

t——通断周期内的通电时间，单位为秒(s)；

T——通断周期，单位为秒(s)。

a)方法是基本方法，当 a)方法难以得到正确结果时(如对多控温区电阻炉等)可采用 b)方法。c)方法在对由 a)方法所取得的结果有成熟经验的情况下采用或在双方商定认可时采用。

6.12 空炉能耗的测量

分别记录在 6.7 的试验开始前电能表读数 E_0 和接着进行的 6.11 试验中实际上达到热稳定状态时电能表的读数 E_b，求其差值 E_{b0} 就是空炉能耗。即：

$$E_{b0}=E_b-E_0 \qquad \cdots\cdots(8)$$

6.13　达稳时间的测量

在6.11中a)的测量中，当$\Delta n \leqslant 1.03$时，这时对应的Δt_n末时刻就是达稳时间，用秒表测量。

6.14　相对效率的测量

在6.7试验开始前和在接着进行的6.11试验中的规定时刻t(如8 h、16 h或在达到热稳定状态时)，分别读取用来测量输入给电阻炉能量的电能表的读数，相对效率按式(9)计算：

$$\eta = 1 - \frac{E_t}{p_n \cdot t} \qquad \cdots\cdots (9)$$

式中：

η——相对效率，单位为百分比(%)；

p_n——电阻炉的额定功率，单位为千瓦(kW)；

t——从开始加热到达到某一规定时刻的时间，单位为小时(h)；

E_t——在t时间内输入给电阻炉的能量，单位为千瓦小时(kW·h)。

6.15　炉温均匀度的测量

6.15.1　测量条件

a)　本试验方法适用于用温度传感器测温的电阻炉。

b)　炉温均匀度在电阻炉未装炉料(空炉)情况下测量，用户要求在装料情况下测量时，炉料的材质、形状、大小、布置方式、测量点的位置和要求达到的指标等由用户和制造厂另行商定。

c)　对试验温度规定如下：

最高工作温度不超过1 200℃的炉子，其试验温度分别是最低工作温度和最高工作温度。最高工作温度超过1 200℃的炉子，其试验温度分别是最低工作温度和1 200℃。

d)　炉温均匀度在规定的测量点上，在试验温度下的热稳定状态时测量，用户如果有其它要求，可与制造厂另行商定。

e)　具有风机的电阻炉，在试验期间风机应正常运转。

f)　对于布置在控温点(或监控点)和各测温点上的传感器应通过转换开关用同一只准确度为0.1级或0.2级，分辨率不低于0.001 mV直流数字电压表或相同准确度等级的其他仪表，如DR系列等多点巡回检测仪表来测量。

g)　控温传感器应固定在设计规定的位置上，其端点不应伸入到工作区内(但监控传感器应在距控温传感器端点延伸方向不超过150 mm处的工作区内，并以此测量值为基准，判定炉温均匀度)。对多区电阻炉，每个控温传感器附近都应有一个监控传感器。

h)　试验用传感器(即检测传感器、控温传感器、监控传感器)应事先在试验温度范围内与标准传感器进行校正，求出其修正值。

i)　对各个温区的控温仪表应分别进行校正。

6.15.2　测温装置

测温装置由测温架(桩、柱、笆等)、铠装传感器，补偿导线、转换开关及检测仪表等组成。

6.15.3　测温架(桩、柱、笆)

6.15.3.1　测温架用于固定检测传感器，以确保在试验温度下传感器的热端不移位，不变形。

6.15.3.2　根据试验温度的高低，测温架一般可用高温合金、不锈钢、低碳合金钢或低碳钢的管棒料焊接而成，直径一般为8 mm～16 mm。

6.15.3.3　测温架的大小和形状根据电阻炉工作区形状、尺寸及测量方法而定。

6.15.4　测温区

6.15.4.1　凡以“工作区尺寸”作为设计参数的电阻炉，测温区即为设计图样上用工作区所表示的长方体或圆柱体。

6.15.4.2　凡以“炉膛尺寸”或其它尺寸作为设计参数的电阻炉，其测温区另在产品标准中规定，或参照图1、图2示意的尺寸。

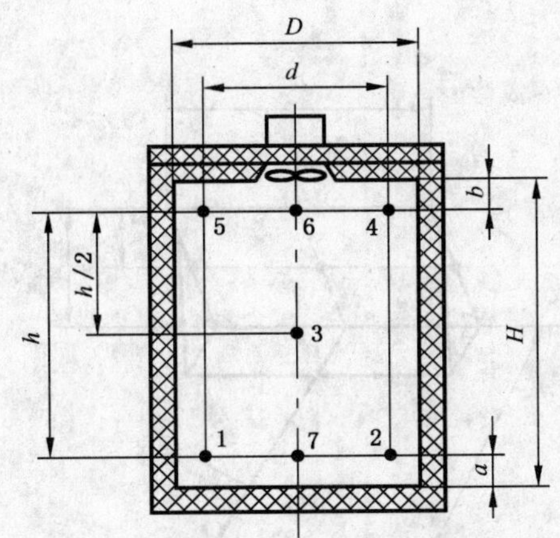

$a=100$
$b=100$(整体式炉盖)
150(对分体式炉盖)
$d=D-100$
D——炉膛直径
H——炉膛深度
1、2、3、4、5、6、7——测温点

图 1 井式电阻炉工作区和测温点位置图

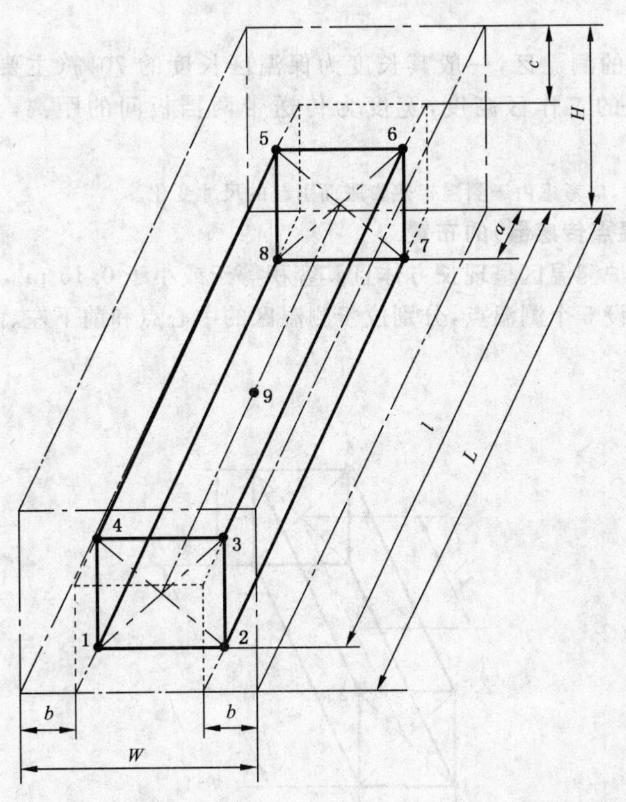

$a=5\%\ L+20$
$b=5\%\ W+20$
$c=5\%\ H+20$
$l=90\%\ L-30$
L——炉膛长度
W——炉膛宽度
H——炉膛高度
1、2、3、4、5、6、7、8、9 为测温点

图 2 箱式炉测温区和测温点位置图

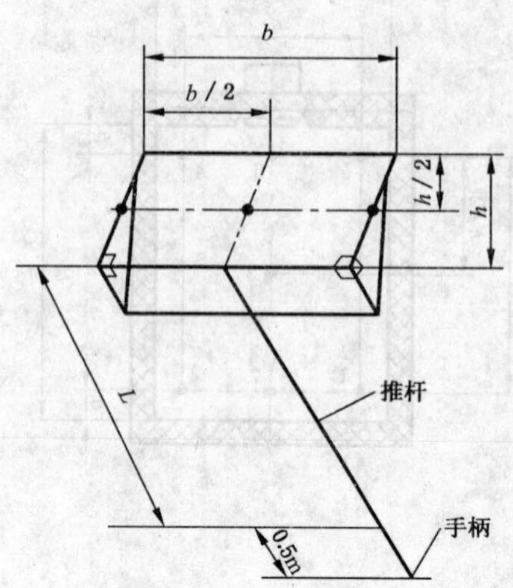

b——测温区宽度

h——测温区高度

L——测温区长度

图 3　连续式电阻炉测温架(筐)和测温点位置图

6.15.4.3　连续式电阻炉的测温区，一般其长度为保温区长度的 70%(主要指均温区)，对淬火炉为 50%，高度为图样上标明的工作区高度，宽度为传送带两挡板间的距离，无挡板时为两端各减去 10 mm。

注：连续式炉移动测温时，应考虑由于测温架热膨胀而引起的尺寸变化。

6.15.5　测温点(不含控温点传感器)的布置

6.15.5.1　对间歇式电阻炉测温区呈现长方体且其容积等于或小于 0.15 m^3，(适用于实验用箱式炉和小型工业用箱式炉)时，共设 5 个测温点，分别位于测温区的中心点和前下左、前上右及后上左和后下右四个端角上。如图 4 所示。

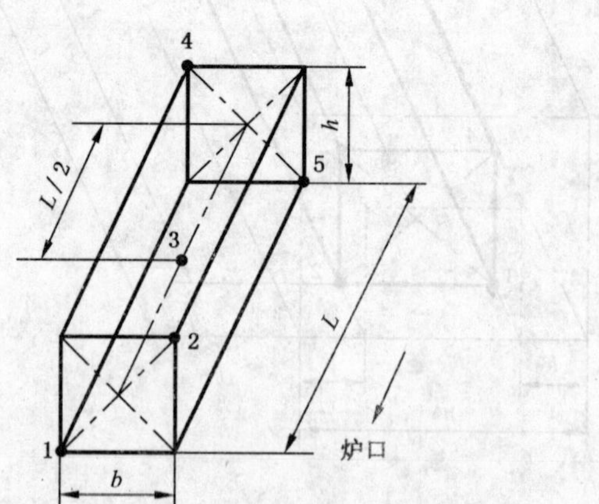

图 4　小容积箱式电阻炉工作区测温点位置示意图

6.15.5.2　对间歇式电阻炉，测温区呈长方体且其容积大于 0.15 m^3(适用于箱式、台车式、卧式真空炉等)时。至少应有 9 个测温点，其中有一点(监控点)位于离控温点延伸方向不超过 150 mm 处，以其测量值为基准值。另外 8 点分别位于测温区的八个端角上。

a) 当测温区长度大于1.2 m而不大于2 m时,应在测温区沿长度方向中轴线的中心点上加设一个测温点。如图5中第9点。

b) 当测温区长度大于2 m而不大于3.5 m时,应当在上述中轴线上在两端面之间等距离加设两个测温点。

c) 当测温区长度大于3.5 m而不大于5 m时,应在上述中轴线上两端面之间等距离加设四个测温点。

d) 当测温区长度大于5 m或宽度大于1.5 m时,测温点的布置应按企业产品标准的规定或由用户和制造厂商定。

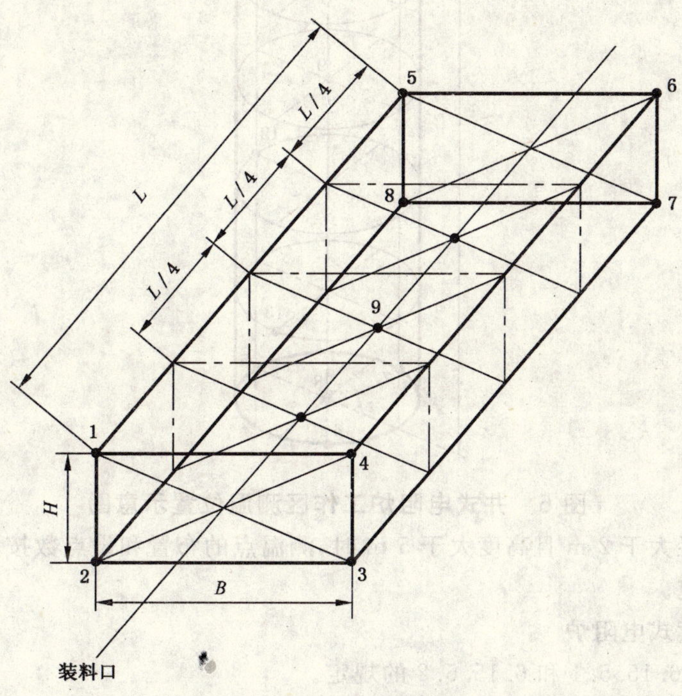

图5 大容积箱式电阻炉工作区测温点位置图

6.15.5.3 对间歇式电阻炉测温区呈圆柱体,且其容积等于或小于0.15 m^3(适用于管式炉和小型井式炉等)时,设5点测温点分别位于测温区域垂直中心上的上、中、下三点以及对角线右上角和左下角,如图1所示的1、3、4、6、7位置。

但对实验用管式炉和小于35 kW的井式炉等,则可用3个测温点,分别位于测温区中心点和中轴线与两个端面的两交点上。如图1所示的3、6、7位置。

6.15.5.4 对间歇式电阻炉测温区呈圆柱体,且其容积大于0.15 m^3(适用于井式炉、罩式炉、立式真空炉等)至少应有8个测温点,两点分别位于中轴线与上、下两端面的交点上,6点位于上、下两端面的边缘上,每条边缘上各3点对称分布,上、下两端面上的各点在正投影面上互相错开60°。

a) 当测温区直径大于1 m而不大于2 m时,上、下端面边缘上各对称布置4个测温点,上、下端面上的各点在正投影面上应互相错开45°。

b) 当测温区的高度大于1 m时,再在中轴线两端面间中点上布置一个测温点。

c) 当测温区高度大于2 m时,应当把测温区沿高度方向等分为偶数n段,分段高度大于但尽可能接近0.5 m,再在其中间横截面以外的其它横截面的边缘上各布置一个测温点,各点在正投影面上应依次对称分布。(图中未标出控温点附近的测温点)如图6所示。

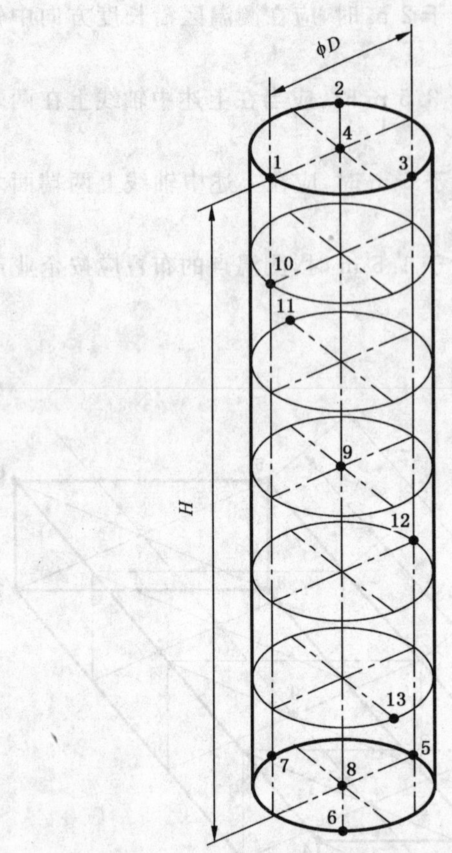

图 6 井式电阻炉工作区测温位置示意图

d) 当测温区直径大于 2 m 且高度大于 5 m 时，测温点的布置和设点数按企业产品标准中的规定或由用户和制造厂商定。

6.15.5.5 对卧式连续式电阻炉

测温点固定时，按 6.15.5.1 和 6.15.5.2 的规定。

测温点移动时，作与保温区纵向轴线垂直的截面，与测温区界面相交成矩形。对测温区高度不大于 0.4 m 的炉子。测温点取矩形侧边两中心点和矩形的中心点(共 3 点)；对测温区高度大于 0.4 m 的炉子，测温点取矩形四个端点和中心点(共 5 点)。各测温点以电阻炉正常炉料输送速度向前平行移动。

6.15.6 试验方法

6.15.6.1 检验步骤

a) 根据炉型和工作区尺寸，首先确定测温点数量和位置，然后将传感器(推荐采用铠装传感器)牢固地固定在测温架(椿、柱)上，并作好标示。

b) 用补偿导线将传感器依标示序号分别连接到检验仪器上，注意极性，推荐采用多点温度巡检仪。

c) 测温架一般在室温下入炉。

d) 送电升温后，应密切注视检测传感器在检测仪器上的显示值。若发现异常情况，应及时排除。

e) 当温度达到试验温度后，应在适当保温一段时间(如 0.5 h)后，预先检测一下各检测点的温度。

f) 经判稳确知电阻炉已达到热稳定状态后，依下述三种检验方法之一测量炉温均匀度。炉温均匀度按式(10)～(12)计算：

$$\theta_{pn} = \frac{1}{m}\sum_{i=1}^{m}\theta_i \qquad \cdots\cdots(10)$$

$$\Delta\theta_{+} = \theta_{pmax} - \theta_{p} \qquad \cdots\cdots(11)$$

$$\Delta\theta_{-}=\theta_{pmin}-\theta_{p} \qquad (12)$$

式中：

θ_{pn}——试验期间所有检测点测得温度读数的算术平均值，单位为摄氏度(℃)；

m——测量次数；

θ_i——试验期间测得的炉温瞬时值，单位为摄氏度(℃)；

θ_p——由公式(10)求得的控温点(或监控点)温度值修正后的值，单位为摄氏度(℃)；

θ_{pmax}——由公式(10)求得的各测温点温度值修正后的最大值，单位为摄氏度(℃)；

θ_{pmin}——由公式(10)求得的各测温点温度值修正后的最小值，单位为摄氏度(℃)；

$\Delta\theta_{+}$，$\Delta\theta_{-}$——炉温的最大正负偏差，单位为摄氏度(℃)。

6.15.6.2 试验方法

a) 对间歇式电阻炉(测温点固定法)

采用下述任一种循环测量周期。

1) 对控温点(或监控点)和各测温点上的温度依次进行循环测量，循环测量次数不少于60次，测量周期定为60 s。在一个周期内，测量时间越短越好，最长不超过30 s。全部测量结束后，分别求得各点温度读数的平均值，再加上各点检测传感器的修正值，然后按式(10)～(12)，确定所测电阻炉的炉温均匀度(此方法简称IEC法)。

2) 对控温点(或监控点)和各测温点上的温度进行循环测量，循环测量次数应不少于20次，循环测量周期定为3 min。在一个周期内，测量时间应尽量短，最长不超过1 min。全部测量结束后，分别求得各点温度读数的平均值再加各点检测传感器的修正值然后按式(10)～(12)确定炉温均匀度(此法简称电炉行业法)。

3) 根据电阻炉在工作时要求保温时间的长短，确定测量周期和测量次数，如表1所示(此法简称热处理行业法，此处略有变动)。

表1 温度测量间隔和次数

炉型	间歇式		连续式		
工艺保温时间/min	＜30	≥30	＜30	30～120	＞120
测量周期/min	3	5～10	3	5～20	10～15
循环测量次数	10	≥10	≥5	≥6	≥8

注1：对多区电阻炉，控温点(或监控点)温度应是各区控温点(或监控点)温度的算术平均值。

注2：若上述测量结果有异义时，以1)或2)项测量结果为准。

b) 对卧式连续式电阻炉

用下述两种方法之一进行测量，并在产品标准中选定，或由用户和制造厂商定。

1) 测温点固定法

测量方法同6.15.6.2 a)

2) 测温点移动法

在电阻炉要求保持恒定温度的工作区(保温区)内，沿炉料前进的方向，每隔一定距离(如200 mm～300 mm)进行二次循环测量，测量时间间隔定为3 min，在每一次循环测量中，应在尽可能短的时间内测出各测温点和控温点上的温度，总的循环测量次数不应少于四次，或者按表1的规定。

总测量距离不短于保温区总长度的70%，然后按产品标准中规定的定义确定炉温均匀度。

c) 对有罐炉(含具有导风筒的电阻炉)，按检验方法6.15.6.2 a)，分别测量出各测温点上温度的算术平均值，再加上各检测传感器的修正值，其最高值和最低值之差，就是该电阻炉的炉温均匀度。

6.16 炉温稳定度的测量

炉温稳定度用以上“炉温均匀度的测量”中在控温点上所测得的温度按式(13)计算：

$$\delta_{+} = \theta_{h} - \theta_{p'} \qquad \cdots\cdots (13)$$

$$\delta_{-} = \theta_{p'} - \theta_{l} \qquad \cdots\cdots (13')$$

式中：

$\delta_{+,-}$——炉温稳定度，单位为摄氏度(℃)；

$\theta_{p'}$——控温传感器(或监控传感器)测得的温度读数的算术平均值，单位为摄氏度(℃)；

θ_{h}——试验期间大于 $\theta_{p'}$ 的最大温度读数，单位为摄氏度(℃)；

θ_{l}——试验期间小于 $\theta_{p'}$ 的最小温度读数，单位为摄氏度(℃)。

注 1：对多控温区，应分别求出各控温区的炉温稳定度。

注 2：经用户和制造厂协商，也可按公式(14)计算炉温稳定度。

$$\Delta\theta = \sqrt{\frac{\sum_{i=1}^{m}(\theta_i - \theta_p)^2}{m-1}} \qquad \cdots\cdots (14)$$

6.17 表面温升的测量

在电阻炉最高工作温度下的热稳定状态时按 GB/T 10066.1—2004 中 7.2.1 的规定用表面温度计或其它能给出可靠读数的测温装置，先测出电阻炉的表面温度，然后减去测量时的环境温度即得到表面温升。

测量点的位置应在炉门(或炉盖)、炉壳(炉顶、炉侧、炉后)，操作手柄(或手轮)等外表面任意点上，但距炉门口和炉盖口附近及加热元件和热电偶引出孔的边缘和炉衬穿透紧固件中心 75 mm 的范围内除外。距非金属加热元件引出孔和观察窗边缘 90 mm 的范围内也除外。

6.18 加热能力试验

用下述两种方法之一进行试验，并在企业产品标准中选定或由制造厂和用户商定，条件许可时，应采用直接法，并以直接法的试验结果为准。

6.18.1 直接法

在产品标准规定的试验条件下，把一批等于规定重量的炉料装入炉内，记录炉温上升或回升到试验温度的时间，应符合产品标准的要求。

试验用炉料除产品标准另有规定或制造厂和用户另有协议外，对于钢铁材料，其直径或壁厚应不大于 25 mm，炉料的放置应尽可能有利于热能的吸收。

6.18.2 间接法

利用空炉加热试验所测得的数据进行估算，即对热炉装料的情况，当式(15)成立时，电阻炉即被认为具有足够大的加热能力。

$$t_n(p_n - p_0) \geqslant G\Delta H \qquad \cdots\cdots (15)$$

式中：

p_n——电阻炉的额定功率，单位为千瓦(kW)；

p_0——由 6.11 所测得的空炉损失，单位为千瓦(kW)；

t_n——在产品标准中规定的加热能力的试验时间，单位为小时(h)；

G——规定的炉料重量，单位为千克(kg)；

ΔH——炉料从初始温度(取其准环境温度 20℃)加热到试验温度时，其热焓的增加量(kW·h/kg)(见《电机工程手册》第 34 篇图 34.4-7 或由制造厂和用户共同认定的其他可靠资料)。

间接法不适用于真空炉和盐浴炉。

6.19 装料运行检验

除制造厂另有安排外，装料运行试验一般在用户现场进行。

按电阻炉产品标准的规定，把一批等于规定重量的炉料装入炉内，然后按规定的程序进行炉料的加热和冷却，试验炉次由用户和制造厂商定。试验后，用肉眼观察炉子各部分(如炉衬、炉底板、炉面板、炉盖等)应无损坏或明显的变形。

6.20 控制气氛电阻炉的检漏

在电阻炉通入气氛后正常运行并处于正压的情况下,用沿焊缝和各密封处涂肥皂水或其他更好方法检漏;对可燃性控制气氛炉也可在炉温高于760℃时用点火嘴沿焊缝和其他密封处进行点火检漏。

6.21 泄漏电流的测量

本试验只对实验用电阻炉测量。试验在最高工作温度下的热稳定状态时进行。

试验时电阻炉炉体与地绝缘,用接在炉壳与地连接线中的电流表进行测量,电阻炉的泄漏电流不得大于20 mA。

6.22 生产率的测量

在连续式电阻炉,在正常运行条件下且已处于热稳定状态时进行,试验用炉料和加热工艺应符合产品标准规定或由制造厂和用户商定,试验至少进行8 h。

6.23 热态试验后的检查

按GB/T 10066.1—2004中7.2.8规定进行检查。

7 数据处理与分析

7.1 所有测量数据仅保留小数点后一位,其余用数值修约法。但判稳用电参量测量数据不采用数值修约法。

7.2 每个检测点所测得的温度值,应分别加上该点传感器的修正值,求得该点的温度真实值。

7.3 如果出现个别检测数据有异常时,首先要查明原因,采取相应措施,必要时可重复检测。

附 录 A
（资料性附录）
推荐的电阻炉测试电气原理图

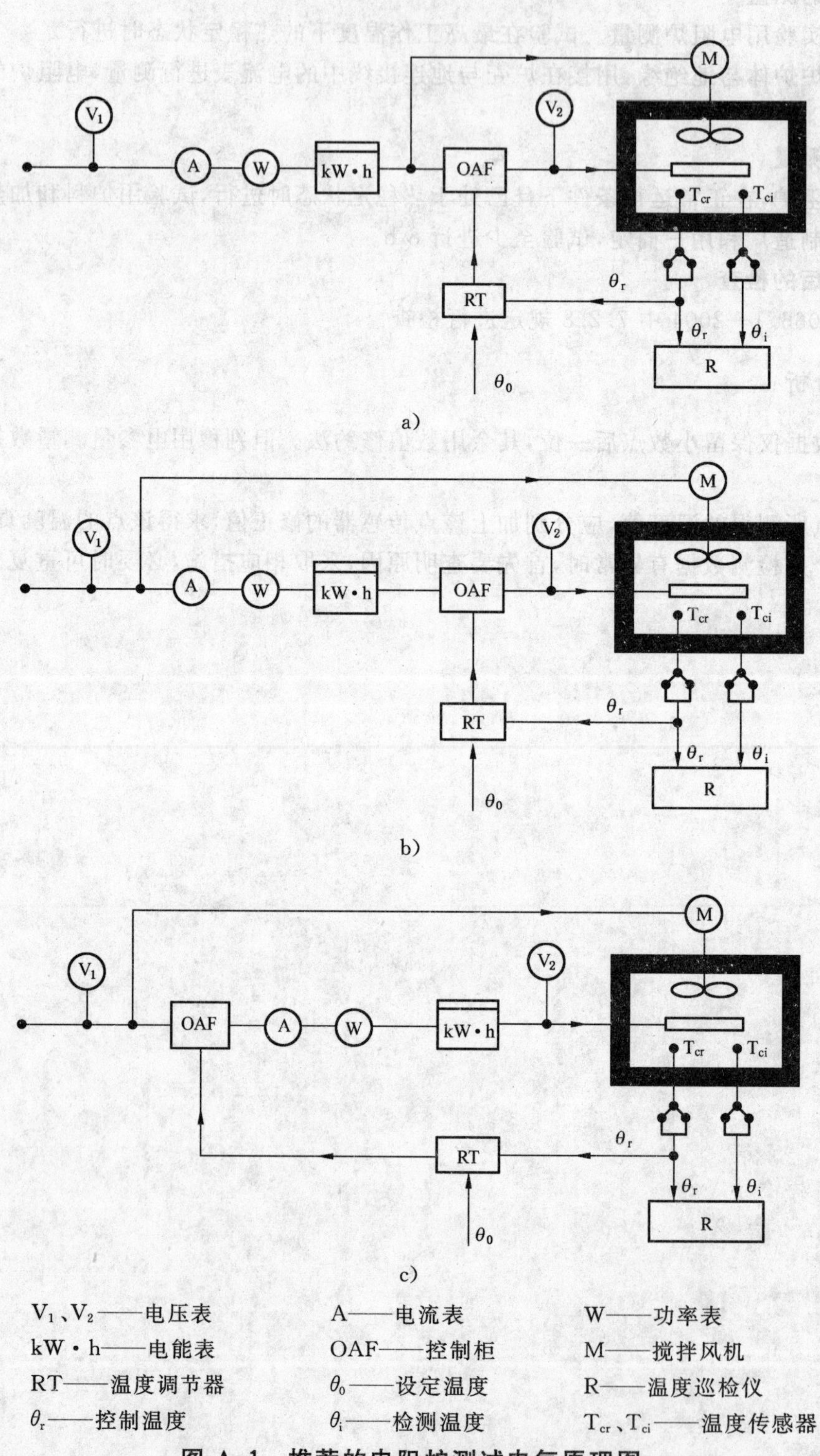

图 A.1 推荐的电阻炉测试电气原理图

ICS 25.180.10
K 60

中华人民共和国国家标准

GB/T 10066.7—2004
代替 GB/T 7406—1987

电热设备的试验方法 第7部分:具有电子枪的电热设备

Test methods for electroheat installations—Part 7: Electroheat installations with electron guns

(IEC 60703:1981, Test methods for electroheating installations with electron guns, NEQ)

2004-02-04 发布 2004-08-01 实施

中华人民共和国国家质量监督检验检疫总局
中国国家标准化管理委员会 发布

前　言

GB/T 10066《电热设备的试验方法》目前包括以下11个部分：

——第1部分：通用部分；

——第2部分：有心感应炉；

——第3部分：无心感应炉；

——第4部分：间接电阻炉；

——第5部分：等离子设备(GB/T 13535—1992《电热用等离子设备试验方法》)；

——第6部分：工业微波加热设备输出功率的测定方法(GB/T 18662—2002《工业微波加热设备输出功率的测定方法》)；

——第7部分：具有电子枪的电热设备；

——第8部分：电渣重熔炉(GB/T 1020—1989《电渣重熔炉的试验方法》)；

——第9部分：高频介质加热设备输出功率的测量方法(GB/T 14809—2000《高频介质加热设备输出功率的测量方法》)；

——第10部分：直接电弧炉(GB/T 6542—1986《直接电弧炉的试验方法》)；

——第11部分：埋弧炉(GB/T 7405—1987《埋弧炉试验方法》)。

注：某些现有电热设备的试验方法未采用分部编号(如括号内所示)，在修订时将改为上述规定的分部编号。

这套标准均修改采用或非等效采用相应的IEC标准制定。

本部分为GB/T 10066的第7部分。

本部分对应于IEC 60703《具有电子枪的电热设备的试验方法》(1981年英文版)。本部分与IEC 60703的一致性程度为非等效，主要差异如下：

——引用了GB/T 10066.1—2004《电热设备的试验方法 第1部分：通用部分》(IEC 60398:1999，MOD)；

——按GB/T 10066.1—2004将试验项目和试验方法分为冷态和热态两大类；

——按GB/T 10066.1—2004增加了“触电防护措施的试验”、“绝缘电阻的测量”、“空炉抽气时间和压升率测量”、“气路系统试验”、“液压系统试验”、“运动构件运转或动作情况的冷/热态试验”、“电子枪的试验”、“受热构件表面温度的测量”和“热态试验后的外观检查”试验项目及相应的试验方法；

——删去了“标志和说明书的检查”；

本部分代替GB/T 7406—1987《具有电子枪的电热设备的试验方法》，与后者相比主要变化如下：

——引用了GB/T 10066.1—2004；

——按GB/T 10066.1—2004增加了“触电防护措施的试验”、“气路系统试验”、“液压系统试验”、“受热构件表面温度的测量”、“热态试验后的外观检查”试验项目及其试验方法；

——删去了“成套设备的运行试验”和“标志和说明书的检查”。

本部分应与GB/T 10066.1—2004配合使用。

本部分由中国电器工业协会提出。

本部分由全国工业电热设备标准化技术委员会归口。

本部分起草单位：西安电炉研究所。

本部分主要起草人：葛华山。

本部分所代替标准的历次版本发布情况为：GB/T 7406—1987。

电热设备的试验方法
第7部分:具有电子枪的电热设备

1 范围

GB/T 10066《电热设备的试验方法》的本部分适用于具有一支或多支电子枪的电热设备(以下简称电子束电热设备)。

本部分的目的是使测定电子束电热设备的基本参数、技术数据和技术特性的试验方法标准化。

本部分不含强制性的试验项目表,也不具约束性。试验项目可从建议的项目表中选取。由电子束电热设备的用户和制造厂商定的技术文件可对本部分进行补充、删减,但不应与之抵触。

2 规范性引用文件

下列文件中的条款通过 GB/T 10066 的本部分的引用而成为本部分的条款。凡是注日期的引用文件,其随后所有的修改单(不包括勘误的内容)或修订版均不适用于本部分,然而,鼓励根据本部分达成协议的各方研究是否可使用这些文件的最新版本。凡是不注日期的引用文件,其最新版本适用于本部分。

GB/T 2900.23—1995 电工术语 工业电热设备(neq IEC 60050(841):1983)

GB/T 3907—1983 工业无线电干扰基本测量方法

GB 8703—1988 辐射防护规定

GB/T 10066.1—2004 电热设备的试验方法 第1部分:通用部分(IEC 60398:1999,MOD)

3 术语和定义

GB/T 2900.23—1995 确立的以及下列术语和定义适用于本部分。

3.1

真空室 vacuum chamber

真空设备的密闭空间,在结构上应能承受由于内部空气稀薄所造成的外部压力,通常装有要处理的工件。

3.2

电子枪室 electron gun chamber

装有电子枪的真空室。该室可通过小孔与被加热物体隔开,以便能在电子枪(电子束枪)和放置被加热物体的室之间建立相当高的压差。

3.3

高压电源 high voltage power supply

给电子枪提供加速电压和发射电流的电源。

3.4

安全联锁 safety interlock

当存在某种危险时,防止设备开动的安全装置。

3.5

回路导线 return conductor

在高压电源的正极与电子枪的阳极部件以及与被加热工件或与放置工件的真空室之间的电气连接

导线。该导线应接地或与电源的接地导线相接。

4 试验项目

4.1 冷态试验项目

a) 触电防护措施的试验；

b) 绝缘电阻的测量；

c) 绝缘耐压试验；

d) 安全联锁和报警系统的试验；

e) 回路导线和接地保护连接的试验；

f) 控制电路试验；

g) 冷态真空试验；

h) 冷却系统试验；

i) 气路系统试验；

j) 液压系统试验；

k) 运动机构运转或动作情况的冷态试验。

4.2 热态试验项目

a) 热态真空试验；

b) 电子枪的试验；

c) 额定功率的试验；

d) 受热构件表面温度的测量；

e) 冷却液流量的测量；

f) 冷却液温升的测量；

g) 运动机构运转或动作情况的热态试验；

h) X射线、光辐射和无线电干扰等的试验；

i) 热态试验后的外观检查。

5 试验方法

电子束电热设备的试验应按 GB/T 10066.1—2004 和以下规定进行。当两者有不一致时，以本部分为准。

5.1 冷态试验

5.1.1 触电防护措施的试验

应按 GB/T 10066.1—2004 的 7.1.1 的规定。

5.1.2 绝缘电阻的测量

应按 GB/T 10066.1—2004 的 7.1.2 的规定。

5.1.3 绝缘耐压试验

应按 GB/T 10066.1—2004 的 7.1.3 的规定，但处于高电压的部件如高压发生器、电缆和连接件等的绝缘，应能承受比最高工作电压还高的电压。其试验电压值应由制造厂规定。

5.1.4 安全联锁和报警系统的试验

应按 GB/T 10066.1—2004 的 7.1.9 的规定。

在试验安全联锁时，应只给控制电路通电。应通过多次(至少五次)动作和释放，用肉眼检查这些联锁。若发现其功能有任何疑问，则应使用测量仪器(电阻表、电压表、蜂鸣器、试验灯)检查。

注：对电子束加速电压(高压)电路的安全联锁，应特别仔细。

5.1.5 回路导线和接地保护连接的试验

高压电源与被加热物体间的回路导线特别重要，该导线不需要绝缘。

5.1.5.1 用眼观察和手拉的方法检查电缆和导线的接头。

5.1.5.2 用准确度不低于2.5级的电阻表测量高压电源与被加热物体间回路导线的电阻，其值不可超过下列计算值：

$$R_{max} = \frac{1.5}{I_{rat}} \Omega$$

式中：

R_{max}——高压电源与被加热物体间回路导线电阻的最高值，单位为欧姆(Ω)；

I_{rat}——高压电源的额定电流，单位为安培(A)。

5.1.6 控制电路试验

应按GB/T 10066.1—2004的7.1.4的规定，但对高压电源过电流控制装置的试验方法补充规定如下：

加大高压电源的输出电流，使其大于额定值，则过电流控制装置应在电流达到整定值时动作并切断高压电源。在进行本试验时，最好把高压电源的输出端短路，但要采取合适的预防措施以免损伤设备和工作人员。

5.1.7 冷态真空试验

在阴极处于冷态和真空室内不装料的情况下，分别按照GB/T 10066.1—2004的7.1.10.1、7.1.10.2和7.1.10.3中所述的方法测量电子枪室和真空室的极限真空度、空炉抽气时间和压升率，其值应符合产品标准的规定，但极限真空度至少应达到1×10^{-2} Pa或更高。

真空度应用电离真空计测量，被测设备应清洁干净。

5.1.8 冷却系统试验

应按GB/T 10066.1—2004的7.1.5的规定，但补充如下：

a) 未设计用于试验压力的双壁桶体不包括在内；

b) 当工作压力或流量达到制造厂规定的限制值时，冷却水监测装置应动作。本试验应至少重复五次。

5.1.9 气路系统试验

应按GB/T 10066.1—2004的7.1.6的规定。

5.1.10 液压系统试验

应按GB/T 10066.1—2004的7.1.7的规定。

5.1.11 运动机构运转或动作情况的冷态试验

应按GB/T 10066.1—2004的7.1.8的规定。

对电子束熔炼设备，特别要注意送料装置和拉锭装置的传动情况。

5.2 热态试验

5.2.1 热态真空试验

只对阴极进行加热，除气30 min，电子枪室和真空室的极限真空度至少应达到5×10^{-2} Pa或更高。测试方法及其他要求同5.1.7。

5.2.2 电子枪的试验

每支电子枪应按下列试验项目依次进行试验，或在产品标准中另作规定。

5.2.2.1 阴极的加热试验

a) 测量阴极的加热电流和电压，检查其是否在规定的范围内。

b) 阴极在其额定功率下连续运行8 h，其结构件不应有明显的变形或损坏。

5.2.2.2 聚焦、偏转和扫描系统的试验

按产品标准，把电子束引导到钢板上或采用其他方法进行电子束的聚焦、偏转和扫描，检查其是否符合设计和使用要求。

5.2.3 额定功率的试验

在进行本试验之前，应首先试验过电流控制装置的功能是否正常。试验时应按制造厂的技术规范加大发射电流使其超过额定值。

本试验包括以下两个内容：

a) 在每支电子枪的额定功率下测量电子枪的加速电压和发射电流；

b) 在设备的总额定功率下分别测量各电子枪的加速电压和发射电流。

试验应按产品标准的规定进行。

发射电流和高电压应当用准确度不低于 1.5 级的直流仪表测量，其值应在规定的范围内。

5.2.4 受热构件表面温度的测量

应按 GB/T 10066.1—2004 的 7.2.1 的规定。测量应在稳态和额定功率下进行。

5.2.5 冷却液流量的测量

应按 GB/T 10066.1—2004 的 7.2.2.1 的规定。

5.2.6 冷却液温升的测量

应按 GB/T 10066.1—2004 的 7.2.2.2 的规定。

测量应在稳态和额定功率下进行。冷却液进出口处的温度每 5 min 读一次数据，至少测 30 min。在进出口处所读得的平均温度的差值即为冷却液的温升。

5.2.7 运动机构运转或动作情况的热态试验

在热态试验的过程中按 5.1.11 所述方法和要求进行。

5.2.8 X-射线、光辐射和无线电干扰等的试验

本试验应与 5.2.3 的试验结合在额定功率下进行，X-射线、光辐射、无线电干扰和对电网的谐波干涉的测量值应符合有关国家标准和本设备的使用要求。

试验方法应采用有关国家标准的规定，如 X-射线试验采用 GB 8703—1988，无线电干扰的试验采用 GB/T 3907—1983。电网的谐波分量用谐波分析仪在电子束电热设备的交流输入端处测量。

5.2.9 热态试验后的外观检查

应按 GB/T 10066.1—2004 的 7.2.8 的规定。

6 试验间隔

6.1 除有关无线电干扰和对电网的谐波干扰试验以及绝缘耐压试验外，4.1 和 4.2 所列的其余各项试验应至少每半年重做一次；在大修和长期停用后也应重做这些试验。

对电子枪室和真空筒体作任何改动，即使是很小的改动，都应另做 X-射线的辐射试验。

ICS 73.060.10
D 31

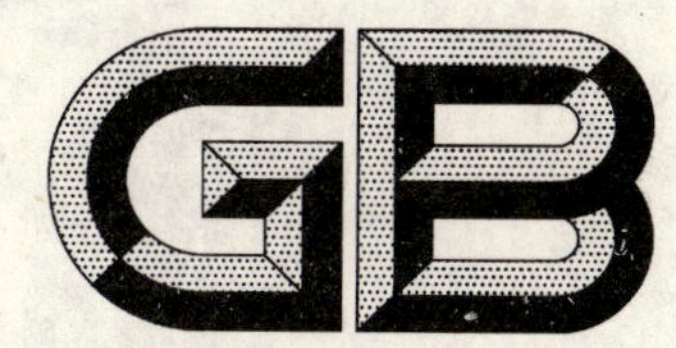

中华人民共和国国家标准

GB/T 10322.6—2004/ISO 8371:1994

铁矿石　热裂指数的测定方法

Iron ore—Determination of decrepitation index

(ISO 8371:1994,IDT)

2004-03-24 发布　　2004-09-01 实施

中华人民共和国国家质量监督检验检疫总局
中国国家标准化管理委员会　发布

前　言

本标准等同采用 ISO 8371:1994《铁矿石　热裂指数的测定》。

本标准由中国钢铁工业协会提出。

本标准由冶金工业信息标准研究院归口。

本标准负责起草单位:宝山钢铁股份有限公司。

本标准参加起草单位:冶金工业信息标准研究院、首钢股份有限公司、马鞍山钢铁股份有限公司、北仑检验检疫局。

本标准主要起草人:陈小奇、徐卫星、何涨宝、张宇春、张磊、李效群、应海松。

引　　言

铁矿石热裂指数试验是用来评价铁矿石块矿快速加热时其爆裂性能的一项试验。它规定的有关试验条件如下：

a）规定试样的粒度范围；

b）规定试样的质量；

c）加热到700℃；

d）通过筛分来测定热裂指数。

铁矿石 热裂指数的测定方法

1 范围

本标准规定了铁矿石块矿热裂指数的测定方法。

2 规范性引用文件

下列文件中的条款通过本标准的引用而成为本标准的条款。凡是注日期的引用文件，其随后所有的修改单(不包括勘误的内容)或修订版均不适用于本标准，然而，鼓励根据本标准达成协议的各方研究是否使用这些文件的最新版本。凡是不注日期的引用文件，其最新版本适用于本标准。

GB/T 10322.1 铁矿石 取样和制样方法(idt ISO 3082:1998)

ISO 3310-1 试验筛 技术条件和试验 第一部分:金属丝筛

ISO 3310-2 试验筛 技术条件和试验 第二部分:多孔金属板筛

ISO 11323 铁矿石 术语

3 术语和定义

ISO 11323 确定的术语和定义适用于本标准。

4 原理

本方法评价从室温到700℃的快速加热对一定粒度试样的影响，具体做法是测量经过加热 30 min 后通过 6.30 mm 筛孔矿石的质量。

5 设备

5.1 电加热炉

具有足够的加热能力和热反应特性，可以在 30 min 内将试样从室温加热到 700℃。

5.2 试样盒

由不起皮、可经受高于 700℃温度的耐热金属制成，试样盒装有热电偶可测定试样温度，盒盖与试样盒应为松动配合，试样盒内气体不应被密封。

5.3 试验筛

符合 ISO 3310-1 或 ISO 3310-2 的尺寸系列，即 25.0 mm、20.0 mm、6.30 mm、3.15 mm 和 0.50 mm的方孔筛。

注 1：建议用于筛分的试验筛系列应包括孔径在 10.0 mm 至 6.30 mm 之间(例如 8.00 mm)的筛子，目的是提高 6.3 mm筛的效率，减少残留在筛上的试验样。

6 试样的制备

按照 GB/T 10322.1 制备试样，试样数量应足以提供至少 10 个 500 g 试验样。

用 25.0 mm 和 20.0 mm 试验筛(5.3)筛分试样，在(105±5)℃对 20 mm 至 25 mm 试样烘烤干燥至少 12 h。在 25.0 mm 和 20.0 mm 筛上再次筛分试样，以除去所有附着的细矿石粒，并在(105±5)℃再次将试样烘烤干燥 12 h。在试验前将干燥以后的试样一直保存在干燥器中，试验时应随机抽取试验样。

7 试验步骤

7.1 试验次数

由于天然矿石具有不均匀性,应进行10次试验。

7.2 试验样

分别称量10个试验样(质量为 m_0)(试验样已预先干燥),每个试验样约(500±1)g(颗矿石)。

7.3 加热

警告——本试验包括加热装置的操作,而且某些铁矿石试验样装入热容器时,可能会发生爆裂,操作者应采用适当措施保护手和眼睛。

把试样盒(5.2)放在加热炉中(5.1)开始加热,当温度达到700℃时,再保持20 min,然后将试验样装入试样盒,并盖上盖子,30 min以后,从加热炉中取出试样盒并使其冷却到室温。从试样盒中轻轻倒出试样,测定其质量(m_1),并在6.30 mm、3.15 mm和0.50 mm筛上小心用手工进行筛分(5.3),测定并记录下6.30 mm、3.15 mm和0.50 mm粒度矿石的质量(m_2)。

注2:如果机械筛分结果与手工筛分结果接近(允许偏差为2%绝对值),可以采用机械筛分。

8 结果表示

按下列公式计算热裂指数($DI_{-6.3}$)(以质量百分比表示):

$$DI_{-6.3} = \frac{m_2 \times 100}{m_1}$$

式中:

m_1——热处理后的试样质量,g;

m_2——筛分后,小于6.30 mm粒度矿石的质量,g。

结果精确到小数点后第1位。同时报告通过3.15 mm和0.50 mm筛的质量百分比。

9 试验报告

试验报告应包括以下内容:

a) 本标准编号;

b) 试样说明;

c) 热裂指数和10次试验的每次结果;

d) 对每种尺寸的试验筛,所有10次试验热裂指数的平均值;

e) 试验结果的编号;

f) 应注明可能对结果产生影响的任何试验和操作特性参数,例如取样点、使用的筛子、筛分方法或试验中的质量损失。

ICS 73.060.10
D 31

中华人民共和国国家标准

GB/T 10322.7—2004/ISO 4701:1999

铁矿石　粒度分布的筛分测定

Iron ore—Determination of size distribution by sieving

(ISO 4701:1999,IDT)

2004-03-24 发布　　2004-09-01 实施

中华人民共和国国家质量监督检验检疫总局
中国国家标准化管理委员会　发布

前　言

本标准等同采用 ISO 4701:1999《铁矿石　粒度筛分的测定》。

本标准附录 A、附录 B、附录 C 为规范性附录。附录 D、附录 E、附录 F、附录 G 为资料性附录。

本标准由中国钢铁工业协会提出。

本标准由冶金工业信息标准研究院归口。

本标准负责起草单位:宝山钢铁股份有限公司。

本标准参加起草单位:冶金工业信息标准研究院、马钢、包钢、首钢。

本标准主要起草人:方宗旺、郭洪涛、陆慧中、吉华东、张宇春、李效群、张建勇、刘卫平。

铁矿石　粒度分布的筛分测定

1　范围

本标准规定采用筛孔≥36 μm 的筛子测定铁矿石粒度分布的筛分方法。粒度分布以选定筛子的筛下或筛上物的质量和质量百分数表示。本标准的目的是为涉及铁矿石粒度测定的试验以及供需合同方的使用提供依据。

当本标准用于对比试验时,有关方应就具体所用方法的选择达成协议,以免事后争议。

2　规范性引用文件

下列文件中的条款通过本标准的引用而成为本标准的条款。凡是注日期的引用文件,其随后所有的修改单(不包括勘误的内容)或修订版均不适用于本标准,然而,鼓励根据本标准达成协议的各方研究是否可使用这些文件的最新版本。凡是不注日期的引用文件,其最新版本适用于本标准。

GB/T 10322.1　铁矿石　取样和制样方法(idt ISO 3082:1998)

GB/T 10322.3　铁矿石　校核取样精密度的实验方法(idt ISO 3085:1996)

GB/T 10322.4　铁矿石　校核取样偏差的实验方法(idt ISO 3086:1998)

GB/T 10322.5　铁矿石　交货批水分含量的测定(idt ISO 3087:1998)

ISO 565　试验筛　金属丝网、冲孔金属板和电铸成型薄板　孔径的公称尺寸

ISO 2591-1　筛分试验　第1部分:用金属丝网和冲孔金属板的筛分试验方法

ISO 3310-1　试验筛　要求和试验　第1部分:金属丝网筛

ISO 3310-2　试验筛　要求和试验　第2部分:冲孔金属板筛

ISO 11323　铁矿石　名词术语

3　术语和定义

ISO 11323 确定的术语和定义适用于本标准。

4　原则和计划

4.1　一般原则

在进行粒度测定之前,必须制定完整的操作程序计划。在某些情况下,有关方还必须就此达成协议。

操作程序将取决于下列因素:

a)　粒度分析的目的;

b)　被检测铁矿石的特性;

c)　样品收到时的状态,例如,大样、份样或副样;

d)　可用的设备。

进行粒度分析的典型操作程序决策图如图1所示。

铁矿石筛分应按 ISO 2591-1 的规定进行。

4.2　分析目的

粒度测定的主要目的如下:

a)　测定矿石在某个或多个规定筛的筛上或筛下的质量和质量百分比。

筛分设备尺寸的选择是由矿石粒度规格决定的,同时应根据矿石最大粒度和筛分负荷限制两方面

决定是否需增加中间筛,见 4.6 和 4.7。

b) 形成一个总体粒度分布曲线。

筛孔的选择将取决于所要求的结果和满足筛子负荷限制方面的要求。

4.3 被检测矿石的特性

4.3.1 含水量的影响

粒度样品的含水量对缩分和筛分的影响,应在开始粒度测定之前作出评估。

在样品缩分和筛分之前,可能需要对该粒度样品进行干燥或部分干燥。按照 7.1 干燥铁矿石或按照 7.4.5 湿筛可能会引起矿石内部水分的变化,而水分变化又可能影响各粒级的质量,在这种情况下,只有将这些粒级的矿样在 105℃进行干燥,并在无水条件下冷却,才能获得可靠的质量。有些铁矿石很容易吸收水分,对这些矿石应尽可能减少其与大气接触的时间。

4.3.2 脆性矿石

对粒度分析期间易碎的铁矿石,应按照 GB/T 10322.4 中给出的程序进行机械筛分和手工放置过筛之间的偏差校核(见 5.2)。

4.3.3 磁性矿石

对具有显著磁性的铁矿石,应对粒度样品进行退磁。

4.4 样品性质

收到的样品可以是一个完整的粒度样品、几个副样或份样。

铁矿石的取样方法(GB/T 10322.1)通常将提供超过筛分要求的样品数量。

如果不需要对整个样品进行筛分,允许对下列样品缩分:

a) 粒度样品;

b) 副样;

c) 份样;

d) 筛分过程所得的部分样品。

缩分方法和被筛分样品的质量在第 6 条中给出。

4.5 湿筛或干筛的选择

4.5.1 干筛和湿筛的结果可能不同。本标准对这两种方法不作取舍。

4.5.2 对粒度测定某部分选择干筛还是湿筛,应根据能否获得规定的试验精密度来确定(见 11.1)。详细程序应记录在记录表上。

4.5.3 如果某一粒度分布的测定采用的是不同部分干筛和湿筛的联合筛分,应将从干筛到湿筛的转变清楚地记录在报告单上(见第 10 条)。

4.5.4 在选择干筛和湿筛时应考虑下列因素:

a) 当采用干筛时,物料的水分含量应足够低,不能超过允许的偏差。

b) 下列情况应采用湿筛:

1) 如果存在相当大一部分的细颗粒粘附到较大的块矿上的倾向,或者该矿石在干燥时有结饼的倾向;

2) 如果铁矿石的细颗粒在筛分操作时出现带静电的倾向并牢固地粘附在筛子上。

4.6 筛上允许的最大粒度

为避免损坏筛子,任何装料中的最大粒度均不能超过:

$$10W^{0.7}$$

式中 W 是筛孔尺寸,mm。

最大粒度与筛孔间的相关数据列举于表 1 中。

表 1 筛上允许的最大粒度

筛孔尺寸(*W*)	最大粒级的近似尺寸/mm
25 mm	95
11.2 mm	55
4 mm	26
1 mm	10
250 μm	3.8
45 μm	1.2
36 μm	1.0

4.7 筛子的规定负荷

4.7.1 一般原则

单个筛子或套筛或连续式机械筛的负荷应如下限定。

4.7.2 用单个筛子或套筛进行批量筛分

可以往一个筛子上装入的矿石质量，受筛上滞留质量有关的条件的限制并应避免不应有的破碎。必要时，可将一份样品分几次进行筛分，结果应综合计算。最大筛上滞留质量不应超过附录 A 规定的值或按 4.7.2.1 或 4.7.2.2 确定。

最大负荷由相应的最大筛上滞留质量确定，但不应超过最大筛上滞留质量的两倍。

4.7.2.1 筛孔≥500 μm

筛子的负荷应符合这样的要求，即完成筛分时，滞留在任何筛子上的铁矿石最大质量应与下列计算方法 a)和 b)或直观方法 c)式相符。

a) 筛孔尺寸≥22.4 mm 时，

$$m=(0.005+0.0004W)\rho A$$

b) 筛孔尺寸<22.4 mm 但≥500 μm 时，

$$m=0.0007W\rho A$$

式中：

m——滞留在筛上的最大质量，kg；

W——筛孔尺寸，mm；

ρ——铁矿石堆密度，kg/m^3；

A——筛子面积，m^2。

上式只适用于筛孔面积超过 40%的筛子(不完整的筛孔按封闭面积考虑)，对于筛孔面积小于 40%的筛子，m 值应按比例减小。

c) 另外，也可用下列直观方法：

在完成筛分时，颗粒单层散布覆盖的面积不得超过该筛子面积的四分之三。

4.7.2.2 筛孔<500 μm

对于筛孔<500 μm 的筛子，一个筛子上的装料最大质量不应超过附录 A 列出的允许最大滞留质量的 2 倍。

4.7.3 连续机械筛分的负荷

在连续机械筛分的情况下，给料速度应保持稳定，并且能够调整，以保证在筛分期间试料在筛上的最大覆盖面积不超过 50%。

4.8 筛分时间

4.8.1 一般原则

实际筛分时间主要受下列因素的影响：

a） 矿石的特性；

b） 初始装料量；

c） 筛分强度；

d） 筛子的筛孔公称尺寸；

e） 允许的准确度水平。

对筛分过程的完成不可能规定出精确的时间。在可行的情况下，筛分时间应以严格执行终点规则为依据来确定。在不能严格执行终点规则的情况下，可通过协议，用手工放置矿粒过筛或根据经验确定筛分时间。

表 2 中给出的实例可作为稳定性矿石批量筛分(干筛)时的一般时间指标。

表 2 适用于稳定性矿石批量筛分(干筛)的筛分时间实例

筛孔尺寸/mm	手动筛分时间/min	机械筛分时间/min
≥4	3	3
1～4	可变	5
<1	可变	20

4.8.2 终点规则

按照 ISO 2591-1 进行的筛分终点方法在本标准 7.6 中给出。

4.8.3 连续机械筛分的停留时间

停留时间取决于装料速度、颗粒通过筛子和通过筛面向前的速度。它取决于设备类型、筛面倾角和被筛分矿石的性质。

应对筛分过程中的参数进行优化，使试料破碎最小并使筛分效率最高，以满足 5.2 条中所规定的要求。

5 设备

5.1 筛面

5.1.1 筛孔形状

筛面应具有符合 ISO 565 规定的正方形筛孔。

5.1.2 筛孔尺寸

筛孔公称尺寸应从 ISO 565 规定的 R20 和 R40/3 系列中选用(见附录 D)。

5.1.3 筛面结构

筛面应符合 ISO 3310-1 或 ISO 3310-2，以及下列要求。

a） 对≤4 mm 的筛孔，应使用金属丝筛网。

b） 对>4 mm 至≤16 mm 的筛孔，可使用金属丝筛网或冲孔金属板筛(见下列 d)。

c） 对>16 mm 的筛孔，最好用冲孔金属板筛；金属丝网筛也可以使用，但筛孔的尺寸公差比冲孔金属板筛的大。

d） 在一个粒度测定过程中，允许从金属丝筛网变换到冲孔筛网。但这应在粒度测定程序中注明，并在以后的测定中采用。

5.1.4 手工筛或套筛用筛框

手工或机械套筛的筛框应符合 ISO 3310-1 和 ISO 3310-2 的规定。框子可以是圆形或长方形。典型的套筛设备如附录 E 所示。

除试验筛以外的筛子也应具有筛框，并能与其它筛子以及收料盘和盖子等紧密地套在一起。筛框要制作得平滑而密合，以免卡料和漏料。

5.2 筛分机械

任何类型的设备都可采用,只要对于选定的规格粒度或设定的其它筛孔尺寸所得到的筛分结果与通过手工放置过筛或手工筛分获得的结果之间无偏差。筛分机械应按照 GB/T 10322.4 中规定的程序进行偏差校核,如证明无明显偏差即可采用。

必要时可设操作工照管筛面,不让其堵塞(见附录 F)。

5.3 湿筛用辅助装置

进行湿筛时,除上述装置外,还需要有供水控制装置和喷嘴,并在合适的情况下设置集水槽。图 2 所示为一简单装置。在筛孔小于 125 μm 的筛子上进行湿筛时最好能做到:

a) 筛子用不锈钢制造;

b) 筛面要加设垫板,防止由于水的压力使筛面下陷和变形;典型的垫板是具有 2 mm 正方形筛孔的筛面;

c) 垫板应使颗粒不夹在两筛面之间;

d) 水压应尽可能小心地调节,以防止冲坏筛面。

5.4 干燥设备

凡是装有温度控制器,并能控制在所需温度的±5℃范围内的任何通风方式的设备都可采用,但要避免粉末的损失。

建议进行试验的有关各方使用相同的干燥程序,使其对粒度测定的影响相似。

5.5 称重设备

称重设备应具有额定称重 0.1%的灵敏度,并应达到如下的准确度水平:即试样的质量和各个粒级的质量应精确至该试样质量的±0.1%或更高。

6 取样

6.1 粒度样品的采取

6.1.1 粒度样品应按 GB/T 10322.1 的规定采取,可以是大样、副样或份样。

6.1.2 样品应由未做过对其质量和粒度分布有任何形式改变的其他试验或其他目的的矿石组成。

6.1.3 对重复粒度测定,应提供相当个数的粒度样品。

6.1.4 份样或副样可组合成一个粒度样品或新的副样。

6.1.5 如果不要求对全部试样进行筛分,应从粒度样品,或从每个份样或副样中通过缩分采取一个或多个粒度试样。(见 6.2)

6.1.6 只有所有份样或副样的粒度分析综合测定结果才代表该交货批的粒度分布。

6.2 缩分和筛分试样的获得

6.2.1 试样质量

用于筛分的试样质量应大于等于 6.2.2 中规定的最小质量。

6.2.2 最小质量

对一个特定精密度要求的缩分和测定来说(见第 11 条),其所要求的最小质量是一定的,不论用于筛分的试样是通过对大样的缩分直接获得的,还是先对份样或副样进行缩分,然后合并后获得的。

筛分用的最小质量取决于缩分和测定精密度 β_{PM},并应用附录 B 中的公式计算。

所用精密度 β_{PM} 的水平的确定,应满足 GB/T 10322.1—2000 中表 1 所规定的总精密度。

7 程序

7.1 干燥铁矿石的程序

铁矿石应在空气中干燥或按照 5.4 条使用干燥设备干燥。最高温度设置为 105℃,以使实际温度不超过 110℃。

7.2 缩分程序

应单独或联合采用下列样品缩分方法中的一个或多个；每一种方法对特定矿石缩分的适用性参照 GB/T 10322.1 确定。

a) 机械份样缩分；

b) 其它机械缩分方法(例如：机械装料二分器缩分法)；

c) 手工缩分。

7.3 试验筛或套筛的准备和维护程序

筛子的准备应按 ISO 2591-1 的规定进行。使用前，每个筛子的筛面和筛框应除去油脂并清洗干净。清理筛子应特别小心，以免损坏筛面。对筛孔≥500 μm 的筛子，要用软黄铜丝刷子从筛子背面进行清理。对筛孔小于 500 μm 的筛子，最好用超声波清洗。不要用刷子刷筛面。筛框要轻轻拍打，使卡住的颗粒脱落。对细筛，可能需要用温热的软质肥皂液或水溶液清洗。筛子清洗或超声波清理后都要彻底干燥。

7.4 筛分程序

7.4.1 一般原理

应采用下列方法中的一个或多个：

a) 手工放置矿粒过筛(最小筛孔尺寸为 22.4 mm)；

b) 手筛和辅助手筛；

c) 间歇式机械筛分；

d) 湿法筛分；

e) 连续机械筛分。

7.4.2 手工放置矿粒过筛

适用于此方法的最小筛孔尺寸为 22.4 mm。

a) 用手轻轻摇筛子，直到筛分完成。

b) 逐个地检查留在筛子上的矿粒，不施力，通过筛孔的矿粒包括在过筛粒级中。

c) 逐个称重每个粒级。

7.4.3 1 mm～22.4 mm 范围内的手筛和辅助手筛

本程序适用于单个筛或套筛。

a) 安装套筛，筛孔最大的放在顶上。

b) 将物料放在筛孔最大的筛上。

c) 双手握住一个筛子或一套筛子，水平来回移动，每分钟约 60 次，幅度约 70 mm。如果该物料难筛，尤其是粒度为 1 mm～4 mm，在每分钟来回运动中应插入三次圆周运动。也可插入周期性的上下振动。

d) 符合终点规则或完成一个固定的筛分时间，就终止筛分，见 4.8 和 7.6。

e) 逐个称重每个粒级。

另一种用单个筛子的方法实例在图 3 中给出。

7.4.4 小于 1 mm 范围的手筛和辅助手筛

本程序适用于一个筛子或套筛。在该尺寸范围，筛子或套筛应和筛盖和受料盘一起用。

a) 安装套筛，筛孔最大的在顶部，装上受料盘。

b) 把物料装在筛孔最大的筛子里，盖上筛盖。

c) 用一只手拿着筛子或套筛，筛子向下倾角 10°～20°，用另一只手轻拍，每分钟拍约 120 次。每拍打 30 次，把筛子放平，转 90°，用手对筛框重拍一次，也可上下振动一次。如果矿粒难筛或用细筛筛分时，可用软毛刷轻轻清理该筛面的背面，以清除被卡住的颗粒。从该筛下面落下的这些矿粉或颗粒需加到筛下物中去。

d) 符合终点规则或完成一个固定的筛分时间,就终止筛分,见7.6。

e) 逐个称重每个粒级。

7.4.5 机械间歇式筛分

本程序适用于任何粒度尺寸的矿石,可用一个筛子或套筛。筛分机要符合5.2中给出的原则。

a) 安装套筛,筛孔最大的在顶部,受料盘在最下面。

b) 将物料放在顶筛上,盖上筛盖。

c) 把套筛装到机械振筛机上。

d) 符合终点规则或完成一个固定的筛分时间就终止筛分,见7.6。

e) 逐个称重每个粒级。

7.4.6 粗粒和细粒矿石的湿筛程序

适用于干筛的一般操作规则(见7.4.2至7.4.5)也适用于湿筛。

筛分过程应使所有物料都受到充足的低流速、低压力清洁水的冲洗。注意不应使水浸过筛框。应避免水压过高损坏筛面或引起破裂。如果矿石在湿筛前已干燥过,可在筛动之前往样品中加少量的水进行润湿,以减少粉尘损失。

用单个筛子进行手动湿筛时,可把物料浸没在水中进行筛动作为一种代用方法。采用这种方法时,必须执行适当的终点规则,如上面介绍的方法一样,都应小心不使水漫出筛子的框沿。

凡是只用少量样品的筛分,就应采用图3中的方法1。样品可连续通过其底层装有最小筛孔的套筛时受到冲洗。通过较粗的筛子洗下来的悬浮液要直接加到下一层筛子内。如果样品量很大,可按图3所示的方法2,分几次装料。筛完时,各个筛子连同留在筛上的物料要在如同7.1条中所规定的那些条件下进行干燥。

细矿石湿筛的一种可靠程序的流程图如图4所示。

7.4.7 连续机械筛分

由于连续筛分机械种类和构造的多样性,本标准中没有提供规定的程序指导,建议严格遵守制造商的说明书。

7.5 质量测定

7.5.1 一般原则

在所有操作阶段,装料和产品的质量应该用符合5.5规定的设备进行测定,然后记录。这些操作包括干燥、筛分和缩分。

7.5.2 湿筛-冲洗液中所含固体质量的测定

允许采用下列程序:

a) 装料在湿筛前后都进行干燥,两者的质量相减即可算出冲洗中损失的矿石(冲洗液不必收集起来)。

b) 装料在"收货"状态下进行筛分,冲洗液收集起来以便将其中含有的固体提出(用过滤方法或其他有效的方法),干燥并称重。

c) 装料在"收货"状态下进行筛分,冲洗液不收集,但需按ISO 3087得出该装料的含水量,冲洗中损失的矿石质量可按程序a)所述方法得到。

7.6 测定筛分终点程序

7.6.1 用套筛时的程序

a) 把规格筛放在受料盘上,然后按要求把较大筛孔的筛子加上,再盖上筛盖。如果没有规格筛,终点可按筛孔最小的筛子来确定。

b) 将物料放在套筛的顶筛上,筛1 min。

c) 将落入受料盘的铁矿石移出并进行质量测定。如果是湿筛,则在称量前要先脱水和干燥。

d) 将空受料盘重新放回,再继续筛分1 min。

e）测定在第 2 个 1 min 内筛人受料盘的矿石质量。

f）将这种筛分 1 min 并进行筛下物称量的程序继续进行下去；直至在 1 min 穿过该规格筛的矿石质量小于装料量的 0.1％或累计筛分时间达到 30 min 时为止。

g）该规格筛达到终点的筛分时间即为所检验的矿石各粒级的筛分时间。如果在 30 min 内不能达到终点，规定一个时间作为筛分时间。

7.6.2 用单个筛子逐个筛时的程序

a）用配有受料盘和筛盖的单个筛子。

b）将物料放入筛孔最大的筛子上，筛 1 min。将通过该筛子的矿石继续作为下一个筛孔较小的检验筛的物料。在每个筛孔尺寸较小的筛子上逐一筛分 1 min，直至规格筛。这样操作与用套筛筛分相似。

c）把落入受料盘中的矿石取出并称重。如采用湿筛，则该产品要先进行脱水和干燥。

d）将这种一筛接一筛的操作连续进行，直到在 1 min 通过该规格筛的矿石量少于装料量的 0.1％，或累计筛分时间达到 30 min 时为止。

e）达到该规格筛子筛分终点的筛分时间，即为该受检验矿石各粒级的筛分时间。如在 30 min 内达不到终点，规定一个时间作为筛分时间。

8 校验

8.1 一般原则

定期检查设备和程序对确认试验结果是必不可少的。检查应在例行粒度分析开始之前进行，并且之后要以规定间隔进行。检查的频率由每个实验室确定。所有校验活动的详细记录必须保留，并在每份试验报告中提供同样的参考。

8.2 缩分检查

应按照 GB/T 10322.3 中第 6.2 和第 7 条的规定，对检测粒度分析过程中所采用缩分程序的精密度进行测定和计算。对缩分方法的关键参数应进行更频繁的检查。

8.3 筛面检查

一开始就要进行筛面精确性的校验，检验应定期重复，而且每个筛子上都要有一个记录卡。校验也可按 ISO 3310-1 或 ISO 3310-2 中规定的程序进行，另一种方法是将筛子的性能与一个标准筛对比，如果筛面不再符合 ISO 3310-1 或 ISO 3310-2 中规定的公差，应将标签上的标记去掉，筛子报废。

8.4 筛分机的校验

机械筛分操作应按 5.2 所述在一开始就校验，并应按商定的间隔再次校验。象振动频率、幅度和方向这类机械操作参数应进行更频繁的检查。

8.5 称重设备的校验

所有称重设备应用适当的程序以商定的间隔检查。

9 结果

9.1 结果评估

每次筛分后各粒级质量的总和与进料质量相比，对于干筛相差不应大于 1％，对于湿筛相差不应大于 3％。所有增加或减少都应记录在试验报告中。

9.2 结果计算和表述

9.2.1 一批中每个尺寸范围粒度的百分比应按 9.2.2 和 9.2.3 条计算。

9.2.2 当粒度分析是以筛分一个混合粒度样品或从粒度样缩分的试样为基础时，每个粒度的百分比如下式计算，精确到一位小数：

$$\%(\text{粒级}) = 100 \times \frac{\text{粒级的质量}}{\text{试样的质量}}$$

9.2.3 当粒度分析是以筛分几个副样或份样为基础时，应将每个样品各粒级的质量以及每个试样的质量相加，按9.2.2条计算结果。

9.3 结果的重复性和可接受性

9.3.1 当粒度分析过程中包括缩分时，应按照附录C采用下述方法进行评定。

9.3.2 应按照所采用的缩分程序制备4份筛分样。例如在机械缩分中，提取一个选定质量的样品，建议用更好的缩分方法进一步缩分成4个试样。

9.3.3 在4个试样中，首先对两个试样进行粒度分析。如果两个粒度分析的结果之差在9.3.8所述的γ极限值内(参照规定尺寸或其它主要筛孔)，则以这两个样品的粒度分析的平均值作为这个批的决定值。

9.3.4 如果两个粒度分析结果之差不在下述的γ极限值内，但在1.2γ极限值内，应筛分第三个试样。如果这三个粒度分析结果在1.2γ极限值内，则三个样品的粒度分析的平均值就是该批的决定值。

注：如果两个粒度分析结果之差不在下面所述的γ极限值内，第三和第四个试样可按9.3.5进行筛分。

9.3.5 如果这三个粒度分析的极差范围都不在1.2γ极限值内，应筛分第四个试样。或如果前两个粒度分析结果之差不在1.2γ极限值内，应筛分第三和第四个试样。

9.3.6 如果这四个粒度分析结果的极差在1.3γ极限值内，这四个试样的粒度分析的平均值就是该批的决定值。

9.3.7 如果这四个粒度分析结果的极差不在1.3γ极限值内，则这四个试样的粒度分析的中位值就是该批的决定值。

9.3.8 γ值应是规定尺寸或其它指定筛孔尺寸绝对值的2%。

10 试验报告和操作记录

试验报告应包括一个记载所有操作和计算以及设备检查的详细内容的操作记录。包括的项目有：

a) 实验室的名称和地址；

b) 试验操作人员的标记；

c) 试验日期；

d) 样品的标记、状况和形态；

e) 制样细节；

f) 程序细节；

g) 重要观测的试验结果。

报告的格式示例见图5。

11 精密度

11.1 总精密度 β_{SPM}

应满足GB/T 10322.1的规定。

11.2 缩分和测量精密度 β_{PM}

缩分和测量精密度在实际中不大可能分开检测，缩分和测量相结合的精密度β_{PM}大小，取决于矿石类型和筛分所用样品的质量，见第6条。

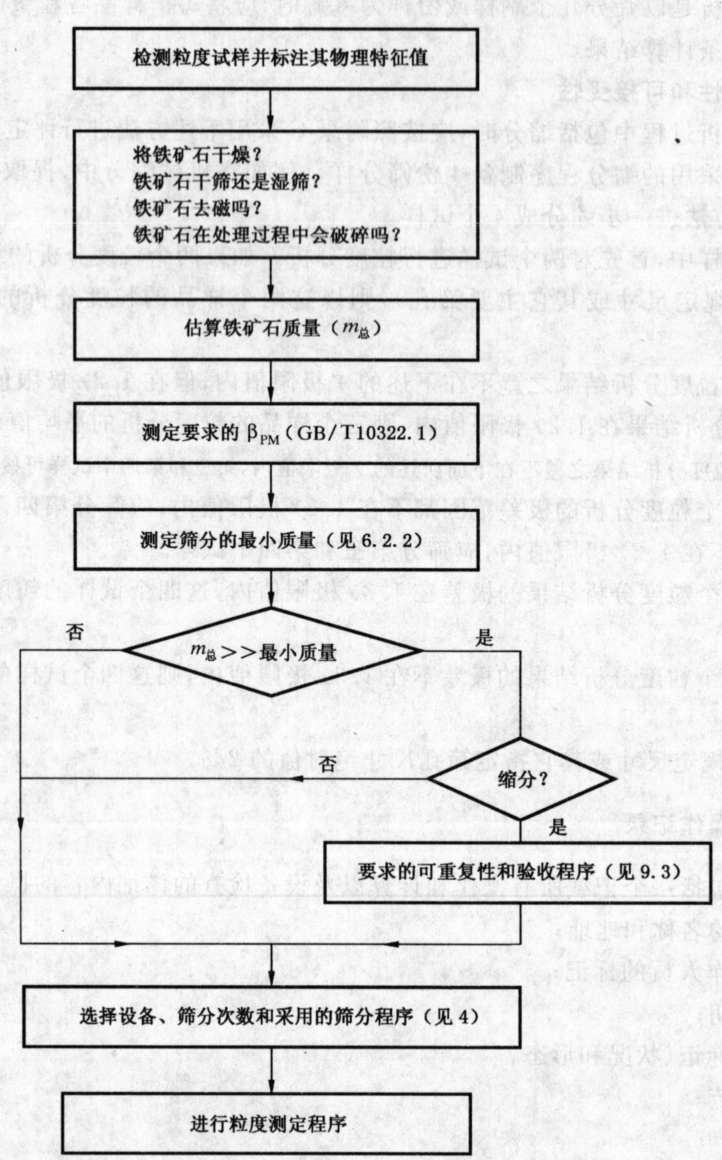

图 1　选择粒度测定程序的典型决策图

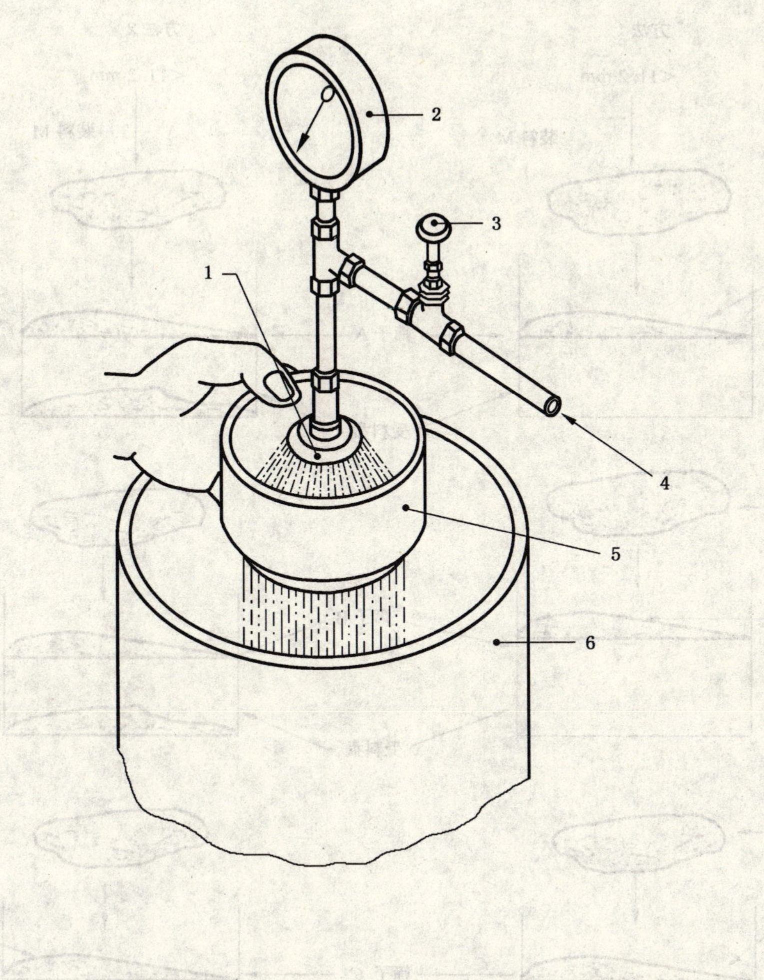

1——喷嘴；

2——水压计；

3——调节阀；

4——储水槽供水；

5——筛子；

6——集水槽。

图 2 湿筛的简单装置

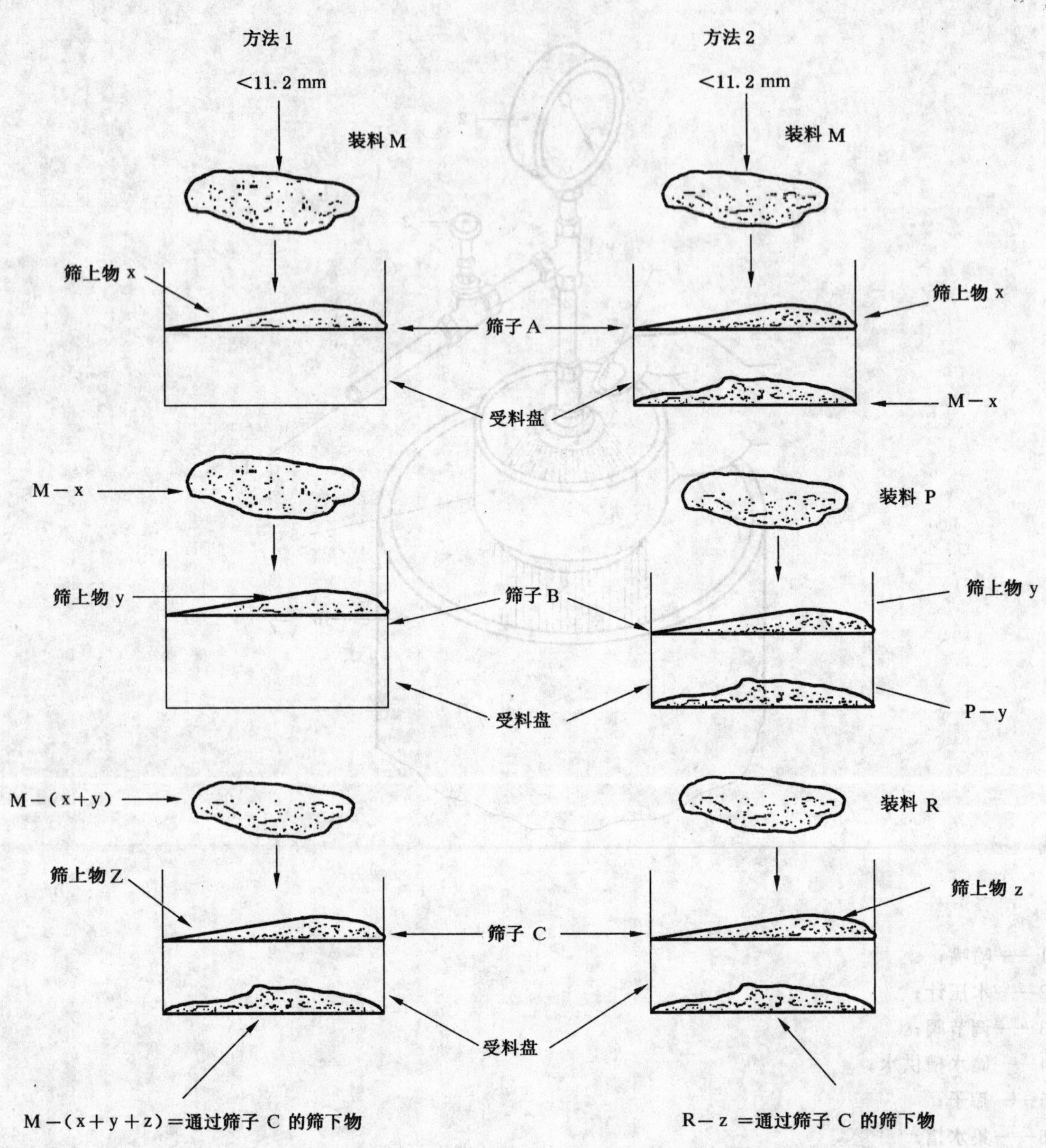

注 1：筛子 A 筛孔最大。

注 2：方法 2 中所示的 M、P、R 重复装料都是经过认真缩分得出的样品。

图 3　适合于 1 mm～11.2 mm 铁矿石进行单个筛子筛分的代用方法

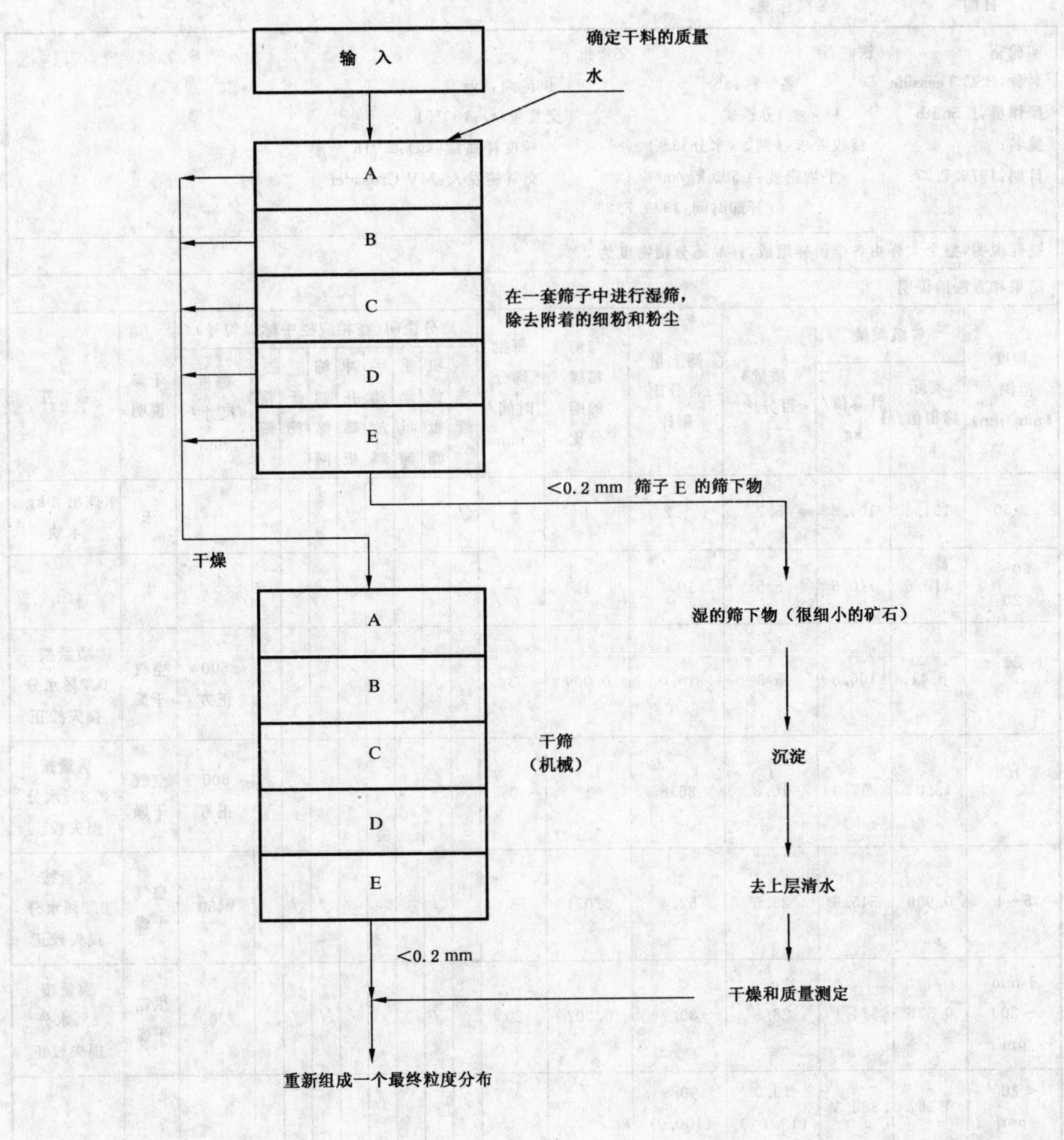

注：如仍需对全部筛下产品（很细小的矿石）作进一步粒度分布的测定，这些筛下产品要进行湿筛，直到从筛下漏出来的水达到目测澄清为止。

图 4　湿筛细矿石（<11.2 mm）的建议程序

日期　　　　　　　　参照标准：

实验室　　　　　　　铁矿石　　　　　　　　　　　交货批
名称：BSC Teesside　　　　名　称：abc　　　　　　　　供应商：xyz
操作员：J. Smith　　　　　种　类：赤铁矿　　　　　　　交货量(t)：100151
签名：　　　　　　　　接收要求：(例如，水分)3%　　　　粒度样品量(kg)：2 016
日期：1979.7.27　　　　平均密度：4 500 kg/m³　　　　交货签发人：MV Crusader
开卸时间：1979.7.23

制样说明：整个大样由各个份样组成，样品缩分精密度为2%。

结果和方法的说明

粒度范围/(mm/μm)	粒级质量		质量百分比	筛上量百分比累计	与前粒级的缩分比	每批筛分时间/min	筛分说明(在相应栏中标以勾号)								筛框尺寸/mm	干燥说明	备　注
	实际筛得值/kg	计算值/kg					连续	机械批筛	手动批筛	手动放料	冲孔筛板	编制筛网	干筛	湿筛			
>50	104.3	104.3	5.2	5.2	1	—	√				√		√		—	未	拣出2 kg木块
50～20	110.6	110.6	5.5	10.7	1	—	√				√		√			未	
20～10	6.41	106.8	5.3	16.0	0.060	3		√			√		√		600正方	空气干燥	质量按0.2%水分损失校正
10～5	13.04	217.3	10.8	26.8	1	3		√			√		√		600正方	空气干燥	质量按0.3%水分损失校正
5～1	0.959	515.6	25.6	52.4	0.031	5		√				√	√		ϕ450	空气干燥	质量按0.2%水分损失校正
1 mm～200 μm	0.536	574.1	28.5	80.9	0.502	20		√				√	√		ϕ300	烘箱干燥	质量按3%水分损失校正
<200 μm	0.357	382.3	19.0 (19.1*)	99.9 (100.0)													
合计		2 011.0	99.9 (100.0)														
		损失3 kg															

* 19.1是用减法算得

图5　铁矿石粒度分布测定报告的推荐表格示例

附 录 A
（规范性附录）
批量筛分完成时，在一个筛子上残留的铁矿石的最大质量（m）

筛孔尺寸/mm	筛分完成时筛子上残留铁矿石的最大质量/kg			
	200 mm 圆筛	300 mm 圆筛	450 mm 圆筛	600 mm×600 mm 方筛
100				38.0
90.0				34.0
80.0				31.0
63.0			11.0	25.0
50.0			9.1	20.7
45.0			8.4	19.0
40.0			7.7	17.4
31.5		2.9	6.4	14.6
25.0		2.4	5.5	12.4
22.4		2.3	5.1	11.6
20.0		2.3	5.0	11.5
16.0		1.8	4.0	9.0
12.5		1.4	3.2	7.0
	g	g		
11.2	600	1300	2.9	6.5
10.0	500	1100	2.6	6.0
8.00	400	900	2.0	4.5
6.30	350	700	1.6	3.5
5.60	300	650	1.4	3.2
4.00	200	450	1.0	2.3
2.80	180	400		
2.00	180	400		
1.40	140	300		
1.00	140	300		
μm				
710	140	300		
500	110	250		
355	90	200		
250	80	180		
180	70	160		
125	60	130		
90	45	100		
63	40	90		
45	35	80		
36	30	70		

注：适用于堆密度为 2 300 kg/m³ 的典型矿石，对于其他密度的矿石其残留量要按比例校正。

附　录　B
（规范性附录）
确定筛分样品最小质量的程序

B.1　公式

当需要对粒度样品（或作为其组成部分的份样或副样）进行缩分时，最终用于筛分的铁矿石样品的最小质量可用公式（B.1）求出。

$$m = \frac{k}{\beta_{PM}^2} \times \frac{\rho}{5\ 000} \qquad \cdots\cdots(B.1)$$

式中：

m——是待筛分的质量，kg；

β_{PM}——是制样要求的精密度，%；

ρ——是铁矿石颗粒平均密度，kg/m³。

k——是特定种类矿石，规格粒度和该规格粒度百分比的特征常数，可以用下式（B.2）求出：

$$k = 2.5 \times 10^{-5} P(100 - P) d^3 (l/d)^{0.5} \qquad \cdots\cdots(B.2)$$

式中：

P——是规格粒度的计算值（见表 B.1）；

d——是粒度样品中的最大粒度，mm（见 ISO 11323:1996 中的 5.4）；

l——是规格筛尺寸，mm（见下列 a）和 b））。

实际使用公式（B.2）时，建议采用表 B.1 中的 P 值。

表 B.1　P 的计算值

规格粒度/%	P 值	$P(100-P)$
0～4.9	5	475
5.0～9.9	10	900
10.0～14.9	15	1 275
15.0～19.9	20	1 600
20.0～24.9	25	1 875
25.0～29.9	30	2 100
30.0～34.9	35	2 275
35.9～40.0	40	2 400

当规格粒度是以“小于”或“大于”某数值来表示时，这个数值就是公式（B.2）中的 l 值。

当规格粒度是由两个筛孔尺寸确定时：

a）　如果规格粒度处于粗粒级内，则两个筛子尺寸中的较小者用作公式（B.2）中的 l 值；

b）　如果规格粒度处于细粒级内，则两个筛子尺寸中的较大者用作公式（B.2）中的 l 值；

对于粉矿（<6.3 mm）而言，用于筛分的样品最小质量应不少于 50 g，即使按公式计算的质量比该值小时也应使用该值。

B.2 计算用于筛分的最小样品质量的实例

实例1

物料种类	烧结料＜10 mm
规格粒度	＞6.3 mm
规格粒度占样品的近似百分比数	8%
该铁矿石颗粒的平均密度	4 800 kg/m³
要求的 β_{PM}	2%

问题:计算用于筛分的最小样品量

1) 确定 l 值:规格粒度为＞6.3 mm。按规定(见上述),l 为 6.3 mm。

2) 确定 P 和 $P(100-P)$ 值:规格粒度的近似值为 8%,按表 B.1,P 值应设为 10,因而 $P(100-P)=900$。

3) 按公式(B.2)计算 k 值:

$$k = 2.5 \times 10^{-5} \times 900 \times 10^{3} \times (6.3/10)^{0.5} = 17.86(\text{mm}^3)$$

4) 按公式(B.1)计算最小值:

$$m = \frac{17.86}{2^2} \times \frac{4\ 800}{5\ 000} = 4.3(\text{kg})$$

实例2

物料种类	分级块矿＜31.5 mm＞6.3 mm
规格粒度	＜10 mm＞6.3 mm
规格粒度占样品的近似百分比数	12%
该铁矿石颗粒的平均密度	4 500 kg/m³
要求的 β_{PM}	2.5%

问题:计算用于筛分的最小样品量

1) 确定 l 值:规格粒度为＜10 mm＋6.3 mm。按规定(见上述),l 为 10 mm。

2) 确定 P 和 $P(100-P)$ 值:规格粒度的近似值为 12%,按表 B.1,P 值应设为 15,因而 $P(100-P)=1\ 275$

3) 按公式(B.2)计算 k 值:

$$k = 2.5 \times 10^{-5} \times 1\ 275 \times (31.5)^{3} \times (10/31.5)^{0.5} = 561.34(\text{mm}^3)$$

4) 按公式(B.1)计算最小质量:

$$m = \frac{561.34}{(2.5)^2} \times \frac{4\ 500}{5\ 000} = 80.8(\text{kg})$$

附　录　C
（规范性附录）
试样分析值接收程序的流程图

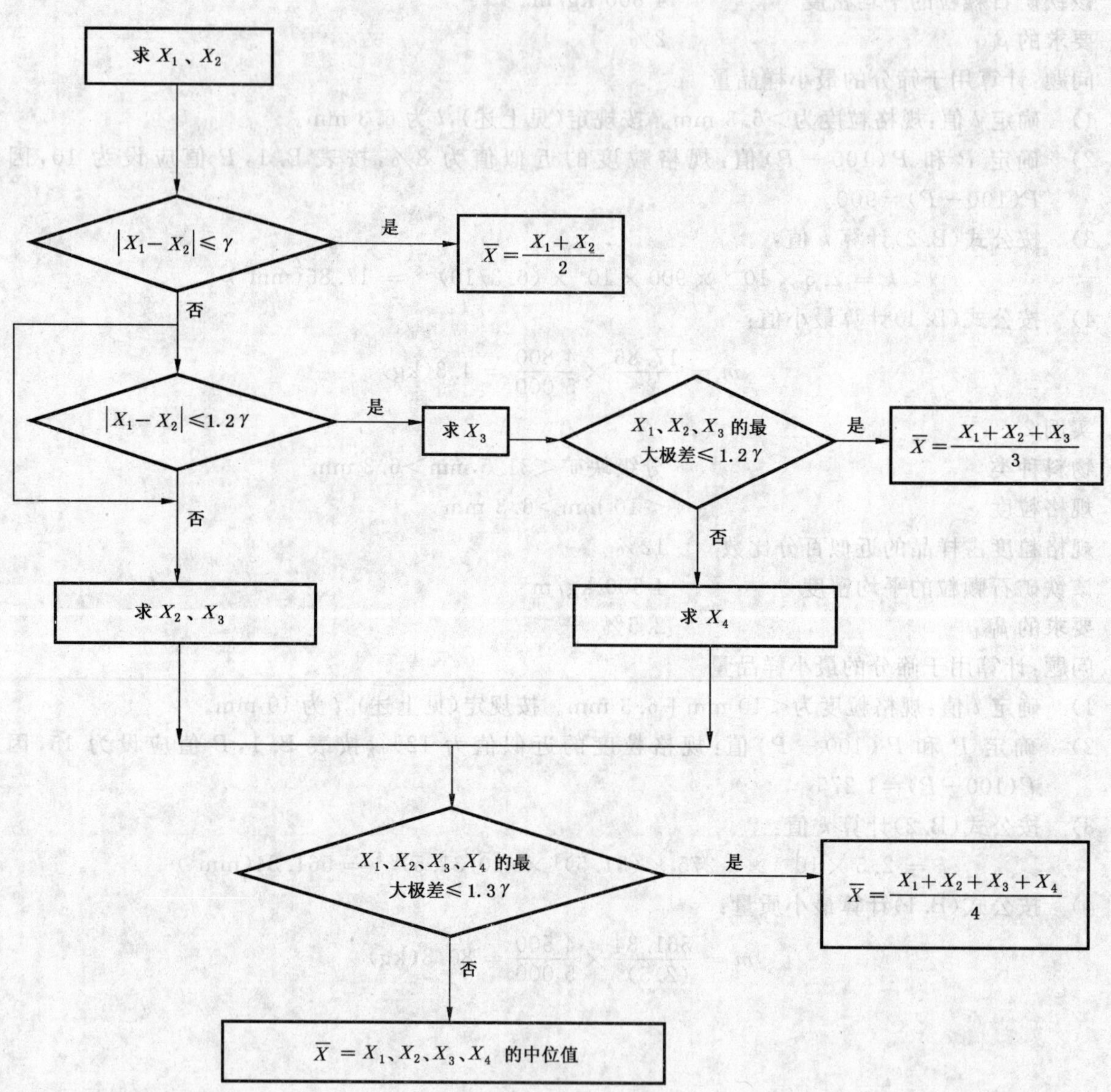

γ：见 9.3.8 的定义。

附　录　D
（资料性附录）
R20 系列的筛孔尺寸（摘自 ISO 565）

mm	mm	μm	μm
125	9.00	900	56
112	8.00	800	50
100	7.10	710	45
90.0	6.30	630	40
80.0	5.80	560	36
71.0	5.00	500	
63.0	4.50	450	
56.0	4.00	400	
50.0	3.55	355	
45.0	3.15	315	
40.0	2.80	280	
35.5	2.50	250	
31.5	2.24	224	
28.0	2.00	200	
25.0	1.80	180	
22.4	1.60	160	
20.0	1.40	150[1)]	
18.0	1.25	125	
16.0	1.12	112	
14.0	1.00	100	
12.5		90	
11.5		80	
10.0		71	
		63	
1)　150 μm 是 R40/3 系列中的。			

附 录 E
(资料性附录)
典型批量筛分装置

批量筛分通常在一个或一套筛子上进行,用于批量筛分的典型装置如图 E.1 所示。

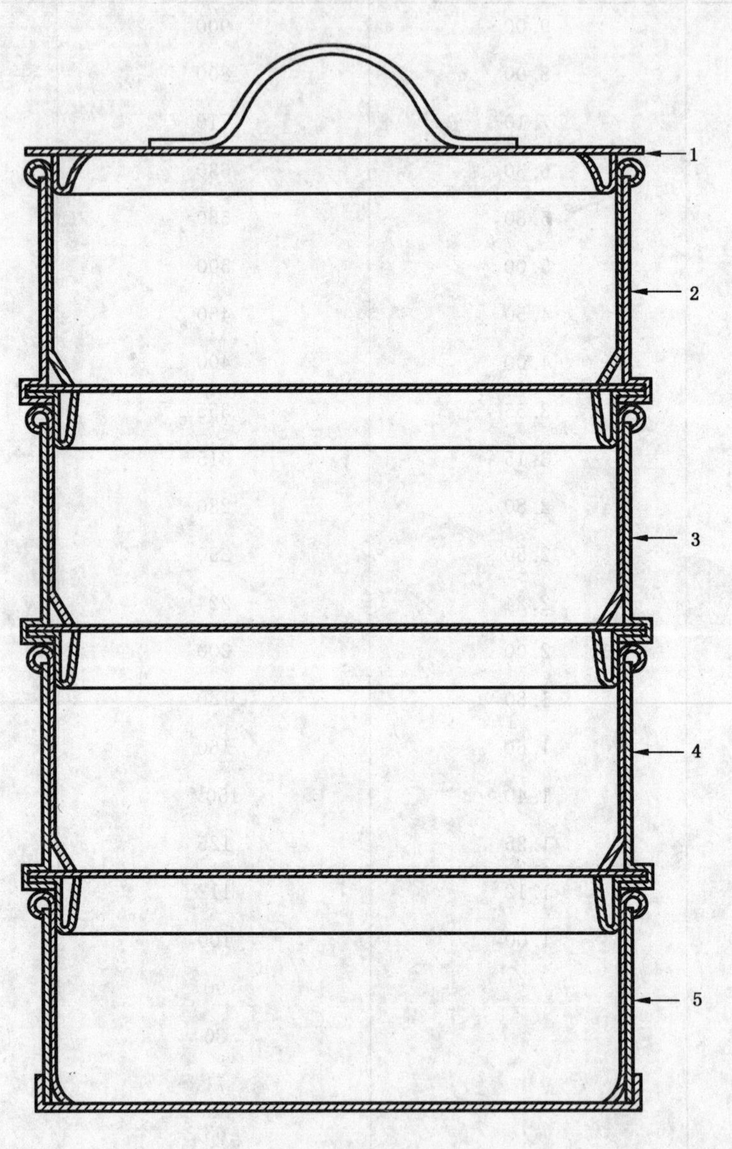

1——盖;
2——最大筛孔的筛子;
3——中等筛孔的筛子;
4——最小筛孔的筛子;
5——受料盘。

图 E.1 典型批量筛分装置图

附 录 F
（资料性附录）
机械筛分机的要求特征

F.1 连续筛分机

筛面的排列示例在图 F.1 至 F.4 中给出。（最粗 A→B→C→D→E 最细）

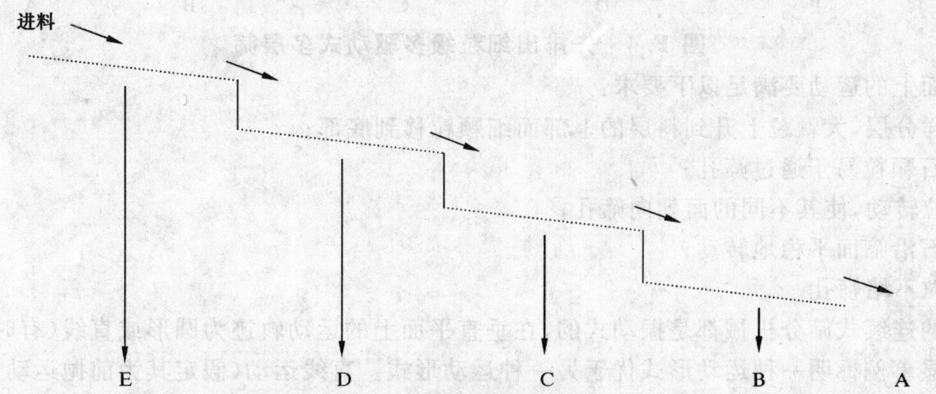

图 F.1 单驱动式单层筛

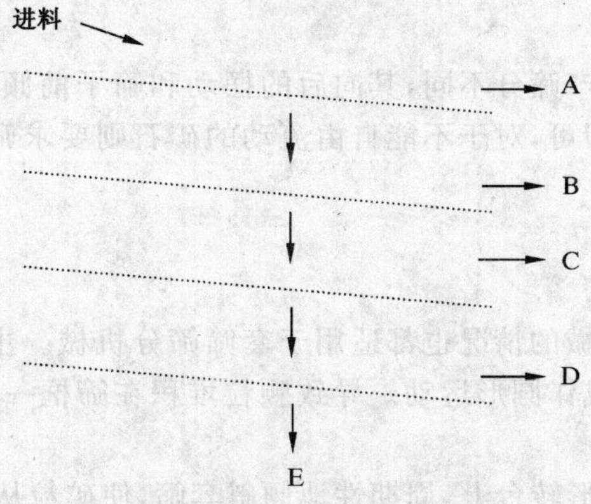

图 F.2 单驱动式多层筛

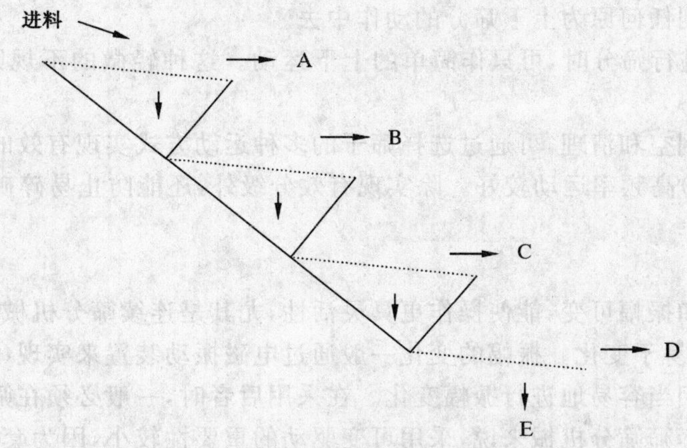

图 F.3 先排出粗粒级多驱动式多层筛

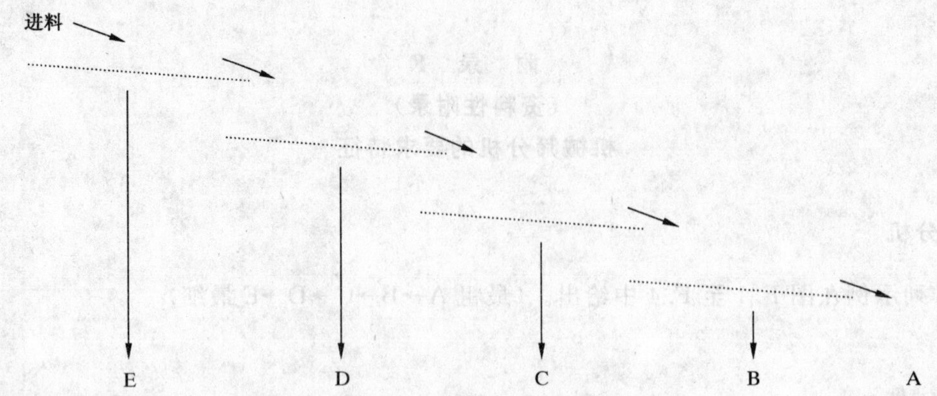

图 F.4 先排出细粒级多驱动式多层筛

传到筛面上的运动要满足以下要求：

a) 矿样分层，大颗粒上升到料层的上部而细颗粒移到底部；

b) 矿石颗粒易于通过筛孔；

c) 颗粒转动，使其不同的面朝向筛孔；

d) 矿石沿筛面平稳地转动；

e) 颗粒不堵筛孔。

最普通的连续式筛分机械都是振动式的，在垂直平面上的运动轨迹为圆形或直线（有时为椭圆形）。

没有明显事例标明一种运动形式优于另一种运动形式。直线运动（假定其为前抛运动）的优点是其筛面不必倾斜安装，可节省空间，物料在筛子上保留的时间也可能较长。

根据实践经验，如出现筛孔堵塞的倾向或尺寸较大（>22.4 mm 筛孔）时，宜增大振幅而不宜提高振动频率。

作圆形运动的检验筛分与生产筛分不同，其向后的摆动和筛子前倾 10°～15°是要保证该矿石适当的流速，只要铁矿石能自由流动即可，对于不能自由流动的矿石则要求筛面采用更大倾斜度，并施加向前的摆动力。

F.2 套筛筛分机械

绝大部分关于连续式筛分机械的情况也都适用于套筛筛分机械。主要的区别是，矿石颗粒逐步通过整个筛面，由一侧移向另一侧或作圆形运动。导致颗粒堆积在筛框一侧的振动是不符合要求的。可能下述两种方法能符合要求：

a) 把套筛装在可旋转的契形转台上，周期性地倾斜套筛，使矿粒从一侧向另一侧运动；

b) 使套筛作旋涡状运动，与手动筛分操作时施加的运动方式相似。

这两种运动可附加到任何原为上下筛分的动作中去。

在小于 4 mm 范围进行筛分时，可只作简单的上下运动。这种轻微的不规则运动就足以使细粒矿石随时通过筛面。

鉴于检验筛频繁地倒空和清理，可通过选择筛子的多种运动方式实现有效的分级，以避免堵塞。因此，采用小振幅（<3 mm）高频率运动较好。除实现有效分级外，还能防止易碎矿石颗粒的破碎。

F.3 可变驱动器

如果驱动器的频率和振幅可变，能使操作更具灵活性，尤其是连续筛分机械。如果运动是通过一个旋转装置来驱动，频率就易于变化。振幅的变化一般通过电磁振动装置来实现（只限于振幅较小的），用不平衡式振动装置也能相当容易地进行振幅变化。在采用后者时，一般必须在筛分机械停止后，借助于机械进行变化。但对于套筛筛分机械来说，采用可变驱动的重要性较小，因为套筛的分级效率通常只要通过延长筛分时间就能提高。

附 录 G
（资料性附录）
附 加 信 息

本附录的附加信息是对本标准正文中某些条款的附加解释说明。

G.1 4.5 干湿筛分的选择

干筛的效率取决于：

a） 筛分的时间

b） 敲动筛子的强度

c） 每分钟敲动的次数(频率)

d） 敲动的方向

e） 震动的幅度

f） 筛面的倾斜度

g） 被筛分的干燥铁矿石的状态

备注：水分不仅能够对个体颗粒、块矿颗粒、整粒矿的分离产生影响，而且能影响装料量的流动和通过筛子的百分率

G.2 4.8.2 筛分终点规则

筛分终点规则不适用于那些易破碎的矿石。在这些例子中，手工放置颗粒过筛经常被使用直到粒级可行为止，定时筛分的时限是人们达成共识的。即使对没有分成等级的矿石，严格的筛分终点规则也许是不可行的，但是根据经验总结的定时筛分是为了更加方便人们的使用。对湿筛方法来说，严格的筛分终点规则经常实施起来有困难，当通过看到从筛下流出的液体变得澄清时，就可以认为定时筛分或筛分已经结束。干筛的困难主要来自于筛孔有被堵塞的趋势。在整个筛分过程中应该始终保持全神贯注，水分含量的变化是可以测定和考虑到的。对于小于 1 mm 尺寸的干颗粒分析，基本上是能够顺利进行的。对大多数的铁矿石来说，表面的含水量对它的特性有负面影响。矿石应该适当的干燥，如有必要的话，将它完全烘干。

G.3 5.1.3 筛面的结构

由于铁矿石的高密度，最好选用冲孔钢板筛面。对于筛孔尺寸 4 mm 或更小的筛面应采用金属丝网筛。建议在任何测试过程中，要避免不加区别的混用冲孔筛和金属丝网筛，以保证测定结果的连续性。

如果采用金属丝网筛。特别是大于 4 mm 的筛子，要考虑以下几种情况：

a） 圆框的筛子不可避免的会出现一些不完整的筛孔。这就增加了本来可以通过筛孔的颗粒可能被锲入这些不完整的筛孔内的可能性。

b） 筛孔的尺寸公差比冲孔筛的大，这会影响结果。

c） 这种筛网易于变形。

采用冲孔筛板时，筛面上的所有不完整的筛孔都要封住。忽略这些堵住的筛孔是允许的，条件是要在该粒级称重前，确认那些留在不完整筛孔内颗粒都无损的取出并正确的分级。

ICS 85.060
Y 32

中华人民共和国国家标准

GB/T 10335.3—2004

涂布纸和纸板　涂布白卡纸

Coated paper and board—Coated ivory board

2004-03-15 发布　　2004-11-01 实施

中华人民共和国国家质量监督检验检疫总局
中国国家标准化管理委员会　发布

前　言

本标准为系列标准，分为如下5个部分：

——GB 10335.1《涂布纸和纸板　涂布美术印刷纸(铜版纸)》(该部分即将发布)；

——GB 10335.2《涂布纸和纸板　轻量涂布纸》(该部分即将发布)；

——GB/T 10335.3—2004《涂布纸和纸板　涂布白卡纸》；

——GB/T 10335.4—2004《涂布纸和纸板　涂布白纸板》；

——GB/T 10335.5《涂布纸和纸板　涂布箱纸板》(该部分正在制定中)。

本部分为该系列标准的第三部分。

本部分是首次制定，本部分为推荐性标准。

本部分的优等品为高档水平，一等品为中档水平，合格品为一般水平。

本部分由中国轻工业联合会提出。

本部分由全国造纸工业标准化技术委员会归口。

本部分主要起草单位：天津轻工业造纸技术研究所、中国制浆造纸研究院。

本部分参加起草单位：苏州紫兴纸业有限公司、金东纸业(江苏)有限公司、山东泉林纸业有限责任公司、山东太阳纸业股份有限公司、山东华泰纸业股份有限公司。

本部分主要起草人：张景彦、侯维玲、曹振雷、陈曦、王华佳、宋川、邱文伦、崔立国。

本部分由全国造纸工业标准化技术委员会负责解释。

涂布纸和纸板　涂布白卡纸

1　范围

GB 10335 的本部分规定了涂布白卡纸的产品分类、技术要求、试验方法、检验规则和标志、包装、运输、贮存等要求。

本部分适用于原纸的面层、底层以漂白木浆为主，中间层加有机械木浆，经单面或双面涂布后，又经压光整饰制成的涂布白卡纸。该产品主要用于印制美术印刷品或印刷后制作高档商品的包装纸盒。

2　规范性引用文件

下列文件中的条款通过 GB 10335 的本部分的引用而成为本部分的条款。凡是注日期的引用文件，其随后所有的修改单(不包括勘误的内容)或修订版均不适用于本部分，然而，鼓励根据本部分达成协议的各方研究是否可使用这些文件的最新版本。凡是不注日期的引用文件，其最新版本适用于本部分。

GB/T 450　纸和纸板试样的采取(GB/T 450—2002,eqv ISO 186:1994)

GB/T 451.1　纸和纸板尺寸及偏斜度的测定

GB/T 451.2　纸和纸板定量的测定(GB/T 451.2—2002,eqv ISO 536:1995)

GB/T 451.3　纸和纸板厚度的测定(GB/T 451.3—2002,idt ISO 534:1988)

GB/T 462　纸和纸板　水分的测定(GB/T 462—2003,ISO 287:1985,MOD)

GB/T 1540　纸和纸板吸水性的测定　可勃法(GB/T 1540—2002,neq ISO 535:1991)

GB/T 1541　纸和纸板尘埃度的测定法

GB/T 2679.3　纸和纸板挺度的测定(GB/T 2679.3—1996,eqv ISO 2493:1992)

GB/T 2679.9　纸和纸板粗糙度测定法(印刷表面法)(GB/T 2679.9—1993,neq ISO 8791-4:1992)

GB/T 2679.15　纸和纸板印刷表面强度的测定(电动加速法)(GB/T 2679.15—1997,eqv ISO 3783:1980)

GB/T 2679.16　纸和纸板印刷表面强度的测定(摆或弹簧加速法)(GB/T 2679.16—1997,eqv ISO 3782:1980)

GB/T 2828.1　计数抽样检验程序　第1部分:按接收质量限(AQL)检索的逐批检验抽样计划(GB/T 2828.1—2003,ISO 2859-1:1999,IDT)

GB/T 7974　纸、纸板和纸浆亮度(白度)的测定　漫射/垂直法(GB/T 7974—2002,neq ISO 2470:1999)

GB/T 7975　纸及纸板　颜色测定法(漫射/垂直法)

GB/T 8941.3　纸和纸板镜面光泽度测定法　75°角测定法

GB/T 10342　纸张的包装和标志

GB/T 10739　纸、纸板和纸浆试样处理和试验的标准大气条件(GB/T 10739—2002,eqv ISO 187:1990)

GB/T 12032　纸和纸板印刷光泽度印样的制备

GB/T 12911　纸和纸板油墨吸收性的测定法

3　产品分类

涂布白卡纸分为单面光和双面光两类，其中单面光又分为背面无涂料(Ⅰ型)和背面有涂料(Ⅱ型)

两种类型。按质量涂布白卡纸分为优等品、一等品和合格品三个等级。

4 技术要求

4.1 涂布白卡纸的技术指标应符合表1的规定。对于单面光纸，除表1中第6和12项考核两面外，第7、8、9、10、11和13项均仅考核光泽面。

表 1

序号	技术指标		单位	规定						
				优等品			一等品		合格品	
				双面光	单面光 Ⅰ型	单面光 Ⅱ型	单面光 Ⅰ型	单面光 Ⅱ型	单面光 Ⅰ型	单面光 Ⅱ型
1	定量		g/m²	170 180 190 200 210 220 230 250 270 280 300 330 350 400 450						
2	定量偏差	≤	%	±3.0			±5.0			
3	横幅定量差	≤	%	3.0			4.0		5.0	
4	厚度偏差	≤	μm	±15			±20		±25	
5	紧度 ≤	<250 g/m²	g/cm³	1.10	0.79	0.80	0.82	0.84	0.84	0.86
		≥250 g/m²		1.00	0.75	0.78	0.80	0.82	0.82	0.84
6	亮度 ≥	正面	%	88.0	88.0	88.0	85.0	85.0	82.0	82.0
		反面		88.0	75.0	80.0	75.0	80.0	70.0	75.0
7	光泽度	≥	%	60	50		45			
8	印刷光泽度	≥	%	90	88		85		80	
9	印刷表面粗糙度	≤	μm	2.00	1.70		2.00		3.00	
10	油墨吸收性		%	15～28						
11	印刷表面强度[a] 中粘油墨	≥	m/s	1.4						
12	吸水性(cobb,60 s) ≤	正面	g/m²	40			50		60	
		反面	g/m²	40	100		100		100	
13	尘埃度 ≤	(0.2～1.0)mm²	个/m²	16	12		20		32	
		>1.0～1.5 mm²		不许有	不许有		不许有		2	
		>1.5 mm²		不许有	不许有		不许有		不许有	
14	交货水分[b]	(170～230)g/m²	%	6.0±1.0						
		>(230～330)g/m²		7.0±1.0						
		>330 g/m²		8.0±1.0						

表 1(续)

技术指标			单位	规定						
				优等品			一等品		合格品	
				双面光	单面光 Ⅰ型	单面光 Ⅱ型	单面光 Ⅰ型	单面光 Ⅱ型	单面光 Ⅰ型	单面光 Ⅱ型
15	横向挺度[a] ≥	170 g/m²	mN·m	0.70	1.30	1.20	1.10	1.00	0.90	0.80
		180 g/m²		0.80	1.50	1.40	1.30	1.20	1.00	0.90
		190 g/m²		0.90	2.00	1.80	1.70	1.50	1.40	1.20
		200 g/m²		1.40	2.30	2.00	1.90	1.70	1.50	1.30
		210 g/m²		1.60	2.80	2.40	2.40	2.10	1.90	1.70
		220 g/m²		1.80	3.20	2.80	2.70	2.40	2.20	1.90
		230 g/m²		2.00	3.70	3.30	3.10	2.80	2.50	2.20
		250 g/m²		2.60	4.60	4.20	3.90	3.50	3.10	2.80
		270 g/m²		3.20	5.60	5.20	4.80	4.20	3.80	3.40
		280 g/m²		3.50	6.40	6.00	5.40	5.00	4.30	4.00
		300 g/m²		4.40	7.50	7.10	6.40	6.00	5.10	4.80
		330 g/m²		5.80	9.50	9.00	8.00	7.50	6.40	6.00
		350 g/m²		7.40	11.0	10.0	9.40	8.50	7.50	6.80
		400 g/m²		10.0	16.0	14.5	13.5	12.0	11.0	10.0
		450 g/m²		14.0	22.0	20.0	19.0	17.0	16.0	14.4

a 用于凹版印刷的产品,可不考核印刷表面强度,挺度指标可降低5%。

b 因地区差异较大,可根据具体情况对水分作适当调整。

4.2 涂布白卡纸为平板纸或卷筒纸,平板纸的尺寸为787 mm×1 092 mm、889 mm×1 194 mm或889 mm×1 294 mm,也可按订货合同生产,尺寸偏差应不超过$^{+3}_{-1}$ mm,偏斜度应不超过3 mm。卷筒纸的卷宽为787 mm或889 mm,也可按订货合同生产,尺寸偏差应不超过$^{+3}_{-1}$ mm,偏斜度应不超过3 mm。卷筒纸的卷宽为787 mm或889 mm,也可按订货合同生产,尺寸偏差应不超过$^{+3}_{-1}$ mm。

4.3 按订货合同可生产其他定量的涂布白卡纸,其挺度指标应按插入法计算;用于特殊用途的涂布白卡纸,其亮度指标可符合订货合同的规定。

4.4 纸面应平整,厚薄应一致。不应有明显翘曲、条痕、褶子、破损、斑点及硬质块等外观缺陷。

4.5 纸面涂层应均匀,不应有掉粉、脱皮及在不受外力作用下的分层现象。

4.6 同批纸的颜色不应有明显差异,同批纸的色差ΔE^*应不大于1.5。

4.7 涂布白卡纸的优等品和一等品不应有印刷光斑。

5 试验方法

5.1 试样的处理和测定应按GB/T 10739进行,标准大气条件为(23±1)℃,(50±2)%r.h。

5.2 尺寸、偏斜度和定量应按GB/T 451.1和GB/T 451.2进行测定,横幅定量差的试样面积应为0.01 m²。裁样时应在一张纸的横向,等距切取5个试样进行测定。横幅定量差$\Delta G(\%)$应按公式(1)进行计算:

$$\Delta G(\%)=\frac{G_{max}-G_{min}}{G}\times 100 \qquad \cdots\cdots(1)$$

式中：

G_{max}——横幅定量的最大值，单位为克(g)；

G_{min}——横幅定量的最小值，单位为克(g)；

G——横幅定量的平均值，单位为克(g)。

5.3 厚度、紧度按 GB/T 451.3 进行测定。

5.4 亮度按 GB/T 7974 进行测定。

5.5 光泽度按 GB/T 8941.3 进行测定。

5.6 印刷光泽度按 GB/T 12032 制备印样，按 GB/T 8941.3 进行测定。

5.7 印刷表面粗糙度按 GB/T 2679.9 的规定，以 981 kPa 的压力、硬垫进行测定。

5.8 油墨吸收性按 GB/T 12911 进行测定。

5.9 印刷表面强度按 GB/T 2679.15 或 GB/T 2679.16 进行测定，无论是低粘油墨还是中粘油墨，只要有一种符合标准则应判为合格。

5.10 横向挺度按 GB/T 2679.3 进行测定。

5.11 吸水性按 GB/T 1540 进行测定。

5.12 尘埃度按 GB/T 1541 进行测定，大于 1.0 mm^2 尘埃按 5 m^2 面积测定。

5.13 交货水分按 GB/T 462 进行测定。

5.14 同批纸色差按 GB/T 7975 进行测定。

5.15 印刷光斑按 GB/T 12032 制备印样，然后目测评价。

6 检验规则

6.1 以一次交货为一批，但不应多于 30 t。

6.2 生产厂应保证所生产的产品符合本部分规定，每件纸交货时应附一份产品质量合格证。

6.3 型式检验为首件检验，应检验表 1 中规定的全部项目。每个月应至少检验一次，当原料、配方或工艺改变时，亦需进行型式检验。首件检验时，若全部项目均合格，则判为首件检验合格。

6.4 出厂检验的项目为表 1 中的第 1、2、3、4、5、6、7、10、11、12、13、14、15 项及外观。

6.5 计数抽样检验程序按 GB/T 2828.1 规定进行，样本单位为件(卷)。接收质量限(AQL)：挺度、印刷光泽度 AQL=4.0，定量、定量偏差、横幅定量差、厚度偏差、紧度、亮度、光泽度、印刷表面粗糙度、油墨吸收性、印刷表面强度、吸水性、尘埃度、交货水分、尺寸、色差、印刷光斑及各项外观指标 AQL=6.5。抽样方案采用正常检验二次抽样方案，检查水平为特殊检查水平 S-2。

表 2

批量/(件/卷)	抽样方案				
	正常检验二次抽样方案 特殊检查水平 S-2				
	样品量	AQL=4.0		AQL=6.5	
		Ac	Re	Ac	Re
2～150	3	0	1	—	—
	2	—	—	0	1
151～280	3	0	1	—	—
	5	—	—	0	2
	5(10)	—	—	1	2

6.6 可接收性的确定：第一次检验的样品数量应等于该方案给出的第一样本量。如果第一样本中发现的不合格品数小于或等于第一接收数，应认为该批是可接收的；如果第一样本中发现的不合格品数大于或等于第一拒收数，应认为该批是不可接收的。如果第一样本中发现的不合格品数介于第一接收数与

第一拒收数之间，应检验由方案给出样本量的第二样本并累计在第一样本和第二样本中发现的不合格品数。如果不合格品累计数小于或等于第二接收数，则判定该批是可接收的；如果不合格品累计数大于或等于第二拒收数，则判定该批是不可接收的。

6.7 需方有权按本部分的规定进行验收检验，检查时应先检查外部包装，然后从中取样进行检验。如果检验结果与标准不符，需方应在到货后三个月内（或按订货合同规定）通知供方共同取样进行复验，如仍不合格，则判为批不合格，由供方负责处理；如合格，则判为批合格，由需方负责处理。

7 标志、包装、运输、贮存

7.1 平板纸按照 GB/T 10342 中木夹板包装的规定进行包装和标志，卷筒纸按照 GB/T 10342 中卷筒纸的包装规定进行包装和标志，第二层包装材料应采用防潮纸或塑料膜等防潮材料。亦可按订货合同的规定进行包装和标志。

7.2 运输时应使用有篷而洁净的运输工具。

7.3 装卸时不应钩吊，不应将纸件从高处扔下。

7.4 纸张应妥善贮存于通风仓库的垫板上，以防受雨雪或地面湿气的影响。

ICS 85.060
Y 32

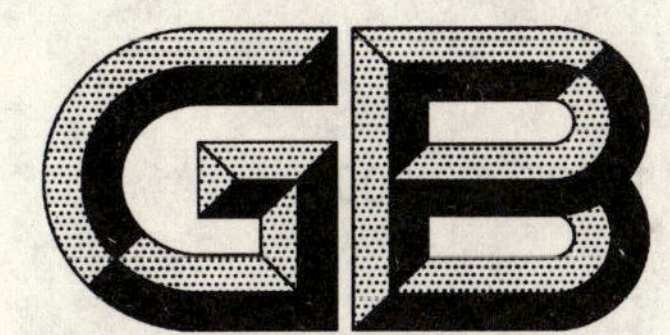

中华人民共和国国家标准

GB/T 10335.4—2004

涂布纸和纸板 涂布白纸板

Coated paper and board—Coated folding board

2004-03-15 发布　　2004-11-01 实施

中华人民共和国国家质量监督检验检疫总局
中国国家标准化管理委员会　发布

前　言

本标准为系列标准，分为如下 5 个部分：

——GB 10335.1 《涂布纸和纸板　涂布美术印刷纸(铜版纸)》(该部分即将发布)；

——GB 10335.2 《涂布纸和纸板　轻量涂布纸》(该部分即将发布)；

——GB/T 10335.3—2004 《涂布纸和纸板　涂布白卡纸》；

——GB/T 10335.4—2004 《涂布纸和纸板　涂布白纸板》；

——GB/T 10335.5 《涂布纸和纸板　涂布箱纸板》(该部分正在制定中)。

本部分为该系列标准的第四部分。

本部分的优等品为高档水平，一等品为中档水平，合格品为一般水平。

本部分主要技术指标较原标准有明显提高。

本部分由中国轻工业联合会提出。

本部分由全国造纸工业标准化技术委员会归口。

本部分主要起草单位：天津轻工业造纸技术研究所、中国制浆造纸研究院。

本部分参加起草单位：苏州紫兴纸业有限公司、金东纸业(江苏)有限公司、山东泉林纸业有限责任公司、山东太阳纸业股份有限公司、山东华泰纸业股份有限公司。

本部分主要起草人：张景彦、侯维玲、曹振雷、陈曦、王华佳、宋川、邱文伦、崔立国。

本部分由全国造纸工业标准化技术委员会负责解释。

涂布纸和纸板　涂布白纸板

1　范围

GB 10335 的本部分规定了涂布白纸板的产品分类、技术要求、试验方法、检验规则和标志、包装、运输、贮存等要求。

本部分适用于原纸面层为漂白纸浆，经单面涂布后，压光整饰制成的涂布白纸板。该产品在单面彩色印刷后，用于制作包装纸盒。

2　规范性引用文件

下列文件中的条款通过 GB 10335 的本部分的引用而成为本部分的条款。凡是注日期的引用文件，其随后所有的修改单(不包括勘误的内容)或修订版均不适用于本部分，然而，鼓励根据本部分达成协议的各方研究是否可使用这些文件的最新版本。凡是不注日期的引用文件，其最新版本适用于本部分。

GB/T 450　纸和纸板试样的采取(GB/T 450—2002,eqv ISO 186:1994)

GB/T 451.1　纸和纸板尺寸及偏斜度的测定

GB/T 451.2　纸和纸板定量的测定(GB/T 451.2—2002,eqv ISO 536:1995)

GB/T 451.3　纸和纸板厚度的测定(GB/T 451.3—2002,idt ISO 534:1988)

GB/T 456　纸和纸板平滑度的测定(别克法)(GB/T 456—2002,idt ISO 5627:1995)

GB/T 462　纸和纸板　水分的测定(GB/T 462—2003,ISO 287:1985,MOD)

GB/T 1540　纸和纸板吸水性的测定　可勃法(GB/T 1540—2002,neq ISO 535:1991)

GB/T 1541　纸和纸板尘埃度的测定法

GB/T 2679.3　纸和纸板挺度的测定(GB/T 2679.3—1996,eqv ISO 2493:1992)

GB/T 2679.9　纸和纸板粗糙度测定法(印刷表面法)(GB/T 2679.9—1993,neq ISO 8791-4:1992)

GB/T 2679.15　纸和纸板印刷表面强度的测定(电动加速法)(GB/T 2679.15—1997,eqv ISO 3783:1980)

GB/T 2679.16　纸和纸板印刷表面强度的测定(摆或弹簧加速法)(GB/T 2679.16—1997,eqv ISO 3782:1980)

GB/T 2828.1　计数抽样检验程序　第1部分:按接收质量限(AQL)检索的逐批检验抽样计划(GB/T 2828.1—2003,ISO 2859-1:1999,IDT)

GB/T 7974　纸、纸板和纸浆亮度(白度)的测定　漫射/垂直法(GB/T 7974—2002,neq ISO 2470:1999)

GB/T 7975　纸及纸板　颜色测定法(漫射/垂直法)

GB/T 8941.3　纸和纸板镜面光泽度测定法　75°角测定法

GB/T 10342　纸张的包装和标志

GB/T 10739　纸、纸板和纸浆试样处理和试验的标准大气条件(GB/T 10739—2002,eqv ISO 187:1990)

GB/T 12032　纸和纸板印刷光泽度印样的制备

GB/T 12911　纸和纸板油墨吸收性的测定法

3 产品分类

涂布白纸板可分为白底和灰底两大类，其质量可分为优等品、一等品和合格品三个等级。

4 技术要求

4.1 涂布白纸板的技术指标应符合表1的规定，表中第6、7、8、9、10及13项均为对涂布面的规定。

表 1

技术指标				单位	规定					
					优等品		一等品		合格品	
					白底	灰底	白底	灰底	白底	灰底
1	定量			g/m²	200 220 250 300 350 400 450 500					
2	定量偏差	≤		%	+5.0，−3.0					
3	横幅定量差	≤		%	3.0		4.0		5.0	
4	紧度	≤	≤300 g/m²	g/cm³	0.88	0.85	0.90	0.87	—	—
			>300 g/m²		0.85	0.82	0.87	0.84	—	—
5	亮度	≥	正面	%	80.0	80.0	78.0	78.0	75.0	75.0
			反面		70.0	—	70.0	—	70.0	—
6	印刷表面粗糙度[a]	≤		μm	2.50	2.00	3.00	2.60	4.00	
7	平滑度[a]	≥		s	70	150	50	80	30	50
8	印刷光泽度	≥		%	88		80		60	
9	油墨吸收性			%	15～28					
10	印刷表面强度[b]	≥	中粘油墨	m/s	1.40		1.20		0.80	
			低粘油墨		4.00		3.80		2.50	
11	吸水性(cobb,60 s)	≤	正面	g/m²	50		50		50	
			反面		120		120		120	
12	横向挺度[b]	≥	200 g/m²	mN·m	1.80	2.00	1.60	1.80	1.50	
			220 g/m²		2.20	2.50	1.80	2.00	1.70	
			250 g/m²		2.90	3.00	2.30	2.50	2.00	
			300 g/m²		4.80	5.20	4.10	4.50	3.40	
			350 g/m²		7.00	7.60	6.20	6.70	5.00	
			400 g/m²		9.60	10.6	8.70	9.40	7.00	
			450 g/m²		12.5	14.5	10.0	12.0	9.00	
			500 g/m²		17.0	19.0	14.0	16.0	12.0	
13	尘埃度	≤	0.2 mm²～1.0 mm²	个/m²	12		20		40	
			>1.0 mm²～2.0 mm²		不许有		2		4	
			>2.0 mm²		不许有		不许有		不许有	

表 1（续）

<table>
<tr><td colspan="3" rowspan="3">技 术 指 标</td><td rowspan="3">单位</td><td colspan="6">规 定</td></tr>
<tr><td colspan="2">优等品</td><td colspan="2">一等品</td><td colspan="2">合格品</td></tr>
<tr><td>白底</td><td>灰底</td><td>白底</td><td>灰底</td><td>白底</td><td>灰底</td></tr>
<tr><td rowspan="2">14</td><td rowspan="2">交货水分[c]</td><td>≤300 g/m²</td><td rowspan="2">%</td><td colspan="6">7.5±1.5</td></tr>
<tr><td>>300 g/m²</td><td colspan="6">8.5±1.5</td></tr>
<tr><td colspan="10">注
a 仲裁时将印刷表面粗糙度作为考核项目，平滑度可不考核。
b 用于凹版印刷的产品，可不考核印刷表面强度，挺度指标可降低 5%。
c 因地区差异较大，可根据具体情况对水分作适当调整。</td></tr>
</table>

4.2 涂布白纸板为平板纸或卷筒纸，平板纸尺寸为 787 mm×1 092 mm、889 mm×1 194 mm 或 889 mm×1 294 mm，也可按订货合同生产，其尺寸偏差应不超过$^{+3}_{-1}$mm，偏斜度应不超过 3 mm。卷筒纸的卷宽为 787 mm 或 869 mm，也可按订货合同生产，其尺寸偏差应不超过$^{+3}_{-1}$mm。

4.3 按订货合同可生产其他定量的涂布白纸板，其挺度指标应按插入法计算。

4.4 纸面应平整，厚薄应一致。不应有明显翘曲、条痕、褶子、破损、斑点、硬质块等外观缺陷。

4.5 纸面涂层应均匀，不应有掉粉、脱皮及在不受外力作用下的分层现象。

4.6 同批纸的颜色不应有明显差异，即同批纸色差 ΔE^* 应不大于 1.5。

4.7 涂布白纸板的优等品和一等品不应有印刷光斑。

5 试验方法

5.1 试样的处理和测试应按 GB/T 10739 进行，标准大气条件为(23±1)℃，(50±2)%r.h.

5.2 尺寸、偏斜度和定量应按 GB/T 451.1 和 GB/T 451.2 进行测定，横幅定量差的试样面积为 0.01 m²。裁样时应在一张纸的横向，等距切取 5 个试样进行测定。横幅定量差 $\Delta G(\%)$ 应按公式(1)进行计算：

$$\Delta G(\%) = \frac{G_{max} - G_{min}}{G} \times 100 \qquad \cdots\cdots(1)$$

式中：

G_{max}——横幅定量的最大值，单位为克(g)；

G_{min}——横幅定量的最小值，单位为克(g)；

G——横幅定量的平均值，单位为克(g)。

5.3 厚度、紧度按 GB/T 451.3 的规定测试。

5.4 亮度按 GB/T 7974 进行测定。

5.5 印刷光泽度按 GB/T 12032 制备印样，按 GB/T 8941.3 进行测定。

5.6 印刷表面粗糙度按 GB/T 2679.9 的规定，以 981 kPa 的压力、硬垫进行测定。平滑度按 GB/T 456进行测定。

5.7 油墨吸收性按 GB/T 12911 进行测定。

5.8 印刷表面强度按 GB/T 2679.15 或 GB/T 2679.16 进行测定，无论是低粘油墨还是中粘油墨，只要有一种符合标准则判为合格。

5.9 横向挺度按 GB/T 2679.3 进行测定。

5.10 吸水性按 GB/T 1540 进行测定。

5.11 尘埃度按 GB/T 1541 进行测定，大于 1.0 mm² 尘埃按 5 m² 面积测定。

5.12 交货水分按 GB/T 462 进行测定。

5.13 同批纸色差按 GB/T 7975 进行测定。

5.14 印刷光斑按 GB/T 12033 制备印样，然后目测评价。

6 检验规则

6.1 以一次交货为一批，但不应多于 30 t。

6.2 生产厂应保证所生产的产品符合本部分规定，每件纸交货时应附一份产品质量合格证。

6.3 型式检验为首件检验，应检验表 1 中规定的全部项目，每个月应至少检验一次，当原料、配方或工艺改变时亦需进行型式检验。首件检验时，若全部项目均合格，则判为首件检验合格。

6.4 出厂检验项目为表 1 中的第 1、2、3、4、5、6、7、9、11、12、13、14 项及外观。

6.5 计数抽样检验程序按 GB/T 2828.1 规定进行，样本单位为件(卷)。接收质量限(AQL)：挺度、印刷光泽度 AQL＝4.0，定量、定量偏差、横幅定量差、紧度、亮度、印刷表面粗糙度、平滑度、油墨吸收性、印刷表面强度、吸水性、横向挺度、尘埃度、交货水分、尺寸、色差、印刷光斑及各项外观指标 AQL＝6.5。抽样方案采用正常检验二次抽样方案，检查水平为特殊检查水平 S-2。

表 2

批量/(件/卷)	抽样方案				
	正常检验二次抽样方案　特殊检查水平 S-2				
	样品量	AQL＝4.0		AQL＝6.5	
		Ac	Re	Ac	Re
2～150	3	0	1	—	—
	2	—	—	0	1
151～280	3	0	1	—	—
	5	—	—	1	2
	5(10)	—	—	1	2

6.6 可接收性的确定：第一次检验的样品数量应等于该方案给出的第一样本量。如果第一样本中发现的不合格品数小于或等于第一接收数，应认为该批是可接收的；如果第一样本中发现的不合格品数大于或等于第一拒收数，应认为该批是不可接收的。如果第一样本中发现的不合格品数介于第一接收数与第一拒收数之间，应检验由方案给出样本量的第二样本并累计在第一样本和第二样本中发现的不合格品数。如果不合格品累计数小于或等于第二接收数，则判定该批是可接收的；如果不合格品累计数大于或等于第二拒收数，则判定该批是不可接收的。

6.7 需方有权按本部分的规定进行验收检验，检验时应先检查外部包装，然后从中取样进行检验，如果检验结果与标准不符，需方应在到货后三个月内(或按订货合同规定)通知供方共同取样进行复验，如仍不合格，则判为批不合格，由供方负责处理；如合格，则判为批合格，由需方负责处理。

7 标志、包装、运输、贮存

7.1 按照 GB/T 10342 中木夹板包装的规定进行包装和标志，卷筒纸按照 GB/T 10342 中卷筒纸的包装规定进行包装和标志，第二层包装材料应采用防潮纸或塑料膜等防潮材料。亦可按订货合同的规定进行包装和标志。

7.2 运输时应使用有篷而洁净的运输工具。

7.3 装卸时不许钩吊，不许将纸件从高处扔下。

7.4 纸张应妥善贮存于通风仓库的垫板上，以防受雨雪或地面湿气的影响。

ICS 71.120.30
G 93

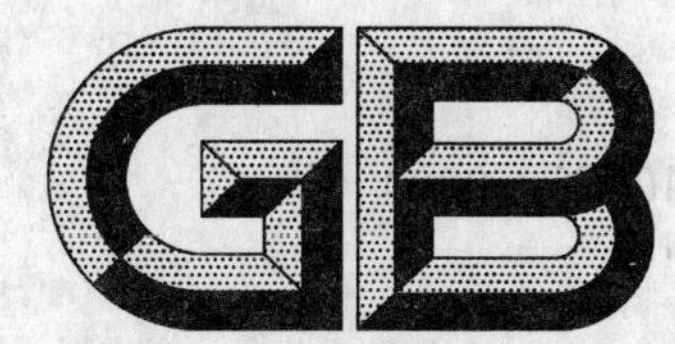

中华人民共和国国家标准

GB/T 10476—2004
代替 GB 10476—1989

尿素高压冷凝器技术条件

Specifications for urea high pressure condenser

2004-06-09 发布　　2004-12-01 实施

中华人民共和国国家质量监督检验检疫总局
中国国家标准化管理委员会　发布

前言

本标准与 GB 10476—1989 相比主要进行了下列变动：

——增加了高压管箱主要受压锻件的级别要求及管板超声检测的特殊要求；

——增加了尿素级不锈钢材料的力学性能及晶间腐蚀倾向试验的取样数量要求；

——修改了尿素级不锈钢材料复验时，其晶间腐蚀倾向试验的取样数量；

——增加了尿素级不锈钢材料的标记要求；

——修改了空气试验要求。

本标准自实施之日起，代替 GB 10476—1989《尿素高压冷凝器技术条件》。

本标准由中国石油和化学工业协会提出。

本标准由化学工业机械设备标准化技术委员会归口。

本标准起草单位：大连冰山集团金州重型机器有限公司。

本标准主要起草人：王金环、于辉。

参加本标准编制的人员有：刘静、王永斌、于义枫。

本标准所代替标准的历次版本发布情况为：GB 10476—1989。

尿素高压冷凝器技术条件

1 范围

本标准规定了尿素装置中尿素高压冷凝器的材料、制造、检验及验收等要求。

本标准适用于壳程设计压力不大于 1.26 MPa、管程设计压力不大于 16.2 MPa、设计温度不高于200℃的超低碳尿素级奥氏体不锈钢(以下简称尿素级不锈钢)衬里结构的尿素高压冷凝器(以下简称冷凝器)。

2 规范性引用文件

下列文件中的条款通过本标准的引用而成为本标准的条款。凡是注日期的引用文件,其随后所有的修改单(不包括勘误的内容)或修订版均不适用于本标准,然而,鼓励根据本标准达成协议的各方研究是否可使用这些文件的最新版本。凡是不注日期的引用文件,其最新版本适用于本标准。

GB 150 钢制压力容器

GB 151 管壳式换热器

GB/T 1220 不锈钢棒

GB/T 4237 不锈钢热轧钢板

GB 6654 压力容器用钢板

GB/T 8923 涂装前钢材表面锈蚀等级和除锈等级

GB/T 14976 流体输送用不锈钢无缝钢管

HG/T 2806 奥氏体不锈钢压力容器制造管理细则

HG/T 3172 尿素高压设备制造检验方法 尿素级超低碳铬镍钼奥氏体不锈钢晶间腐蚀倾向试验的试样制取

HG/T 3173 尿素高压设备制造检验方法 尿素级超低碳铬镍钼奥氏体不锈钢晶间腐蚀倾向试验

HG/T 3174 尿素高压设备制造检验方法 尿素级超低碳铬镍钼奥氏体不锈钢的选择性腐蚀检查和金相检查

HG/T 3175 尿素高压设备制造检验方法 不锈钢带极自动堆焊层的超声检测

HG/T 3176 尿素高压设备制造检验方法 尿素高压设备氨渗漏试验方法

HG/T 3178 尿素高压设备耐腐蚀不锈钢管子 管板的焊接工艺评定和焊工技能评定

HG/T 3179 尿素高压设备堆焊工艺评定和焊工技能评定

HG/T 3180 尿素高压设备衬里板及内件的焊接工艺评定和焊工技能评定

JB 4708 钢制压力容器焊接工艺评定

JB/T 4711 压力容器涂敷与运输包装

JB 4726 压力容器用碳素钢和低合金钢锻件

JB 4730 压力容器无损检测

JB 4744 钢制压力容器产品焊接试板的力学性能试验

YB/T 5148 金属平均晶粒度测定法

《压力容器安全技术监察规程》

《锅炉压力容器压力管道焊工考试与管理规则》

3 术语和定义

下列术语和定义适用于本标准。

3.1

材料试验报告 material test report

“材料试验报告”是指原材料制造厂、钢厂或铸锻厂的试验报告。此报告应阐明材料是符合哪一种标准、材料的炉号、批号或熔炼号、热处理号(如果有的话)、化学成分和/或耐腐蚀性能数据、力学性能及无损检测的结果。

3.2

合格证 certificate

“合格证”是指钢厂、铸锻厂、材料制造厂或设备制造厂签发的一种书面文件(或由卖方同意的这项工作或数据记录),用于说明其化学成分和力学性能以及热处理符合特定的标准,如符合 GB 150、GB 6654、本技术条件或有关工程标准的要求。

3.3

焊接工艺规程 welding specifications

“焊接工艺规程”是指设备制造厂根据焊接工艺评定报告(PQR)和焊接工艺指导书(WPS)编制的直接为焊工阅读使用的焊接工艺卡(WPC),内容包括焊接参数、焊接材料规格、焊接顺序、焊后热处理(PWHT)、无损检测(NDE)等要求。

3.4

回火色 tempered colour

“回火色”是指奥氏体不锈钢加热到 600℃～650℃左右的颜色,一般呈暗金黄色或暗灰色,可能造成晶间腐蚀。打磨时局部过热会出现这种颜色。

3.5

尿素级奥氏体不锈钢 urea grade austenitic stainless steel

本标准所提到的“尿素级奥氏体不锈钢”是指超低碳铬镍钼奥氏体不锈钢的化学成分和金相组织除符合相关标准要求外,还应符合下列条件:

a) 铁素体形成元素(Cr、Mo、Si)和奥氏体形成元素(Ni、C、N、Mn)的配比应使不锈钢固溶处理后形成全奥氏体组织;

b) 对 00Cr17Ni14Mo2(尿素级)奥氏体不锈钢,要求 Cr≥17%、Ni≥13%、Mo≥2.2%、N≤0.22%;

c) 铁素体含量不超过 0.6%;

d) 应按 HG/T 3172、HG/T 3173、HG/T 3174 标准进行取样和试验,其结果应符合本标准的规定。

4 要求

4.1 基本要求

尿素高压冷凝器的设计、制造、检验及验收除应符合本标准规定外,还应符合 GB 150、GB 151 及图样的要求。

4.2 材料

受压元件材料和与腐蚀介质接触的材料(均包括焊接材料)应符合有关的标准及图样规定,且应有钢厂出具的试验报告和合格证。

4.2.1 低合金钢

4.2.1.1 用于制造封头的钢板应是细晶粒钢，晶粒度按 YB/T 5148 检测不低于 6 级；钢板还应按 JB 4730逐张进行超声检测，Ⅱ级合格，且应保证设计温度下的屈服强度。

4.2.1.2 用于制造管板、管箱筒体、人孔凸缘、人孔盖及人孔法兰的锻件，应符合 JB 4726Ⅳ级要求，且应保证设计温度下的屈服强度，屈强比不得大于 0.8。对于管板的超声检测还应符合下述要求：

a) 锻件粗加工后，管板任一端面 0～150 mm 深度范围内为重要区。该区域的检测起始灵敏度为 ϕ3 当量直径，缺陷等级要求如下：单个缺陷，Ⅲ级；底波降底量，Ⅲ级；密集区缺陷，Ⅰ级。

b) 非重要区域的检测起始灵敏度为 ϕ4 当量直径，缺陷等级要求如下：单个缺陷，Ⅲ级；底波降底量，Ⅲ级；密集区缺陷，Ⅱ级。且每个区域面积不应超过 30 cm^2，各区域的间距不小于 120 mm。

4.2.1.3 所有低合金钢焊接接头，常温下抗拉强度不得大于 720 MPa，材料焊接以后任何部位的硬度不得大于 HB 280。

4.2.2 **尿素级不锈钢**

4.2.2.1 设备中与腐蚀介质接触的衬里、密封环、管子、接管(包括螺纹接头)、内件等零部件应根据设计要求分别选用 00Cr17Ni14Mo2(尿素级)或 00Cr25Ni22Mo2 尿素级不锈钢材料。

4.2.2.2 尿素级不锈钢材料的化学成分见表 1，力学性能见表 2。

表 1

材料	化学成分/(%)								
	C	Cr	Ni	Mo	N	Mn	Si	S	P
00Cr17Ni14Mo2(尿素级)	≤0.030	17.00～18.50	13.00～15.00	2.20～3.00	≤0.22	≤2.00	≤1.00	≤0.030	≤0.040
00Cr25Ni22Mo2	≤0.020	24.50～25.50	21.00～23.00	1.90～2.30	0.10～0.16	≤2.00	≤0.40	≤0.015	≤0.020

表 2

材料	常温力学性能			高温力学性能
	σ_b/MPa	$\sigma_{0.2}$/MPa	δ_5/(%)	$\sigma_{0.2}^{200℃}$/MPa
00Cr17Ni14Mo2(尿素级)	490～690	≥190	≥40	≥137
00Cr25Ni22Mo2	≥530	≥255	≥30	≥173(板) ≥193(管)

4.2.2.3 用于尿素级不锈钢焊接的焊条、焊丝、焊带和焊剂，其熔敷金属的化学成分应符合表 3 的规定。

表 3

材料	化学成分/(%)								
	C	Cr	Ni	Mo	N	Mn	Si	S	P
00Cr17Ni14Mo2(尿素级)	≤0.045	≥17.00	≥14.00	2.20～3.00	≤0.20	≥3.00	≤1.00	≤0.020	≤0.030
00Cr25Ni22Mo2	≤0.040	≥24.00	≥21.00	1.90～2.70	≤0.20	≥3.00	≤0.50	≤0.020	≤0.030

4.2.2.4 金相组织和铁素体测定

尿素级不锈钢材料(包括熔敷金属)，金相组织在焊后或最终热处理后应为单一奥氏体相，不应存在连续网状碳化物和 σ 相。铁素体含量不得大于 0.6%。

4.2.2.5 晶间腐蚀倾向试验

尿素级不锈钢材料(包括熔敷金属)的晶间腐蚀倾向试验的试样应符合 HG/T 3172 的规定，取样数量按表 4。晶间腐蚀倾向试验方法应符合 HG/T 3173 的规定。其五个沸腾周期(每个沸腾周期为 48 h)的平均腐蚀速率 R 应符合下列规定：

a) 00Cr17Ni14Mo2(尿素级)：$R \leqslant 3.3\ \mu m/48\ h$；

b) 00Cr25Ni22Mo2：$R \leqslant 1.0\ \mu m/48\ h$。

熔敷金属能否接受或判废的标准按表 4 规定。

表 4

<table>
<tr><th rowspan="2">材料种类</th><th colspan="2">钢厂取样</th><th rowspan="2">设备制造厂取样</th></tr>
<tr><th>00Cr17Ni14Mo2(尿素级)</th><th>00Cr25Ni22Mo2</th></tr>
<tr><td>衬里板</td><td colspan="2">每张板一个试样</td><td rowspan="6">见表 7</td></tr>
<tr><td>内件板</td><td colspan="2">每一炉号，每一热处理号，每一厚度的 10 张板中一个试样</td></tr>
<tr><td>换热管</td><td>每一炉号，每一热处理号，每 50 根换热管取一个试样</td><td>每一炉号，每一热处理号，每 100 根换热管取一个试样</td></tr>
<tr><td>接管(包括螺纹接头)</td><td colspan="2">每根管子取一个试样</td></tr>
<tr><td>棒</td><td colspan="2">每根棒取一个试样</td></tr>
<tr><td>空心棒和锻件</td><td colspan="2">每一根空心棒和每一件锻件取一个试样</td></tr>
</table>

4.2.2.6 选择性腐蚀检查和金相检查

4.2.2.6.1 经晶间腐蚀倾向试验后的下列试样应按 HG/T 3174 进行选择性腐蚀检查(选择性腐蚀检查的试样应取自晶间腐蚀试样在放大十倍的显微镜下显示出腐蚀最严重的横截面上)：

a) 衬里板、换热管；

b) 晶间腐蚀试验时，第四或第五周期的 R 值超过第三或第四周期中较低值的 50% 的试样；

c) 所有熔敷金属；

d) 除 b)外的晶间腐蚀倾向试样，应对其 10% 且每个炉号、每个热处理号、每一种规格最少一个试样进行选择性腐蚀检查。

选择性腐蚀深度按表 5 规定。

表 5

单位为微米

材料种类	选择性腐蚀深度	
	00Cr17Ni14Mo2(尿素级)	00Cr25Ni22Mo2
熔敷金属	≤200	≤70
其余所有耐腐蚀材料及焊接热影响区	垂直于轧制或锻造方向≤70，平行于轧制或锻造方向≤200	所有方向≤70
注：对熔敷金属，选择性腐蚀深度是决定其能否使用的决定性因素。		

4.2.2.6.2 经晶间腐蚀倾向试验、选择性腐蚀检查后的所有试样均应按 HG/T 3174 进行金相检查，其金相组织应符合 4.2.2.4 的规定。

4.2.2.7 换热管

a) 换热管应选用整根冷拔无缝管，换热管的外径及壁厚偏差应符合 GB/T 14976 规定；

b) 换热管应逐根进行超声检测，符合 JB 4730 Ⅰ级；

c) 换热管应逐根进行水压试验，试验压力及保压时间应符合 GB/T 14976 规定，试验用水应有水质合格证，其氯离子含量不得大于 25 mg/L。

4.2.2.8　管材、板材和棒材

4.2.2.8.1　管材、板材和棒材的表面质量、尺寸及允许偏差应分别符合 GB/T 14976、GB/T 4237、GB/T 1220的规定；

4.2.2.8.2　对 DN≥50 的管材和棒材，应逐根进行超声检测，符合 JB 4730 Ⅰ级。

4.2.2.9　标记

尿素级不锈钢材料的标记按表 6。

表 6

单位为毫米

材料类型		完整的标记	制造厂标记材料型号等	炉号、批号、板号	标记位置
		墨水[a]	墨水[a]	硬冲[b]	
管子		√	—	—	每端至少 300 内应没有标记
板	厚度≥5	√	—	√	介质侧的一个部位上
	厚度＜5	√	—	√	介质侧的一个部位上
棒材、锻件		√	—	√	介质侧的一个部位上

[a] 防水墨水或油漆不应含金属颜料、氯化物和硫。

[b] 应使用应力最小的圆头，虚线硬印。

4.2.3　材料复验

4.2.3.1　低合金钢材料的复验按《压力容器安全技术监察规程》的规定。

4.2.3.2　尿素级不锈钢材料复验应符合下列规定：

a)　按炉号复验其化学成分；

b)　逐件测定铁素体含量；

c)　同一炉号、同一规格、同一热处理炉号的材料，应抽样按 4.2.2.5 进行晶间腐蚀倾向试验。两个或两个以上试样不能取自同一件材料。试样的制取应符合 HG/T 3172 的规定，取样数量按表 7；

d)　按 4.2.2.6 规定进行选择性腐蚀检查和金相检查；

e)　逐件检查尺寸及表面质量、材料标记；

f)　换热管按其数量 10%进行超声检测(若发现问题，可视情况再扩大抽检比例)；

g)　换热管应按其数量 10%进行水压试验。

表 7

材料类别	00Cr17Ni14Mo2(尿素级)		00Cr25Ni22Mo2	
	材料总数/件	取样数量/个	材料总数/件	取样数量/个
板材	＞5	每 5 件取一个试样，剩余不足 5 件取一个试样	＞5	每 5 件取一个试样，剩余不足 5 件取一个试样
	≤5	2	≤5	2
棒材、锻件	＞5	每 5 件取一个试样，剩余不足 5 件取一个试样	＞10	每 10 件取一个试样，剩余不足 10 件取一个试样
	≤5	2	≤10	2
管材	＞50	每 50 件取一个试样，剩余不足 50 件取一个试样	＞200	每 200 根取一个试样，剩余不足 200 根取一个试样
	≤50	2	≤200	2

4.2.3.3 尿素级不锈钢焊接材料复验应符合下列规定：

a) 焊条及自动焊焊丝、焊带应按炉号复验其熔敷金属的化学成分，按批号复验其熔敷金属的铁素体含量、晶间腐蚀、选择性腐蚀和金相组织；

b) 氩弧焊的焊丝，按炉号复验其化学成分，按批号复验其铁素体含量、晶间腐蚀、选择性腐蚀和金相组织。

4.2.4 标记移植

尿素级不锈钢材料在制造过程中的标记移植按表 6 规定。

4.3 制造

4.3.1 一般规定

4.3.1.1 低合金钢受压元件坡口允许采用火焰切割，火焰切割坡口表面应将熔渣清除干净。对于标准抗拉强度下限值 $\sigma_b \geqslant 490$ MPa 高压部位的钢材，经机加工或火焰切割的坡口表面应进行磁粉或渗透检测，坡口表面不得有裂纹、分层、夹渣等缺陷。

4.3.1.2 尿素级不锈钢的制作除符合以下规定外，还应符合 HG/T 2806 的规定。

4.3.1.2.1 不锈钢件焊接坡口应采用机械加工，若采用等离子切割时，应将过热区清除干净，坡口表面打磨光滑。对尿素级不锈钢坡口还应进行铁素体测定和液体渗透检测。

4.3.1.2.2 用于打磨不锈钢表面的砂轮片应为纯氧化物材料或橡胶、尼龙掺合氧化铝。打磨过非奥氏体不锈钢的砂轮片不得用于打磨不锈钢。

4.3.1.2.3 应加强对不锈钢件在制造和运转过程中的保护，防止磕碰划伤。如有影响耐腐蚀性能的缺陷时应修磨，修磨部位应圆滑过渡，修磨范围的斜度至少为 1：3，修磨深度不得超过规定厚度的负偏差。

4.3.1.2.4 打磨不锈钢表面不允许出现回火色，直接与腐蚀介质接触的材料表面，经打磨后还应进行抛光处理。

4.3.2 封头

4.3.2.1 封头应尽量采用整板冲压成型。当钢板需要拼接时，对接接头的错边量应不大于 2 mm。拼接接头的内表面以及影响成形质量的外表面，在成形前应打磨与母材平齐。

4.3.2.2 若采用分瓣封头，应用样板检查瓣片的曲率，任何部位的间隙不得大于 2.5 mm。当瓣片弦长大于或等于 2 m 时，样板弦长不小于 2 m；当瓣片弦长小于 2 m 时，样板弦长不得小于瓣片弦长。分瓣封头组合的对接接头对口错边量应不大于 10％板厚，且不大于 3 mm。当分瓣封头板厚超过 80 mm 时，对接接头对口错边量不大于 5 mm。分瓣封头对接接头形成的棱角应不大于 7 mm。

4.3.2.3 整体冲压封头或分瓣组焊封头热处理后，内径允许偏差为公称内径的±0.25％，最大内径与最小内径差值不得大于公称内径的 0.5％且不大于 6 mm。

4.3.2.4 封头在松衬或堆焊前，内表面应经机加工或打磨光滑，不允许有影响衬里或堆焊质量的缺陷存在。其局部凹凸量应符合以下规定：

a) 采用衬里结构时应不大于 1.0 mm；

b) 采用堆焊结构时应不大于 1.5 mm。

4.3.3 管板

4.3.3.1 管板堆焊耐蚀层后，平面度公差值不大于 4 mm。

4.3.3.2 管孔加工后孔桥宽度、管孔直径及偏差按 GB 151 Ⅰ级规定，管孔与管板的端面垂直度公差不得大于管板厚度的 0.5/1000。

4.3.3.3 管板的管孔坡口应彻底清除毛刺，并用 5～10 倍放大镜逐孔检查，可疑处进行渗透检测，无缺陷为合格。

4.3.4 筒体、衬里

4.3.4.1 低压部位筒体的制造要求应符合 GB 151 的规定。

4.3.4.2 衬里筒节应尽量采用整板制作。如确需拼板，则拼板的数量不得超过一块。衬里筒节对接接头的对口错边量应小于衬里厚度的10%，接头处形成的棱角不大于1 mm。筒节的直线度允许偏差不得大于筒节长度的1/1000。筒节有效长度范围内任何两处周长偏差不得大于2 mm。衬里外表面纵向接头应打磨平滑。

4.3.5 组装

4.3.5.1 换热管与管板连接

4.3.5.1.1 换热管的管端及管板应清理干净，不得有金属屑、油污、锈蚀等影响焊接质量的缺陷。

4.3.5.1.2 换热管与管板连接应采用强度焊，不允许胀接，可在上管板端采用不填丝氩弧焊进行定位焊。

4.3.5.1.3 换热管与管板的焊接推荐采用手工钨极氩弧焊焊两遍，起弧/收弧位置应错开，每遍均填丝，且管内应充有氩气保护。

4.3.5.1.4 换热管突出上管板的管端应在同一平面上，上端管口齐平，平面度偏差±1 mm。

4.3.5.2 换热管与管板连接的操作和检验按下列程序：

a) 焊接上管板的第一层焊缝(对应端为自由端)；

b) 焊接下管板的第一层焊缝；

c) 用压缩空气进行气密性试验；

d) 焊接上下管板的第二层焊缝；

e) 焊缝的目测检查、渗透检测、铁素体测量；

f) 壳程水压试验；

g) 氨渗漏试验；

h) 焊接接头渗透检测。

4.3.5.3 衬里组装

4.3.5.3.1 衬里所有对接接头经检查合格，衬里内外表面经彻底清洗后才能装入低合金钢部件内。

4.3.5.3.2 管箱筒体衬里与低合金钢之间的最大间隙不得大于1 mm，封头衬里与低合金钢之间的最大间隙不得大于1.5 mm，人孔凸缘衬里与低合金钢之间的最大间隙不得大于0.5 mm。

4.3.6 焊接

4.3.6.1 焊工

4.3.6.1.1 焊接产品的焊工及焊接操作者，应持有符合《锅炉压力容器压力管道焊工考试与管理规则》要求的合格证。

4.3.6.1.2 焊接尿素级材料的焊工及焊接操作者，除符合4.3.6.1.1要求外，还应按HG/T 3178、HG/T 3179、HG/T 3180进行焊工技能评定。

4.3.6.2 焊接工艺评定

受压件焊接接头、衬里焊接接头、内件焊接接头、管子与管板连接焊接接头及尿素级不锈钢材料手工和带极堆焊，均应进行焊接工艺评定。

4.3.6.2.1 受压件焊接接头的焊接工艺评定应符合JB 4708；

4.3.6.2.2 衬里板及内件焊接接头的焊接工艺评定按HG/T 3180；

4.3.6.2.3 管子与管板连接接头的焊接工艺评定按HG/T 3178；

4.3.6.2.4 尿素级不锈钢材料手工和带极堆焊的焊接工艺评定按HG/T 3179。

4.3.6.3 焊接工艺规程

所有焊接接头施焊前，应根据图样和技术要求以及评定合格的焊接工艺，制定焊接工艺规程。焊工施焊应严格遵守焊接工艺规程。

4.3.6.4 焊接操作

4.3.6.4.1 所有与腐蚀介质接触的尿素级不锈钢焊接接头，应连续焊、全焊透，焊接应采用小电流快速焊接的线状焊道，其层间温度一般不高于150℃。与腐蚀介质接触的焊接接头表面应最后焊接，且与母材圆滑过渡并尽量保持焊态。

4.3.6.4.2 大面积堆焊尽量采用带极堆焊。带极堆焊的焊道应排列成条形或同心圆，同心圆焊道的首尾搭接点应在同一半径线上。耐腐蚀层的焊道应和过渡层的焊道平行，耐腐蚀层的焊道搭接熔合线应和过渡层搭接熔合线错开。当采用手工堆焊时，焊道应排成条形或同心圆，同一焊层的收弧点应为一斜线或者在同一半径线上，相邻焊道搭接应不小于二分之一焊道宽度；应使焊道处于平焊位置焊接，不允许采用横焊、立焊及仰焊工艺；

4.3.6.4.3 尿素级不锈钢的手工堆焊不少于三层（一层为过渡层，其余为耐蚀层），带极堆焊应不少于两层（一层为过渡层，其余为耐蚀层）。手工或带极堆焊耐蚀层厚度（从表面最低点量起）衬里部分不得小于3 mm，密封面部分经加工后不得小于6 mm。

4.3.6.5 焊接接头返修

尿素级不锈钢焊接接头进行返修时，应由焊接技术人员制定返修方案。只能用机械加工或打磨的方法除去缺陷。同一部位的返修次数不宜超过二次，超过二次的返修应经制造单位技术总负责人批准。返修部位、次数、缺陷性质和无损检测结果应记入质量证明书。

4.3.6.6 焊接接头标记

对尿素级不锈钢焊接接头，应做现场施焊记录。施焊后，焊工应及时在焊接接头附近规定部位作焊工标记，标记按表6要求，不允许打焊工钢印。

4.3.7 热处理

4.3.7.1 凡不锈钢内件或衬里零部件有下列情况之一者，应进行热处理：

a) 不锈钢堆焊衬里，一般应在过渡层堆焊后、耐蚀层堆焊前，进行消除应力热处理；

b) 冷成形变形率超过15%的不锈钢零部件，应作提高耐腐蚀性能的固溶热处理；

c) 不锈钢零部件热成形后，应作提高耐腐蚀性能的固溶热处理。

4.3.7.2 消除应力热处理温度按表8规定。

表8

堆焊不锈钢过渡层材质	消除应力热处理温度/℃
00Cr17Ni14Mo2（尿素级）	510±10
00Cr25Ni22Mo2	560±10

4.3.7.3 不锈钢零部件不允许进行局部热处理或两次以上的整体固溶热处理。

4.3.7.4 不锈钢零部件被加热前，应清除油脂、油漆等污物。凡与不锈钢加热件接触的工具应用不锈钢制作。直接与已被加热的不锈钢件接触的工具需要预热。

4.3.7.5 以油为燃料进行炉内热处理时，油中的含硫量不得大于2%。

4.3.7.6 固溶热处理应带有热处理试板，并应同炉进行热处理。

4.3.7.7 不锈钢零部件经热处理后，应进行酸洗钝化处理。

4.3.7.8 高压部位所有低合金钢焊接接头应进行消除焊接应力热处理。热处理时，与其相邻的尿素级材料耐蚀层的温度不得超过表8规定。

4.3.8 产品试板

4.3.8.1 焊接试板

4.3.8.1.1 产品下述部位需带一块焊接试板：

a) 低压壳体纵向对接接头；

b) 衬里筒体的纵向对接接头；

c) 球形封头接板的对接接头；

d）封头分瓣的经向对接接头；

e）封头衬里拼接接头；

f）膨胀节纵向焊接接头；

g）首次制造的产品，其产品的管箱筒体与管板、管箱筒体与封头的环向焊接接头。

4.3.8.1.2 焊接试板按下列要求：

a）试板的材料应与制造设备所用的材料具有相同牌号、相同规格并经相同热处理；

b）试板应由施焊容器的焊工，按照相应焊接接头的焊接工艺焊接。试板应打上焊工的钢印；

c）纵向焊接接头试板应在筒节纵向接头的延长部分与筒节同时施焊，环向焊接接头试板应按相应焊接接头的焊接工艺规程进行施焊；

d）有热处理要求的焊接接头，试板应与工件一起进行热处理；

e）试板应经外观检查和无损检测，外观检查质量和无损检测评定标准与所代表的部件相同；

f）试板的尺寸、试样的截取及数量应符合 JB 4744 的规定；对尿素级不锈钢晶间腐蚀倾向试验试样的截取应符合 HG/T 3172 的规定；

g）高压部位的低合金钢焊接试板的检验项目除符合 JB 4744 的规定外，还应在接头中心、熔合线、热影响区进行硬度检查。对 4.3.8.1.1 中 c)、d)的试板还应做设计温度下的屈服强度试验；

h）尿素级不锈钢焊接试板的检验项目，除符合 JB 4744 的规定外，还应按 4.2.2 进行铁素体测定、化学成分分析、金相检查、晶间腐蚀倾向试验和选择性腐蚀试验。

4.3.8.2 母材试板

4.3.8.2.1 球封头(包括球瓣片)热冲压时应带有母材试板，并与热冲压工件同炉加热。检验项目除按《压力容器安全技术监察规程》的规定外，还应做设计温度下的屈服强度检验和材料的晶粒度检查。

4.3.8.2.2 凡需经热处理达到耐腐蚀性能的尿素级不锈钢零部件，每一炉(批)号至少带一块热处理试板。试板随产品同炉热处理，经酸洗后检验项目除按《压力容器安全技术监察规程》的规定外，还应按 4.2.2 做铁素体测定、晶间腐蚀倾向试验、选择性腐蚀检查及金相检查。

5 检验和试验

5.1 焊接接头的外观质量检查

所有焊接接头均应做外观质量检查，检查标准除按 GB 150 规定外，对尿素级不锈钢焊接接头还应符合下述要求。

5.1.1 焊接接头(包括堆焊耐蚀层)表面不得有裂纹、气孔、弧坑、夹渣、未焊透和咬边等缺陷，对于直径小于 0.5 mm 的气孔、夹渣及深度小于 0.5 mm 的咬边，允许打磨圆滑过渡，打磨后的厚度不得小于规定的厚度。

5.1.2 换热管与管板焊接接头不得存在咬边、夹钨、夹渣、裂纹、气孔和收弧缺陷，管端及管端内壁不得烧穿、焊塌和过热。

5.2 无损检测

5.2.1 射线检测按表 9 规定。

5.2.2 超声检测按表 10 规定。

5.2.3 渗透检测按表 11 规定。

5.2.4 磁粉检测按表 12 规定。

5.3 铁素体检测

与腐蚀介质接触的所有管子、衬里、内件的每条焊道表面(包括堆焊表面)应用经校正并经认可的铁素体测定仪进行测定，任何部位的铁素体含量均不得超过 0.6%，且应接近焊接工艺评定时测定的铁素体含量。

表 9

序号	检测部位	JB 4730 AB级	
		检测比例/(%)	合格等级
1	低压壳体纵环向焊接接头	100	Ⅱ级
2	上管板与低压壳体焊接接头		
3	管板与管箱筒体焊接接头		
4	封头与管箱筒体焊接接头		
5	人孔凸缘与封头焊接接头		
6	不锈钢衬里对接焊接接头		Ⅰ级
7	波形膨胀节与壳体焊接接头		Ⅱ级
8	波形膨胀节纵向焊接接头(压形前)		Ⅰ级
9	密封镶环对接接头		Ⅰ级
10	封头拼接接头		Ⅱ级

表 10

序号	检测部位	检测比例(%)	合格等级	检测标准
1	管板与管箱筒体焊接接头	100	Ⅰ	JB 4730
2	封头与管箱筒体焊接接头			
3	人孔凸缘与封头焊接接头			
4	下管板与低压壳体焊接接头			
5	与高压部位相焊的接管加强凸缘接头[a]			
6	封头拼接接头			
7	带极堆焊过渡层、耐蚀层交接面		HG/T 3175	

[a] 仅对可以实施超声检测的接头。

表 11

序号	检测部位	JB 4730 Ⅰ级	
		检测比例/(%)	备注
1	尿素级不锈钢堆焊过渡层表面	100	热处理前后
2	衬里焊接接头、堆焊耐蚀层表面		水压试验前后
3	管子与管板最终焊接接头表面		
4	波形膨胀节焊接接头表面		水压试验前后
5	膨胀节与壳体环向焊接接头表面		水压试验前后
6	所有尿素级不锈钢内件的焊接接头表面		
7	经加工后的尿素级不锈钢密封表面		
8	尿素级不锈钢接管与高压部位焊接接头		
9	不锈钢盖板与高压部位焊接接头		
10	管板的管孔焊接坡口		用放大镜检查可疑处

表 12

序号	检测部位	JB 4730　Ⅰ级	
		检测比例/(%)	备注
1	标准抗拉强度下限值 $\sigma_b \geqslant 490$ MPa 的高压部位低合金钢受压元件坡口表面	100	
2	高压部位所有低合金钢受压元件焊接接头表面		热处理前后、水压试验后（仅外表面）
3	吊耳与封头或管箱筒体焊接接头表面		热处理前后
4	封头成形后外表面 200 mm 宽（十字交叉带）		
5	临时附件铲磨后的表面		
6	高压螺栓		水压试验前后
7	接管与低压壳体焊接接头表面		水压试验前后

5.4　硬度检测

高压部位所有低合金钢的对接接头热处理后进行硬度检测（硬度值≤280HB）。

5.5　尺寸检查

所有尺寸都应进行检查。尺寸检验报告至少应包括下列内容：

a)　外形尺寸；

b)　接管位置尺寸；

c)　支座位置尺寸和螺孔中心距；

d)　堆焊层厚度；

e)　衬里板厚度；

f)　换热管的排列（包括管孔、孔间距、垂直度）；

g)　上、下管板平行度、扭曲度；

h)　管子伸出管板高度；

i)　内件尺寸；

j)　加工后镶环的密封面；

k)　衬里贴紧度。

5.6　表面处理

5.6.1　设备的管箱内不锈钢表面应进行彻底清理，不应存在墨水标记、脏物、污物。根据不锈钢表面状况可进行整体或局部酸洗钝化处理，处理后用氯离子含量小于 25 mg/L 的清洗剂清洗，直至 pH 试纸检查呈中性。

5.6.2　设备的外表面应按 GB/T 8923 进行喷砂除锈，等级应达到 Sa $2\frac{1}{2}$ 级。喷砂后涂红丹醇酸底漆二层，每层厚 40 μm。漆膜应均匀，不得有气泡、龟裂、剥落等缺陷。

5.6.3　壳程膨胀节保护罩应锁紧，螺栓上紧前下部接触面应涂二硫化钼。

5.6.4　螺栓、螺母、密封面等精加工表面应涂医用凡士林。

5.7　压力试验

5.7.1　高压管箱、低压壳体应分别进行水压试验，试验压力按图纸要求，保压时间应不少于 1 h。

5.7.2　壳程试压用水氯离子含量不得大于 1 mg/L，其余部分试压用水氯离子含量不得大于 25 mg/L，并要有水质合格证明书。

5.7.3　试验用水温度至少为 15℃。

5.8　空气试验和氨泄漏试验

5.8.1　管子与管板的第一层焊缝，进行空气加中性肥皂液鼓泡试验，试验压力 0.05 MPa(表压)，保压时间不少于 1 h。

5.8.2　管子与管板的最终焊缝，在水压试验后按 HG/T 3176 中 B 法进行氨渗漏试验。

5.8.3　衬里、衬环焊缝，在水压试验后按 HG/T 3176 中 A 法进行氨渗漏试验。

5.8.4　高压接管护板焊缝在水压试验前进行空气试验，试验压力为 0.5 MPa(表压)。

6　包装、贮存和运输

6.1　设备的包装、贮存和运输应符合 JB/T 4711 规定。

6.2　设备竣工后贮存运输期间，管程、壳程应充 3×10^{-2} MPa(表压)的氮气进行保护。

6.3　设备竣工后至设备安装检漏管和保温层施工前期间应将所有检漏孔、通气孔堵上，以防湿气进入。

7　出厂文件

出厂文件至少应包括：

a)　经检验机构签发的产品合格证明书；

b)　质量证明书；

c)　竣工图(总图)；

d)　螺栓上紧程序。

其中，质量证明书应包括如下附件：

a)　承压部件材料和不锈钢材料合格证及材料复验报告(包括焊接材料)；

b)　全部检验报告(包括产品返修报告)；

c)　热处理报告；

d)　水压试验(包括试验用水合格证)报告；

e)　空气试验、氨泄漏试验报告；

f)　尺寸检查报告；

g)　无损探伤检验员和焊工名单及代号；

h)　分别标有焊工代号及无损探伤编号的焊接接头排版图；

i)　铭牌的照片或拓印；

j)　与本技术条件和图样不一致的项目的情况说明。

ICS 67.220.20
X 42

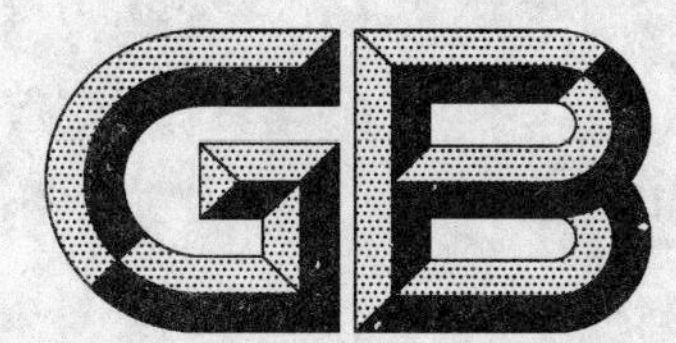

中华人民共和国国家标准

GB 10616—2004
代替 GB 10616—1989

食品添加剂　藻酸丙二醇酯

Food additive—Propylene glycol alginate

2004-04-09 发布　　　　2004-12-01 实施

中华人民共和国国家质量监督检验检疫总局
中国国家标准化管理委员会　发布

前言

本标准的全部技术内容为强制性。

本标准修改采用日本食品添加物公定书第七版(1999)《藻酸丙二醇酯》(日文版)。

本标准根据日本食品添加物公定书第七版(1999)重新起草。

考虑到我国国情,在采用日本食品添加物公定书第七版(1999)时,本标准做了一些修改。本标准和日本标准主要差异如下:

——要求中"性状"改为"外观",去掉"几乎没有气味"的描述(本标准的3.1);

——要求中增加了铅(Pb)含量项目(本标准的3.2)。这是根据我国对食品添加剂中有害杂质应该进行监控的要求;

——要求中修改了酯化度、不溶性灰分和砷(As)含量指标(本标准的3.2)。这样有利于产品质量的提高;

——试验方法中增加安全提示(本标准的4.1,4.9.1)。这是为了提醒操作者注意操作安全;

——酯化度的测定中增加了空白试验的描述(本标准的4.4.4.2)。这样对分析步骤的描述更清晰;

——重金属含量的测定用硫化氢作显色剂代替日本标准的硫化钠作显色剂(本标准的4.8)。

本标准代替GB 10616—1989《食品添加剂　藻酸丙二醇脂》。

本标准与GB 10616—1989相比主要变化如下:

——要求中酯化度指标由≥75.0%改为≥80.0%;不溶性灰分由≤1.5%改为≤1.0%;铅(Pb)含量由≤0.001%改为≤0.000 5%(1989年版的3.2,本版的3.2);

——将保存期为9个月改为保质期为两年(1989年版的6.4,本版的6.5)。

本标准由中国石油和化学工业协会提出。

本标准由全国化学标准化技术委员会有机分会(CSBTS/TC 63/SC 2)和中国疾病预防控制中心营养与食品安全所归口。

本标准起草单位:青岛海洋化工有限公司。

本标准主要起草人:张崇岷、陈观元、胡熙美。

本标准于1989年3月首次发布。

食品添加剂　藻酸丙二醇酯

1　范围

本标准规定了食品添加剂藻酸丙二醇酯的要求、试验方法、检验规则以及标志、包装、运输和贮存。

本标准适用于以食品添加剂海藻酸为基本原料，经酯化反应制得的食品添加剂藻酸丙二醇酯。该产品主要用做乳制品、调味品、酸性饮料及酒类的增稠剂、乳化剂和泡沫稳定剂。

分子式：$(C_9H_{14}O_7)_n$

2　规范性引用文件

下列文件中的条款通过本标准的引用而成为本标准的条款。凡是注日期的引用文件，其随后所有的修改单（不包括勘误的内容）或修订版本不适应于本标准，然而，鼓励根据本标准达成协议的各方研究是否可使用这些文件的最新版本。凡是不注明日期的引用文件，其最新版本适用于本标准。

GB/T 191　包装储运图示标志(GB/T 191—2000 eqv ISO 780:1997)

GB/T 601　化学试剂　标准滴定溶液

GB/T 602　化学试剂　杂质测定用标准溶液的制备

GB/T 603　化学试剂　试验方法中所用制剂及制品的制备

GB/T 6678　化工产品采样总则

GB/T 6682—1992　分析实验室用水规格及试验方法(neq ISO 3696:1987)

GB/T 8449　食品添加剂中铅的测定方法

GB/T 8450　食品添加剂中砷的测定方法

GB/T 8947　复合塑料编织袋

3　要求

3.1　外观：白色或淡黄色粉末。

3.2　食品添加剂藻酸丙二醇酯应符合表1所示的技术要求。

表1　技术要求

项　目		指　标
酯化度的质量分数/(%)	≥	80.0
不溶性灰分的质量分数/(%)	≤	1.0
加热减量的质量分数/(%)	≤	20.0
砷(As)的质量分数/(%)	≤	0.000 2
重金属(以 Pb 计)的质量分数/(%)	≤	0.002
铅(Pb)的质量分数/(%)	≤	0.000 5

4　试验方法

4.1　安全提示

分析中使用的部分试剂具有毒性或腐蚀性，操作时应小心谨慎。溅到皮肤上应立即用水冲洗，严重者应立即治疗。

4.2　一般规定

除非另有说明，在分析中仅使用确认为分析纯的试剂和GB/T 6682—1992中规定的三级水。

分析中所用的标准滴定溶液、杂质标准溶液制剂及制品，在没有注明其他要求时，均按GB/T 601、GB/T 602、GB/T 603之规定制备。

4.3　鉴别试验

4.3.1　试剂

4.3.1.1　乙酸铅溶液：100 g/L。

4.3.1.2　氢氧化钠溶液：100 g/L。

4.3.1.3　硫酸溶液：1→20。

4.3.2　试验溶液的制备

称取约1 g实验室样品，加100 mL水搅拌溶解，使成糊状液体作为试验溶液A。

4.3.3　鉴别方法

4.3.3.1　取5 mL试验溶液A，加5 mL乙酸铅溶液，应立即凝固成果冻状。

4.3.3.2　取10 mL试验溶液A，加1 mL氢氧化钠溶液，在水浴上加热5 min～6 min，冷却后加1 mL硫酸溶液立即凝固成果冻状。

4.3.3 3　取1 mL试验溶液A，加4 mL水，激烈振摇则持续产生泡沫。

4.4　酯化度的测定

4.4.1　方法提要

酯化度的质量分数用100.0减去游离藻酸含量的质量分数、藻酸钠含量的质量分数及不溶性灰分的质量分数而求得。

4.4.2　结果计算

酯化度的质量分数W_1，数值以%表示，按式(1)计算：

$$W_1 = 100.0 - (W_2 + W_3 + W_4) \qquad \cdots\cdots(1)$$

式中：

W_2——游离藻酸含量(4.4.3)的质量分数，%；

W_3——藻酸钠含量(4.4.4)的质量分数，%；

W_4——不溶性灰分(4.5)的质量分数，%。

4.4.3　游离藻酸含量的测定

4.4.3.1　试剂

4.4.3.1.1　氢氧化钠标准滴定溶液：$c(NaOH)=0.02$ mol/L。

4.4.3.1.2　酚酞指示液：10 g/L乙醇溶液。

4.4.3.2　分析步骤

称取约0.5 g在105℃±2℃干燥4 h的实验室样品，精确至0.2 mg，加200 mL新煮沸并冷却的水溶解，加3滴酚酞指示液，用氢氧化钠标准滴定溶液滴定至粉红色，保持20 s不褪色为终点。

同时进行空白试验。

4.4.3.3　结果计算

游离藻酸含量的质量分数W_2，数值以%表示，按式(2)计算：

$$W_2 = \frac{[(V_1 - V_2)/1\,000]cM}{m} \times 100 \qquad \cdots\cdots(2)$$

式中：

V_1——试料所消耗的氢氧化钠标准滴定溶液(4.4.3.1.1)的体积的数值，单位为毫升(mL)；

V_2——空白试验所消耗的氢氧化钠标准滴定溶液(4.4.3.1.1)的体积的数值，单位为毫升(mL)；

c——氢氧化钠标准滴定溶液浓度的准确数值，单位为摩尔每升(mol/L)；

m——试料的质量的数值，单位为克(g)；

M——藻酸的摩尔质量的数值，单位为克每摩尔(g/mol)(M=176)。

取两次平行测定结果的算术平均值为测定结果，两次平行测定结果的绝对差值不大于0.3%。

4.4.4 藻酸钠含量的测定

4.4.4.1 试剂

4.4.4.1.1 硫酸标准溶液：$c(\frac{1}{2}H_2SO_4)=0.05$ mol/L。

4.4.4.1.2 氢氧化钠标准滴定溶液：$c(NaOH)=0.1$ mol/L。

4.4.4.1.3 甲基红指示液：1 g/L乙醇溶液。

4.4.4.2 分析步骤

称取约1 g在105℃±2℃干燥4 h的实验室样品，精确至0.2 mg，置于瓷坩埚内，在电炉上低温炭化至不冒白烟后，转入高温炉，于300℃～400℃炭化2 h。冷却后，连同坩埚转入烧杯中，加50 mL水，再加20 mL硫酸标准溶液，盖上表面皿在水浴上加热1 h。冷却后用定量滤纸过滤，(滤液有颜色时，应重新称取实验室样品，进行充分的炭化，重复同样的操作)，以60℃～70℃的水冲洗烧杯、坩埚及滤纸上的残留物，直至洗涤液不使石蕊试纸变红。(保留带残留物的滤纸B，用于不溶性灰分的测定)合并洗涤液和滤液，加入2滴甲基红指示液，用氢氧化钠标准滴定溶液滴定至溶液由红色变为黄色为终点。

同时进行空白试验。

4.4.4.3 结果计算

藻酸钠含量的质量分数W_3，数值以%表示，按式(3)计算：

$$W_3=\frac{[(V_0-V_1)/1\,000]cM}{m}\times 100 \qquad\cdots\cdots(3)$$

式中：

V_0——空白试验所消耗的氢氧化钠标准滴定溶液(4.4.4.1.2)的体积的数值，单位为毫升(mL)；

V_1——滤液和洗涤液所消耗的氢氧化钠标准滴定溶液(4.4.4.1.2)的体积的数值，单位为毫升(mL)；

c——氢氧化钠标准滴定溶液浓度的准确数值，单位为摩尔每升(mol/L)；

m——试料的质量的数值，单位为克(g)；

M——藻酸钠的摩尔质量的数值，单位为克每摩尔(g/mol)(M=198.11)。

取两次平行测定结果的算术平均值为测定结果，两次平行测定结果的绝对差值不大于0.3%。

4.5 不溶性灰分的测定

4.5.1 分析步骤

将4.4.4.2滤纸B置于预先于500℃±50℃灼烧至质量恒定的坩埚中，烘干后在高温炉内以500℃±50℃灼烧至质量恒定。

4.5.2 结果计算

不溶性灰分的质量分数W_4，数值以%表示，按式(4)计算：

$$W_4=\frac{m_1-m_0}{m}\times 100 \qquad\cdots\cdots(4)$$

式中：

m_0——坩埚的质量的数值，单位为克(g)；

m_1——残渣和坩埚的质量的数值，单位为克(g)；

m——试料的质量的数值，单位为克(g)。

取两次平行测定结果的算术平均值为测定结果，两次平行测定结果的绝对差值不大于0.2%。

4.6 加热减量的测定

4.6.1 分析步骤

称取约 2 g 试样，精确至 0.2 mg，置于预先于 105℃±2℃ 干燥至质量恒定的称量瓶中，于 105℃±2℃ 干燥 4 h，冷却后称量。

4.6.2 结果计算

加热减量的质量分数 W_5，数值以%表示，按式(5)计算：

$$W_5=\frac{m-m_1}{m}\times 100 \qquad \cdots\cdots(5)$$

式中：

m——干燥前试料的质量的数值，单位为克(g)；

m_1——干燥后试料的质量的数值，单位为克(g)。

取两次平行测定结果的算术平均值为测定结果，两次平行测定结果的绝对差值不大于 0.5%。

4.7 砷含量的测定

按 GB/T 8450 规定的“砷斑法”进行。按“湿法消解”处理样品；测定时量取 10.0 mL 试料消化液(相当于 1.0 g 样品)；量取 2.0 mL 砷标准溶液(相当于 2.0 μg As)制备砷限量标准液。

4.8 重金属含量的测定

4.8.1 试剂

4.8.1.1 硫酸。

4.8.1.2 硝酸。

4.8.1.3 乙酸溶液：1→20。

4.8.1.4 盐酸溶液：5→100。

4.8.1.5 氢氧化钠溶液：50 g/L。

4.8.1.6 饱和硫化氢溶液(临用时制备)。

4.8.1.7 铅标准溶液，每毫升相当于 10.0 μg 铅(Pb)。

4.8.1.8 酚酞指示液，10 g/L 乙醇溶液。

4.8.2 分析步骤

4.8.2.1 试样溶液的制备

称取 2 g 试样，精确至 0.01 g，置于坩埚内，加 1.5mL 硫酸，将试样在电炉上缓缓加热至炭化，于 450℃～550℃ 灼烧 1 h，冷却后再加 1 mL 硫酸，在电炉上进一步炭化，再于 450℃～550℃ 灼烧至炭化。冷却后，加入 5 mL 硝酸，在水浴上蒸发至干。冷却后用少量水溶解，加一滴酚酞指示液，用氢氧化钠溶液调至溶液显粉红色，再用盐酸溶液调至粉红色刚褪，过滤于 50 mL 比色管中，用水洗涤残渣数次，加 0.5 mL 乙酸溶液，加水至 50 mL，为 A 管。

4.8.2.2 铅比较溶液的制备

取一坩埚加 2.5 mL 硫酸，5 mL 硝酸，在水浴上蒸发至干。冷却后用少量水溶解，加一滴酚酞指示液，用氢氧化钠溶液调至溶液显粉红色，再用盐酸溶液调至粉红色刚褪，定量移入 50 mL 比色管中，加入 40.0 μg 铅(Pb)标准溶液及 0.5 mL 乙酸溶液，加水至 50 mL，为 B 管。

4.8.2.3 测定

A、B 两管各加入 10 mL 饱和硫化氢溶液，摇匀，于暗处放置 10 min，在白色背景下观察。A 管所呈暗色不深于或相当 B 管为合格。

4.9 铅含量的测定

4.9.1 警示：本章中使用的部分溶液和试剂对人体有害，应避免吸入或与皮肤接触，使用溶液或试剂的操作应在通风橱中进行。

4.9.2 按 GB/T 8449—1987 中 5.1 的规定进行。按“湿法消解”处理样品；测定时量取 10.0 mL 试料消化液(相当于1.0 g样品);量取0.5 mL铅标准溶液(相当于5.0 μg Pb)制备铅限量标准液。

5 检验规则

5.1 本标准规定的所有项目均为出厂检验项目。

5.2 每批产量不超过2 t。

5.3 从每批总包装件数的20%中取样,小批者亦不得少于3箱(桶)。取样时,打开包装分上、中、下三个部位采样,然后将全部试样仔细混匀,以四分法缩分至不少于100 g,分装在两只带磨口塞的瓶内,瓶上粘贴标签,注明生产厂名称、采样日期、采样者姓名、产品名称、批号和取样日期。一瓶供检验用,另一瓶保存6个月以备查。

5.4 食品添加剂藻酸丙二醇酯应由生产检验部门检验,生产厂应保证每批出厂产品均符合本标准要求。

5.5 检验结果如有一项指标不符合标准要求时,应重新自两倍数量的包装单元中采样进行检验。重新检验后即使有一项指标不符合本标准要求,则整批产品不予验收。

6 标志、包装、运输和贮存

6.1 食品添加剂藻酸丙二醇酯包装袋上要有牢固清晰的标志。内容包括:生产厂名、厂址、产品名称、商标、净含量、批号或生产日期、生产许可证号、卫生许可证号及本标准编号、“食品添加剂”字样。

6.2 每批出厂的食品添加剂藻酸丙二醇酯都应附有质量证明书。内容包括:生产厂名、厂址、产品名称、商标、净含量、批号或生产日期、产品符合本标准的证明和本标准编号。

6.3 食品添加剂藻酸丙二醇酯内袋采用聚乙烯袋,外用纸箱或复合塑料编织袋(或铁桶)包装。每件净含量10 kg、15 kg、20 kg或执行协议要求。

6.4 食品添加剂藻酸丙二醇酯在运输和贮存时,保持干燥、避免日晒和受潮,存放时应垫离地面足够距离。不得与有害物质混放,以防止污染。

6.5 食品添加剂藻酸丙二醇酯在符合本标准包装、运输和贮存的条件下,自生产日期起保质期两年。逾期应重新检验是否符合本标准要求,合格者可继续使用。

ICS 71.100.30
Y 88

中华人民共和国国家标准

GB 10631—2004
代替 GB 10631—1989

烟花爆竹　安全与质量

Fireworks and firecracker—Safety and quantity

2004-10-25 发布　　2005-03-01 实施

中华人民共和国国家质量监督检验检疫总局
中国国家标准化管理委员会　发布

前言

本标准的全部技术内容为强制性。

本标准是对 GB 10631—1989《烟花爆竹　安全与质量》的修订。

本标准根据烟花爆竹行业的现状和发展需求，参照国际上通用的一些做法，对原标准的产品分类、技术要求和试验方法等条款进行了较大幅度的修订。

本标准与 GB 10631—1989 相比，主要技术差异和变化如下：

——原标准中产品分类以燃放效果为依据划分了九类烟花和四类爆竹，已难以概括目前烟花发展的现状。本标准结合产品药量及所构成的危险性的差异，参照英国、德国等标准和条例的做法，新增了产品分级的条款，帮助消费者方便地掌握各种烟花产品的危险距离，界定高危险性的产品由专业人士在特定条件下操作，便于指导不同级别的烟花爆竹在生产、包装、运输、贮存和使用中采取正确的安全防范措施。同时，参照出口烟花爆竹的标准经验，根据产品的结构和燃放后的运动形式，将产品划分为 14 个类别，基本囊括了所有烟花产品的特征。

——本标准对烟花爆竹提出了通用技术要求，将原标准中未放入技术要求的标志、包装等条款列入外观要求，便于保证技术要求的统一性。对摩擦类的包装提出了特殊要求，增加了部件的条款，对引火线的技术要求进行了修订。药量的规定结合分级分类进行了细化，并增加了爆竹解编的药最限制的规定。参照出口烟花爆竹的行业标准和长期实践经验，增加了安全性能的条款，规定了检验项目和相关技术指标。将原标准涉及到燃放效果的条款汇总到本标准燃放性能的规定中，保留了烧成率的评判方法，并将各类产品烧成率的规定汇编成表。

——按通用技术要求的结构和试验基本程序，修订了试验方法条款。增加了药种、药量、安全性能检测条款，提出了相应的方法，将原标准中涉及部件安装测试的方法汇总于牢固性和稳定性试验条款。

——增加了标准的前言，对标准的适用范围、规范性引用文件及术语和定义进行了相应的修改和增补。考虑到国际、国内烟花爆竹的实际情况，本标准强调了安全分级，覆盖范围全面，适用新的发展。

本标准由中国轻工业联合会提出。

本标准由全国烟花爆竹标准化技术委员会归口。

本标准起草单位：国家轻工业烟花爆竹安全质量监督检测中心、湖南浏阳市东信烟花制造有限公司、江西李渡烟花集团公司、湖南浏阳花炮股份有限公司、湖南浏阳金生花炮集团公司、湖南浏阳市集里出口礼花厂、湖南浏阳市世纪红烟花制造销售有限公司、湖南浏阳市东方红烟花制造厂、湖南浏阳市大桥出口烟花厂、湖南浏阳市庆典烟花制造燃放有限公司。

本标准主要起草人：黄茶香、黎仲畦、熊晓苏、刘劲彪、刘东辉、邱志雄、黄明章、易怀泉、罗建社、江木根。

本标准所代替标准的历次版本发布情况为：

——GB 10631—1989。

烟花爆竹　安全与质量

1　范围

本标准规定了烟花爆竹产品术语、分类、通用技术要求、试验方法、验收规则、运输和贮存要求。

本标准适用于烟花爆竹产品的制造、销售、验收、贮运和燃放。

2　规范性引用文件

下列文件中的条款通过本标准的引用而成为本标准的条款。凡是注日期的引用文件，其随后所有的修改单(不包括勘误的内容)或修订均不适用于本标准，然而，鼓励根据本标准达成协议的各方研究是否可使用这些文件的最新版本。凡是不注日期的引用文件，其最新版本适用于本标准。

GB/T 9724　化学试剂　pH 值测定通则

GB/T 10632　烟花爆竹　抽样检查规则

GB 50161　烟花爆竹工厂设计安全规范

SN 0545—1996　出口烟花爆竹　烟火药剂安全检验规程

QB/T 1941.5　烟花爆竹药剂　吸湿率的测定

QB/T 1942　爆竹　声级值的测定

《产品标识标注规定》[原国家质量技术监督局 172 号文(1997)]

3　术语和定义

下列术语和定义适用于本标准。

3.1

烟花爆竹

以烟火药为原料制成的工艺美术品，通过着火源作用燃烧(爆炸)并伴有声、光、色、烟、雾等效果的娱乐产品。

3.2

烟花

燃放时能形成色彩、图案、产生音响效果，以视觉效果为主的产品。

3.3

爆竹

燃放时主体爆炸并能产生爆音、闪光等效果，以听觉效果为主的产品。

3.4

警示

产品包装上的警告性安全用语或图案标记。

3.5

燃放说明

有关燃放方法等安全用语。

3.6

主体

装有烟火药或涂敷有烟火药的单个产品的整体。

3.7

引火线

用于烟花爆竹点火、传火、控制时间的烟火药制品。

3.8

烧成

产品在燃放时达到设计效果的现象。

3.9

未烧成

产品燃放时未达到设计效果的现象。

3.10

熄引

引火线被点燃后,中途熄火或没有点燃主体内烟火药的现象。

3.11

冲头

燃放时,主体内的烟火药产生不应有的将喷射口冲掉或将爆竹的头部冲开,并伴有喷火或爆音的现象。

3.12

冲底

燃放时,产生不应有的将产品底塞或底座冲开,并伴有爆音的现象。

3.13

冲射

产品燃放时产生不应有的发射状燃烧现象。

3.14

倒筒

立于地面燃放的产品,在燃放过程中倒在地面,且仍有色火向外喷射的现象。

3.15

炸筒

燃放时,烟花产品筒体产生不应有的炸裂现象。

3.16

散筒

燃放时,产生不应有的筒体开裂或筒体间分离的现象。

3.17

穿孔

燃放时,烟花产品筒体产生不应有的孔洞,并伴有火苗、火星喷出的现象。

3.18

低炸

燃放时,升空产品(不含 A 级)距离地面在 3 m 以下发生爆炸的现象。

3.19

火险

燃放时,升空爆发的色火或带火残体下落到离地面 3 m 以下尚未熄灭的现象。

3.20

露白

筒标纸尺寸过窄或粘贴不严而露出筒体的现象。

3.21

包头包脚

筒标纸粘贴不整齐或尺寸过长而超出筒体一端或两端的现象。

3.22

露头露脚

筒标纸粘贴不整齐或尺寸过短而使筒体露出一端或两端的现象。

3.23

发射偏斜角

升空产品发射时，偏离水平面垂线的角度。

3.24

烧成率

产品燃放后，统计烧成数占燃放总数的百分数。

3.25

底座

为使立于地面燃放的烟花产品在燃放时不倒筒而设计安装的部件。

3.26

底塞

为防止烟火药燃烧、发射、速燃时，火焰、气体等从底部喷出而设计筑填在底部(或中间)的部件。

3.27

引燃时间

从点燃引火线至引燃主体的时间。

3.28

速燃

烟火剂以大于设计反应速度而燃烧的现象。

3.29

爆燃

燃放时，烟火药剂以接近爆炸性反应速率进行猛烈燃烧的现象。

3.30

色火

各种色彩的火焰、火星、带火残渣等。

3.31

急炸

升空产品在点燃后，产品未飞离地面而发生爆炸的现象。

3.32

断火

产品在燃放时，主体中途熄灭或留有未被点燃烟火药剂的现象。

3.33

殉爆

火药的爆炸能激发与其相距并被隋性介质隔离的另一火药爆炸。

3.34

护引纸

用于保护引火线的部件。

3.35

发

构成组合烟花的每一单筒或礼花弹的每一弹体。

3.36

部件

烟花主体筒壳以外所设计的各种附件。

3.37

稳定杆

为稳定产品在空中运动的方向而设计安装的部件。

4 产品分级分类

4.1 按照产品的药量及所能构成的危险性分为 A、B、C、D 四级(产品分级与药量见表 1)。

4.1.1 A 级:适应于由专业燃放人员燃放,在特定条件下燃放的产品。

4.1.2 B 级:适应于室外大的开放空间燃放的产品,当按照说明燃放时,距离产品及其燃放轨迹 25 m 以上的人或财产不应受到伤害。

4.1.3 C 级:适应于室外相对开放的空间燃放的产品,当按照说明燃放时,距离产品及其燃放轨迹 5 m 以上的人或财产不应受到伤害。对于手持类产品,手持者不应受到伤害。

4.1.4 D 级:适应于近距离燃放,当按照说明燃放时,距离产品及其燃放轨迹 1 m 以上的人或财产不应受到伤害。对于手持类产品,手持者不应受到伤害。

表 1 产品分级与药量

产品分级	产品分类	药量(不大于)	产品分级	产品分类	药量(不大于)
A 级	喷花类		C 级	喷花类	200 g
	吐珠类			吐珠类	20 g(≤2 g/发)
	升空类			升空类	10 g
	组合烟花类			组合烟花	1 500 g(内筒型单筒内径<40 mm)
	礼花弹类			爆竹类	2.0 g/个(黑火药) 0.5 g/个(其他)
	旋转类			小礼花类	20 g
	架子烟花			旋转类	30 g(有轴) 15 g(无轴)
B 级	喷花类	500 g		旋转升空类	5 g
	吐珠类	80 g(≤4 g/发)		线香类	25 g
	升空类	30 g		造型玩具类	15 g
	组合烟花类	3 000 g(内筒型单筒内径<68 mm)	D 级	喷花类	2 g
	爆竹类	8 g/个(黑火药) 2 g/个(其他)		摩擦类	20 mg(拉炮类) 200 mg(擦火药头类) 400 mg(擦地炮类)
	小礼花类	50 g		烟雾类	200 g
	旋转类	60 g(有轴) 30 g(无轴)		旋转类	1 g
	旋转升空类	20 g		线香类	5 g
				造型玩具类	3 g
注:以上所有产品指单个产品质量。					

4.2 根据产品的结构和燃放后的运动形式将产品分为以下 14 类。

4.2.1 喷花类:燃放时以喷射火苗、火花为主的产品。

4.2.2 旋转类:燃放时主体自身旋转但不升空的产品。

4.2.3 升空类:燃放时主体定向升空的产品。

4.2.4 旋转升空类:燃放时自身旋转升空的产品。

4.2.5 吐珠类:燃放时从同一筒体内有规律地发射出多颗彩珠、彩花、声响等效果的产品。

4.2.6 线香类:用装饰纸或薄纸筒包裹装烟火药,或在铁丝、竹杆、木杆或纸片上涂敷烟火药形成的产品。

4.2.7 烟雾类:燃放时以产生烟雾效果为主的产品。

4.2.8 造型玩具类:产品外壳制成各种形状,燃放时或燃放后能模仿所造形象或动作;或产品外表无造型,但燃放时或燃放后能产生某种形象的产品。

4.2.9 摩擦类:用撞击、摩擦等方式直接引燃引爆主体的产品。

4.2.10 小礼花类:燃放时放置在地面,从主体内发射(单筒内径<76 mm)并在空中爆发出珠花、声响、笛音或飘浮物等效果的产品。

4.2.11 礼花弹类:弹体从专用发射工具(发射筒内径≥76 mm)发射到高空后能爆发出各种光色、花型图案成其他效果的产品。

4.2.12 架子烟花:通过框架固定烟花位置、方向燃放的产品。

4.2.13 爆竹类:单个爆竹产品或多个爆竹组合而成的产品。

4.2.14 组合烟花:由多个单筒组合而成的烟花产品。

5 通用技术要求

5.1 标志

标志分为外包装标志和产品标志。

5.1.1 产品外包装标注内容应包括:产品名称、制造商或出品人名称及地址、生产日期(或批号)、箱含量、净重、体积和“烟花爆竹”、“防火防潮”、“轻拿轻放”等安全用语或安全图案及执行标准代号。

5.1.2 产品标志(内包装标志)内容应包括:产品名称、产品级别、产品类别、警示语、燃放说明、含药量、制造商或出品人名称及地址和生产日期(或批号),计数类产品应标明数量。

5.1.3 标识所用文字应符合《产品标识标注规定》要求。

5.1.4 警示语主体应不小于四号字并加框,对比色度清晰。

5.1.5 燃放说明应包括使用方法和场所、注意事项等,摩擦类应注明“不许拆开”字样。

5.1.6 A 级产品应注明“由专业人员燃放”等字样。

5.2 包装

5.2.1 产品必须有内包装。内包装材料应采用防潮性好的塑料、纸张等,应封闭包装。内包装产品应排列整齐、不松动。

5.2.2 外包装应采用适当的包装容器,并封装牢固。包装容器体积根据品种规格要求设计,每件净重不超过 30 kg。

5.2.3 包装箱应有足够的强度和防潮性。

5.2.4 摩擦类产品包装应采取隔栅或填充物等方式,保证安全储运。

5.3 外观

5.3.1 产品整洁、表面无浮药、无霉变、无污染。产品外型应完整、无明显变形、无损坏、无漏药。

5.3.2 文字图案清晰。筒标纸粘贴吻合平整,无遮盖、无露头露脚、无包头包脚、无露白现象。

5.3.3 筒体应粘合牢固,不开裂、不散筒。

5.4 部件

5.4.1 底座

5.4.1.1 固定在地面静止燃放的烟花，筒高超过外径三倍者，必须安装底座，底座的外径或边长应大于主体高度(含安装底座后增加的高度)三分之一。

5.4.1.2 底座应安装端正，产品放置在与水平面成12°的斜面上不得倾倒。

5.4.1.3 底座应安装牢固，在倒垂的主体上加 50 g 重物吊起，拿住底座保持 1 min 主体应不脱落。

5.4.1.4 产品在燃放过程中，底座应不散开、脱落。

5.4.2 引火线

5.4.2.1 引火线应符合相应的质量标准要求。

5.4.2.2 点火引火线的点火部位应有明显标识、礼花弹和组合烟花的点火部位应有护引装置。

5.4.2.3 点火引火线应安装牢固，应能吊起规定质量的重物，保持 1 min 不脱落。

a) 产品质量在 10 g 以下的应吊起 10 g 重物；

b) 产品质量在 10 g～50 g 之间应吊起两倍重物；

c) 产品质量在 50 g 以上的应吊起 100 g 重物。

5.4.2.4 点火引火线的引燃时间应保证燃放人员安全离开，应在规定时间范围内引燃主体。D级：2 s～6 s；C级：3 s～13 s；B级：5 s～15 s。

5.4.3 底塞

底塞安装牢固(跌落过程中，不开裂、不脱落)。

5.4.4 吊线

各类烟花产品的吊线应在 50 cm 以上，吊线强度应能在产品主体上加 50 g 重物后吊起，保持 1 min 吊线不脱落或不断线。

5.4.5 其他部件

其他部件应安装牢固，不跌落等。

5.5 药种、药量和安全性能

5.5.1 药种

5.5.1.1 产品禁止使用氯酸盐(烟雾类、摩擦类除外)。

5.5.1.2 产品禁止使用砷化合物、汞化合物、没食子酸、苦味酸、镁粉(含镁合金粉、改良镁粉除外)、磷(摩擦类除外)。喷花类、线香类、造型玩具类、摩擦类、烟雾类、爆竹类、旋转类、吐珠类产品禁止使用铅化合物和六氯代苯。

5.5.2 药量

5.5.2.1 爆竹产品单个药量大于 0.5 g 的不允许结鞭，单个爆竹产品内径＞5 mm 的，不允许使用不散开的固引剂。

5.5.2.2 单个产品(A 级除外)不得超过最大装药量(不包括引火线、填充物)。各级产品最大装药量见表1。

5.5.3 安全性能

5.5.3.1 烟火药的安全性能应定期进行测试，新产品投产前应进行药物安全性能测试。

5.5.3.2 药物安全性能检测包括：跌落试验、殉爆试验、热安定性、吸湿性、水分、pH 值、低温试验、摩擦感度、撞击感度、火焰感度等。

5.5.3.3 烟火药的 pH 值应为 5～9。

5.5.3.4 烟火药的水分应≤1.5%。

5.5.3.5 烟火药的吸湿率应≤2.0%，笛音剂、粉状黑火药应≤4.0%。

5.5.3.6 烟火药热安定性为在 75℃±2℃、48 h 条件下应无分解现象。

5.5.3.7 烟火药低温试验：在－25℃～35℃、48 h 条件下应无分解现象。

5.5.3.8 产品的跌落试验、殉爆试验应不爆燃。

5.5.3.9 烟火药的摩擦感度≤60％，撞击感度≤50％（摩擦类除外）。

5.6 燃放性能

5.6.1 喷花类的喷射高度应符合以下规定：

D 级＜1 m；C 级＜3 m；B 级＜8 m 。

5.6.2 各类烟花产品不应出现炸筒、散筒，各类升空产品不得出现低炸和火险。升空性产品最低发射高度应 A 级≥50 m、B 级≥30 m、C 级≥10 m。

5.6.3 小礼花类、升空类产品的发射偏斜角应≤22.5°，旋转升空类应≤45°。

5.6.4 声级：B、C、D 级产品最大声级值应≤140 dB。

5.6.5 产品的结构和燃放效果应符合设计规定。

5.6.6 烧成率：各类产品的烧成率应符合表 2 的规定。

表 2 各类产品的烧成率

产品类别	烧成率(≥)/(％)	产品类别	烧成率(≥)/(％)
喷花类	93	烟雾类	96
旋转类	96(有轴) 93(无轴)	造型玩具类	90
升空类	96(A 级) 93(B 级) 90(C 级)	礼花弹类	96 (伞类 93)
旋转升空类	93	组合烟花	93
吐珠类	90	架子烟花	93
线香类	96	爆竹	90(B 级) 85(C 级)
小礼花类	96(珠花类) 93(伞类)		

5.6.7 计数类产品，计量误差应≤±5％。

5.6.8 对存在有重安全缺陷的产品，应按有关规定进行处置。

5.6.9 旋转类产品的允许飞离地面高度应≤0.5 m，旋转直径范围应≤2 m。

5.6.10 线香类产品燃放时不得爆燃或火星落地（燃放高度＞1.0 m 时）。

5.6.11 烟雾类产品燃放时不得出现炸筒或明火。

5.6.12 造型玩具类产品行走距离应≤2 m。

5.6.13 各类烟花产品手柄或手持部分 10 cm 内不得装药或涂敷药物。

5.6.14 摩擦类火花飞溅距离应≤20 cm。

5.6.15 架子烟花："焰火画"、"字幕"应长度一致、密度均匀、不掉药、不断火、焰色效果清晰；"瀑布"不应出现筒体脱落、断火的现象。

6 试验方法

6.1 外观质量与标志、包装

用目测方法进行检验。

6.2 规格尺寸

用相应的符合计量要求且符合相应精度的器具进行测试。

6.3 牢固性与稳定性试验

6.3.1 引火线牢固性试验

将样品主体提起，在下垂的引火线上吊起规定的重物（见5.4.2.3），观察1 min引火线是否脱落。

6.3.2 底座安装牢固性试验

拿起底座使主体向下，在下垂的主体上加挂50 g重物吊起，观察1 min底座与主体是否分离；并观察产品燃放过程，底座是否脱落或者散开。

6.3.3 底座跌落试验

将主体（安装底座的产品不摘除底座）应水平状拿住，从400 mm高处，向厚度为30 mm以上的硬木板上自由落下，每个样品重复三次，观察底座是否开裂或跌落。

6.3.4 吊线牢固度试验

在吊线上加50 g重物后吊起，观察吊线是否脱落或断线。

6.3.5 底塞安装平放性试验

将样品直立放置在用硬木板制成的与水平面成12°的斜面上，样品不应斜倒，样品旋转任意角度后，重复上述试验，也不得倾倒。

6.4 药种、药量、安全性能检测

6.4.1 药种采用SN 0545—1996中附录A或相关标准方法进行。

6.4.2 药量采用计量合格且符合相应精度的天平进行检测。

6.4.3 吸湿性采用QB/T 1941.5的方法进行。

6.4.4 成箱产品跌落试验：将成箱产品从12 m自由落在较硬的光滑地面上，观察产品是否发生燃烧、爆炸和箱体漏药现象。

6.4.5 殉爆：在平坦的水泥地面上（场地应符合GB 50161中规定），放置殉爆源即含药量为11 g的硝酸盐（黑药）爆竹一个，在它周围的10 cm、30 cm的距离上摆放样品。引爆殉爆源，检查并记录整体样品是否燃烧或爆炸。样品数量按GB/T 10632中正常批抽取。

6.4.6 撞击感度测定按SN 0545—1996中5.4的规定进行。

6.4.7 摩擦感度测定按SN 0545—1996中5.5的规定进行。

6.4.8 pH值测试：按GB/T 9724的规定。

6.4.9 热安定性测定：单个产品药量在100 g以下的，将产品放置在75℃±2℃的烘箱中48 h后，燃放，观察是否保持原设计效果；单个产品药量在100 g以上的，称取50.0 g烟火药放置在75℃±2℃的烘箱中48 h后，点燃，观察烟火药是否保持原设计效果。

6.5 燃放性能试验

6.5.1 点火引火线的引燃时间的检验：用符合计量要求的秒表进行测试。

6.5.2 发射高度的测定：可选用标杆、测距仪、经纬仪及其他仪器设备测定，允许误差：＜30 m时±2 m，30 m～ 50 m时±4 m，＞50 m时±8 m。

6.5.3 发射偏斜角的测定：将一直径可改变的铁丝圆圈，水平摆放在距样品喷火口2 m高处，圆心与发射点在同一垂线上，调节圆圈直径与发射点构成允许偏斜角度，观察燃放轨道是否穿过铁丝圈，或采用相应的仪器设备进行测定，允许误差±2°。

6.5.4 声级值的测定：按QB/T 1942的规定进行。

6.5.5 烧成率：按数量将单位样品逐个燃放，统计出烧成数与未烧成数。

7 验收规则

按 GB/T 10632 规定执行。

8 运输、贮存

8.1 运输

应符合国家对危险品运输的统一规定。

8.2 贮存

8.2.1 产品应存放在专用危险品仓库。仓库应符合 GB 50161 的要求，库房应通风干燥，并备有相应的消防设施。

8.2.2 产品可堆垛存放或货架存放。堆垛(货架)之间主通道应留有≥2.0 m 宽的运输通道，堆垛或货架距内墙至少保持在 0.45 m 距离，产品堆垛高度不得超过 2.5 m，货架高度不得超过 1.8 m。

8.2.3 仓库的贮存量，应符合 GB 50161 中规定的存药量。

8.2.4 产品从制造日期起，在正常条件下运输、贮存，保质期三年(含铁砂的产品保质期一年)。

ICS 71.100.30
Y 88

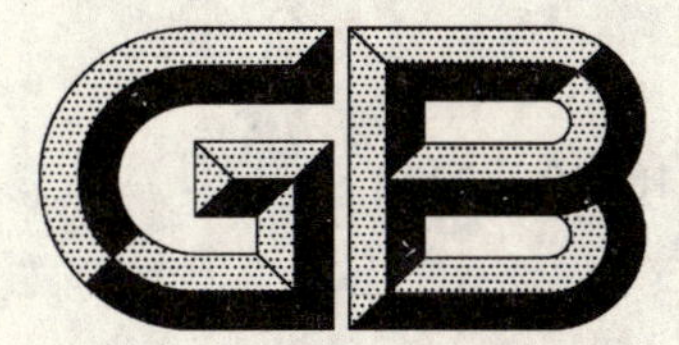

中华人民共和国国家标准

GB/T 10632—2004
代替 GB/T 10632—1989

烟花爆竹　抽样检查规则

Fireworks and firecracker—Rules of sampling for inspection

2004-10-25 发布　　　　2005-03-01 实施

中华人民共和国国家质量监督检验检疫总局
中国国家标准化管理委员会　发布

前言

本标准是对 GB/T 10632—1989《烟花爆竹　计数抽样检查规则》的修订。

本标准是根据烟花爆竹行业的实际情况，参照国际上较有影响的英国、美国等国外烟花爆竹行业相关条例、标准，在原标准基础上修订而成的。

本标准与 GB/T 10632—1989 相比，主要技术差异和变化如下：

——对 GB/T 10632—1989 作了编辑性修改，增加了标准的前言；

——增加了“摩擦、组合烟花、礼花弹、架子烟花、旋转升空”五大类，合并了“小礼花弹”和“地面礼花”为“小礼花”，涵盖了目前烟花爆竹所有产品；

——考虑到烟花爆竹生产中实际意义上的“连续批”少之又少，对“连续批”抽样方案调整，作了简单化处理；

——抽样方法和抽样方案作了较大的调整，使之更简便，易操作，也更易于为行业所接受。

本标准的附录 A 为规范性附录。

本标准由中国轻工业联合会提出。

本标准由全国烟花爆竹标准化技术委员会归口。

本标准主要起草单位：国家轻工业烟花爆竹安全与质量监督检测中心、湖南浏阳市东信烟花制造有限公司、湖南浏阳花炮股份有限公司、江西李渡烟花集团公司。

本标准主要起草人：邱志雄、黄茶香、邓庆茂、钟自奇。

本标准所代替标准的历次版本发布情况为：

——GB/T 10632—1989。

烟花爆竹　抽样检查规则

1　范围

本标准规定了以控制和验收烟花爆竹安全与质量性能为目的的抽样检查规则。

本标准适用于孤立批，亦适用于连续批的烟花爆竹的检查与验收。

本标准主要用于烟花爆竹成品性能的检查与验收，也可用于半成品包装的性能检查。

2　规范性引用文件

下列文件中的条款通过本标准的引用而成为本标准的条款。凡是注日期的引用文件，其随后所有的修改单(不包括勘误的内容)或修订版均不适用于本标准，然而，鼓励根据本标准达成协议的各方研究是否可使用这些文件的最新版本。凡是不注日期的引用文件，其最新版本适用于本标准。

GB 10631—2004　烟花爆竹　安全与质量

GB 19593　烟花爆竹　组合烟花

3　术语和定义

下列术语和定义适用于本标准。

3.1

单位产品

为了实施抽样检查，而将烟花爆竹产品划分的基本单位。单位产品可以是单个产品、单件产品，基本单位可为箱、盒、包、挂、卷、根、个、发、粒等，它与生产、出售和运输所规定的单位产品可以一致，也可以不一致。

3.2

检查批(简称批)

实施抽样检查的批由相同原材料采用相同生产工艺生产出的同一规格型号的产品。

3.3

批量

批中所含单位产品的总数，记作“N”。

3.4

样品

从批中随机抽取用于检查的单位产品。

3.5

样本

样品的全体。

3.6

样本量

样本中的样品量，记作“n”。

3.7

随机抽样

批中每一个单位产品抽到的可能性都相等的一种抽样方法。

3.8

分层随机抽样

把自然分层堆码的批，在不同层中随机抽取样本的一种抽样方法。

3.9

分群随机抽取

把批分成若干群，在不同群中随机抽取样品的一种抽样方法。

3.10

缺陷

单位产品任一安全与质量检查项目不符合规定的要求，即构成缺陷。

按照缺陷的严重程度，本标准规定了以下三类缺陷。

3.10.1

致命缺陷

对产品的生产、燃放、运输、贮存等有关人员会造成危害或不安全的缺陷，记作 a。这种缺陷不允许存在。

致命缺陷可以分为以下两种：

a） 不可修复的致命缺陷，记作“a_1”。如烟花爆竹的装药量超过规定值，则属不可修复的致命缺陷；

b） 可修复的致命缺陷，记作“a_2”。如烟花爆竹的无标志、无燃放说明，则属可修复的致命缺陷。

3.10.2

重缺陷

不构成致命缺陷，但很可能造成故障或严重降低烟花爆竹性能的缺陷，记作 b。

重缺陷可以分为以下两种：

a） 涉及安全性能的重缺陷，记作“b_1”。如手持线香烟花的爆燃，则属安全重缺陷。

b） 涉及质量性能的重缺陷，记作“b_2”。如大炮的爆响率不符合规定要求，则属质量重缺陷。

3.10.3

轻缺陷

不构成致命缺陷和重缺陷，只对烟花爆竹的安全与质量性能有轻微影响或几乎没有影响的缺陷，记作“c”。

轻缺陷分为以下两种：

a） 涉及安全的轻缺陷，记作“c_1”；

b） 涉及质量的轻缺陷，记作“c_2”。

3.11

不合格品

有一个或一个以上缺陷的单位产品。

不合格品一般可划分为：致命不合格品、严重不合格品、轻不合格品等。

3.11.1

致命不合格品

有一个或一个以上致命缺陷，也可能还有严重缺陷和（或）轻缺陷的单位产品。

3.11.2

严重不合格品

有一个或一个以上严重缺陷，可能还有轻缺陷，但没有致命缺陷的单位产品。

3.11.3

轻不合格品

有一个或一个以上轻缺陷,但没有致命缺陷和严重缺陷的单位产品。

3.12

计数检查

按照检查结果,将单位产品分为合格品或不合格品或者只计算单位产品缺陷数的一种检查方法。

3.13

接收判定数 Ac

该批产品可接收的不合格品数或缺陷数最大值。

3.14

拒收判定数 Re

该批产品拒收的不合格品数或缺陷数最小值。

3.15

质量指标

描述批质量性能的数值。

4 抽样检查的实施程序

4.1 确定抽样样本量

根据产品批量查表1确定样本量。

表1 一般产品抽样样本量规定

批量范围 N	≤100	101～500	501～1 000	≥1 001
样本量 n	5	5+N×1%	10+N×0.5%	15+N×0.1%

4.1.1 表1中批量范围及样本量以该产品实际燃放时的最小单位为单位。摩擦类的产品以最小包装盒为单位,最大样本量为32。小型火箭最大样本量为50,最大批量为5 000箱。

4.1.2 3号～6号礼花弹按表1规定的样本量的60%抽取样品,7号以上礼花弹按表1规定的样本量的30%抽取样品,但最小样本量不得少于3个。

4.1.3 组合烟花抽样样本量按GB 19593规定执行。

4.1.4 表1、表2规定为燃放性能及药种、药量、药物酸值检验所需最小样本量,如需留样备查,按表1、表2规定加倍抽样。

表2 鞭炮抽样样本量规定

批量范围 N/挂或卷	样本量 n/挂或卷			
	≤50响/挂	51响/挂～500响/挂	501响/挂～2 000响/挂	≥2 001响/挂
≤100	10	8	5	3
101～500	12	8	6	3
501～1 000	15	10	8	5
≥1 001	18	13	10	7

4.1.5 产品型式试验按检验实际所需样本量抽样。

4.1.6 摩擦感度检验、撞击感度检验、跌落试验和殉爆试验按需要量另取样品。

4.2 抽样规则

4.2.1 成箱产品,按表1中规定的样本量数的50%以上确定开箱检查数,再在所开检查箱中随机抽取样本。

4.2.2 散装产品按分群随机抽样方法抽样。

4.2.3 抽取样本应尽最大可能分散抽取。

4.3 检查

按照 GB 10631 中的规定执行。

4.3.1 外包装检验:检查整批产品。

4.3.2 内包装及产品外观检验:检查开箱产品。

4.3.3 规格尺寸、引火线及燃放效果检验:检查产品不得少于 3 个,50 发以上组合烟花不得少于 2 个,鞭炮不得少于 2 挂(或卷)。

4.4 判定规则

4.4.1 判定规则按表 3 规定。

表 3 批量与判定数

<table>
<tr><th rowspan="3">批量范围 N</th><th colspan="10">缺 陷 类 别</th></tr>
<tr><th colspan="2">a</th><th colspan="2">b_1</th><th colspan="2">b_2</th><th colspan="2">c_1</th><th colspan="2">c_2</th></tr>
<tr><th>Ac</th><th>Re</th><th>Ac</th><th>Re</th><th>Ac</th><th>Re</th><th>Ac</th><th>Re</th><th>Ac</th><th>Re</th></tr>
<tr><td>≤100</td><td rowspan="4">0</td><td rowspan="4">1</td><td>0</td><td>1</td><td>0</td><td>1</td><td>1</td><td>2</td><td>1</td><td>2</td></tr>
<tr><td>101～500</td><td>0</td><td>1</td><td>1</td><td>2</td><td>2</td><td>3</td><td>3</td><td>4</td></tr>
<tr><td>501～1 000</td><td>1</td><td>2</td><td>2</td><td>3</td><td>3</td><td>4</td><td>5</td><td>6</td></tr>
<tr><td>≥1 001</td><td>2</td><td>3</td><td>3</td><td>4</td><td>5</td><td>6</td><td>7</td><td>8</td></tr>
</table>

4.4.2 检查中发现的缺陷查附录 A 确定缺陷类别。

4.4.3 检查中发现的缺陷数或不合格品的数小于或等于接收判定数,且烧成率符合 GB 10631 规定要求,则接收该批;不合格品数或缺陷数大于或等于拒收判定数,或烧成率不符合 GB 10631 规定要求,则拒收该批。

4.5 特殊规定

4.5.1 对致命缺陷的特殊规定

a) 为了排除致命缺陷,负责部门可以对提交批进行逐个检查,也可以采取抽样检查方式进行验证检查,一旦发现致命缺陷,则拒收该批。

b) 已发现有致命缺陷的烟花爆竹,不管它是不是样本的一部分,也不管整批是否接收,都应剔除,并拒收该批。

注:负责部门系指下列部门之一:

——供方或需方内部的质检部门;

——第三方检验机构;

——供需双方协商同意的部门。

4.5.2 不合格品的处理

一旦发现有重缺陷或轻缺陷的烟花爆竹,不管它是不是样本的一部分,也不管批是否接收,都应剔除。

4.5.3 不合格批的处理

a) 因含有不可修致命缺陷而拒收的不合格批,一旦拒收,决不允许再提交。

b) 除第 a 条不合格批外,拒收的不合格批经过返修或返检,剔除不合格品后,允许再提交。

c) 再次提交批采取正常或加严检查,检查范围是全部类别的缺陷,还是仅仅导致批拒收的特定类别缺陷,应由负责部门确定。

4.5.4 样本量大于或等于批量的规定

当采用的抽样方案的样本量大于或等于批量时,进行百分之百检查。

5 连续批抽样方案调整规定

5.1 除负责部门另有规定外，检查开始时执行正常检查，正常检查方案按表1、表2规定。

5.2 生产稳定情况下，正常检查连续五批被接收，则转入放宽检查，放宽检查抽样方案为样本量抽取按表1规定减半。

5.3 正常检查被拒收，立即转入加严检查，加严检查抽样样本量按表1规定加一倍。

5.4 加严检查被接收，则从下一批开始执行正常检查。

附 录 A
（规范性附录）
缺陷类别的细分

本附录系各类产品缺陷的细分，每类产品由表 A.1 和表 A.2 可查出该类的缺陷名称及类别。

表 A.1 普通缺陷

序号	检验项目	GB 10631—2004		缺 陷 名 称	缺陷类别
		技术要求	试验方法		
1	标志	5.1	6.1	产品（内包装）无标志，无燃放说明	a_2
				标志不齐，标志内容不清晰、遮盖、损坏	b_1
2	包装	5.2	6.1	内、外包装不符合要求	b_1
3	外观	5.3	6.1	重霉变，主体严重变形，开裂	a_1
				主体轻度变形，表面有浮药	b_1
				污染，轻霉变 包头包脚，露头露脚，露白 （线香类、礼花弹类、爆竹类除外）	c_2
4	引火线	5.4.2	6.5.1	t[a]＜规定的最小值	a_1
				t[a]＞规定的最大值 霉变、破损、空引、藕节	b_1
				安装不牢固，无备用引火线（组合烟花）	c_1
5	部件	5.4	6.3	底座安装不牢，平稳性试验不合格	a_2
				底塞不牢固	a_2
				吊线强度不符合要求，定向器安装不牢	b_1
6	药种、药量	5.5	6.4	使用违禁药物，超药量	a_1
7	装药部位	5.6.13	6.2	手柄或手持部分长度＜100 mm	b_1
8	安全性能	5.5.3	6.4.3～6.4.9	安全性能不符合 5.5.3 要求	b_1

a　t 表示实测引火线的燃烧时间，以秒计。

表 A.2 燃放性能缺陷

序号	产品类别	GB 10631—2004		缺 陷 名 称	缺陷类别
		技术要求	试验方法		
1	喷花类	5.6	6.5	炸筒、散筒、穿孔	a_1
				倒筒、冲底、喷射高度大于规定要求	a_2
				未烧成、断火	b_2
2	旋转类	5.6	6.5	炸筒、散筒	a_1
				飞离地面高度大于规定要求 行走距离大于规定要求	b_1
				未烧成、断火	b_2

表 A.2(续)

序号	产品类别	GB 10631—2004		缺陷名称	缺陷类别
		技术要求	试验方法		
3	旋转升空类	5.6	6.5	火险、低炸、急炸	a_1
				发射高度、发射偏斜角不合格	b_1
				未烧成、断火	b_2
4	升空类	5.6	6.5	火险、低炸、急炸	a_1
				发射高度、发射偏斜角不合	b_1
				未烧成、断火	b_2
5	吐珠类	5.6	6.5	炸筒、散筒、冲底	a_1
				烧成率不合格、断火	b_1
6	线香类	5.6	6.5	爆燃	b_1
				未烧成、断火	b_2
7	小礼花类	5.6	6.5	炸筒、低炸、急炸、火险、倒筒、散筒、冲底	a_1
				发射高度与发射偏斜角不合格	b_1
				未烧成、断火	b_2
8	烟雾类	5.6	6.5	炸筒、出现明火	a_1
				未烧成、断火	b_2
9	造型玩具类	5.6	6.5	炸筒、倒筒、冲底	a_1
				行走距离大于 2 m	b_1
				未烧成、断火	b_2
10	摩擦类	5.6	6.5	未烧成	b_2
				火花飞溅距离大于规定要求	b_1
11	组合烟花	5.6	6.5	炸筒、低炸、急炸、火险、倒筒、散筒、冲底	a_1
				发射高度、发射偏斜角不合格、断火	b_2
				烧成率不合格、断火	b_2
12	礼花弹	5.6	6.5	炸筒、低炸、急炸	a_1
				发射高度不合格、未烧成、断火	b_1
13	爆竹类	5.6	6.5	声级超过规定值	a_1
				烧成率不合格(大、中)、断火	b_2
				烧成率不合格(小)	c_2
14	架子烟花	5.6	6.5	炸筒、散筒、冲底	a_1
				烧成率不合格、断火	b_2

ICS 71.080.20
G 16

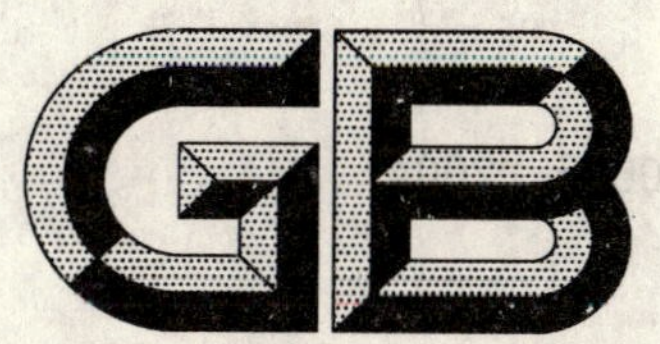

中华人民共和国国家标准

GB 10665—2004
代替 GB 10665—1997

碳化钙(电石)

Calcium carbide

2004-11-29 发布

2005-05-01 实施

中华人民共和国国家质量监督检验检疫总局
中国国家标准化管理委员会 发布

前言

本标准的3.1中乙炔中磷化氢、乙炔中硫化氢指标为强制性的，其余为推荐性的。

本标准修改采用日本工业标准 JIS K 1901:1983(1989 确认)《碳化钙》(日文版)

本标准根据 JIS K 1901:1983(1989 确认)重新起草。在附录A中列出了本标准章条编号与 JIS K 1901:1983(1989 确认)章条编号的对照一览表。

考虑到我国国情和实验室设备情况，本标准在采用 JIS K 1901:1983(1989 确认)时主要做了如下修改：

——指标中优等品高于日本标准一类品指标，一等品高于日本标准二类品指标，合格品高于日本标准三类品指标(本标准的3.1)。这样有利于产品质量的提高。

——乙炔中硫化氢的测定方法中增加乙酸镉吸收容量法，删除硫酸钡重量法。选择了简便准确的分析方法。

——将发气量测定装置中气体计量器的大头式钟罩改为直桶式钟罩(本标准的4.1.2.2)。

本标准代替 GB 10665—1997《碳化钙(电石)》。

本标准与 GB 10665—1997 相比较主要变化如下：

——发气量的指标由按粒度分为四类各有三个等级修改为只保留粒度为(5～80) mm一类的三个等级的指标，合格品的指标由≥250修改为≥260(1997年版的3.1;本版的3.1)；

——采样桶数按 GB/T 6678《化工产品采样总则》的规定确定(1997年版的5.3.1,本版的5.4.1)；

——制样粒度由(3～7) mm修改为(5～12) mm(1997年版的5.3.4,本版的5.4.4)；

——明确了大气压力计精度要求(见4.1.2.3)；

——删除了平行采样的规定(1997年版的5.3.5)。

本标准的附录A为资料性附录。

本标准由中国石油和化学工业协会提出。

本标准由全国化学标准化技术委员会有机分会(CSBTS/TC63/SC2)归口。

本标准由福建石化集团三明化工有限责任公司负责起草，浙江巨化电石有限公司、张家口下花园电石厂、包头明天科技股份有限公司、宁夏宁河化工股份有限公司等参加起草。

本标准主要起草人：蔡杰、潘福得、沈碧蔚、陈美耀、陈启彬。

本标准于1989年3月首次发布，1997年9月第一次修订。

碳 化 钙 (电 石)

1 范围

本标准规定了碳化钙(电石)的要求、试验方法、检验规则及标志、包装、运输、贮存和安全。

本标准适用于由碳素材料和生石灰在电炉中化合而制得的碳化钙。本产品主要用于发生乙炔、生产石灰氮、钢铁脱硫剂等。

分子式:CaC_2

结构式:C≡C 与 Ca 成三角形结构(两个 C 原子均与 Ca 相连)

相对分子质量:64.10(按2001年国际相对原子质量)

2 引用标准

下列文件中的条款,通过本标准的引用而构成为本标准的条款。凡是注日期的引用文件,其随后所有的修改单(不包括勘误的内容)或修订版均不适用于本部分,然而,鼓励根据本部分达成协议的各方研究是否可使用这些文件的最新版本。凡是不注日期的引用文件,其最新版本适用于本部分。

GB 190 危险货物包装标志

GB/T 601 化学试剂 标准滴定溶液的制备

GB/T 603 化学试剂 试验方法中所用制剂及制品的制备

GB/T 6682 分析实验室用水规格和试验方法[GB/T 6682—1992,neq ISO 3696:1987]

GB/T 6003.1 金属丝编织网试验筛(GB/T 6003.1—1997,eqv ISO 3310-1:1990)

GB/T 6678 化工产品采样总则

GB/T 15956 内销电石包装钢桶

3 要求

3.1 碳化钙应符合表1所示的技术要求。

表1 技术要求

项目		指标		
		优等品	一等品	合格品
发气量(20℃、101.3 kPa)/(L/kg)	≥	300	280	260
乙炔中磷化氢的体积分数/%	≤	0.06	0.08	
乙炔中硫化氢的体积分数/%	≤	0.10		
粒度(5 mm~80 mm)[a] 的质量分数/%	≥	85		
筛下物(2.5 mm以下)的质量分数/%	≤	5		

a 圆括号中的粒度范围可由供需双方协商确定。

4 试验方法

除非另有说明,在分析中仅使用分析纯的试剂和符合GB/T 6682的三级水。

分析中所用标准滴定溶液、制剂及制品,在没有注明其他要求时,均按GB/T 601、GB/T 603制备。

4.1 发气量的测定

4.1.1 方法提要

碳化钙与水反应生成乙炔气体，根据气体计量器测得生成气体的体积，计算碳化钙的发气量。

$$CaC_2 + 2H_2O \rightarrow C_2H_2 \uparrow + Ca(OH)_2 + 127\ kJ$$

4.1.2 仪器

4.1.2.1 发气量测定装置，如图1所示。

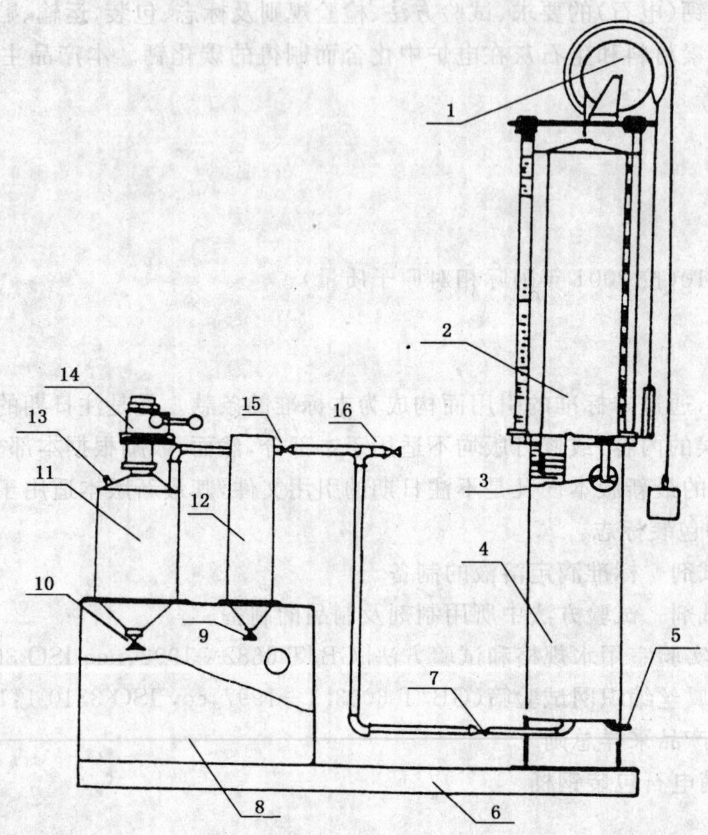

1——配重补偿装置；
2——钟罩；
3——液面刻线；
4——外桶；
5——排液阀；
6——底座；
7——气路放水阀；
8——箱体；
9——放液阀；
10——排渣阀；
11——发生器；
12——分离器；
13——进水管；
14——样品室；
15——连通阀；
16——排气阀。

图1 发气量测定装置示意图

4.1.2.2　气体计量器(包括外桶、钟罩、标尺及配重补偿装置)：实际容积 19 L，精密度 0.5 级。

4.1.2.3　大气压力计：精度 0.1 kPa。

4.1.2.4　标准器：不锈钢材质，容积 4.75 L，精度 0.1 级，有零点。

4.1.2.5　U 型压力计：测量范围(0～1.96) kPa[(0～200) mm 水柱]。

4.1.2.6　温度计：(0～50)℃，分刻度 0.1℃。

4.1.3　气体计量器标尺的校验

4.1.3.1　气体计量器校验设备示意图如图 2 所示。

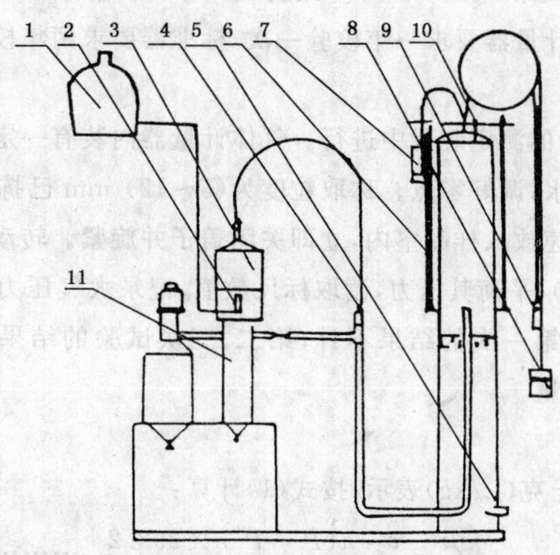

1——下口瓶；

2——三通阀；

3——标准器；

4——排气阀；

5——排液阀；

6——标尺；

7——U 型压力计；

8——配重锤；

9——补偿锤；

10——温度计；

11——分离器。

图 2　气体计量器校验设备示意图

4.1.3.2　校验步骤

4.1.3.2.1　**准备**

校验所需要的水和辅助器具如温度计、下口瓶、玻璃管、橡胶管及胶塞等，提前两天放在同一个校验室内，按图 2 连接好。校验操作应在(20±2)℃的温度下进行，校验过程中环境温度变化不超过 1℃。调整气体计量器和标准器至水平状态。增减气体计量器内饱和食盐水量，使液面保持在液面刻度线上。

4.1.3.2.2　**气密性的检查**

开启排气阀，使气体计量器与大气相通，拉下配重锤，使指针上升到标尺的三分之二处，关闭排气阀，使气体计量器与标准器相通，调节配重锤使气体计量器内产生约 0.98 kPa(100 mm 水柱)正压差，10 min 后，若指针及压差基本无变化则认为气密性合格。

4.1.3.2.3　**校验**

气体计量器内温度和标准器的水温与校验室温度相差不大于 1℃时方可进行校验。开启排气阀，使气体计量器与大气相通，气体计量器的指针应对准标尺的零点。将标准器放于分离器上面，使标准器的液面对准零点。关闭排气阀，打开下口瓶的阀门，使下口瓶内的水流入标准器内，控制水流速为750 mL/min。当标准器水面达到4.75 L刻度时，关闭下口瓶的阀门，待压力计平衡后，读出并记录标尺上指针位置数值。放低下口瓶，使标准器内的水返回下口瓶内，以相同的操作进行三次。三次平行测定结果之差不大于1.5 mm时，则三次平行测定结果的算术平均值就作为第一次95 L/kg的校验刻度。以第一次95 L/kg的刻度为起点，继续标定第二个95 L/kg(190 L/kg)刻度线、第三个95 L/kg(285 L/kg)刻度线及第四个95 L/kg(380 L/kg)刻度线，380 L/kg与标尺上读出的毫米数之比即为校正值α[L/(kg·mm)]。气体计量器要求一年校验一次，标准器要求两年校验一次。

4.1.4 分析步骤

发气量的测定在图1所示的测定装置中进行。气体计量器内装有一定量的用乙炔气饱和的饱和食盐水，发生器内加入2 L自来水，调好零点。称取粒度为(5～12) mm已拣出明显可见的硅铁块的碳化钙试样50 g，精确至0.1 g，迅速放入样品室内，立即关闭盖子并旋紧。转动手柄，将试样完全投入水中，待试样完全分解后(约10 min)，平衡其压力，读取标尺数值，记录大气压力及气体计量器内温度。同一试样加一次水连续操作三次，第一次的结果不计，第二、三次试验的结果分别用下式计算出在20℃、101.3 kPa干燥状态下的发气量。

4.1.5 结果计算

发气量(G)，数值以升每千克(L/kg)表示，按式(1)计算：

$$G=\frac{\alpha\cdot h(P-P')\times 293.2}{101.3\times(273.2+t)} \quad \cdots\cdots(1)$$

式中：

α——气体计量器校正值，单位为升每千克毫米[L/(kg· mm)]；

P——大气压力的数值，单位为千帕(kPa)；

P'——按表3查出在t℃时饱和食盐水蒸汽压力的数值，单位为千帕(kPa)；

h——气体计量器标尺读数，单位为毫米(mm)；

t——测定时钟罩内温度的数值，单位为摄氏度(℃)。

取两次平行测定结果的算术平均值为测定结果，两次平行测定结果的绝对差值不大于4 L/kg。

表2 不同温度下饱和食盐水蒸汽压力

t/℃	P'/kPa	t/℃	P'/kPa	t/℃	P'/kPa	t/℃	P'/kPa
0	0.453	10	0.920	20	1.760	30	3.200
1	0.480	11	0.987	21	1.880	31	3.370
2	0.520	12	1.050	22	2.000	32	3.560
3	0.560	13	1.130	23	2.120	33	3.760
4	0.600	14	1.210	24	2.253	34	3.973
5	0.653	15	1.290	25	2.386	35	4.200
6	0.707	16	1.373	26	2.533	36	4.453
7	0.760	17	1.466	27	2.693	37	4.706
8	0.813	18	1.560	28	2.853	38	4.973
9	0.867	19	1.653	29	3.026	39	5.253

4.2 乙炔中磷化氢的测定

4.2.1 比色法(仲裁法)

4.2.1.1 方法提要

碳化钙样品发生的乙炔中的磷化氢经溴水氧化为磷酸根离子,加入过量的钼酸铵,反应生成杂聚化合物,用氯化亚锡溶液还原,使之产生磷钼蓝,用分光光度计进行比色,计算乙炔中磷化氢含量。

4.2.1.2 试剂

4.2.1.2.1 亚硫酸钠溶液:100 g/L。

4.2.1.2.2 溴水:质量分数为0.3%的溶液。取1体积饱和溴水,加入6体积水稀释而成。

4.2.1.2.3 氯化亚锡盐酸溶液:20 g/L。称取2 g氯化亚锡($SnCl_2 \cdot 2H_2O$),精确至0.1 g,置于100 mL棕色容量瓶中,以10 mL盐酸溶解后加水稀释至刻度,再加入1～2粒锡粒,贮于暗处。此溶液使用期不应超过两周。

4.2.1.2.4 钼酸铵硫酸溶液:15 g/L。称取15 g钼酸铵[$(NH_4)_6Mo_7O_{24} \cdot 4H_2O$],精确至0.1 g,溶于约200 mL水中,另取182 mL硫酸加入到500 mL水中配成硫酸溶液,将钼酸铵溶液在不断搅拌下加到硫酸溶液中,用水稀释至1 L,装入有色瓶中,贮于暗处,该溶液混浊或变色后不能使用。

4.2.1.2.5 磷酸二氢钾标准溶液:称取于110℃烘干的磷酸二氢钾(KH_2PO_4)0.286 6 g,精确至0.000 2 g,加水溶于1 000 mL容量瓶中,稀释至刻度,此溶液每毫升相当磷化氢0.05 mL。

4.2.1.3 仪器

4.2.1.3.1 分光光度计;

4.2.1.3.2 比色池:光径10 mm;

4.2.1.3.3 注射器:100 mL(附8号针头),内壁应涂以液体石蜡;

4.2.1.3.4 扎氏吸收瓶:50 mL,高度约230 mm,内径约17 mm。

4.2.1.4 分析步骤

取溴水(4.2.1.2.2)20 mL,置于扎氏吸收瓶中,瓶口套有夹死的透明胶管(内壁应涂以液体石蜡)以备进样。用注射器吸取试样,先置换2～3次后,再以20 mL/min的速度取50 mL试样,将试样以20 mL/min的速度注入吸收瓶,再取清洁空气约50 mL,以同样速度注入吸收瓶。将吸收液移入100 mL容量瓶中,用少量水洗涤吸收瓶2～3次,洗涤液并入容量瓶,使容量瓶内体积达约50 mL。滴加亚硫酸钠溶液至溴水褪色,再过量1～2滴,用移液管加5.0 mL钼酸铵硫酸溶液,摇匀。于(25～40)℃某一温度的恒温水浴中放置5 min,取出后加0.25 mL(约5滴)氯化亚锡溶液,用水稀释至刻度,摇匀,再于恒温水浴中放置10 min。

将上述溶液用10 mm比色池,在约660 nm的波长下测定吸光度[在加了氯化亚锡溶液后(15±5) min进行测定较为适宜]。根据预先做好的工作曲线求出磷化氢含量。同时做空白试验。

磷化氢工作曲线的制作:

分别取0.2 mL、0.4 mL、0.6 mL、0.8 mL、1.0 mL磷酸二氢钾标准溶液于5个100 mL容量瓶中,各加50 mL水,以下操作与试样操作手续相同。根据磷酸二氢钾不同的毫升数及对应的吸光度,绘制出磷化氢的工作曲线。

4.2.1.5 结果计算

乙炔中磷化氢的体积分数φ_1,数值以%表示,按式(2)计算:

$$\varphi_1 = \frac{V_1 \times 0.05 \times 100}{V} \qquad \cdots\cdots(2)$$

式中：

V_1——从工作曲线上查得的磷酸二氢钾标准溶液的体积的数值，单位为毫升(mL)；

V——试样的体积(20℃、101.3 kPa)的数值，单位为毫升(mL)；

0.05——1.00 mL磷酸二氢钾标准溶液相当于磷化氢的体积数。

取两次平行测定结果的算术平均值为测定结果，两次平行测定结果之相对偏差不大于40%。

4.2.2 检测管法

4.2.2.1 方法提要

检测管中填充涂有化学试剂的活性硅胶，当含有磷化氢的乙炔气体通过检测管时，与硅胶所载的化学试剂反应，生成色柱，色柱的高度与磷化氢含量成正比。

4.2.2.2 分析步骤

用100 mL注射器取乙炔样品100 mL，切开检测管两端，将检测管的进气端用胶管与注射器连接，使乙炔的样按检测管要求的速度均匀地注入检测管，根据色柱高度，直接读取磷化氢含量的体积分数。

4.3 乙炔中硫化氢的测定

4.3.1 容量法(仲裁法)

4.3.1.1 方法提要

乙炔中的硫化氢以乙酸镉溶液吸收生成硫化镉，在酸性介质中加入碘标准滴定溶液氧化硫化镉，剩余的碘用硫代硫酸钠标准滴定溶液反滴定。计算硫化氢含量。

4.3.1.2 试剂

4.3.1.2.1 盐酸溶液：1+1；

4.3.1.2.2 乙酸镉溶液：27 g/L。称取27 g乙酸镉，精确至0.1 g，于1 L容量瓶中，用少量水溶解，加入10 g无水乙酸钠和10 mL冰乙酸，用水稀释至刻度，混匀；

4.3.1.2.3 碘标准滴定溶液：$c(\frac{1}{2}I_2)=0.1$ mol/L；

4.3.1.2.4 硫代硫酸钠标准滴定溶液：$c(Na_2S_2O_3)=0.1$ mol/L；

4.3.1.2.5 淀粉指示液：5 g/L。

4.3.1.3 仪器

4.3.1.3.1 聚乙烯气袋：约400 mm×800 mm；

4.3.1.3.2 扎氏吸收瓶：100 mL，高度约230 mm，内径约28 mm；

4.3.1.3.3 下口瓶：10 L，分刻度0.1 L。

4.3.1.4 分析步骤

硫化氢吸收装置如图3所示。在两个扎氏吸收瓶3中各加入40 mL乙酸镉溶液。在下口瓶7中，装满经乙炔饱和的饱和食盐水，瓶口塞以带有温度计、压力平衡管及气体导管的胶塞，其下口与下口瓶9的下口用胶管连接，调整下口瓶7的水位至零点。

将测定发气量结束后的气体在排气阀出口取出部分装于聚乙烯气袋中。按图3连接各部分，并使之严密不漏气，打开弹簧夹，用螺旋夹控制气体流速为(300～400) mL/min，待试样气体通过(8～10) L时，将弹簧夹夹住，停止吸收，平衡下口瓶7的压力，记录气体体积、温度及大气压。

将扎氏吸收瓶3内吸收液移入500 mL碘量瓶中，由滴定管加入碘标准滴定溶液10.0 mL，另用5.0 mL碘标准滴定溶液及5 mL盐酸溶液溶解吸收瓶中残留物并移入碘量瓶中，用水洗至无碘溶液为止，洗涤液均并入碘量瓶中，再加10 mL盐酸溶液，盖好瓶塞摇匀，放置暗处约10 min，用硫代硫酸钠标准滴定溶液滴定至近终点，加入约1 mL淀粉指示液，继续滴定至蓝色刚刚消失。

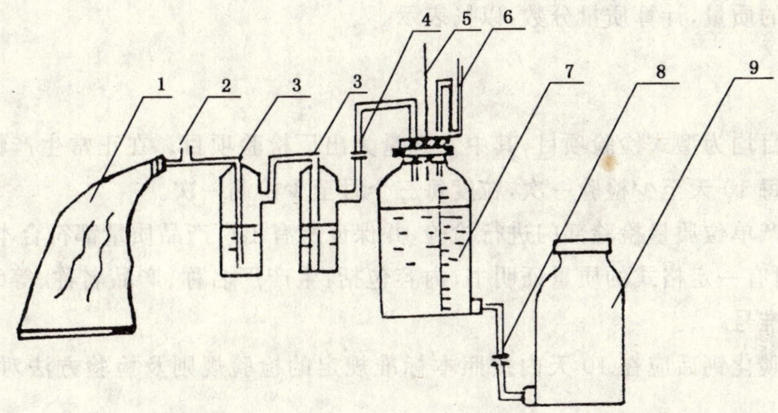

1——聚乙烯气袋；

2——硫化氢取样口；

3——扎氏吸收瓶；

4——弹簧夹；

5——温度计；

6——压力平衡管；

7,9——下口瓶；

8——螺旋夹。

图 3 硫化氢吸收装置

4.3.1.5 分析结果的计算

乙炔中硫化氢的体积分数 φ_2，数值以%表示，按式(3)计算：

$$\varphi_2=\frac{(V_1\cdot c_1-V_2\cdot c_2)\times M\times 100}{V} \qquad \cdots\cdots(3)$$

式中：

V_1——加入碘标准滴定溶液(4.3.1.2.3)体积的数值，单位为毫升(mL)；

c_1——碘标准滴定溶液浓度的准确数值，单位为摩尔每升(mol/L)；

V_2——硫代硫酸钠标准滴定溶液(4.3.1.2.4)体积的数值，单位为毫升(mL)；

c_2——硫代硫酸钠标准滴定溶液的实际浓度，单位为摩尔每升(mol/L)；

V——试样的体积(20℃、101.3 kPa)的数值，单位为升(L)。

M——与 1.00 mL 碘标准滴定溶液$\left[c\left(\frac{1}{2}I_2\right)=1.000\ mol/L\right]$相当的以升表示的硫化氢的体积(20℃、101.3 kPa)，数值为 0.011 88。

取两次平行测定结果的算术平均值为测定结果，两次平行测定结果之相对偏差不大于 40%。

4.3.2 检测管法

4.3.2.1 方法提要

检测管中填充吸附有乙酸铅指示剂的活性硅胶，当含有硫化氢的气体以一定速度通过检测管时，硫化氢与指示剂作用生成黑褐色色柱，气体中硫化氢的浓度与色柱高度成正比。

4.3.2.2 分析步骤

用 100 mL 注射器定量吸取测定发气量结束后的试样气体 100 mL。切开检测管的两端，将检测管的进气端用胶管与注射器连接，使被测的乙炔气样按检测管要求的速度均匀地全部注入检测管，根据色柱高度，直接读取硫化氢含量的体积分数。

4.4 粒度和筛下物的测定

4.4.1 试验筛应符合 GB/T 6003.1 的要求。

4.4.2 将按 5.4 规定的采样桶数取出的整桶碳化钙分别倒于清洁干燥处，立即用试验筛迅速进行筛分，分别称量各筛分的质量，计算质量分数，以%表示。

5 检验规则

5.1 本标准所列项目均为型式检验项目，其中发气量为出厂检验项目。在正常生产情况下，乙炔中硫化氢、乙炔中磷化氢每 10 天至少检验一次，粒度每三个月至少检测一次。

5.2 碳化钙应由生产单位质量检验部门进行检验，并保证所有出厂产品质量都符合本标准要求。每一批出厂的产品都应附有一定格式的质量证明书，内容包括：生产厂名称、产品名称、等级、粒度、净重、批号、生产日期和本标准号。

5.3 使用单位收到碳化钙后应在 10 天内按照本标准规定的检验规则及检验方法对碳化钙质量进行验收。

5.4 碳化钙采样桶数按 GB/T 6678 的规定。测定粒度时采样桶数可减半。

生产厂一般按不大于 10 t 为一批进行采样。接收单位对相同质量的碳化钙可扩大至 60 t 为一批，并允许划分为四个试样，分别测定发气量后取其平均值。当小于 1 t 时，采样桶数不少于 3 桶。

开启采样桶的盖，每桶应随机取上层以下具有代表性的大、中、小粒度的碳化钙试样约 1 kg(200 kg 桶取约 2 kg)，采样总量不少于 10 kg，置于带盖干燥的容器内。

将所采试样在颚式破碎机上破碎成 15 mm 以下的粒度，以四分法缩分后筛取(5～12) mm 试样，试样量不少于 0.5 kg，装入清洁干燥带盖的磨口瓶中，粘贴标签，注明生产厂名、产品名称、批次、采样日期、采样人。

5.5 检验结果如有一项指标不符合本标准要求时，应重新自两倍数的包装桶中采样进行检验。重新检验的结果，即使只有一项指标不符合本标准要求，则整批碳化钙为不合格。

5.6 供需双方对产品质量发生争议时，经协商共同在未启封的桶中采样分析。如仍有争议，由双方协商选定仲裁机构。仲裁机构应按照本标准规定的检验规则和试验方法进行仲裁。

6 标志、包装、运输和贮存

6.1 包装容器上应有牢固的标志，其内容包括：生产厂名、厂址、产品名称。

6.2 包装桶盖上应贴合格证，其内容包括：生产厂名称、厂址、产品名称、商标、发气量、净含量、批号或生产日期、本标准编号，以及按 GB 190 规定的遇湿易燃物品的标志。

6.3 碳化钙包装在干燥密闭的包装桶内，包装桶采用 GB/T 15956 中规定的技术条件。重复使用的包装桶在使用前，应当进行检查，并作出记录，检查记录应当至少保存 2 年。每桶包装净含量为(100±1) kg 或(200±2) kg。在批量商品中，净含量的平均偏差应大于或等于零。

6.4 包装碳化钙前，要严格检查碳化钙包装桶是否完好，桶内应干燥和无碳化钙粉末及其他杂物。

6.5 碳化钙在运输与装卸中应轻搬轻放。运输工具必须有防雨防水设备。

6.6 打开的或已损坏的桶装碳化钙，不允许存放到仓库中。碳化钙包装后，存放在专用的仓库或防雨棚内，仓库内应保持干燥，通风良好，不受水淹淋，仓库内禁止安装上下水管或采暖设备，禁止积存碳化钙粉尘。

7 安全

7.1 碳化钙与水接触，能迅速生成乙炔，并放出热量。乙炔是易燃易爆的气体。

7.2 乙炔易与银盐、铜盐、汞盐反应形成不稳定的、有爆炸性的乙炔化合物。

7.3 乙炔与空气的混合物有爆炸危险。在大气压力 101.3 kPa、25℃下与空气混合的爆炸下限为 2.5%(体积分数)。

7.4 乙炔具有麻醉作用。乙炔中的磷化氢(PH_3)、硫化氢(H_2S)可以引起中毒,磷化氢在空气中的最高允许浓度为0.3 mg/m^3,硫化氢在空气中的最高允许浓度为10 mg/m^3。

7.5 碳化钙的粉尘对皮肤、呼吸道及眼睛有刺激作用。碳化钙粉尘在空气中的允许极限浓度为10 mg/m^3。

7.6 从事碳化钙生产者,必须遵守碳化钙生产的有关安全规定。

附 录 A
（资料性附录）
本标准章条编号与 JIS K 1901：1983（1989 确认）章条编号对照

表 A.1 给出了本标准章条编号与 JIS K 1901：1983（1989 确认）章条编号对照一览表。

表 A.1 本标准章条编号与 JIS K 1901：1983（1989 确认）章条编号对照

本标准章条编号	对应 JIS K：1901 章条编号
1	1
2	—
3	2，3
4	4
4.1	4.3
4.2	4.4
4.3	4.4
4.4	4.2
5	—
6	5，6